내가 뽑은 원픽! 최 신 출 제 경 향

KB215207

2025

소형선박 조종사

최신기출 + 실전모의고사

해양·수상자격연구소 편저

8일 완성

예문에듀
EDU

소형선박조종사

총톤수 5톤 이상, 25톤 미만의 소형선박을 운전하기 위하여 필요한 면허

시험 응시 안내

┃ 응시 자격 : 제한 없음

┃ 면허를 위한 승무경력

승선한 선박	직무	기간
총톤수 2톤 이상의 선박	선박의 운항 또는 기관의 운전	2년
배수톤수 2톤 이상의 함정	함정의 운항 또는 기관의 운전	2년

※ 「낚시 관리 및 육성법」에 따라 낚시어선업을 하기 위하여 신고한 낚시어선 및 「유선 및 도선사업법」에 따라 면허를 받거나 신고한 유선 및 도선에 승무한 경력은 톤수의 제한을 받지 아니한다.

2024년 시험 일정(참고용)

회차	접수기간	시험일	합격자 발표	시행지역
1	2.6(화)~2.8(목)	2.24(토)	2.29(목)	부산, 인천, 여수, 마산, 동해, 군산, 목포, 포항, 제주, 울산, 평택
2	5.8(수)~5.10(금)	5.25(토)	5.30(목)	부산, 인천, 여수, 마산, 동해, 군산, 목포, 포항, 제주, 대산
3	8.7(수)~8.9(금)	8.24(토)	8.29(목)	부산, 인천, 여수, 마산, 동해, 군산, 목포, 포항, 제주, 울산, 평택
4	10.23(수)~10.25(금)	11.9(토)	11.14(목)	부산, 인천, 여수, 마산, 동해, 군산, 목포, 포항, 제주, 대산

※ 연간 일정 등은 한국해양수산연수원 사정으로 변경될 수 있으므로 시험 전 홈페이지를 참고할 것

응시원서 교부 및 접수

교부 및 접수 장소		주소	
부산	한국해양수산연수원 종합민원실	(우) 49111 부산광역시 영도구 해양로 367	
		전화번호	1899-3600
	한국해기사협회	(우) 48822 부산광역시 동구 중앙대로 180번길 12-14 해기사회관	
		전화번호	051) 463-5030
인천	한국해양수산연수원 인천사무소	(우) 22133 인천광역시 중구 인중로 176 나성빌딩 4층	
		전화번호	032) 765-2335~6
인터넷	한국해양수산연수원 (홈페이지)	http://lems.seaman.or.kr 민원서류다운로드(원서교부) 인터넷 접수	
		전화번호	051) 620-5831~4

※ 응시원서는 각 교부 및 접수처 또는 홈페이지에서 출력하여 작성

▎원서 접수

- 한국해양수산연수원 시험정보사이트(http://lems.seaman.or.kr)에 접속 후 '해기사 시험접수'에서 인터넷 접수

  ※ 준비물 : 사진 및 수수료, 결제 시 필요한 공인인증서 또는 신용카드

- 방문접수 : 위의 접수 장소로 직접 방문하여 접수. 사진 1매, 응시수수료

- 우편접수

  - 접수마감일 접수시간 내 도착분에 한하여 유효

  - 사진이 부착된 응시원서, 응시수수료

  - 응시표를 받고자 할 경우 반드시 수신처 주소가 기재된 반신용 봉투를 동봉할 것

  ※ 응시원서에 사용되는 사진은 최근 6개월 이내에 촬영한 3cm×4cm 규격의 탈모 정면 상반신 사진이어야 하며, 제출된 서류는 일체 반환하지 않음

- 수수료 : 10,000원

시험 안내

▌접수 취소 및 환불

• 방문 및 우편접수 : 응시원서 접수처에 취소 신청
• 인터넷접수 : 접수사이트에서 본인이 직접 취소 등록
  – 실시간계좌이체 : 본인 통장으로 입금처리
  – 신용카드결제 : 승인취소처리
  – 휴대폰결제 : 승인취소처리
  – 무통장입금 : 능력평가팀으로 유선연락, 환불계좌신고
• 취소기간 : 접수기간 및 접수 마감 후 시험 1일 전까지
  ※ 접수 마감 후 취소 시 접수처에 환불받을 계좌를 등록해야 함
• 환불금액
  – 접수기간 중 : 수수료 전액 환불
  – 접수 마감 이후 7일 이내 : 수수료의 60%
  – 접수 마감 후 7일 초과, 시험 전일까지 : 수수료의 50%

 ## 시험 방법 및 합격자 발표

▌시험 방법 : 객관식 4지선다형 100문항(100분)
▌합격자 발표

• 한국해양수산연수원 게시판 및 홈페이지(http://lems.seaman.or.kr)
• SMS(휴대폰 문자서비스) 전송(합격자에 한함) : 시험 접수 시 휴대폰 번호 등록자에 한함

⚓ 필기시험 출제 범위

시험 과목	과목 내용	출제 비율(%)
1. 항해	1. 항해계기	24
	2. 항법	16
	3. 해도 및 항로표지	40
	4. 기상 및 해상	12
	5. 항해 계획	8
	과목 계	100
2. 운용	1. 선체, 설비 및 속구	28
	2. 구명설비 및 통신장비	28
	3. 선박조종 일반	28
	4. 황천 시의 조종	8
	5. 비상제어 및 해난 방지	8
	과목 계	100
3. 기관	1. 내연기관 및 추진장치	56
	2. 보조기기 및 전기장치	24
	3. 기관고장 시의 대책	12
	4. 연료유 수급	8
	과목 계	100
4. 법규	1. 해사안전법	60
	2. 선박의 입항 및 출항 등에 관한 법률	28
	3. 해양환경관리법	12
	과목 계	100

※ 시험 일정이나 시험 장소 등 자세한 사항은 변경될 수 있으므로 시험 전 한국해양수산연수원(http://lems.seaman.or.kr/)을 반드시 참조

구성과 특징

시험에 꼭 나오는 핵심 이론

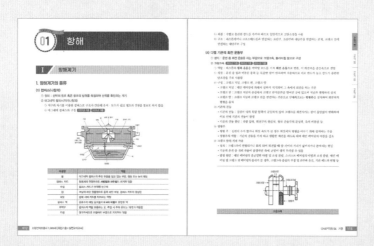

- 각 과목별로 빈출되었던 개념의 핵심만을 모아 정리하여 빠르고 효율적인 학습이 가능하도록 하였습니다.

- 2024년 시험 포함, 최근 3년간 출제되었던 개념은 별도로 표시하여 최근 시험 경향을 확실히 파악할 수 있도록 돕습니다.

최신 3개년 기출문제

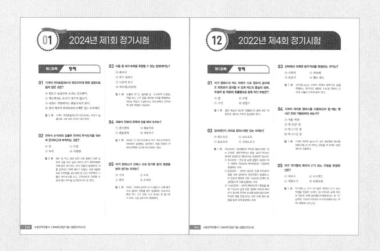

- 2024년 정기시험 기출문제 포함, 3년간의 기출문제 12회분을 모두 수록하여 시험 출제 경향을 파악하고 2025년 시험에 확실히 대비할 수 있도록 하였습니다.

- 각 문제마다 상세하고 정확한 해설을 달아 점차 어려워지는 시험도 충분히 준비할 수 있도록 했습니다.

※ 2012~2021년 기출문제와 해설 PDF는 예문에듀 홈페이지 자료실에서 무료로 제공합니다.

실전모의고사 3회

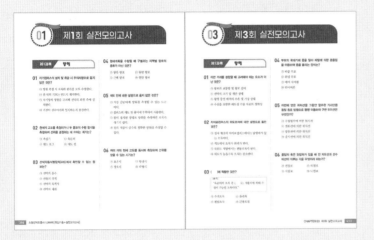

- 2024년 출제 경향이 완벽하게 반영된 실전모의고사를 3회분 수록하였습니다.

- 시험 직전 실력을 점검하고, 실전 감각을 확실하게 다듬을 수 있도록 하였습니다.

실전모의고사 해설 & 부록

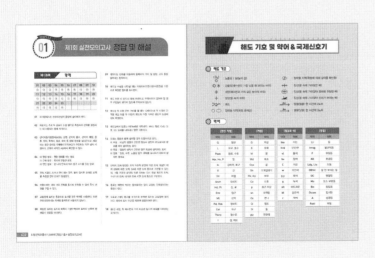

- 기출문제와 마찬가지로 실전모의고사 3회 역시 풍부한 해설을 수록하여 자연스러운 복습이 가능하도록 하였습니다.

- 시험에 자주 출제되는 해도 기호 및 국제신호기를 부록으로 제공하여 한눈에 확인할 수 있도록 하였습니다.

차 례

PART 01 | 시험에 꼭 나오는 핵심이론

CHAPTER 01 | 항해   12
CHAPTER 02 | 운용   49
CHAPTER 03 | 법규   84
CHAPTER 04 | 기관   107

PART 02 | 최신기출문제

CHAPTER 01 | 2024년 제1회 정기시험   144
CHAPTER 02 | 2024년 제2회 정기시험   164
CHAPTER 03 | 2024년 제3회 정기시험   184
CHAPTER 04 | 2024년 제4회 정기시험   204
CHAPTER 05 | 2023년 제1회 정기시험   223
CHAPTER 06 | 2023년 제2회 정기시험   243
CHAPTER 07 | 2023년 제3회 정기시험   263
CHAPTER 08 | 2023년 제4회 정기시험   282
CHAPTER 09 | 2022년 제1회 정기시험   302
CHAPTER 10 | 2022년 제2회 정기시험   323
CHAPTER 11 | 2022년 제3회 정기시험   345
CHAPTER 12 | 2022년 제4회 정기시험   364

PART 03 | 실전모의고사

CHAPTER 01 | 제1회 실전모의고사   384
CHAPTER 02 | 제2회 실전모의고사   398
CHAPTER 03 | 제3회 실전모의고사   413

PART 04 | 실전모의고사 정답 및 해설

CHAPTER 01 | 제1회 실전모의고사 정답 및 해설   432
CHAPTER 02 | 제2회 실전모의고사 정답 및 해설   437
CHAPTER 03 | 제3회 실전모의고사 정답 및 해설   443

| 부록   해도 기호 및 약어＆국제신호기   452

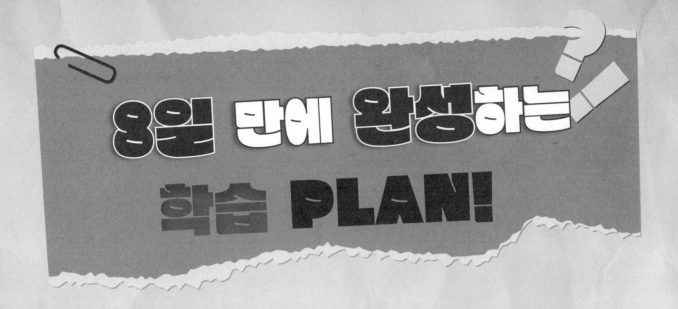

8일 만에 완성하는 학습 PLAN!

1일차		
	월	일

☐ CHAPTER 01 항해
☐ 과목 점검 문제

2일차		
	월	일

☐ CHAPTER 02 운용
☐ 과목 점검 문제

3일차		
	월	일

☐ CHAPTER 03 법규
☐ 과목 점검 문제

4일차		
	월	일

☐ CHAPTER 04 기관
☐ 과목 점검 문제

5일차		
	월	일

☐ 2024년 제1회 기출문제
☐ 2024년 제2회 기출문제
☐ 2024년 제3회 기출문제
☐ 2024년 제4회 기출문제

6일차		
	월	일

☐ 2023년 제1회 기출문제
☐ 2023년 제2회 기출문제
☐ 2023년 제3회 기출문제
☐ 2023년 제4회 기출문제

7일차		
	월	일

☐ 2022년 제1회 기출문제
☐ 2022년 제2회 기출문제
☐ 2022년 제3회 기출문제
☐ 2022년 제4회 기출문제

8일차		
	월	일

☐ 제1회 실전모의고사
☐ 제2회 실전모의고사
☐ 제3회 실전모의고사

PART 01

시험에 꼭 나오는
핵심이론

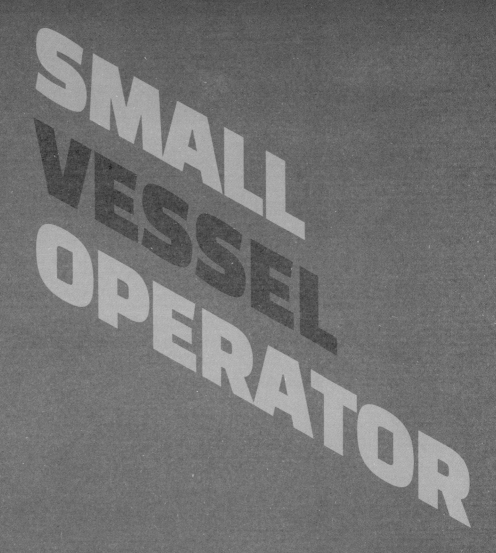

SMALL VESSEL OPERATOR

염상익 박격에 풍요한 당신의 길

CHAPTER 1 | 항해

CHAPTER 2 | 운용

CHAPTER 3 | 법규

CHAPTER 4 | 기관

CHAPTER 01 항해

I. 항해계기

1. 항해계기의 종류

(1) 컴퍼스(나침의)

① 정의 : 선박의 침로 혹은 물표의 방위를 측정하여 선위를 확인하는 계기

② 마그네틱 컴퍼스(자기나침의)

　㉠ 지구의 자기를 이용한 컴퍼스로 구조가 간단해 유지·보수가 쉽고 별도의 전원을 필요로 하지 않음

　㉡ 마그네틱 컴퍼스의 구성 [2022년 기출] [2023년 기출]

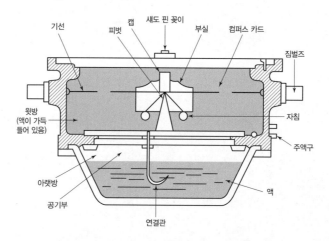

부품명	역할
볼	마그네틱 컴퍼스의 주요 부품을 담고 있는 부분. 청동 또는 놋쇠 재질
컴퍼스 카드	황동제의 원형판으로 **사방점과 사우점**이 새겨져 있음
부실	컴퍼스 카드가 부착된 반구체
캡	부실의 하단 원뿔형으로 움푹 파인 부분. 컴퍼스 카드의 중심점
피벗	캡에 끼여 카드를 지지하는 역할
컴퍼스 액	증류수와 에틸 알코올이 **6:4의 비율**로 혼합된 액
주액구	컴퍼스의 액을 보충하는 곳. 주입 시 주위 온도는 **15℃**가 적절함
자침	영구자석으로 만들어진 부품으로 지북력이 있음

부품명	역할
비너클	• 목재 또는 기타 비자성체로 만든 원통형의 지지대 • 상부의 짐벌즈로 볼을 지지 • 구성 　– 경사계 : 선체의 경사 상태를 표시하는 계기 　– 상한차 수정구 : 컴퍼스 주변의 일시 자기의 수평력을 조정하기 위해 부착된 연철구 또는 연철판 　– 플린더즈(퍼멀로이) 바 : 선체 일시 자기 중 **수직분력**을 조정하기 위한 자석 　– 경선차 수정자석 : 선체 자기 중 컴퍼스의 중심을 기준으로 한 수직분력을 조정하기 위한 자석
짐벌즈	선박의 동요로 비너클이 기울어져도 **볼의 수평을 유지**해주는 부품

ⓒ 마그네틱 컴퍼스의 오차 [2022년 기출] [2023년 기출] [2024년 기출]

편차	• 진 자오선과 자기 자오선의 차이에서 발생하는 오차(자북과 진북 간의 오차) • 배의 위치나 시일에 따라 변화
자차	• 선박에 설치된 자기나침의가 선체 혹은 선내 금속의 영향을 받아 발생하는 오차 • 배의 위치, 선수 방향, 선내 경사도 및 철기류의 위치, 시일 등에 따라 변화

※ **경선차**
　• 선체가 수평일 때 자차가 0°였으나 **선체가 경사되었을 때 다시 발생**하는 자차
　• 경선차가 있을 경우 선체가 요동할 때 컴퍼스 카드가 심하게 흔들림

※ 북쪽의 분류

진북	자북	나북
지구의 북극 방향	지구 자기장의 북쪽 축	컴퍼스가 가리키는 북쪽

ⓔ 자차 계수의 구분과 수정 [2022년 기출] [2023년 기출]

• 자차 계수의 구분

A 계수	• 선수의 방향과 관계없이 항상 일정 • 갑판면에 평행인 연철의 일시자기와 컴퍼스 간의 비대칭으로 발생
B 계수	선수미 방향에 의한 자차
C 계수	정횡 방향(동서)에 의한 자차
D 계수	• 상한차 자차계수 • 침로가 사방점(동서남북)일 때는 발생하지 않고 사우점(북동, 남동, 남서, 북서)일 때 최대
E 계수	자기 컴퍼스를 선체 중앙에 설치하면 값이 작으며 별도의 수정 장치가 없음

• 자차 계수의 수정

B 계수	• 선체 영구자기의 선수미 분력은 B자석으로 수정하며, 수직 연철에 의한 자차는 플린더즈 바로 수정 • 침로를 090° 혹은 270°로 유지하고 자석을 선수미 방향으로 넣어 수정
C 계수	• C자석 혹은 플린더즈 바로 수정 • 침로를 000° 혹은 180°로 유지하고 자석을 정횡 방향으로 넣어 수정
D 계수	침로를 사우점 중의 한 방위(⑩ 045°)로 유지하고 연철구를 컴퍼스 가까이 혹은 멀리 조정하여 수정

※ A와 E 계수는 자기 컴퍼스를 선체 중앙에 설치하면 극히 작으므로 수정이 필요하지 않다.

ⓜ 마그네틱 컴퍼스의 설치
- 선수와 선미를 가로지르는 선상에서 **선체의 중앙**
- 방위 측정이 용이하도록 시야가 넓은 곳
- 가능한 진동이 적고 주변에 전류도체가 없는 곳
- 정상 작동 온도는 일반적으로 −20~50℃

③ 자이로 컴퍼스(전륜나침의)
- ㉠ 자이로스코프의 방향보존성과 세차운동을 이용한 컴퍼스
- ㉡ 자이로 컴퍼스의 구성
  - 주동부 : **지북 제진 기능**(자동으로 북쪽을 찾아 정지하는 기능)을 가진 부분
  - 추종부 : 주동부를 지지하고 그것을 추종하도록 되어 있는 부분. **컴퍼스 카드**가 위치
  - 지지부 : 선체의 요동·충격 등의 영향이 추종부에 거의 전달되지 않도록 짐벌 구조로 추종부를 지지하는 부분으로 지지부는 다시 선체에 부착된 비너클에 지지됨
  - 전원부 : 선박의 전원을 자이로 컴퍼스의 로터를 고속으로 회전시키기 위해 필요한 200Hz 이상의 전원으로 변환·공급해 주는 부분
- ㉢ 자이로 컴퍼스의 장·단점
  - 장점 : 강한 지북력, 자차 및 편차 없음. 방위를 간단히 전기 신호로 변경 가능
  - 단점 : 별도의 전원 필요. 높은 가격
  - ※ 주의 : 회전력 확보를 위해 **출항 4시간 전에는 전원을 켜 두어야 정상 작동**
- ㉣ 자이로 컴퍼스의 오차 [2022년 기출] [2023년 기출] [2024년 기출]

위도오차	• **경사 제진식** 자이로 컴퍼스에만 있는 오차 • 북반구에서는 **편동**, 남반구에서는 **편서**로 발생하고 적도에서는 **발생하지 않음(0°)** • 위도가 높을수록 그에 따라 **오차가 증가**함
속도오차	선속 중 남북 방향의 성분이 지구 자전의 각속도에 벡터적으로 가감되어 발생하는 오차
가속도오차	• 선박이 변속하거나 변침을 할 때 가속도의 남북 방향 성분에 의하여 자이로의 동서축 주위에 토크를 발생시킴으로써 자이로 축을 진동시키고 이로 인해 축이 평형을 잃게 되어 발생하는 오차 • 변속도 오차라고도 함
동요오차	• 선박의 동요로 인해 자이로의 짐벌 내부 장치에서 진요운동이 발생하고, 이 진요의 변화로 인한 가속도와 진자의 호상운동으로 인해 발생하는 오차 • 동요오차를 방지하기 위해 NS축선상에 보정 추 부착

④ 섀도 핀(Shadow pin) [2022년 기출]
- ㉠ 놋쇠 재질의 가는 막대로 컴퍼스의 섀도 핀 꽂이에 부착하여 사용
- ㉡ 가장 간단하게 **방위를 측정**할 수 있는 도구
- ㉢ 핀의 지름이 크거나 핀이 휘는 경우, 볼이 경사된 상태로 방위를 측정할 경우 오차 발생

(2) 선속계(Log)

① 정의 : 선박의 속도, 항주거리 등을 측정하는 계기

② 선속계의 종류 2023년 기출

핸드 로그	단위시간당 풀려 나가는 줄의 길이를 측정하여 선속을 측정
패턴트 선속계	선미에서 회전체를 끌면서 그 회전체의 회전수로 선속을 측정
유압식 선속계	선체 함수 근처 하단부에 설치, 선체에 닿는 유체의 압력을 측정해 선속을 측정
전자식 선속계	• 패러데이의 **전자유도법**을 응용하여 선체의 선속을 측정 • 검출부, 증폭부, 지시기 등으로 구성
도플러 선속계	• 음파를 송·수신하여 반향음, 전달 속도, 시간 등을 계산해 선속을 측정 • **200m 이상의 수심에서는 대수속력과 대지속력 모두 측정 가능**

※ 도플러 선속계를 제외한 나머지 선속계는 대수속력을 측정·표시한다.

(3) 측심기, 기압계, 육분의

① 측심기 : 수면에서 해저까지의 깊이, 즉 수심을 측정하는 계기

② 측심기의 종류

　㉠ 음향측심기 2022년 기출
　　• 선체 중앙부 밑바닥에서 **초음파**를 발사, 반사파의 도착 시간으로 수심을 측정
　　• 간단한 해저의 저질, 어군의 존재 등 다양한 정보를 획득 가능

　㉡ 핸드 레드(Hand Lead) 2022년 기출 2024년 기출
　　• 납으로 만든 추에 줄을 매어 던진 후 줄에 표시된 표로 수심을 측정
　　• 수심이 얕은 곳에서 수심을 측정하거나 투묘할 때 배의 진행 방향 및 타력 또는 정박 중 닻의 끌림을 알기 위한 기기
　　• 수용측연 : 3.2kg 이상의 추를 이용. 오늘날에도 **깊이가 얕은 항만**에서 종종 사용됨
　　• 심해측연 : **12.7kg 이상**의 추를 이용. 추를 해저까지 보내 케미컬튜브라는 착색관에 들어오는 수압으로 수심을 측정
　　• 정박 중 닻의 끌림을 알기 위해서도 사용됨

그로밋　롱 아이

아잉 홀

핸드 레드

③ 육분의 : 천체의 고도를 측정하거나 두 물표의 수평 협각을 측정해 선위를 결정하는 계기

④ 기압계 : 대기의 압력을 측정하는 계기

2. 레이더

(1) 개요 [2022년 기출]

① 정의 : 마이크로파(극초단파) 정도의 전자기파를 물체에 발사시켜 그 물체에서 반사되는 전자기파를 수신, 물체와의 거리 및 방향, 고도 등을 알아내는 장치
② 전파의 특성 : **등속성, 직진성, 반사성**

(2) 특징과 구조

① 특징

장점	• 날씨에 관계없이 사용 가능 • 시계가 불량하거나 협수로를 항행 중인 경우 유용 • 물표의 방위와 거리를 동시에 측정 가능 • 충돌 예방 : 타선의 상대위치 변화를 표시 • 태풍의 중심 및 진로 파악에 유용함
단점	• 전기적 · 기계적인 고장 발생 가능성 높음 • 레이더 영상 판독 기술이 필요

② 레이더의 구성 [2022년 기출]

송신장치	트리거전압 발생기	고압 펄스 전압을 발생시키는 장치
	펄스변조기	트리거 신호에 따라 마그네트론을 작동시키기 위하여 펄스의 폭을 만드는 장치
	마그네트론	펄스의 신호를 받아 극초단파(마이크로파)를 발생시키는 장치
송수신절환장치 (Duplexer)		• TR관 : 송신되는 강력한 전파가 수신장치로 직접 들어가는 것을 막는 장치 • ATR관 : 수신된 미약한 반사전파를 수신장치로 유도하는 장치
수신장치		반사된 미약한 전파를 증폭시켜 레이더 영상 신호를 만드는 장치
스캐너		• 송신 장치에서 발생한 강력한 펄스 전파를 지향성이 좋은 빔 형태로 발사 • 목표물에 부딪혀 되돌아오는 반사파 신호를 수신하여 수신 장치로 보내는 장치
지시기		수신된 반사파에 대하여 그 거리와 방위를 레이더 스코프 위치에 표시하는 장치

③ 레이더의 조정기

㉠ 동조조정기 : 레이더 국부발진기의 발진주파수를 조정
㉡ 감도조정기 : 레이더 수신기의 감도를 조정
㉢ 해면반사억제기 : **근거리**에 대한 반사파의 수신 감도를 떨어뜨려 방해현상을 억제
㉣ 비 · 눈 반사 억제기 : 비나 눈 등의 영향으로 레이더 화면에 방해현상이 많아졌을 때 이를 줄여주는 조정기
㉤ 선수휘선 억제기 : 선수휘선이 화면상에 표시되지 않도록 조정

④ 레이더의 화면 표시 방식

㉠ 진방위표시방식(North-up)
• 자선의 위치가 화면상의 한 점에 고정되지 않고 자선을 포함한 모든 이동체를 화면상에 그 진침로 및 진속력에 비례하여 표시

- 타선과의 항법 관계를 쉽게 확인할 수 있어 충돌 회피에 효과적
- 섬, 육지, 항로표지 등 고정체가 화면상에 정지된 상태로 나타나 이동 물표와의 혼동이 줄어들고 연안 항해를 할 때 특히 효과적

ⓛ 상대동작방식(Relative motion radar) 2022년 기출
- 선박에서 가장 일반적으로 사용되는 방식
- 자선의 위치가 어느 한 점(주로 중심)에 고정되고 모든 물체는 자선의 움직임에 대해 상대적인 움직임 으로 표시
- 타선의 진침로와 진속력을 구할 때에는 레이더 플로팅이 필요

※ 레이더 플로팅 : 레이더에서 탐지된 영상의 위치를 체계적으로 연속 관측하여 작도, 이에 의해 최근접점의 위치와 예상 도달 시간, 타선의 진침로와 속도, 충돌 회피를 위한 본선의 침로 및 속력 등을 해석하는 작업

(3) 레이더의 거짓상 2022년 기출 2023년 기출 2024년 기출

다중반사에 의한 거짓상	• 배의 현측에 대형선 혹은 안벽 등의 장애물이 있을 때 전파가 자선과 물표의 사이를 2회 이상, 여러 번 왕복하여 거짓상이 등간격으로 점점 약하게, 여러 개로 나타나는 현상 • **해면반사억제기**(STC)를 강하게 하거나 레이더의 감도를 낮추면 소멸함
간접반사에 의한 거짓상	• 마스트나 연돌 등 선체의 구조물에 레이더의 전파가 반사되어 생기는 거짓상 • **맹목구간이나 차영구간에 거짓상**이 나타남 • 선박의 침로를 변경하면 소멸함
부복사에 의한 거짓상	• 부엽에 의해 주엽의 좌우 7°, 90° 방향 혹은 **원호의 형태로** 허상이 나타나는 것 • 자선과 물표의 상대적인 위치관계를 바꾸거나 감도 혹은 STC를 조정하면 소멸함
거울면 반사에 의한 거짓상	반사성능이 좋은 안벽이나 부두, 방파제 등에 의해 **대칭으로** 허상이 나타나는 것
2차 소인반사에 의한 거짓상	• 초굴절이 심할 때 **최대탐지거리 밖**에 있는 물체의 영상이 나타나는 것 • 펄스반복주파수가 큰 레이더에서 쉽게 발생하며, 주파수를 변경하면 허상의 위치가 변함

(4) S 밴드 레이더와 X 밴드 레이더

구분	S-BAND	X-BAND
사용 파장	10cm	3.2cm
주파수	3,000Mhz	9,375Mhz
화면 선명도	다소 떨어짐	좋음
방위 및 거리 측정	덜 정확함	정확함
작은 물체 탐지	탐지 어려움	쉽게 탐지함
큰 물체 탐지	조기에 탐지 가능	늦게 탐지함
탐지 거리	먼 거리에 적합	가까운 거리에 적합
눈, 비, 안개 등의 기상 시	탐지 성능에 문제 없음	탐지 어려움
해면반사의 영향	적게 받음	심하게 받음
맹목구간	좁음	넓음

(5) 선박 자동 식별 장치(AIS) `2022년 기출` `2023년 기출` `2024년 기출`

① 선박의 제원, 종류, 위치, 침로, 속력 등 **항해 정보를 실시간으로 제공**하는 첨단 장치

② 선박의 충돌을 방지하기 위한 장치로 국제해사기구(IMO)가 추진하는 의무 사항

③ 시계가 좋지 않은 경우에도 선명·침로·속력 등의 식별이 가능하여 선박 충돌 방지, 광역 관제, 조난 선박의 수색 및 구조 활동 등 안전 관리의 효과적 수행이 가능

④ 정보

정적정보	아이엠오(IMO) 번호, 호출부호와 선명, 선박의 길이와 폭, 선박의 종류, 선박측위시스템의 위치
동적정보	선박 위치의 정확한 표시 및 전반적인 상태, 협정세계표준시간, 대지침로, 대지속력, 선수 방향, 항해 상태, 회두각, 센서에 의한 정보

Ⅱ 항법

1. 항해술의 기초

(1) 지구상의 위치 요소

① 대권과 소권

　㉠ 대권 : 지구 중심을 지나는 평면과 지구 구면의 교선이 되는 원

　㉡ 소권 : 지구를 그 중심을 지나지 않는 평면으로 자를 때 생기는 원

② 지축과 지극

　㉠ 지축 : 지구의 회전축으로 지리학적으로 남극과 북극을 관통하는 축. 황도면과 23°26' 기울어져 있음

　㉡ 지극 : 지축의 양쪽 끝. 남극과 북극이 있음

③ 적도와 거등권

　㉠ 적도 : 지구의 자전축(지축)에 대하여 90°로 만나는 대권

　㉡ 거등권 : 적도와 평행한 소권

④ 자오선과 본초자오선

　㉠ 자오선 : 적도와 직교하는 대권

　㉡ 본초자오선 : 자오선 중 영국의 그리니치 천문대를 지나는 자오선으로 경도의 기준이자 세계시의 기준

　㉢ 항정선 : 지구 위의 모든 자오선과 같은 각도로 만나는 곡선으로, 선박이 일정한 침로를 유지하면서 항행할 때 지구 표면에 그리는 항적을 말함

⑤ 천정과 천저, 천의 극 **2023년 기출**

　㉠ 천정 : 관측자의 위치에서 수직 위쪽으로 연결한 직선이 천구와 만나는 점

　㉡ 천저 : 관측자를 지나는 연직선이 아래쪽에서 천체와 교차하는 점

　㉢ 천의 극 : 지구의 양극을 무한히 연장하여 천구와 맞닿는 점

　　• 천의 북극 : 지구의 북극을 무한히 연결해 천구와 만나는 점

　　• 천의 남극 : 지구의 남극을 무한히 연결해 천구와 만나는 점

⑥ 황도와 분점, 지점

　㉠ 황도 : 천구에서의 태양의 궤도. 즉, 지구에서 보았을 때 태양이 하늘을 1년간 이동하는 경로

　㉡ 분점

　　• 황도와 천구의 적도가 만나는 점으로, 태양이 이곳에 위치했을 때 지구 표면의 모든 지점에서 낮과 밤의 길이가 거의 같아짐(주야평분시)

　　• 북반구 기준 3월 주야평분시(황도좌표계상 0°)를 춘분, 9월 주야평분시(황도좌표계상 180°)를 추분이라 함

　㉢ 지점

　　• 춘분점과 추분점을 이은 선에 대하여 90° 떨어진 황도상의 점

　　• 태양이 천구의 북극에 가장 가까워지는 점(황도좌표계상 90°)을 하지점이라 하며 낮의 길이가 가장 긺

　　• 태양이 천구의 남극에 가장 가까워지는 점(황도좌표계상 270°)을 동지점이라 하며 밤의 길이가 가장 긺

(2) 항해 일반

① 항법 : 항공기 또는 선박을 어느 한 지점으로부터 일정의 다른 지점으로 소정의 시간에 도달할 수 있도록 유도하는 방법

② 항법의 분류

  ㉠ 지문항법 : 육지의 자연지형이나 인공건물 등을 컴퍼스·육분의 등의 기구를 이용하여 측정, 자선의 위치를 결정하고 항행하는 방법

  • 연안항법 : 연안의 물표를 관측하여 선위를 측정하는 방법

  • 추측항법 : 참조할 수 있는 지상 목표물이 없는 경우 사용하는 방법으로 컴퍼스, 속도계 등을 기초로 편류각을 측정하고 풍향 및 풍력 등을 구하여 항로에 대한 침로와 대지속도를 추측, 선위를 계산하여 항해하는 방법

  ㉡ 천문항법 : 태양·달·별 등의 천체를 이용하여 선위를 측정하고 항해하는 방법

  ㉢ 레이더, 데커 등 전파를 사용하는 계기를 통해 자선의 위치 및 항로를 측정하여 항해하는 방법

(3) 거리와 속력

① 거리

  ㉠ 자오선 **위도 1'을 기준**으로 하여 평균 거리를 사용

  ㉡ 1해리 : **위도 45°에서의 1'의 길이인 1마일(1,852m)**을 육지의 1마일(1,609m)과 구분하기 위하여 사용하는 단위

② 속력

  ㉠ 거리÷시간

  ㉡ 1노트(Knot) : 1시간에 1해리를 항주하는 선박의 속력

③ 대지속력과 대수속력 [2022년 기출] [2023년 기출] [2024년 기출]

  ㉠ 대수속력 : 물에 대한 선박의 속력

  ㉡ 대지속력 : 육지에 대한 속력. **목적지의 도착예정시간은 대지속력으로 계산**함

  ※ 선박이 3노트의 추진력으로 전진 항해 중 3노트의 조류를 정면에서 받을 경우
  • 대수속력 = 3노트
  • 대지속력 = 0노트

(4) 방위와 침로

① 방위

  ㉠ 정의 : 북을 000°로 하여 시계 방향으로 360°까지 측정한 것

  ㉡ 방위의 구분

진방위	물표와 관측자를 지나는 대권이 진자오선(진북)과 이루는 교각
자침방위	물표와 관측자를 지나는 대권이 자북과 이루는 교각
나침방위	물표와 관측자를 지나는 대권이 나북과 이루는 교각
상대방위	선수 방향을 기준으로 하는 방위

② 침로
  ㉠ 정의 : 선수미선과 선박을 지나는 자오선이 이루는 각. 나침반의 지시에 따라 선박이 다니는 항로
  ㉡ 침로의 구분

진침로	진자오선(진북)과 항적이 이루는 각
시침로	풍압차 혹은 유압차가 있을 때 진 자오선과 선수미선이 이루는 각. 풍압차나 유압차가 없을 경우 진침로와 동일하므로 **풍압차나 유압차가 있을 경우에만 사용**
자침로	자기 자오선과 선수미선이 이루는 각
나침로	나침반의 북쪽과 선수미선이 이루는 각

③ 풍압차 : 선박이 항행할 때 바람 혹은 조류의 영향으로 선수미선과 항적이 일치하지 않게 되는 현상
④ 방위와 침로의 개정
  ㉠ 나침로(혹은 나침방위)에서 자차와 편차를 수정. 진침로(진방위)를 구하는 것
  ㉡ 침로 개정 방법

방위 변경	방위를 360°식으로 변환
자차 수정(자침로)	나침로(방위)에 편동자차는 더하고 편서자차는 제하여 수정
편차 수정(진침로)	자침로(방위)에 편동편차는 더하고 편서자차는 제하여 수정

※ 침로의 반개정(진침로에서 자침로 혹은 나침로를 구하는 것)은 개정의 반대 순으로 구함

2. 선위와 선위 측정법

(1) 선위

① 선위의 종류
  ㉠ 실측위치(Fix) : 어떠한 관측 혹은 측정에 따라 얻어지는 선위
  ㉡ 추측위치(DRP)
    • 가장 최근에 얻은 실측위치를 기준으로 그 후 조타한 진침로 및 속력에 의해 결정된 선위
    • 조류, 해류 및 바람 등의 외력 요소는 고려하지 않은 선위
  ㉢ 추정위치(EP) : 추측위치에서 조류, 해류 및 풍압차 등의 외력을 고려하여 구한 선위

② 위치선(LOP) `2022년 기출` `2023년 기출`
  ㉠ 정의
    • 어떠한 물표를 관측하여 얻은 방위, 거리, 고도 등을 만족시키는 점의 자취
    • 관측을 실시한 선박이 그 자취 위에 존재한다고 생각되는 특정한 선
    • 2개 또는 그 이상의 위치선들의 교점을 구하여 선위를 나타냄
  ㉡ 위치선의 종류
    • 방위선에 의한 위치선 : 컴퍼스로 물표를 관측하여 얻은 방위선
    • 수평협각에 의한 위치선 : 두 물표 사이의 수평협각을 육분의로 측정하고, 두 물표를 지나며 측정한 각을 품는 원을 해도상에 작도하여 구한 방위선

- 중시선에 의한 위치선 : 두 물표가 일직선상에 겹쳐 보일 때 그들 물표를 연결하여 얻은 방위선. 이 때, 관측자와 가까운 물표 사이의 거리가 두 물표 사이의 거리의 3배 이내이면 **매우 정확한 위치선**이 되며 선위, 피험선, 컴퍼스 오차 측정, 선속 측정 등에 이용됨
- 전위선에 의한 위치선 : 위치선을 그동안 항주한 거리만큼 동일한 침로 방향으로 평행 이동하여 구한 위치선

(2) 선위의 측정

① 교차방위법 2022년 기출 2023년 기출 2024년 기출
  ㉠ 동시에 2개 이상의 물표를 측정하고 그 방위선을 이용하여 선위를 측정하는 방법
  ㉡ 측정법이 간단하고 선위의 정밀도가 높아 연안 항해 중 가장 많이 이용되는 방법
  ㉢ 물표 선정 시 주의사항
    - 해도상의 위치가 명확하고 뚜렷한 물표를 선정할 것
    - 먼 물표보다는 적당히 가까운 물표를 선정할 것
    - 물표 상호 간의 각도는 30~150°인 것을 선정하며 물표가 둘일 때는 90°, 셋일 때는 60° 정도가 가장 적절함
    - 물표가 많을 때에는 3개 이상을 선정하는 것이 정확도가 높음
  ㉣ 방위 측정 시 주의사항
    - 방위 변화가 빠른 물표는 나중에, 즉 선수미 방향이나 먼 물표를 먼저 측정하고 정횡 방향이나 가까운 물표는 나중에 측정할 것
    - 방위 측정은 빠르고 정확히 하며 해도상에 방위선을 작도할 때도 신속하게 할 것
    - 위치선은 전위를 고려하여 관측 시간과 방위를 기입하며 선위 또한 그 관측시간을 항상 기입할 것
  ㉤ 오차삼각형
    - 교차방위법으로 선박 위치를 결정할 때 관측한 3개의 방위선이 한 점에서 만나지 않고 작은 삼각형을 이루는 현상
    - 일반적으로는 오차삼각형의 중심을 선위로 하나 삼각형이 너무 클 경우 방위를 다시 측정해야 함
    ※ **오차삼각형의 발생원인**
      - 자차 혹은 편차 등의 오차가 있을 경우
      - 해도상의 물표 위치가 실제와 차이가 있을 경우
      - 물표의 방위를 거의 동시에 관측하지 못하고 시간차가 많이 생겼을 경우
      - 관측이 부정확했을 경우
      - 해도상에 위치선을 작도할 때 오차가 발생했을 경우

② 2개 이상의 물표의 수평 거리에 의한 방법
  ㉠ 2개 이상의 물표의 수평 거리를 레이더로 동시에 측정하여 각각의 위치권의 교점을 선위로 결정하는 방법
  ㉡ 물표가 가깝고 위치권의 교각이 90°에 가까울수록 선위의 정밀도가 높음

③ 방위거리법
  ㉠ 한 물표의 방위와 거리를 동시에 측정하여 그 방위에 의한 위치선과 수평거리에 의한 위치선과의 교점을 선위로 정하는 방법
  ㉡ 물표가 하나밖에 없을 때 주로 레이더에 의해 사용됨

④ 중시선에 의한 방법 [2023년 기출]
  ㉠ 두 중시선이 서로 교차할 때 이들의 교점을 선위로 하는 방법
  ㉡ 매우 정확한 선위측정법으로 협수로 통과 시 변침점을 구할 때나 자선의 자차 측정 등에 사용됨

⑤ 수평협각법
  ㉠ 육분의를 이용해 뚜렷한 물표 3개의 수평협각을 측정
  ㉡ 삼간각도기를 사용하여 이들의 협각을 각각의 원주각으로 하는 원의 교점을 선위로 정하는 방법

1. 해도

(1) 해도의 정의와 분류

① 정의 : 암초 등 위험물의 위치를 포함하여 항해 중 자선의 위치를 알아내기 위한 해안의 목표물과 육지의 모양 및 바다에서 일어나는 조석 및 조류의 방향, 속도 등이 표시되어 있는 바다의 지도

② 해도의 분류 `2022년 기출` `2023년 기출`

　㉠ 도법에 의한 분류

평면도	• 지구 표면의 좁은 한 구역을 평면으로 간주하고 그린 축척이 큰 해도 • 주로 항박도에 많이 이용
점장도	• 지구 표면상의 항정선을 평면 위에 직선으로 나타내기 위해 고안된 도법 • 항해에 사용할 때 가장 편리하여 항박도 이외의 해도는 **거의 대부분이 점장도** • 거리 측정 시에는 **위도**의 눈금을 기준으로 측정 • 두 지점 간 방위 측정 시에는 두 지점의 연결선과 자오선의 교각으로 측정 • **고위도**로 갈수록 거리 및 면적, 모양 등이 **왜곡**되므로 위도 70° 이하의 지역에서 사용하기 적당함
대권도	• 지구의 중심에 시점을 두고 지구상의 한 점에 접하도록 투영면에 경위선을 투시하는 도법 • 접점에서 주변부로 갈수록 축척이 확대되고 형태가 심하게 왜곡됨 • 두 지점 간의 최단거리를 나타내기 용이하여 선박이 원양항해를 할 때 항해거리의 단축을 위해 많이 사용하는 도법

　㉡ 사용 목적에 의한 분류

　　• 항해용 해도 : 가장 널리 쓰여지고 출판되는 종수가 많아 통상 해도를 가리킬 때 항해용 해도를 의미함

총도 (1/400만 이하)	• 지구상의 넓은 구역을 한 도면에 수록한 해도 • 원거리 항해 및 항해계획 수립에 사용
항양도 (1/100만 이하)	• 먼 바다의 수심, 주요 등대·등부표 및 먼 바다에서도 볼 수 있는 육상의 목표물들이 표시된 해도 • 원거리 항해에 사용됨
항해도 (1/30만 이하)	• 선박의 위치를 물표를 통해 결정할 수 있도록 제작된 해도 • 육지와 떨어져 항해할 때 가장 많이 사용되는 해도
해안도 (1/5만 이하)	• 연안의 여러 가지 물표와 지형 등이 매우 상세히 표현되어 있는 해도 • 연안 항해에 주로 사용됨
항박도 (1/5만 이상)	• 항만, 협수로, 투묘지, 어항, 해협 등과 같은 좁은 구역을 상세히 표시한 해도 • 평면도법으로 제작된 해도

　　• 특수도 : 항해 참고, 학술, 생산 및 자원개발 등에 이용하기 위한 해도

어업용 해도	일반 항해용 해도에 각종 어업에 필요한 제반자료를 도시하여 제작한 해도로서, 해도번호 앞에 "F" 자를 기재
기타 특수도	위치기입도, 영해도, 세계항로도 등

ⓒ 종이해도 `2022년 기출` `2023년 기출` `2024년 기출`
  • 해도용 연필을 사용하는 것이 좋음
  • 정보 : 해도의 축척, 해안선, 등심선, 수심, 등대나 등부표, 간행연월일, 나침도 등
ⓔ 전자해도(ECDIS)
  • 선박의 항해와 관련된 모든 정보, 즉 해도 정보 · 위치 정보 · 선박의 침로 · 속력 · 수심 자료 등을 종합하여 항해용 컴퓨터 화면상에 표시하는 해상지리 정보자료시스템
  • 컴퓨터 통제하에 선박자동항법장치 및 항만관제시스템과 연결, 선박의 좌초 혹은 충돌 등 위험상황을 미리 경고함으로써 해양사고를 방지(자동조타장치와 연동 시 조타장치 제어 가능)
  • 최적의 항로 선정을 위한 정보 제공으로 수송비용을 절감
  • 해상교통처리 능력을 증대시키고 사고 발생 시 원인 규명에 큰 도움

③ 해도의 정보 `2023년 기출`
  ㉠ 표기 : 해도상에 표시된 대부분의 정보는 **기호와 약어**로 나타냄
  ㉡ 축척 : 지표상의 실제 거리와 지도상에 나타낸 거리와의 비
  ㉢ 표제 : 지명, 도명, 축척, 수심과 높이의 단위, 도법명, 측량 연도 및 자료 출처, 조석 관련 기사, 측지계, 기타 용도상의 주의 가서 등이 기재됨
  ㉣ 나침도
    • 외곽은 진북을 가리키는 진방위권을, 안쪽은 마그네틱 컴퍼스가 가리키는 나침 방위권을 표시
    • 지자기에 따른 자침 편차와 1년간의 변화량인 연차가 함께 기재되어 있음
      예 6° 30'W 2001(1'W) → 2001년 측정 당시 해당 지역의 편차가 서쪽으로 6도 30분 있으며, 매년 1분씩 서쪽으로 증가함
  ㉤ 수심
    • 항해의 안전성을 고려하여 해면이 이보다 아래로 내려가는 일이 없는 면, 즉 **기본수준면(약최저저조면)**을 기준으로 측정한 깊이를 표시
    • 실제 측정한 수심은 해도의 수심보다 **약간 깊거나 같음**
    • 단위 : 미터(m)
  ㉥ 저질 : 해저의 저질 또는 퇴적물 등을 규정된 약어로 기재
  ㉦ 해저 위험물
    • 간출암, 침선, 어초, 해저선 등 항해에 위험이 될 수 있는 장애물을 기재
    • 위험물의 높이는 **기본수준면**을 기준으로 측정하여 기재함
  ㉧ 높이 : 물표 등 육지 부분의 높이는 **평균수면**을 기준으로 측정하여 기재함
  ㉨ 해안선 : 약최고고조면에서의 수륙경계선으로 항박도를 제외하고는 대부분 실선으로 기재함
  ㉩ 등심선 : 해저의 기복 상태를 알기 위해 같은 수심의 장소를 연결하는 실선
  ㉪ 조류 화살표 : 조류의 방향과 대조기의 최강 유속을 나타냄

(2) 해도의 사용법

① 해도 작업에 필요한 도구 : 삼각자(방위 측정), 디바이더(거리 측정), 컴퍼스, 지우개 및 연필(2B, 4B)

② 해도의 이용

　㉠ 경·위도의 측정 : 측정 지점을 지나는 자오선을 긋고 경도·위도 눈금을 이용해 측정

　㉡ 두 지점 간의 방위(침로) 측정 : 해도에 그려져 있는 나침도를 이용하여 측정

　㉢ 두 지점 간의 거리 측정 : 두 지점에 디바이더의 발을 각각 정확히 맞추어 그 간격을 재고 이를 두 지점의 위도와 **가장 가까운 위도의 눈금**에 대어 측정

③ 해도 사용 시 주의사항

　㉠ 해도의 선택 : 항해 목적에 따른 적합한 축척의 해도를 선택하며 최근의 변경 사항이 수정되었는지 확인한 후 구입할 것

　㉡ 위성 항법 장치를 이용해 선위를 측정할 경우 항법 장치와 사용 해도의 측지계 일치 여부를 반드시 확인하고 일치하지 않을 경우 거리 오차를 수정하여 해도에 기입할 것

　㉢ 보관 시 반드시 펴서 보관하고, 부득이하게 접어야 할 경우 구김살이 생기지 않도록 주의

　㉣ 운반 시에는 둥글게 말아 운반

　㉤ 해도는 발행 기관별 번호 순서로 정리하고, 항해 중에는 사용할 것과 사용한 것을 분리하여 정리

　㉥ 연필은 2B나 4B를 사용하되 끝은 납작하게 깎아서 사용할 것

④ 해도의 도식 〔2022년 기출〕 〔2023년 기출〕 〔2024년 기출〕

　㉠ 정의 : 해도상에 여러 가지 사항들을 표시하기 위하여 사용되는 특수한 기호 및 약어

　㉡ 저질

Wk	침선	Wrecked	Rf	암초	Reef
S	모래	Sand	Sn	조약돌	Stone
M	뻘	Mud	P	둥근 자갈	Pebbles
G	자갈	Gravel	Rk, rky	바위	Rock, rocky
Oz	연니	Ooze	Co	산호	Coral
Cl	점토	Clay	Sh	조개껍질	Shells
Oys	굴	Oysters	Wd	해초(바닷말)	sea-weed
gty	잔모래	Gritty			
c	거친	Coarse	fne	가는	Fine
So	연한	Soft	h	굳은	Hard
w	백색	White	bl	흑색	Black
vi	자색	Violet	b	청색	Blue
gn	녹색	Green	gy	회색	Gray
y	황색	Yellow			

　㉢ 위치

PA	개략적인 위치	PD	의심되는 위치
ED	존재가 의심되는 대상	SD	의심스러운 수심(계측이 부정확한 수심)

ㄹ 위험물

(3_5)
○ : 노출암 / 섬(높이 값)

✿ ✳ : 간출암(해수면이 가장 낮을 때 보이는 바위)

╬ : 세암(해수면과 거의 같은 높이의 바위)

✛ : 암암(물 속의 바위)

〜 : 해초

◌ ◠ : 장애물 지역(위험 한계선)

◌3◌ : 장애물 지역(측량에 의해 깊이를 확인함)

╬╬ : 침선(물 속에 가라앉은 배)

⬚╬╬⬚ : 침선(물 속에 가라앉아 항해에 위험한 배)

⬟ : 침선(물 속에 가라앉아 선체가 보이는 배)

ㅁ 해도의 수심 및 높이 기준
- 수심, 조고 및 위험물 : 기본수준면(약최저저조면)
- 물표의 높이, 등대의 등고 : 평균수면
- 해안선 : 약최고고조면

2. 수로서지와 해도의 개정

(1) 수로서지

① 정의 : 해도 이외에 항해에 도움을 주는 모든 간행물을 통틀어 지칭

② 분류

ㄱ 항로지
- 해도에 표현할 수 없는 사항을 설명하는 안내서로 항해 시 또는 항만 입·출항 시 활용
- 항로 상황과 연안의 지형, 항만 시설 등이 기재됨
- 총기와 연안기, 항만기의 3편으로 나누어 기술됨
- 해상에 있어서의 기상, 해류, 조류 등의 여러 현상과 도선사, 검역, 항로표지 등의 일반기사 및 항로의 상황, 연안의 지형, 항만의 시설 등이 기재되어 있는 수로서지
- 국립해양조사원에서는 연안항로지, 근해항로지, 원양항로지, 중국 연안항로지 및 말라카해협 항로지 등을 발간함

ㄴ 특수서지 : 항로지 외에 참고 자료를 제공하는 등대표, 조석표, 천측력, 국제신호서 등

(2) 특수서지 `2022년 기출` `2024년 기출`

① 등대표

ㄱ 선박을 안전하게 유도하고 선위 측정에 도움을 주는 주간·야간·음향·무선표지를 상세하게 수록

ㄴ 항로표지의 명칭과 위치, 등질, 등고, 광달거리, 색상과 구조 등이 자세히 기재됨

ㄷ 우리나라의 등대표는 동해안 → 남해안 → 서해안을 따라 시계 방향으로 일련번호를 부여

② 조석표
  ㉠ 각 지역의 조석 및 조류에 대하여 상세하게 기술한 서지로 조석 용어의 해설을 포함
  ㉡ 표준항에 대한 조시 · 조고에 대한 개정수를 수록하여 표준항 이외 항구의 조시 · 조고를 구할 수 있도록 되어 있음
  ㉢ 한국 연안의 조석표는 1년마다, 태평양 및 인도양에 관한 조석표는 격년으로 간행

③ 국제신호서
  ㉠ 선박의 항해와 인명의 안전에 위급한 상황이 생겼을 경우 상대방에게 도움을 요청할 수 있도록 국제적으로 약속한 부호와 그 의미를 상세하게 설명한 책
  ㉡ 신호기, 발광, 음향, 확성기에 의한 음성, 무선, 수신호 등
  ㉢ 일반 부문, 의료 부문, 조난 신호 부문의 3편으로 나뉘어 있음

④ 기타 수로서지 : 수로도서지 목록, 해상거리표, 해도도식, 천측력, 조류도, 속력 환산표 등

(3) 해도 및 수로서지의 개정

① 항행 통보 [2023년 기출] [2024년 기출]
  ㉠ 정의 : 직접 항해 및 정박에 영향을 주는 사항들(암초 · 침선 등 위험물의 발견, 수심의 변화, 항로표지의 신설 등)을 항해자에게 통보하는 것
  ㉡ 간행 주기 : 국문판 · 영문판 **매주** 간행

② 해도의 개정 및 소개정 [2022년 기출]
  ㉠ 개판 : 새로운 자료에 의해 해도의 내용을 전반적으로 개정하거나 해도 원판을 새로 만드는 것(항행 통보에 통보)
  ㉡ 재판 : 현재 사용 중인 해도의 부족 수량을 충족시킬 목적으로 원판을 일부 수정하여 다시 발행하는 것(항행 통보에 통보하지 않음)
  ㉢ 소개정 : 매주 간행되는 항행 통보에 의해 **직접 해도를 수정 · 보완**하여 고치는 것. 개보 시에는 붉은색 잉크를 사용하고 불필요한 부분은 두 줄을 그어 삭제함

③ 수로서지의 개정
  ㉠ 해도와 마찬가지로 내용 변경 시 항행 통보에 의하여 개정
  ㉡ 개정 시 수로서지의 앞부분에 있는 '개정 이력'란에 통보 연도수와 통보 항수를 기입

3. 항로표지

(1) 항로표지의 정의와 종류

① 항로표지 : 선박 통항량이 많은 항로, 항만, 협수로, 연안 해역 등에서 주 · 야간에 관계없이 짧은 시간 안에 식별이 가능하여 자선의 위치를 정확하게 알 수 있도록 하는 인위적 시설물

② 야간표지
  ㉠ 정의 : 등화에 의해서 그 위치를 나타내며 주로 야간의 목표가 되는 항로표지(주간에도 물표로 이용)

ⓛ 구조에 따른 분류 [2022년 기출] [2023년 기출] [2024년 기출]

등대	• 탑 모양의 대표적 야간표지 • 강렬한 빛을 이용해 위치, 원근 등을 표시 • 등색의 경우 우리나라에서는 **백색 · 황색 · 녹색 · 적색**을 사용
등주	• 쇠나 나무, 콘크리트 등으로 만든 기둥 모양의 꼭대기에 등을 달아 놓은 것 • 주로 항구 내에 설치되나 최근에는 대부분 등대로 대체됨
등선	• 등화 시설을 갖춘 특수한 구조의 선박으로 등대의 설치가 어려운 곳에 설치 • 육지에서 멀리 떨어진 해양 혹은 항로의 중요 위치에 있는 사주 등을 알리기 위해 설치
등표	• 위험한 암초, 수심이 얕은 곳, 항행금지구역 등의 위험을 표시하기 위해 설치한 고정 건축물 • 선박의 좌초를 예방하고 항로를 지도하기 위하여 설치
등부표	• 등대와 함께 가장 널리 쓰이고 있는 야간표지 • 암초, 수심이 얕은 곳 등 장애물이나 위험성을 표시하기 위해 해면에 띄우는 구조물 • 주간에는 형상으로, 야간에는 광파로 위험을 표시함

ⓒ 용도에 따른 분류 [2023년 기출]

도등	**통항이 곤란한 수도나 좁은 항만의 입구** 등에서 항로의 연장선상에 2~3기씩 설치하여 그 중시선으로 선박을 안내하는 등화
가등	등대를 수리하거나 개축하는 등의 공사를 진행할 때 **임시로 가설**하는 등화
임시등	선박의 출입이 빈번한 계절에만 임시로 점등되는 등화
부등	등대 부근에 위험한 구역이 있는 경우 그 위험 구역만을 비추기 위해 설치되는 등화
조사등	등부표의 설치 · 관리가 어려운 위험지역을 강력한 투광기로 비추는 등화시설
지향등	• 좁은 수로나 항구, 만 등에서 선박에 안전한 항로를 안내하기 위해 **항로 연장선상의 육지에 설치한 분호등** • 백색등은 안전수역을, 홍색 또는 녹색등은 위험수역을 나타냄

ⓔ 등질에 따른 분류 [2022년 기출] [2023년 기출] [2024년 기출]

부동등 (F.)	등색이나 광력이 바뀌지 않고 일정하게 빛을 내는 등
명암등 (Occ)	• 일정 광력으로 빛을 내다 일정한 간격으로 빛이 꺼지는 등 • 빛을 내는 시간이 꺼지는 시간보다 길거나 그와 같음
군명암등 (GP.Occ(*))	• 명암등의 일종으로 한 주기 동안에 2회 이상 꺼지는 등 • 켜져 있는 시간의 총합은 꺼져 있는 시간과 같거나 그보다 김
섬광등 (Fl.)	• 일정한 간격으로 짧은 섬광을 발사하는 등 • 빛을 비추는 시간이 꺼져 있는 시간보다 짧음
군섬광등 (GP.Fl(*))	섬광등의 일종으로 1주기 동안 2회 이상의 섬광을 내는 등
급섬광등 (Qk.Fl)	섬광등의 일종으로 1분 동안 50회 이상, 80회 이하의 섬광 발생
호광등 (Alt.)	색깔이 다른 종류의 빛을 **교대로** 내는 등으로 그 사이에 등광은 꺼지지 않음
분호등	• **동시에 서로 다른 지역을 각기 다른 색깔로** 비추는 등 • 호광등과 달리 등광의 색깔이 바뀌지는 않음

ⓜ 주기, 등색, 등고 및 점등 시간
- 주기 : 정해진 등질이 반복되는 시간을 말하며 초(s) 단위로 표시
- 등색 : 등화에 이용되는 색으로 우리나라는 **백색과 적색, 녹색, 황색**을 사용
- 등고 : 평균수면에서 등화의 중심까지의 높이
- 점등 시간 : 특정한 것을 제외하고는 일몰시부터 일출시까지 점등하나 날씨에 따라 점등 시간 이외에도 점등함

ⓑ 광달거리 `2022년 기출` `2023년 기출`
- 등광을 알아볼 수 있는 최대 거리로 해도상에서는 해리(M)로 표시
- 등화의 높이, 광력, 시계, 대기 상태, 등고, 계절 등 다양한 요소에 의해 영향을 받음

※ 등질의 표시
ⓔ Gp.Fl.(4).30s.20M : 군섬광등으로 30초 간격으로 4번의 연속적인 섬광을 반복하며 광달거리는 20해리

③ 주간표지
ㄱ 정의 : 점등 장치가 없는 표지로 그 모양과 색깔로 식별
ㄴ 주간표지의 종류 `2022년 기출` `2023년 기출` `2024년 기출`

입표	• 암초, 사주, 노출암 등의 위치를 표시하기 위하여 설치된 경계표 • 등광을 함께 설치하면 등표가 됨
부표	• 비교적 항행이 곤란한 장소나 항만의 유도표지로 항로를 따라 설치하는 표지 • 등광을 함께 설치하면 등부표가 됨
육표	• 입표의 설치가 곤란한 경우 육상에 설치하는 표지 • 등광을 함께 설치한 것을 등주라 함
도표	• 좁은 수로의 항로를 표시하기 위하여 **항로의 연장선상**에 앞뒤로 설치된 2기 이상의 육표와 방향표 • 등광을 함께 설치할 경우 도등이라 함

④ 음향표지
ㄱ 정의 : 시계가 좋지 않아 육지나 등화를 발견하기 어려운 경우 음향신호를 통해 위치 혹은 위험을 알리는 표지
ㄴ 음향표지의 종류 `2022년 기출` `2023년 기출`

에어 사이렌	압축공기를 이용해 사이렌을 울리는 표지
모터 사이렌	전동기를 이용해 사이렌을 울리는 표지
다이어폰	압축공기를 이용해 **피스톤을 왕복**시켜 소리를 내는 표지
다이어프램 폰	전자력을 이용해 발음판을 진동시켜 소리를 내는 표지
무종	가스의 압력 혹은 기계 장치로 종을 쳐 소리를 내는 표지
타종 부표	부표의 꼭대기에 종을 달아 파랑에 의한 흔들림을 이용해 종을 울리는 표지
취명 부표	파랑에 의한 부표의 진동을 이용해 공기를 압축, 소리를 내는 표지

ㄷ 음향표지 사용 시 주의사항
- 음향표지는 안개, 눈 등 시계가 나빠 항행에 지장을 초래할 우려가 있을 경우에 한해 사용
- 음향 신호의 전달 거리는 대기의 상태 및 지형에 따라 변할 수 있으므로 신호음의 방향 및 강약만으로 신호소의 거리나 방위를 판단하지 말 것
- 음향 신호에만 의지할 것이 아니라 측심의나 레이더 등을 함께 활용하여 경계할 것

⑤ 전파표지(무선표지)
  ㉠ 정의
    • 전파의 특징인 **직진성 · 반사성 · 등속성**을 이용하여 선박의 위치를 측정할 수 있도록 개발된 항로표지
    • 기상 상황에 관계없이 항상 넓은 지역에 걸쳐서 이용이 가능함
  ㉡ 무선방위표지국 [2022년 기출] [2023년 기출]

무선 방향 탐지국 (RDF)	육상이나 등선 등 고정국에서 표지 전파를 발사하면 해당 전파를 수신하여 그 방위를 측정하는 기기
유도 비컨	2개의 전파를 발사해 선박이 안전 항로상에 있으면 연속음을 들을 수 있도록 전파를 발사하는 표지
레이더 반사기	• **전파의 반사 효과를 증폭**시키기 위한 장치로 부표, 등표 등에 설치하는 반사판 • 레이더에 의한 최대 탐지 거리가 2배가량 증가함
레이마크	• 선박의 레이더 영상에 송신국의 방향이 **밝은 선(휘선)**으로 나타나도록 전파를 발사하는 표지 • 일정한 지점에서 레이더 파를 지속적으로 발사함
레이콘	• 선박 레이더에서 발사된 **전파를 받았을 때만 응답** • 레이더에 식별 가능한 일정한 형태가 나타나도록 신호를 발사하는 표지
레이더 트랜스폰더	• 레이더 반사파를 강하게 하고 방위와 거리 정보를 제공(레이콘과 유사) • 정확한 질문을 받거나 송신이 국부 명령으로 이루어질 때 관련 자료를 자동적으로 송신 • 송신 내용에는 부호화된 식별 신호 및 데이터가 있어 레이더 화면상에 나타남
토킹 비콘	음성 신호를 3자리 숫자로 방송하여 선박의 방위를 측정할 수 있도록 하는 표지

  ㉢ 항법용 표지국 [2022년 기출] [2023년 기출]

로란-C국	선박에 설치된 로란-C 수신기를 이용. 선위를 측정할 수 있도록 전파를 발사하는 시설
GPS	GPS 위성에서 발사되는 전파를 GPS 수신기로 받아 선위를 측정

  ※ GPS의 오차 원인
    • 구조적 요인에 의한 오차 : 위성 궤도의 오차, 수신기의 오차, 대기권 전파 지연 오차
    • 인공위성의 배치 상태에 따른 오차 : 기하학적 오차
    • SA에 의한 오차
  ※ DGPS : GPS와 같은 위성으로부터 서로 다른 수신기로 전해져 오는 신호를 분석함으로써 오차를 상쇄시키고 더욱 정밀한 위치 정보를 획득하는 기술

(2) 국제 해상 부표식(IALA System)
  ① 정의 : 전 세계를 A와 B의 두 지역으로 나누어 부표식의 형식과 적용 방법을 통일하여 적용하도록 한 것
  ② 지역 구분
    ㉠ A 지역 : 유럽, 아프리카, 인도양 연안
    ㉡ B 지역 : 우리나라, 일본, 미국, 카리브해 지역, 아메리카, 필리핀 인근의 동남아시아 지역
  ③ 측방표지(B 지역) : 항행하는 수로의 좌 · 우측 한계를 표시하기 위해 설치된 표지 [2023년 기출] [2024년 기출]

좌현표지(녹색)	표지의 위치가 항로의 좌측 끝, 우측이 가항수역
우현표지(적색)	표지의 위치가 항로의 우측 끝, 좌측이 가항수역

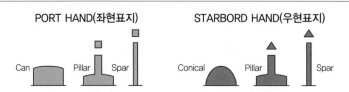

| PORT HAND(좌현표지) | | | STARBORD HAND(우현표지) | | |

좌현표지와 우현표지

④ 방위표지 `2022년 기출` `2023년 기출` `2024년 기출`

　㉠ 장애물을 중심으로 그 주위를 4개 상한으로 나누어 표시

　㉡ 표지의 색은 흑색 바탕에 황색 띠, 두표는 2개의 원뿔꼴을 각 방위에 따라 달리 부착

북방위표지	표지의 북쪽이 가항수역, 남쪽에 장애물
남방위표지	표지의 남쪽이 가항수역, 북쪽에 장애물
동방위표지	표지의 동쪽이 가항수역, 서쪽에 장애물
서방위표지	표지의 서쪽이 가항수역, 동쪽에 장애물

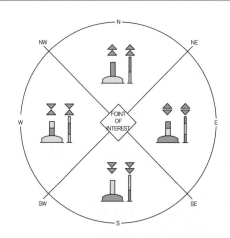

방위표지

⑤ 고립장애표지

　㉠ 표지 부근에 암초, 여울, 침선 등의 고립된 장애물이 있음을 나타냄

　㉡ 표지의 색은 흑색 바탕에 1개 이상의 적색 띠, 두표는 **2개의 흑구를 수직으로 부착**

　㉢ 등광으로 표시할 경우 백색등을 사용하며, 등질은 군2섬광(GP.Fl(2))

⑥ 안전수역표지

　㉠ 표지 주위가 가항수역, 혹은 표지의 위치가 항로의 중앙임을 나타냄

　㉡ 표지의 색은 적색과 백색의 세로 방향 줄무늬, 두표는 1개의 적색구를 부착

　㉢ 등광으로 표시할 경우 백색등을 사용하며, 등질은 등명암광(Occ) 등

⑦ 특수표지 [2023년 기출]
  ㉠ 표지의 위치가 특수 구역의 경계이거나 그 위치에 특별한 시설이 존재함
  ㉡ 표지의 색은 황색, 두표는 황색으로 된 1개의 ×자형 형상물 부착
  ㉢ 등광으로 표시할 경우 황색등을 사용하며, 등질은 임의로 설정
⑧ 신위험물표지
  ㉠ 표지 부근에 수로도지에 등재되지 않은 **새롭게 발견된 위험물**이 있음을 나타냄
  ㉡ 표지의 색은 치수가 동일한 청색/황색의 **수직 줄무늬를 최소 4줄**, 최대 8줄까지 표시하고 형상은 망대 또는 원주형으로 함
  ㉢ 두표는 수직/직각을 이루는 **황색 십자형 1개**로 표시
  ㉣ 등광으로 표시할 경우 황색과 청색을 교차점등하며, 등질은 1주기를 3초로 하는 호광등

IV 기상 및 해상

1. 기상 요소 및 관측

(1) 기온

① 기온의 구분

    ㉠ 섭씨온도(℃) : 1기압에서 물의 어는점을 0°, 끓는점을 100°로 하여 그 사이를 100등분한 온도

    ㉡ 화씨온도(℉) : 1기압에서 물의 어는점을 32°, 끓는점을 212°로 하여 그 사이를 180등분한 온도

        ※ 섭씨온도와 화씨온도의 변환 : ℉ =(9/5)n℃ +32 예 (9÷5)×30℃ +32=86℉

    ㉢ 이슬점온도

        • 일정한 기압하에서 수분의 증감 없이 공기가 냉각되어 포화상태가 되면서 응결이 일어날 때의 대기 온도, 즉 상대습도가 100%일 때의 온도

        • 대기 중의 수증기량을 나타내는 척도가 되기도 함

② 기온의 측정

    ㉠ 일반 기온 : 지상 1.5m 높이의 대기 온도를 측정

    ㉡ 해상 기온 : 해면상 약 10m 높이의 대기 온도를 측정

③ 온도계

    ㉠ **수은 온도계** : 유리와 수은 간의 팽창 계수 차를 이용한 온도계로 저렴하고 편리하여 가장 많이 사용

    ㉡ 알코올 온도계 : 저온을 측정하는 데 사용

    ㉢ 빗물, 해수, 태양광선 등이 닿지 않도록 하며 통풍이 잘 되는 곳에 설치

(2) 기압 [2022년 기출] [2023년 기출]

① 정의 : 대기의 압력으로 단위 면적에 수직으로 작용하는 힘

② 측정 단위 : mb(밀리바), mmHg(수은주밀리미터), Pa(파스칼), hPa(헥토파스칼), kgf/cm² 등

    ※ 대기압 : 1[atm]=760[mmHg]=1.03322[kgf/cm²]=1.01325[bar]=1,013.25[hPa]

③ 고기압과 저기압 [2022년 기출] [2023년 기출] [2024년 기출]

저기압(L)	고기압(H)
• 주변보다 기압이 낮은 것 • 북반구 기준 바람은 중심부를 향해 반시계방향으로 불어 들어옴 • 중심에서 반시계 방향으로 공기가 수렴하여 상승기류가 발달하므로 일반적으로 날씨가 좋지 않음 • 전선 저기압(온대 저기압), 역적 저기압, 지형성 저기압 등	• 주변보다 기압이 높은 것 • 북반구 기준 바람은 중심부에서 시계방향으로 불어 나감 • 중심에서 시계 방향으로 공기가 발산하고, 하강기류가 발달하여 발산된 공기를 보충하므로 일반적으로 날씨가 좋음 • 온난 고기압, 한랭 고기압, 이동성 고기압 등

④ 등압선

    ㉠ 기압이 같은 지점을 연결한 선

    ㉡ 등압선의 간격이 좁을수록 기압경도력이 커져 바람이 강하게 발생함

⑤ 기압계

   ⑦ 아네로이드 기압계 : 기압의 변화에 따른 수축과 팽창으로 금속용기의 두께가 변하는 것을 이용하여 기압을 측정하며 선박에서 주로 사용

   ⓒ 수은 기압계 : 정밀도가 높고 기압의 절대 측정이 가능하여 지상의 기압 관측용 계기로 표준적인 기압계

   ⓒ 자기 기압계 : 시간에 따른 기압의 연속적인 변화를 기록하는 기기

(3) 습도

① 습도의 구분

상대습도	• 포화 수증기압에 대한 현재 수증기압의 비 • 일반적으로 습도라 함은 상대습도를 지칭
절대습도	공기 1m³ 중에 포함된 수증기의 양을 g으로 나타낸 것

② 습도계의 종류 [2022년 기출]

   ⑦ 건습구 습도계 : 물이 증발할 때 발생하는 냉각에 의한 온도차를 이용하는 습도계로 선박에서 주로 사용하는 습도계

   ⓒ 모발 습도계 : 모발과 같이 유기물 섬유가 습도에 따라 변형(팽창 · 수축)되는 것을 이용한 습도계

(4) 바람 [2022년 기출]

① 풍향

   ⑦ 바람이 **불어오는** 방향

   ⓒ 정시 관측 시각 전 10분간의 평균 방향을 16방위로 표시

② 풍속

   ⑦ 바람의 세기

   ⓒ 점시 관측 시작 전 10분간의 평균 속도를 표시

   ⓒ 육상에서는 주로 m/s를, 해상에서는 노트(knot)를 함께 사용

   ⓔ 1m/s=1.9424knot

③ 바람에 작용하는 힘 : 바람은 지구의 자전으로 인한 **전향력**, 지표면의 기복에 의해 발생하는 **마찰력**, 대기압의 공간적 차에 의해 발생하는 **기압경도력** 등이 작용하여 발생

(5) 구름, 안개, 시정

① 구름 : 물방울이나 작은 얼음입자가 모여 하늘에 떠 있는 것

② 안개 : 대기 중의 수증기가 응결하여 지표 가까이에 작은 물방울이 떠 있는 현상

③ 시정

   ⑦ 대기의 혼탁한 정도를 나타낸 것이며, 정상적인 육안으로 멀리 떨어진 목표물을 인식할 수 있는 최대 거리

   ⓒ 거리에 따라 0~9계급으로 나뉨

2. 대기의 운동

(1) 기단과 전선

① 기단 `2022년 기출` `2023년 기출` `2024년 기출`

ⓐ 정의 : 수평 방향으로 물리적 성질(기온, 기압, 습도 등)이 균일한 거대란 공기 덩어리

ⓑ 기단의 구분

시베리아 기단	• 한랭 건조한 대륙성 한대 기단 • 겨울철 우리나라의 날씨를 지배
북태평양 기단	• 해양성 열대 기단 • 여름철 우리나라의 날씨를 지배
오호츠크해 기단	• 해양성 한대 기단 • 한랭하고 습윤하며 초여름 우리나라에 영향
양쯔강 기단	• 온난 건조한 대륙성 열대 기단 • 주로 봄, 가을에 이동성 고기압이 되어 우리나라 방면으로 이동

② 전선 `2023년 기출` `2024년 기출`

ⓐ 정의

• 물리적 성질이 서로 다른 2개의 기단이 만나 이루는 경계

• 전선 부근에서는 **기상 여건이 급변**하며 일반적으로는 **기상이 좋지 않음**

ⓑ 전선의 구분

온난 전선	따뜻한 공기가 찬 공기로 이동해 찬 공기 위로 올라가면서 형성하는 전선
한랭 전선	찬 공기가 따뜻한 공기로 이동해 그 밑으로 파고들어가며 따뜻한 공기를 강제적으로 상승시켜 형성되는 전선
폐색 전선	온난 전선과 한랭 전선의 이동 속도 차이로 인해 서로 겹쳐진 형태로 나타나는 전선
정체 전선(장마 전선)	세력이 서로 비슷한 온난 기단과 한랭 기단이 대립하여 형성되는 이동성이 낮은 전선

③ 태풍 `2023년 기출` `2024년 기출`

ⓐ 정의 : **중심 풍속 17m/s 이상**의 열대성 저기압

ⓑ 북위 5~25° 사이의 열대 해상에서 발생

ⓒ 태풍의 발생 징조

• 해명(바다울림)이 들림

• 일교차가 없어지고 기압이 하강함

• 바람이 갑자기 멈추고 해륙풍이 사라짐

• 평소와 다른 파장, 주기 및 방향의 너울이 관측됨

• 상층운의 이동이 빠르고 구름이 점차 낮아짐

ⓓ 위험반원과 가항반원

위험반원	• 태풍 진행 방향의 오른쪽 반원 • 왼쪽 반원에 비해 기압경도가 크고 풍파가 심함 • 폭풍우가 일며 시정이 좋지 않음

| 가항반원 | • 태풍 진행 방향의 왼쪽 반원
• 오른쪽 반원에 비해 기압경도가 작아 비교적 바람이 약함
• 선박이 바람에 휩쓸려도 태풍의 후면으로 빠져 비교적 위험이 적음 |

ⓜ 태풍 조우 시 피항 요령

풍향·풍속 변화	추정 위치	피항 요령
변하지 않음	태풍의 진로상에 위치	태풍의 예상 진로를 파악하여 신속하게 회피
시계 방향	위험 반원에 위치	바람을 선수로 받으면서 항해하여 회피
반시계 방향	가항 반원에 위치	바람을 우현 선미로 받으면서 항해하여 회피
풍속만 증가	태풍의 중심으로 접근 중	선박이 위험 반원에 들어가지 않도록 주의하며 태풍의 진로를 벗어나도록 회피

ⓗ 태풍의 중심 위치 기호
  • PSN GOOD : 중심 위치 정확(오차 20해리 미만)
  • PSN FAIR : 중심 위치 거의 정확(오차 20~40해리 미만)
  • PSN EXCELLENT : 중심 위치 매우 정확(오차 40해리 이상)
  • PSN POOR : 중심 위치 부정확
  • PSN SUSPECTED : 중심 위치에 의문 있음

ⓢ 태풍의 강도 구분

최대풍속			세계기상기구	한국	일본	미국
m/s	knot	km/h				
17.2 미만	33 이하	61 이하	열대저압부 (TD)	열대저압부	열대저압부	열대저기압
17.2~24.5	34~47	62~88	열대폭풍 (TS)	태풍	태풍	열대폭풍
24.6~32.6	48~63	89~117	강한 열대폭풍 (STS)			
32.7~43.7	64~84	118~156	태풍 (T 또는 TY)			허리케인
43.7~54.0	85~104	157~193				
54.0 초과	105 이상	194 이상				

(2) 일기 예보 과정

① 기상 실황 파악 : 지상 기상, 항공 기상, 고층 기상, 해양 기상, 기상 레이더, 낙뢰 등의 관측, 지진 및 해일 감시
② 자료 수집 : 국내·외에서 수집된 관측 자료로부터 수치 예보 모델을 이용하여 예상 일기도를 생산
③ 자료 분석
④ 예보 작성 : 단기·중기·장기 예보 등의 일기 예보와 주의보·경보 등의 기상 특보를 작성
⑤ 통보 : 각종 언론 기관 및 방재 관련 기관에 전용 회선, 인트라넷, FAX 등을 통해 실시간으로 기상 정보 제공

(3) 일기 예보의 종류 2022년 기출

종관적 예보	• 일기 예보 자체를 의미하며 주로 일기도를 사용 • 다년간의 경험 및 역학적 이론을 바탕으로 예측 • 수치 예보에 의한 일기도를 보고 구체적인 기상 현상을 예측할 때 참고 자료로 활용
통계적 예보	• 과거의 날씨를 자세히 분석하여 미래의 날씨 패턴을 예측 • 기상 현상 전체보다는 한 가지의 변수 예측에 사용 • 일기 예보 시 보충적인 방법으로 사용 • 중·장기 예보에 활용
수치 예보	• 매일매일의 일기 예보 방법 • 대기의 상태를 물리 법칙에 따라 분석하여 예측 • 계산 결과를 여러 가지 예보 일기도로 나타내고 예보자가 미래의 날씨를 예측
실황(적) 예보	• 현재 일기의 자세한 해설과 현재로부터 2시간 후까지의 예보 • 시·공간적으로 규모가 작고 변화가 심한 현상(강수, 회오리바람, 토네이도, 벼락 등)을 대상으로 함
단시간 예보	• 현재로부터 3시간, 6시간 또는 12시간 후까지의 예보 • 전선, 기압계의 이동·강화·쇠퇴 등의 현상을 예상하여 일기 상황을 예보
단기 예보	현재로부터 1~3일 후까지의 전선과 기압계의 이동 상태에 따른 일기 상황을 예보
중·장기 예보	• 주간·월간·계간 예보 • 통계적인 방법으로 이루어지며 주로 기온과 강우량을 예보

(4) 기상도(일기도)

① 정의

㉠ 일정 지역의 일기 상태를 한눈에 알 수 있도록 지도 위에 기상의 상태를 기호로 나타낸 것

㉡ 일정한 시간에 각지의 일기·구름의 양·풍향·풍속·기압 등 모든 기상요소의 값을 기록

② 기상 요소의 기록 2022년 기출 2024년 기출

기호	◎	──	╲	╲	╱╱	╱╱	╱╱╱	╲	╲	북서풍 4
풍속 m/s	고요함	1	2	5	7	10	12	25	27	북서풍 12m/s

		구름			일기						
풍속 풍향 기온 일기 운량 기압 기압 변화량		맑음	갬	흐림	비	소나기	눈	안개	천둥 번개	한랭 전선	온난 전선
		○	◑	●	●	▽	✳	≡	⌐	▲▲	⌒⌒

③ 기상도의 구분 2023년 기출

㉠ A : Analysis(해석도)

• AS : Surface analysis(지상해석)

• AU : Upper-air analysis(고층해석)

• AW : Wave analysis(파고해석)

　　ⓛ F : Forecast(예상도)
　　　　• FS : Surface prognosis(지상예상)
　　　　• FU : Upper-air prognosis(고층예상)
　　　　• FW : Wave prognosis(파고예상)
　　ⓒ W : Warning(경보)

일반경보[W] 안개경보(FOG[W])	• 24시간 내 최대풍속이 보퍼트 풍력 계급 7 이하이나 특히 주의를 요하는 경우 • 안개에 대해서 경고를 필요로 하는 경우
강풍경보[GS]	24시간 내 최대풍속이 보퍼트 풍력 계급 8~9로 예상되는 경우
폭풍경보[SW]	24시간 내 최대풍속이 보퍼트 풍력 계급 10~11로 예상되는 경우
태풍경보[TW]	열대 저기압에 의해 보퍼트 풍력 계급 12로 예상되는 경우

　　ⓔ S : Surface(지상자료)
　　ⓜ U : Upper air(고층자료)
　　※ 기상도의 표시 : 좌측 상단 또는 우측 하단에 종류-지역 순으로 표시 ㉖ AUAS = 아시아 지역 고층 해석 기상도

④ 고층 기상도(고층 해석도)
　　㉠ 고층기상관측을 통해 고층의 등압면고도 · 기온 · 풍속 · 습도 등의 분포를 나타낸 기상도
　　㉡ 등압면에 따라 850mb, 700mb, 500mb, 300mb, 200mb, 100mb 등으로 나누어 분석
　　㉢ 대기 운동의 상태, 고기압 및 저기압의 형성과 이동 예보, 태풍 · 강수 · 난류 등의 이동 등을 분석할 수 있어 집중호우나 뇌우, 태풍 등의 예보에 활발히 활용됨
　　㉣ 각 기압이 각 지점에서 차지하는 높이로 나타냄(등고도선이 그려져 있음)

⑤ 태풍 예보도
　　㉠ 태풍의 진로를 예보하여 선박 안전 운항에 아주 중요한 기상도
　　㉡ 48시간 예보도와 72시간 예보도로 구분
　　㉢ 예보원의 중심 위도, 경도, 예보원의 반지름, 폭풍 경계역의 반지름 등을 알림

3. 해상

(1) 조석과 조류

① 조석
　　㉠ 정의
　　　　• **태양과 달의 인력차**로 인하여 발생하는 해면의 주기적인 승강 운동(해수의 연직방향 운동)
　　　　• 우리나라의 경우 **1일 2회** 발생하며 주기는 약 **12시간 25분**
　　㉡ 조석 관련 용어

고조(만조)	조석으로 인하여 해면이 가장 높아진 상태
저조(간조)	조석으로 인하여 해면이 가장 낮아진 상태
창조	저조에서 고조까지 해면이 점차 상승하는 것
낙조	고조에서 저조까지 해면이 점차 하강하는 것
대조(사리)	• 조차가 가장 클 때. 이때의 조차를 평균한 것을 대조차라 함 • 그믐과 보름 후 1~2일 만에 발생

소조(조금)	• 조차가 가장 작을 때. 이때의 조차를 평균한 것을 소조차라 함 • 상현과 하현 후 1~2일 만에 발생
월조간격	고조간격과 저조간격을 통틀어 일컫는 말
정조	고조 또는 저조의 전후 해면의 승강이 느려져 정지하고 있는 것과 같은 상태
조차	고조와 저조의 해면의 높이차
일조부등	같은 날 일어나는 고조 혹은 저조의 해수면 높이가 일치하지 않는 현상
부진동	만 내의 물이 기상 혹은 파도의 작용에 의해 일으키는 승강운동

    © 조석표 : 주요 항만 및 협수로 등에 대해 고·저조 시각 등 조석과 관련된 정보들을 기록한 표
    ② 임의 항만의 조고 및 조시의 계산
       • 조시 : 조시는 표준항의 조시에 구하려고 하는 임의 항만의 조시차를 그 부호대로 가감
       • 조고 : (표준항의 조고−표준항의 평균해면)×구하고자 하는 임의 항만의 조고비+임의 항만의 평균해면

② 조류 [2024년 기출]
    ㉠ 정의 : 조석에 의해 발생하는 해면의 주기적인 수평 운동
    ㉡ 조류 관련 용어

창조류 ⟶	저조시에서 고조시까지 흐르는 조류
낙조류	고조시에서 저조시까지 흐르는 조류
계류	창조류에서 낙조류로 변할 때, 혹은 그 반대의 상황에서 흐름이 잠시 정지하는 현상
와류	• 좁은 수로 등에서 조류가 격렬하게 흐르면서 물이 빙빙 도는 현상 • 강한 와류는 소용돌이라고 하며 해도에 표시
급조	조류가 흐르면서 바다 밑의 장애물이나 반대 방향의 수류와 부딪혀 생기는 파도
조신	특정 지역의 조석 혹은 조류의 특징
반류	해안과 평행으로 조류가 흐를 경우 해안의 돌출부 등에서 발생하는 주류와 반대 방향인 흐름

(2) 해류

    ① 정의 : 해양의 표층에서 거의 일정한 속력과 방향으로 이동하는 대규모의 흐름
    ② 우리나라의 해류
       ㉠ 북쪽의 리만한류와 남쪽의 쿠로시오난류가 대표적
       ㉡ 리만한류와 쿠로시오난류는 동해에서 만남
       © 서해에서는 상대적으로 **해류의 영향이 미미함**
    ③ 세계의 주요 해류
       ㉠ 북적도해류 : 북동무역풍에 의해 동에서 서로 흐르는 해류로 쿠로시오해류의 근원
       ㉡ 남적도해류 : 남동무역풍에 의해 동에서 서로 흐른 해류로 3대양에 각각 존재
       © 적도반류 : 남적도해류와 북적도해류 사이에서 적도해류와 반대 방향인 서에서 동으로 흐르는 해류
       ② 멕시코만류 : 멕시코만으로부터 북아메리카의 동해안을 따라 북동쪽으로 흐르는 경계류
       ⑩ 카나리아해류 : 북대서양 해류에서 나누어져 이베리아 반도와 북아프리카 서해안을 흐르는 해류

V 항해계획

1. 항해계획과 항로의 선정

(1) 항해계획의 수립

① 항해계획 2022년 기출 2023년 기출
  - ㉠ 항로와 출·입항의 일시 및 항해 중 주요 지점의 통과 일시 등을 결정하고, 조선 계획 등을 수립하는 것
  - ㉡ 항해계획 시 고려해야 할 사항 : 경제적 항해, 항해일수의 단축, 항해할 수역의 상황
  - ㉢ 항해계획에 따른 안전한 항해를 확인하는 방법 : 레이더, 음향측심, 중시선을 이용

② 항해계획 수립의 순서 2022년 기출 2024년 기출
  - ㉠ 각종 수로 도지에 의한 항행 해역의 조사 및 연구와 자신의 경험을 바탕으로 가장 적합한 항로를 선정
  - ㉡ 소축척 해도상에 선정한 항로를 기입하고 대략적인 항정을 산출
  - ㉢ 사용 속력을 결정하고 실속력을 추정
  - ㉣ 대략의 항정과 추정한 실속력으로 항행 시간을 산출하여 출·입항 시간 및 항로상의 중요한 지점을 통과하는 시각 등을 추정
  - ㉤ 수립한 계획의 적절성을 검토
  - ㉥ 실제 항해에 사용하는 대축척 해도에 출·입항 경로 및 연안 항로를 그리고 다시 정확한 항정을 구하여 예정 항행 계획표를 작성
  - ㉦ 상세한 항행 일정을 구하여 출·입항 시각을 결정

③ 항로의 구분
  - ㉠ 지리적 구분 : 연안항로, 근해항로, 원양항로
  - ㉡ 통행 선박의 종류에 따른 구분 : 범선항로, 소형선항로, 대형선항로
  - ㉢ 적양지·화물 명칭에 따른 구분 : 북아메리카(원목선)항로, 남양(목재선)항로, 유럽항로
  - ㉣ 운송상의 역할에 따른 구분 : 간선항로, 지선항로
  - ㉤ 추천항로 : 국가·국제기구에서 항해의 안전상 권장하는 항로

④ 선박위치확인제도(Vessel Monitoring System ; VMS)
  - ㉠ 위성을 기반으로 선박의 위치를 모니터링하여 운항 상태 등을 감시
  - ㉡ 사고 발생 시 수색구조에 활용하며 빠른 사고 대처로 해양오염 방지

(2) 연안 항로의 선정

① 해안선과 평행한 항로
  - ㉠ 뚜렷한 육상 물표가 없는 해안을 따라서 항행해야 할 경우 일반적으로 해안선과 평행한 항로를 선정
  - ㉡ 야간 항해 혹은 육지로 향하는 해·조류 및 바람이 예상될 때에는 해안선과 평행한 항로에서 약간 바다 쪽으로 벗어난 항로를 선정하는 편이 안전 확보에 도움이 됨

② 우회항로 : 위험물이 많은 연안을 항해하거나 조종 성능에 제한을 받는 상태에서 항행할 경우 다소 우회하더라도 안전한 항로를 선정

③ 추천항로 [2022년 기출] : 생소한 해역을 처음 항행할 때 수로지·항로지·해도 등에 추천항로가 설정된 경우 특별한 이유가 없는 한 그 항로를 선정

④ 연안통항계획 수립 시 고려사항 [2023년 기출]

 ㉠ 선박보고제도

 ㉡ 선박교통관제제도

 ㉢ 항로지정제도

  • 국제해사기구(IMO)에서 지정 가능

  • 모든 선박 또는 일부 범위의 선박에 대하여 강제적으로 적용 가능

  • 특정 화물을 운송하는 선박에 대해서도 사용을 권고 가능

  • 국제해사기구(IMO)에서 정한 항로지정방식도 해도에 표시

(3) 이안 거리 및 경계선

① 이안 거리 [2022년 기출]

 ㉠ 해안선으로부터 떨어진 거리

 ㉡ 이안 거리 결정 시 고려해야 하는 요소

  • 선박의 크기 및 제반 상태

  • 항로의 교통량 및 항로 길이

  • 선위 측정 방법 및 정확성

  • 수심을 포함한 해도상에 표시된 각종 자료의 정확성

  • 해상, 기상 및 시정의 영향 조건 및 본선의 통과 시기(주간·야간)

  • 당직자의 자질 및 위기 대처 능력

 ㉢ 일반적인 안전 이안 거리

  • 내해 항로 : 1마일

  • 외양 항로 : 3~5마일

  • 야간 항로표지가 없는 외양 항로 : 10마일 이상

② 경계선

 ㉠ 어느 기준 수심보다 **더 얕은 위험 구역**을 표시하는 등심선

 ㉡ 본선의 **흘수**가 가장 중요한 경계선 결정 요소

 ㉢ 일반적인 경계선의 설정

  • 흘수가 얕은 선박 : 10m 등심선

  • 흘수가 깊은 선박 및 해저의 기복이 심하고 암초가 많은 해역을 항해하는 선박 : 20m 등심선

(4) 변침 물표의 선정 및 변침 방법

① 변침 물표의 선정

 ㉠ 변침 물표 : 선박의 변침 실시 후 예정된 항로를 항해하도록 하기 위해 미리 선정한 물표

 ㉡ 변침 물표 선정 시 주의사항

  • 물표가 변침 후의 침로 방향에 있고 그 침로와 평행이거나 또는 거의 평행인 방향에 있으면서 가까운 것을 선정

- 위와 같은 물표가 없을 경우 전타할 현 쪽의 정횡 부근에 있는 뚜렷한 물표 혹은 중시 물표와 같이 정밀도가 높은 것을 선정
- 등대, 입표, 섬, 산봉우리 등과 같이 뚜렷하고 방위를 측정하기 좋은 것을 선정하고 곶, 등부표 등은 불가피한 경우가 아니면 이용하지 않을 것
- 산봉우리를 물표로 선정할 경우 관측자의 위치에 따라 모양이 다르게 보일 수 있으니 주의

② 변침 방법
  ㉠ 물표를 정횡에 보았을 때 변침 : 변침각이 작을 때 사용
  ㉡ 새 침로와 평행한 방위선을 이용하여 변침 : 변침 지점과의 거리가 짧은 경우에 이용
  ㉢ 소각도로 여러 번 나누어 변침

③ 피험선 2022년 기출
  ㉠ 협수로를 통과할 때 혹은 항만을 출·입항할 때 마주치는 선박을 적절히 피하고 위험을 피하기 위해 준비하는 **위험 예방선**
  ㉡ 미리 조사해 둔 뚜렷한 물표의 방위, 거리, 수평 협각 등에 의한 위치선을 이용
  ㉢ 피험선의 선정 방법
    - 두 물표의 중시선을 이용 : 가장 정확한 피험선
    - 선수 방향에 있는 물표의 방위선을 이용
    - 침로의 전방에 있는 한 물표의 방위선을 이용
    - 측면에 있는 물표로부터의 거리를 이용

(5) 출·입항 항로의 선정

① 출·입항 항로 선정 시 고려사항 : 해당 항만에 적용되는 항행 법규, 항만의 크기, 묘박지의 수심과 저질, 위험물의 존재 여부, 정박선의 동정, 타선의 내왕, 바람과 조류의 영향, 자선의 조종 성능 등

② 출항 항로 선정 시의 주의사항
  ㉠ 선수나 선미에 물표를 정해 선박이 항로의 좌우로 벗어나는지를 쉽게 파악할 수 있도록 할 것
  ㉡ 예정 침로 주위에 위험물이 있을 경우 미리 상세하게 피험선을 선정할 것
  ㉢ 정박선 또는 장애물로부터는 가능한 멀리 떨어져서 통항할 것
  ㉣ 바람이나 조류가 있을 경우 풍하 측(흐름의 하류 측)을 지나도록 하며 부득이 풍상 측(흐름의 상류 측)을 통과해야 할 경우 충분한 거리와 적당한 속력을 유지할 것

③ 입항 항로 선정 시의 주의사항 2022년 기출 2023년 기출
  ㉠ 사전에 항만의 상황, 정박지의 수심 및 저질, 기상, 해상의 상태 등을 조사할 것
  ㉡ 정박지로 들어갈 때는 가능하면 선수 물표를 정하고 투묘 시기를 알 수 있도록 정횡 방향 혹은 항로 양쪽에 있는 물표의 방위를 미리 구할 것
  ㉢ 일반적으로 수심이 얕거나 고르지 못한 지역, 고립된 암초나 침선 등은 가급적 멀리 피할 것
  ㉣ 항로표지의 특질 및 위치를 확인하고 자선의 안전 항행에 영향을 끼치는 것에 대해서는 항상 유의할 것

2. 협수로(좁은 수로) 및 야간 항해

(1) 협수로 항해 `2023년 기출`

① 특별한 경우가 아닌 한 항시 수로의 우측을 통항하도록 계획

② 수로지 또는 해도에 기재되어 있는 상용항로를 선정하는 것이 유리함

③ 법규가 규정되어 있는 해역에서는 해당 규정에 따라 항행할 것

④ 항행 도중 변침할 필요가 없는 짧은 수로에서는 일반적으로 수로의 중앙선 위를 지나도록 할 것

⑤ 조류의 방향과 일치하도록 통과하거나 가장 좁은 부분을 연결한 선의 수직이등분선 위를 통항하도록 할 것

⑥ 둘 이상의 가항수로가 있을 경우 순조일 때는 굴곡이 심하지 않은 짧은 수로를, 역조일 때는 조류가 약한 수로를 통과할 것

⑦ 조류가 있을 경우 역조의 말기나 게류 시에 통과할 것

⑧ 대지속력 5노트 이상 혹은 원속력의 1/2 이상의 역조가 있을 경우 통항을 중지하고 대기

⑨ 굴곡이 없는 곳은 순조일 때, 굴곡이 심한 곳은 역조일 때 통과할 것

(2) 야간 항해

① 자선의 선위 측정 및 타선의 확인이 어려우므로 주의하며 견시를 철저히 할 것

② 해난사고 발생 시 대처시간이 주간에 비해 오래 걸리므로 특히 더 주의할 것

③ 위치를 확인하기 쉬운 항로를 택하고 여건이 될 때마다 선위를 측정할 것

④ 연안항해 시 선위에 의심이 생길 경우 빠른 시간 내에 육지에서 멀어지는 방향으로 침로를 설정하고 선위 확인 후 본 침로로 복귀할 것

⑤ 소형선의 등화는 분명하지 않으므로 그 동정을 잘 살피고 의문이 발생하는 즉시 주의환기 신호를 발할 것

⑥ 섬 사이를 항해할 때는 어두운 쪽은 멀리, 밝은 쪽은 가까이 편향되기 쉬우므로 확실한 선위를 구하여 안전 항로를 선정할 것

3. 출·입항 준비

(1) 출항 준비

① 단정, 사다리, 데릭 등 함내 이동물은 고정하고 창구, 재화문 등의 개구부는 밀폐

② 항해계기 및 통신장비의 사용 준비를 하고 해도 등 항해용구를 정비

③ 조타장치 및 주기관 시운전

④ 기적의 드레인을 빼내고 선등의 점멸검사 시행, 선내시계 조정

⑤ 흘수를 기록하고 물탱크와 빌지를 확인, 연료의 보유량을 측정

(2) 입항 준비

① 입항 예정 시각과 필요 사항을 보고

② 입항 시각 30분 전 기관실에 통지

③ 측심연의를 수납하고 측심 준비

④ 현문 설치에 필요한 준비 수행

⑤ 입항에 필요한 신호기의 계양 준비

⑥ 정박에 필요한 준비 수행

　　㉠ 묘박일 경우 양묘기의 시운전 및 투묘 준비

　　㉡ 부표 계류 시 묘쇄 절단, 반대현의 투묘 준비, 계류색의 준비

　　㉢ 안벽 계류 시 계류색과 방현물의 준비, 투묘 준비

⑦ 입항 서류를 정비

(3) 항내 조함 시 주의사항

① 저속항해를 원칙으로 하며 특히 풍조 등 외력의 영향에 충분히 주의할 것

② 자선의 속력, 타력, 선회 성능을 파악하여 출ㆍ입항, 침로, 증ㆍ감속점, 변침점 등을 조사해 둘 것

③ 항내 혹은 협수로에서 조함 시 항상 투묘 준비를 하며 조타나 기관의 사용은 적절히 할 것

④ 부근에 계류 중인 선박 및 출ㆍ입항 선박과 마주치는 배의 동정 등에 주의할 것

⑤ 항내의 넓이, 선박의 교통량, 장애물의 유무 등에 따라 속력을 조절하며 특히 시계 불량 시 반드시 저속으로 운행할 것

(4) 연료 소비량의 측정

① 자선의 운항 기록 및 속력에 따른 연료 소비량을 통해 연료량을 추정

　　㉠ 일정 **시간**을 항주하는 데 필요한 연료 소비량은 속력의 **세제곱**에 비례함

　　㉡ 일정 **거리**를 항주하는 데 필요한 연료 소비량은 속력의 **제곱**에 비례함

② 연료 소비량 추정 시 항행 수역과 기상 상태, 적하 상태 및 중간 급유지 존재 여부, 긴급 상황 발생 시 기항 가능성 등을 고려할 것

③ 예비 연료량은 일반적으로 총 연료 소비량의 25% 정도가 적절함

과목 점검 문제

01 항해계기 중 선박의 침로 혹은 물표의 방위를 측정하여 선위를 확인하는 계기는 무엇인가?

㉮ 로그　　　　　　㉯ 컴퍼스

㉰ 핸드 레드　　　　㉱ AIS

답 | ㉯ 컴퍼스는 선박의 침로나 물표의 방위를 측정하여 선위를 확인하는 기본적인 항해계기이다.

02 다음 중 자석을 이용한 컴퍼스는?

㉮ 마그네틱 컴퍼스　　㉯ 자이로 컴퍼스

㉰ 광 자이로 컴퍼스　　㉱ 리피터 컴퍼스

답 | ㉮ 마그네틱 컴퍼스는 지구의 자성을 이용하여 지북력을 얻는 컴퍼스로 마그네틱 컴퍼스의 자침은 지구의 자북을 향한다.

03 동시에 2개 이상의 물표를 측정하고 그 방위선을 이용하여 선위를 측정하는 방법은 무엇인가?

㉮ 수평협각법　　　　㉯ 교차방위법

㉰ 중시선에 의한 방법　㉱ 방위거리법

답 | ㉯ 교차방위법은 동시에 2개 이상의 물표를 측정하고 그 방위선을 이용하여 선위를 측정하는 방법으로 측정법이 간단하고 선위의 정밀도가 높아 연안 항해 중 가장 많이 이용되는 방법이다.

04 자이로 컴퍼스의 구성부 중 지북 제진 기능(자동으로 북쪽을 찾아 정지하는 기능)을 가진 부분은?

㉮ 주동부　　　　　　㉯ 추종부

㉰ 지지부　　　　　　㉱ 전원부

답 | ㉮ 자이로 컴퍼스에서 지북 제진 기능을 가진 부분은 주동부이다. 추종부는 주동부를 지지하고 그것을 추정하도록 되어 있는 부분이다.

05 다음은 자기 컴퍼스 볼의 구조를 나타낸 그림이다. ㉠의 명칭으로 옳은 것은?

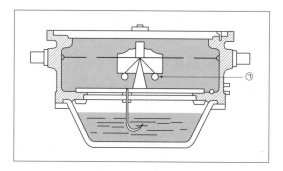

㉮ 섀도 핀 꽂이　　　㉯ 짐벌즈

㉰ 피벗　　　　　　　㉱ 자침

답 | ㉱ 자침은 영구자석으로 만들어진 부품으로 지북력이 있다.

06 다음은 어떤 항해계기를 나타낸 그림인가?

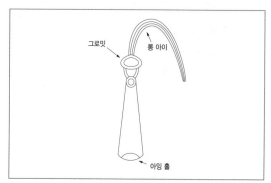

㉮ 패턴트 선속계　　　㉯ 육분의

㉰ 건습구 습도계　　　㉱ 핸드 레드

답 | ㉱ 핸드 레드는 납으로 만든 추에 줄을 매어 던진 후 줄에 표시된 표로 수심을 측정하는 측심기이다.

07 다음 중 레이더에서 이용하는 전파의 성질로 옳지 않은 것은?

㉮ 등속성　　　　　　㉯ 직진성

㉰ 영구성　　　　　　㉱ 반사성

답 | ㉰ 레이더는 전파의 등속성, 직진성, 반사성을 이용하여 물체의 거리 및 방향, 고도 등을 알아내는 장치이다.

08 다음 중 레이더의 해면반사억제기의 역할로 옳은 것은?

㉠ 레이더 국부발진기의 발진주파수를 조정한다.

㉡ 레이더 수신기의 감도를 조정한다.

㉢ 비나 눈 등으로 레이더 화면에 방해현상이 많아졌을 때 이를 줄여준다.

㉣ 근거리에 대한 반사파의 수신 감도를 떨어뜨려 방해현상을 억제한다.

답 | ㉣ 레이더의 해면반사억제기는 근거리에 대한 반사파의 수신 감도를 떨어뜨려 방해현상을 줄이는 조정기이다.

09 선위의 종류 중 가장 최근에 얻은 위치를 기준으로 그 후 조타한 진침로 및 속력에 의해 결정된 선위는 무엇인가?

㉠ 실측위치　　　　㉡ 추정위치

㉢ 추측위치　　　　㉣ 예측위치

답 | ㉢ 추측위치는 조류, 해류 및 바람 등의 외력 요소는 고려하지 않은 선위로 가장 최근의 실측위치로부터 조타한 진침로 및 속력에 의해 결정된 선위이다.

10 두 물표가 일직선상에 보일 때 구해지는 위치선은 무엇인가?

㉠ 중시선　　　　㉡ 전위선

㉢ 방위선　　　　㉣ 수평선

답 | ㉠ 두 물표가 일직선상에 있을 때 구해지는 위치선은 중시선이며 이를 이용하여 매우 정확한 선위를 구할 수 있다.

11 다음 중 대지속력의 측정이 가능한 선속계는?

㉠ 전자식 선속계　　㉡ 패턴트 선속계

㉢ 유압식 선속계　　㉣ 도플러 선속계

답 | ㉣ 도플러 선속계는 음파를 송ㆍ수신하여 그 반향음, 전달 속도, 시간 등을 계산해 속력을 측정하는 계기로, 200m 이상의 수심에서는 대수속력과 대지속력 모두 측정이 가능하다.

12 해도의 도법 중 지구 표면상의 항정선을 평면 위에 직선으로 나타내기 위해 고안된 도법은 무엇인가?

㉠ 평면도법　　　　㉡ 점장도법

㉢ 대권도법　　　　㉣ 총도법

답 | ㉡ 점장도법은 항해에 사용할 때 가장 편리하여 항박도 이외의 해도 거의 대부분이 이용하는 도법이다. 거리 측정 시 위도의 눈금을 기준으로 한다.

13 다음 중 종이해도를 통해 알 수 없는 정보는?

㉠ 등심선　　　　㉡ 해안선

㉢ 등부표　　　　㉣ 선박의 속력

답 | ㉣ 종이해도를 통해 해도의 축척, 해안선, 등심선, 수심, 등대나 등부표, 간행연월일, 나침도 등은 알 수 있지만 선박의 속력은 전자해도를 통해 알 수 있다.

14 다음 그림이 나타내는 국제해상부표식의 항로표지는?

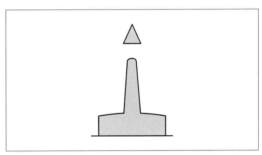

㉠ 고립장애표지　　　　㉡ 북방위표지

㉢ 우현표지　　　　㉣ 안전수역표지

답 | ㉢ 그림은 측방표지 중 우현표지(Pillar)를 나타낸다. 측방표지는 항행하는 항로의 좌ㆍ우측 한계를 표시하기 위해 설치되는 표지이며, 우현표지는 표지의 위치가 항로의 우측 끝이고 그 좌측이 가항수역임을 나타낸다. 표지의 색은 적색이다.

15 다음 빈칸에 들어갈 말로 옳은 것은?

> "해도에서 수심을 표시할 때는 항해의 안전성을 고려하여 해면이 이보다 내려가는 일이 없는 면, 즉 (   )을 기준으로 측정한 깊이를 표시한다."

㉮ 약최고고조면　　　㉯ 약최저저조면

㉰ 평균수면　　　㉱ 약최고저조면

답 | ㉯ 수심은 항해의 안전성을 고려하여 약최저저조면(기본수준면)을 기준으로 측정한다.

16 다음 중 색깔이 다른 종류의 빛을 교대로 내는 등으로 등광은 꺼지지 않는 것은 무엇인가?

㉮ 호광등　　　㉯ 분호등

㉰ 섬광등　　　㉱ 부동등

답 | ㉮ 호광등은 색깔이 다른 종류의 빛을 교대로 내는 등이며 그 사이에 등광은 꺼지지 않는다. 분호등은 등광의 색이 바뀌는 것이 아닌 동시에 서로 다른 지역을 각기 다른 색깔로 비춘다는 점에서 차이가 있다.

17 다음 빈칸에 순서대로 들어갈 말로 알맞은 것은?

> "풍향은 바람이 (   ) 방향을 말하며, 정시 관측 시각 전 (   )간의 평균 방향을 (   )로 표시한다."

㉮ 불어가는, 10분, 8방위

㉯ 불어오는, 10분, 16방위

㉰ 불어가는, 15분, 16방위

㉱ 불어오는, 15분, 8방위

답 | ㉯ 풍향은 바람이 불어오는 방향을 말하며 정시 관측 시각 전 10분간의 평균 방향을 16방위로 표시한다.

18 일기도의 날씨 기호 중 '〓'가 의미하는 것은?

㉮ 눈　　　㉯ 비

㉰ 안개　　　㉱ 우박

답 | ㉰ 일기도의 날씨 기호 중 안개를 의미한다.

　㉮ 눈 : ✳
　㉯ 비 : ●

19 항해계획을 수립할 때 고려해야 할 사항이 아닌 것은?

㉮ 경제적 항해

㉯ 항해일수의 단축

㉰ 항해할 수역의 상황

㉱ 선적항의 화물 준비 사항

답 | ㉱ 항해계획은 항로와 출 · 입항의 일시 및 항해 중 주요 지점의 통과 일시 등을 결정하고, 경제적 항해, 항해일수의 단축 등을 고려하여 수립해야 한다.

20 어느 수심 기준보다 더 얕은 위험 구역을 표시하는 등심선으로 해도상에 붉은색으로 표시되는 것은?

㉮ 피항선　　　㉯ 경계선

㉰ 이안거리　　　㉱ 위험선

답 | ㉯ 경계선은 수심이 얕은 위험한 곳으로 해도상에 위험 구역의 한계를 표시한 것이다. 일반적으로 붉은색으로 표시한다.

02 운용

I 선체, 설비 및 속구

1. 선박의 기본 용어

(1) 선박의 주요 치수

① 선박의 길이 `2022년 기출` `2023년 기출` `2024년 기출`

㉠ 전장
- 선체에 고정적으로 붙어 있는 모든 돌출물을 포함한 선수 최전단으로부터 선미 최후단까지의 수평거리
- 선박 조종 시, 계류 및 입거 시의 고려 기준이 되며 해상충돌예방규칙에서의 선박의 길이로 사용됨

㉡ 수선간장
- 계획만재흘수선에서 선수재의 전면에서 세운 수직선인 선수수선과 타주 후면의 기선에서 세운 수직선인 선미수선까지의 수평거리
- 일반적으로 배의 길이를 표현하는 대표적인 기준
- 강선구조규정, 선박만재흘수선규정, 선박구획규정 등에서 사용되며 통상 전장보다 짧음

㉢ 등록장
- 상갑판 빔(beam)상의 선수재 전면으로부터 선미재 후면까지의 수평거리
- 통상 수선간장보다 약간 긺
- 선박원부에 등록되는 길이의 기준이며 선박국적증서에 기입되는 치수

㉣ 수선장
- 선체가 물에 잠겨 있는 상태에서 수선의 수평거리로 통상 전장보다 약간 짧음
- 화물의 적재·하역에 따라 변동하는 것이 특징
- 선박의 저항, 추진력 등 운동과 관련된 사항을 관찰·계산하기 위한 기준으로 사용됨

② 선박의 너비(폭)

전폭	선체의 폭이 가장 넓은 부분에서, 외판의 외면에서 반대편 외면까지의 수평거리
형폭	선체의 폭이 가장 넓은 부분에서, 뼈대의 외면에서 반대편 외면까지의 수평거리

③ 선박의 깊이(형심) : 선체 중앙에서 용골의 상면부터 건현갑판 또는 상갑판 보의 현측 상면까지의 수직거리

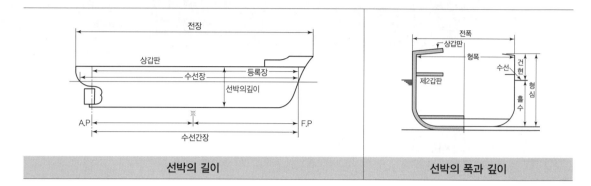

선박의 길이	선박의 폭과 깊이

④ 선박의 외판에 표시되는 사항
　　㉠ 만재흘수선 : TF(열대 담수), F(하절기 담수), T(열대), S(하절기), W(동절기) 등으로 표시
　　㉡ 선박명
　　㉢ 선박의 선적항

⑤ 선박의 톤수 　2022년 기출

용적톤수	• 화물을 실을 수 있는 선박 내부의 용적을 $40ft^3$ = 1톤으로 하여 계산한 톤수 • 총톤수 : 밀폐된 공간의 총용적에서 상갑판 상부에 있는 추진, 항해, 안전, 위생에 관계되는 공간을 차감한 전체 용적을 톤수로 환산한 것 • 순톤수 : 선박 내부의 용적 전체에서 기관실 · 갑판부 등을 제외하고 선박의 직접 상행위에 사용되는 장소의 용적만을 환산하여 표시한 톤수
중량톤수	• 무게를 기준으로 하는 톤수 ⑩ 배수톤수, 재화중량톤수 • 배수톤수 : 선체의 수면하의 용적(배수용적)에 상당하는 해수의 중량을 나타내는 톤수 • 재화중량톤수 : 선박의 안전한 항해를 확보할 수 있는 한도 내에서 여객 및 화물 등의 최대 적재량을 나타내는 톤수

(2) 흘수와 트림, 건현

① 흘수
　　㉠ 정의 : 물에 떠 있는 선체가 수면에 의해 구분되는 면으로부터 선체의 가장 깊은 점까지의 수심
　　㉡ 표시
　　　　• 선수 및 선미 외측의 흘수표에 표시
　　　　• 미터법에 의할 경우 매 20cm마다 10cm의 아라비아 짝수로, 피트법에 의할 경우 매 1ft마다 6inch의 아라비아 또는 로마숫자로 표시
　　　　• 대형선의 경우 선체의 중앙부에도 표시(강제규정 아님)

② 트림 　2023년 기출　 　2024년 기출
　　㉠ 정의 : 선수흘수와 선미흘수의 차로 선박 길이 방향의 경사를 말함
　　㉡ 트림의 종류

선수 트림	• 선수 흘수가 선미 흘수보다 큰 상태 • 선수에 파랑이 많이 덮쳐 오고 선속을 감소시키며 타효가 좋지 않음 • 황천 시에는 **프로펠러의 공회전** 발생 가능

선미 트림	• 선미 흘수가 선수 흘수보다 큰 상태 • 파랑의 침입을 줄이며 타효가 좋고 선속이 증가 • 선박 운항 시에는 **약간의 선미 트림이 효율적**
등흘수	• 선미 흘수와 선수 흘수가 동일한 상태 • **수심이 얕은 수역**을 항해할 때나 **입거할 때** 유리

③ 건현 및 만재흘수선 [2023년 기출]

　㉠ 건현

　　• 정의 : 선체 중앙부 상갑판의 선측 상면으로부터 만재흘수선까지의 수직거리

　　• 필요성 : 건현이 크다는 것은 선박의 **예비부력**이 크다는 의미로 선박의 안전성이 높다는 뜻

　㉡ 만재흘수선

　　• 안전한 항해를 위해 **허용되는 최대의 흘수선**으로 계절 · 해역 · 선박의 종류 등에 따라 다름

　　• 선체의 **중앙부 양현**에 만재흘수선표를 표시

2. 선체의 구조와 명칭

(1) 선체의 형상과 명칭 [2022년 기출] [2023년 기출]

① 선체 : 연돌, 키, 마스트, 추진기 등을 제외한 선박의 주된 부분

② 선수

　㉠ 선체의 앞쪽 끝 부분

　㉡ 형태에 따라 직선수, 클리퍼형 선수, 경사형 선수, 구상형 선수, 램형 선수 등으로 구분

　㉢ 최근에는 조파저항을 감소시키는 구상형 선수를 주로 사용

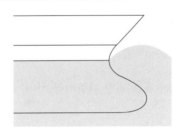

구상형 선수

③ 선미 : 선체의 뒤쪽 끝 부분

④ 현호 : 건현 갑판의 현측선이 휘어진 것으로 **예비 부력과 능파성을 향상**시키는 기능

⑤ 캠버

　㉠ 선체의 횡단면상에서 갑판보가 선체 중심선에서 양현으로 휘어진 것

　㉡ 갑판 위의 물이 신속하게 현측으로 배수되도록 하고 횡강력을 증가시켜 갑판의 변형을 방지함

⑥ 선체 중심선(=선수미선) : 선폭의 정중앙을 가로지르는 선수미 방향의 직선

⑦ 텀블 홈과 플레어

　㉠ 텀블 홈 : 선체 측면의 상부가 **선체 안쪽**으로 굽은 것

　㉡ 플레어 : 상갑판 부근의 선층 상부가 **선체 바깥쪽**으로 굽은 것

(2) 선체의 주요 구조와 명칭 `2022년 기출` `2023년 기출` `2024년 기출`

① 용골
  ㉠ 선체의 최하부 중심선에 있는 종강력재로 선체의 **등뼈**로 불리는 중요 구조
  ㉡ 선체 중심선을 따라 선수재에서 선미재까지의 종방향 힘을 구성

② 늑골
  ㉠ **용골에 직각으로 배치**되어 선체 횡강도를 담당
  ㉡ 선체의 좌우 선측을 구성하는 뼈대

③ 선저부
  ㉠ 화물의 적양과 무관하게 항상 수면하에 잠겨 있는 부분
  ㉡ 단저 구조와 이중저 구조로 구분
  ㉢ 단저 구조 : 주로 소형선에서 채택하는 구조로 선저가 외판 한 겹으로만 이루어진 구조
  ㉣ 이중저 구조
    • 선저 외판의 내측에 만곡부에서 만곡부까지 수밀구조의 내저판을 설치하여 선저를 이중으로 하고 선저 외판과 내저판 사이에 공간을 만듦으로써 선박의 안정성과 공간 활용의 효율성을 확보한 구조
    • 선저부의 손상에도 내저판에 의해 일차적으로 선내의 침수를 방지할 수 있으며 선저부의 구조가 견고하여 호깅 및 새깅 상태에서도 잘 견딜 수 있음
    • 이중저의 공간은 주로 밸러스트 탱크나 연료 탱크, 청수 탱크 등으로 활용

④ 선저 만곡부(빌지) : 선박의 선저와 선측을 연결하는 곡선 부분으로 대부분 **원형**을 이루고 있음

⑤ 외판
  ㉠ 선체의 외곽을 이루어 수밀을 유지하고 부력을 형성하며 종강력을 구성
  ㉡ 현측 후판, 현측 외판, 선측 외판, 선저 외판, 용골 익판 등으로 구별

⑥ 빌지 용골(빌지킬) : 횡요 경감을 목적으로 빌지 외판의 바깥쪽에 종방향으로 붙이는 판

⑦ 갑판
  ㉠ 선체의 종강도를 담당
  ㉡ 최상층의 전통 갑판을 상갑판 혹은 건현 갑판이라 하며, 그 아래에 있는 갑판을 차례대로 제2갑판, 제3갑판 등으로 구분

⑧ 보
  ㉠ 갑판의 하면에 배치되어 선측 외판에 있는 늑골과 같은 역할을 담당
  ㉡ 종강도 및 횡강도 부재로서 양측의 **늑골과 결합**하여 횡방향의 수압 및 화물의 압력을 견디고 **갑판 위의 하중을 지탱**함

⑨ 기둥(Pillar)
  ㉠ 보와 함께 갑판 위의 하중을 지지함과 동시에 보의 지지점 사이의 거리를 짧게 함으로써 갑판과 보의 강도를 증가시키는 부재
  ㉡ 갑판과 선저를 연결하여 횡강재의 역할을 하며 강성을 증가시키고 **선체의 진동을 억제ㆍ방지**함

⑩ 갑판하 거더
  ㉠ 갑판과 보, 필러 간의 상호 연결이 부족하여 강도가 충분하지 못할 때 이를 보완하기 위하여 설치하는 부재
  ㉡ 갑판 아래에 설치하여 갑판 및 보에 고착시킴으로써 **갑판보와 갑판을 지지**하는 역할을 함

⑪ 격벽 [2022년 기출]
    ㉠ 일반적으로 선박의 내부, 상갑판 아래의 공간을 **종방향** 또는 **횡방향**으로 나누는 부재
    ㉡ 방향에 따라 종격벽과 횡격벽으로, 수밀 여부에 따라 수밀 격벽(선수 격벽, 선미 격벽, 기관실 격벽, 창구 격벽 등)과 비수밀 격벽으로 나누는 등 다양한 분류가 가능함
    ㉢ 선저와 선측, 갑판 등과 연결되어 선체의 강도에 기여하며 **국부적인 집중 하중을 지지함**
    ㉣ 수밀 구획을 구성하여 선박의 침수를 특정 구획으로 한정하며, 화재 발생 시 **방화벽**의 역할도 함

⑫ 선수재 및 선미 골재
    ㉠ 선수재 : 선수의 구성재가 되는 중요 골재로 여기에 양 현의 외판을 결합해 선체 전단부의 구조를 형성
    ㉡ 선미 골재 : 용골의 후부에 연결되고 양 현의 외판이 접합되어 선미를 이루는 골재이며 키와 프로펠러를 지지하는 역할을 담당

⑬ 선창 [2023년 기출]
    ㉠ 선저판, 외판, 갑판 등에 둘러싸여 화물 적재에 이용되는 상갑판 아래의 용적
    ㉡ 구획을 나누어 다종의 화물을 적재할 수 있게 하고 복원성을 조정하는 데 이용되기도 함
    ㉢ 벌크선이나 컨테이너선에서는 hold, 탱커선에서는 tank, 자동차운반선에서는 floor 혹은 deck 등으로 지칭함

⑭ 불워크(Bulwark)
    ㉠ 상갑판 위의 양 끝에서 상부에 고정시킨 강판으로 현측 후판 상부에 연결
    ㉡ 선측의 파도가 갑판 위로 직접 올라오는 것을 방지하고 선창 입구 등의 갑판구를 보호하며 갑판 위의 사람 혹은 물체가 추락하는 것을 방지함

⑮ 코퍼 댐(Coffer dam)
    ㉠ 이중저 선박에서 청수 탱크와 유류 탱크 사이의 유밀성을 확실히 하기 위하여 설치하는 공간
    ㉡ 기관실과 일반선창이 접하는 장소 사이에 설치하는 이중밀격벽으로 방화벽의 역할
    ㉢ 펌프 설치나 작업 공간으로도 이용됨

⑯ 기타
    ㉠ 종통재 : 배의 종강도를 형성하는 부재로 외판을 부착시켜 선형을 이룸
    ㉡ 상갑판 아래의 공간을 선저에서 상갑판까지 종 또는 횡방향으로 나누는 벽

(3) 선체가 받는 힘

① 종강력 구성재 : 용골, 중심선 거더, 종격벽, 외판, 내저판, 상갑판
② 횡강력 구성재 : 늑골, 갑판보, 횡격벽, 외판, 갑판
③ 외력에 의한 힘 [2022년 기출]
    ㉠ 팬팅(Panting) : 거친 파랑 중을 항해하는 선박이 파랑에 의해 선수부 혹은 선미부에 받는 충격
    ㉡ 슬래밍(Slamming) : 거친 파랑 중을 항해하는 선박이 종방향으로 크게 동요하게 되어 선저가 수면상으로 올라온 후 떨어지면서 수면과의 충돌로 인해 선수부 바닥 등에 발생하는 충격
    ㉢ 휘핑(Whipping) : 선박이 거친 파랑 중을 항해할 때 파도에 의한 충격으로 선체가 과도하게 진동하는 현상

3. 선박의 설비

(1) 조타 설비

① 키(타) [2023년 기출]

   ㉠ 배를 임의의 방향으로 회전시키고 일정한 침로로 유지하는 장치

   ㉡ 타주의 후부 또는 타두재에 설치

   ㉢ 보침성 및 선회성이 좋고 수류의 저항과 파도의 충격에 견딜 수 있어야 함

   ㉣ 항주 중 저항이 작아야 함

② 타의 구조 [2022년 기출] [2024년 기출]

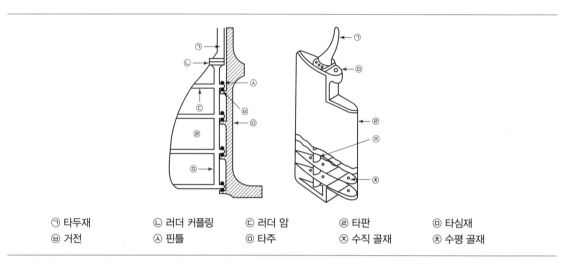

㉠ 타두재	㉡ 러더 커플링	㉢ 러더 암	㉣ 타판	㉤ 타심재
㉥ 거전	㉦ 핀틀	㉧ 타주	㉨ 수직 골재	㉩ 수평 골재

③ 조타 장치 [2023년 기출] [2024년 기출]

   ㉠ 키의 작동을 제어하여 적절한 타각을 만들어주는 장치

   ㉡ 타각 제한 장치 : 이론적으로 타각이 45°일 때 선박의 회전 능률이 최대치가 되나 속력 감쇠 작용이 크므로 일반적으로 최대 타각은 35° 정도가 가장 유효함. 타각 제한 장치는 최대 타각을 35° 정도로 제한하는 역할

     ※ SOLAS 협약에서는 조타 장치의 동작 속도에 대해 한쪽 현 타각 35°에서 반대 현 타각 30°까지 회전시키는 데 28초 이내의 시간이 걸려야 하도록 그 성능을 규정함

   ㉢ 조타 장치의 구분

수동조타장치 (인력조타장치)	• 사람의 힘을 이용해 키를 움직이는 방식 • 조타륜과 키가 기계적으로 직접 연결 • 보트나 소형 요트 등 소형 선박에 주로 사용
동력조타장치	• 적은 힘으로도 조타륜의 회전이 가능 • 제어 장치 : 키의 회전에 필요한 신호를 동력 장치로 전달 • 추종 장치 : 키가 소요 각도까지 돌아가면 키를 움직이는 동력 장치를 정지시키고 키를 그 위치에 고정 • 동력 장치 : 키를 움직이는 동력을 발생 • 전달 장치 : 동력 장치의 기계적 에너지를 축과 기어, 유압 등을 통해 타에 전달하는 장치
자동조타장치 (오토파일럿)	• 자동으로 키를 제어하여 침로를 유지 • 침로의 변경이 잦거나 비상시 조종일 경우 수동 조타 필요

(2) 동력 설비

① 주기관 : 선박을 추진하는 데 필요한 에너지를 생산하는 엔진

② 보조 기관 : 주기관 및 메인 보일러를 제외한 선내의 모든 기계로 발전기, 펌프, 냉동장치, 조수장치, 유청정기, 압축기 등을 말함

(3) 소화 설비

① 소화전 : 화재가 발생한 장소에 물을 분사하는 가장 기본적인 소화 설비

② 소화기 [2022년 기출] [2023년 기출]

　㉠ 포말소화기 : 화학 약재를 이산화탄소와 함께 거품 형태로 분사

　㉡ CO_2소화기 : 압축·액화한 **이산화탄소**를 분사하며, 분사 시 **동상의 위험**이 있으므로 주의

　㉢ 분말소화기 : 중탄산나트륨 또는 중탄산칼륨 등의 분말과 질소, 이산화탄소 등의 가스를 배합한 소화기

　㉣ 할론소화기

　　• 할로겐 화합물 가스를 분사

　　• 열분해 작용 시 **유독가스**가 발생할 수 있어 현재 **선박 비치가 금지**됨

(4) 계선 설비

① 정의 : 선박이 부두에 접안하거나 묘박 또는 부표에 계류할 때 필요한 모든 설비

② 앵커 [2022년 기출] [2023년 기출] [2024년 기출]

스톡 앵커	스톡이 있는 앵커로 파주력은 크나 격납이 불편하여 주로 소형선에서 사용
스톡리스 앵커	스톡 앵커에 비해 파주력은 떨어지나 투묘 및 양묘 시에 취급이 쉽고 앵커 체인과 엉키지 않으며 얕은 수심에서 앵커 암이 선저를 손상시키는 일이 없어 대형선에서 널리 활용

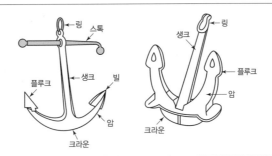

스톡 앵커와 스톡리스 앵커

③ 앵커 체인

　㉠ 앵커와 선체를 연결하는 철 주물의 사슬

　㉡ 길이의 기준은 1섀클(=25m)

　㉢ 링크 지름의 12% 이상이 마모되면 체인을 교환

　㉣ 앵커 체인의 섀클 명칭

Anchor Shackle(AS)	앵커의 링(Shackle) 부분에 연결
End Link(E)	앵커 섀클과 스위블(Swivel)을 연결

Swivel(SW)	앵커의 회전이 가능하도록 해주는 링크
Enlarged Link(EL)	앵커 체인의 첫 섀클에 연결되는 부위로 커먼 링크보다 강화된 링크
Common Link(C)	앵커 체인을 주로 구성하는 링크로 EL보다 약간 작고 스터드가 있는 링크
Kenter Shackle(KS)	각 섀클을 연결해 주는 것으로 분해#조립이 가능
Joining Shackle(JS)	앵커 체인 끝단에 연결되며, 체인 록(Chain lock) 내부의 연결부에 연결됨

④ 계선줄

선수줄	선수로부터 전방 부두에 묶는 줄. 선체가 뒤쪽으로 움직이는 것을 방지
선미줄	선미에서 내어 뒤쪽으로 묶는 줄. 선체가 앞쪽으로 움직이는 것을 방지
선수뒷줄	• 선수에서 내어 후방 부두에 묶는 줄. 선체가 전방으로 움직이는 것을 방지 • 출항 시에 이 줄을 감아 선미를 부두에서 이탈
선미앞줄	• 선미에서 내어 전방 부두에 묶는 줄. 선체가 후방으로 움직이는 것을 방지 • 출항 시에 이 줄을 감아 선수를 부두에서 이탈
옆줄	선수·선미에서 부두에 거의 직각 방향으로 잡는 줄. 선체의 횡방향 이동 방지

⑤ 기타 계선 설비 **2023년 기출**

양묘기	앵커를 감아올리거나 투묘 작업 시 사용되는 보조 설비
무어링(계선) 윈치	횡축 드럼으로 계선줄을 감아 선박을 부두나 계류 부표에 매어두는 데 사용하는 윈치
히빙 라인	접안 시 계선줄을 내보내기 위해 미리 내주는 가는 로프
펜더	선체가 외부에 접촉하게 될 때 충격을 흡수하는 설비

(5) 방·배수 설비

① 방수 설비 : 외부로부터 물이 들어오지 못하게 하거나 좌초·충돌 등으로 인한 침수를 일정 구역으로 제한
② 배수 설비 : 갑판 위로 올라온 파도, 화물창 내에 고인 물, 선내의 생활 오수 등을 배출
　※ 빌지 웰 : 수선 아래에 괸 물은 직접 밖으로 배출할 수 없으므로 빌지 웰에 모아 빌지 펌프를 통해 밖으로 배출
③ 배관 설비 : 물, 기름, 공기 등을 유통시키는 선박 내의 관 **2023년 기출**

빌지관	빌지 웰에 고인 물을 배출하기 위한 관
밸러스트관	밸러스트 탱크에 물을 넣거나 빼기 위한 관
청수관	침실, 욕실, 주방 등에 청수를 공급하기 위한 관
유관	연료유를 비롯한 기름을 적재·이송하기 위한 관

④ 펌프 설비

빌지 펌프	빌지 배출용 펌프
밸러스트 펌프	밸러스트관과 연결되어 밸러스트의 급수 및 배수에 사용되는 관
제네럴 서비스 펌프	보통 GS 펌프라 하며 빌지관, 밸러스트관, 위생관 등 다양한 관에 연결되어 다목적으로 사용되는 관

4. 선박의 정비

(1) 로프(Rope)

① 로프의 종류 `2023년 기출`

    ㉠ 섬유로프

- 면 · 마 · 합성섬유 등의 섬유를 꼬아 만든 로프로 선박에서는 주로 Z자 꼬임 로프를 사용
- **휘발성 위험화물**을 다루는 선박은 **마찰로 인한 화재 방지**를 위해 섬유로프를 선호함
- 마찰이 심한 곳에는 캔버스를 감아서 보호할 것
- 물에 젖거나 기름이 스며들면 강도가 1/4로 감소
- 비나 해수에 젖지 않도록 하며 젖었을 경우 신속히 건조하여 보관할 것
- 너무 뜨거운 장소를 피하고 통풍과 환기가 잘되는 곳에서 보관할 것

    ㉡ 와이어로프

- 아연이나 알루미늄으로 도금한 철사를 여러 가닥으로 합하여 만든 로프
- 섬유로프보다 튼튼하고 높은 강성
- 백납과 그리스의 혼합액으로 녹을 방지
- 로프의 사리는 반드시 **나무판** 위에서 굴리거나 **데릭 · 기중기**로 운반하며 절대 떨어뜨리지 않도록 주의할 것
- 사용하지 않을 때는 와이어릴에 감고 캔버스 덮개를 덮어 보관
- 정기적으로 기름을 칠하고 통풍과 환기가 잘되는 서늘한 곳에 보관할 것

② 로프의 치수 `2023년 기출`

    ㉠ 굵기 : 로프의 외접원 지름을 mm로 표시하거나 원주를 인치로 표시

    ㉡ 길이 : 1사리(coil) = 200m

    ㉢ 무게 : 1사리를 기준으로 표시

③ 로프의 강도

    ㉠ 파단하중 : 로프에 장력을 가했을 때 로프가 절단되는 순간의 힘 또는 무게

    ㉡ 시험하중 : 파단하중의 약 1/2

    ㉢ 안전사용하중 : 파단하중의 약 1/6

④ 로프 취급 시 주의사항

    ㉠ 파단하중 및 안전사용하중을 고려하여 사용

    ㉡ 마찰이 많은 곳은 캔버스를 감아서 사용하며 와이어로프는 마찰부에 기름 혹은 그리스를 바르고 섬유심에 기름을 쳐서 사용

    ㉢ 로프를 급각도로 굽히면 굴곡부에 큰 힘이 걸리므로 완만하게 굽혀서 사용

    ㉣ 킹크(로프나 와이어 등이 뒤틀리고 꼬여서 접히거나 굽혀진 것)가 생기지 않도록 주의

(2) 선체의 보존

① 부식과 오손

    ㉠ 부식 : 선체가 각종 물리적 · 화학적 원인에 의해 녹이 슬거나 썩게 되는 것으로 특히 열대 해수 지역에서 가장 심하게 발생

    ㉡ 오손 : 해초류 및 패류에 의해 선체가 더러워지는 것

② 부식의 방지 2023년 기출 2024년 기출

    ㉠ 방청용 페인트 및 시멘트를 발라 습기와의 접촉을 차단

    ㉡ 부식이 심한 장소의 파이프는 아연 또는 주석 도금한 파이프를 사용

    ㉢ 프로펠러나 키 등 해수와 맞닿은 부분은 **아연판**을 부착해 부식을 방지

③ 도료 2022년 기출

    ㉠ 선체 도장의 목적

        • 부식 방지 : 물과 공기를 차단하는 도막을 형성하여 강재 및 목재의 부식을 방지

        • 방오 : 유독 성분을 섞은 도료를 선저에 사용하여 해중 생물의 부착을 방지

        • 장식 : 선체에 색채를 부여하여 미적 효과 발생

        • 청결 : 강판 및 목재의 표면을 깔끔하게 하여 선박의 청결을 유지

    ㉡ 선저 도료의 종류

1호 선저도료 (Anticorrosive paint, AC)	• 방청용 선저도료 • 선체의 외판에 직접 바르며 선저의 부식을 방지
2호 선저도료 (Antifouling paint, AF)	• **해양 생물의 부착 및 번식을 방지**하는 도료 • 유독 성분과 선체 외판을 부식시키는 성분이 포함되어 있으므로 AC 위에 도장
3호 선저도료 (Boot topping paint, BT)	• 만재흘수선과 경하흘수선 사이에 바르는 도료 • 방청과 내마모성에 중점을 둔 도료

    ㉢ 퍼티

        • 목선의 부식 방지를 위한 접합체

        • 목재의 갈라진 틈이나 접속 부위 등에 습기가 침입하는 것을 막기 위해 퍼티를 발라 해당 부위를 외부와 차단

    ㉣ 희석제(Thinner)

        • 인화성이 강하므로 화기에 유의하여야 함

        • 도료에 첨가하는 양은 최대 10% 이하가 좋음

        • 도료의 성분을 균질하게 하여 도막을 매끄럽게 함

(3) 선박의 검사(선박안전법)

① 건조검사

    ㉠ 선박을 건조하고자 하는 자가 선박에 설치되는 선박시설에 대하여 받는 검사

    ㉡ 해양수산부장관은 합격한 선박에 대해 검사 기록을 기재한 건조검사증서를 교부

② 정기검사 2023년 기출

    ㉠ 선박소유자가 선박을 최초로 항해하는 때 또는 선박검사증서의 유효기간이 만료된 때 선박시설과 만재흘수선에 대하여 받는 검사

        ※ 선박검사증서의 유효기간은 **5년** 이내의 범위에서 대통령령으로 정해짐

    ㉡ 무선설비 및 선박위치발신장치에 대하여는 전파법에 따른 검사 여부를 확인하는 것으로 갈음함

③ 중간검사

    ㉠ 선박소유자가 정기검사와 정기검사 사이에 받는 검사

    ㉡ 제1종과 제2종으로 구분하며 검사 대상과 시기는 선박안전법 시행규칙 제19조에 규정

④ 임시검사
    ㉠ 다음 중 하나에 해당하는 경우 받는 검사
        • 선박시설에 대해 해양수산부령이 정하는 개조 또는 수리를 행하고자 하는 경우
        • 규정에 따른 선박검사증서에 기재된 내용을 변경하고자 하는 경우(경미한 사항 제외)
        • 선박의 용도를 변경하고자 하는 경우
        • 선박의 무선설비를 새로 설치하거나 변경하고자 하는 경우
        • 해양수산부장관이 선박시설의 보완 또는 수리가 필요하다고 인정하여 검사의 내용 및 시기를 지정한 경우
        • 만재흘수선이 변경되는 경우
    ㉡ 해양수산부장관은 임시검사에 합격한 선박에 대하여 해양수산부령으로 정하는 임시변경증 발급 가능
⑤ 임시항해검사 : 정기검사를 받기 전 임시로 선박을 항해에 사용하고자 하는 때 받는 검사

1. 구명설비와 신호 장치

(1) 구명설비 [2022년 기출] [2023년 기출] [2024년 기출]

① 구명정
- ㉠ 선박의 조난 시나 인명 구조에 사용되는 소형 보트
- ㉡ 선박의 20도 횡경사 및 10도 종경사의 경우에도 안전하게 진수되어야 함
- ㉢ 규격, 정원수, 소속 선박 및 선적항 등이 표시

② 팽창식 구명 뗏목
- ㉠ 나일론 등 합성 섬유로 된 포지를 고무로 가공해 뗏목 모양으로 제작한 것
- ㉡ 탄산가스 혹은 질소가스를 주입해 긴급시 팽창하여 구명 설비로서 기능
- ㉢ 자동이탈장치(HRU) : 선박이 침몰하여 수심 2~4m에 이르면 **수압에 의해 작동**하여 구명 뗏목을 부상시키는 장치

③ 구명부기 : 구조를 기다릴 때 여러 사람이 붙들고 떠 있을 수 있도록 제작된 부체

④ 구명부환 : 개인용의 구명 설비로 수중의 생존자가 잡고 떠 있게 하는 도넛 형태의 부체

⑤ 구명동의 : 조난 또는 비상시 윗몸에 착용하는 재킷

⑥ 보온복 : 열전도율이 낮은 방수 물질로 만들어진 포대기 혹은 옷으로 바닷물에서 체온 유지에 도움을 줌

⑦ 구명줄 발사기 : 선박이 조난을 당한 경우 조난선과 구조선 또는 육상 간의 연결용 줄을 보내는 설비로 수평에서 45° 각도로 230m 이상의 구명줄을 발사

방수복 표시	구명 뗏목

(2) 조난 신호 설비 [2023년 기출]

① 낙하산신호 [2022년 기출] [2024년 기출]
- ㉠ 로켓 등에 의해 공중으로 발사되어 붉은 불꽃을 발생시키는 야간용 조난 신호
- ㉡ 높이 300m 이상의 **공중에서 점화**되어 가장 먼 시인거리

② 신호홍염
- ㉠ 야간용 조난 신호로 점화 시 **붉은색의 불꽃**을 1분 이상 연속하여 발광
- ㉡ 10cm 깊이의 물속에 10초 동안 잠긴 후에도 계속해서 탐

③ 자기발연부신호 2024년 기출
　　㉠ 주간에 구명부환의 위치를 알려주는 장비로 물에 들어가면 **자동으로 오렌지색 연기를 발생**
　　㉡ 5해리 떨어진 높이 1,500m의 장소에서 확인 가능
④ 자기점화등 : 수면에 투하되면 자동으로 점등되어 흰색 빛을 발광하는 야간용 조난 신호
⑤ 비상위치지시 무선표지(EPIRB)
　　㉠ 선박이 침몰하거나 조난되는 경우 **수심 1.5~4m의 수압**에서 자동으로 수면 위로 떠올라 선박의 위치 등을 포함한 조난 신호를 발신하는 장치
　　㉡ 406MHz의 조난주파수에 부호화된 메시지를 전송하고 121.5MHz의 홈잉 주파수를 발신, 수색과 구조 작업 시 생존자의 위치 결정을 용이하게 함
　　㉢ 설치 시 선박의 침몰 상황에서 수면으로 부양될 수 있도록 윙브릿지 또는 톱브릿지 등 **개방된 장소에** 설치
⑥ 수색 구조용 레이더 트랜스폰더(SART)
　　㉠ 9GHz 주파수대의 레이더 펄스 수신 시 응답신호전파를 발사, 근처 선박의 레이더 표시기상에 조난자의 위치가 표시되도록 하는 장비
　　㉡ 레이더 전파 발사와 동시에 가청경보음을 울려 생존자에게 수색팀의 접근을 알림
　　㉢ 구명정이나 구명뗏목, 해면 위에서 사용 가능

2. 해상통신

(1) 해상통신

① 무선전신
　　㉠ 중파, 중단파, 단파 등을 사용하는 통신
　　㉡ 최근에는 무선전화 방식이 일반화되어 이용은 매우 적은 상태

② 무선전화
　　㉠ 단파 · 초단파를 이용한 무선 전화가 있으며 주로 연근해 및 근거리 통신에 이용
　　㉡ 초단파무선설비(VHF)는 연안에서 50km 이내의 해역을 항해하는 선박 또는 정박 중인 선박이 많이 이용

③ 해사위성통신(INMARSAT)
　　㉠ 국제기구인 IMO(국제 해사 기구)에 의해 설립된 본격적인 국제 해사위성통신 시스템
　　㉡ 고품질의 통신 업무를 제공하며, 전 세계로 통신권을 확대할 수 있고 사용이 매우 편리함

④ MMSI(해상이동업무식별부호) 2022년 기출 2023년 기출 2024년 기출
　　㉠ Maritime Mobile Service Identity의 약자로 9자리로 이루어진 선박 고유의 부호
　　㉡ 선박의 국적과 종사 업무 등 선박에 대한 정보를 알 수 있음
　　㉢ 주로 디지털선택호출(DSC), 선박자동식별장치(AIS), 비상위치지시 무선표지(EPIRB)에서 선박의 식별 부호로 사용
　　㉣ 우리나라 선박은 440 혹은 441로 시작

(2) 출·입항 통신과 초단파무선설비의 운용

① 출·입항 통신

    ⊙ 원거리에서는 위성통신을 이용하여 해운 관청과 교신

    ⓒ VHF 무선전화가 가능한 해역에 이르면(일반적으로 도착 예정 4시간 전) VHF 무선전화를 이용해 항만과 교신

② 초단파무선설비(VHF) `2022년 기출` `2023년 기출` `2024년 기출`

    ⊙ 약 20~30해리의 통신 거리를 가지며 선박과 선박, 선박과 육상국 간의 통신에 주로 사용

    ⓒ 평수구역을 항해하는 **총톤수 2톤** 이상의 어선은 **의무적으로 설치**해야 하는 장비(기존 5톤 이상에서 2017년 2톤 이상으로 의무설치 대상 확대)

        ※ 항행구역
- 선박의 항행에 있어 안전 확보를 위하여 선박이 항행할 수 있는 구역의 한도를 나타내는 지역
- 평수구역, 연해구역, 근해구역, 원양구역의 4종으로 구분함

    ⓒ 초단파무선설비의 채널 16
- **조난, 긴급 및 안전**에 관한 간략한 통신에만 사용
- 조난경보 버튼을 누르면 조난신호가 평균 **4분** 간격으로 자동 반복 발신

        ※ 조난경보 버튼을 가청음과 불빛 신호가 안정될 때까지 눌러 조난신호를 발신
- 상대국의 통상 호출 채널을 모르거나 알고 있지만 그 채널이 사용 중인 경우 호출용으로 사용
- 항해 중인 선박은 조난 및 긴급 정보의 청취를 위해 VHF의 **채널 16을 항시 청취**해야 함
- 실수로 조난경보를 잘못 발신했을 경우 **즉시 취소 통보를 발신**하여 잘못된 정보임을 알려야 함

    ⓔ 초단파무선설비의 최대 출력 : 25W

(3) GMDSS(Global Maritime Distress and Safety System)

① 정의 : 선박이 해상에서 조난을 당했을 경우 조난 선박 부근의 다른 선박과 육상의 수색 및 구조 기관이 신속하게 조난 사고를 발견, 수색 및 구조 작업에 임할 수 있도록 하는 제도

② 주요 기능

    ⊙ 조난 경보의 송·수신

    ⓒ 수색 및 구조의 통제 통신

    ⓒ 조난 현장 통신

    ⓔ 위치 측정을 위한 신호

    ⓜ 해상안전정보(MSI) 발신

        ※ 해상안전정보(Maritime Safety Information) : 항행 경보, 기상 경보 및 기타 긴급 정보를 선박에 통보하는 것

    ⓗ 일반 무선 통신 및 선교 간 통신

(4) 해상교통관제제도(VTS)

① 정의 : 선박의 안전하고 원활한 통항을 목적으로 해상교통관제시설을 설치, 항행하는 선박에 적절한 항행정보를 제공하고 당해 선박이 적법하게 항행하는지의 여부를 감시·지도하는 제도

② 레이더, CCTV, 무선전화 등의 해상교통관제시설을 이용

③ 선박에 대한 정보의 방송, 선박 접근에 대한 위험 경고, 규칙 위반에 대한 보고, 선속의 제한 및 수로·묘박지의 지정, 선박 보고의 접수 등

(5) 국제기류신호 2023년 기출

① 알파벳 문자기 26장, 숫자기 10장, 대표기 3장, 회답기 1장 등 총 40장으로 구성

② 국제신호기의 종류

    ㉠ 1문자기 : 긴급하고 중요하며 자주 사용하는 것

    ㉡ 2문자기 : 일반 부분의 통신문(조난과 응급, 사상과 손상, 항로표지와 항행, 수로 조종과 그 밖의 통신 · 검역)

    ㉢ 3문자기 : 의료 부분의 통신문으로 첫 글자가 M으로 시작

③ 국제신호서에 각 기류신호의 의미가 명기되어 있음

    ※ 국제기류신호 각 기의 이미지와 1문자기의 의미는 책 말미에 부록으로 제공

(6) 무선설비 설치 기준(선박안전법)

① 다음에 해당하는 선박을 제외한 선박은 해양수산부령이 정하는 기준에 따른 무선설비를 갖추어야 함

    ㉠ 총톤수 2톤 미만의 선박

    ㉡ 추진기관을 설치하지 않은 선박

    ㉢ 호소 · 하천 및 항내의 수역에서만 항해하는 선박

② 선박안전법 시행규칙 별표 30에 따른 무선설비의 설치 기준

무선설비의 종류 적용 선박	초단파대 무선설비 (VHF)	중단파대 또는 중단파대 및 단파대 무선설비	네비택스 수신기	EPIRB	SART 또는 AIS-SART	2-way VHF
가. 평수구역을 항해구역으로 하는 선박	1	–	–	–	–	–
나. 연해구역 이상을 항해구역으로 하는 선박	–	–	–	–	–	–
1) 국제항해에 취항하지 않는 총톤수 300톤 미만의 선박	1	–	–	1	–	–
2) 국제항해에 취항하는 총톤수 300톤 미만의 선박	1	1	–	1	–	–
3) 총톤수 300톤 이상의 선박	1	–	1	1	1	1

(7) GMDSS에 따른 무선설비 설치 기준

① 모든 국제여객선과 300톤 이상의 국제화물선에 적용

② 설치 기준

    ㉠ 2-way VHF 무선전화장치

      • 여객선 및 500톤 이상 화물선 : 3대 이상

      • 500톤 미만의 화물선 : 2대 이상

    ㉡ 수색 구조용 9GHz대 레이더 트랜스폰더(SART)

      • 여객선 및 500톤 이상 화물선 : 2대 이상

      • 500톤 미만 화물선 : 1대 이상

    ㉢ NAVTEX 수신기 및 위성 EPRIB 혹은 VHF EPRIB를 탑재

1. 선박의 조종

(1) 키(타)의 역할

① 키(타)의 주 역할 : 선박의 양호한 조종성을 확보하는 것

② 조종성을 나타내는 요소 [2022년 기출]

  ㉠ 추종성

- 조타에 대한 선체 회두의 추종이 빠른지 늦은지를 나타내는 것
- 타각을 주었을 때 선수가 곧바로 회두를 시작하거나 타를 중앙으로 하였을 때 곧바로 직진하는 등의 것

  ㉡ 침로안정성(=보침성)

- 선박이 **정해진 침로를 따라 직진**하는 성질
- 외력에 의해 정해진 침로에서 벗어났을 때 곧바로 원래의 침로로 복귀하는 것
- 항행 거리에 영향을 미치며 선박의 경제적인 운용에 필요한 요소
- 일반 화물선은 일정한 침로를 일직선으로 항행하는 것이 요구되므로 침로안정성이 중요시됨

  ㉢ 선회성

- 일정한 타각을 주었을 때 선박이 어떠한 **각속도**로 움직이는지를 나타내는 것
- 군함이나 어선과 같이 빠른 기동력을 필요로 하는 선박은 빠른 선회성이 요구됨

③ 이상적인 키

  ㉠ 타각을 주지 않을 때 : 키에 최소의 저항이 작용하여 보침성이 좋음

  ㉡ 타각을 주었을 때 : 키에 최대의 횡압력이 적용하여 선회성이 큼

④ 키판(타판)에 작용하는 압력 [2022년 기출] [2023년 기출]

  ㉠ 직압력 : 수류에 의하여 키에 작용하는 전체 압력으로 타판에 작용하는 여러 종류의 힘의 **기본력**

  ㉡ 항력

- 그 작용하는 방향이 **선미 방향(선체 후방)**인 분력
- 힘의 방향이 선체 후방이므로 **전진 선속을 감소**시키는 저항력으로 작용
- 타각이 커지면 항력도 증가

  ㉢ 양력

- 그 작용하는 방향이 **정횡 방향**인 분력
- 힘의 방향이 선미를 횡방향으로 미는 힘
- 양력과 선체의 무게 중심에서 키의 작용 중심까지의 거리의 곱은 선체를 선회시키는 우력이 됨

  ㉣ 마찰력

- 키판을 둘러싸고 있는 물의 점성에 의해 키판 표면에 작용하는 힘
- 다른 힘에 비해 극히 작은 값을 가지므로 일반적으로 생략함

(2) 프로펠러 추진기(스크루 프로펠러)

① 추진 원리와 수류

㉠ 스크루 프로펠러의 추진 원리

- 스크루 프로펠러가 회전하면서 물을 뒤로 밀어내면 그 반작용으로 선체를 앞으로 미는 추진력이 발생
- 피치(Pitch) : 스크루 프로펠러가 360° 회전하면서 선체가 **전진하는 거리**
  ※ 피치는 이론상의 전진거리이며 실제 전진거리는 그보다 적음. 피치와 실제 전진거리 간의 차이를 슬립(Slip)이라 함
- 3~5개의 날개(Blade)가 있으며 일반 선박은 날개의 각이 고정되어 있는 고정 피치 프로펠러를 사용
- 일부 특수 선박은 프로펠러 날개의 피치각을 조절할 수 있는 가변 피치 프로펠러를 사용

㉡ 수류의 종류와 작용

- 흡입류 : 프로펠러의 앞쪽에서 프로펠러로 빨려 들어가는 수류
- 배출류 : 프로펠러의 뒤쪽으로 흘러 나가는 수류, 선박 후진 시 선수회두에 가장 큰 영향을 끼침
- 반류(후류) : 선체가 전진할 때 선체의 뒤쪽으로 흘러 들어오는 물의 흐름. 선체의 속도가 빨라지면 불안정해지면서 소용돌이가 발생함
- 흡입류와 배출류는 선체 및 키에 작용하여 선체의 감속, 회두, 횡경사, 킥 현상 등의 각종 선체 운동을 일으킴

② 수류와 횡압력에 의한 회두 [2022년 기출]

㉠ 기관을 전진 상태로 작동

- 배출류가 키에 직접적으로 부딪침
- 이때 키의 하부에 작용하는 수류는 수면 부근에 위치한 키의 상부에 작용하는 수류보다 강하여 선미를 좌현 쪽으로 밀게 됨
- 선체의 타력이 없을 때나 공선 시에 뚜렷하게 나타남

㉡ 기관을 후진 상태로 작동

- 배출류는 앞쪽으로 발생하고 선체의 좌현 쪽으로 흘러가는 배출류는 좌현 선미를 따라 앞으로 빠져나감
- 그러나 우현 쪽으로 흘러가는 배출류는 **우현**의 선미 측벽에 부딪치면서 **측압을 형성**하고 이 현저히 큰 측압은 선미를 **좌현 쪽**으로 밀게 됨
- 이로 인해 선수가 **우현 쪽**으로 회두
  ※ 고정피치가 아닌 가변피치 스크루 프로펠러의 경우 회전 방향이 동일하므로 배출류로 인한 측압이 좌현의 선미 측벽에 형성, 선미를 우현 쪽으로 밀게 되고 이에 따라 선수는 좌현으로 회두함

㉢ 횡압력의 영향 : 수심이 깊어 수압이 높아졌을 때

- 기관 전진 중 : 스크루 프로펠러의 회전 방향이 시계방향이 되어 선수를 좌편향
- 기관 후진 중 : 스크루 프로펠러의 회전 방향이 반시계방향이 되어 선수를 우편향

(3) 키 및 추진기에 의한 선체 운동

① 정지 상태에서 전진

㉠ 키가 중앙일 때

- 추진기가 회전을 시작하는 초기에는 횡압력이 커 **선수가 좌회두**
- 전진 속력이 증가하면 배출류가 강해져 선수가 우회두

ⓒ 키가 우 타각일 때
- 배출류로 인해 키 압력이 발생하고 이는 횡압력보다 크게 작용
- 선미는 좌현 쪽으로, 선수는 우현 쪽으로 회두를 시작하며 속력의 증가에 따라 우회두가 강하게 나타남
ⓒ 키가 좌 타각일 때
- 횡압력과 배출류가 함께 선미를 우현 쪽으로 밀어냄
- 선수의 좌회두가 강하게 나타남

② 정지 상태에서 후진
ⓐ 키가 중앙일 때
- 횡압력과 배출류의 측압 작용이 선미를 좌현 쪽으로 밀고 **선수는 우회두**
- 후진 기관 사용이 지속되면 배출류의 측압 작용이 심해져 선미는 더욱 좌현 쪽으로 치우침
  ※ 가변 피치 프로펠러의 경우 배출류가 좌현 선미에 측압 작용을 하므로 선수를 **좌현 쪽으로 회두**시킴
ⓑ 키가 우 타각일 때
- 횡압력과 배출류가 선미를 좌현 쪽으로 밀고 흡입류에 의한 직압력은 선미를 우현 쪽으로 밀어 평형 상태를 유지
- 후진 속력이 커지면 흡입류의 영향이 커지므로 선수는 좌회두
ⓒ 키가 좌 타각일 때
- 횡압력, 배출류, 흡입류가 전부 선미를 좌현 쪽으로 밀어냄
- 선수는 강하게 우회두

③ 선회 운동
ⓐ 정상 선회 운동 : 원침로선상에서 약 90°로 선회했을 때 선체가 일정한 각속도로 선회를 계속하는 것을 말하며 이때 선속은 일정함
ⓑ 선회권 : 선회 운동에서 선체의 무게 중심이 그리는 항적을 말하며 일반적으로 우회전 추진기의 경우 같은 타각에서 우선회보다 좌선회가 그리는 선회권이 더 큼

④ 선회권과 용어 `2023년 기출` `2024년 기출`
ⓐ 전심
- 선회권의 중심으로부터 선박의 선수미선에 수선을 내려 만나는 점
- 선체 자체의 외관상의 회전 중심에 해당함
ⓑ 선회 종거 및 선회 횡거
- 선회 종거 : 전타를 처음 시작한 위치에서 선수가 원침로로부터 90° 회두했을 때까지의 원침로선상에서의 전진 이동 거리
- 선회 횡거 : 선체 회두가 90°가 된 곳까지 원침로에서 직각 방향으로 잰 거리로 선회경의 0.55배 정도
ⓒ 선회 지름과 최종 선회 지름
- 선회 지름(선회경) : 회두가 원침로로부터 180°가 된 곳까지 원침로에서 직각 방향으로 잰 거리
- 최종 선회 지름 : 선박이 정상 원운동을 할 때 원의 지름
ⓓ 킥
- 선체가 선회 초기에 원침로로부터 **타각을 준 반대쪽**으로 약간 벗어나는 현상 혹은 이때 선체가 원침로로부터 횡방향으로 벗어난 거리
- 물에 빠진 사람을 구조할 때 사람이 프로펠러로 빨려 들어가는 것을 막거나 갑자기 나타난 장애물을 회피할 때 이용되기도 함

　　　ⓜ 리치
　　　　　• 전타를 시작한 최초의 위치에서 **최종 선회 지름의 중심까지의 거리**를 원침로선상에서 잰 거리
　　　　　• 조타에 대한 추종성을 나타내며 타효가 좋은 선박일수록 짧음

　　⑤ 선회 중의 선체 경사 `2022년 기출`
　　　ⓐ 내방경사(안쪽 경사) : 조타한 직후 수면 상부의 선체가 타각을 준 쪽인 선회권의 안쪽으로 경사하는 것
　　　ⓑ 외방경사(바깥쪽 경사) : 선체가 정상 원운동을 할 때 수면 상부의 선체가 타각을 준 반대쪽인 선회권의
　　　　　바깥쪽으로 경사하는 것

　　⑥ 선회권에 영향을 주는 요소 `2022년 기출`
　　　ⓐ 선체의 비척도 : 방형계수가 큰 선박일수록 선회권이 작아짐
　　　※ **방형계수(방형비척계수)**
　　　　• 물속에 잠긴 선체의 비만도를 나타내는 계수
　　　　• 선박의 형배수용적과 선체를 감싸고 있는 직육면체의 용적의 비
　　　　• 대부분의 선박은 대략 0.5∼0.9의 값을 가짐
　　　　• 방형계수가 큰 선박은 화물의 탑재 용적이 크고, 방형계수가 작은 선박은 선체 저항이 적으며 좋은 내항성을 가짐
　　　　• 방형계수와 선회성은 비례하고 추종성 및 침로안정성은 반비례함
　　　ⓑ 흘수 : 만재 상태에서는 키 면적에 대한 수면하의 선체 질량이 증가되어 경하 상태보다 선회권이 커짐
　　　ⓒ 트림 : 선수 트림의 선박은 선회 우력이 커져 선회권이 작아지고 선미 트림의 선박은 선회권이 커짐
　　　ⓓ 타각 : 타각을 크게 할수록 타에 작용하는 압력이 커져 선회 우력은 커지고 선회권은 작아짐
　　　ⓔ 수심 : 수심이 얕은 구역에서는 키의 효과가 나빠지고 선체의 저항이 증가하여 선회권이 커짐

　　⑦ **공동현상(Cavitation)** `2022년 기출` `2023년 기출`
　　　ⓐ 프로펠러의 회전속도가 일정 한도를 넘어서면 프로펠러 날개의 배면에 기포가 발생하여 공동(빈 공간)
　　　　　을 이루는 현상
　　　ⓑ 소음이나 진동의 원인이 되며 프로펠러의 효율을 저하시킴
　　　ⓒ 기포가 사라지면서 기포가 있던 부위의 압력이 크게 상승하고, 이것이 프로펠러 날개를 침식시키는 원인
　　　　　이 됨

(4) 선속과 타력

　　① 선속
　　　ⓐ 항해 속력 : 선박이 계획 만재 흘수에서 주기관을 상용 출력으로 운전할 때 얻을 수 있는 속력
　　　ⓑ 조종 속력 : 항만의 출·입항 혹은 협수로 통과 시에 사용되는 속력

　　② 타력 `2023년 기출`
　　　ⓐ 타력의 정의 : 선체 운동에서 같은 상태를 유지하려는 관성을 말하는 것
　　　ⓑ 타력의 종류
　　　　• 발동타력 : 선박이 정지 상태일 때 기관을 전진 작동시켜 해당 속력에 도달할 때까지의 타력
　　　　• 정지타력 : 정상적인 속력으로 전진 중인 선박에 **기관 정지**를 명령하여 선체가 정지할 때까지의 타력
　　　　• 반전타력 : 전진 전속으로 항진 중 기관을 **후진 전속**으로 걸어 선체가 정지할 때까지의 타력
　　　　• 변침회두타력 : 일정 속력으로 항주 중인 선박에 타각을 주어 해당 각도로 타각을 완료하기까지의 타력
　　　　• 정침회두타력 : 회두 중인 선박이 일정 침로에 정침하기 위해 타를 중앙으로 놓았을 때 선박이 회두를
　　　　　멈추고 해당 침로의 직선상에 정침하기까지의 타력

(5) 선체 저항과 외력의 영향

① 선체 저항 `2024년 기출`

- ㉠ 마찰저항 : 물의 점성에 의해 생기는 저항
- ㉡ 조파저항 : 수면 위를 항주할 때 선수미 부근과 선체 중앙 부근의 압력차로 발생하는 파에 의해 나타나는 저항
- ㉢ 조와(와류)저항 : 선체 주위의 물분자와 선체에서 먼 곳의 물분자 간의 속도차로 발생하는 와류에 의해 나타나는 저항
- ㉣ 공기저항 : 수면 위의 선체 및 갑판 상부의 구조물과 공기의 흐름 간에 발생하는 저항

② 바람의 영향

- ㉠ 항주 중 바람을 선수미선상에서 받는 경우 : 선속에 큰 영향, 선수 편향에는 거의 영향 없음
- ㉡ 전진 중 바람을 횡방향에서 받는 경우 : 선체는 선속과 풍력의 합력 방향으로 나아가면서 **선미는 풍하 측으로 편향**됨
- ㉢ 후진 중 바람을 횡방향에서 받는 경우 : 풍력이 약하면 배출류의 측압 작용으로 선수가 우현 쪽으로 향하고, 풍력이 강하면 **선미가 풍상 측(바람이 불어오는 쪽)으로 편향**됨

③ 조류의 영향 `2023년 기출`

- ㉠ 선수 방향에서 조류를 받는 경우 : 타효가 커져 선박 조종 성능이 증가
- ㉡ 선미 방향에서 조류를 받는 경우 : 선박의 조종 성능이 저하

④ 수심이 얕은 수역의 영향(천수 효과) `2023년 기출` `2024년 기출`

- ㉠ 선체의 침하 : 수심이 낮은 선저 부근에서 물의 흐름이 선수·선미 부근보다 빨라지면서 수압이 저하, 전체적으로 선체가 침하되고 흘수가 증가함
- ㉡ 속력의 감소 : 선수·선미에서 발생한 파도가 서로 영향을 끼쳐 조파저항이 커지고 선체의 침하로 저항이 증대되어 선속이 감소
- ㉢ 조종성의 저하
  - 선체 침하와 해저 형상에 따른 와류 형성으로 키의 효과 저하
  - 이를 막기 위해서는 저속으로 항행하는 것이 좋으며 고조 시를 택하여 조종하는 것이 유리함

⑤ 두 선박 상호 간의 영향(앞지르기 및 마주칠 때) – 흡인배척작용 `2023년 기출` `2024년 기출`

- ㉠ 선수나 선미의 고압 부분끼리 마주치면 서로 반발
- ㉡ 선수나 선미가 중앙부의 저압 부분과 마주치면 선수 혹은 선미가 중앙부로 끌려 감
- ㉢ 두 선박이 평행하면 서로 끌어당겨 접촉 사고 발생 가능
- ㉣ 서로 마주칠 때보다 앞지르기할 때 더 크게 영향을 받음
- ㉤ 고속으로 항과할수록 그 영향이 더 크게 나타남
- ㉥ 큰 선박보다는 작은 선박이 영향을 더 크게 받으며 소형 선박이 대형 선박에 흡착되는 경향이 있음

※ 최단정지거리 : 항해 중인 선박은 타력과 관성에 의해 쉽게 정지할 수가 없다. 하지만 충돌의 위험이 상존하고 있다면 급속 후진을 사용하여 선박의 진행을 멈춰야 한다. 하지만 이때에도 선박이 진행 중이기 때문에 앞으로 전진하게 될 수밖에 없는 길이가 있는데 이를 최단정지거리라고 한다.

2. 선박의 정박

(1) 앵커와 묘박법, 투묘법

① 앵커(닻) `2022년 기출` `2024년 기출`

　㉠ 선박을 일정 반경의 수역 내에서 외력에 대항하면서 안전하게 머물 수 있도록 하는 장치

　㉡ 비상시 응급조종용으로도 활용

② 파주력

　㉠ 해저에 박힌 앵커를 잡아당겼을 때 빠져나오지 않으려는 저항력

　㉡ 앵커 및 앵커 체인의 수중 무게의 배수(= 파주 계수)

　㉢ 선박의 안전한 정박을 위해서는 파주력이 선체에 작용하는 외력(풍압력 · 조류력)보다 커야 함

③ 묘박법 : 선박이 앵커를 투하하여 일정한 위치에 정박하는 방법

단묘박	• 선박에 장착되어 있는 양현 앵커 중에서 어느 하나를 선택하여 놓는 묘박법 • 묘박 후에 선박의 회전 반경이 넓으므로 비교적 넓은 수역에서 시행 • 투묘 조작과 취급이 간단하고 응급조치를 취하기 용이
쌍묘박	• 선박 양현의 앵커를 모두 놓는 묘박법 중 양현 앵커의 사잇각이 120° 이상 • 좁은 수역에서 선체의 회전 반경을 줄일 수 있음 • 투묘 조작이 복잡하고 장기간 묘박 시 엉킴 현상이 발생하기 쉬움 • 황천 등에 대한 응급조치 시행이 어려움
이묘박	• 선박 양현의 앵커를 모두 놓는 묘박법 중 양현 앵커의 사잇각이 120° 이내 • 황천이나 조류가 강한 지역에서 강한 파주력을 얻기 위해 사용 • 엉킴 현상이 발생할 수 있어 장기간 묘박 시 주기적으로 양묘 후 타시 투묘

④ 투묘법 : 묘박을 위하여 앵커를 투하하는 방법

전진 투묘법	• 좁은 수역에서 강한 바람이나 조류를 옆에서 받을 때 사용 • 앵커의 정확한 투하가 가능 • 앵커 체인과 선체와의 마찰로 인한 손상이 쉽게 발생 • 앵커 체인의 절단 위험이 높음
후진 투묘법	• 선체에 무리가 없고 후진 타력의 제어가 쉬워 가장 많이 사용하는 방법 • 선체의 조종과 보침이 다소 어려움 • 바람이나 조류를 옆에서 받으면 정확한 위치에 투묘하기가 어려움
심해 투묘법	• 일반적인 투묘 방식을 행할 수 없는 수심 25m 이상의 해상에서 사용하는 방법 • 대형선의 경우 일정 수심 이상에서는 수심과 관계없이 이 방법을 사용

(2) 접 · 이안 작업과 조종

① 접 · 이안 자세

　㉠ 입항 자세 접안

　　• 입항하는 자세 그대로 접안하는 방식

　　• 우회전 스크루 프로펠러 선박은 **좌현 접안** 시 후진 시의 선수 우회두를 이용할 수 있어 **우현 접안보다 유리**

　㉡ 출항 자세 접안

　　• 출항 자세로 접안하는 방식

　　• 출항 시 짧은 시간 내에 편리한 출항이 가능

② 접 · 이안 조종 시의 요령

　ⓐ 접안 시

　　• 접안 전 미리 계선줄과 히빙 라인, 펜더를 준비

　　　※ 계선줄을 이용하는 목적 : 선박의 전진속력 제어, 이안 시 선미가 떨어지도록 작용, 선박이 부두에 가까워지도록 작용

　　• 다른 선박과의 안전거리를 미리 확인

　ⓑ 이안 시

　　• 현측 밖으로 나가 있는 돌출물은 거두어들일 것

　　• 가능하면 선미를 부두에서 먼저 떼어낼 것

(3) 협수로 · 협시계 등에서의 조종

① 협수로에서의 선박 운용　[2022년 기출]　[2024년 기출]

　ⓐ 회두 시 소각도로 여러 차례 변침

　ⓑ 기관 사용 및 앵커 투하 준비 상태 유지

　ⓒ 역조 시에는 정침이 가능하나 순조 시 정침이 어려우므로 안전한 속력을 유지

　ⓓ 통항 시기는 **계류시나 조류가 약한 때**를 선택

　ⓔ 만곡이 급한 수로는 순조 시 통항을 피할 것

② 강에서의 선박 운용

　ⓐ 해양에서 강으로 들어가면 **비중이 낮아져 선박의 흘수가 증가**

　ⓑ 수심이 얕은 지역이 생기므로 고조시를 이용하여 통항

　ⓒ 가능하면 등흘수로 조정하여 통항

③ 협시계에서의 조종

　ⓐ 기관은 항상 사용할 수 있도록 준비하고 안전한 속력으로 항행

　ⓑ 레이더를 최대한 활용

　ⓒ 시 · 청각 및 이용 가능한 모든 수단을 동원하여 경계 유지

　ⓓ 적절한 항해등을 점등하고 필요 외의 조명등은 규제

　ⓔ 모든 항해 장비를 이용해 일정 간격으로 선위 및 수심 확인

　ⓕ 수심이 낮은 해역에서는 즉시 사용 가능하도록 앵커 투하 준비

3. 선박의 복원성(복원력)

(1) 복원성과 용어

① 복원성　[2022년 기출]　[2023년 기출]　[2024년 기출]

　ⓐ 선박이 물 위에 떠 있는 상태에서 힘을 받아 경사하려고 할 때의 **저항**

　ⓑ 경사한 상태에서 경사의 원인이 되는 외력을 제거하였을 때 **원래의 상태**로 돌아오려고 하는 힘

　ⓒ 선박의 안전성을 판단하는 중요한 기준

　ⓓ 선박은 종방향 경사로 전복되는 경우가 극히 드물므로 주로 **횡경사**에 대한 복원력만 고려함

　　※ 복원성이 작은 선박은 횡방향 경사에 취약하므로 조선 시 타각은 순차적으로 높여야 함. 대각도로 전타할 경우 전복의 위험이 있음

② 복원성과 관련된 용어 [2024년 기출]

　　㉠ 배수량 : 선박의 선체 중 수면하에 잠겨 있는 부분의 용적이 배제한 물의 용적과 밀도의 곱

　　㉡ 무게중심(G) : 선체의 전체 중량이 한 점에 모여 있다고 생각할 수 있는 가상의 점

　　㉢ 부심(B) : 선체의 전체 부력이 한 점에 작용한다고 생각할 수 있는 가상의 점

　　㉣ 부력과 중력 : 물에 떠 있는 선체에는 배의 무게만큼의 중력이 하방향으로, 배가 밀어낸 물의 무게만큼의 부력이 상방향으로 작용하며 이 두 힘은 크기가 같고 방향이 반대임

　　㉤ 메타센터(M) : 배가 똑바로 떠 있을 때 부심을 통과하는 부력의 작용선과 경사된 때 부력의 작용선이 만나는 점

　　㉥ 지엠($\overline{GM}$) : 무게중심에서 메타센터까지의 높이이며 GM의 크기로 배의 안정성을 판단

(2) 복원력의 요소

① 선체 구조물의 영향

　　㉠ 선폭 : 선폭이 증가하면 최대 복원력이 증가

　　㉡ 건현 : 건현이 충분하지 않으면 경사 시 갑판 끝단이 물에 잠겨 복원성이 감소하고, 건현을 증가시키면 무게중심은 상승하나 최대 복원력에 대응하는 경사각은 증가함

　　㉢ 무게중심 : 무게중심의 위치가 낮아질수록 GM이 커져 복원력이 증가함

　　㉣ 배수량 : 배수량이 크면 복원력이 증가함

　　㉤ 현호 : 건현의 증가와 같은 효과를 나타냄

② 항해 경과와 복원력의 감소 [2023년 기출]

　　㉠ 연료유 · 청수 등의 소비

　　　　• 연료유와 청수의 소비는 배수량의 감소로 이어짐

　　　　• 일반적으로 연료유 · 청수 탱크는 선체 하부에 자리하고 있으므로 이들의 소비는 선체 무게중심을 상승시킴

　　㉡ 유동수의 발생 : 탱크의 연료유나 청수의 소비는 탱크에 빈 공간에 선체의 횡동요에 따른 유동수를 발생시켜 복원력을 감소시킴

　　㉢ 갑판 적화물의 흡수 : 원목 또는 각재와 같은 갑판 적화물이 빗물이나 해수를 흡수하면 중량이 증가하고 무게중심의 위치가 상승함

　　㉣ 갑판의 결빙 : 갑판 위로 올라온 해수가 갑판에 얼어붙을 경우 갑판 중량의 증가를 가져오고 이는 무게중심의 상승으로 이어짐

(3) 화물 배치와 복원성

① 화물 무게의 수직 배치

　　㉠ 수직 배치의 원칙

　　　　• 화물의 수직 방향에 따라 GM의 크기가 변하므로 적당한 GM을 가질 수 있도록 화물 무게를 하부 선창과 중갑판에 구분하여 배치하는 것

　　　　• 무게중심의 위치 설정은 항해 중의 연료 · 청수 등의 소비와 유동수의 영향을 고려해야 함

     ⓛ 무게중심을 낮추는 방법
- 화물선은 밸러스트 적재와 복원성과의 관계를 파악하여 복원력 확보 수단으로 밸러스트 적재를 이용
- 어선이나 모래 운반선 등은 높은 곳의 중량물을 아래쪽으로 옮기는 것이 좋은 방법
- 목재 운반선이나 컨테이너 · 자동차 전용선 등은 높은 위치에 화물이 적재되므로 선저부의 탱크에 밸러스트를 만재시켜 복원력을 확보

② 화물 무게의 세로 배치
    ㉠ 호깅이나 새깅 상태가 되지 않고 선창별 무게 분포가 심한 불연속선이 되지 않도록 화물을 고르게 배치
    ⓛ 호깅(Hogging) : 화물의 무게 분포가 전후부 선창에 집중되는 상태
    ⓒ 새깅(Sagging) : 화물의 무게 분포가 중앙 선창에 집중되는 상태

Ⅳ 황천 시의 조종

1. 선체의 운동과 위험 현상

(1) 선체 운동 〔2022년 기출〕 〔2023년 기출〕

① 횡동요(롤링, Rolling)

　㉠ x축을 기준으로 하여 좌우 교대로 회전하려는 횡경사 운동

　㉡ 선박의 복원력과 밀접한 관계가 있으며 최악의 경우 선박의 전복사고를 일으키기도 함

　㉢ 적당한 GM의 확보와 침로 변경으로 횡동요 주기 및 동요각을 조절

② 종동요(피칭, Pitching)

　㉠ y축을 기준으로 하여 선수 및 선미가 상하 교대로 회전하려는 종경사 운동

　㉡ 선속을 감소시키고 선체와 화물을 손상시키며 심할 경우 선체 중앙 부분이 파손

　㉢ 구조적으로 선체의 종강력을 보강하고 침로 및 선속 변경으로 종경사 운동을 줄여 방지

③ 선수동요(요잉, Yawing)

　㉠ z축을 기준으로 하여 선수가 좌우 교대로 선회하려는 왕복 운동

　㉡ 선박의 보침성과 밀접한 관계가 있음

　㉢ 항정이 늘어나고 직항 선속이 감소하여 연료유 소비가 증가하는 등 경제적인 손실 발생

　㉣ 항행 중 키의 조정 장치를 기상 및 해상 조건에 맞도록 조정하여 방지

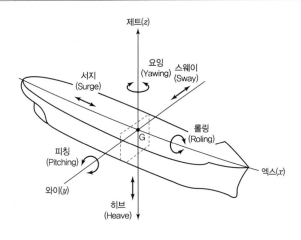

(2) 파랑 중의 위험 현상 `2022년 기출` `2024년 기출`

① 동조 횡동요 : 선체의 횡동요 주기가 파도의 주기와 일치하여 횡동요각이 점점 커지는 현상
② 러칭(Lurching) : 선체가 횡동요 중 측면에서 돌풍을 받거나 파랑 중 대각도 조타를 했을 때 선체가 갑자기 큰 각도로 경사하는 현상
③ 슬래밍(Slamming) : 선체가 파를 선수에서 받으면서 항주할 때 선수 선저부가 강한 파의 충격을 받아 선체가 짧은 주기로 급격한 진동을 하게 되는 현상
④ 브로칭 투(Broaching to) : 선박이 파도를 선미로부터 받으며 항주할 때 선체 중앙이 파도의 마루나 오르막 파면에 위치하면 급격한 선수 동요에 의해 선체가 파도와 평행하게 놓이는 현상
⑤ 레이싱(Racing)
　　㉠ 선박의 선미부가 공기 중에 노출되어 스크루 프로펠러의 부하가 급격하게 감소하고 이로 인해 스크루 프로펠러가 진동을 일으키며 급회전을 하는 현상
　　㉡ 공회전 현상으로 인해 스크루 프로펠러와 기관에 손상을 일으킬 수 있음

2. 황천 시의 조종

(1) 황천 조종

① 정박 중의 황천 대응 준비 `2022년 기출`
　　㉠ 하역 작업 중지, 선체의 개구부 밀폐, 이동물 고정
　　㉡ 상륙한 승조원은 전원 귀선하여 부서별로 황천 대비
　　㉢ 기관을 사용할 수 있도록 준비하고 묘박 중이면 양묘를 준비
　　㉣ 공선 시에는 빈 탱크에 밸러스팅을 하여 흘수를 증가
　　㉤ 육안에 계류 중인 경우 이안하여 적당한 정박지로 이동
　　㉥ 부두에 접안한 상태로 황천에 견디려면 계선줄을 충분히 내고 마멸에 유의하며 현측 보호를 위해 방충제를 보완
　　㉦ 선박 적하 시 화물의 무게분포가 한 곳에 집중되지 않도록 주의
　　㉧ 발생할 수 있는 사고 : 주묘, 좌초, 묘쇄의 절단 등

② 항해 중의 황천 `2023년 기출`
　　㉠ 항내에서 적화를 시작할 때부터 항행 중의 황천 조우를 예상하여 화물들을 고정
　　㉡ 화물의 고정 상태를 확인하고 선내 이동물 및 구명정 등을 단단히 고정
　　㉢ 탱크 내의 기름이나 물은 가득 채우거나 완전히 비워 유체 이동에 의한 선체 손상 및 복원력 감소 방지
　　㉣ 선체 외부의 개구부 밀폐, 현측 사다리 고정, 배수구 청소(갑판상 해수에 의한 복원력 감소 방지 목적)
　　㉤ 갑판상에 구명줄을 내고 작업원의 몸에도 구명줄을 내어 심한 횡동요에서의 보행이 가능하도록 대비

③ 황천으로 항행이 곤란할 때의 선박 운용 `2022년 기출` `2023년 기출` `2024년 기출`
　　㉠ 거주법(히브 투, heave to)
　　　• 선수를 풍랑 쪽으로 향하게 하여 조타가 가능한 최소의 속력으로 전진하는 방법
　　　• 일반적으로 **풍랑을 선수로부터 좌우현 25~35° 방향**에서 받도록 함
　　　• 선체의 동요를 줄이고 파도에 대하여 자세를 취하기 쉬우며 풍하 측으로의 표류가 적음
　　　• 파에 의한 선수부의 충격 작용과 해수의 갑판상 침입이 심하며 너무 감속하면 보침이 어렵고 정횡으로 파를 받는 형태가 되기 쉬움

ⓒ 순주법(스커딩, scudding)
- 풍랑을 선미 쿼터에서 받으며 **파에 쫓기는 자세로 항주**하는 방법
- 선체가 받는 충격 작용이 현저히 감소하고 상당한 속력을 유지할 수 있어 태풍권으로부터 탈출하는 데 유리한 방법
- 선미 추파에 의해 선미 갑판에 해수 침입이 일어날 수 있고 보침성이 저하되어 브로칭 투 현상이 발생할 수 있음
ⓒ 표주법(라이 투, lie to)
- 황천 속에서 **기관을 정지**하여 선체가 풍하 측으로 표류하도록 하는 방법
- 기관이나 조타기 고장으로 인한 운전 부자유 상태가 아닌 한 이 방법은 사용하지 않음
- 횡파를 받으면 대각도 경사가 일어나므로 복원력이 큰 소형선에서나 이용 가능
ⓒ 진파 기름(storm oil) 살포
- 구명정이나 조난선이 라이 투 할 때 선체 주위에 기름을 살포하여 파랑을 진정시키는 방법
- 파도의 진정 효과뿐만이 아니라 구조선이 조난선의 위치를 확인하는 데 도움을 줄 수도 있음

(2) 태풍 피항 조종

① 바이스 밸럿 법칙 : 바람을 등지고 양팔을 벌리면 **북반구에서는 왼손 전방 약 23° 방향**에, 남반구에서는 오른손 전방 약 23° 방향에 태풍의 중심이 있다고 보는 방법
② 위험 반원 및 가항 반원 : 북반구의 경우 태풍의 중심이 진행하는 방향에서 양분하여 진로의 오른쪽에 위치한 우반원이 위험 반원, 왼쪽이 가항 반원이며 남반구의 경우 이와 반대
③ 태풍 접근 시 피항 조종법 `2023년 기출`
ⓐ 풍향 우전 변화 시 : 자선이 태풍 진로의 우반원에 있음을 의미하므로 풍랑을 우현 선수에서 받도록 선박을 조종(RRR 법칙)
ⓑ 풍향 좌전 변화 시 : 자선이 태풍 진로의 좌반원에 있는 것이므로 풍랑을 우현 선미에서 받도록 선박을 조종(LLS 법칙)
ⓒ 풍력 증가 및 기압 하강 시 : 자선이 태풍의 진로상에 있음을 의미하므로 풍랑을 우현 선미로 받으며 가항 반원으로 항주

V 비상제어 및 해난 방지

1. 해양 사고

(1) 해양 사고의 종류와 조치

① 충돌 사고 `2022년 기출` `2023년 기출` `2024년 기출`

  ⊙ 충돌 시의 조치 사항
- 자선과 타선에 급박한 위험이 있는지 판단
- 자선과 타선의 인명 구조
- 선체의 손상과 침수 정도 파악
- 선명, 선적항, 선박 소유자, 출항지, 도착지 등을 서로 알림
- 충돌 시각, 위치, 선수 방향과 당시의 침로, 천후, 기상 상태 등을 기록
- 퇴선 시 중요 서류를 반드시 지참

  ⊙ 충돌 시의 운용
- 최선을 다하여 회피 동작을 취하되 불가피한 경우에는 타력을 줄일 것
- 충돌 직후에는 **즉시 기관을 정지**하고 후진 기관은 함부로 사용하면 선체 파공이 커져 침몰할 수 있으므로 상황을 잘 판단하여 사용
- 파공이 크고 침수가 심하면 수밀문을 닫아 충돌한 구획만 침수되도록 할 것
- 급박한 위험이 있을 경우에는 긴급신호를 울려 구조를 요청
- 임의 좌주 : 충돌 후 침몰이 예상되면 사람을 대피시킨 후 **수심이 낮은 곳에 좌주**
  - ※ 임의 좌주 시 해저가 모래나 자갈로 되어 있는 곳을 선택할 것

② 좌초와 이초 `2024년 기출`

  ⊙ 좌초 시의 조치
- 기관을 즉시 정지
- 손상 부위와 정도를 파악하고 선저부의 손상은 빌지와 탱크를 측심하여 추정
- 후진 기관의 사용은 손상 부위를 확대할 수 있으므로 신중하게 판단 후 사용
- 본선의 기관을 이용한 이초가 가능한지 파악하고 자력 이초가 불가능한 경우 가까운 육상 당국에 협조를 요청

  ⊙ 손상의 확대를 방지하기 위한 조치
- 고박 : 조류나 풍랑에 의한 선체 동요 및 이동을 방지하기 위해 이중저 탱크에 주수하여 선저부를 해저에 밀착하고 그 자리에 선체를 고정
- 앵커 체인은 가능한 길게 내어서 팽팽하게 고정
- 육지에 가까운 경우 육지의 고정물과 로프를 연결하여 고정
- 침몰이 임박한 경우 임의 좌주 시행

  ⊙ 자력 이초
- 고조가 되기 직전에 실시하고 바람이나 파도, 조류 등을 적절하게 이용
- 선체 중량의 경감은 이초 시작 직전에 시도할 것

- 선박이 암초에 얹힌 경우 얹힌 부분의 흘수를 줄임
- 모래에 얹힌 경우 얹히지 않은 부분의 흘수를 줄임
- 선미가 얹힌 경우 키와 프로펠러에 손상이 가지 않도록 선미흘수를 줄인 후 기관 사용

③ 선상 화재
  ㉠ 화재 발생 시의 조치
    - 화재 구역의 **통풍과 전기 차단**
    - 인화 물질을 파악하고 적절한 소화 방법을 강구
    - 소화 작업자의 안전에 유의하여 유해가스 유무 확인 후 호흡구 준비
    - 모든 소화 기구를 집결하여 적절히 진화
    - 작업자를 구출할 준비를 하고 대기
    - 불이 확산되지 않도록 인접한 격벽에 물을 뿌리거나 가연성 물질을 제거
  ㉡ 화재의 종류와 소화제 `2022년 기출` `2023년 기출` `2024년 기출`
    - A급 화재 : 연소 후 재가 남는 고체 물질(목재, 종이, 의류, 로프, 플라스틱 제품 등)의 화재로 물이나 포말 소화제로 진화
    - B급 화재 : 연소 후 재가 남지 않는 가연성 액체(연료유, 페인트, 윤활유 등의 유류)의 화재로 분무형의 물이나 이산화탄소, 포말 소화제, 분말 소화제 등으로 진화
    - C급 화재 : 전기에 의한 화재로 이산화탄소나 분말 소화제를 사용하여 진화
    - D급 화재 : 가연성 금속 물질(마그네슘, 나트륨, 알루미늄 등)의 화재로 금속과 반응을 일으키지 않는 분말 소화제를 사용해 진화

2. 조난선의 인명 구조

① 익수자 발생 시의 조치 `2022년 기출` `2023년 기출` `2024년 기출`
  ㉠ 발견자는 익수자의 발생을 전파하고 당직 항해사에게 익수자 발생 사실을 전하는 동시에 구명부환 등 인명 구조를 위한 구명설비를 투하
  ㉡ 당직 항해사는 즉시 기관을 정지시키고 익수자 방향으로 전타하여 익수자가 프로펠러에 휘말리지 않도록 조종
  ㉢ 선내 비상소집을 행하여 구조작업 실시
  ㉣ 의식불명의 익수자를 구조하고자 할 경우 구조선은 익수자의 풍상측에서 접근하되, 바람에 의해 압류될 것을 고려하여 접근

② 인명구조 시 선박 조종법 `2022년 기출` `2023년 기출`
  ㉠ 윌리암슨 턴법 : 낙수자 발생 시 정침 중인 선수침로로부터 낙수자 현측으로 긴급 전타하여 60도 선회 후 반대 현측으로 전타하여 반대 침로선상으로 회항하는 방법
  ㉡ 샤르노브 턴 : 타를 전타하여 원래 침로로부터 240° 벗어난 후 반대 방향으로 다시 전타, 선수가 침로 반대 방향 20° 전일 때 미드십하여 선박을 반대 침로로 선회시키는 방법
  ㉢ 앤더슨 턴(싱글 턴) : 익수자가 빠진 쪽으로 전타하여 익수자가 선미에서 벗어나 1분 정도 항주, 원침로 에서 230° 회두할 때 전방에 익수자가 나타나면 원침로에서 250° 벗어난 후 미드십하여 초기 침로로 되돌아가도록 조종하는 방법

ⓔ 반원 2회 선회법 : 전타 및 기관을 정지하여 익수자가 선미에서 벗어나면 다시 전속 전진, 180° 선회가 이루어지면 정침하여 전진하다가 익수자가 정횡 후방 약 30° 근방에 보일 때 다시 최대 타각으로 선회하고 원침로에 왔을 때 정침하여 전진함으로써 선수 부근에 익수자가 위치하도록 하는 방법

3. 생존 기술 및 응급처치

(1) 생존 기술

① 조난 신호 **2022년 기출**

ⓐ 약 **1분간의 간격**으로 행하는 1회의 발포 및 기타 폭발에 의한 신호

ⓑ 무중신호장치에 의한 연속 음향신호

ⓒ 짧은 시간 간격으로 1회에 1개씩 발사되어 별 모양의 붉은 불꽃을 발하는 로켓 또는 유탄에 의한 신호

ⓓ 무선전화에 의한 '**메이데이**'라는 말의 신호

ⓔ 국제기류신호에 의한 NC의 조난신호

ⓕ 상방 또는 하방에 구 또는 이와 유사한 것 1개를 붙인 사각형 기로 된 신호

ⓖ 선상에서의 발연(타르통, 기름통 등의 연소로 생기는)신호

ⓗ 낙하산이 달린 적색의 염화 로켓 또는 적색의 수동 염화에 의한 신호

ⓘ **오렌지색**의 연기를 발하는 발연신호

ⓙ 좌우로 벌린 팔을 천천히 반복하여 올렸다 내렸다 하는 신호

② 퇴선 준비

ⓐ 해양 사고의 종류 및 정도, 기상 상황 등 환경적 요소, 퇴선 시기, 이용 가능한 구명 설비 등 모든 요소를 종합적으로 판단하여 퇴선 여부를 신중히 결정

ⓑ 퇴선 신호가 발령되면 전 승무원은 체온을 보호할 수 있도록 옷을 여러 겹으로 입고 구명동의를 올바르게 착용

ⓒ 선박의 각종 기기 및 연료유의 누출을 최소화할 수 있도록 조치

③ 퇴선

ⓐ 적당한 장소 선정 : 선체의 돌출물이 없는 가능한 낮은 장소

ⓑ 뛰어드는 자세 : 두 다리를 모으고 한 손으로 코를 막은 채 다른 한 손은 어깨에서 구명동의를 가볍게 잡고 시선은 정면으로 고정한 채 뛰어내림

ⓒ 물에 뛰어내린 후의 조치 : 안전한 거리(선측 500m, 선수미 200~300m)까지 신속하게 이동한 후 구명정 등의 부유물에 탑승하여 신체를 보온

(2) 응급처치

① 심폐소생술 : 구조 호흡과 흉부 압박의 결합으로 심장 마비가 발생한 환자에게 인공적으로 호흡과 혈액 순환을 유지함으로써 생명을 구할 수 있도록 하는 기술

ⓐ 구조 호흡

• 호흡 정지가 된 환자에게 인공적으로 폐에 공기를 불어넣어 자력으로 호흡을 할 수 있게 하는 방법

• 구강 대 구강법 : 기도의 이물질을 제거한 후 처음에는 연속 2회를 충분히 불어넣고, 그 이후에는 1분당 12~15회 불어넣음

      ⓒ 흉부 압박법
- 명치 상부 약 10cm 상부에 손바닥을 포개어 올려놓고 수직으로 압력을 가하는 방법
- 1분에 100회가량 압박하는 것이 필요

② 출혈과 지혈 **2022년 기출**

      ㉠ 외출혈의 종류
- 동맥성 출혈 : 동맥벽의 손상 또는 병변으로 일어나는 출혈을 말하며 내압이 높기 때문에 혈액 응고가 일어나지 않아 기계적 압박에 의한 지혈이 필요함
- 정맥성 출혈 : 정맥이 파열되어 일어나는 출혈로 검붉은 피가 같은 속도로 지속적으로 출혈하며, 출혈 부분 이전의 말초 부위를 압박하면 출혈량이 줄어들고 지혈에는 일반적으로 압박붕대를 사용함
- 모세관 출혈 : 체액과 섞여 맑은 적색의 피가 조금씩 나오는 출혈로 가장 흔히 볼 수 있는 출혈이며 대개는 증세가 심각하지 않아 5~10분 내에 자연적으로 응고하여 멈춤

      ㉡ 출혈 시 응급처치
- 출혈이 있을 경우 거즈 등을 상처 위에 대고 직접 누르거나 피부 표면에 가까운 동맥을 심장 쪽에서 눌러 지혈
- 팔 · 다리에 심한 출혈이 있고 직 · 간접 압박으로 출혈이 멈추지 않을 경우 지혈대를 사용하여 출혈을 막고 즉시 병원으로 이송

③ 화상

      ㉠ 가벼운 화상은 화상 부위를 찬물로 5~10분간 냉각

      ㉡ 심한 화상은 찬물 등으로 냉각시키면서 감염이 되지 않도록 멸균 거즈 등을 이용하여 상처 부위를 가볍게 감싸주며 의복이 피부에 밀착된 경우 밀착 부위만 잘라 남겨놓은 채 옷을 벗기고 냉각시킴

      ㉢ 2, 3도 화상의 경우 그 범위가 체표면적의 20% 이상이면 생명을 위협할 수 있으므로 의료 기관의 도움을 요청

SMALL VESSEL OPERATOR

과목 점검 문제

01 아래 그림에서 ㉠의 명칭으로 옳은 것은?

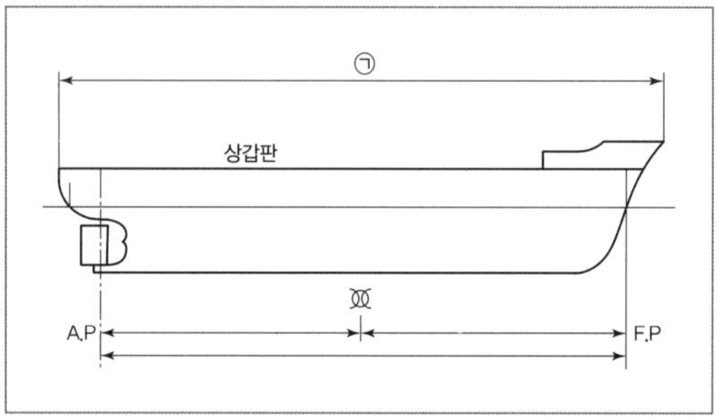

㉮ 등록장　　㉯ 수선장
㉴ 전장　　㉵ 수선간장

답 | ㉴ 전장은 선수 최전단으로부터 선미 최후단까지의 수평거리를 말한다.

02 선체 최하부 중심선에 있는 종강력재로 배의 등뼈와 같은 부분은 무엇인가?

㉮ 선저부　　㉯ 늑골
㉴ 외판　　㉵ 용골

답 | ㉵ 용골은 선체 최하부의 종강력재로 선체의 중심선을 따라 선수재에서 선미재까지의 종방향 힘을 구성한다.

03 건현을 두는 목적은 무엇인가?

㉮ 예비 부력을 증대시키기 위해서
㉯ 선박의 부력을 줄이기 위해서
㉴ 선속을 빠르게 하기 위해서
㉵ 화물의 적재를 용이하게 하기 위해서

답 | ㉮ 건현은 선체 중앙부 상갑판의 선측 상면에서 만재흘수선까지의 거리를 말하는 것으로 건현이 클수록 예비 부력이 크다.

04 아래 그림에서 ㉠의 명칭으로 옳은 것은?

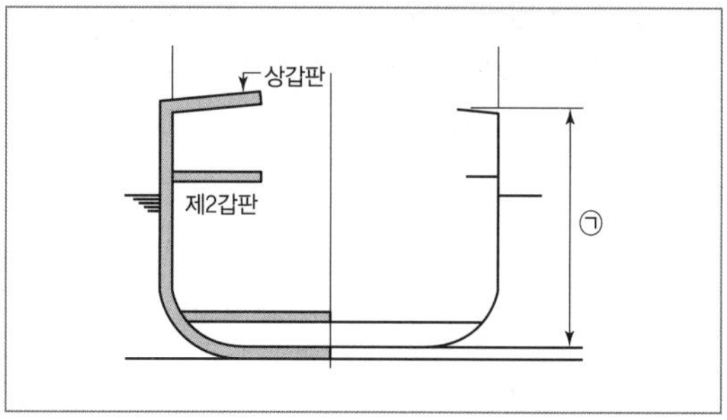

㉮ 형폭　　㉯ 건현
㉴ 형심　　㉵ 흘수

답 | ㉴ 형심은 선박의 깊이를 나타내는 말로 선체 중앙에서 용골의 상면부터 건현갑판 또는 상갑판 보의 현측 상면까지의 수직거리를 말한다.

05 선체의 횡요 경감을 목적으로 빌지 외판의 바깥쪽에 종방향으로 붙이는 판은?

㉮ 늑골　　㉯ 용골
㉴ 선미 골재　　㉵ 빌지 용골

답 | ㉵ 빌지 용골은 횡요 경감을 목적으로 빌지 외판의 바깥쪽에 종방향으로 붙이는 판이다.

06 동력조타장치에서 키가 소요 각도까지 돌아가면 키의 움직임을 멈추고 키를 그 위치에 고정시키는 장치는 무엇인가?

㉮ 전달 장치　　㉯ 추종 장치
㉴ 제어 장치　　㉵ 동력 장치

답 | ㉯ 추종 장치는 키가 소요 각도까지 돌아가면 키를 그 위치에 고정시키는 역할을 한다.

07 다음 중 선체 도장의 목적으로 적절하지 않은 것은?

㉮ 청결　　　　　　㉯ 방오

㉰ 방식　　　　　　㉴ 방염

답 | ㉴ 선체 도장의 목적은 방식, 방오, 장식, 청결이 있다.
　　가. 청결 : 강판 및 목재의 표면을 깔끔하게 하여 선박의 청결을 유지
　　나. 방오 : 유독 성분을 섞은 도료를 선저에 사용하여 해중 생물의 부착을 방지
　　사. 방식 : 물과 공기를 차단하는 도막을 형성하여 강재 및 목재의 부식을 방지

08 선저판, 외판, 갑판 등에 둘러싸여 화물 적재에 이용되는 공간은?

㉮ 코퍼댐　　　　　㉯ 불워크

㉰ 선창　　　　　　㉴ 갑판하 거더

답 | ㉰ 선창은 선저판, 외판, 갑판 등에 둘러싸여 화물의 적재에 이용되는 상갑판 아래의 용적을 말한다.

09 로프의 안전사용하중으로 옳은 것은?

㉮ 로프가 장력에 의해 절단되는 순간의 힘 또는 무게

㉯ 파단하중의 약 1/2

㉰ 파단하중의 약 1/4

㉴ 파단하중의 약 1/6

답 | ㉴ 로프에 장력을 가했을 때 로프가 절단되는 순간의 힘 또는 무게를 파단하중이라 하며, 시험하중은 파단하중의 약 1/2, 안전사용하중은 파단하중의 약 1/6이다.

10 선수에서 선미에 이르는 건현 갑판의 현측선이 휘어진 것은?

㉮ 텀블 홈　　　　　㉯ 플레어

㉰ 현호　　　　　　㉴ 불워크

답 | ㉰ 현호는 건현 갑판의 현측선이 휘어진 것으로 예비 부력과 능파성을 향상시키고 해수의 갑판 침입을 막는 효과가 있다.

11 다음 그림이 나타내는 구명설비로 옳은 것은?

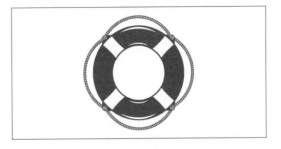

㉮ 구명동의　　　　㉯ 구명부기

㉰ 구명부환　　　　㉴ 구명 뗏목

답 | ㉰ 구명부환은 개인용의 구명설비로 수중의 생존자가 잡고 떠 있게 하는 도넛 형태의 부체이다.

12 다음 조난신호 용구 중 시인거리가 가장 높은 것은?

㉮ 호각　　　　　　㉯ 발연부신호

㉰ 자기점화등　　　㉴ 낙하산신호

답 | ㉴ 낙하산신호는 로켓 등에 의해 공중으로 발사되어 붉은 빛을 내뿜는 야간용 조난신호 용구로 공중에서 신호를 발하는 만큼 높은 시인거리를 확보한다.

13 우회전 고정 피치 스크루 프로펠러를 장착한 단추진기 선박이 정지 상태에서 전진 또는 후진할 때 선수와 선미가 일시적으로 향하는 방향은?

㉮ 전진 시 선미가 우회두하고 선수가 좌회두한다.

㉯ 전진 시 선회 없이 직진한다.

㉰ 후진 시 선미가 좌회두하고 선수가 우회두한다.

㉴ 후진 시 선미가 우회두하고 선수가 좌회두한다.

답 | ㉰ 우회전 고정 피치 스크루 프로펠러 단추진기 선박의 경우 정지 상태에서 후진할 때는 우현 쪽으로 흘러가는 배출류가 우현의 선미 측벽에 부딪치면서 측압을 형성한다. 즉, 선미를 좌현 쪽으로 밀게 되고 이에 따라 선수는 우회두한다.

14 선박이 수심이 얕은 구역을 항행할 때 나타나는 효과로 옳지 않은 것은?

㉮ 흘수가 증가한다.

㉯ 선박의 속력이 감소한다.

㉃ 선체가 침하된다.

㉓ 키의 효과가 증가한다.

답Ⅰ ㉓ 수심이 얕은 수역의 영향을 '천수효과'라 하는데, 선체의 침하와 흘수의 증가, 선속의 감소, 조종성의 저하 등이 그것이다.

15 선박이 침몰하거나 조난되는 경우 수심 2m의 수압에서 자동으로 수면 위로 떠올라 선박의 위치를 발신하는 장치는 무엇인가?

㉮ 신호홍염

㉯ 자기발연부신호

㉃ 비상위치지시 무선표지(EPIRB)

㉓ 수색 구조용 레이더 트랜스폰더(SART)

답Ⅰ ㉃ 비상위치지시 무선표지(EPIRB)는 선박이 침몰하거나 조난되는 경우 수심 2m의 수압에서 자동으로 수면 위로 떠올라 선박의 위치를 발신하는 장치이다. 조난 주파수에 부호화된 메시지를 전송하여 수색과 구조작업 시 생존자의 위치 결정을 용이하게 한다.

16 선박이 정해진 침로를 따라 직진하는 성질을 무엇이라 하는가?

㉮ 선회성　　　　㉯ 추종성

㉃ 복원성　　　　㉓ 보침성

답Ⅰ ㉓ 선박의 보침성은 선박이 정해진 침로를 따라 직진하는 성질 혹은 외력에 의해 정해진 침로에서 벗어났을 때 곧바로 원래의 침로로 복귀하는 성질을 말한다.

17 다음 중 국제해서기구(IMO) 조난신호로 옳지 않은 것은?

㉮ 국제기류에 의한 NC의 조난신호

㉯ 선상에서의 발연(타르통, 기름통 등의 연소로 인한) 신호

㉃ 무선전화에 의한 'SOS'라는 말의 신호

㉓ 오렌지색의 연기를 발하는 발연신호

답Ⅰ ㉃ 무선전화에 의한 조난신호는 '메이데이'이다. 모르스 부호를 이용한 SOS는 현재 폐기되었다.

18 다음 중 선체의 복원력이 증가하는 경우로 옳은 것은?

㉮ 항행 기간이 길어짐에 따라 연료유 및 청수를 소비하여 연료유·청수 탱크에 빈 공간이 발생하였다.

㉯ 고위도 지역에서의 항해로 갑판에 해수가 침입, 결빙되었다.

㉃ 중간 기항지에 들러 적화되었던 화물의 1/3을 양하하였다.

㉓ 항행 도중 밸러스트를 추가로 적재하여 선체의 무게중심을 낮추었다.

답Ⅰ ㉓ 복원력은 선체의 무게중심과 연관이 깊으며 일반적으로 무게중심이 낮아지면 복원력은 증가한다. 화물선은 흔히 복원력의 확보 수단으로 밸러스트 적재를 이용한다.

19 타판에 작용하는 압력 중 그 작용 방향이 선수미선인 분력으로 선회 시 선속을 감소시키는 저항력으로 작용하는 힘은 무엇인가?

㉮ 항력　　　　㉯ 부력

㉃ 마찰력　　　　㉓ 양력

답Ⅰ ㉮ 항력은 그 작용 방향이 선수미선인 분력으로 선회 시 선체의 전진 선속을 감소시키는 저항력으로 작용한다. 타각이 커지면 항력도 증가하게 된다.

20 선회권에 영향을 주는 요소에 대한 설명으로 옳지 않은 것은?

㉮ 방형계수가 큰 선박일수록 선회권이 커진다.

㉯ 만재 상태에서는 경하 상태보다 선회권이 커진다.

㉑ 선수 트림의 선박은 선회권이 작아지고 선미 트림의 선박은 선회권이 커진다.

㉓ 수심이 얕은 구역에서는 키의 효과가 나빠져 선회권이 커진다.

답ㅣ ㉮ 방형계수란 물속에 잠긴 선체의 비만도, 즉 선박의 형 배수 용적과 선체를 감싸고 있는 직육면체의 용적의 비를 말하는 것으로 방형계수가 큰 선박일수록 선회 권이 작아진다.

I 해사안전기본법

1. 총칙

(1) 제정 목적

해사안전 정책과 제도에 관한 기본적 사항을 규정함으로써 해양사고의 방지 및 원활한 교통을 확보하고 국민의 생명 · 신체 및 재산의 보호에 이바지함을 목적으로 한다.

(2) 주요 용어 정의

① 해사안전관리 : 선원 · 선박소유자 등 인적 요인, 선박 · 화물 등 물적 요인, 해상교통체계 · 교통시설 등 환경적 요인, 국제협약 · 안전제도 등 제도적 요인을 종합적 · 체계적으로 관리함으로써 선박의 운용과 관련된 모든 일에서 발생할 수 있는 사고로부터 사람의 생명 · 신체 및 재산의 안전을 확보하기 위한 모든 활동을 말한다.

② 선박 : 물에서 항행수단으로 사용하거나 사용할 수 있는 모든 종류의 배로 수상항공기(물 위에서 이동할 수 있는 항공기를 말한다)와 수면비행선박(표면효과 작용을 이용하여 수면 가까이 비행하는 선박을 말한다)을 포함한다.

③ 해양시설 : 자원의 탐사 · 개발, 해양과학조사, 선박의 계류(繫留) · 수리 · 하역, 해상주거 · 관광 · 레저 등의 목적으로 해저(海底)에 고착된 교량 · 터널 · 케이블 · 인공섬 · 시설물이거나 해상부유 구조물(선박은 제외한다)인 것을 말한다.

④ 해사안전산업 : 「해양사고의 조사 및 심판에 관한 법률」 제2조에 따른 해양사고로부터 사람의 생명 · 신체 · 재산을 보호하기 위한 기술 · 장비 · 시설 · 제품 등을 개발 · 생산 · 유통하거나 관련 서비스를 제공하는 산업을 말한다.

⑤ 해상교통망 : 선박의 운항상 안전을 확보하고 원활한 운항흐름을 위하여 해양수산부장관이 영해 및 내수에 설정하는 각종 항로, 각종 수역 등의 해양공간과 이에 설치되는 해양교통시설의 결합체를 말한다.

Ⅱ 해상교통안전법

1. 총칙

(1) 제정 목적 `2022년 기출` `2023년 기출`

수역 안전관리, 해상교통 안전관리, 선박·사업장의 안전관리 및 선박의 항법 등 선박의 안전운항을 위한 안전관리체계에 관한 사항을 규정함으로써 선박항행과 관련된 모든 위험과 장해를 제거하고 해사안전 증진과 선박의 원활한 교통에 이바지함을 목적으로 한다.

(2) 주요 용어 정의 `2022년 기출` `2023년 기출` `2024년 기출`

① 거대선 : **길이 200m 이상의 선박**

② 고속여객선 : **시속 15노트 이상으로 항행하는 여객선**

③ 동력선

  ㉠ 기관을 사용하여 추진하는 선박

  ㉡ 돛을 설치한 선박이라도 주로 기관을 사용하여 추진하는 경우에는 동력선으로 간주

④ 범선

  ㉠ 돛을 사용하여 추진하는 선박

  ㉡ 기관을 설치한 선박이라도 주로 돛을 사용하여 추진하는 경우에는 범선으로 간주

⑤ 어로에 종사하고 있는 선박 : **그물, 낚싯줄, 트롤망, 그 밖에 조종성능을 제한하는 어구를 사용하여 어로작업을 하고 있는 선박**

⑥ 조종불능선 : **선박의 조종성능을 제한하는 고장이나 그 밖의 사유로 조종을 할 수 없게 되어 다른 선박의 진로를 피할 수 없는 선박**

⑦ 조종제한선 : **다음의 작업과 그 밖에 선박의 조종성능을 제한하는 작업에 종사하고 있어 다른 선박의 진로를 피할 수 없는 선박**

  ㉠ 항로표지, 해저전선 또는 해저파이프라인의 부설·보수·인양 작업

  ㉡ 준설·측량 또는 수중 작업

  ㉢ 항행 중 보급, 사람 또는 화물의 이송 작업

  ㉣ 항공기의 발착작업

  ㉤ 기뢰제거작업

  ㉥ 진로에서 벗어날 수 있는 능력에 제한을 많이 받는 예인작업

⑧ 흘수제약선 : **가항수역의 수심 및 폭과 선박의 흘수와의 관계에 비추어 볼 때 그 진로에서 벗어날 수 있는 능력이 매우 제한되어 있는 동력선**

⑨ 항행장애물 : **선박으로부터 떨어진 물건, 침몰·좌초된 선박 또는 이로부터 유실된 물건 등 선박항행에 장애가 되는 물건**

⑩ 통항로 : **선박의 항행안전을 확보하기 위하여 한쪽 방향으로만 항행할 수 있도록 되어 있는 일정한 범위의 수역**

⑪ 제한된 시계 : **안개·연기·눈·비·모래바람 및 그 밖에 이와 비슷한 이유로 시계가 제한되어 있는 상태**

⑫ 항행 중 : **선박이 다음의 어느 하나에 해당하지 않는 상태**

　　㉠ 정박

　　㉡ 항만의 안벽 등 계류시설에 매어 놓은 상태

　　㉢ 얹혀 있는 상태

⑬ 통항분리제도 : **선박의 충돌을 방지하기 위하여 통항로를 설정하거나 그 밖의 적절한 방법으로 한쪽 방향으로만 항행할 수 있도록 항로를 분리하는 제도**

⑭ 분리선 또는 분리대 : **서로 다른 방향으로 진행하는 통항로를 나누는 선 또는 일정한 폭의 수역**

⑮ 연안통항대 : **통항분리수역의 육지 쪽 경계선과 해안 사이의 수역**

⑯ 예인선열 : **선박이 다른 선박을 끌거나 밀어 항행할 때의 선단 전체**

⑰ 대수속력 : **선박의 물에 대한 속력으로서 자기 선박 또는 다른 선박의 추진장치의 작용이나 그로 인한 선박의 타력에 의하여 생기는 것**

2. 항행장애물의 처리

(1) 항행장애물의 보고

① 항행장애물을 발생시킨 선박의 선장, 선박소유자 또는 선박운항자(항행장애물제거책임자)는 해양수산부장관에게 지체 없이 그 항행장애물의 위치와 위험성 등을 보고하여야 함

　　㉠ 떠다니거나 침몰하여 다른 선박의 안전운항 및 해상교통질서에 지장을 주는 항행장애물

　　㉡ 항만의 수역, 어항의 수역, 하천의 수역에 있는 시설 및 다른 선박 등과 접촉할 위험이 있는 항행장애물

② 대한민국선박이 외국의 배타적경제수역에서 항행장애물을 발생시켰을 경우 항행장애물제거책임자는 그 해역을 관할하는 외국 정부에 지체 없이 보고하여야 함

③ 항행장애물의 발생을 보고받은 해양수산부장관은 항행장애물 주변을 항행하는 선박 및 인접 국가의 정부에 항행장애물의 위치와 내용 등을 알려야 함

(2) 항행장애물의 표시

① 항행장애물 제거 책임자는 항행장애물이 다른 선박의 항행안전을 저해할 우려가 있는 경우 지체 없이 항행장애물에 위험성을 나타내는 표시를 하거나 다른 선박에게 알리기 위한 조치를 하여야 함

② 해양수산부장관은 항행장애물 제거 책임자가 필요한 표시나 조치를 취하지 않는 경우 그 표시나 조치를 취하도록 명할 수 있으며, 이를 이행하지 않거나 시급히 표시하지 아니하면 선박의 항행안전에 위해를 미칠 우려가 큰 경우 직접 항행장애물에 표시할 수 있음

(3) 항행장애물 제거 2024년 기출

① 항행장애물 제거 책임자는 항행장애물을 제거하여야 함

② 항행장애물 제거 책임자가 항행장애물을 제거하지 않을 경우 해양수산부장관이 그 제거를 명할 수 있으며, 이를 이행하지 않거나 위험성이 있다고 결정된 경우 직접 이를 제거할 수 있음

③ 항행장애물 제거에 필요한 사항은 해양수산부령으로 정한다.

3. 항법

(1) 모든 시계 상태에서의 항법

① 경계 [2022년 기출] [2023년 기출] [2024년 기출] : 주위의 상황 및 다른 선박과의 충돌 위험성을 충분히 파악할 수 있도록 시각 · 청각 및 당시의 상황에 맞게 이용할 수 있는 모든 수단을 이용하여 항상 적절한 경계를 해야 함

② 안전한 속력 [2022년 기출] [2023년 기출] [2024년 기출]

　㉠ 선박은 타선과의 충돌을 피하기 위하여 효과적인 동작을 취하거나 당시 상황에 알맞은 거리에서 선박을 멈출 수 있도록 항상 안전한 속력으로 항행하여야 함

　㉡ 안전한 속력 결정 시 고려 사항

　　• 시계의 상태
　　• 해상교통량의 밀도
　　• 선박의 정지거리 · 선회성능, 그 밖의 조종성능
　　• 야간의 경우 항해에 지장을 주는 불빛의 유무
　　• 바람 · 해면 및 조류의 상태와 항행장애물의 근접상태
　　• 선박의 흘수와 수심과의 관계
　　• 레이더의 특성 및 성능
　　• 해면 상태 · 기상, 그 밖의 장애요인이 레이더 탐지에 미치는 영향
　　• 레이더로 탐지한 선박의 수 · 위치 및 동향

③ 충돌 위험 [2023년 기출]

　㉠ 당시 상황에 알맞은 **모든 수단을 이용**해 타선과의 충돌 위험 판단

　㉡ 불충분한 정보에 의존하여 충돌 위험 여부 판단 금지

　㉢ 접근해 오는 타 선박의 나침방위에 변화가 없을 경우 필요한 조치 수행

④ 충돌 회피 동작 [2023년 기출]

　㉠ 침로 및 선속 변경 시 **충분히 크게** 변경하고, 소폭으로 연속적으로 변경해서는 안 됨

　㉡ 넓은 수역에서는 적절한 시기에 큰 각도로 침로 변경

　㉢ 안전한 거리 확보 및 회피 동작의 효과를 주의 깊게 확인

　㉣ 필요한 경우 기관을 정지하거나 후진하여 선박의 진행을 완전히 중단

⑤ 좁은 수로 등에서의 항법

　㉠ 가능한 한 **오른편 끝** 쪽에서 항행

　㉡ 길이 20m 미만의 선박 · 범선 · 어로에 종사하고 있는 선박 등은 좁은 수로 등의 안쪽에서만 항행 가능한 다른 선박의 진행을 완전히 멈춰야 함

　㉢ 해양사고 발생 등 부득이한 경우를 제외하고 좁은 수로 등에 정박 금지

⑥ 통항분리수역 [2022년 기출] [2023년 기출] [2024년 기출]

　㉠ 통항로 안에서는 정해진 진행방향으로 항행

　㉡ 분리선이나 분리대에서 될 수 있으면 떨어져서 항행

　㉢ 통항로의 출입구를 통한 출입이 원칙이나, 부득이하게 통항로의 옆쪽으로 출입하는 경우 그 통항로의 규정 진행방향에 대하여 가능한 작은 각도로 출입

ⓔ 통항로의 횡단은 원칙적으로 금지되나, 부득이한 사유로 통항로를 횡단하는 경우 그 통항로와 선수 방향이 직각에 가까운 각도로 횡단

ⓜ 연안통항대에 인접한 통항분리수역의 통항로를 안전하게 통과할 수 있는 경우 연안통항대를 따라 항행 금지

ⓗ **다음 선박의 경우 연안통항대 항행 금지의 예외**
- 길이 20미터 미만의 선박
- 범선
- 어로에 종사하고 있는 선박
- 인접한 항구로 입항 · 출항하는 선박
- 연안통항대 안에 있는 해양시설 또는 도선사의 승하선 장소에 출입하는 선박
- 급박한 위험을 피하기 위한 선박

ⓢ 해양사고를 피하거나 인명이나 선박을 구조하기 위함 등 부득이한 경우를 제외하고 통항분리수역 및 그 출입구 부근에 정박 금지

(2) 서로 시계 안에 있을 때의 항법

① 2척의 범선이 서로 접근하여 충돌할 위험이 있는 경우 `2022년 기출` `2023년 기출` `2024년 기출`

ㄱ 각 범선이 서로 다른 쪽 현에 바람을 받는 경우 : 좌현에 바람을 받고 있는 선박이 다른 범선의 진로를 회피

ㄴ 두 범선이 서로 같은 현에 바람을 받는 경우 : 바람이 불어오는 쪽의 범선이 바람이 불어가는 쪽의 범선의 진로를 회피

ㄷ 좌현에 바람을 받고 있는 범선이 바람이 불어오는 쪽에 있는 다른 범선을 본 경우로서 그 범선이 바람을 좌우 어느 쪽에 받고 있는지 확인할 수 없는 경우 : 그 범선의 진로를 회피

② 앞지르기

ㄱ 앞지르기 하는 배는 앞지르기 당하고 있는 선박을 완전히 앞지르기하거나 충분히 멀어질 때까지 그 진로를 회피

ㄴ 타선의 양쪽 현 정횡으로부터 22.5°를 넘는 뒤쪽에서 그 선박을 앞지르는 선박은 앞지르기 하는 배로 보고 필요한 조치를 수행

ㄷ 스스로 타선을 앞지르기하고 있는지 분명하지 않은 경우 앞지르기 하는 배로 보고 필요한 조치를 수행

③ 마주치는 상태 `2022년 기출` `2023년 기출` `2024년 기출`

ㄱ **2척의 동력선이 마주치거나 거의 마주치게 되어 충돌의 위험이 있을 경우 서로의 좌현 쪽을 지나갈 수 있도록 침로를 우현 쪽으로 변경**

ㄴ 다른 선박을 선수 방향에서 볼 수 있는 경우로서 다음 중 하나에 해당되면 마주치는 상태에 있다고 간주
- 밤 : 2개의 마스트등을 일직선으로 또는 거의 일직선으로 볼 수 있거나 양쪽의 현등을 볼 수 있는 경우
- 낮 : 2척의 선박의 마스트가 선수에서 선미까지 일직선이 되거나 거의 일직선이 되는 경우

ㄷ 마주치는 상태에 있는지 분명하지 않은 경우 마주치는 상태에 있다고 보고 필요한 조치를 수행

④ 횡단하는 상태 `2023년 기출` `2024년 기출`

ㄱ 2척의 동력선이 상대의 진로를 횡단하는 경우로서 충돌의 위험이 있을 때는 타선을 우현 쪽에 두고 있는 선박이 그 타선의 진로를 회피

   ⓛ 피항 시 부득이한 경우 외에는 그 타선의 선수 방향 횡단 금지

  ⑤ 피항선의 동작 [2022년 기출]

   ㉠ 피항선 : 다른 선박의 진로를 피해야 하는 모든 선박

   ⓛ 가능한 동작을 크게 취하여 타선으로부터 충분히 멀리 떨어질 것

  ⑥ 유지선의 동작 [2023년 기출]

   ㉠ 유지선 : 침로와 속력을 유지하여야 하는 선박

   ⓛ 피항선이 적절한 조치를 취하지 않고 있다고 판단할 경우 스스로의 조종으로 조치 가능

  ⑦ 선박 사이의 책무 [2022년 기출]

   ㉠ 항행 중인 동력선이 진로를 회피해야 하는 선박 : **조종불능선 및 조종제한선, 어로에 종사하고 있는 선박, 범선**

   ⓛ 항행 중인 범선이 진로를 회피해야 하는 선박 : **조종불능선 및 조종제한선, 어로에 종사하고 있는 선박**

   ⓒ 어로에 종사하고 있는 선박이 진로를 회피해야 하는 선박 : **조종불능선 및 조종제한선**

   ⓓ 조종불능선 및 조종제한선 외의 선박은 부득이한 경우 외에는 **홀수제약선의 통항 방해 금지**

(3) 제한된 시계 내에서의 항법 [2022년 기출] [2023년 기출] [2024년 기출]

 ① 당시의 사정과 조건에 적합한 안전한 속력으로 항행할 것

 ② 동력선은 즉시 기관을 조작할 수 있도록 준비할 것

 ③ 레이더만으로 타선을 탐지한 선박은 충돌 위험 유무를 판단할 것

 ④ 충돌 위험이 있다고 판단할 경우 충분한 시간적 여유를 두고 피항동작 수행

 ⑤ 피항동작 수행 시 다음과 같은 동작은 피할 것

  ㉠ **타선이 자선의 양쪽 현의 정횡 앞쪽에 있는 경우 좌현 쪽으로 침로를 변경**(앞지르기 당하고 있는 선박에 대한 경우는 제외)

  ⓛ 자선의 양쪽 현의 정횡 또는 그곳으로부터 뒤쪽에 있는 선박의 방향으로 침로를 변경

 ⑥ 충돌의 위험성이 없다고 판단하는 경우 외에는 다음과 같은 경우 자선의 침로 유지에 필요한 최소한으로 속력을 줄일 것. 필요한 경우 자선의 진행을 완전히 정지. 어떠한 경우에도 충돌할 위험성이 사라질 때까지 주의하여 항행

  ㉠ 자선의 양쪽 현의 정횡 앞쪽에 있는 타선에서 무중신호를 듣는 경우

  ⓛ 자선의 양쪽 현의 정횡 앞쪽에 있는 타선과 매우 근접한 것을 피하지 못하는 경우

4. 등화와 형상물

(1) 등화의 점등시기

 ① 해가 지는 시각부터 해가 뜨는 시각까지 등화를 표시

 ② 해가 뜨는 시각부터 해가 지는 시각까지도 제한된 시계에서는 등화를 표시

 ③ 낮 동안에는 이 법에서 정하는 형상물을 표시

  ※ 형상물의 색깔은 검은색

(2) 등화의 종류 [2022년 기출] [2023년 기출] [2024년 기출]

① 마스트등 : 선수와 선미의 중심선상에 설치되어 정선수 방향을 포함해 양쪽 현의 정횡으로부터 뒤쪽으로 22.5°까지 총 225°에 걸치는 호를 비추는 흰색 등화

② 현등 : 정선수 방향에서 양쪽 현으로 각각 112.5°에 걸치는 수평의 호를 비추는 등화

 ㉠ 정선수 방향에서 **좌현 정횡**으로부터 뒤쪽 22.5°까지를 비출 수 있도록 좌현에 설치된 **붉은색 등**

 ㉡ 정선수 방향에서 **우현 정횡**으로부터 뒤쪽 22.5°까지를 비출 수 있도록 우현에 설치된 **녹색 등**

③ 선미등 : 선박의 정선미 방향에서 좌우 67.5°, 즉 135°에 걸치는 호를 비추는 백색 등화

④ 예선등 : 선미등과 같은 특성을 지닌 황색 등화

⑤ 전주등 : 수평 방향에서 360°에 걸치는 수평의 호를 비추는 등화(섬광등은 제외)

⑥ 섬광등 : **360°**에 걸치는 수평의 호를 비추는 등화로서 일정한 간격으로 **60초에 120회 이상** 섬광을 발하는 등화

⑦ 양색등 : 선수와 선미의 중심선상에 설치된 붉은색·녹색의 두 부분으로 된 등화

⑧ 삼색등 : 선수와 선미의 중심선상에 설치된 붉은색·녹색·백색의 세 부분으로 된 등화

(3) 항행 중인 동력선의 등화 및 형상물 [2022년 기출] [2023년 기출] [2024년 기출]

① 항행 중인 동력선 : 앞쪽에 마스트등 1개, 그보다 뒤쪽 높은 위치에 마스트등 1개, 현등 1쌍, 선미등 1개

 ※ 길이 50m 미만의 선박은 뒤쪽 마스트등 생략 가능, 길이 20m 미만의 선박은 양색등으로 현등 대체 가능

② 수면에 떠 있는 상태로 항행 중인 선박 : ①+황색의 섬광등 1개

③ 수면비행선박이 비행하는 경우 : ①+고광도의 홍색 섬광등 1개

④ 길이 12m 미만의 동력선 : 흰색 전주등 1개와 현등 1쌍으로 ①을 대체 가능

⑤ 길이 7m 미만, 최대속력 7노트 미만인 동력선 : 흰색 전주등 1개로 ① 혹은 ④를 대체 가능

(4) 항행 중인 예인선의 등화 및 형상물

① 다른 선박이나 물체를 끌고 있는 동력선 : 같은 수직선 위에 마스트등 2개, 현등 1쌍, 선미등 1개, 선미등의 수직선 위로 예선등 1개

 ※ 예인선열의 길이가 200m를 초과 : 마스트등 3개와 함께 가장 잘 보이는 곳에 마름모꼴의 형상물 1개를 표시

② 다른 선박을 밀거나 옆에 붙어서 끌고 있는 동력선 : 같은 수직선 위에 마스트등 2개, 현등 1쌍, 선미등 1개

③ 끌려가고 있는 선박이나 물체 : 현등 1쌍, 선미등 1개

 ※ 예인선열의 길이가 200m를 초과 : 가장 잘 보이는 곳에 마름모꼴의 형상물 1개를 표시

(5) 항행 중인 범선의 등화 및 형상물

① 항행 중인 범선 : 현등 1쌍, 선미등 1개

② 길이 20미터 미만의 범선 : ①을 대신하여 마스트의 꼭대기나 그 부근의 가장 잘 보이는 곳에 삼색등 1개 표시 가능

③ 노도선 : 항행 중인 범선의 등화 표시 가능

④ 범선이 기관을 동시에 사용하여 진행하는 경우 : 앞쪽의 가장 잘 보이는 곳에 원뿔꼴로 된 형상물 1개를 그 꼭대기가 아래로 향하도록 표시

(6) 어선의 등화 및 형상물 [2022년 기출]

① 항망이나 그 밖의 어구를 수중에서 끄는 트롤망어로에 종사하는 선박 [2024년 기출]
　　㉠ 수직선 위쪽으로 녹색, 그 아래쪽으로 흰색 전주등 각 1개 혹은 수직선 위에 2개의 원뿔을 그 꼭대기에서 위아래로 결합한 형상물 1개
　　㉡ ㉠의 녹색 전주등보다 뒤쪽의 높은 위치에 마스트등 1개(50m 미만의 선박은 생략 가능)
　　㉢ 대수속력이 있는 경우 ㉠, ㉡에 덧붙여 현등 1쌍과 선미등 1개

② ① 외의 어로에 종사하는 선박
　　㉠ 수직선 위쪽에는 붉은색, 아래쪽에는 흰색 전주등 1개 혹은 수직선 위에 두 개의 원뿔을 그 꼭대기에서 위아래로 결합한 형상물 1개
　　㉡ 수평거리로 150m 이상의 어구를 선박 밖으로 내고 있는 경우 : 어구를 내고 있는 방향으로 흰색 전주등 1개 또는 꼭대기를 위로 한 원뿔꼴의 형상물 1개
　　㉢ 대수속력이 있는 경우 ㉠, ㉡에 덧붙여 현등 1쌍과 선미등 1개

(7) 조종불능선과 조종제한선, 흘수제약선, 도선선의 등화 및 형상물 [2023년 기출]

① 조종불능선
　　㉠ 가장 잘 보이는 곳에 수직으로 붉은색 전주등 2개 혹은 둥근꼴이나 그와 비슷한 형상물 2개
　　㉡ 대수속력이 있는 경우 : ㉠에 덧붙여 현등 1쌍과 선미등 1개

② 조종제한선(기뢰제거작업에 종사하고 있는 경우 제외)
　　㉠ 가장 잘 보이는 곳에 수직으로 위쪽과 아래쪽에 붉은색 전주등, 가운데에는 흰색 전주등 각 1개 혹은 위쪽과 아래쪽에는 둥근꼴, 가운데에는 마름모꼴의 형상물 각 1개
　　㉡ 대수속력이 있는 경우 : ㉠에 덧붙여 마스트등 1개, 현등 1쌍, 선미등 1개

③ 흘수제약선 : 동력선의 등화에 덧붙여 가장 잘 보이는 곳에 붉은색 전주등 3개 혹은 원통형의 형상물 1개

④ 도선선
　　㉠ 마스트의 꼭대기나 그 부근에 수직선 위쪽에는 흰색 전주등, 아래쪽에는 붉은색 전주등 각 1개
　　㉡ 항행 중인 경우 ㉠에 덧붙여 현등 1쌍과 선미등 1개
　　㉢ 정박 중인 경우 ㉠에 따른 등화와 덧붙여 정박선의 등화 혹은 형상물을 표시
　　　※ 도선선이 도선업무에 종사하지 않을 때에는 해당 선박과 같은 길이의 선박이 표시해야 할 등화 혹은 형상물을 표시

(8) 정박선과 얹혀 있는 선박의 등화 및 형상물 [2022년 기출]

① 정박선
　　㉠ 앞쪽에 흰색의 전주등 1개 또는 둥근꼴의 형상물 1개
　　㉡ 선미나 그 부근에 ㉠의 등화보다 낮은 위치에 흰색 전주등 1개
　　㉢ 길이 50m 미만의 선박 : 가장 잘 보이는 곳에 흰색 전주등 1개로 ㉠을 대체 가능

② 얹혀 있는 선박 : 정박선과 동일한 등화 혹은 형상물+가장 잘 보이는 곳에 수직으로 붉은색의 전주등 2개 혹은 둥근꼴의 형상물 3개

5. 음향신호 및 발광신호

(1) 기적의 종류 2023년 기출
① 단음 : **1초** 정도 계속되는 고동소리
② 장음 : **4~6초**의 시간 동안 계속되는 고동소리

(2) 조종신호와 경고신호 2022년 기출 2023년 기출 2024년 기출
① 일반 조종 신호
  ㉠ 우현 변침 : 단음 1회(섬광 1회)
  ㉡ 좌현 변침 : 단음 2회(섬광 2회)
  ㉢ 기관 후진 : 단음 3회(섬광 3회)
② 좁은 수로 등에서 서로 시계 안에 있을 때의 앞지르기 신호
  ㉠ 우현 쪽으로 앞지르기 : 장음 2회 → 단음 1회
  ㉡ 좌현 쪽으로 앞지르기 : 장음 2회 → 단음 2회
  ㉢ 앞지르기 동의 : 장음 1회 → 단음 1회의 신호를 2번 반복
③ 시계 안의 선박이 접근할 때 타선의 의도 또는 동작을 이해할 수 없거나 충돌을 피하기 위한 동작의 수행 여부가 불분명한 경우의 의문 신호 : **단음 5회 이상**(섬광 5회 이상)
④ 좁은 수로의 굽은 부분이나 장애물로 타선을 볼 수 없는 수역에 접근하는 선박의 신호 및 이에 대한 응답 신호 : **장음 1회**

(3) 제한된 시계 안에서의 음향신호 2022년 기출 2023년 기출 2024년 기출

선박의 종류		간격	신호
항행 중인 동력선	대수속력이 있는 경우	2분 이내	장음 1회
	대수속력이 없는 경우	2분 이내	장음 2회
조종불능선, 조종제한선, 흘수제약선, 범선, 어로 작업 중인 선박, 타 선박을 밀고 있거나 끌고 있는 선박		2분 이내	장음 1회 → 단음 2회
끌려가고 있는 선박(2척 이상일 경우 제일 뒤쪽의 선박)에 승무원이 있을 경우		2분 이내	장음 1회 → 단음 3회
정박 중인 선박		1분 이내	5초간의 호종
얹혀 있는 선박	길이 100m 미만	1분 이내	호종 3회 → 5초간의 호종 → 호종 3회
	길이 100m 이상	1분	호종 3회 → 5초간의 호종 → 호종 3회 → 징 5초
도선업무를 하고 있는 도선선		–	항행 중인 동력선 혹은 정박 중인 선박이 해야 하는 신호에 덧붙여 **단음 4회**

Ⅲ 선박의 입항 및 출항 등에 관한 법률

1. 총칙

(1) 제정 목적

① 무역항의 수상구역 등에서 선박의 입항 · 출항에 대한 지원과 선박 운항의 안전 및 질서 유지에 필요한 사항을 규정함을 목적으로 함

② 선박의 운항, 특히 무역항의 수상구역에서 선박의 안전한 항행을 위한 사항을 규정

(2) 주요 용어 정의 [2022년 기출] [2023년 기출] [2024년 기출]

① 무역항 : 국민경제와 공공의 이해에 밀접한 관계가 있고 주로 외항선이 입 · 출항하는 항만

② 선박

  ㉠ 수상 또는 수중에서 항행용으로 사용하거나 사용할 수 있는 모든 배의 종류

  ㉡ 기관을 이용하여 추진하는 선박과 수면비행선박, 범선, 부선을 모두 포함

③ 우선피항선 : 주로 무역항의 수상구역에서 운항하는 선박으로서 다른 선박의 진로를 피해야 하는 다음의 선박

  ㉠ 부선(예인선이 부선을 끌거나 밀고 있는 경우의 예인선 및 부선을 포함하되, 예인선에 결합되어 운항하는 압항부선은 제외함)

  ㉡ 주로 노와 삿대로 운전하는 선박

  ㉢ 예선

  ㉣ 항만운송관련사업을 등록한 자가 소유한 선박

  ㉤ 해양환경관리업 또는 해양폐기물관리업을 등록한 자가 소유한 선박

  ㉥ 그 외의 총톤수 20톤 미만의 선박

④ 관리청 : 무역항의 수상구역등에서 선박의 입항 및 출항 등에 관한 행정업무를 수행하는 다음 행정관청

  ㉠ 항만법에 따른 국가관리무역항 : 해양수산부장관

  ㉡ 항만법에 따른 지방관리무역항 : 특별시장 · 광역시장 · 도지사 또는 특별자치도지사

⑤ 정박 : 선박이 해상에서 닻을 바다 밑바닥에 내려놓고 운항을 멈추는 것

⑥ 정류 : 선박이 해상에서 일시적으로 운항을 멈추는 것

⑦ 계류 : 선박을 다른 시설에 붙들어 매어 놓는 것

⑧ 계선 : 선박이 운항을 중지하고 정박하거나 계류하는 것

⑨ 항로 : 선박의 출입 통로로 이용하기 위하여 지정 · 고시한 수로

2. 입항·출항 및 정박

(1) 출입 신고 `2022년 기출` `2023년 기출` `2024년 기출`

① 무역항의 수상구역등에 출입하려는 선박의 선장은 관리청에 신고하여야 함

  ※ 입항 시 입항 전에, 출항 시 출항 전에 출입신고서 제출

② 출입 신고 예외 선박

  ㉠ 총톤수 **5톤** 미만의 선박

  ㉡ 해양사고구조에 사용되는 선박

  ㉢ 수상레저안전법에 따른 수상레저기구 중 국내항 간을 운항하는 모터보트 및 동력요트

  ㉣ 어선안전조업 및 어선원의 안전·보건 증진 등에 관한 법률에 따른 출입항 신고 대상이 되는 어선

  ㉤ 그 밖에 공공목적이나 항만 운영의 효율성을 위하여 해양수산부령으로 정하는 선박

(2) 정박의 제한 및 방법

① 정박지의 사용 `2023년 기출` `2024년 기출`

  ㉠ 관리청은 선박의 종류·톤수·흘수 또는 적재물의 종류에 따라 정박구역 또는 정박지를 지정·고시

  ㉡ 무역항의 수상구역등에 정박하려는 선박은 해양사고를 피하기 위한 경우 등 해양수산부령으로 정하는 사유가 있는 경우가 아니면 ㉠에 따른 정박구역 또는 정박지에 정박해야 함

  ㉢ 우선피항선은 다른 선박의 항행에 방해가 될 우려가 있는 장소에 정박·정류해서는 안 됨

  ㉣ 정박구역 또는 정박지가 아닌 곳에 정박한 선박의 선장은 즉시 그 사실을 관리청에 신고해야 함

② 정박의 제한 : 다음의 장소에는 정박·정류 금지 `2022년 기출` `2024년 기출`

  ㉠ 부두·잔교·안벽·계선부표·돌핀 및 선거의 부근 수역

  ㉡ 하천, 운하 및 그 밖의 좁은 수로와 계류장 입구의 부근 수역

③ 정박·정류 금지의 예외 `2023년 기출` `2024년 기출`

  ㉠ 해양사고를 피하기 위한 경우

  ㉡ 선박의 고장이나 그 밖의 사유로 선박을 조종할 수 없는 경우

  ㉢ 인명을 구조하거나 급박한 위험이 있는 선박을 구조하는 경우

  ㉣ 허가를 받은 공사 또는 작업에 사용하는 경우

④ 정박 방법

  ㉠ 지체 없이 예비용 닻을 내릴 수 있도록 고정장치를 해제

  ㉡ 동력선은 즉시 운항할 수 있도록 기관의 상태를 유지

⑤ 관리청은 정박하는 선박의 안전을 위하여 필요하다고 인정되는 경우 정박 장소 또는 방법의 변경을 명령할 수 있음

(3) 선박의 계선 신고 및 이동 명령

① 선박의 계선 신고 `2022년 기출`

  ㉠ 총톤수 **20톤 이상**의 선박을 무역항의 수상구역등에 계선하려는 자는 관리청에 신고해야 함

  ㉡ ㉠에 따라 선박을 계선하려는 자는 관리청이 지정한 장소에 계선해야 함

ⓒ 관리청은 계선 중인 선박의 안전에 필요하다고 인정하는 경우 안전 유지에 필요한 인원의 선원을 승선시킬 것을 선박의 소유자 혹은 임차인에게 명할 수 있음

② 선박의 이동 명령 : 관리청은 아래의 경우에 무역항의 수상구역등에 있는 선박에 대하여 관리청이 정하는 장소로 이동할 것을 명할 수 있음

ⓐ 무역항을 효율적으로 운영하기 위하여 필요하다고 판단되는 경우

ⓑ 전시·사변이나 그에 준하는 국가비상사태 또는 국가안전보장에 있어 필요하다고 판단되는 경우

③ 선박의 피항명령

ⓐ 관리청은 자연재난이 발생하거나 발생할 우려가 있는 경우 무역항의 수상구역등에 있는 선박에 대하여 다른 구역으로 피항할 것을 선박소유자 또는 선장에게 명할 수 있음

ⓑ 관리청은 접안 또는 정박 금지구역의 설정 등에 따른 피항명령에 필요한 사항을 협의하기 위하여 대통령령으로 정하는 바에 따라 다음의 자를 포함한 협의체를 구성하여 운영할 수 있음
  • 「해운법」에 따른 해운업자
  • 관리청이 필요하다고 인정하는 자

3. 항로 및 항법

(1) 항로의 지정 및 준수

① 관리청은 무역항의 수상구역등에서 선박교통의 안전을 위하여 필요한 경우 무역항의 수상구역 밖의 수로를 항로로 지정·고시할 수 있음

② 우선피항선 외의 선박은 무역항의 수상구역등에 출입 또는 통과하는 경우 ①에 따라 지정·고시된 항로를 따라 항행하여야 함

(2) 항로에서의 정박 금지 [2023년 기출] [2024년 기출]

① 선장은 항로에 선박을 정박 또는 정류시키거나 예인되는 선박 또는 부유물을 방치해서는 안 됨

② 다음의 경우에 해당하는 경우 그 사실을 관리청에 신고하고 정박·정류

ⓐ 해양사고를 피하기 위한 경우

ⓑ 선박의 고장 혹은 그 밖의 사유로 선박을 조종할 수 없는 경우

ⓒ 인명 혹은 급박한 위험이 있는 선박을 구조하는 경우

③ ②의 ⓑ에 해당하는 선박의 선장은 조종불능선의 등화 및 형상물 표시를 해야 함

(3) 항로에서의 항법 [2022년 기출] [2023년 기출]

① 항로 밖에서 항로로 들어오거나 항로에서 항로 밖으로 나가는 선박은 항로를 항행하는 다른 선박의 진로를 피하여 항행할 것

② 항로에서 다른 선박과 나란히 항행하지 않을 것

③ 항로에서 다른 선박과 마주칠 우려가 있는 경우 오른쪽으로 항행할 것

④ 항로에서 다른 선박을 앞지르기하지 말 것. 단 앞지르기하려는 선박을 눈으로 볼 수 있고 안전하게 앞지르기할 수 있다고 판단되는 경우에는 **해사교통안전법에 따른 방법**으로 앞지르기할 것

⑤ 항로를 항행하는 위험물운송선박 또는 흘수제약선의 진로를 방해하지 않을 것

⑥ 범선의 경우 항로에서 지그재그로 항행하지 않을 것

(4) 기타 항법

① 방파제 부근에서의 항법 [2023년 기출] [2024년 기출] : 입항하는 선박은 방파제 입구 등에서 출항하는 선박과 마주칠 우려가 있는 경우 **방파제 밖**에서 출항하는 선박의 진로를 피할 것

② 부두등 부근에서의 항법 [2022년 기출] [2023년 기출]
　㉠ 무역항의 수상구역등에서 해안으로 길게 뻗어 나온 육지 부분, 부두, 방파제 등 인공시설물의 튀어나온 부분 또는 정박 중인 선박(부두등)을 오른쪽 뱃전에 두고 항행할 때는 부두등에 접근하여 항행할 것
　㉡ 부두등을 왼쪽 뱃전에 두고 항행할 때는 멀리 떨어져서 항행할 것

③ 예인선 등의 항법 [2023년 기출] [2024년 기출]
　㉠ 예인선이 무역항의 수상구역등에서 다른 선박을 끌고 항행할 경우 해양수산부령으로 정하는 방법에 따를 것
　㉡ 범선이 무역항의 수상구역등에서 항행할 때는 돛을 줄이거나 예인선이 범선을 끌고 가게 할 것
　㉢ 예인선의 선수로부터 피예인선의 선미까지의 길이는 200m를 초과하여서는 안 됨
　　※ 다른 선박의 출입을 보조하는 경우 예외
　㉣ 예인선은 무역항의 수상구역등에서 한꺼번에 **3척** 이상의 피예인선을 끌 수 없음

④ 진로방해의 금지
　㉠ 우선피항선은 무역항의 수상구역등이나 그 부근에서 다른 선박의 진로를 방해하지 말 것
　㉡ 공사 등의 허가를 받은 선박이나 선박경기 등의 행사를 허가받은 선박은 무역항의 수상구역등에서 다른 선박의 진로를 방해하지 말 것

⑤ 속력 등의 제한 [2022년 기출] [2023년 기출]
　㉠ 무역항의 수상구역등이나 그 부근을 항행할 때는 **다른 선박에 위험을 주지 않을 정도의 속력**으로 항행할 것
　㉡ 해양경찰청장은 다른 선박의 안전 운항에 지장을 초래할 우려가 있다고 인정하는 경우 관리청에 선박 항행 최고속력의 지정을 요청할 수 있음
　㉢ 관리청은 특별한 사유가 없으면 ㉡에서 요청한 선박 항행 최고속력을 지정·고시하여야 하며 선박은 지정·고시된 항행 최고속력의 범위에서 항행하여야 함

⑥ 항행 선박 간의 거리 : 무역항의 수상구역등에서 2척 이상의 선박이 항행할 때는 서로 충돌을 예방할 수 있는 **상당한 거리**를 유지해야 함

4. 위험물의 관리와 수로의 보전

(1) 위험물의 관리

① 위험물의 반입 [2024년 기출]
　㉠ 위험물을 무역항의 수상구역등으로 들여오려는 자는 관리청에 신고해야 함
　㉡ 관리청은 무역항 및 무역항의 수상구역등의 안전, 오염방지 및 저장능력을 고려하여 들여올 수 있는 위험물의 종류 및 수량을 제한하거나 안전에 필요한 조치를 할 것을 명할 수 있음

② 위험물운송선박의 정박 : 위험물운송선박은 관리청이 지정한 장소가 아닌 곳에 정박하거나 정류하지 못함

③ 위험물의 하역
  ㉠ 위험물을 하역하려는 자는 대통령령으로 정하는 바에 따라 자체안전관리계획을 수립하여 관리청의 승인을 받을 것
  ㉡ 관리청은 무역항의 안전을 위해 필요하다고 인정할 경우 ㉠에 따른 자체안전관리계획의 변경을 명할 수 있음
  ㉢ 기상 악화 등 불가피한 사유로 위험물의 하역이 부적당하다고 인정되는 경우 ㉠의 승인을 받은 자에 대하여 그 하역을 금지·중지하게 하거나 무역항의 수상구역등 외의 장소를 지정하여 하역하도록 할 수 있음

④ 선박수리의 허가 [2022년 기출] [2023년 기출]
  ㉠ 선장은 무역항의 수상구역등에서 다음에 해당하는 선박을 불꽃이나 열이 발생하는 용접 등의 방법으로 수리하려는 경우 관리청의 허가를 받아야 함
    • 위험물운송선박(위험물을 저장·운송하는 선박과 위험물을 하역한 후에도 인화성 물질 또는 폭발성 가스가 남아 있어 화재 또는 폭발의 위험이 있는 선박)
    • 총톤수 20톤 이상의 선박(위험물운송선박은 제외)
      ※ 총톤수 20톤 이상의 선박은 기관실, 연료탱크, 그 밖에 해양수산부령으로 정하는 선박 내 위험구역에서 수리작업을 하는 경우에만 허가를 받아야 함
  ㉡ ㉠에 따른 수리를 하고자 하는 경우 그 선박을 관리청이 지정한 장소에 정박하거나 계류하여야 함

(2) 수로의 보전

① 폐기물의 투기 금지 [2022년 기출] [2023년 기출]
  ㉠ 무역항의 수상구역등이나 그 밖 10km 이내의 수면에 안전운항을 해칠 우려가 있는 흙·돌·나무·어구 등 폐기물을 버려서는 안 됨
  ㉡ 무역항의 수상구역등이나 무역항의 수상구역 부근에서 석탄·돌·벽돌 등 흩어지기 쉬운 물건을 하역하는 자는 그 물건이 수면에 떨어지는 것을 방지하기 위하여 대통령령으로 정하는 바에 따라 필요한 조치를 해야 함
  ㉢ 관리청은 ㉠ 혹은 ㉡을 위반하는 자에게 그 폐기물 또는 물건을 제거할 것을 명할 수 있음

② 해양사고 등이 발생한 경우의 조치
  ㉠ 무역항의 수상구역등이나 그 부근에서 해양사고·화재 등의 재난으로 인하여 다른 선박의 항행이나 무역항의 안전을 해칠 우려가 있는 조난선의 선장은 즉시 항로표지법에 따른 항로표지를 설치하는 등 필요한 조치를 하여야 함
  ㉡ ㉠에 따른 조난선의 선장이 필요한 조치를 할 수 없을 때에는 해양수산부령으로 정하는 바에 따라 해양수산부장관에게 필요한 조치를 요청할 수 있음
  ㉢ 해양수산부장관이 ㉡에 따른 조치를 하였을 때에는 그 선박의 소유자 또는 임차인은 그 비용을 해양수산부장관에게 납부해야 함
  ㉣ 해양수산부장관은 선박의 소유자 또는 임차인이 ㉢에 따른 비용을 납부하지 않을 경우 국세 체납처분의 예에 따라 징수 가능

③ 어로의 제한 : 무역항의 수상구역등에서 선박교통에 방해가 될 우려가 있는 장소 또는 항로에서는 어로를 해서는 안 됨

(3) 불빛 및 신호

① 불빛의 제한

    ㉠ 무역항의 수상구역등이나 그 부근에서 선박교통에 방해가 될 우려가 있는 **강력한 불빛**을 사용해서는 안 됨

    ㉡ 관리청은 ㉠에서 금하는 불빛을 사용하고 있는 자에게 그 빛을 줄이거나 가리개를 씌우도록 명할 수 있음

② 기적 등의 제한 `2022년 기출` `2023년 기출`

    ㉠ 무역항의 수상구역등에서 특별한 이유 없이 기적이나 사이렌을 울려서는 안 됨

    ㉡ ㉠에도 불구하고 무역항의 수상구역등에서 기적이나 사이렌을 갖춘 선박에 **화재**가 발생한 경우 그 선박은 해양수산부령으로 정하는 바에 따라 화재를 알리는 경보를 울려야 함

    ※ 화재 시 경보는 기적이나 사이렌을 **장음(4~6초)으로 5회** 울리는 것을 말함

Ⅳ 해양환경관리법

1. 총칙

(1) 제정 목적

① 선박, 해양시설, 해양공간 등 해양오염물질을 발생시키는 발생원을 관리하고, 기름 및 유해액체물질 등 해양오염물질의 배출을 규제하는 등 해양오염을 예방, 개선, 대응, 복원하는 데 필요한 사항을 정함으로써 국민의 건강과 재산을 보호하는 데 이바지함을 목적으로 함

② 해양오염물질을 규정하고 그 배출을 규제하는 등 해양환경을 보호 · 보전하기 위해 필요한 사항을 규정

(2) 주요 용어 정의

① 배출

　　㉠ 오염물질 등을 유출 · 투기하거나 오염물질 등이 누출 · 용출되는 것

　　㉡ 해양오염의 감경 · 방지 또는 제거를 위한 **학술목적**의 조사 · 연구의 실시로 인한 유출 · 투기 또는 누출 · 용출을 제외

② 폐기물 [2022년 기출] [2023년 기출] [2024년 기출]

　　㉠ 해양에 배출되는 경우 그 상태로는 쓸 수 없게 되는 물질로서 해양환경에 해로운 결과를 미치거나 미칠 우려가 있는 물질

　　㉡ **기름과 유해액체물질, 포장유해물질 제외**

③ 기름 : 석유 및 석유대체연료 사업법에 따른 원유 및 석유제품(**석유가스 제외**)과 이들을 함유하고 있는 액체상태의 유성혼합물 및 폐유

④ 유해액체물질 : 해양환경에 해로운 결과를 미치거나 미칠 우려가 있는 액체물질(**기름 제외**)과 그 물질이 함유된 혼합 액체물질

⑤ 포장유해물질 : 포장된 형태로 선박에 의하여 운송되는 유해물질 중 해양에 배출되는 경우 해양환경에 해로운 결과를 미치거나 미칠 우려가 있는 물질

⑥ 오염물질 : 해양에 유입 또는 해양으로 배출되어 해양환경에 해로운 결과를 미치거나 미칠 우려가 있는 **폐기물 · 기름 · 유해액체물질 및 포장유해물질**

⑦ 대기오염물질 : 오존층파괴물질, 휘발성유기화합물, 대기환경보전법상의 대기오염물질 및 이산화탄소

⑧ 선저폐수 : 선박의 밑바닥에 고인 **액상유성혼합물**

(3) 적용 범위 [2023년 기출]

① 다음의 해역 · 수역 · 구역 및 선박 · 해양시설 등에서의 해양환경관리에 관하여 적용

　　㉠ 영해, 내수 및 대한민국의 해양환경의 보전에 관한 관할권을 갖는 해역

　　㉡ 배타적 경제수역

　　㉢ 환경관리해역

　　㉣ 지정된 해저광구

② 방사성물질과 관련한 해양환경관리(연구 · 학술 또는 정책수립 목적의 조사 제외) 및 해양오염방지에 대해서는 원자력안전법이 정하는 바에 따름

(4) 환경관리해역의 지정 및 관리

① 환경관리해역 : 해양환경의 보전 · 관리를 위해 필요하다고 인정되는 경우 지정 · 관리하는 해역

② 환경보전해역

ㄱ 자연환경보전지역 중 수산자원의 보호 · 육성을 위하여 필요한 용도지역으로 지정된 해역

ㄴ 해양환경 및 생태계의 보존이 양호한 곳으로 지속적인 보전이 필요한 해역

③ 특별관리해역

ㄱ 해양환경기준의 유지가 곤란한 해역

ㄴ 해양환경 및 생태계의 보전에 현저한 장애가 있거나 장애가 발생할 우려가 있는 해역

2. 해양오염방지를 위한 규제

(1) 오염물질의 배출금지와 예외

① 오염물질의 배출금지 : 누구든지 선박으로부터 오염물질을 해양에 배출해서는 안 됨

② 오염물질의 배출금지 예외 `2022년 기출` `2024년 기출`

ㄱ 선박 또는 해양시설 등의 안전 확보나 인명구조를 위하여 부득이하게 오염물질을 배출하는 경우

ㄴ 선박 또는 해양시설 등의 손상 등으로 인하여 부득이하게 오염물질이 배출되는 경우

ㄷ 선박 또는 해양시설 등의 오염사고에 있어 오염 피해를 최소화하는 과정에서 부득이하게 오염물질이 배출되는 경우

③ 기름의 배출 기준

ㄱ 항해 중에 배출할 것

ㄴ 기름의 순간배출률이 **1해리당 30리터 이하**일 것

ㄷ 1회의 항해 중의 배출총량이 그 전에 실은 화물총량의 3만분의 1일 것

ㄹ 배출액의 유분함유량이 **0.0015%[15ppm]**를 초과하지 않을 것

ㅁ 기선으로부터 50해리 이상 떨어진 곳에서 배출할 것

ㅂ 기름오염방지설비의 작동 중에 배출할 것

④ 오염물질 배출 시 선박에서의 조치

ㄱ 오염물질의 추가적인 배출방지

ㄴ 배출된 오염물질의 확산 방지 및 제거

ㄷ 배출된 오염물질의 수거 및 처리

⑤ 오염물질이 배출되는 경우의 신고의무 `2024년 기출`

ㄱ 오염물질이 해양에 배출되거나 배출될 우려가 있다고 예상되는 경우 다음에 해당하는 자는 해양경찰청장 또는 해양경찰서장에게 신고해야 함

• 배출되거나 배출될 우려가 있는 오염물질이 적재된 선박의 선장 또는 해양시설의 관리자

• 오염물질의 배출원인이 되는 행위를 한 자

• 배출된 오염물질을 발견한 자

ㄴ 기름 배출 시 신고기준 : 배출된 기름 중 유분이 100만분의 1,000 이상이고 유분총량이 100ℓ 이상인 경우 신고

⑥ 선박 안에서 발생하는 폐기물의 처리 `2022년 기출` `2023년 기출`
　　㉠ 모든 플라스틱류는 해양에 배출 금지 : 합성로프 및 어망, 플라스틱재 쓰레기 봉지, 독성 또는 중금속 잔류물을 포함할 수 있는 플라스틱 제품의 소각재
　　㉡ 폐기물의 배출을 허용하는 경우 : 화물창 내 화물보호 재료로 부유성이 있는 것, 음식 찌꺼기 및 모든 쓰레기, 화물잔류물, 폐사된 어획물, 분쇄 · 연마하지 않은 음식찌꺼기 등
　　㉢ 분뇨의 처리기준 : 다음에 해당하는 경우 해양에서 분뇨 배출이 가능
　　　• 영해기선에서 3해리를 넘는 거리에서 분뇨마쇄소독장치를 사용해 마쇄하고 소독한 분뇨를 4노트 이상의 속력으로 항해하면서 서서히 배출하는 경우
　　　• 영해기선으로부터 **12해리**를 넘는 거리에서 마쇄하지 않거나 소독하지 않은 분뇨를 4노트 이상의 속력으로 항해하면서 서서히 배출하는 경우
　　㉣ 음식찌꺼기의 처리기준 : 다음에 해당하는 경우 해양에서 배출 가능
　　　• 영해기선으로부터 최소한 **12해리** 이상의 해역에서 배출하는 경우
　　　• 분쇄기 또는 연마기를 통해 25mm **이하**의 개구를 가진 스크린을 통과할 수 있도록 분쇄되거나 연마된 음식찌꺼기의 경우 영해기선으로부터 **3해리 이상의 해역**에 배출 가능

(2) 선박에서의 해양오염방지

① 기름오염방지설비 및 폐유저장용기의 설치 `2022년 기출` `2023년 기출`
　　㉠ 기관구역에서의 기름오염방지설비 설치 대상 선박 : 총톤수 50톤 이상의 유조선, 총톤수 100톤 이상의 유조선이 아닌 선박
　　㉡ 폐유저장용기의 비치기준

대상선박	저장용량(단위 : ℓ)
총톤수 5톤 이상 10톤 미만의 선박	20
총톤수 10톤 이상 30톤 미만의 선박	60
총톤수 30톤 이상 50톤 미만의 선박	100
총톤수 50톤 이상 100톤 미만으로서 유조선이 아닌 선박	200

　　㉢ 폐유저장용기 미비치 시 100만 원 이하의 과태료를 부과

② 선박오염물질기록부의 관리 `2024년 기출`
　　㉠ 선박오염물질기록부의 정의 : 선박에서 사용하거나 운반 · 처리하는 폐기물, 기름 및 유해액체물질에 대한 사용량 · 운반량 및 처리량을 기록한 기록부
　　㉡ 폐기물기록부 : 폐기물의 총량 · 처리량 등을 기록하는 장부
　　㉢ 기름기록부 : 선박에서 사용하는 기름의 사용량 · 처리량을 기록하는 장부
　　　※ 유조선의 경우에는 기름의 사용량 · 처리량 외에 운반량을 추가로 기록
　　㉣ 유해액체물질기록부 : 선박에서 산적하여 운반하는 유해액체물질의 운반량 · 처리량을 기록하는 장부
　　㉤ 선박오염물질기록부의 보존 기간 : 최종 기재를 한 날로부터 **3년**

3. 해양오염방지를 위한 선박의 검사

(1) 검사의 종류 [2023년 기출] [2024년 기출]

① 정기검사 : 검사대상선박의 소유자가 해양오염방지설비 등을 선박에 최초로 설치하여 항해에 사용하려는 때 또는 유효기간이 만료한 때 받는 검사

② 중간검사 : 정기검사와 정기검사의 사이에 받아야 하는 검사

③ 임시검사 : 해양오염방지설비 등을 교체 · 개조 또는 수리하고자 하는 때 받는 검사

④ 임시항해검사 : 해양오염방지검사증서를 교부받기 전에 임시로 선박을 항해에 사용하려고 할 때 받는 검사

(2) 해양오염방지증서 등의 유효기간

① 해양오염방지검사증서 : 5년

② 방오시스템검사증서 : 영구

③ 에너지효율검사증서 : 영구

④ 협약검사증서 : 5년

과목 점검 문제

01 해상교통안전법상 거대선은 길이 몇 미터 이상의 선박을 말하는가?

㉮ 150m 이상

㉯ 200m 이상

㉰ 250m 이상

㉱ 300m 이상

답 | ㉯ 해상교통안전법에서는 거대선을 길이 200m 이상의 선박으로 규정하고 있다.

02 다음 (   )에 들어갈 내용으로 적절한 것은?

"해상교통안전법상 선박의 조종성능을 제한하는 고장이나 그 밖의 사유로 조종을 할 수 없게 되어 다른 선박의 진로를 피할 수 없는 선박을 (   )이라 한다."

㉮ 조종제한선

㉯ 조종불능선

㉰ 흘수제약선

㉱ 얹혀 있는 선박

답 | ㉯ 조종불능선은 선박의 조종성능을 제한하는 고장 혹은 그 밖의 사유로 조종이 불가능해 다른 선박의 진로를 피할 수 없는 선박을 말한다.

03 다음 중 통항로에서의 항법으로 옳지 않은 것은?

㉮ 분리선이나 분리대에서는 될 수 있으면 떨어져서 항행한다.

㉯ 부득이하게 통항로의 옆쪽으로 출입하는 경우 그 통항로의 규정 진행방향에 대하여 가능한 작은 각도로 출입한다.

㉰ 통항로의 횡단은 어떠한 경우에도 허용되지 않는다.

㉱ 해양사고 발생 등의 부득이한 경우를 제외하고는 통항분리수역 및 그 출입구 부근에 정박해서는 안 된다.

답 | ㉰ 통항로의 횡단은 원칙적으로 금지되어 있다. 그러나 부득이한 사유로 통항로를 횡단하는 경우 그 통항로와 선수방향이 직각에 가까운 각도로 횡단하도록 규정되어 있다.

04 (   )에 적합한 것은?

"해상교통안전법상 주위의 상황 및 다른 선박과의 충돌 위험성을 충분히 파악할 수 있도록 (   ) 및 당시의 상황에 맞게 이용할 수 있는 모든 수단을 이용하여 항상 적절한 경계를 해야 한다."

㉮ 후각 · 미각

㉯ 시각 · 청각

㉰ 촉각 · 미각

㉱ 촉각 · 청각

답 | ㉯ 해상교통안전법에 따르면 주위의 상황 및 다른 선박과의 충돌 위험성을 충분히 파악할 수 있도록 시각 · 청각 및 당시의 상황에 맞게 이용할 수 있는 모든 수단을 이용하여 항상 적절한 경계를 해야 한다.

05 가장 잘 보이는 곳에 수직으로 붉은색 전주등 2개, 선미등 1개와 현등 1쌍을 표시하고 있는 선박을 보았다. 이 선박은 어떤 선박인가?

㉮ 항행 중인 동력선

㉯ 대수속력이 있는 조종불능선

㉰ 정박 중인 선박

㉱ 흘수제약선

답 | ㉯ 가장 잘 보이는 곳에 수직으로 표시한 붉은색 전주등 2개는 조종불능선을 의미한다. 여기에 대수속력이 있는 경우 현등 1쌍과 선미등 1개를 표시한다.

06 다음 중 예인선열의 길이가 200m를 초과하는 항행 중인 예인선이 표시해야 하는 등화 혹은 형상물에 속하는 것은?

㉮ 홍색 섬광등 1개

㉯ 꼭대기를 위로 한 원뿔꼴의 형상물 1개

㉰ 붉은색 전주등 3개

㉱ 마름모꼴의 형상물 1개

답 | ㉱ 항행 중인 예인선이 끌고 있는 예인선열의 길이가 200m를 초과할 경우 마스트등 3개와 마름모꼴의 형상물을 1개 달아 표시한다.

07 좁은 수로에서 앞쪽에 있는 상대선을 우현 앞지르기하고자 할 때, 자선에서 울려야 하는 앞지르기 신호로 옳은 것은?

㉮ 장음 2회, 단음 1회

㉯ 장음 2회

㉰ 장음 1회, 단음 1회

㉱ 장음 2회, 단음 2회

답 | ㉮ 좁은 수로에서의 앞지르기 신호 중 우현 앞지르기 신호는 장음 2회, 단음 1회이다. 장음 2회, 단음 2회는 좌현 앞지르기 신호이며, 앞지르기 동의 신호는 장음 1회, 단음 1회, 장음 1회, 단음 1회이다.

08 다음 (   )에 순서대로 들어갈 내용으로 적절한 것은?

> "해상교통안전법상 2척의 동력선이 마주치거나 거의 마주치게 되어 충돌의 위험이 있을 경우, 서로의 (   ) 쪽을 지나갈 수 있도록 침로를 (   ) 쪽으로 변경해야 한다."

㉮ 좌현, 좌현   ㉯ 좌현, 우현

㉰ 우현, 좌현   ㉱ 우현, 우현

답 | ㉯ 2척의 동력선이 마주치거나 거의 마주치게 되어 충돌의 위험이 있을 경우 서로의 좌현 쪽을 지나갈 수 있도록 침로를 우현 쪽으로 변경해야 한다.

09 해상교통안전법상 항행 중인 동력선이 대수속력이 없는 경우 안개로 인하여 부근의 항행하는 선박이 보이지 않을 때 울리는 신호는?

㉮ 2분을 넘지 않는 간격으로 장음 1회

㉯ 2분을 넘지 않는 간격으로 장음 2회

㉰ 장음 1회 단음 3회

㉱ 단음 1회 장음 1회 단음 1회

답 | ㉯ 제한된 시계 안에서 항행 중인 동력선이 대수속력이 없는 경우에는 2분을 넘지 않는 간격으로 장음을 2회 울려 신호를 하여야 한다.

10 해상교통안전법상 충돌을 회피하기 위한 동작으로 옳지 않은 것은?

㉮ 침로 및 선속 변경 시에는 충분히 크게 변경한다.

㉯ 넓은 수역에서는 적절한 시기에 큰 각도로 침로를 변경한다.

㉰ 안전한 거리를 확보하고 회피 동작의 효과를 주의 깊게 확인한다.

㉱ 기관을 정지시키거나 선박의 진행을 완전히 멈추어선 안 된다.

답 | ㉱ 필요한 경우 기관을 정지시키거나 후진하여 선박의 진행을 완전히 중단시켜야 한다.

11 다음 중 우선피항선에 속하지 않는 선박은?

㉮ 총톤수 10톤의 동력선

㉯ 수면비행선박

㉰ 노와 삿대로 운전하는 선박

㉱ 총톤수 20톤의 예선

답 | ㉯ 우선피항선에는 부선, 예선, 주로 노와 삿대로 운전하는 선박, 그리고 그 외의 총톤수 20톤 미만의 선박이 속한다. 수면비행선박은 우선피항선에 속하지 않는다.

12 무역항의 수상구역 등에 출입하려는 선박 중 출입 신고를 하지 않아도 되는 선박이 아닌 것은?

㉮ 총톤수 10톤 미만의 선박

㉯ 해양사고구조에 사용되는 선박

㉰ 수상레저안전법에 따른 수상레저기구 중 국내항 간을 운항하는 모터보트 및 동력요트

㉱ 공공목적이나 항만 운영의 효율성을 위하여 해양수산부령으로 정하는 선박

답 | ㉮ 출입 신고를 하지 않아도 되는 선박은 총톤수 5톤 미만의 선박이다.

13 다음 중 항로에서의 항법으로 옳은 것은?

㉮ 항로를 항행하는 선박은 항로 밖에서 항로로 들어오는 선박의 진로를 피하여 항행해야 한다.

㉯ 항로에서 다른 선박과 마주칠 우려가 있는 경우 왼쪽으로 항행한다.

㉰ 항로에서 다른 선박과 나란히 항행해서는 안 된다.

㉱ 항로를 항행하는 수면비행선박 및 어선의 진로를 방해해서는 안 된다.

답 | ㉰ 항로 밖에서 항로로 들어오거나 항로에서 항로 밖으로 나가는 선박은 항로를 항행하는 다른 선박의 진로를 피하여 항행해야 하며, 항로에서 다른 선박과 마주칠 우려가 있는 경우 오른쪽으로 항행해야 한다. 항로를 항행하는 선박은 위험물운송선박 또는 흘수제약선의 진로를 방해해서는 안 된다.

14 방파제 부근에서 입항하는 선박이 방파제 입구 등에서 출항하는 선박과 마주칠 우려가 있는 경우 옳은 항법은?

㉮ 출항하는 선박이 방파제 입구 근처에서 입항하는 선박의 진로를 피한다.

㉯ 각자 방파제 입구의 오른쪽으로 붙어 동시에 항행한다.

㉰ 입항하는 선박이 방파제 입구 안으로 들어간 후 출항하는 선박의 진로를 피한다.

㉱ 입항하는 선박이 방파제 밖에서 출항하는 선박의 진로를 피한다.

답 | ㉱ 방파제 입구 등에서 입항선과 출항선이 마주칠 경우 입항선이 방파제의 밖에서 출항선의 진로를 피하여야 한다.

15 다음 중 무역항의 수상구역 등에서 선박을 불꽃이나 열이 발생하는 방법으로 수리할 때 선박수리의 허가를 받지 않아도 되는 선박은?

㉮ 총톤수 25톤의 위험물운송선박

㉯ 기관실을 수리하려는 총톤수 20톤의 선박

㉰ 총톤수 10톤의 위험물운송선박

㉱ 연료탱크를 수리하려는 총톤수 10톤의 선박

답 | ㉱ 무역항의 수상구역 등에서 선박을 불꽃이나 열이 발생하는 방법으로 수리할 때, 위험물운송선박과 위험물운송선박을 제외한 총톤수 20톤 이상의 선박은 허가를 받아야 한다. 단, 총톤수 20톤 이상의 선박은 기관실, 연료탱크 등 선박 내 위험구역에서 수리작업을 하는 경우에 한한다.

16 ( )에 적합한 것은?

"선박의 입항 및 출항 등에 관한 법률상 ( )은/는 다른 선박의 안전 운항에 지장을 초래할 우려가 있다고 인정하는 경우 관리청에 선박 항행 최고속력의 지정을 요청할 수 있다."

㉮ 해양경찰청장　　　　㉯ 환경부장관

㉰ 해양수산부장관　　　㉱ 선박

답 | ㉮ 선박의 입항 및 출항 등에 관한 법률 제17조에 따르면 관리청은 해양경찰청장으로부터 최고속력의 지정을 요청받은 경우 특별한 사유가 없으면 무역항의 수상구역등에서 선박 항행 최고속력을 지정·고시하여야 한다. 이 경우 선박은 고시된 항행 최고속력의 범위에서 항행하여야 한다.

17 다음 중 기름의 배출이 허용되는 예외적인 경우에 해당되지 않는 것은?

㉮ 선박이 항행 중일 때

㉯ 인명구조를 위하여 불가피하게 배출

㉰ 선박의 안전확보를 위하여 부득이하게 배출

㉱ 선박의 손상으로 인하여 가능한 한 조치를 취한 후에도 배출될 경우

답 | ㉮ 선박이 항행 중일 때는 정해진 해역에서 정해진 기준 하에 기름의 배출이 가능하다. 항행 중이라는 사실만으로 기름의 배출이 허용되지는 않는다.

18 다음 중 기름을 배출하기 위해 충족해야 할 기준으로 옳지 않은 것은?

㉮ 배출액의 유분함유량이 30ppm 이하일 것

㉯ 기름오염방지설비의 작동 중에 배출할 것

㉰ 기름의 순간배출률이 1해리당 30리터 이하일 것

㉱ 1회의 항해 중의 배출총량이 그 전에 실은 화물총량의 3만분의 1 이하일 것

답 | ㉮ 기름을 배출하기 위해서는 배출액의 유분함유량이 15ppm을 초과하지 않아야 한다.

19 다음 중 해양환경관리법상의 선박오염물질기록부에 속하지 않는 것은?

㉮ 폐기물기록부

㉯ 기름기록부

㉰ 포장유해물질기록부

㉱ 유해액체물질기록부

답 | ㉰ 선박오염물질기록부에는 폐기물기록부, 기름기록부, 유해액체물질기록부 등이 있다.

20 해양오염방지를 위해 선박이 받아야 하는 검사에 대한 설명으로 옳지 않은 것은?

㉮ 정기검사 : 검사대상선박의 소유자가 해양오염방지설비 등을 선박에 최초로 설치하여 항해에 사용하려는 때 또는 유효기간이 만료한 때 받는 검사

㉯ 중간검사 : 정기검사와 정기검사의 사이에 받아야 하는 검사

㉰ 임시검사 : 해양오염방지설비 등을 교체·개조 또는 수리하고자 하는 때 받는 검사

㉱ 임시항해검사 : 검사를 받지 않은 선박이 임시로 선박을 항해에 사용하려고 할 때 받는 검사

답 | ㉱ 임시항해검사는 해양오염방지검사증서를 교부받기 전 임시로 선박을 항해에 사용하려고 할 때 받는 검사이다.

CHAPTER 04 기관

Ⅰ 내연기관 및 추진장치

1. 열기관

(1) 열기관의 분류

① 내연 기관
- ㉠ 연료를 기관 내부에서 연소시킬 때 발생하는 고온·고압의 연소 가스를 이용하여 동력을 얻는 기관
- ㉡ 디젤 기관, 가솔린 기관, 가스 터빈, 로터리 기관 등
- ㉢ 특징
  - 열손실이 적고 열효율이 높으며 소형으로 제작이 가능
  - 시동·정지·출력 조정 등이 쉽고 시동 준비 기간이 짧음
  - 기관의 진동과 소음이 심하며 자력 시동이 불가능함
  - 일반적으로 선박·자동차 기관 및 산업용 엔진으로 활용

② 외연 기관
- ㉠ 기관 외부의 연소실에서 연료를 연소시켜 동력을 얻는 기관으로 증기를 작동 유체로 하는 기관
- ㉡ 증기 왕복동 기관, 증기 터빈 기관, 원자력 기관 등
- ㉢ 특징
  - 열효율이 낮고 기관의 중량과 부피가 큼
  - 기관의 진동과 소음이 적으며 시동 준비 시간이 긺
  - 내연 기관에 비해 마멸이나 파손 및 고장이 적고 대출력을 내는 데 유리함
  - 일반적으로 대형 선박의 추진 기관 혹은 발전소의 발전용 원동기 등으로 활용

(2) 선박 기관의 특성

① 흡기 계통에서 해수의 분리가 필요하고 고온 가스에 노출되는 부품과 해수에 의한 냉각 계통에는 부식에 강한 금속을 사용해야 함

② 고정되지 않고 운동을 하는 부품과 윤활 계통 등은 횡요와 종요 등 선박의 운동에 잘 적응할 수 있어야 함

③ 선박의 협소한 공간과 폐쇄성을 고려하여 흡기 및 배기가 원활하도록 해야 하며 화재의 위험성에 대한 예방 및 대책이 마련되어야 함

④ 기관의 수명이 길어야 하고 고장 없이 작동에 대한 신뢰성이 높아야 함

⑤ 미속 운전이 가능해야 하며 과부하에 대한 능력이 보장되어야 함

⑥ 속도의 빈번한 변화에 대해서도 고장이나 손상이 없도록 내구성이 높아야 함

(3) 기본 개념 및 용어

① 열역학 관련 용어

ⓐ 압력
- 단위 면적($1m^2$)에 수직으로 작용하는 힘(N)의 크기
- 단위 : N/m^2, bar, kg/cm^2, psi, atm, MPa(실린더 내부 압력) 등

ⓑ 열과 비열
- 열 : 온도를 높이거나 물체의 상태를 변화시킬 수 있는 에너지
- 비열 : 어떤 물질 1kg의 온도를 1℃ 올리는 데 필요한 열량

ⓒ 열의 이동
- 전도 : 서로 접촉되어 있는 물체 사이에서 열이 높은 곳에서 낮은 곳으로 이동하는 현상
- 대류 : 고온부와 저온부의 밀도 차이에 의한 순환 운동으로 열이 이동하는 것
- 복사 : 열이 중간에 물질을 통하지 않고 직접 이동되는 현상

② 기관 관련 용어 `2022년 기출` `2023년 기출` `2024년 기출`

ⓐ 피스톤 위치와 사점
- 상사점 : 피스톤 왕복식 내연 기관에서 피스톤이 실린더 최상부에 왔을 때
- 하사점 : 피스톤 왕복식 내연 기관에서 피스톤이 실린더 최하부에 왔을 때

ⓑ 행정
- 상사점과 하사점 사이의 직선거리
- 피스톤의 1행정으로 크랭크는 180° 회전(크랭크 1회전 시 피스톤은 1왕복, 2행정)

ⓒ 기관의 회전수 : 크랭크축이 1분 동안 회전하는 수(**RPM**, Revolution per minute)

ⓓ 압축비
- 피스톤이 하사점에 있을 때의 실린더 부피 ÷ 피스톤이 상사점에 있을 때의 압축 부피
- 공식 : $압축비 = \dfrac{실린더부피}{압축부비} = 1 + \dfrac{행정부피}{압축부비}$
- 일반적으로 디젤 기관의 압축비는 11~25, 가솔린 기관은 5~11

2. 디젤 기관

(1) 디젤 기관의 원리

① 디젤 기관의 기본 원리

ⓐ 밀폐된 실린더 내의 공기를 압축해 공기의 온도가 상승하면 여기에 연료를 분사하여 연소, 급격한 연소에 의해 발생하는 폭발 압력을 피스톤이 크랭크에 전달함으로써 크랭크축의 회전을 발생시킴(수직 운동 → 회전 운동)

ⓑ 가솔린 기관은 압축된 혼합 가스에 플러그를 통해 직접 점화함으로써 폭발을 일으킨다는 점에서 디젤 기관과 작동 원리에 차이가 있음

② 디젤 기관의 장·단점 [2023년 기출]
  ㉠ 장점
    • 열효율이 좋아 연료 소비량이 적음
    • 연료가 완전 연소하므로 연기가 적어 선내가 청결함
    • 인화점이 높은 중유를 사용해 자연 발화의 위험이 없음
    • 분사 연료유의 증감을 통해 빠르게 배의 변속이 가능
  ㉡ 단점
    • 진동과 소음이 큼
    • 기관의 마모가 빠르고 유지비가 높음
    • 구조가 복잡하여 타 기관에 비해 취급에 주의를 요함
    • 제작비가 비싸고 관련 공작 부분이 많아 특정한 공장에 의해서만 수선 가능

③ 디젤 기관과 가솔린 기관의 비교
  ㉠ 연료 : 디젤 기관은 경유(소형 및 고속기관) 혹은 중유(중형 이상)를, 가솔린 기관은 가솔린을 사용
  ㉡ 착화 방법 : 디젤 기관은 자연착화식, 가솔린 기관은 전기착화식
  ㉢ 연소 과정 : 디젤 기관은 동일한 압력에서, 가솔린 기관은 동일한 체적에서
  ㉣ 열효율 : 디젤 기관은 40~50%, 가솔린 기관은 30% 내외

④ 4행정 사이클 디젤 기관의 작동 [2022년 기출] [2023년 기출] [2024년 기출]
  ㉠ 흡입 행정
    • 배기 밸브가 닫힌 상태에서 흡기 밸브가 열리고 피스톤이 상사점에서 하사점까지 내려가는 동안 **공기가 실린더 내로 흡입**되는 행정
    • 공기의 흡입은 피스톤이 하사점에 도달할 때까지 지속
  ㉡ 압축 행정 : 흡기 밸브가 닫히고 피스톤이 하사점에서 상사점까지 올라가면서 **흡입된 공기가 압축**되는 행정
  ㉢ 작동(폭발) 행정
    • 피스톤이 상사점에 도달하기 바로 전에 연료 분사 밸브로부터 연료유가 실린더 내에 분사
    • 분사된 연료유는 고온의 압축 공기에 의해 발화되어 연소, 고압의 연소 가스 발생
    • **연소 가스의 압력이 피스톤을 작동**시켜 하사점으로 이동, 연료 분사 밸브는 적당한 시기에 닫힘
    • 피스톤은 커넥팅 로드를 통해 크랭크를 회전
  ㉣ 배기 행정
    • 실린더 내에서 팽창한 연소 가스는 배기 밸브를 통해 실린더 밖으로 급격히 배출
    • 피스톤이 올라오면서 나머지 가스를 실린더 밖으로 밀어내고 상사점에 도달하여 처음 상태로 복귀
  ㉤ 4행정 사이클 기관의 연소 : 피스톤 2회 왕복, 크랭크축 2회전, 캠축이 1회전할 때 1번 연소하여 사이클을 완료함

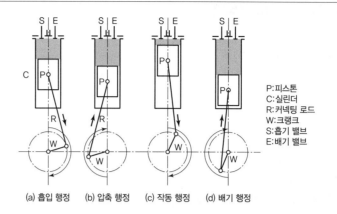

| | | | | P:피스톤 |
| (a) 흡입 행정 | (b) 압축 행정 | (c) 작동 행정 | (d) 배기 행정 | C:실린더 |

(도해 상단 기호 설명) P:피스톤 / C:실린더 / R:커넥팅 로드 / W:크랭크 / S:흡기 밸브 / E:배기 밸브

4행정 사이클 기관의 작동 행정

⑤ 4행정 사이클 디젤 기관의 장·단점

ㄱ 장점
- 실린더가 받는 열응력이 작고 압축 압력을 높일 수 있음
- 흡입 행정에서의 냉각 효과로 각 부분의 열적 부하가 적음
- 저속에서 고속까지 회전 속도 변화의 범위가 넓음
- 흡입 행정의 시간이 길어 체적 효율이 높음
- 블로바이 현상이 적어 연료 소비율이 적음
- 기동이 쉽고 불완전연소에 의한 실화가 발생하지 않음

ㄴ 단점
- 구조가 복잡하여 실린더 헤드에 고장이 발생하기 쉬움
- 밸브 기구의 부품수가 많아 충격이나 기계적 소음이 큼
- 폭발 횟수가 적어 회전력의 변화가 크고 **실린더 수가 적을수록 큰 플라이휠이 필요**
- 가격이 비싸고 기관 출력당 중량이 무거워 대형 기관에는 부적합함

⑥ 2행정 사이클 디젤 기관의 작동

ㄱ 제1행정
- 피스톤이 하사점 부근에 있을 때는 소기구와 배기구가 동시에 열려 있는 상황
- 소기 펌프에 의해 압축된 소기가 실린더 내에 들어와 배기를 밀어내고 실린더 내를 공기로 가득 채움
- 피스톤이 하사점에서 상사점으로 올라가면서 피스톤에 의해 소기구 → 배기구 순으로 닫히고 피스톤은 소기를 압축

ㄴ 제2행정
- 피스톤이 상사점에 도달하면 실린더 내의 공기는 고온·고압 상태가 됨
- 연료가 분사밸브를 통하여 분사되면 발화, 폭발 가스의 압력으로 피스톤이 아래로 내려가며 동력을 발생시킴
- 피스톤이 하사점에 이르렀을 때 배기구가 열리고 연소 가스는 자체의 압력으로 분출, 피스톤이 더욱 내려가면 소기구가 열리면서 소기가 유입됨(처음 상태로 복귀)

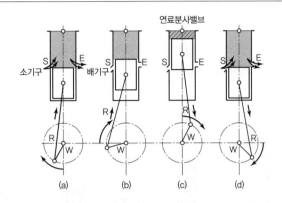

연료분사밸브

소기구   배기구

(a)   (b)   (c)   (d)

2행정 사이클 기관의 작동 행정

⑦ 2행정 사이클 디젤 기관의 장·단점

  ㉠ 장점

   • 기관 출력당 부피와 무게가 작아 마력당 제작비가 싸고 대형 기관에 적합(4행정 사이클 기관의 1.6~1.7배)

   • 회전력의 변화가 적고 실린더 수가 적어도 운전이 원활하여 **작은 플라이휠 사용 가능**

   • 실린더 헤드의 구조가 간단하여 소음이 적고 취급이 용이

  ㉡ 단점

   • 배기 행정이 4행정 사이클 기관의 1/2로 배기가 불완전함

   • 유효 행정이 짧아 흡입 효율이 저하됨

   • 소기 및 배기공이 열려 있는 시간이 길어 평균 유효 압력 및 효율이 저하됨

   • 윤활의 불량과 탄소의 부착이 일어나기 쉬워 실린더 라이너의 마멸이 빨라질 수 있음

   • 연료 및 윤활유의 소모율이 큼

   • 실린더가 받는 열응력이 커 **고속 기관에는 부적합**

(2) 디젤 기관의 고정부

① 정의 : 운전 중 움직이지 않는 부분으로 실린더, 기관 베드, 프레임 및 메인 베어링 등으로 구성

② 실린더 〔2024년 기출〕

  ㉠ 개요

   • 내부에서 피스톤이 상하 운동을 하며 피스톤과 함께 **연소실**을 형성

   • 실린더 라이너, 실린더 헤드, 실린더 블록으로 구성

   • 일반적으로 블록과 라이너 사이에 워터 재킷을 만들어 냉각수에 의해 냉각

  ㉡ 실린더 라이너 〔2022년 기출〕 〔2023년 기출〕

   • 종류 : 건식 라이너, 습식 라이너, 워터 재킷 라이너 등

   • 재질 : 고열과 마멸에 견디는 특수 주철이나 합금으로 제작

   • 역할 : 실린더 내부에 삽입하여 피스톤 운동에 의한 **실린더와 피스톤의 마모를 방지**

   • 장점 : 실린더의 마멸 방지 및 사용시간 연장, 마멸 시 교환 용이, 실린더가 받는 열응력 감소 등

- 실린더 라이너 마멸의 주 원인 : 윤활유 성질의 부적합 및 사용량의 부족, 연소 가스 중의 부식 성분, 연료유나 공기 중에 혼입된 입자에 의한 마찰, 유막의 형성 불량에 의한 금속 접촉 마찰 등
- 실린더 라이너 마모의 영향 : 출력 저하, 압축 압력 저하, 연료의 불완전 연소, 연료 및 윤활유 소비량 증가, 기관의 시동성 저하, 크랭크실로의 가스 누설 등

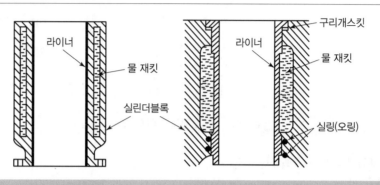

건식 라이너	습식 라이너

ⓒ 실린더 블록
- 역할 : 기관의 골격을 이루는 부분으로 실린더 및 **각종 부속 장치들이 설치**됨
- 여러 개의 실린더를 하나의 블록으로 만들어 연결하거나, 대형 기관의 경우는 각 실린더마다 별도의 블록을 만들어 결합하기도 함

ⓓ 실린더 헤드(실린더 커버) `2022년 기출` `2023년 기출`
- 역할 : 실린더 라이너 및 피스톤과 더불어 연소실을 형성하고 **각종 밸브가 설치**됨
- 흡 · 배기 밸브, 연료 분사 밸브, 안전 밸브, 인디케이터 밸브, 냉각수 파이프 등이 설치된 복잡한 구조
- 실린더 헤드의 밑면은 연소실의 모양을 형성하므로 적절한 모양으로 제작하며 고온에 견딜 수 있도록 수냉각을 시행
- 실린더 헤드와 실린더 라이너의 접합부에는 **연철 혹은 구리**를 재료로 한 개스킷을 끼워 기밀을 유지
- 실린더 헤드에서 발생하기 쉬운 고장 : 각 부의 온도차에 의한 열응력으로 균열 발생, 헤드 볼트를 고르게 조이지 않아 발생하는 가스의 누설, 진동 및 온도 변화로 너트가 풀려 발생하는 누설
- 실린더의 출력 불량 원인 : 실린더 내의 고온 · 고압 상태 불량, 실린더의 압축 불량, 불균일한 연료유 유입 등

③ 기관 베드와 프레임
ⓐ 기관 베드
- 내부에 메인 베어링을 포함하며 크랭크축과 프레임으로부터 힘을 받아 기관 전체를 기초 위에 고정
- 기관 각부에서 떨어지는 윤활유를 받아 모으는 역할
- 길이 방향의 굽힘과 비틀림에 대한 충분한 강도가 요구됨
ⓑ 프레임
- 기관 베드와 실린더를 연결하여 가스 압력에 의한 힘을 전달
- 윤활유가 새지 않도록 크랭크실을 밀폐하는 역할
- 크랭크축과 커넥팅로드, 크로스헤드 등의 운동부가 장치되어 있으므로 고압에 의한 충격력과 진동을 견뎌야 함

④ 메인 베어링 2023년 기출
  ㉠ 역할 : 기관 베드 위에 있으면서 크랭크 저널에 설치되어 **크랭크축을 지지**하고 **회전 중심을 잡아주는 역할**
  ㉡ 주로 베어링 캡과 상·하부 메탈로 구성된 **평면 베어링**을 사용
  ㉢ 메인 베어링의 틈새
    • 너무 작을 경우 : 냉각 불량으로 과열이 발생하여 베어링이 눌어붙음
    • 너무 클 경우 : 충격이 발생
  ㉣ 메인 베어링의 발열 원인
    • 베어링의 하중이 너무 크거나 틈새가 적당하지 않을 때
    • 베어링 메탈의 재질 불량
    • 윤활유 공급의 부족 혹은 메탈 사이의 이물질 유입
    • 선체가 휘거나 기관 베드가 변형
    • 크랭크축의 중심선 불일치
    • 베어링 캡의 너트를 잘못 죄어 메탈이 변형

(3) 디젤 기관의 왕복부

① 정의 : 운전 중 왕복 운동을 하는 부분으로 피스톤, 피스톤링, 커넥팅 로드 및 크로스헤드형 기관의 피스톤 로드와 크로스헤드 등으로 구성

② 피스톤 2022년 기출 2023년 기출
  ㉠ 역할
    • 실린더 내를 왕복 운동하여 새로운 공기를 흡입하고 압축
    • 연소 가스의 압력을 받아 그 힘을 커넥팅로드를 거쳐 크랭크축으로 전달
  ㉡ 조건
    • 고압과 고열을 직접 받으므로 **충분한 강도**를 가져야 함
    • 열을 실린더 내벽으로 잘 전달할 수 있도록 **열전도**가 좋아야 함
    • 마멸에 잘 견디고 관성의 영향이 작도록 **무게가 가벼워야 함**
  ㉢ 재료 : 보통 주철이나 주강으로 제작되고 중·소형 고속 기관에서는 알루미늄 합금이 주로 사용됨
  ㉣ 분류 : 크로스헤드의 유무에 따라 트렁크형 피스톤과 크로스헤드형 피스톤으로 분류

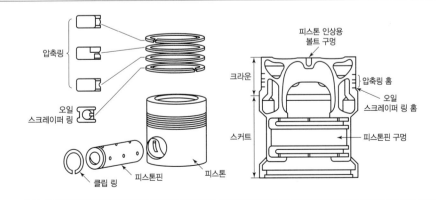

압축링
오일 스크레이퍼 링
클립 링
피스톤핀
피스톤

피스톤 인상용 볼트 구멍
크라운
스커트
압축링 홈
오일 스크레이퍼 링 홈
피스톤핀 구멍

트렁크형 피스톤

③ 피스톤 로드 및 크로스헤드
- ㉠ 피스톤 로드
  - 크로스헤드형 기관에서 피스톤과 크로스헤드를 연결하는 부분
  - 피스톤 로드의 상부는 피스톤 크라운부에, 하부는 크로스헤드 핀에 스터드 볼트로 고정
- ㉡ 크로스헤드
  - 피스톤 로드와 커넥팅 로드를 연결
  - 크랭크 기구의 측압을 흡수하고 커넥팅 로드의 길이를 짧게 하여 크랭크 기구의 회전 중량을 감소

④ 피스톤링 `2022년 기출` `2023년 기출` `2024년 기출`
- ㉠ 압축링
  - 피스톤과 실린더 라이너 사이의 **기밀 유지**
  - 피스톤에서 받은 열을 실린더 벽으로 방출
  - 피스톤 상부에 2~4개를 설치
- ㉡ 오일링
  - 실린더 라이너 내벽의 윤활유가 연소실로 들어가지 못하도록 긁어내리고 윤활유를 고르게 분포시키는 역할
  - 피스톤 하부에 1~2개를 설치
- ㉢ 피스톤링의 재질
  - 일반적으로 흑연 성분이 함유된 주철을 사용
  - 흑연 조직은 실린더 라이너와 피스톤링 사이에 도포되는 윤활유의 유막 형성을 좋게 함
- ㉣ 피스톤링의 조건
  - 적당한 경도를 가지며 운전 중 부러지지 않을 것
  - 적당한 장력을 가지며, 균등한 면압으로 실린더 벽에 밀착할 것
  - 가공면이 매끄럽고 마멸에 견디며 열전도가 양호할 것
- ㉤ 피스톤링의 조립
  - 각인된 쪽이 실린더 헤드 쪽으로 향하도록 하고 링 이음부는 크랭크축 방향과 축의 직각 방향을 피해 120~180° 방향으로 서로 엇갈리게 조립
  - 링의 절개부 위치는 서로 엇갈리도록 배치
- ㉥ 피스톤링의 고착 원인
  - 링 이음부의 간극 과다
  - 실린더유의 주유량 부족
  - 윤활유의 연소불량으로 발생한 탄소가 피스톤링 홈으로 유입

⑤ 피스톤핀 `2023년 기출` `2024년 기출`
- ㉠ 역할 : 트렁크형 피스톤 기관에서 **피스톤과 커넥팅 로드의 소단부를 연결**하는 부품으로 피스톤에 작용하는 힘을 커넥팅 로드에 전달하며, 소형 기관의 경우 피스톤핀을 통해 윤활유를 공급
- ㉡ 재질 : 폭발력과 고온에 노출되며 윤활 조건이 나쁘므로 고열과 마멸에 견딜 수 있는 탄소강 혹은 특수강을 표면 경화하여 사용

⑥ 커넥팅 로드(연접봉) `2022년 기출`
- ㉠ 역할 : 피스톤이 받는 폭발력을 크랭크축에 전달하여 피스톤의 왕복 운동을 크랭크의 회전 운동으로 전환

ⓛ 재질 : 가볍고 충분한 강도를 가져야 하므로 일반적으로 고탄소강을 사용

ⓒ 구조 : 피스톤핀이나 크로스헤드핀과 연결되는 소단부, 소단부와 대단부를 연결하는 본체, 크랭크 핀에 연결되는 대단부로 구성

(4) 디젤 기관의 회전 운동부

① 정의 : 운전 중 회전 운동을 하는 부분으로 크랭크축, 플라이휠 등으로 구성

② 크랭크축 2022년 기출 2023년 기출 2024년 기출

ⓣ 역할 : 피스톤의 **왕복 운동**을 커넥팅 로드를 거쳐 **회전 운동**으로 변환, 이 회전력을 중간축으로 전달

ⓛ 재질 : 운전 중 힘과 비틀림 응력 등 복잡한 힘이 반복하여 작용하므로 피로 한도가 높고 강도가 충분한 단조강을 주로 사용함

ⓒ 구성 : 크랭크 저널, 크랭크 핀, 크랭크 암

• 크랭크 저널 : 메인 베어링에 의해서 상하가 지지되어 그 속에서 회전을 하는 부분

• 크랭크 핀 : 크랭크 저널의 중심에서 크랭크 반지름만큼 떨어진 곳에 있으며 저널과 평행하게 설치

• 크랭크 암 : 크랭크 저널과 크랭크 핀을 연결하는 부분으로 반대쪽으로는 **평형추**를 설치하여 회전력의 평형을 유지

ⓔ 기관의 진동

• 기관의 진동 : 실린더 내의 폭발 압력이 균일하지 않아 크랭크를 회전시키는 힘이 끊임없이 변화하며 이로 인해 기관의 진동이 발생

• 기관의 진동 원인 : 폭발 압력, 회전부의 원심력, 왕복 운동부의 관성력, 축의 비틀림 등

ⓜ 평형추

• 평형 추 : 실린더 수가 많거나 회전 속도가 클 경우 회전체의 평형을 이루기 위해 설치하는 부품

• 평형추의 역할 : 기관의 진동을 적게 하고 원활한 회전을 하도록 하며 메인 베어링의 마찰을 감소

ⓗ 크랭크 암의 개폐 작용

• 정의 : 크랭크축이 변형되거나 휘게 되어 회전할 때 암 사이의 거리가 넓어지거나 좁아지는 현상

• 기관의 운전 중 개폐 작용이 발생하면 축에 균열이 생겨 부러질 수 있음

• 발생 원인 : 메인 베어링의 불균일한 마멸 및 조정 불량, 스러스트 베어링의 마멸과 조정 불량, 메인 베어링 및 크랭크 핀 베어링의 틈새가 클 경우, 크랭크축 중심의 부정 및 과부하 운전, 기관 베드의 변형 등

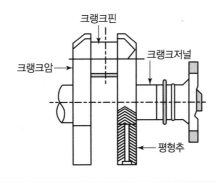

크랭크축

③ 플라이휠 `2022년 기출` `2023년 기출` `2024년 기출`
  ㉠ 역할
    • 크랭크축의 **회전력을 균일하게** 함
    • 저속 회전을 가능하게 함
    • 기관의 시동을 쉽게 함
    • 밸브의 조정을 편리하게 함
  ㉡ 구조 : 림, 보스, 암으로 구성
  ㉢ 터닝
    • 기관을 운전 속도보다 훨씬 낮은 속도로 서서히 회전시키는 것
    • 기관의 조정, 검사, 수리, 시동 전 워밍 등을 할 때 실시
    • 중ㆍ대형 기관은 별도의 터닝 기어가 있으나 소형 기관은 플라이휠의 원주상에 뚫려 있는 구멍에 터닝 바를 꽂아 터닝을 수행

(5) 디젤 기관의 부속 장치

① 흡ㆍ배기 밸브 `2023년 기출` `2024년 기출`
  ㉠ 흡기 밸브와 배기 밸브
    • 흡기 밸브 : 연소에 필요한 신선한 공기를 실린더 내로 흡입
    • 배기 밸브 : 작동을 끝낸 가스를 실린더 밖으로 배출
    • 흡ㆍ배기 밸브는 거의 동일한 구조로 구성
  ㉡ 밸브에서 발생하기 쉬운 고장
    • 기계적 손상으로 인한 밸브 스핀들의 고착
    • 연소 불량으로 인한 밸브 스핀들과 밸브 시트 사이의 연소가스 누설
    • 밸브 게이지 부식에 의한 파공
  ㉢ 밸브 겹침(Valve Overlap)
    • 피스톤이 상사점에 도달하기 전에 흡기밸브가 열리기 시작하여 상사점을 지나 배기밸브가 닫힐 때까지 흡ㆍ배기 밸브가 동시에 열려 있도록 한 것
    • 공기의 교환을 돕고 밸브 및 연소실을 냉각시키며 실린더의 체적효율 상승 효과가 있음

② 밸브 구동 장치
  ㉠ 밸브의 구동은 캠에 의하며, 4행정 사이클 기관에서는 흡ㆍ배기밸브의 구동에 필요한 캠이 각각 필요
  ㉡ 4행정 사이클 기관에서 밸브를 열 때는 **캠**으로, 닫을 때는 **스프링**의 힘을 이용
  ㉢ 밸브 틈새(밸브 태핏 간격)
    • 피스톤이 압축행정의 상사점에 있을 때 조정함
    • 밸브가 닫혀 있을 때 밸브 스핀들과 밸브 레버 사이에 있는 0.5mm 정도의 틈새
    • 밸브 틈새가 너무 클 경우 : 밸브 스핀들과 밸브 시트의 접속 충격 증가로 밸브의 손상이나 운전 중의 충격음이 발생
    • 밸브 틈새가 너무 작을 경우 : 밸브 및 밸브 스핀들이 열팽창하여 틈이 없어지고 밸브가 완전히 닫히지 않게 됨

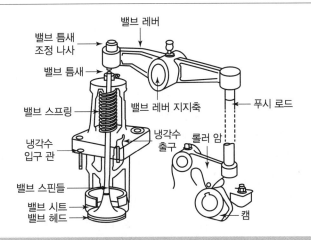

4행정 사이클 기관의 밸브 구동 장치

③ 연료유 장치 `2023년 기출`

  ㉠ 연료 공급 장치

  • 연료유 저장 탱크에서부터 기관의 연료 분사 장치까지 연료유를 공급하는 장치

  • 각종 탱크, 공급 펌프, 여과기, 예열기 등

  • 프라이밍 : 연료계통 내에 유입된 공기를 누출시키는 것으로, 연료유관 프라이밍은 **연료유만 나올 때** 완료된 것으로 판단함

  ㉡ 연료 분사 장치

  • 연료를 자연 발화시키기 위하여 실린더 내의 압축 공기에 연료를 고압으로 분사하는 장치

  • 연료에 200~800bar 정도의 압력을 가하여 실린더 내에 미세한 입자 상태로 분사

  ※연료의 완전 연소를 위한 연료유 분무 특성

무화	분사되는 연료의 **미립화**. 아주 작은 입자로 깨지는 것
관통	연료가 실린더 내의 압축 공기를 뚫고 나가는 것
분산	연료 분사 밸브의 노즐로부터 연료유가 원뿔형으로 **분사되어 퍼지는 상태**
분포	실린더 내에 분사된 연료유가 공기와 균등하게 **혼합**된 상태

④ 디젤 기관의 연소실

  ㉠ 정의 : 피스톤이 상사점에 있을 때 피스톤 상부와 실린더 헤드 사이의 공간

  ㉡ 직접 분사식 연소실 : 연소실에 연료를 직접 분사하는 형식으로 구조가 간단하고 열손실이 낮아 중·대형 기관에서 채택

  ㉢ 예연소실식 연소실 : 연소실 크기의 30~40% 정도가 되는 예연소실을 만들어 연료를 분사, 예연소실에서 일부만 연소된 뒤 연소실에서 완전 연소가 이루어지는 방식으로 주로 소형 고속 기관에서 채택

⑤ 시동 장치

  ⊙ 정지해 있는 크랭크축을 회전시켜 시동에 필요한 착화 온도를 얻을 수 있는 크랭크축의 회전 속도를 만드는 장치

  ⓒ 압축 공기에 의한 시동

    • 일반적으로 선박용 기관에서 가장 많이 사용하는 방식

    • 실린더 헤드에 설치되어 있는 시동 밸브를 통해 약 25~30bar 정도의 압축 공기로 작동 행정에 있는 피스톤을 강하게 아래로 밀어 크랭크축을 회전

  ⓒ 시동 밸브 : 실린더 헤드에 설치되어 기관을 시동할 때에만 열려 압축 공기를 실린더로 보내는 밸브

  ⓔ 시동 밸브의 열림 기간

    • 시동 밸브의 열림은 상사점에서 배기 개시 전까지

    • 4행정 사이클 기관에서는 **6실린더(6기통) 이상**이면 시동 시에 어느 것이나 밸브가 하나 열려 있으므로 크랭크축의 정지 위치와 무관하게 시동이 가능

⑥ 과급 · 소기 장치

  ⊙ 과급기 `2022년 기출` `2023년 기출`

    • 흡입 공기를 대기압 이상의 압력으로 압축하여 실린더 내로 공급함으로써 **기관 출력을 증대**시키는 장치

    • 평균 유효 압력 증가를 통한 기관의 출력 증대, 저질 연료 사용 가능, 불완전 연소에 따른 장해 감소, 단위 출력당 기관의 무게 및 설치 면적의 감소, 배기 에너지 이용 가능, 열효율 증가 등의 효과

    • 연소가스의 압력으로 구동됨

  ⓒ 소기 장치

    • 소기 : 연료의 연소를 위해 실린더 내로 흡입된 밀도 높은 신선한 공기

    • 흡기 밸브가 없는 2행정 사이클 기관에서 사용하는 장치

⑦ 조속 장치

  ⊙ 정의 : 기관에 부가되는 부하가 변동하더라도 이에 대응하는 연료 공급량을 가감하여 기관의 회전 속도를 언제나 원하는 속도로 유지하기 위한 장치

  ⓒ 조속기의 분류

    • 정속도 조속기 : 부하의 변동에 관계없이 항상 일정한 회전 속도를 자동적으로 유지하는 조속기로 주로 발전기용 기관에 이용

    • 가변 속도 조속기 : 공운전 속도부터 최고 회전 속도까지 자동적으로 연료 공급량을 가감함으로써 광범위하게 속도를 조절할 수 있는 조속기로 주로 주기관에 이용

    • 과속도 조속기 : 황천 항해 등의 경우에서 기관의 급회전을 일으키게 되면 즉시 연료의 공급을 차단하여 기관의 안전을 도모하는 조속기로 최고 회전 속도만을 제어하며 주기관 및 발전기 기관에 이용되는 비상용 조속기로 선박에 반드시 설치하도록 규정

⑧ 윤활유 장치

  ⊙ 정의 : 피스톤, 실린더, 베어링 등 기관의 운동부에 윤활유를 공급하여 마찰을 줄임으로써 기관의 동력 손실을 줄이고 기계 효율을 높이는 장치

  ⓒ 윤활유의 기능 : 운동부 마찰면의 마찰을 감소시켜 동력 손실을 줄이고 마멸과 손상 등의 장애를 방지하며 이 외에도 냉각, 기밀, 응력 분산, 방청, 청정 작용 등을 함

⑨ 냉각 장치

　㉠ 정의 : 기관의 운전 중 고온이 발생하여 과열에 의한 고장 방지가 필요한 부분에 해수, 청수, 윤활유, 연료유 등으로 냉각을 하는 장치

　㉡ 전식 작용 : 해수 중 구리, 철과 같이 서로 종류가 다른 금속이 있으면 이 두 금속 사이의 전기 화학 작용에 의해 철이 더 빨리 부식되는 현상. 이를 방지하기 위해 해수가 맞닿는 선체 부품에 **보호 아연판**을 설치하여 철 대신 아연판이 더 빨리 부식되도록 함

(6) 디젤 기관의 운전 및 정비

① 시동 전 점검 사항

　㉠ 압축 공기 계통 : 시동 공기 탱크의 압력 확인(25~30bar가 적당), 드레인 밸브를 열어 수분 배출

　㉡ 윤활유 계통 : 섬프 탱크의 레벨 확인, 조속기·과급기 등 부속 장치의 윤활유 레벨 확인, 윤활유 펌프를 작동시켜 윤활유 압력 확인, 윤활유 분사 밸브의 분사압력 및 분사상태 확인

　㉢ 연료유 계통 : 연료유 서비스 탱크의 레벨 확인, 드레인 밸브를 열어 수분과 침전물 등을 배출, 기관 입구의 연료유 압력 확인, 연료유 여과기의 출·입구 압력 차이 점검으로 여과기 오손 상태 확인

　㉣ 냉각수 계통 : 냉각수 양 점검, 재킷 냉각수 온도가 최소 20° 이상이 되도록 예열, 안전 정지 기구와 경보 감시 기능 확인

② 시동 후의 점검 사항

　㉠ 각 작동부의 음향과 진동, 압력계, 온도계, 회전계 등을 살펴보고 이상 발열이나 소리가 없는지 확인

　㉡ 배기 밸브의 누설이나 온도 상승, 작동 상태를 확인

　㉢ 모든 실린더에서 연소가 이루어지고 있는지 확인하고 실린더 주유기의 작동 상태를 확인

　㉣ 기관으로 들어가는 주 시동 공기 파이프를 만졌을 때 뜨거우면 실린더 헤드의 시동 밸브가 누설되어 연소 가스가 새고 있다는 것

　㉤ 윤활유, 연료유, 냉각수, 소기 등의 온도와 압력이 정상인지 확인

3. 동력 전달 장치

(1) 개요

① 정의 : 기관에서 발생한 출력을 선박에서 요구하는 구동력 특성에 맞게 조절하여 프로펠러 등에 전달하는 일련의 기구

② 선박 동력 전달 장치의 기능

　㉠ 주기관의 회전 동력을 추진기에 전달

　㉡ 선체와 추진기를 연결하여 추진기를 지지

　㉢ 추진기와 물의 작용으로 얻은 추력을 선체에 전달

　㉣ 축계 자체는 진동이 작고 선체 진동을 유발하지 않음

　㉤ 고속의 운전과 역회전에도 잘 견딜 수 있음

　㉥ 주기관의 운전에 대하여 신속하게 반응하고 신뢰성이 있음

(2) 클러치, 변속기, 감속 장치 및 역전 장치

① 클러치 `2023년 기출`
 ㉠ 정의 : 기관에서 발생한 동력을 추진기축으로 전달하거나 끊어주는 장치
 ㉡ 클러치의 종류 : 마찰 클러치, 유체 클러치, 전자 클러치 등

② 변속기
 ㉠ 클러치와 추진축 사이에 설치되어 주행 상태에 따라 추진축의 회전 속도를 변화시키는 역할
 ㉡ 주로 자동차와 소형 선박에서 사용되며 대형 선박에서는 사용하지 않음

③ 감속 장치
 ㉠ 정의 : 기관의 크랭크축으로부터 회전수를 감속시켜 추진 장치에 전달해주는 장치
 ㉡ 기관에서 출력의 증대와 열효율 향상을 위해서는 높은 회전수의 운전이 필요한 반면, 선박용 추진 장치의 효율을 좋게 하기 위해서는 추진기축의 회전수가 다소 낮은 것이 유리함
 ㉢ 동력 전달 장치에 변속기가 없는 경우 감속 장치를 이용하여 엔진은 높은 회전수로, 추진축은 낮은 회전수로 운전할 수 있도록 함
 ㉣ 종류 : 외기어식, 내기어식, 유성 기어식 등

④ 역전 장치
 ㉠ 선박의 후진 : 추진기의 역회전 또는 가변피치 프로펠러의 프로펠러 피치각 변경을 통해 후진
 ㉡ 직접 역전 방식 : 기관을 정지한 후 다시 역전 시동하여 선박을 후진시키는 방식으로 중대형의 선박에서 주로 사용
 ㉢ 간접 역전 방식 : 역전 장치에 의해 추진기를 역전시키거나 추진기 날개의 각도를 변화시키는 방식으로 소형 선박이나 어선 등에서 주로 사용

(3) 추진 축계

① 동력 전달 과정의 마력의 종류와 효율 `2023년 기출`
 ㉠ 제동 마력 : 내연기관이 발생시키는 마력
 ㉡ 지시마력 : 기관의 실린더 내부에서 실제로 발생한 마력으로 동일 기관에서 가장 큰 값을 가짐. 실린더 내부의 압력을 계측하여 구하며, 도시마력이라고도 함
 ㉢ 전달 마력 : 실제 프로펠러에 전달되는 동력으로 제동 마력에서 마찰 손실 및 기타 손실 동력을 뺀 값
 ㉣ 추진 마력 : 선박에 설치된 프로펠러가 주위의 물에 전달한 동력이며 추진 마력과 전달 마력의 비를 추진기 효율이라 함
 ㉤ 유효 마력 : 선체를 특정한 속도로 전진시키는 데 필요한 동력으로 예인 동력이라고도 함

② 축계 `2024년 기출`
 ㉠ 정의 : 주기관에서 발생한 동력을 프로펠러에 전달하고, 프로펠러의 회전으로 발생하는 물의 추력을 선체에 전달하는 일련의 축
 ㉡ 기능
  • 주기관의 회전동력을 프로펠러에 전달
  • 프로펠러의 지지
  • 프로펠러가 발생시킨 추력을 선체에 전달
 ㉢ 축계의 구성 : 추력축, 중간축, 프로펠러축 등

③ 축계의 구성 요소 2022년 기출

　⊙ 추력축 : 추진축에 작용하는 추력을 추력 칼라를 통해 추력 베어링에 전달

　ⓛ 추력 베어링(스러스트 베어링)

　　• 선체에 부착되어 있으며 추력 칼라의 앞과 뒤에 설치되어 프로펠러로부터 전달되어 오는 추력을 추력 칼라에서 받아 선체에 전달, 선박을 추진시키는 역할

　　• 종류 : 상자형 추력 베어링, 미첼형 추력 베어링, 말굽형 추력 베어링 등

　ⓒ 중간축 : 추력축과 추진기축을 연결하는 역할

　ⓔ 중간축 베어링 : 중간축이 회전할 수 있도록 축의 무게를 받쳐주는 베어링

　ⓜ 프로펠러 축

　　• 프로펠러에 연결되어 프로펠러에 회전력을 전달하는 축

　　• 선체의 후미 부분을 관통하여 선체 안에서는 중간축에 커플링으로 연결되고 선체 밖에서는 프로펠러에 연결됨

　ⓗ 선미관

　　• 프로펠러 축이 선체를 관통하는 부분에 설치되어 해수가 선체 내로 들어오는 것을 막고 프로펠러 축을 지지하는 역할

　　• 해수 윤활식 선미관의 베어링으로는 리그넘바이티를 삽입하여 축의 부식을 막고 선미관 내면과의 마찰을 감소시킴

1. 선박 보조 기기

(1) 펌프의 개요

① 펌프의 정의 [2023년 기출] [2024년 기출]
  ㉠ 낮은 곳의 물을 끌어 올려 압력을 가하여 높은 곳 또는 압력 용기에 보내는 장치
  ㉡ 선박에서는 갑판을 씻거나 소화, 위생 등의 용도로 해수를 공급하고 선박 내부에 고인 오폐수를 밖으로 배출시키는 등의 목적으로 사용

② 펌프의 종류 : 흡입 작용에 필요한 진공을 만드는 방법에 따라 왕복 펌프, 원심 펌프, 회전 펌프, 분사 펌프 등으로 구분

(2) 왕복 펌프

① 정의 : 실린더 안을 피스톤 또는 플런저가 왕복 운동을 함으로써 유체에 직접 압력을 주어 송출하는 펌프
② 특징
  ㉠ 양수량이 적고 고압을 요하는 경우에 적합한 펌프
  ㉡ 구조상 저속운전이 될 수밖에 없고 같은 유량을 내는 원심 펌프에 비해 대형이 됨
③ 맥동 현상
  ㉠ 왕복 펌프는 구조상 피스톤의 위치에 따른 운동 속도 변동과 그로 인한 송출량의 맥동이 발생
  ㉡ 이를 해결하기 위해 펌프 **송출 측**의 실린더에 **공기실**을 설치
④ 종류 : 피스톤 펌프, 플런저 펌프, 버킷 펌프 등

(3) 원심 펌프 [2022년 기출] [2023년 기출] [2024년 기출]

① 정의 : 액체 속에서 임펠러를 고속으로 회전시켜 그 원심력으로 액체를 임펠러의 중심으로부터 원주 방향으로 분출시키는 펌프
② 특징
  ㉠ 토출량과 토출 압력이 늘 일정하고 사용 범위가 매우 넓어 펌프의 대부분을 차지
  ㉡ 자흡작용이 없어 시동 시 마중물이 필요
  ㉢ 특히 선박에서는 선체 동요 등으로 공기가 들어가기 쉬워 물을 채워 주거나 공기를 빼는 장치가 필요
  ㉣ 고속 회전이 가능하고 소형 · 경량이며 구조가 간단하여 취급이 용이, 효율이 높고 맥동이 적음
  ㉤ 밸러스트 펌프, 청수 펌프, 해수 펌프, 소화 펌프 등 다양하게 사용
③ 주요 구성 요소 [2023년 기출]
  ㉠ 임펠러 : 펌프의 내부로 들어온 액체에 원심력을 부여하여 액체를 원주 방향으로 분출시키는 장치
  ㉡ 마우스 링 : 케이싱과 임펠러 입구 사이에 설치되어 임펠러에서 송출되는 액체가 흡입구 쪽으로 역류하는 것을 방지
  ㉢ 케이싱 : 유체를 모아 송출관으로 배출하는 장치

ⓔ 안내깃 : 임펠러로부터 유입된 유체를 와류실로 유도하며 유체의 속도 에너지를 송출에 적합한 압력 에너지로 변환

ⓜ 와류실 : 임펠러에서 분출된 유체의 속도 에너지를 압력 에너지로 변환시키는 장치

ⓑ 글랜드패킹 : 축의 운동부로부터 **유체가 누수하는 것을 방지**하기 위해 패킹 박스와 축 사이에 사용하는 패킹

ⓢ 축봉 장치 : 유체가 누설되지 않도록 케이싱 중심의 축에 글랜드패킹을 채워 밀봉한 것

ⓞ 체크밸브 : 정전 등으로 인한 펌프의 급정지 시 발생하는 유체과도현상으로 인한 펌프의 손상 및 유체의 역류를 방지

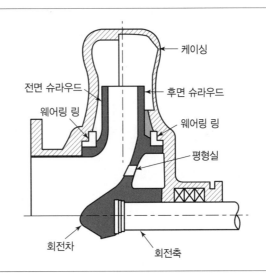

(4) 회전 펌프

① 정의

ⓐ 펌프의 케이싱 내에서 1개 혹은 2개 이상의 회전자(Rotor)의 회전에 의해 유체를 이송하는 펌프

ⓑ 왕복 펌프와 원심 펌프의 중간적 특징을 가진 펌프

② 릴리프 밸브

ⓐ 회로의 압력이 설정 압력에 도달하면 **유체의 일부 혹은 전량을 배출**시켜 회로 내의 압력을 설정값 이하로 유지하는 압력제어 밸브

ⓑ 펌프의 운전 중 송출 측을 밸브로 교축하면 압력이 급상승하여 펌프계통이 파손되거나 동력장치의 손상이 발생할 수 있는데 이와 같은 위험을 방지할 목적으로 펌프의 송출 측에 릴리프 밸브를 설치하여 압력 상승에 의한 손상을 방지

③ 특징

ⓐ 밸브가 없어 구조가 간단하고 취급이 용이하며 점도가 높은 유체(연료유, 도료, 윤활유 등)를 이송하는 데 적합

ⓑ 연속적으로 유체를 송출하므로 왕복 펌프의 맥동 현상이 없음

④ 종류 2022년 기출 2023년 기출 : 기어 펌프, 슬러리 펌프, 스크루 펌프 등

(5) 특수 펌프

① 분사 펌프
  ㉠ 공기, 증기 또는 물 등의 제1유체를 노즐로 분사하여 그 주위에 국부적인 진공을 생성, 낮은 곳의 제2
     유체를 흡입하고 여기에 기류 또는 수류에 의한 속도 에너지를 주어 유체를 배출하는 펌프
  ㉡ 주로 내연기관의 실린더에 연료를 공급할 때 사용
② 재생 펌프 : 원심 펌프와 회전 펌프의 중간 성격으로 석유·화학 제품의 이송 및 가정용 전동 펌프 등에 사용

2. 선박 전기 설비

(1) 전기의 기초 개념

① 전기
  ㉠ 전자와 양전자
     • 전자 : 음전하(−)를 가지는 입자
     • 양전자 : 소립자로서의 속성은 전자와 동일하나 전하가 양(+)인 입자
     • 자유 전자 : 원자 내의 결합에서 떨어져 나가 원자 사이를 자유롭게 이동할 수 있는 전자
  ㉡ 도체와 절연체
     • 도체 : 자유 전자가 많아 쉽게 전기가 통하는 물질
     • 절연체 : 자유 전자가 거의 존재하지 않아 전기가 잘 통하지 않는 물질
     • 반도체 : 도체와 절연체의 중간 정도의 전기 전도를 가진 물질로 상황에 따라 도체 혹은 절연체로 작
       용하는 물질
  ㉢ 대전 현상
     • 전자의 이동에 의해 물체가 전기를 띠는 현상
     • 물체를 직접 접촉시켜 마찰시키거나 대전된 물체를 가까이 두어 유도에 의해 대전시킴
     • 대전체 : 대전 현상이 일어나 **전기를 띠게 된 물체**
     • 전하 : 대전된 물체가 가지는 전기
  ㉣ 전기장 : 전하 주위의 전기력이 작용하는 공간
  ㉤ 전위 : 전기장 속에서 임의의 점 A에서 다른 점 B까지 단위 양전하를 옮기는 데 필요한 일
② 전류
  ㉠ 자유 전자가 도체 속을 이동하는 현상으로 임의의 물질 A와 B를 도선으로 연결했을 때 A에서 B로 이동
     하는 양전하의 흐름
  ㉡ 전류의 세기 : 전하의 이동 방향에 대해 단위 시간 동안 통과한 전기량
③ 전기 저항
  ㉠ 도체에서 전류의 흐름을 방해하는 성질
  ㉡ 크기는 도선의 길이에 비례하고 단면적에 반비례
④ 계측
  ㉠ 멀티 테스터 : 저항, 직류 전압·전류, 교류 전압 등을 측정
  ㉡ 메거 테스터 : 절연 저항을 측정하는 기기로 누전작업이나 평상시 **절연 저항의 측정** 및 선박을 부두나
     계류부표에 매어두는 데 사용하는 기록을 목적으로 사용

ⓒ 전기기기의 절연시험
- 쇠붙이 등의 절연부에 대하여 절연 저항, 내전압, 누설 전류, 파괴 전압 등을 500메거로 1MΩ 이상 실시
- 선로와 비선로 사이의 **저항**을 측정하는 것

(2) 발전기

① 직류 발전기
- ㉠ 도체가 자속을 끊으면 그 도체에 기전력이 발생하는 전자 유도 현상을 응용하여 연속적으로 직류 전기를 만들어내는 장치
- ㉡ 구성
  - 고정 부분 : 자력선을 발생시키는 부분인 자극, 계철, 축받이로 구성
  - 회전 부분 : 전기자, 정류자 및 축으로 구성

② 교류 발전기(동기 발전기) 2023년 기출
- ㉠ 정의 : 직류 발전기와 달리 정류자를 쓰지 않고 별도로 구리 고리를 2개 붙인 뒤 여기에 브러시를 접촉하여 코일에 전류를 발생시키는 발전기
- ㉡ 동기 속도 : 발전기의 주파수와 발전기의 극 수에 의해 정해지는 일정한 회전수로 교류 발전기는 이 동기 속도에 맞추어서 운전해야 함
- ㉢ 동기 발전기 : 동기 속도로 회전하는 교류 발전기로 배에서 사용하는 교류 발전기는 모두 동기 발전기
  ※ 선내 교류 전원의 표준 주파수는 60Hz

(3) 전동기 2023년 기출 2024년 기출

① 직류 전동기
- ㉠ 전동기의 정의 : 전류와 자기장 사이에서 발생하는 전자력을 이용한 회전 기계
- ㉡ 도체가 전동기 작용을 하도록 하는 힘의 방향은 플레밍의 왼손 법칙에 의해 결정

② 동기 전동기 : 자유회전이 가능한 자침 둘레에 영구자석을 설치하여 척력과 인력에 의해 자석을 회전시키는 기계

③ 교류 전동기(3상 유도 전동기)
- ㉠ 고정자와 회전자로 구성
- ㉡ 코일이 감긴 고정자 안쪽에 회전자를 두고 전기를 보내면 고정자에 회전 자기장이 발생하고 회전자는 고정자의 회전 자기장 속도로 시계 방향으로 회전이 발생

④ 전동기 운전 시 확인 사항 2023년 기출 : 전원과 전동기의 결선 확인, 이상한 소리·진동·냄새 혹은 각부의 발열 등 확인, 조임 볼트 확인, 전류계의 지시치 확인 등

(4) 변압기

① 변압기의 정의와 역할 2023년 기출
- ㉠ 정의 : 전자기유도현상을 이용하여 교류의 **전압이나 전류의 값을 변화**시키는 장치
- ㉡ 역할 : 선박의 발전기에서 발생시킨 전압과 서로 상이한 전압을 사용하는 장비에 전압을 공급하기 위해 사용

② 변압기의 원리

    ㉠ 철심의 양쪽에 각각 코일을 감은 후 한쪽에는 전원을(일차 코일), 다른 한쪽에는 검류계를 연결(이차 코일)

    ㉡ 각 철심에 감긴 코일의 감은 수의 상대적인 비율에 의해 이차 코일에 유도된 전압(이차 전압)의 크기가 결정

(5) 선박용 전지

① 전지 : 이온화 경향이 서로 다른 두 전극을 이루는 물질과 전해액 사이의 화학 반응을 통해 전기를 발생시키는 장치

② 종류 : 화학 전지, 물리 전지, 연료 전지로 구분하며 일반적으로 전지라 하면 화학 전지를 말함

③ 납축전지 `2022년 기출` `2023년 기출` `2024년 기출`

    ㉠ 축전지 : 사용하고 난 다음 충전함으로써 몇 번이라도 되풀이하여 사용할 수 있는 전지

    ㉡ 선박에서의 용도 : 주 발전기의 발전 불능에 대비하여 비상 전등 및 비상 통신을 위한 전원용, 비상용 발전기 기동 시까지의 임시 전원용, 정전 등의 전원 이상으로부터 자동화 시스템을 보호하기 위한 보안용 전원 등으로 사용

    ㉢ 납축전지의 구조

      • 극판 : 기초판에 작용 물질을 전해액과의 접촉 면적을 넓도록 한 형상으로 부착시킨 것

      • 격리판 : 두 극판 사이의 단락을 막기 위하여 그 사이에 설치된 것

      • 전해액 : 전지 내에서 극판의 작용 물질과 접촉하여 충 · 방전 시 화학 작용의 매개 역할을 하면서 도체로서 음극에서 양극으로 전기를 통하게 하는 물질로 일반적으로 **진한 황산**에 **증류수**를 혼합해 만든 **묽은 황산**을 이용

      ※ 우리나라에서 납축전지가 완전 충전 상태일 때 20℃에서 표준 비중값은 **1.28**

    ㉣ 터미널

      • 양극단자의 표시 : (+), 적갈색, P

      • 음극단자의 표시 : (−), 회색, N

      • 양극단자가 음극단자보다 더 굵음

3. 기타 보조 설비

(1) 냉동기

① 작동 원리 : 압축기에서 공기를 압축하여 고온 · 고압으로 만든 뒤 냉각기에서 냉각, 팽창기에서 급격히 팽창시켜 온도를 낮추고 이와 같이 만들어진 찬 공기로 냉장고의 열을 빼앗는 방식

② 분류 : 가스 압축식, 공기 압축식, 증기 분사식 등

(2) 조수기

① 정의 : 생활용수 및 보일러, 드럼 및 각종 기기의 냉각수 등으로 사용되는 청수를 해수로부터 얻어내는 장치

② 원리 : 진공 펌프로 조수기 내부의 압력을 진공 700mmHg 정도로 만든 뒤 이곳에서 냉각수로 해수를 비등시켜 이 증기를 다시 차가운 해수로 냉각 · 응축하는 방식으로 증류수를 획득

(3) 유청정기
① 정의 : 디젤 기관의 연료유 혹은 윤활유에 포함된 수분, 고형분과 같은 불순물을 제거하는 기기
② 분류 : 중력에 의한 분리 청정법, 여과기에 의한 청정법, 원심적 청정법, 중력 분리와 원심 분리를 병용하는 방법 등을 이용

(4) 공기 압축기
① 정의 : 디젤 기관에서 주기관 기동용, 작업용 등으로 사용되는 압축 공기를 공급하는 장치
② 일반적으로 디젤 기관 시동용 압축 공기의 압력은 $25\sim30kg/cm^2$

(5) 보일러
① 정의 : 연료가 연소되었을 때 발생하는 열을 밀폐된 용기 내의 물에 전달하여 원하는 압력과 온도를 가진 증기를 만드는 장치
② 선박용 보일러의 조건
  ㉠ 선박의 진동 · 좌초 · 충격 등에 대해 안전해야 하며 고온 · 고압의 증기에 견딜 수 있어야 함
  ㉡ 보일러의 소요 설치 면적은 가능한 작아야 함
  ㉢ 고온 · 고압의 증기를 신속하면서도 경제적으로 많이 발생시킬 수 있어야 함
  ㉣ 무게가 가벼워야 하며 급수 처리를 간단히 할 수 있어야 함
  ㉤ 취급이 쉽고 적은 인원으로 조작이 가능하며 검사 · 수리 · 청소가 편리해야 함
  ㉥ 열전달과 점화 및 소화가 쉽고 부하의 변동에 쉽게 대처할 수 있어야 함

(6) 갑판 보조 기계(갑판보기) 2023년 기출
① 조타 장치
  ㉠ 타를 회전시키고 타각을 유지하는 데 필요한 장치
  ㉡ 조종 장치와 추종 장치
    • 조종 장치 : 브리지의 조타륜에서 동력 장치를 제어하는 부분까지를 말하며, 조타륜을 돌릴 때 발생하는 신호를 전달받아 타의 회전에 필요한 신호를 동력 장치에 전달
    • 추종 장치 : 제어 신호가 동력 장치에 전달되어 타가 움직이면 브리지로부터의 요구 타각과 현재 타각이 일치되었을 때 자동적으로 타를 움직이는 기계를 정지, 타를 해당 위치에 고정시키는 장치
  ㉢ 원동기와 전달 장치
    • 원동기 : 타가 회전하는 데 필요한 동력을 발생시키는 장치로 전동 유압식이 주로 사용되며, 유압펌프로는 회전 플런저 펌프가 사용됨
    • 전달 장치(타 장치) : 원동기의 기계적 에너지를 축, 기어, 유압 등을 이용해 타에 전달하는 장치이며 유압식 램형을 주로 사용
② 하역 장치 2022년 기출
  ㉠ 선박에 화물을 싣고 내리는 데 사용되는 장치
  ㉡ 데릭식 하역 장치
    • 원목선이나 일반 화물선에 많이 설치되는 방식
    • 데릭 포스트, 데릭 붐, 윈치, 로프 등으로 구성

© 크레인식 하역 장치
- 데릭식에 비해 작업이 간편하고 빠르며 하역 준비 및 격납이 쉬움
- 위치가 고정된 집 크레인과 선수미 방향으로 이동이 가능한 갠트리 크레인으로 구분

② 하역 펌프
- 원유와 같은 액체 화물을 운반하는 선박에서 사용
- 주로 원심펌프가 사용되며 화물을 실을 때는 육상의 펌프를, 내릴 때는 선박의 펌프를 사용함

③ 계선 장치
③ 선박을 부이, 안벽, 부두, 잔교 등에 계류하기 위하여 설치되는 장치
© 무어링 윈치
- 수평축의 끝에 워핑 드럼이 설치된 구조로 원동기가 동력을 발생시켜 수평축이 회전하면 워핑 드럼에서 계선줄을 감아들임
- 증기식, 전동식, 유압식이 있으며 대부분 전동식과 유압식을 이용

© 캡스턴
- 수직축 상에 설치된 계선 장치
- 공간 제한으로 무어링 윈치를 설치할 수 없는 경우 주로 사용
- 보통 갑판 아래에 설치되며 전동식이 가장 많이 사용

④ 양묘 장치 [2022년 기출] [2023년 기출]
③ 선박을 임의의 수면에서 정위치에 정지하거나 좁은 수역에서 선박을 회전시킬 때, 긴급한 감속을 위한 보조수단 등으로 사용
© 양묘기
- 앵커를 감아올리거나 투묘 작업, 계선 작업 등에 사용
- 선수부 최상 갑판에 설치
- 체인 드럼, 클러치, 마찰 브레이크, 워핑 드럼, 원동기 등으로 구성

Ⅲ 기관 고장 시의 대책과 연료유의 수급

1. 일반적인 고장 현상의 원인

(1) 시동이 안 되는 경우 [2023년 기출]

① 실린더 내의 온도가 낮을 때

② 연료유에 물 혹은 공기가 혼입

③ 연료 공급이 안 되거나 연료의 분사 시기가 부적절할 때

④ 배기밸브 누설로 실린더 압축 압력이 낮을 때

⑤ 시동용 배터리의 완전 방전

(2) 기관이 갑자기 정지하는 경우 [2022년 기출] [2024년 기출]

① 연료유 공급의 차단, 연료유 수분 과다 혼입 등 연료유 계통 문제

② 피스톤이나 크랭크 핀, 메인 베어링 등 주 운동부의 고착

③ 조속기의 고장에 의한 연료 공급 차단

(3) 기관을 즉시 정지시켜야 하는 경우 [2023년 기출]

① 운동부에서 특이한 음향 혹은 진동 발생

② 베어링 윤활유, 실린더 냉각수, 피스톤 냉각수 및 윤활유의 출구 온도 이상 상승

③ 냉각수 혹은 윤활유의 공급 압력이 급격히 하락한 후 복구되지 않는 경우

④ 원인이 불분명한 상황에서 회전수가 급격히 하락하거나 배기 온도가 급상승할 경우

⑤ 특정 실린더의 소음이 특히 높거나 안전 밸브가 동작하여 가스가 분출될 경우

(4) 운전 중 배기가 불량해지는 원인

① 흑색 배기가스 배출 [2023년 기출]

ㄱ 연료 분사 펌프나 연료 분사 밸브의 상태 불량

ㄴ 흡 · 배기 밸브의 상태 불량 혹은 개폐 시기의 불량

ㄷ 배기관이 막히거나 기관의 과부하 혹은 소기 공기의 압력 저하

ㄹ 피스톤 소손 혹은 베어링 등의 운동부 발열

ㅁ 피스톤링 혹은 실린더 라이너의 마멸

② 백색 배기가스 배출

ㄱ 실린더 내의 냉각수 누설 혹은 연료로의 수분 혼입

ㄴ 기관의 과냉각 혹은 특정 실린더 내에서의 불연소

ㄷ 압축 압력이 너무 낮거나 소기 압력이 너무 높은 경우

(5) 기관의 진동이 심한 경우 `2022년 기출` `2023년 기출` `2024년 기출`

① 기관이 **노킹**을 일으킬 때

② 각 실린더의 최고 압력이 고르지 않을 때

③ 위험 회전수로 운전하고 있을 때

④ 기관 베드의 설치 볼트가 이완 또는 결손되었을 때

⑤ 크랭크 핀 베어링, 메인 베어링, 스러스트 베어링 등의 틈새가 너무 클 때

(6) 윤활유 관련 문제

① 윤활유의 소비량이 많은 경우

   ㉠ 윤활유의 누설

   ㉡ 실린더 혹은 피스톤의 마멸

   ㉢ 베어링의 틈새가 과다할 경우

   ㉣ 윤활유의 온도가 높을 경우

② 윤활유의 온도가 높아지는 경우

   ㉠ 냉각수 부족 혹은 냉각수 온도 상승

   ㉡ 냉기관의 오손

   ㉢ 기관의 과부하

(7) 기관의 노킹 발생

① 원인

   ㉠ 세탄가가 낮은(착화성이 좋지 않은) 연료의 사용

   ㉡ 연료 분사 시기가 빠르거나 연료의 분사가 불균일한 상태

   ㉢ 연료 분사 압력 혹은 연료 분사 밸브의 분무 상태가 부적당한 상태

   ㉣ 냉각수 온도가 너무 낮아 기관이 과냉각된 상태

   ㉤ 실린더의 압축 압력이 불충분해 압축비가 낮아진 상태

② 예방책 `2023년 기출`

   ㉠ 세탄가가 높은 연료의 사용으로 착화지연시간 줄임

   ㉡ 실린더의 압축비를 높임

   ㉢ 연료 분사량을 적절히 제어

   ㉣ 흡기 온도 및 압력을 높임

   ㉤ 실린더 내의 와류를 크게 함

2. 기관 고장 시의 세부 원인과 대책

(1) 시동 전 고장의 원인과 대책

① 터닝 기어로 회전시켜도 회전하지 않거나 전류계의 값이 상승

원인	대책
터닝 기어의 연결 불량	터닝 기어가 제 위치에 맞물렸는지 확인
기관 특정 부위의 이물질로 인한 크랭크축의 회전 불량	실린더 내부, 기어 장치 등의 작동부에 볼트, 너트, 공구, 걸레 조각 등의 이물질이 끼어 있는지 확인
인디케이터 콕의 개방	인디케이터 콕이 열려 있지는 않은지 확인

② 윤활유 섬프 탱크의 비정상적인 레벨 상승 혹은 색깔 변질

원인	대책
윤활유 냉각기의 누수	냉각 튜브의 파공을 점검하고 필요 시 수압 시험을 해 파공된 튜브를 플러깅(plugging)
실린더 내부를 통한 물의 유입	실린더 라이너의 균열 확인
실린더 라이너의 누수	워터 재킷의 고무 링을 새것으로 교환
실린더 헤드를 통한 물의 유입	• 실린더 헤드의 균열 유무를 점검하고 필요하면 수압 시험 실시 • 예비품의 실린더 헤드로 교환
배기 밸브의 냉각수 연결 부위로부터의 누수	배기 밸브의 실린더 헤드 냉각수 연결 부위의 고무링을 새것으로 교환

③ 터닝 시 인디케이터 콕으로부터의 누수

원인	대책
공기 냉각기를 통한 물의 유입	• 냉각 튜브 누설 부위 점검 • 흡기 매니폴드 내의 수분 여부를 점검하고 드레인을 배출 • 공기 냉각기의 드레인 배출
배기관을 통한 빗물 유입	• 과급기의 배기가스 출구 파이프에 물이 고여 있는지 확인 • 장시간 기관 정지 시 드레인 콕을 열어 둠
실린더 라이너와 실린더 헤드의 균열에 의한 누수	• 팽창 탱크의 수위를 점검하며 누수 여부 확인 • 크랭크실 내부를 개방하여 점검 • 필요하면 수압 시험 실시 • 누수 부위가 발견되면 새 부품으로 교환

(2) 시동 시의 고장 원인과 대책

① 시동 버튼을 눌러도 기관이 시동되지 않는 경우

원인	대책
제어 모드가 잘못 선택됨	기관 옆, 기관 제어실, 선교 제어실로부터의 제어 모드를 확인 후 바르게 선택
시동 공기 탱크의 압력이 너무 낮음	공기 압축기를 운전하여 탱크 압력을 30bar까지 상승
주 시동 밸브가 터닝 기어의 인터록 장치 때문에 작동되지 않음	터닝 기어의 인터록 장치 해제

원인	대책
시동 공기 분배기의 조정이 잘못됨	타이밍 마크를 점검
실린더 헤드의 시동 공기 밸브 결함	결함이 있는 밸브를 찾아 교체하거나 분해 점검

② 시동 공기에 의해 회전은 하나 폭발이 일어나지 않는 경우

원인	대책
연료 펌프의 래크가 너무 낮음	연료 펌프 로드의 연결 상태를 점검하고 인덱스가 공장 시운전 시의 값과 일치하는지 점검
연료유가 노즐로 공급되지 않음	연료유 계통을 점검, 압력을 확인
연료 분사 밸브까지의 배관에 공기 유입	연료유 공급 펌프를 운전해 두고 공기 빼기 밸브를 열어 공기를 제거

③ 기관이 정상 시동 후 곧바로 정지

원인	대책
조속기에 설정된 스피드 세팅 압력이 너무 낮음	취급 설명서를 참고하여 세팅 압력을 조정
안전 장치의 작동으로 정지	각 압력과 온도를 점검하고 안전 장치의 기능을 복귀

④ 연료유로 회전하고는 있으나 불안정하게 운전되고 연소가 불규칙적

원인	대책
보조 블로어의 미작동	보조 블로어를 시동
연료유 공급 계통의 공기 배출이 제대로 되지 않음	공기 빼기 밸브를 열어 공기를 배출
연료유의 수분 혼입	연료유 서비스 탱크의 드레인 밸브를 열어 수분을 배출
실린더 한두 개가 연소되지 않음	• 배기 온도를 확인하여 온도가 올라가지 않는 연료 분사 밸브를 점검, 교체 • 연료 분사 펌프의 플런저 및 캠의 작동을 확인하여 이상이 있으면 교환

⑤ 시동 후에 윤활유의 압력 상승이 안 되는 경우

원인	대책
윤활유 펌프의 이상	• 즉시 기관을 멈추고 윤활유 계통을 점검
윤활유 압력 조절 밸브의 이상	• 프라이밍 펌프를 사용하여 압력을 증가시키고 압력 조절 밸브를 재조정

(3) 운전 중 비정상적인 상태와 그 대책

① 모든 실린더의 배기 온도 상승 2023년 기출 2024년 기출

원인	대책
부하의 부적합(과부하)	연료 펌프 래크의 인덱스를 점검하여 부하 상태 점검
흡입 공기의 냉각 불량	공기 냉각기의 출·입구 온도를 점검하여 냉각수 유량 증가
흡입 공기의 저항이 큼	공기 필터를 새것으로 교체
과급기의 상태 불량	과급기의 회전수 및 정상 작동 여부 확인

② 한 실린더의 배기 온도 상승 2023년 기출

원인	대책
연료 밸브 혹은 노즐의 결함	밸브나 노즐 교체
배기 밸브의 누설	밸브의 교체 혹은 분해 점검

③ 배기 온도가 낮음

원인	대책
흡입 공기 온도 하락	온도 조절용 3방향 밸브의 정상 작동 여부 점검
연료유 계통에 공기 · 가스 · 스팀 혼입	• 공기 분리 밸브의 기능 점검 • 연료유 공급 펌프의 흡입측 공기 누설 점검 • 연료유 예열기의 스팀 누설 여부 점검
연료 밸브의 고착	연료 밸브 교체

④ 배기가스의 색이 검은색

원인	대책
흡입 공기 압력의 부족	• 과급기를 점검하고 필요하면 취급 설명서에 따라 과급기를 청소 • 공기 필터의 오염 상태 점검
연료 분사 상태의 불량	연료 분사 밸브를 분해 · 소제하고 분사 압력을 재조정
과부하 운전	기관의 부하 감소

⑤ 배기가스의 색이 청백색

원인	대책
연소실로의 윤활유 혼입	• 피스톤링 및 실린더 라이너의 마멸 상태를 계측하여 한도를 넘은 경우 새것으로 교체 • 피스톤링 홈 점검

⑥ 폭발 시 비정상적인 소리 발생

원인	대책
실린더 헤드의 개스킷 부위에서 가스 누출	실린더 헤드 볼프 풀림 점검 후 필요시 개스킷을 새것으로 교환
배기 매니폴드 연결관에서의 가스 누출	팽창 조인트의 파손 점검 후 개스킷을 새것으로 교환
연료 분사 밸브와 실린더 헤드의 기밀 불량	연료 분사 밸브를 들어내 헤드와의 시트 부분에 이물질이 있는지 점검하고 필요 시 래핑
연료 분사 밸브가 막혔거나 니들 밸브가 오염	연료 분사 밸브를 예비품으로 교환

⑦ 유증기 배출관으로부터 대량의 가스 배출

원인	대책
피스톤, 베어링 등 운동부의 고착	• 기관을 즉시 정지하고 크랭크실 폭발의 위험이 있으므로 충분한 시간이 지난 후 크랭크실 점검창을 개방 • 천천히 터닝하면서 피스톤링, 베어링, 커넥팅 로드, 실린더 라이너 하부 등을 촉감으로 검사하고 최근의 운전 일지 등과 비교하며 이상이 있는 곳을 점검
피스톤링의 과도한 마멸	최근의 정비 일지 및 계측 기록을 비교하여 사용 시간상 과도한 마멸이 예상되는 실린더 링을 찾아 교환

⑧ 기관이 운전 중 급정지 [2022년 기출] [2024년 기출]

원인	대책
과속도 정지 장치의 작동	• 과속도 정지 장치가 작동한 원인을 조사 • 원인이 되는 요소를 정상 운전 상태로 복귀시키고 과속도 정지 장치를 리셋
연료에 수분 혼입	• 연료유 서비스 탱크의 드레인 밸브를 열어 수분 배출 • 연료유 청정기의 작동 상태 점검
연료유의 압력 저하	• 연료유 서비스 탱크의 잔량 점검 • 연료유 계통의 필터 청소
조속기의 이상	• 연료 펌프의 래크를 '정지' 위치로 전환 • 취급 설명서를 참조하여 조속기를 점검

⑨ 기관이 진동이 평소보다 심한 경우 [2022년 기출] [2023년 기출] [2024년 기출]

원인	대책
위험 회전수에서 운전	위험 회전수 영역을 벗어나 운전
각 실린더의 최고 압력이 고르지 않음	인디케이터를 찍어 최고 압력을 확인한 후 필요 시 연료 분사 시기를 조정
기관 베드 설치 볼트의 이완 또는 절손	점검 후 이완부는 다시 조이고 부러진 볼트는 교체
각 베어링의 틈새가 너무 크게 설정	제작사에서 권장하는 규정치 내로 베어링 틈새를 조절

⑩ 메인 베어링의 발열

원인	대책
베어링의 틈새 불량, 윤활유 부족 및 불량, 크랭크축의 중심선 불일치	윤활유를 공급하면서 기관을 냉각시키고 베어링의 틈새를 적절히 조절

3. 연료유의 수급

(1) 연료유

① 연료유의 종류 [2024년 기출]

　　㉠ 휘발유 : 비등점 30~200℃, 비중은 0.69~0.77, 기화가 쉽고 인화성이 좋아 폭발의 위험이 있으며 주로 항공기 및 승용차에 사용

　　㉡ 등유 : 비등점 180~250℃, 비중은 0.78~0.84, 난방용 · 석유 기관 · 항공기의 가스 터빈 원료 등으로 사용

ⓒ 경유 : 비등점 250~350℃, 비중은 0.84~0.89, **주로 디젤엔진의 연료로 사용**되어 디젤유라고 불리기도 함

ⓔ 중유 : 비중은 0.91~0.99, 상압 증류 후의 잔사유에서 아스팔트 등을 제거하거나 경유와 혼합시켜 제조하는 흑색 연료유로 대형 디젤 기관 및 보일러의 연료로 주로 사용

② 연료유의 성질 `2022년 기출` `2023년 기출` `2024년 기출`

ⓐ 비중 : 부피가 같은 기름(연료유)의 무게와 물의 무게의 비(연료유의 부피 단위 : ㎘)

ⓑ 점도

- 액체가 유동할 때 분자 간의 마찰에 의해 유동을 방해하려는 성질
- 온도가 상승하면 연료유의 점도는 낮아지고 온도가 낮아지면 점도는 높아짐
- 파이프 내의 **연료유 유동성**과 밀접한 관계가 있으며 연료 분사 밸브의 **분사 상태**에 큰 영향을 미침

ⓒ 인화점

- 연료를 서서히 가열할 때 나오는 **유증기에 불을 가까이 했을 때** 불이 붙는 최저 온도
- 기름의 취급 및 저장에서 가장 중요한 것으로 인화성이 낮은 기름은 화재의 위험이 높음

ⓓ 발화점

- 연료의 온도가 인화점보다 높게 되었을 때 외부의 불 없이도 **자연 발화**하는 최저 온도
- 디젤 기관의 연소와 가장 관계가 깊은 성질

ⓔ 응고점과 유동점

- 응고점 : 전혀 유동하지 않게 되는 기름의 최고 온도
- 유동점 : 응고된 기름에 열을 가하여 움직이기 시작할 때의 최저 온도

ⓕ 세탄가 : 디젤 기관의 착화성을 정량화한 수치

③ 디젤 기관용 연료유의 조건 `2022년 기출` `2023년 기출`

ⓐ 발열량이 높고 연소성이 좋을 것

ⓑ 반응은 중성이고 점도가 적당할 것

ⓒ 응고점이 낮을 것(-4℃ 이하)

ⓓ 회분, 수분, 유황분 등의 함유량이 적을 것

(2) 윤활유

① 윤활유의 기능

ⓐ 윤활 : 표면이 직접 접촉하지 않도록 서로 맞닿는 고체 사이에 유체의 막을 만들어 건조 마찰을 유체 마찰로 전환, 마찰력을 적게 하는 것

ⓑ 윤활유의 역할

- 윤활 작용 : 마찰이 일어나는 곳에 유막을 형성해 **마찰력을 감소시키고 마모를 방지**
- 냉각 작용 : 마찰에 의한 열을 분산시킴으로써 기관 등을 **냉각**
- 기밀 작용 : 유막 형성을 통해 실린더 등의 **기밀을 유지**
- 응력 분산 작용 : 윤활부에 작용하는 압력을 오일 전체에 분산시켜 단위면적당 응력 감소
- 방청 작용 : 유막을 형성해 수분이나 증기 등으로부터 금속 부품을 보호하여 **부식을 방지**
- 청정 작용 : 오일펌프에 의한 기관 내부의 순환을 통해 금속 가루, 탄화물, 먼지 등의 **이물질을 제거**

② 윤활유의 성질

    ㉠ 사용 온도에 적당한 점성을 유지하는 동시에 사용 온도의 변화에도 급격히 점도가 변하지 않을 것(점성 지수가 클 것)

    ㉡ 경계윤활 상태에서도 안전한 유막을 형성할 것(유성이 클 것)

    ㉢ 고온 · 고압의 환경에 노출되는 경우가 많으므로 열과 산화에 대해 안정도가 높을 것

    ㉣ **인화점** 및 **발화점**이 높을 것

③ 윤활유의 종류 : 터빈유, 베어링유, 기어유, 기계유, 유압 작동유, 그리스 등

④ 윤활유의 온도 상승 원인

    ㉠ 윤활유의 압력 저하 혹은 윤활유량의 부족

    ㉡ 윤활유 불량 혹은 열화

    ㉢ 윤활유 주유 부분 고착

⑤ 윤활유의 열화 원인

    ㉠ 물 혹은 연소생성물의 혼입

    ㉡ 공기 중의 산소에 의한 산화

(3) 냉각수와 부동액

① 냉각수

    ㉠ 정의 : 기관의 실린더 등 고온이 발생하는 곳을 돌며 열을 식힘으로써 과열을 방지하고 기관의 작동에 적절한 온도를 유지시키는 액체

    ㉡ 일반적으로 순도가 높은 증류수, 수돗물, 빗물 등이 있으며 수돗물을 가장 많이 사용함

② 부동액

    ㉠ 정의 : 기관용 냉각수의 어는점을 낮춰 **동결을 방지하기** 위해 사용하는 액체

    ㉡ 일반적으로 염화칼슘, 염화마그네슘, 에틸렌글리콜, 에틸알코올 등이 사용됨

③ 물 펌프

    ㉠ 냉각수를 순환시키는 펌프로 주로 **원심 펌프**를 사용

    ㉡ 크랭크축의 회전에 의해 구동되며 펌프 폴리에 냉각 팬과 함께 설치되어 회전

④ 냉각 팬 벨트

    ㉠ 크랭크축의 회전을 워터 펌프 폴리와 발전기 폴리에 전달함으로써 냉각 팬을 회전시키는 벨트

    ㉡ 일반적으로 이음이 없는 V벨트를 사용하며 V벨트는 적당한 장력이 유지되어야 함

팬 벨트(V 벨트)의 장력이 과도하게 클 경우	팬 벨트(V 벨트)의 장력이 기준보다 작을 경우
• 물 펌프 및 발전기 베어링의 마멸 촉진 • 팬 벨트의 과열로 인한 파손 위험 증가 • 물 펌프의 고속 회전으로 인한 과랭	• 운전 중에 미끄러져 동력 전달 불량 • 물 펌프의 작동이 원활하지 않아 기관 과열의 원인이 됨 • 발전기의 출력 저하 • 소음이 발생하고 벨트의 파손 위험 증가

과목 점검 문제

01 다음 중 압력의 단위로 옳지 않은 것은?

㉮ N/m² ㉯ bar

㉰ psi ㉱ rpm

답 | ㉱ 압력의 단위는 N/m², bar, kg/cm², psi, atm 등을 사용한다. rpm은 Revolutions per Minute의 약어로 기관의 회전수를 나타내는 단위이다.

02 다음 내용은 4행정 사이클 디젤 기관의 어느 행정을 설명한 것인가?

> "연소가스의 팽창으로 피스톤이 하강한다."

㉮ 흡입행정 ㉯ 압축행정

㉰ 작동행정 ㉱ 배기행정

답 | ㉰ 4행정 사이클 디젤 기관의 행정
• 흡입행정 : 흡기 밸브가 열리고 피스톤이 하강하며 연료와 공기의 혼합물을 연소실로 흡입
• 압축행정 : 피스톤이 위로 올라가 연료와 공기의 혼합물을 압축
• 작동(폭발)행정 : 압축된 혼합물을 폭발시켜 에너지를 방출시키고, 이 힘으로 피스톤을 밀어내어 동력을 발생
• 배기행정 : 배기 밸브가 열리고 피스톤이 다시 올라가 연소 가스를 배출

03 2행정 사이클 기관과 비교한 4행정 사이클 기관의 특징으로 옳지 않은 것은?

㉮ 크랭크 축에서 발생하는 회전력의 변화가 크다.

㉯ 구조가 복잡하고 고장이 잦다.

㉰ 기관의 부피와 무게가 크다.

㉱ 실린더가 받는 열응력이 커 고속 기관에는 부적합하다.

답 | ㉱ 4행정 사이클 기관은 부피 효율이 높고 실린더가 받는 열응력이 적어 고속 기관에 적합하다.

04 디젤기관에서 실린더 라이너 마멸의 주 원인이 아닌 것은?

㉮ 윤활유 사용량의 부족

㉯ 유막의 형성

㉰ 연료유에 먼지 등이 혼입

㉱ 연소 가스 중의 부식 성분

답 | ㉯ 실린더 라이너는 윤활유 성질의 부적합 및 사용량의 부족, 연소 가스 중의 부식 성분, 연료유나 공기 중에 혼합된 입자에 의한 마찰, 유막의 형성 불량에 의한 금속 접촉 마찰 등에 의해 마멸된다.

05 디젤 기관에서 크랭크 저널에 설치되어 크랭크축을 지지하고 회전 중심을 잡아주는 역할을 하는 부품은 무엇인가?

㉮ 메인 베어링

㉯ 실린더 라이너

㉰ 스러스트 베어링

㉱ 크로스헤드

답 | ㉮ 메인 베어링은 크랭크 저널에 설치되어 크랭크축을 지지하고 회전 중심을 잡아주는 부품이다.

06 플라이휠에 대한 설명으로 옳지 않은 것은?

㉮ 크랭크축의 회전력을 균일하게 하는 부품이다.

㉯ 기관의 저속 회전을 가능하게 한다.

㉰ 림과 보스, 암으로 구성되어 있다.

㉱ 4행정 사이클 기관은 실린더 수가 적을수록 작은 플라이휠이 필요하다.

답 | ㉱ 플라이휠은 크랭크축의 회전력을 균일하게 하는 부품으로 4행정 사이클 기관에서는 실린더 수가 적을수록 큰 플라이휠이 필요하다.

07 피스톤 상부에 설치되어 피스톤과 실린더 라이너 사이의 기밀을 유지하는 부품은?

㉮ 피스톤핀   ㉯ 메인 베어링

㉰ 압축링   ㉱ 밸브 태핏

답ㅣ ㉰ 피스톤링은 압축링과 오일링으로 구분되며, 압축링은 피스톤과 실린더 라이너 사이의 기밀을 유지하고 피스톤의 열을 실린더 벽으로 방출하는 역할을 한다.

08 다음 그림에서 ㉠이 가리키는 부품의 역할은 무엇인가?

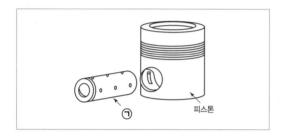

피스톤

㉮ 피스톤이 받는 폭발력을 크랭크축에 전달하여 피스톤의 왕복 운동을 크랭크의 회전 운동으로 전환한다.

㉯ 피스톤과 커넥팅 로드를 연결하는 부분으로 피스톤에 작용하는 힘을 커넥팅 로드에 전달한다.

㉰ 피스톤과 실린더 라이너 사이의 기밀을 유지한다.

㉱ 연소 가스의 압력을 직접 받아 그 힘을 커넥팅 로드를 거쳐 크랭크축으로 전달한다.

답ㅣ ㉯ ㉠은 피스톤핀으로 피스톤과 커넥팅 로드의 소단부를 연결한다. ㉮는 커넥팅 로드, ㉰는 피스톤링 중 압축링, ㉱는 피스톤에 대한 설명이다.

09 선박에서 추력축의 역할로 옳은 것은?

㉮ 프로펠러로부터 전달되어 오는 추력을 선체에 전달하는 역할

㉯ 중간축이 회전할 수 있도록 축의 무게를 받쳐주는 역할

㉰ 추진축에 작용하는 추력을 추력 베어링에 전달하는 역할

㉱ 프로펠러에 연결되어 프로펠러에 회전력을 전달하는 역할

답ㅣ ㉰ 추력축은 추진축에 작용하는 추력을 추력 칼라를 통해 추력 베어링에 전달하는 역할을 한다.

10 디젤 기관의 부속 장치 중 과급 장치의 역할로 옳은 것은?

㉮ 과열에 의한 고장을 방지하기 위해 열을 식혀 준다.

㉯ 연료의 공급량을 조절하여 기관을 정해진 회전수로 유지시킨다.

㉰ 정지 상태의 기관을 시동시키기 위해 압축 공기를 이용하여 크랭크 축을 회전시킨다.

㉱ 기관의 출력을 높이기 위해 공기를 압축하여 보다 많은 양의 공기를 기관에 흡입시킨다.

답ㅣ ㉱ 과급 장치는 기관의 흡입 공기를 대기압 이상의 압력으로 압축하여 실린더 내로 공급함으로써 기관 출력을 증대시키는 장치이다. ㉮는 냉각 장치, ㉯는 조속 장치, ㉰는 시동 장치의 역할이다.

11 펌프 중 저압의 물을 다량으로 공급할 때 가장 적합한 펌프는?

㉮ 분사 펌프   ㉯ 왕복 펌프

㉰ 기어 펌프   ㉱ 원심 펌프

답ㅣ ㉱ 저압의 물을 다량으로 공급할 때는 원심펌프가 적합하다. 왕복펌프는 양수량이 적고 고압을 요할 때, 기어 펌프와 같은 회전 펌프는 점도가 높은 액체를 이송하는 데 적합하며 분사 펌프는 내연기관의 실린더에 연료를 공급할 때 주로 사용된다.

12 원심펌프에서 글랜드패킹의 역할로 옳은 것은?

㉮ 축의 운동부로부터 유체가 누수하는 것을 방지하기 위해 패킹 박스와 축 사이에 설치된다.

㉯ 펌프의 내부로 들어온 액체에 원심력을 부여한다.

㉰ 유체의 속도 에너지를 압력 에너지로 변환시킴과 동시에 유체를 모아 송출관으로 배출한다.

㉱ 펌프의 급정지 시 발생하는 유체과도현상으로 인한 펌프의 손상 및 유체의 역류를 방지한다.

답ㅣ ㉮ 글랜드패킹은 원심펌프의 축이 케이싱을 관통하는 곳의 기밀 유지를 위해 설치된다.

13 다음 중 펌프 송출 측의 실린더에 공기실을 설치하는 펌프는?

㉮ 피스톤 펌프 ㉯ 원심 펌프

㉰ 기어 펌프 ㉱ 스크루 펌프

답ㅣ ㉮ 피스톤 펌프는 왕복 펌프로 왕복 펌프는 구조상 피스톤의 위치에 따른 운동 속도 변동과 그로 인한 송출량의 맥동이 발생하며, 이를 해결하기 위해 펌프 송출 측의 실린더에 공기실을 설치한다.

14 소형기관에서 사용되는 부동액에 대한 설명으로 옳은 것은?

㉮ 기관의 시동용 배터리에 들어가는 용액이다.

㉯ 기관의 윤활유가 움직이지 않도록 점도를 높이는 용액이다.

㉰ 기관의 연료유가 얼지 않도록 냉각수의 어는 온도를 낮추는 용액이다.

㉱ 기관의 냉각수가 얼지 않도록 냉각수의 어는 온도를 낮추는 용액이다.

답ㅣ ㉱ 부동액은 기관의 냉각수가 얼지 않도록 냉각수의 어는 온도를 낮추는 용액이다. 일반적으로 염화칼슘, 염화마그네슘, 에틸렌글리콜, 에틸알코올 등이 사용된다.

15 다음 중 디젤기관용 연료유의 조건으로 옳은 것은?

㉮ 발열량이 높을 것

㉯ 응고점이 높을 것

㉰ 점도가 끈적할 것

㉱ 유황분의 함유량이 많을 것

답ㅣ ㉮ 연료유는 발열량이 높고, 점도가 적당하고 응고점이 낮으며 유황분의 함유량이 적을수록 좋다.

16 운전 중 검은색 배기가스가 배출되는 원인으로 옳지 않은 것은?

㉮ 실린더 라이너의 마멸

㉯ 연료 분서 펌프의 상태 불량

㉰ 소기 압력이 높은 경우

㉱ 베어링 등의 운동부 발열

답ㅣ ㉰ 소기 압력이 높은 경우에는 흰색 배기가스가 배출된다.

17 전자기유도현상을 이용하여 교류의 전압이나 전류의 값을 변화시키는 장치는 무엇인가?

㉮ 전동기 ㉯ 발전기

㉰ 변압기 ㉱ 축전지

답ㅣ ㉰ 변압기는 전자기유도현상을 이용하여 교류의 전압이나 전류의 값을 변화시키는 장치로 선박에서는 선박의 발전기에서 발생시킨 전압과 서로 상이한 전압을 사용하는 장비에 전압을 공급하기 위해 사용한다.

18 다음 중 노킹에 관한 설명으로 옳지 않은 것은?

㉮ 실린더 내의 이상연소로 인해 발생한다.

㉯ 피스톤의 소손 혹은 베어링 등의 운동부 발열이 원인이다.

㉰ 기관에서 망치로 두드리는 듯한 소리가 발생한다.

㉱ 연료 분사 밸브의 분무 상태 불량이나 압축 압력의 불충분도 원인이 된다.

답ㅣ ㉯ 피스톤의 소손이나 베어링 등 운동부의 발열은 흑색 배기가스 배출의 원인이 된다.

19 다음 중 기관이 운전 중 급정지하는 원인으로 옳지 않은 것은?

㉮ 연료에 수분이 혼입되는 경우

㉯ 조속기에 이상이 발생한 경우

㉰ 연료유의 압력이 저하된 경우

㉱ 연료 분사 상태가 불량한 경우

답ㅣ ㉱ 연료 분사 상태가 불량한 경우 불완전연소가 발생하여 배기가스의 색이 검은색으로 변한다.

20 연료유관 내에서 기름의 흐름에 가장 큰 영향을 미치는 것은?

㉮ 발열량   ㉯ 점도

㉰ 비중   ㉱ 세탄가

답ㅣ ㉯ 관내 유체의 흐름에 가장 큰 영향을 미치는 것은 점도로, 점도는 유체가 가지는 점성의 정도, 즉 끈적거림의 정도이다. 점도가 높을수록 유속은 느려진다.

내가 뽑은 원픽!

PART

최신기출문제

SMALL VESSEL OPERATOR

CHAPTER 1	2024년 제1회 정기시험	CHAPTER 7	2023년 제3회 정기시험
CHAPTER 2	2024년 제2회 정기시험	CHAPTER 8	2023년 제4회 정기시험
CHAPTER 3	2024년 제3회 정기시험	CHAPTER 9	2022년 제1회 정기시험
CHAPTER 4	2024년 제4회 정기시험	CHAPTER 10	2022년 제2회 정기시험
CHAPTER 5	2023년 제1회 정기시험	CHAPTER 11	2022년 제3회 정기시험
CHAPTER 6	2023년 제2회 정기시험	CHAPTER 12	2022년 제4회 정기시험

제1과목 | 항해

01 기계식 자이로컴퍼스의 위도오차에 관한 설명으로 옳지 않은 것은?

㉮ 위도가 높을수록 오차는 감소한다.

㉯ 적도에서는 오차가 생기지 않는다.

㉅ 북위도 지방에서는 편동오차가 된다.

㉵ 경사 제진식 자이로컴퍼스에만 있는 오차이다.

답 | ㉮ 기계식 자이로컴퍼스의 위도오차는 위도가 높을수록 그에 따라 오차가 증가한다.

02 전자식 손석계의 검출부 전극의 부식방지를 위하여 전극부근에 부착하는 것은?

㉮ 핀 ㉯ 도관

㉅ 자석 ㉵ 아연판

답 | ㉵ 해수 중 구리, 철과 같이 서로 종류가 다른 금속이 있을 경우 금속 사이의 전기 화학작용에 의해 철이 부식되는 전식 작용이 발생한다. 이를 방지하기 위해 해수가 맞닿는 선체 부품에 보호 아연판을 설치하여 철 대신 아연판이 더 빨리 부식되도록 하고, 인위적으로 전류를 흐르게 해서 부식을 방지하게 하기도 한다.

03 다음 중 재수속력을 측정할 수 있는 항해계기는?

㉮ 레이더

㉯ 자기 컴퍼스

㉅ 도플러 로그

㉵ 지피에스(GPS)

답 | ㉅ 도플러 로그는 음파를 송·수신하여 반항음, 전달 속도, 시간 등을 계산해 선속을 측정한다. 200m 이상의 수심에서는 대수속력과 대지속력 모두 측정이 가능하다.

04 자북이 진북의 왼쪽에 있을 때의 오차는?

㉮ 편서편차 ㉯ 편동자차

㉅ 편동편차 ㉵ 지방자기

답 | ㉮ 편차는 진 자오선(진북)과 자기 자오선(자북)의 차이에서 발생하는 오차이다. 이때 자북이 진북의 왼쪽에 있으면 편서편차라 한다.

05 자기 컴퍼스가 선체나 선내 철기류 등의 영향을 받아 생기는 오차는?

㉮ 기차 ㉯ 자차

㉅ 편차 ㉵ 수직차

답 | ㉯ 자차는 선박에 설치된 자기나침의가 선체 혹은 선내 금속의 영향을 받아 발생하는 오차이다. 배의 위치, 선수 방향, 선내 경사도 및 철기류의 위치, 시일 등에 따라 변화한다.

06 전파항법 장치 중 위성을 이용하는 것은?

㉮ 데카(DECCA)

㉯ 지피에스(GPS)

㉠ 알디에프(RDF)

㉣ 로란 C(LARAN C)

답 | ㉯ GPS(Global Positioning System)는 인공위성에서 보내는 신호를 수신해 선박의 위치를 구하는 항법 장치이다.

07 출발지에서 도착지까지의 항정선상의 거리 또는 두 지점을 잇는 대권상의 호의 길이를 해리로 표시한 것은?

㉮ 항정

㉯ 변경

㉠ 소권

㉣ 동서거

답 | ㉮ 항정은 출발지에서 도착지까지의 항정선상의 거리 또는 양 지점을 잇는 대권상의 호의 길이를 해리로 표시한 것이다.

㉯ 변경 : 두 지점을 지나는 자오선 사이의 적도상 호의 크기

㉠ 소권 : 지구를 그 중심을 지나지 않는 평면으로 자를 때 생기는 원

㉣ 동서거 : 배가 항정선을 따라 항행할 때에 생기는 동서 간의 이동 거리

08 45해리 떨어진 두 지점 사이를 대지속력 10노트로 항해할 때 걸리는 시간은? (단, 외력은 없음)

㉮ 3시간

㉯ 3시간 30분

㉠ 4시간

㉣ 4시간 30분

답 | ㉣ 10노트는 1시간에 10해리를 항주하는 속력을 의미하므로, 45해리 떨어진 두 지점 사이를 항해할 때 걸리는 시간은 $\frac{45}{10}=4.5$시간이다.

09 천구상의 남반구에 있는 지점은?

㉮ 춘분점

㉯ 하지점

㉠ 추분점

㉣ 동지점

답 | ㉣ 동지점은 태양이 천구의 남극에 가장 가까워지는 점(황도좌표계상 270°)을 동지점이라 하며 밤의 길이가 가장 길다.

10 지피에스(GPS)와 디지피에스(DGPS)에 관한 설명으로 옳지 않은 것은?

㉮ 선박에서 활용하는 대표적인 위성항법장치이다.

㉯ 지피에스(GPS)는 위성으로부터 오는 전파를 사용한다.

㉠ 지피에스(GPS)와 디지피에스(DGPS)는 서로 다른 위성을 사용한다.

㉣ 디지피에스(DGPS)는 지피에스(GPS)의 위치 오차를 줄이기 위해서 위치보정 기준국을 이용한다.

답 | ㉠ 디지피에스(DGPS)는 GPS와 같은 위성으로부터 서로 다른 수신기로 전해져 오는 신호를 분석함으로써 오차를 상쇄시키고 더욱 정밀한 위치 정보를 획득하는 기술이다.

11 해동상에 표시된 해저 저질의 기호에 관한 의미로 옳지 않은 것은?

㉮ S – 자갈

㉯ M – 머드

㉠ R – 암반

㉣ Co – 산호

답 | ㉮ 해저 저질의 기호 중 S는 '모래'를 의미한다. 자갈은 G로 표기한다.

12 ( )에 적합한 것은?

> 보기
> "선박에서는 국립해양조사원에서 매주 간행되는 ( )을/를 이용하여 종이해도의 소개정을 한다."

㉮ 항행일정　　　㉯ 항행통보
㉰ 개정통보　　　㉱ 항행개정

답 | ㉯ 항행통보는 직접 항해 및 정박에 영향을 주는 사항들인 암초·침선 등 위험물의 발견, 수심의 변화, 항로표지의 신설 등을 항해자에게 통보하는 것이다.

13 선박을 안전하게 유도하고 선위 측정에 도움을 주는 형상(주간)표지, 광파(야간)표지, 음파(음향)표지, 전파표지가 상세하게 수록된 수로서지는?

㉮ 등대표　　　㉯ 항행통보
㉰ 항로지　　　㉱ 해도도식

답 | ㉮ 등대표는 선박을 안전하게 유도하고 선위 측정에 도움을 주는 주간·야간·음향·무선표지를 상세하게 수록한 것이다. 항로표지의 명칭과 위치, 등질, 등고, 광달거리, 색상과 구조 등이 자세히 기재되어 있다.

14 형상(주간)표지에 관한 설명으로 옳지 않은 것은?

㉮ 모양과 색깔로써 식별한다.
㉯ 형상표지에는 무종이 포함된다.
㉰ 형상표지는 점등 장치가 없는 표지이다.
㉱ 암초, 침선 등을 표시하여 항로를 유도하는 역할을 한다.

답 | ㉯ 무종은 가스의 압력 혹은 기계 장치로 종을 쳐 소리를 내는 표지로 음향표지에 포함된다.

15 황색의 'X' 모양 두표를 가진 표지는?

㉮ 방위표지
㉯ 안전수역표지
㉰ 특수표지
㉱ 고립장애(장해)표지

답 | ㉰ 특수표지는 표지의 위치가 특수 구역의 경계이거나 그 위치에 특별한 시설이 존재함을 나타내는 표지로 표지의 색은 황색, 두표는 황색으로 된 1개의 X자형 형상물을 부착한다.

16 천후에 무관하게 항상 이용 가능하고, 넓은 지역에 걸쳐 이용할 수 있는 항로표지는?

㉮ 전파표지
㉯ 광파(야간)표지
㉰ 형상(주간)표지
㉱ 음파(음향)표지

답 | ㉮ 전파표지는 전파의 특징인 직진성·반사성·등속성을 이용하여 선박의 위치를 측정할 수 있도록 개발된 항로표지이다. 기상 상황에 관계없이 항상 넓은 지역에 걸쳐서 이용이 가능하다.

17 전파의 반사가 잘 되도록 하는 장치로서 부표, 등표 등에 설치하는 경금속으로 된 반사판은?

㉮ 레이콘
㉯ 레이더 리플렉터
㉰ 레이마크
㉱ 레이더 트랜스폰더

답 | ㉯ 레이더 리플렉터는 레이더 탐지가 어려운 소형 강선, 목선, FRP선박 등에 레이더파 반사를 크게 하기 위해 설치되어 상대선박의 레이더에 포착이 용이하게 탐지되도록 하여 해양충돌사고를 예방하는 설비이다.

18 항만, 정박지, 좁은 수로 등의 좁은 구역을 상세히 그린 종이해도는?

㉮ 항양도   ㉯ 항해도

㉰ 해안도   ㉱ 항박도

답 | ㉱ 항박도는 항만, 협수로, 투묘지, 어항, 해협 등과 같은 좁은 구역을 상세히 표시한 해도로 1/50,000 이상의 축척으로 표시한 대축척 해도이다.

19 광파(야간)표지에 사용되는 등화의 등질이 아닌 것은?

㉮ 부동등   ㉯ 명암등

㉰ 섬광등   ㉱ 교차등

답 | ㉱ 광파(야간)표지에 사용되는 등화의 등질은 부동등, 명암등, 섬광등 등이 있다.

20 IALA 해상부표식에서 지역에 따라 입항 시 좌·우현의 색상이 달라지는 표지는?

㉮ 측방표지   ㉯ 방위표지

㉰ 특수표지   ㉱ 안전수역표지

답 | ㉮ 측방표지는 지역에 따라 좌·우현의 색상이 달라지며, 우리나라는 B지역으로 좌현표지가 녹색, 우현표지가 적색이다.

21 저기압의 특징에 관한 설명으로 옳지 않은 것은?

㉮ 저기압 내에서는 날씨가 맑다.

㉯ 주위로부터 바람이 불어 들어온다.

㉰ 중심 부근에서는 상승기류가 있다.

㉱ 중심으로 갈수록 기압경도가 커서 바람이 강해진다.

답 | ㉮ 저기압의 중심에서 반시계 방향으로 공기가 수렴하여 상승기류가 발달하므로 일반적으로 날씨가 좋지 않다.

22 고기압에 관한 설명으로 옳은 것은?

㉮ 1기압보다 높은 것을 말한다.

㉯ 상승기류가 있어 날씨가 좋다.

㉰ 주위의 기압보다 높은 것을 말한다.

㉱ 바람은 저기압 중심에서 고기압 쪽으로 분다.

답 | ㉰ ㉮ 주변보다 기압이 높은 것을 말한다.
㉯ 하강기류가 있어 날씨가 좋다.
㉱ 바람은 고기압에서 저기압으로 분다.

23 태풍의 접근 징후를 설명한 것으로 옳지 않은 것은?

㉮ 아침, 저녁 노을의 색깔이 변한다.

㉯ 털구름이 나타나 온 하늘로 퍼진다.

㉰ 기압이 급격히 높아지며 폭풍우가 온다.

㉱ 구름이 빨리 흐르며 습기가 많고 무덥다.

답 | ㉰ 태풍이 접근할수록 기압이 저하되며 바람이 점점 강해지기 시작한다.

24 육안으로 자기 선박이 계획한 침로를 따라서 항해하고 있는지를 감시하는 가장 효과적인 방법은?

㉮ 전방에 있는 중시선을 이용한다.

㉯ 정횡 방향의 중시선을 이용한다.

㉰ 선박 후부의 물줄기를 보고 확인한다.

㉱ 레이더 화면에서 선수 방위각을 확인한다.

답 | ㉮ 두 물표가 일직선상에 있을 때 구해지는 위치선은 중시선이며 이를 이용하여 매우 정확한 선위를 구할 수 있다.

25 ( )에 적합한 것은?

보기

"수로지, 항로지, 해도 등에 ( )가 설정되어 있으면, 특별한 이유가 없는 한 그 항로를 따르도록 한다."

㉮ 우회 항로   ㉯ 추천 항로
㉰ 연안 항로   ㉱ 최단 항로

답 | ㉯ 생소한 해역을 처음 항해할 때 수로지, 항로지, 해도 등에 추천 항로가 설정되어 있으면 특별한 이유가 없는 한 그 항로를 선정해야 한다.

제2과목   운용

01 선수를 측면과 정면에서 바라본 모양이 아래 그림과 같은 선수 형상의 명칭은?

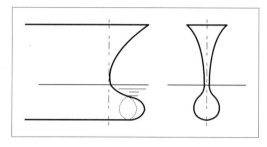

㉮ 직립형   ㉯ 경사형
㉰ 구상형   ㉱ 클립퍼형

답 | ㉰ 구상선수는 수면 아래 선수 하단부가 둥그런 원 모양을 하고 있는 선수이다. 빠른 선박일수록 구상선수가 크다.

02 건현 갑판의 현측선 중앙부위에서 가장 낮고 선수부와 선미부를 높게 하여 예비부력과 능파성을 향상시키는 것은?

㉮ 현호   ㉯ 캠퍼
㉰ 빌지   ㉱ 선체

답 | ㉮ 현호는 건현 갑판의 현측선이 휘어진 것으로 예비 부력과 능파성을 향상시키고 해수의 갑판 침입을 막는 효과가 있다.

03 강선 선저부의 선체나 타판이 부식되는 것을 방지하기 위해 선체 외부에 부착하는 것은?

㉮ 동판 　　　　㉯ 아연판
㉰ 주석판 　　　　㉱ 놋쇠판

답 | ㉯ 해수 중 구리, 철과 같이 서로 종류가 다른 금속이 있을 경우 금속 사이의 전기 화학작용에 의해 철이 부식되는 전식 작용이 발생한다. 이를 방지하기 위해 해수가 맞닿는 선체 부품에 보호 아연판을 설치하여 철 대신 아연판이 더 빨리 부식되도록 하고, 인위적으로 전류를 흐르게 해서 부식을 방지하게 하기도 한다.

04 선박의 예비부력을 결정하는 요소로 선체가 침수되지 않은 부분의 수직거리를 의미하는 것은?

㉮ 흘수 　　　　㉯ 깊이
㉰ 수심 　　　　㉱ 건현

답 | ㉱ 건현은 선체 중앙부 상갑판의 선측 상면으로부터 만재흘수선까지의 수직거리를 말한다. 건현이 크다는 것은 선박의 예비부력이 크다는 의미로 선박의 안전성이 높다는 뜻이다.

05 선박이 항행하는 구역 내에서 선박의 안전상 허용된 최대의 흘수선은?

㉮ 선수흘수선 　　　　㉯ 만재흘수선
㉰ 평균흘수선 　　　　㉱ 선미흘수선

답 | ㉯ 만재흘수선은 안전한 항해를 위해 허용되는 최대의 흘수선이다.

06 선박의 트림을 옳게 설명한 것은?

㉮ 선수흘수와 선미흘수의 곱
㉯ 선수흘수와 선미흘수의 비
㉰ 선수흘수와 선미흘수의 차
㉱ 선수흘수와 선미흘수의 합

답 | ㉰ '트림은 선수흘수와 선미흘수의 차'로 선박 길이 방향의 경사를 의미한다. 각 흘수의 비율에 따라 선수 트림, 선미 트림, 등흘수 등으로 구분한다.

07 선박국적증서 및 선적증서에 기재되는 선박의 길이는?

㉮ 전장 　　　　㉯ 등록장
㉰ 수선장 　　　　㉱ 수선간장

답 | ㉯ 선박국적증서 및 선적증서에 기재되는 선박의 길이는 등록장이다.

08 선박이 조난을 당한 경우 조난선과 구조선 또는 육상 간에 연결용 줄을 보내는 데 사용되며, 줄을 230미터 이상 보낼 수 있는 것은?

㉮ 페인터 　　　　㉯ 신호 거울
㉰ 구명부기 　　　　㉱ 구명줄 발사기

답 | ㉱ 구명줄 발사기는 선박이 조난을 당한 경우 조난선과 구조선 또는 육상 간의 연결용 줄을 보내는 설비로 수평에서 45° 각도로 230m 이상의 구명줄을 발사한다.

09 체온을 유지할 수 있도록 열전도율이 낮은 방수 물질로 만들어진 포대기 또는 옷을 의미하는 구명설비는?

㉮ 방수복   ㉯ 구명조끼
㉰ 보온복   ㉱ 구명부환

답 | ㉰ 보온복은 열전도율이 낮은 방수 물질로 만들어진 포대기 혹은 옷으로 바닷물에서 체온 유지에 도움을 준다.

10 조난신호를 위한 구명뗏목의 의장품이 아닌 것은?

㉮ 신호 홍염
㉯ 신호용 호각
㉰ 신호 거울
㉱ 중파(MF) 무선설비

답 | ㉱ 조난신호를 위한 구명뗏목의 의장품은 신호 홍염, 신호용 호각, 신호 거울이다.

11 퇴선 시 여러 사람이 붙들고 떠 있을 수 있는 부체는?

㉮ 페인터   ㉯ 구명부기
㉰ 구명줄   ㉱ 부양성 구조고리

답 | ㉯ 구명부기는 구조를 기다릴 때 여러 사람이 붙들고 떠 있을 수 있도록 제작된 부체이다.

12 선박이 침몰하여 수면 아래 4미터 정도에 이르면 수압에 의하여 선박에서 자동 이탈되어 조난자가 탈 수 있도록 압축가스에 의해 펼쳐지는 구명설비는?

㉮ 구명정   ㉯ 구명뗏목
㉰ 구조정   ㉱ 구명부기

답 | ㉯ 구명뗏목은 선박 침몰 시 수심 2~4m에 이르면 자동이탈장치에 의해 선박에서 이탈·부상하여 조난자가 이용할 수 있도록 펼쳐지는 구명설비이다.
     ㉮ 구명정 : 선박의 조난 시나 인명 구조에 사용되는 소형 보트
     ㉰ 구조정 : 조난 중인 사람을 구조하거나 생존정으로 인도하기 위하여 설계된 보트
     ㉱ 구명부기 : 조난 시 사람을 구조할 수 있게 만든 물에 뜨는 기구

13 자기 점화등과 같은 목적의 주간 신호이며 물에 들어가면 자동으로 오렌지색 연기를 발생시키는 것은?

㉮ 신호 홍염
㉯ 자기 발연 신호
㉰ 구명줄 발사기
㉱ 로켓 낙하산 화염신호

답 | ㉯ 자기 발연 신호는 주간에 구명부환의 위치를 알려주는 장비로 물에 들어가면 자동으로 오렌지색 연기가 발생한다.

14 잔잔한 바다에서 의식불명의 익수자를 발견하여 구조하려 할 때, 구조선의 안전한 접근방법은?

㉮ 익수자의 풍하 쪽에서 접근한다.
㉯ 익수자의 풍상 쪽에서 접근한다.
㉰ 구조선의 좌현 쪽에서 바람을 받으면서 접근한다.
㉱ 구조선의 우현 쪽에서 바람을 받으면서 접근한다.

답 | ㉯ 잔잔한 바다에서 의식불명의 익수자를 구조하고자 할 경우 구조선은 익수자의 풍상측에서 접근하되, 바람에 의해 압류될 것을 고려하여 접근한다.

15 선박이 외력에 의하여 선수미선이 정해진 침로에서 벗어났을 때에도 곧바로 원래의 침로에 복귀하는 성능은?

㉠ 정지성   ㉡ 선회성
㉢ 추종성   ㉣ 침로안정성

답 | ㉣ 침로안정성이란 선박이 정해진 침로를 따라 직진하는 성질을 말한다. 항행 거리에 영향을 미치며 선박의 경제적인 운용에 필요한 요소이다.

16 타판에 작용하는 힘 중에서 정횡 방향의 분력은?

㉠ 항력   ㉡ 마찰력
㉢ 양력   ㉣ 직압력

답 | ㉢ 양력은 타판에 작용하는 힘 중에서 정횡 방향의 분력이다.
㉠ 항력 : 항력은 그 작용 방향이 선수미선인 분력으로 선회 시 선체의 전진 선속을 감소시키는 저항력
㉡ 마찰력 : 키판을 둘러싸고 있는 물의 점성에 의해 키판 표면에 작용하는 힘
㉣ 직압력 : 수류에 의하여 키에 작용하는 전체 압력으로 타판에 작용하는 여러 종류의 힘의 기본력

17 다음 중 선박 조종에 미치는 영향이 가장 작은 요소는?

㉠ 바람   ㉡ 파도
㉢ 조류   ㉣ 기온

답 | ㉣ 수온(기온)은 선박의 조종성은 물론 선속에도 영향을 거의 주지 않는다.

18 선박의 충돌 시 더 큰 손상을 예방하기 위해 취해야 할 조치사항으로 옳지 않은 것은?

㉠ 가능한 한 빨리 전진속력을 줄이기 위해 기관을 정지한다.
㉡ 승객과 선원의 상해와 선박과 화물의 손상에 대해 조사한다.
㉢ 전복이나 침몰의 위험이 있더라도 임의 좌주를 시켜서는 아니 된다.
㉣ 침수가 발생하는 경우, 침수구역 배출을 포함한 침수 방지를 위한 대응조치를 취한다.

답 | ㉢ 더 큰 손상을 예방하기 위해 선박의 충돌 후 침몰이 예상되면 사람을 대피시킨 후 수심이 낮은 곳에 좌주하는 임의 좌주를 해야 한다.

19 ( )에 순서대로 적합한 것은?

> **보기**
> "우선회 고정피치 스크루 프로펠러 한 개가 장착되어 있는 선박이 정지상태에서 후진할 때, 타가 중앙이면 횡압력과 배출류의 측압작용이 선미를 ( )으로 밀기 때문에 선수는 ( )한다.

㉠ 우현 쪽, 우회두
㉡ 우현 쪽, 좌회두
㉢ 좌현 쪽, 우회두
㉣ 좌현 쪽, 좌회두

답 | ㉢ 우선회 고정피치 스크루 프로펠러가 장착된 선박이 정지 상태에서 후진할 경우 앞쪽으로 발생하는 배출류 중 우현 쪽으로 흘러가는 배출류가 선미 측벽에 부딪치면서 측압을 형성, 선미를 좌현 쪽으로 밀게 되고 이에 따라 선수는 우회두한다.

20 항해 중 선수 부근에서 사람이 선외로 추락한 경우 즉시 취하여야 하는 조치로 옳지 않은 것은?

㉠ 익수자가 발생한 반대 현측으로 즉시 전타한다.

㉡ 인명구조 조선법을 이용하여 익수자 위치로 되돌아간다.

㉢ 선외로 추락한 사람이 시야에서 벗어나지 않도록 계속 주시한다.

㉣ 선외로 추락한 사람을 발견한 사람은 익수자에게 구명부환을 던져주어야 한다.

답 | ㉠ 익수자가 발생한 경우 즉시 기관을 정지시키고 익수자 방향으로 전타하여 익수자가 프로펠러에 휘말리지 않도록 조종해야 한다.

21 선박의 좌초 시 취해야 할 조치사항으로 옳지 않은 것은?

㉠ 기관 사용 시 좌초된 부분의 손상이 커지지 않도록 한다.

㉡ 자력으로 재부양하는 것이 불가능할 경우 추가 원조를 요청한다.

㉢ 해수면 상승 시에는 재부양을 위하여 어떠한 조치도 취하지 않는다.

㉣ 즉시 기관을 정지하고 침수, 선박의 손상 여부, 수심, 저질 등을 확인한다.

답 | ㉢ 해수면이 상승하여 선박의 침수 위험이 있을 때는 재부양을 위해 화물을 선체 밖으로 투하하는 등 안전 조치를 취하여야 한다.

22 히브 투(Heave to) 방법의 경우 선수로부터 좌우현 몇 도 정도 방향에서 풍랑을 받아야 하는가?

㉠ 5~10도　　　　㉡ 10~15도
㉢ 25~35도　　　　㉣ 45~50도

답 | ㉢ 히브 투(Heave to) 방법의 경우 일반적으로 풍랑을 선수로부터 좌우현 25~35도 방향에서 받도록 한다.

23 황천항해 중 침로선정 방법으로 옳지 않은 것은?

㉠ 타효가 충분하고 조종이 쉽도록 침로를 선정할 것

㉡ 추진기의 공회전이 감소하도록 침로를 선정할 것

㉢ 선체의 동요가 너무 심하지 않도록 침로를 선정할 것

㉣ 목적지를 향하여 최단 거리가 되도록 침로를 선정할 것

답 | ㉣ 황천항해 중 침로선정은 최단 거리가 아닌, 조종이 쉽거나 선체의 동요가 너무 심하지 않은 곳, 공회전이 감소하도록 침로를 선정해야 한다.

24 선박 내에서 화재 발생 시 조치사항으로 옳지 않은 것은?

㉠ 필요시 화재 구역의 전기를 차단한다.

㉡ 바람의 방향이 앞바람이 되도록 배를 돌린다.

㉢ 불의 확산방지를 위하여 인접한 격벽에 물을 뿌린다.

㉣ 어떤 물질이 타고 있는지를 확인하여 적합한 소화 방법을 강구한다.

답 | ㉡ 선박 내 화재 발생 시 화재 구역의 통풍과 전기를 모두 차단해야 한다.

25 퇴선 후 해상에서 저체온에 의한 사망을 방지하기 위한 방법으로 옳지 않은 것은?

㉠ 불필요한 수영은 하지 않는다.

㉡ 퇴선 전에 여러 벌의 옷을 겹쳐서 입는다.

㉢ 적당한 알코올을 섭취하여 체열을 유지한다.

㉣ 멀미약을 복용하여 멀미로 인한 체온 저하를 예방한다.

답 | ㉢ 퇴선 후 해상에서 저체온에 의한 사망을 방지하기 위한 방법으로 알코올을 섭취하는 것은 적절하지 않다.

제3과목 법규

01 해상교통안전법상 항행장애물에 해당하는 것은?

㉮ 적조

㉯ 암초

㉰ 운항 중인 선박

㉱ 선박에서 떨어져 떠다니는 자재

답 | ㉱ 해상교통안전법 제2조에 따르면 항행장애물이란 선박으로부터 떨어진 물건, 침몰·좌초된 선박 또는 이로부터 유실된 물건 등으로 선박항행에 장애가 되는 물건을 말한다.

02 해상교통안전법상 '어로에 종사하고 있는 선박'이 아닌 것은?

㉮ 양승 중인 연승 어선

㉯ 투망 중인 안강망 어선

㉰ 양망 중인 저인망 어선

㉱ 어장 이동을 위해 항행하는 통발 어선

답 | ㉱ 해상교통안전법 제2조에 따르면 어로에 종사하고 있는 선박이란 그물, 낚싯줄, 트롤망, 그 밖에 조종성능을 제한하는 어구를 사용하여 어로작업을 하고 있는 선박을 말한다. 어장 이동을 위해 항행하는 통발 어선은 해당되지 않는다.

03 해상교통안전법상 '거대선'의 정의는?

㉮ 길이 100미터 이상인 선박

㉯ 길이 200미터 이상인 선박

㉰ 총톤수 100,000톤 이상인 선박

㉱ 총톤수 200,000톤 이상인 선박

답 | ㉯ 해상교통안전법 제2조에 따르면 거대선이란 길이 200미터 이상의 선박을 말한다.

04 해상교통안전법상 항행장애물의 처리에 관한 설명으로 옳지 않은 것은?

㉮ 항행장애물제거책임자는 항행장애물을 제거하여야 한다.

㉯ 항행장애물제거책임자는 항행장애물을 발생시킨 선박의 기관장이다.

㉰ 항행장애물제거책임자는 항행장애물이 다른 선박의 항행안전을 저해할 우려가 있을 경우 항행장애물에 위험성을 나타내는 표시를 하여야 한다.

㉱ 항행장애물제거책임자는 항행장애물이 외국의 배타적 경제수역에서 발생되었을 경우 그 해역을 관할하는 외국 정부에 지체없이 보고하여야 한다.

답 | ㉯ 해상교통안전법 제24조에 따르면 항행장애물을 발생시킨 선박의 선장, 선박소유자 또는 선박운항자를 항행장애물제거책임자라고 한다.

05 해상교통안전법상 선박운항과 관련하여 술에 취한 상태에 있는 사람의 행동으로 옳은 것은?

㉮ 선박의 조타기를 조작하지 않는다.

㉯ 운항에 무리가 없다고 판단되면 조타기를 조작하여 운항한다.

㉰ 선박의 조타기를 자동조타 상태로 두고, 조타수에게 조타 명령을 내린다.

㉱ 술에 취하지 않은 사람에게 조타기를 조작하도록 하고, 조타 명령을 내린다.

답 | ㉮ 해상교통안전법 제39조에 따르면 술에 취한 상태에 있는 사람은 운항을 하기 위해 선박의 조타기를 조작하거나 조작할 것을 지시하는 행위 또는 도선을 하여서는 안 된다.

06 해상교통안전법상 안전한 속력을 결정할 때 고려하여야 할 사항이 아닌 것은?

㉮ 시계의 상태　　　　㉯ 선박 설비의 구조
㉰ 선박의 조종 성능　　㉱ 해상교통량의 밀도

답 | ㉯　해상교통안전법 제71조에 따르면 선박은 안전한 속력을 결정할 때에는 다음 사항을 고려하여야 한다.
　　・시계의 상태
　　・해상교통량의 밀도
　　・선박의 정지거리ㆍ선회성능, 그 밖의 조종 성능
　　・야간의 경우에는 항해에 지장을 주는 불빛의 유무
　　・바람ㆍ해면 및 조류의 상태와 항행장애물의 근접상태
　　・선박의 흘수와 수심과의 관계
　　・레이더의 특성 및 성능
　　・해면상태ㆍ기상, 그 밖의 장애요인이 레이더 탐지에 미치는 영향
　　・레이더로 탐지한 선박의 수ㆍ위치 및 동향

07 해상교통안전법상 통항분리수역에서 통항로를 따라 항행하는 선박의 통항을 방해하지 아니할 의무가 있는 선박은?

㉮ 흘수제약선
㉯ 길이 20미터 미만의 선박
㉰ 해저전선을 부설하고 있는 선박
㉱ 준설작업에 종사하고 있는 선박

답 | ㉯　해상교통안전법 제75조에 따르면 선박은 연안통항대에 인접한 통항분리수역의 통항로를 안전하게 통과할 수 있는 경우에는 연안통항대를 따라 항행하여서는 아니 된다. 다만, 다음 선박의 경우에는 연안통항대를 따라 항행할 수 있다.
　　・길이 20미터 미만의 선박
　　・범선
　　・어로에 종사하고 있는 선박
　　・인접한 항구로 입항ㆍ출항하는 선박
　　・연안통항대 안에 있는 해양시설 또는 도선사의 승하선 장소에 출입하는 선박
　　・급박한 위험을 피하기 위한 선박
　　따라서 길이 20미터 미만의 선박은 원칙적으로 통항분리수역의 연안통항대를 이용할 수 없다.

08 (　　)에 적합한 것은?

┌─ 보기 ─────────────────────┐
│ "해상교통안전법상 통항분리수역에서 부득이한 │
│ 사유로 통항로를 횡단하여야 하는 경우에는 그 │
│ 통항로와 선수방향이 (　　)에 가까운 각도로 │
│ 횡단하여야 한다." │
└──────────────────────────┘

㉮ 직각　　　　　　㉯ 예각
㉰ 둔각　　　　　　㉱ 소각

답 | ㉮　해상교통안전법 제75조에 따르면 통항분리수역에서 부득이한 사유로 통항로를 횡단하여야 하는 경우에는 그 통항로와 선수방향이 직각에 가까운 각도로 횡단하여야 한다.

09 해상교통안전법상 통항분리수역에서의 항법으로 옳지 않은 것은?

㉮ 통항로는 어떠한 경우에도 횡단하여서는 아니 된다.
㉯ 통항로의 출입구를 통하여 출입하는 것을 원칙으로 한다.
㉰ 통항로 안에서는 정하여진 진행방향으로 항행하여야 한다.
㉱ 분리선이나 분리대에서 될 수 있으면 떨어져서 항행하여야 한다.

답 | ㉮　해상교통안전법 제75조에 따르면 선박이 통항분리수역을 항행하는 경우에는 다음 각 호의 사항을 준수하여야 한다.
　　・통항로 안에서는 정하여진 진행방향으로 항행할 것
　　・분리선이나 분리대에서 될 수 있으면 떨어져서 항행할 것
　　・통항로의 출입구를 통하여 출입하는 것을 원칙으로 하되, 통항로의 옆쪽으로 출입하는 경우에는 그 통항로에 대하여 정하여진 선박의 진행방향에 대하여 될 수 있으면 작은 각도로 출입할 것

10 (   )에 순서대로 적합한 것은?

┌─ 보기 ─────────────────────────┐
"해상교통안전법상 서로 시계 안에서 2척의 동
력선이 마주치거나 거의 마주치게 되어 충돌
의 위험이 있을 때에는 각 동력선은 서로 다른
선박의 (   ) 쪽을 지나갈 수 있도록 침로를
(   ) 쪽으로 변경하여야 한다."
└────────────────────────────┘

㉮ 우현, 우현   ㉯ 좌현, 우현
㉰ 우현, 좌현   ㉱ 좌현, 좌현

답 | ㉯ 해상교통안전법 제79조에 따르면 서로 시계
안에서 2척의 동력선이 마주치거나 거의 마주
치게 되어 충돌의 위험이 있을 때에는 각 동력
선은 서로 다른 선박의 좌현 쪽을 지나갈 수 있
도록 침로를 우현 쪽으로 변경하여야 한다.

11 (   )에 적합한 것은?

┌─ 보기 ─────────────────────────┐
"해상교통안전법상 다른 선박의 양쪽 현의 정횡
으로부터 (   )를 넘는 뒤쪽에서 그 선박을 앞
지르는 선박은 앞지르기하는 배로 보고 필요한
조치를 취하여야 한다."
└────────────────────────────┘

㉮ 22.5도   ㉯ 45도
㉰ 60도   ㉱ 90도

답 | ㉮ 해상교통안전법 제78조에 따르면 해상교통안
전법상 다른 선박의 양쪽 현의 정횡으로부터
22.5도를 넘는 뒤쪽에서 그 선박을 앞지르는
선박은 앞지르기하는 배로 보고 필요한 조치를
취하여야 한다.

12 해상교통안전법상 서로 시계 안에서 항행 중인
범선이 진로를 피하지 않아도 되는 선박은?

㉮ 조종제한선
㉯ 조종불능선
㉰ 수상항공기
㉱ 어로에 종사하고 있는 선박

답 | ㉰ 해상교통안전법 제83조에 따르면 항행 중인
범선은 다음 각 호에 따른 선박의 진로를 피하
여야 한다.
- 조종불능선
- 조종제한선
- 어로에 종사하고 있는 선박

13 해상교통안전법상 제한된 시계에서 충돌할 위험
성이 없다고 판단한 경우 외에 자기 선박의 양쪽
현의 정횡 앞쪽에 있는 다른 선박의 무중신호를
듣고 취할 조치로 옳은 것을 〈보기〉에서 모두 고
른 것은?

┌─ 보기 ─────────────────────────┐
ㄱ. 최대 속력으로 항행하면서 경계를 한다.
ㄴ. 우현 쪽으로 침로를 변경시키지 않는다.
ㄷ. 필요시 자기 선박의 진행을 완전히 멈춘다.
ㄹ. 충돌할 위험성이 사라질 때까지 주의하여
   항행하여야 한다.
└────────────────────────────┘

㉮ ㄴ, ㄷ   ㉯ ㄷ, ㄹ
㉰ ㄱ, ㄴ, ㄹ   ㉱ ㄴ, ㄷ, ㄹ

답 | ㉱ 해상교통안전법 제84조에 따르면 충돌할 위험
성이 없다고 판단한 경우 외에 자기 선박의 양
쪽 현의 정횡 앞쪽에 있는 다른 선박의 무중신
호를 들은 경우 모든 선박은 자기 배의 침로를
유지하는 데에 필요한 최소한으로 속력을 줄여
야 한다. 이 경우 필요하다고 인정되면 자기 선
박의 진행을 완전히 멈추어야 하며, 어떠한 경
우에도 충돌할 위험성이 사라질 때까지 주의하
여 항행하여야 한다.

14 해상교통안전법상 '섬광등'의 정의는?

㉮ 선수 쪽 225도에 걸치는 수평의 호를 비추는 등

㉯ 360도에 걸치는 수평의 호를 비추는 등화로 서 일정한 간격으로 1분에 30회 이상 섬광을 발하는 등

㉰ 360도에 걸치는 수평의 호를 비추는 등화로 서 일정한 간격으로 1분에 60회 이상 섬광을 발하는 등

㉱ 360도에 걸치는 수평의 호를 비추는 등화로 서 일정한 간격으로 1분에 120회 이상 섬광을 발하는 등

답 | ㉱ 해상교통안전법 제86조에 따르면 360도에 걸 치는 수평의 호를 비추는 등화로서 일정한 간격 으로 1분에 120회 이상 섬광을 발하는 등이다.

15 해상교통안전법상 안개로 시계가 제한된 수역을 항행 중인 길이 12미터 이상인 동력선이 대수속 력이 있는 경우 울려야 하는 음향신호는?

㉮ 2분을 넘지 아니하는 간격으로 단음 4회

㉯ 2분을 넘지 아니하는 간격으로 장음 1회

㉰ 2분을 넘지 아니하는 간격으로 단음 1회, 장음 1회, 단음 1회

㉱ 2분을 넘지 아니하는 간격으로 장음 1회에 이 어 단음 3회

답 | ㉯ 해상교통안전법 제100조에 따르면 시계가 제 한된 수역을 항행 중인 길이 12미터 이상인 동 력선이 대수속력이 있는 경우 2분을 넘지 아니 하는 간격으로 장음을 1회 울려야 한다.

16 선박의 입항 및 출항 등에 관한 법률상 무역항의 수상구역 등으로 위험물을 반입하려고 하는 선박 에서 준수하여야 할 사항에 관한 설명으로 옳은 것은?

㉮ 무역항의 수상구역 어디든지 정박할 수 있다.

㉯ 하역 시 자체안전관리계획을 수립할 필요는 없다.

㉰ 관리청에 위험물 반입 신고를 생략할 수 있다.

㉱ 위험물 취급 시 위험물 안전관리자를 배치하 여야 한다.

답 | ㉱ 선박의 입항 및 출항 등에 관한 법률 제35조에 따르면 위험물 취급에 관한 안전관리자(위험물 안전관리자)의 확보 및 배치하여야 한다.

17 선박의 입항 및 출항 등에 관한 법률상 선박이 지 정·고시된 정박지가 아닌 곳에 정박할 수 있는 경우가 아닌 것은?

㉮ 해양오염 확산을 방지하기 위한 경우

㉯ 선박을 부두에 빨리 접안시키기 위한 경우

㉰ 급박한 위험이 있는 선박을 구조하는 경우

㉱ 선박의 고장으로 선박을 조종할 수 없는 경우

답 | ㉯ 선박의 입항 및 출항 등에 관한 법률 제6조에 따르면 무역항의 수상구역 등에서 정박하거나 정류할 수 있는 경우는 다음과 같다.
- 해양사고를 피하기 위한 경우
- 선박의 고장이나 그 밖의 사유로 선박을 조 종할 수 없는 경우
- 인명을 구조하거나 급박한 위험이 있는 선박 을 구조하는 경우
- 허가를 받은 공사 또는 작업에 사용하는 경우

18 선박의 입항 및 출항 등에 관한 법률상 항로에 관한 설명으로 옳은 것은?

㉮ 대형 선박만 항로를 따라 항행하여야 한다.

㉯ 무역항의 수상구역등에서는 지정된 항로가 없다.

㉑ 위험물운송선박은 지정된 항로를 따르지 않아도 된다.

㉒ 무역항의 수상구역등에 출입하는 선박은 원칙적으로 지정된 항로를 따라 항행하여야 한다.

답 | ㉒ 선박의 입항 및 출항 등에 관한 법률 제10조에 따르면 우선피항선 외의 선박은 무역항의 수상구역 등에 출입하는 경우 또는 무역항의 수상구역 등을 통과하는 경우에는 제1항에 따라 지정·고시된 항로를 따라 항행하여야 한다. 다만, 해양사고를 피하기 위한 경우 등 해양수산부령으로 정하는 사유가 있는 경우에는 그러하지 아니하다.

19 ( )에 적합한 것은?

┌─ 보기 ─────────────────────────────┐
"선박의 입항 및 출항 등에 관한 법률상 항로에서 다른 선박과 마주칠 우려가 있는 경우에는 ( )으로 항행하여야 한다."
└────────────────────────────────────┘

㉮ 왼쪽   ㉯ 오른쪽

㉑ 부두쪽   ㉒ 중앙

답 | ㉯ 선박의 입항 및 출항 등에 관한 법률 제12조에 따르면 항로에서 다른 선박과 마주칠 우려가 있는 경우에는 오른쪽으로 항행한다.

20 ( )에 적합한 것은?

┌─ 보기 ─────────────────────────────┐
"선박의 입항 및 출항 등에 관한 법률상 무역항의 수상구역등에서 예인선은 한꺼번에 ( ) 이상의 피예인선을 끌지 못한다."
└────────────────────────────────────┘

㉮ 1척   ㉯ 3척

㉑ 5척   ㉒ 10척

답 | ㉯ 선박의 입항 및 출항 등에 관한 법률 시행규칙 제9조에 따르면 예인선은 한꺼번에 3척 이상의 피예인선을 끌지 아니한다.

21 선박의 입항 및 출항 등에 관한 법률상 무역항에 출입하려고 할 때 출입신고를 하여야 하는 선박은?

㉮ 군함

㉯ 해양경찰함정

㉑ 총톤수 100톤인 선박

㉒ 해양사고구조에 사용되는 선박

답 | ㉑ 선박의 입항 및 출항 등에 관한 법률 제4조에 따르면 출입신고를 하지 않아도 되는 선박을 총톤수 5톤 미만의 선박, 해양사고구조에 사용되는 선박, 국내항 간을 운항하는 모터보트 및 동력요트, 그 밖에 공공목적이나 항문 운영의 효율성을 위하여 해양수산부령으로 정하는 선박으로 규정하고 있다. 이때 '해양수산부령으로 정하는 선박'에는 관공선, 군함, 해양경찰함정, 도선선, 예선, 정기여객선 등이 해당된다.

22 선박의 입항 및 출항 등에 관한 법률상 우선피항 선이 아닌 것은?

㉮ 예선

㉯ 총톤수 25톤인 어선

㉠ 항만운송관련사업을 등록한 자가 소유한 선박

㉣ 자력항행능력이 없어 다른 선박에 의하여 끌리거나 밀려서 항행되는 부선

답 | ㉯ 선박의 입항 및 출항 등에 관한 법률 제2조에 따르면 우선피항선은 부선(압항부선은 제외), 주로 노와 삿대로 운전하는 선박, 예선, 항만운송관련사업을 등록한 자가 소유한 선박, 해양환경관리업을 등록한 자가 소유한 선박, 총톤수 20톤 미만의 선박 등이 해당된다.

23 해양환경관리법상 선박의 밑바닥에 고인 액상 유성혼합물은?

㉮ 석유

㉯ 선저폐수

㉠ 폐기물

㉣ 잔류성 오염물질

답 | ㉯ 해양환경관리법 제2조에 따르면 선저폐수는 선박의 밑바닥에 고인 액상유성혼합물을 말한다.

24 해양환경관리법에 의해 규제되는 해양오염물질이 아닌 것은?

㉮ 기름

㉯ 방사성 물질

㉠ 폐기물

㉣ 유해액체물질

답 | ㉯ 해양환경관리법 제2조에 따르면 오염물질이라 함은 해양에 유입 또는 해양으로 배출되어 해양환경에 해로운 결과를 미치거나 미칠 우려가 있는 폐기물·기름·유해액체물질 및 포장유해물질을 말한다.

25 해양환경관리법상 선박으로부터 오염물질이 배출되는 경우 신고할 사항이 아닌 것은?

㉮ 사고선박의 명칭

㉯ 해양오염사고의 발생장소

㉠ 해양오염사고의 발생일시

㉣ 해양오염방지관리인의 승선 여부

답 | ㉣ 해양환경관리법 시행규칙 제29조에 따르면 해양시설로부터의 오염물질 배출을 신고하려는 자는 서면·구술·전화 또는 무선통신 등을 이용하여 신속하게 하여야 하며, 그 신고사항은 다음 각 호와 같다.
• 해양오염사고의 발생일시·장소 및 원인
• 배출된 오염물질의 종류, 추정량 및 확산상황과 응급조치상황
• 사고선박 또는 시설의 명칭, 종류 및 규모
• 해면상태 및 기상상태

제4과목　　기관

01 실린더 내에서 연료를 직접 연소시켜 그 연소가스의 팽창으로 동력을 발생시키는 왕복동식 기관은?

㉮ 디젤기관
㉯ 가스터빈기관
㉰ 증기왕복동기관
㉱ 증기터빈기관

답 | ㉮ 디젤기관은 왕복동 내연기관의 일종이다.

02 디젤기관의 실린더 라이너를 분해하는 순서로 옳게 짝지어진 것은?

┌보기┐
① 실린더 헤드는 아이 볼트를 이용하여 들어 올린다.
② 실린더 라이너의 리프팅 공구를 이용하여 라이너를 들어 올린다.
③ 실린더 헤드에 연결되어 있는 각종 파이프를 분해한다.
④ 커넥팅 로드의 대단부를 분해하고 피스톤을 들어 올린다.

㉮ ① → ③ → ④ → ②
㉯ ① → ④ → ③ → ②
㉰ ③ → ① → ④ → ②
㉱ ③ → ④ → ① → ②

답 | ㉰ 디젤기관의 실린더 라이너는 실린더 내부에 삽입하여 피스톤 운동에 의한 실린더와 피스톤의 마모를 방지하는 역할을 한다. 이를 분해하는 순서는 다음과 같다.
실린더 헤드에 연결되어 있는 각종 파이프를 분해한다. → 실린더 헤드는 아이 볼트를 이용하여 들어 올린다. → 커넥팅 로드의 대단부를 분해하고 피스톤을 들어 올린다. → 실린더 라이너의 리프팅 공구를 이용하여 라이너를 들어 올린다.

03 소형 디젤기관의 실린더 헤드에서 발생할 수 있는 고장에 대한 설명으로 옳지 않은 것은?

㉮ 각부의 온도차에 의한 열응력이 발생한다.
㉯ 실린더 헤드 볼트의 풀림으로 가스 누설이 발생한다.
㉰ 배기밸브가 누설하면 배기가스 온도가 상승한다.
㉱ 흡입밸브의 밸브틈새가 너무 크면 배기밸브가 손상된다.

답 | ㉱ 실린더 헤드에서 발생하기 쉬운 고장은 각 부의 온도차에 의한 열응력으로 균열 발생, 헤드 볼트를 고르게 조이지 않아 발생하는 가스의 누설, 진동 및 온도 변화로 너트가 풀려 발생하는 누설이 있다.

04 다음과 같은 습식 라이너에 대한 설명으로 옳지 않은 것은?

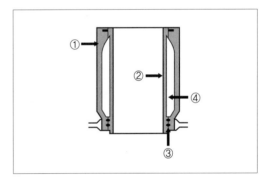

㉮ ①은 실린더 블록이다.
㉯ ②는 실린더 헤드이다.
㉰ ③은 냉각수 누설을 방지하는 오링이다.
㉱ ④는 냉각수가 통과하는 통로이다.

답 | ㉯ ②는 실린더 라이너에 해당한다.

05 소형기관에서 흡 · 배기밸브의 운동에 대한 설명으로 옳은 것은?

㉮ 흡기밸브는 스프링의 힘으로 열린다.

㉯ 흡기밸브는 푸시로드에 의해 닫힌다.

㉰ 배기밸브는 푸시로드에 의해 닫힌다.

㉱ 배기밸브는 스프링의 힘으로 닫힌다.

답 ㅣ ㉱   4행정 사이클 기관에서 밸브를 열 때는 캠으로, 닫을 때는 스프링의 힘을 이용한다.

06 소형 디젤기관에서 실린더 라이너의 심한 마멸에 의한 영향이 아닌 것은?

㉮ 압축 불량

㉯ 불완전 연소

㉰ 착화 시기가 빨라짐

㉱ 연소가스가 크랭크실로 누설

답 ㅣ ㉰   실린더 라이너의 마멸에 의해 나타나는 현상은 윤활유 오손, 출력 저하, 압축 압력 저하, 불완전 연소, 연료 및 윤활유 소비량 증가, 기관 시동성 저하, 크랭크실로의 가스 누설 등이 있다.

07 다음과 같은 트렁크형 피스톤에서 ①, ②, ③, ④의 명칭으로 옳은 것은?

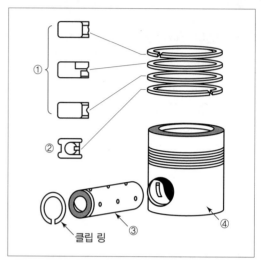

㉮ ①은 압축링, ②는 오일 스크레이퍼링, ③은 피스톤핀, ④ 피스톤이다.

㉯ ①은 오일 스크레이퍼링, ②는 압축링, ③은 피스톤, ④는 피스톤핀이다.

㉰ ①은 압축링, ②는 피스톤핀, ③은 오일 스크레이퍼링, ④는 피스톤이다.

㉱ ①은 오일 스크레이퍼링, ②는 압축링, ③은 피스톤핀, ④는 피스톤이다.

답 ㅣ ㉮   ① 압축링, ② 오일 스크레이퍼링, ③ 피스톤핀, ④ 피스톤에 해당한다.

08 디젤기관에서 크랭크암 디플렉션의 측정에 대한 설명으로 옳은 것은?

㉮ 흘수를 변화시켜 가면서 측정한다.

㉯ 선박이 물 위에 떠 있을 때 측정한다.

㉰ 크랭크축을 육상으로 이동하여 측정한다.

㉱ 크랭크암의 상사점과 하사점 2곳을 측정한다.

답 ㅣ ㉯   크랭크암 디플렉션의 측정은 선박이 물 위에 떠 있을 때 해야 한다. 기관실 온도와 선체 상태에 따라 메인 베어링의 정렬 상태가 달라지므로 디플렉션은 거의 동일한 온도와 선체 상태에서 측정하는 것이 좋다.

09 소형 내연기관에서 플라이휠의 주된 역할은?

㉮ 크랭크암의 개폐작용을 방지한다.
㉯ 크랭크축의 회전을 균일하게 해 준다.
㉰ 스러스트 베어링의 마멸을 방지한다.
㉱ 기관의 고속 회전을 용이하게 해 준다.

답 | ㉯ 플라이휠은 크랭크축의 회전력을 균일하게 하고 저속 회전을 가능하게 하며 기관의 시동을 쉽게 하고 밸브의 조정을 편리하게 한다.

10 소형선박에서 축계의 기능에 대한 설명으로 옳지 않은 것은?

㉮ 주기관의 회전 동력을 추진기에 전달한다.
㉯ 푸시로드를 밀어 올려 배기밸브를 작동시킨다.
㉰ 주기관과 추진기를 연결하여 추진기를 지지한다.
㉱ 추진기에서 얻어진 추력을 선체에 전달한다.

답 | ㉯ 축계는 주기관의 회전동력을 프로펠러에 전달하고 프로펠러를 지지한다. 또한 프로펠러가 발생시킨 추력을 선체에 전달하는 역할을 한다.

11 디젤기관 운전 중 배출되는 배기가스가 청백색일 경우의 조치방법으로 옳은 것은?

㉮ 배기밸브를 교환한다.
㉯ 오일 스크레이퍼링을 교환한다.
㉰ 연료분사밸브를 교환한다.
㉱ 실린더 헤드의 개스킷을 교환한다.

답 | ㉯ 디젤기관 운전 중 배출되는 배기가스가 청백색일 경우 연소실로의 윤활유 혼입이므로 오일 스크레이퍼링을 교환한다.

12 디젤기관의 운전 중 냉각수 계통에서 가장 주의하여 관찰해야 하는 것은?

㉮ 기관의 입구 온도와 입구 압력
㉯ 기관의 출구 압력과 출구 온도
㉰ 기관의 입구 온도와 출구 압력
㉱ 기관의 입구 압력과 출구 온도

답 | ㉱ 냉각수 계통을 확인할 때는 기관의 입구 압력과 출구 온도를 주의해서 관찰해야 한다.

13 1시간에 1,852미터를 항해하는 선박은 10시간 동안 몇 해리를 항해하는가?

㉮ 1해리   ㉯ 2해리
㉰ 5해리   ㉱ 10해리

답 | ㉱ 1노트＝1해리는 1,852m를 1시간동안 가는 거리를 말하며, 이 속도로 항해하는 선박은 10시간 동안 10해리까지 항해할 수 있다.

14 나선형 추진기 날개의 한 개가 절손되었을 때 일어나는 현상으로 옳은 것은?

㉮ 출력이 높아진다.
㉯ 진동이 증가한다.
㉰ 선속이 증가한다.
㉱ 추진기 효율이 증가한다.

답 | ㉯ 추진기 날개 절손 시 추진기의 회전이 불균형해지며, 따라서 기관 및 선체의 진동이 증가하게 된다.

15 닻을 감아올리는 데 사용하는 갑판기기는?

㉜ 조타기　　　　㉯ 양묘기
㉝ 계선기　　　　㉺ 양화기

답 | ㉯　양묘기는 배의 닻을 감아올리고 내리는데 사용
하는 특수한 갑판기기이다.
㉜ 조타기 : 선박의 방향을 바꾸기 위해 타를
조종하는 장치로 선미에 설치되어 있다.
㉝ 계선기 : 배의 갑판 위 또는 독(dock)의 안
벽 위에 설비하여 배를 매어 두는 데 쓰는
기계이다.
㉺ 양화기 : 배의 짐을 들어 옮기는 기계이다.

16 "기관실 해수 흡입측 여과기가 막혀 있으면 먼저
(　　　)를 잠근 후에 여과기를 소제한다."에서
(　　)에 알맞은 것은?

㉜ 청수 밸브　　　㉯ 연료유 밸브
㉝ 선저 밸브　　　㉺ 윤활유 밸브

답 | ㉝　기관실 해수 흡입측 여과기가 막혀 있으면 먼
저 선저 밸브를 잠근 후에 여과기를 소제한다.

17 낮은 곳에 있는 액체를 흡입하여 압력을 가한 후
높은 곳으로 이송하는 장치는?

㉜ 발전기　　　　㉯ 보일러
㉝ 조수기　　　　㉺ 펌프

답 | ㉺　펌프는 낮은 곳의 물을 끌어올려 압력을 가함
으로써 높은 곳 또는 압력 용기에 보내는 장치
를 말한다. 선박에서는 주로 해수를 공급하거
나 선박 내의 오폐수를 배출시키는 등의 목적
으로 사용된다.

18 납축전지의 전해액 주입에 대한 설명으로 옳은
것은?

㉜ 넘칠 때까지 보충한다.
㉯ 격리판 중간 위치까지 보충한다.
㉝ 격리판보다 약한 위에까지 보충한다.
㉺ 격리판보다 약간 아래에까지 보충한다.

답 | ㉝　전해액은 납축전지 내에서 극판의 작용 물질과
접촉하여 충·방전 시 화학 작용의 매개 역할
을 하면서 도체이다. 격리판보다 약각 위에까지
보충한다.

19 납축전지의 전해액으로 많이 사용되는 것은?

㉜ 묽은황산 용액
㉯ 알칼리 용액
㉝ 가성소다 용액
㉺ 청산가리 용액

답 | ㉜　납축전지의 전해액은 음극에서 양극으로 전기
를 통하게 하는 물질이며 일반적으로 진한 황산
에 증류수를 혼합해 만든 묽은황산을 이용한다.

20 용량이 120[Ah]인 납축전지를 부하전류 12[A]로
사용할 수 있는 최대 시간은? (단, 용량의 감소는
없는 것으로 한다.)

㉜ 10분　　　　　㉯ 120분
㉝ 10시간　　　　㉺ 120시간

답 | ㉝　$12A \times x = 120Ah$이므로 x는 10시간이다.

21 디젤기관에서 실린더 라이너의 마멸량을 계측하는 공구는?

㉮ 틈새 게이지

㉯ 서피스 게이지

㉰ 내경 마이크로미터

㉱ 외경 마이크로미터

답 | ㉰ 마이크로미터는 나사의 원리를 이용하여 길이를 정밀하게 측정하는 도구이다. 실린더 라이너의 마멸량 계측 시 실린더의 내경을 측정하여야 하므로 내경 마이크로미터를 사용한다.

22 디젤기관을 정비하는 목적이 아닌 것은?

㉮ 기관을 오랫동안 사용하기 위해

㉯ 기관의 정격 출력을 높이기 위해

㉰ 기관의 고장을 예방하기 위해

㉱ 기관의 운전효율이 낮아지는 것을 방지하기 위해

답 | ㉯ 정격 출력이란 규정된 조건하에서 보장된 최대의 출력을 말한다. 즉 디젤기관을 정비하는 목적이 이에 해당한다.

23 겨울철에 디젤기관을 장기간 정지할 경우의 주의사항으로 옳지 않은 것은?

㉮ 동파를 방지한다.

㉯ 부식을 방지한다.

㉰ 주기적으로 터닝을 시켜 준다.

㉱ 중요 부품은 분해하여 보관한다.

답 | ㉱ 고장 및 오작동의 원인이 될 수 있으므로 중요 부품을 분해해서는 안 된다.

24 주기관의 연료유인 경유와 윤활유를 비교한 설명으로 옳은 것은?

㉮ 경유의 점도가 윤활유의 점도보다 훨씬 낮다.

㉯ 경유의 점도와 윤활유의 점도는 같다.

㉰ 경유의 점도가 윤활유의 점도보다 훨씬 높다.

㉱ 경유의 점도는 온도가 증가하는 경우 윤활유 점도보다 높아진다.

답 | ㉮ 액체가 유동할 때 분자 간의 마찰에 의해 유동을 방해하려는 성질을 말한다. 경유의 점도가 윤활유의 점도보다 훨씬 낮다.

25 연료유 탱크의 기름보다 비중이 더 큰 기름을 동일한 양으로 혼합한 경우 비중은 어떻게 변하는가?

㉮ 혼합비중은 비중이 더 큰 기름보다 더 커진다.

㉯ 혼합비중은 비중이 더 큰 기름과 동일하게 된다.

㉰ 혼합비중은 비중이 더 작은 기름보다 더 작아진다.

㉱ 혼합비중은 비중이 작은 기름과 큰 기름의 중간 정도로 된다.

답 | ㉱ 비중이 다른 기름을 혼합할 경우 혼합비중은 그 중간 정도가 된다.

제1과목 항해

01 자기 컴퍼스에서 선박의 동요로 비너클이 기울어져도 볼(Bowl)을 항상 수평으로 유지하기 위한 것은?

㉮ 자침
㉯ 피벗
㉳ 기선
㉵ 짐벌즈

답 | ㉵ 짐벌즈는 선박의 동요로 비너클이 기울어져도 볼의 수평을 유지해 주는 역할을 한다.

02 자기 컴퍼스의 컴퍼스 액에서 증류수와 에틸알코올의 혼합 비율은?

㉮ 약 2:8
㉯ 약 4:6
㉳ 약 6:4
㉵ 약 8:2

답 | ㉳ 컴퍼스 액은 증류수와 에틸알코올을 6:4의 비율로 혼합하여 비중이 약 0.95인 액이다.

03 수심이 얕은 곳에서 수심을 측정하거나 투묘할 때 배의 진행 방향 및 타력 또는 정박 중 닻의 끌림을 알기 위한 기구는?

㉮ 핸드 레드
㉯ 트랜스듀서
㉳ 사운딩 자
㉵ 풍향풍속계

답 | ㉮ 핸드 레드는 납으로 만든 추에 줄을 매어 던진 후 줄에 표시된 표로 수심을 측정하는 측심기이다.

04 선박자동식별장치(AIS)에서 얻을 수 있는 다른 선박의 정보가 아닌 것은?

㉮ 호출부호
㉯ 선박의 명칭
㉳ 선박의 종류
㉵ 사용 중인 통신 채널

답 | ㉵ 선박자동식별장치(AIS)는 선박의 제원, 종류, 위치, 침로, 속력 등 항해 정보를 실시간으로 제공하는 첨단 장치이며, 국제해사기구(IMO)가 추진하는 의무 설치 사항이다. 선박자동식별장치의 정적정보로는 아이엠오(IMO) 번호, 호출부호와 선명, 선박의 길이와 폭, 선박의 종류, 선박측위시스템의 위치가 있고, 동적정보로는 선박 위치의 정확한 표시 및 전반적인 상태, 협정세계표준시간, 대지침로, 대지속력(선박의 속력), 선수 방향, 항해 상태, 회두각, 센서에 의한 정보가 있다.

05 다음 중 레디더의 거짓상을 판독하기 위한 방법으로 가장 적절한 것은?

㉮ 자기 선박의 속력을 줄인다.
㉯ 레이더의 전원을 껐다가 다시 켠다.
㉳ 레이더와 가장 가까운 항해계기의 전원을 끈다.
㉵ 자기 선박의 침로를 약 10도 좌우로 변경한다.

답 | ㉵ 레이더의 거짓상이 생길 경우 본선 침로를 약 10도 정도 좌우로 변침하면 대부분의 거짓상은 없어지거나 남아있더라도 그 상이 아주 희미한 상태로 변하므로 판독이 가능하다.

06 자기 컴퍼스가 선체나 선내 철기류 등의 영향을 받아 생기는 오차는?

㉮ 기차　　　　　㉯ 자차
㉰ 편차　　　　　㉱ 수직차

답 | ㉯ 자차는 선박에 설치된 자기나침의가 선체 혹은 선내 금속의 영향을 받아 발생하는 오차이다. 배의 위치, 선수 방향, 선내 경사도 및 철기류의 위치, 시일 등에 따라 변화한다.

07 다음 용어에 관한 설명으로 옳지 않은 것은?

㉮ 지구의 자전축을 지축이라 한다.
㉯ 자오선은 대권이며, 적도와 직교한다.
㉰ 적도와 직교하는 소권을 거등권이라 한다.
㉱ 어느 지점을 지나는 거등권과 적도 사이의 자오선상의 호의 길이를 위도라 한다.

답 | ㉰ 거등권은 적도와 평행한 소권이다.

08 선박에서 사용하는 속력의 단위인 노트(Knot)에 관한 설명으로 옳은 것은?

㉮ 1시간당 항주한 육리이다.
㉯ 1시간당 항주한 해리이다.
㉰ 시간을 거리로 나눈 값이다.
㉱ 시간과 속력을 곱한 값이다.

답 | ㉯ 1노트(Knot)는 1시간에 1해리를 항주하는 선박의 속력을 말한다.

09 교차방위법에서 물표 선정 시 주의사항으로 옳지 않은 것은?

㉮ 가능하면 멀리 있는 물표를 선택하여야 한다.
㉯ 해도상의 위치가 명확하고 뚜렷한 물표를 선정한다.
㉰ 물표가 많을 때에는 2개보다 3개를 선정하는 것이 정확도가 높다.
㉱ 물표 상호 간의 각도는 가능한 한 30~150도인 것을 선정한다.

답 | ㉮ 해도상의 위치가 명확하고 뚜렷한 물표를 선정하고 먼 물표보다는 적당히 가까운 물표를 선정하는 것이 좋다. 물표 상호 간의 각도는 30~150°인 것을 선정하며 물표가 둘일 때는 90°, 셋일 때는 60° 정도가 가장 적절하며 물표가 많을 때에는 3개 이상을 선정하는 것이 정확도가 높다.

10 지피에스(GPS)와 디지피에스(DGPS)에 관한 설명으로 옳지 않은 것은?

㉮ 선박에서 활용하는 대표적인 위성항법장치이다.
㉯ 지피에스(GPS)는 위성으로부터 오는 전파를 사용한다.
㉰ 지피에스(GPS)와 디지피에스(DGPS)는 서로 다른 위성을 사용한다.
㉱ 디지피에스(DGPS)는 지피에스(GPS)의 위치 오차를 줄이기 위해서 위치보정 기준국을 이용한다.

답 | ㉰ 디지피에스(DGPS)는 GPS와 같은 위성으로부터 서로 다른 수신기로 전해져 오는 신호를 분석함으로써 오차를 상쇄시키고 더욱 정밀한 위치 정보를 획득하는 기술이다.

11 종이해도에서 간출암을 나타내는 해도도식은?

㉮ ⬭ (4) ㉯ ✳ (2)

㉄ ⬭ (obstn) ㉂ ⊕

답 | ㉯ 간출암을 나타내는 해도도식은 ㉯이다.
  ㉮ 노출암
  ㉄ 장애물 지역
  ㉂ 암암

12 종이해도에서 침선을 나타내는 영문 기호는?

㉮ Bk ㉯ Wk
㉄ Sh ㉂ Rf

답 | ㉯ Wk는 Wrecked의 약자로 침선을 의미한다.
  ㉄ Sh : 조개껍질
  ㉂ Rf : 암초

13 조석과 관련된 용어에 관한 설명으로 옳지 않은 것은?

㉮ 조석은 해면의 주기적 승강 운동을 말한다.
㉯ 고조는 조석으로 인하여 해면이 높아진 상태를 말한다.
㉄ 계류는 저조시에서 고조시까지 흐르는 조류를 말한다.
㉂ 대조승은 대조에 있어서의 고조의 평균 조고를 말한다.

답 | ㉄ 계류는 창조류에서 낙조류로 변할 때, 혹은 그 반대의 상황에서 흐름이 잠시 정지하는 현상을 말한다. 저조시에서 고조시까지 흐르는 조류는 창조류이다.

14 다음 중 특수서지가 아닌 것은?

㉮ 등대표 ㉯ 조석표
㉄ 천측력 ㉂ 항로지

답 | ㉂ 수로서지 중 항로지를 제외한 나머지 서지를 특수서지라 한다. 등대표, 조석표, 천측력, 국제 신호서 등이 그 예이다.

15 광파(야간)표지의 대표적인 것으로 해양으로 돌출된 곶(갑), 섬 등 항해하는 선박의 위치를 확인하는 물표가 되기에 알맞은 장소에 설치된 탑과 같은 구조물은?

㉮ 등대 ㉯ 등부표
㉄ 등선 ㉂ 등주

답 | ㉮ 등대는 탑 모양의 대표적 야간표지이다. 강렬한 빛을 이용해 위치, 원근 등을 표시한다.

16 형상(주간)표지의 종류가 아닌 것은?

㉮ 부표 ㉯ 입표
㉄ 도표 ㉂ 등주

답 | ㉂ 형상(주간)표지는 입표, 부표, 육표, 도표가 있다.

17 레이더에서 발사된 전파를 받을 때에만 응답하며, 일정한 형태의 신호가 나타날 수 있도록 전파를 발사하는 전파표지는?

㉮ 레이콘(Racon)
㉯ 레이마크(Ramark)
㉄ 코스 비컨(Course beacon)
㉂ 레이더 리플렉터(Radar reflector)

답 | ㉮ 레이콘은 선박 레이더에서 발사된 전파를 받았을 때만 응답하며, 레이더에 식별 가능한 일정한 형태가 나타나도록 신호를 발사하는 표지이다.

18 다음 중 가장 축척이 큰 종이해도는?

㉮ 총도   ㉯ 항양도

㉰ 항해도   ㉱ 항박도

답 | ㉱   항박도는 항만, 투묘지, 어항, 해협과 같은 좁은 구역을 대상으로 선박이 접안할 수 있는 시설 등을 상세히 표시한 해도로서 1/5만 이상 대축척으로 제작된다.

19 빛을 비추는 시간이 꺼져 있는 시간보다 짧은 것으로 일정한 간격으로 섬광을 내는 등은?

㉮ 부동등   ㉯ 섬광등

㉰ 명암등   ㉱ 호광등

답 | ㉯   섬광등은 일정한 간격으로 짧은 섬광을 발사하는 등이다.

20 표지의 동쪽에 가항수역이 있음을 나타내는 표지는? (단, 두표의 형상으로만 판단함)

㉮

㉯

㉰

㉱

답 | ㉮   표지의 동쪽이 가항수역은 동방위표지를 말한다. 이는 ㉮에 해당한다.
㉯ 서방위표지
㉰ 남방위표지
㉱ 북방위표지

21 온도계의 어는 점(빙점)의 온도를 32°, 끓는 점(비등점)의 눈금을 212°로 하여 그 사이를 180등분하여 만든 눈금은?

㉮ 자기 온도   ㉯ 화씨 온도

㉰ 섭씨 온도   ㉱ 알코올 온도

답 | ㉯   화씨 온도(℉)는 1기압에서 물의 어는점을 32°, 끓는점을 212°로 하여 그 사이를 180등분한 온도이다.

22 우리나라의 여름철 남동 및 남서 계절풍의 가장 큰 원인이 되는 고기압은?

㉮ 이동성 고기압

㉯ 시베리아 고기압

㉰ 북태평양 고기압

㉱ 오호츠크해 고기압

답 | ㉰   북태평양 고기압은 해양성 열대 기단으로 여름철 우리나라의 날씨를 지배한다.
㉯ 시베리아 고기압 : 한랭 건조한 대륙성 한대 기단
㉱ 오호츠크해 고기압 : 해양성 한대 기단

23 따뜻한 공기가 찬 공기 쪽으로 이동해 가서 만나게 되면, 따뜻한 공기가 찬 공기 위로 올라가면서 형성되는 전선은?

㉮ 한랭전선   ㉯ 온난전선

㉰ 폐색전선   ㉱ 정체전선

답 | ㉯   온난전선은 따뜻한 공기가 찬 공기로 이동해 찬 공기 위로 올라가면서 형성하는 전선이다.
㉮ 한랭전선 : 찬 공기가 따뜻한 공기로 이동해 그 밑으로 파고 들어가며 따뜻한 공기를 강제적으로 상승시켜 형성되는 전선
㉰ 폐색전선 : 온난전선과 한랭전선의 이동 속도 차이로 인해 서로 겹쳐진 형태로 나타나는 전선
㉱ 정체전선 : 세력이 서로 비슷한 온난기단과 한랭기단이 대립하여 형성되는 이동성이 낮은 전선

24 항해계획 수립에 관한 설명으로 옳지 않은 것은?

㉮ 일차적으로 안전한 항해가 목적이다.

㉯ 항해 일수의 단축과 경제성도 고려해야 한다.

㉰ 항해계획 시 가장 중요한 것은 항로 선정이다.

㉱ 기상과 해상 상태는 계절마다 다르므로 고려 사항이 아니다.

답 | ㉱ 항해계획을 수립할 때에는 기상과 해상 상태를 활용하여 선박의 최적항로를 분석해야 한다.

25 연안항로 선정에 관한 설명으로 옳지 않은 것은?

㉮ 복잡한 해역이나 위험물이 많은 연안을 항해할 경우에는 최단항로를 항해하는 것이 좋다.

㉯ 연안에서 뚜렷한 물표가 없는 해안을 항해하는 경우 해안선과 평행한 항로를 선정하는 것이 좋다.

㉰ 항로지, 해도 등에 추천항로가 설정되어 있으면, 특별한 이유가 없는 한 그 항로를 따르는 것이 좋다.

㉱ 야간의 경우 조류나 바람이 심할 때는 해안선과 평행한 항로보다 바다 쪽으로 벗어나는 항로를 선정하는 것이 좋다.

답 | ㉮ 위험물이 많은 연안을 항해하거나 조종 성능에 제한을 받는 상태에서 항행할 경우 다소 우회하더라도 안전한 항로를 선정해야 한다.

제 2 과목　운용

01 선체의 좌우 선측을 구성하는 뼈대로서 용골에 직각으로 배치되고, 갑판보와 늑판에 양쪽 끝이 연결되어 선체 횡강도의 주체가 되는 부재는?

㉮ 늑골　　　　㉯ 기둥

㉰ 거더　　　　㉱ 브래킷

답 | ㉮ 늑골은 용골에 직각으로 배치되어 선체 횡강도를 담당하며 선체의 좌우 선측을 구성하는 뼈대이다.

02 갑판의 배수 및 선체의 횡강력을 위하여 갑판 중앙부를 양현의 현측보다 높게 하는 구조는?

㉮ 현호　　　　㉯ 캠버

㉰ 빌지　　　　㉱ 선체

답 | ㉯ 캠버는 선체의 횡단면상에서 갑판보가 선체 중심선에서 양현으로 휘어진 것이다. 갑판 위의 물이 신속하게 현측으로 배수되도록 하고 횡강력을 증가시켜 갑판의 변형을 방지한다.

03 선박이 항행하는 구역 내에서 선박의 안전상 허용된 최대의 흘수선은?

㉮ 선수흘수선

㉯ 만재흘수선

㉰ 평균흘수선

㉱ 선미흘수선

답 | ㉯ 만재흘수선은 선박의 항행안전을 위한 예비부력을 확보할 수 있는 상태에서 허락된 최대의 흘수로서, 계절과 구역에 따라 다르다.

04 (　　)에 적합한 것은?

보기

SOLAS 협약상 타(키)는 최대흘수 상태에서 전속 전진 시 한쪽 현 타각 35도에서 다른 쪽 현 타각 30도까지 돌아가는 데 (　　　)의 시간이 걸려야 한다.

㉮ 28초 이내　　㉯ 30초 이내
㉰ 32초 이내　　㉱ 35초 이내

답 | ㉮ SOLAS 협약에서는 조타 장치의 동작 속도에 대해 한쪽 현 타각 35°에서 반대 현 타각 30°까지 회전시키는 데 28초 이내의 시간이 걸려야 하도록 그 성능을 규정한다.

05 키(Rudder)의 실제 회전 각도를 표시해 주는 장치이며, 조타위치에서 잘 보이는 곳에 설치되어 있는 것은?

㉮ 경사계　　㉯ 선회율 지시기
㉰ 타각 지시기　　㉱ 회전수 지시기

답 | ㉰ 타각 지시기는 실제 타가 회전한 정도를 표시해 주는 장치로 일반적으로 선교에 설치된다.

06 스톡앵커의 각부 명칭을 나타낸 아래 그림에서 ㉠은?

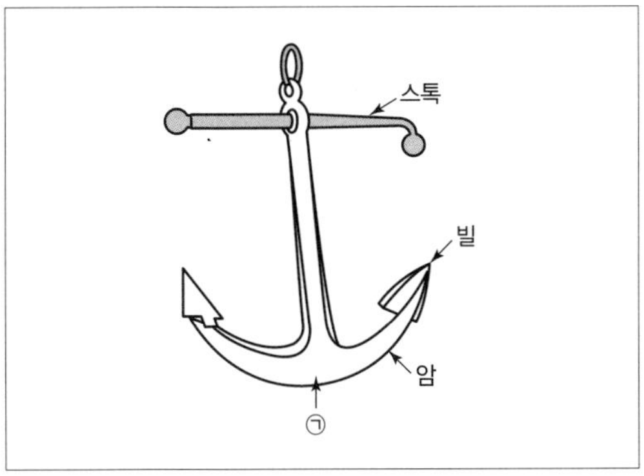

㉮ 생크　　㉯ 크라운
㉰ 앵커 링　　㉱ 플루크

답 | ㉯ ㉠은 크라운이다.

07 다음 소화장치 중 화재가 발생하면 자동으로 작동하여 물을 분사하는 장치는?

㉮ 고정식 포말 소화장치
㉯ 자동 스프링클러 장치
㉰ 고정식 분말 소화장치
㉱ 고정식 이산화탄소 소화장치

답 | ㉯ 자동 스프링클러 장치는 천장 등의 고정 배관에 스프링클러 헤드를 배치하고, 화재 등이 발생하여 온도가 올라가면 이를 감지하여 배관 속에 상시 가압되어 있는 물을 방수함으로써 자동적으로 소화를 하는 장치이다.

08 아래 그림의 구명설비는?

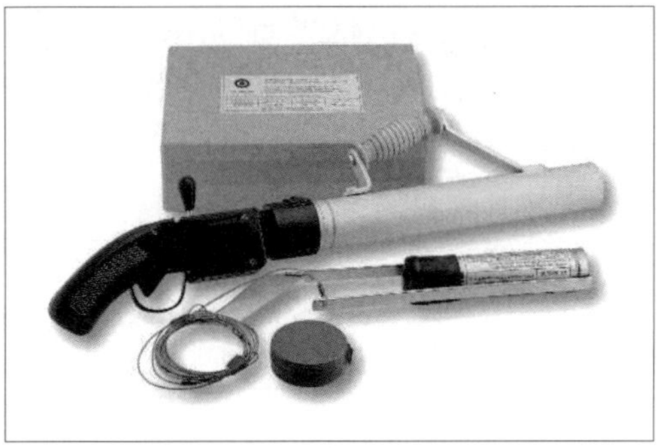

㉮ 구명조끼
㉯ 구명부환
㉰ 구명부기
㉱ 구명줄 발사기

답 | ㉱ 구명줄 발사기는 선박이 조난을 당한 경우 조난선과 구조선 또는 육상 간의 연결용 줄을 보내는 설비로 수평에서 45° 각도로 구명줄을 발사한다.

09 해상이동업무식별번호(MMSI)에 관한 설명으로 옳은 것은?

㉮ 5자기 숫자로 구성된다.

㉯ 9자리 숫자로 구성된다.

㉰ 국제 항해 선박에만 사용된다.

㉱ 국내 항해 선박에만 사용된다.

답 | ㉯ 해상이동업무식별번호(MMSI number)는 9자리로 이루어진 선박 고유의 부호로 선박의 국적과 종사 업무 등 선박에 대한 정보를 알 수 있다. 주로 디지털선택호출(DSC), 선박자동식별장치(AIS), 비상위치지시 무선표지(EPIRB)에서 선박의 식별 부호로 사용되며 우리나라 선박은 440 혹은 441로 시작된다.

10 점화시켜 물에 던지면 해면 위에서 연기를 내는 것으로 잔잔한 해면에서 3분 이상 동안 잘 보이는 색깔의 연기를 분출하는 조난신호 장비는?

㉮ 신호 홍염

㉯ 발연부 신호

㉰ 자기 점화등

㉱ 로켓 낙하산 화염신호

답 | ㉯ 발연부 신호는 주간에 구명부환의 위치를 알려주는 장비로 물에 들어가면 자동으로 오렌지색 연기가 발생한다.

11 잔잔한 바다에서 의식불명의 익수자를 발견하여 구조하려 할 때, 구조선의 안전한 접근방법은?

㉮ 익수자의 풍하 쪽에서 접근한다.

㉯ 익수자의 풍상 쪽에서 접근한다.

㉰ 구조선의 좌현 쪽에서 바람을 받으면서 접근한다.

㉱ 구조선의 우현 쪽에서 바람을 받으면서 접근한다.

답 | ㉯ 잔잔한 바다에서 의식불명의 익수자를 구조하고자 할 경우 구조선은 익수자의 풍상측에서 접근하되, 바람에 의해 압류될 것을 고려하여 접근한다.

12 평수구역을 항해하는 총톤수 2톤 이상의 선박에 반드시 설치하여야 하는 무선통신 설비는?

㉮ 위성통신설비

㉯ 단파(HF) 무선설비

㉰ 중파(MF) 무선설비

㉱ 초단파(VHF) 무선설비

답 | ㉱ 선박안전법 시행규칙 별표 30에 따른 무선설비의 설치 기준에 따르면, 평수구역을 항해하는 총톤수 2톤 이상의 선박은 초단파(VHF) 무선설비를 반드시 설치해야 한다.

13 초단파(VHF) 무선설비의 조난통신 채널은?

㉮ 채널 06번   ㉯ 채널 16번

㉰ 채널 09번   ㉱ 채널 19번

답 | ㉯ 선박용 초단파 무선설비의 채널 16은 조난, 긴급 및 안전에 관한 간략한 통신에만 사용한다.

14 선박용 초단파(VHF) 무선설비의 최대 출력은?

㉮ 10W   ㉯ 15W

㉰ 20W   ㉱ 25W

답 | ㉱ 선박용 초단파(VHF) 무선설비의 최대 출력은 25W이다.

15 다음 중 선박 조종에 미치는 영향이 가장 작은 요소는?

㉮ 바람   ㉯ 파도

㉰ 조류   ㉱ 기온

답 | ㉱ 수온(기온)은 선박 조종에 영향을 주지 않는다.

16 선체가 항주할 때 수면하의 선체가 받는 저항이 아닌 것은?

㉮ 공기저항   ㉯ 마찰저항
㉰ 조파저항   ㉱ 조와저항

답 | ㉮ 공기저항은 수면 위의 선체 및 갑판 상부의 구조물과 공기의 흐름 간에 발생하는 저항을 말한다.

17 전속 항해 중 선수 전방의 위험물을 선회동작으로 피하기 위하여 알아야 하는 선회권의 요소는?

㉮ 선회 횡거(Transfer)
㉯ 선회 종거(Advance)
㉰ 전심(Pivoting point)
㉱ 선회지름(Tactical diameter)

답 | ㉯ 선회 종거는 선회권을 나타내는 용어의 일종으로 선수가 원침로로부터 90° 회두했을 때까지의 원침로 선상에서의 전진 이동 거리를 말한다.

18 스크루 프로펠러가 1회전(360도)하여 선박이 전진하는 거리는?

㉮ 킥   ㉯ 롤
㉰ 피치   ㉱ 트림

답 | ㉰ 피치(Pitch)는 스크루 프로펠러가 360° 회전하면서 선체가 전진하는 거리를 말한다.

19 좁은 수로를 항해할 때 유의사항으로 옳은 것은?

㉮ 침로를 변경할 때는 대각도로 한번에 변경하는 것이 좋다.
㉯ 선수 · 미선과 조류의 유선이 직각을 이루도록 조종하는 것이 좋다.
㉰ 언제든지 닻을 사용할 수 있도록 준비된 상태에서 항행하는 것이 좋다.
㉱ 조류는 순조 때에는 정침이 잘 되지만, 역조 때에는 정침이 어려우므로 조종 시 유의하여야 한다.

답 | ㉰ ㉮ 협수로에서 침로를 변경할 때는 소각도로 여러 번에 걸쳐 변경하는 것이 좋다.
㉯ 협수로 항해 시에는 선 · 수미선이 조류의 방향과 일치하도록 통과하거나 가장 좁은 부분을 연결한 선의 수직이등분선 위를 통항하도록 하는 것이 좋다.
㉱ 역조 시에는 정침이 가능하지만 순조 시에는 정침이 어려우므로 조종 시 유의하여야 한다.

20 선박에서 최대 한도까지 화물을 적재한 상태는?

㉮ 공선 상태   ㉯ 만재 상태
㉰ 경하 상태   ㉱ 선미트림 상태

답 | ㉯ 만재 상태란 만재흘수선, 즉 '안전한 항해를 위해 허용되는 최대의 흘수선'까지 선박이 잠긴 상태를 말한다.

21 항해 중 복원력에 관한 설명으로 옳은 것은?

㉮ 선수 갑판이 결빙되면 복원력은 증가한다.
㉯ 연료유, 청수가 소비되면 복원력은 증가한다.
㉰ 원목 또는 각재 같은 갑판적 화물이 수분을 흡수하면 복원력은 증가한다.
㉱ 탱크 내 유동수의 영향으로 무게중심의 위치가 상승하면 복원력은 감소한다.

답 | ㉱ 탱크의 연료유나 청수의 소비는 탱크에 빈 공간에 선체의 횡동요에 따른 유동수를 발생시켜 복원력을 감소시킨다.

22 풍향이 일정하고 풍력이 증가하며 기압이 계속 하강한다면 자기 선박과 태풍의 상대적 위치는?

㉮ 자기 선박은 가항반원에 있다.

㉯ 자기 선박은 태풍 중심에 있다.

㉰ 자기 선박은 위험반원 내에 있다.

㉱ 자기 선박은 태풍의 진로상에 있다.

답 | ㉱ 풍향이 일정하고 풍력이 증가하며 기압이 계속 하강한다면 자기 선박은 태풍의 진로상에 위치해 있다. 예상 진로를 파악하여 신속하게 회피하는 것이 좋다.

23 황천 중 슬래밍(Slamming) 현상과 함께 추진기 공회전이 발생할 경우 조치할 사항은?

㉮ 대각도 선회하여 정횡 방향에서 파를 받도록 한다.

㉯ 기관을 정지하고 선미 쪽에서 바람을 받도록 한다.

㉰ 풍향을 정선수로부터 받고 선속을 증가시켜 황천을 빨리 벗어난다.

㉱ 풍랑을 정선수로부터 2~3점 정도의 방향으로 받고 타효를 가질 수 있는 최소한의 속력을 유지한다.

답 | ㉱ 슬래밍은 선체가 파를 선수에서 받으면서 항주할 때 선수 선저부가 강한 파의 충격을 받아 선체가 짧은 주기로 급격한 진동을 하게 되는 현상을 말한다. 이 현상과 함께 추진기 공회전이 발생하면 풍랑을 정선수로부터 2~3점 정도의 방향으로 받고 타효를 가질 수 있는 최소한의 속력을 유지한다.

24 C급 화재를 진화하기 위해서 가장 적합한 소화제는?

㉮ 물   ㉯ 이산화탄소

㉰ 스팀   ㉱ 포말 소화제

답 | ㉯ C급 화재는 전기에 의한 화재로 이산화탄소나 분말 소화제를 사용하여 진화한다.

25 항해 중 당직항해사가 선장에게 즉시 보고하여야 하는 경우가 아닌 것은?

㉮ 침로의 유지가 어려울 경우

㉯ 예기치 않은 항로표지를 발견한 경우

㉰ 예정된 변침지점에서 침로를 변경한 경우

㉱ 시계가 제한되거나 제한될 것으로 예상될 경우

답 | ㉰ 예정된 변침지점에서 침로를 변경하는 것은 항해 중 당연히 이루어져야 하는 정상적인 상황이므로 즉시 보고할 필요가 없다.

01 해상교통안전법상 자기 선박의 우현 후방에서 들려온 장음 2회, 단음 1회에 대한 동의의사를 표시할 때의 기적신호로 옳은 것은?

㉮ 장음 1회, 단음 1회의 순서로 1회
㉯ 장음 1회, 단음 1회의 순서로 2회
㉰ 장음 1회, 단음 2회의 순서로 1회
㉱ 장음 1회, 단음 2회의 순서로 2회

답 | ㉯　해상교통안전법 제99조에 따르면 자기 선박의 우현 후방에서 들려온 장음 2회, 단음 1회에 대한 동의의사를 표시할 때의 기적신호는 장음 1회, 단음 1회의 순서로 2회에 걸쳐 한다.

02 해상교통안전법상 접근하여 오는 다른 선박의 방위에 뚜렷한 변화가 있더라도 충돌의 위험이 있다고 보고 필요한 조치를 취해야 할 선박을 〈보기〉에서 모두 고른 것은?

┌보기┐
ㄱ. 범선
ㄴ. 거대선
ㄷ. 고속선
ㄹ. 예인 작업에 종사하는 선박

㉮ ㄱ, ㄴ ㉯ ㄱ, ㄷ
㉰ ㄴ, ㄹ ㉱ ㄴ, ㄷ, ㄹ

답 | ㉰　해상교통안전법 제72조에 따르면 선박은 접근하여 오는 다른 선박의 나침방위에 뚜렷한 변화가 일어나지 아니하면 충돌할 위험성이 있다고 보고 필요한 조치를 하여야 한다. 접근하여 오는 다른 선박의 나침방위에 뚜렷한 변화가 있더라도 거대선 또는 예인 작업에 종사하고 있는 선박에 접근하거나, 가까이 있는 다른 선박에 접근하는 경우에는 충돌을 방지하기 위하여 필요한 조치를 하여야 한다.

03 해상교통안전법상 해상교통량이 아주 많은 해역 등 대형 해양사고가 발생할 우려가 있어 해양수산부장관이 설정하는 해역은?

㉮ 항로
㉯ 교통안전특정해역
㉰ 통항분리수역
㉱ 유조선통항금지해역

답 | ㉯　해상교통안전법 제7조에 따르면 해양수산부장관은 대형 해양사고가 발생할 우려가 있는 해역(교통안전특정해역)을 설정할 수 있다.

04 해상교통안전법상 조종불능선이 아닌 선박은?

㉮ 추진기관 고장으로 표류 중인 선박
㉯ 항공기의 발착작업에 종사 중인 선박
㉰ 발전기 고장으로 기관이 정지된 선박
㉱ 조타기 고장으로 침로 변경이 불가능한 선박

답 | ㉯　해상교통안전법 제2조에 따르면 조종불능선이란 선박의 조종성능을 제한하는 고장이나 그 밖의 사유로 조종을 할 수 없게 되어 다른 선박의 진로를 피할 수 없는 선박을 말한다.

05 (　　)에 적합한 것은?

┌보기┐
"해상교통안전법상 통항분리수역을 항행하는 경우에 선박이 부득이한 사유로 그 통항로를 횡단하여야 하는 경우 그 통항로와 선수방향이 (　　)에 가까운 각도로 횡단하여야 한다."

㉮ 둔각 ㉯ 직각
㉰ 예각 ㉱ 평형

답 | ㉯　해상교통안전법 제75조에 따르면 통항분리수역을 항행하는 경우에 선박이 부득이한 사유로 그 통항로를 횡단하여야 하는 경우 그 통항로와 선수방향이 직각에 가까운 각도로 횡단하여야 한다.

06 해상교통안전법상 선박에서 술에 취한 상태에서 조타기를 조작하였다는 충분한 이유가 있는 경우 해양경찰청 소속 경찰공무원이 할 수 있는 일은?

㉮ 선박 나포
㉯ 선박 출항통제
㉰ 음주 측정
㉱ 해기사 면허 취소

답 | ㉰ 해상교통안전법 제39조에 따르면 해양경찰청 소속 경찰공무원은 술에 취한 상태에서 조타기를 조작하거나 조작할 것을 지시하였거나 도선을 하였다고 인정할 만한 충분한 이유가 있는 경우에는 운항을 하기 위하여 조타기를 조작하거나 조작할 것을 지시하는 사람 또는 도선을 하는 사람이 술에 취하였는지 측정할 수 있으며, 해당 운항자 또는 도선사는 해양경찰청 소속 경찰공무원의 측정 요구에 따라야 한다.

07 해상교통안전법상 술에 취한 상태의 기준은?

㉮ 혈중알코올농도 0.01퍼센트 이상
㉯ 혈중알코올농도 0.03퍼센트 이상
㉰ 혈중알코올농도 0.05퍼센트 이상
㉱ 혈중알코올농도 0.10퍼센트 이상

답 | ㉯ 해상교통안전법 제39조에 따르면 술에 취한 상태의 기준은 혈중알코올농도 0.03퍼센트 이상으로 한다.

08 ( )에 적합한 것은?

┌─ 보기 ─────────────────────────┐
│ "해상교통안전법상 선박은 다른 선박과 충돌할 │
│ 위험성이 있는지 판단하기 위하여 당시의 상황 │
│ 에 알맞은 ( )을 활용하여야 한다." │
└──────────────────────────────┘

㉮ 모든 수단
㉯ 직감적인 수단
㉰ 후각적인 수단
㉱ 공감적인 수단

답 | ㉮ 해상교통안전법 제70조에 따르면 선박은 주위의 상황 및 다른 선박과 충돌할 수 있는 위험성을 충분히 파악할 수 있도록 시각·청각 및 당시의 상황에 맞게 이용할 수 있는 모든 수단을 이용하여 항상 적절한 경계를 하여야 한다.

09 해상교통안전법상 안전한 속력을 결정할 때 고려하여야 할 사항이 아닌 것은?

㉮ 시계의 상태
㉯ 선박 설비의 구조
㉰ 선박의 조종성능
㉱ 해상교통량의 밀도

답 | ㉯ 해상교통안전법 제71조에 따르면 안전한 속력을 결정할 때에는 다음 각 호의 사항을 고려하여야 한다.
- 시계의 상태
- 해상교통량의 밀도
- 선박의 정지거리·선회성능, 그 밖의 조종성능
- 야간의 경우에는 항해에 지장을 주는 불빛의 유무
- 바람·해면 및 조류의 상태와 항해상 위험의 근접상태
- 선박의 흘수와 수심과의 관계
- 레이더의 특성 및 성능
- 해면상태·기상, 그 밖의 장애요인이 레이더 탐지에 미치는 영향
- 레이더로 탐지한 선박의 수·위치 및 동향

10 해상교통안전법상 서로 시계 안에서 2척의 동력선이 거의 마주치게 되어 충돌의 위험이 있는 경우와 그 피항 방법에 관한 설명으로 옳지 않은 것은?

㉮ 두 선박은 서로 대등한 피항 의무를 가진다.

㉯ 우현 대 우현으로 지나갈 수 있도록 침로를 변경한다.

㉰ 다른 선박을 선수 방향에서 볼 수 있는 경우로서 낮에는 2척의 선박의 마스트가 선수에서 선미까지 일직선이 되거나 거의 일직선이 되는 경우이다.

㉱ 다른 선박을 선수 방향에서 볼 수 있는 경우로서 밤에는 2개의 마스트등을 일직선 또는 거의 일직선으로 볼 수 있거나 양쪽의 현등을 볼 수 있는 경우이다.

답 | ㉯ 해상교통안전법 제79조에 따르면 2척의 동력선이 마주치거나 거의 마주치게 되어 충돌의 위험이 있을 때에는 각 동력선은 서로 다른 선박의 좌현 쪽을 지나갈 수 있도록 침로를 우현 쪽으로 변경하여야 한다.

11 해상교통안전법상 서로 시계 안에서 범선과 동력선이 서로 마주치는 경우 항법으로 옳은 것은?

㉮ 동력선이 침로를 변경한다.

㉯ 각각 침로를 좌현 쪽으로 변경한다.

㉰ 각각 침로를 우현 쪽으로 변경한다.

㉱ 동력선은 침로를 우현 쪽으로, 범선은 침로를 바람이 불어가는 쪽으로 변경한다.

답 | ㉮ 해상교통안전법 제83조에 따르면 항행 중인 동력선은 조종불능선, 조종제한선, 어로에 종사하고 있는 선박, 범선 등의 진로를 피하여야 한다.

12 해상교통안전법상 동력선이 시계가 제한된 수역을 항행할 때의 항법으로 옳은 것은?

㉮ 가급적 속력 증가

㉯ 기관 즉시 조작 준비

㉰ 후진 기관 사용 금지

㉱ 레이더만으로 다른 선박이 있는 것을 탐지하고 침로 변경만으로 피항동작을 할 경우 선수 방향에 있는 선박에 대하여 좌현 쪽으로 침로를 변경하여 충돌 회피

답 | ㉯ 해상교통안전법 제84조에 따르면 동력선은 제한된 시계 안에 있는 경우 기관을 즉시 조작할 수 있도록 준비하고 있어야 한다.

13 해상교통안전법상 선미등이 비추는 수평의 호의 범위와 동색은?

㉮ 135도, 흰색　　　㉯ 135도, 붉은색

㉰ 225도, 흰색　　　㉱ 225도, 붉은색

답 | ㉮ 해상교통안전법 제86조에 따르면 선미등은 135도에 걸치는 수평의 호를 비추는 흰색 등이다.

14 해상교통안전법상 제한된 시계 안에서 2분을 넘지 아니하는 간격으로 장음 2회의 기적신호를 들었다면 그 기적을 울린 선박은?

㉮ 정박선

㉯ 조종제한선

㉰ 얹혀 있는 선박

㉱ 대수속력이 없는 항행 중인 동력선

답 | ㉱ 해상교통안전법 제100조에 따르면 항행 중인 동력선은 정지하여 대수속력이 없는 경우에는 장음 사이의 간격을 2초 정도로 연속하여 장음을 2회 울리되, 2분을 넘지 아니하는 간격으로 울려야 한다.

15 해상교통안전법상 서로 상대의 시계 안에 선박이 접근하고 있을 경우, 하나의 선박이 다른 선박의 의도 또는 동작을 이해할 수 없을 때 울리는 기적 신호는?

㉮ 단음 3회 이상
㉯ 단음 5회 이상
㉰ 장음 3회 이상
㉱ 장음 5회 이상

답 | ㉯ 해상교통안전법 제99조에 따르면 서로 상대의 시계 안에 있는 선박이 접근하고 있을 경우에는 하나의 선박이 다른 선박의 의도 또는 동작을 이해할 수 없거나 다른 선박이 충돌을 피하기 위하여 충분한 동작을 취하고 있는지 분명하지 아니한 경우에는 그 사실을 안 선박이 즉시 기적으로 단음을 5회 이상 재빨리 울려 그 사실을 표시하여야 한다.

16 선박의 입항 및 출항 등에 관한 법률상 무역항에 출입하려고 할 때 출입신고를 하여야 하는 선박은?

㉮ 군함
㉯ 해양경찰함정
㉰ 총톤수 100톤인 선박
㉱ 해양사고구조에 사용되는 선박

답 | ㉰ 선박의 입항 및 출항 등에 관한 법률 제4조에 따르면 출입신고를 하지 않아도 되는 선박을 총톤수 5톤 미만의 선박, 해양사고구조에 사용되는 선박, 국내항 간을 운항하는 모터보트 및 동력요트, 그 밖에 공공목적이나 항문 운영의 효율성을 위하여 해양수산부령으로 정하는 선박으로 규정하고 있다. 이때 '해양수산부령으로 정하는 선박'에는 관공선, 군함, 해양경찰함정, 도선선, 예선, 정기여객선 등이 해당된다.

17 (   )에 순서대로 적합한 것은?

보기
"선박의 입항 및 출항 등에 관한 법률상 무역항의 수상구역등에서 기적이나 사이렌을 갖춘 선박에 화재가 발생한 경우 그 선박은 기적이나 사이렌을 (   )으로 (   ) 울려야 한다."

㉮ 단음, 4회　　㉯ 장음, 5회
㉰ 장음, 4회　　㉱ 단음, 5회

답 | ㉯ 선박의 입항 및 출항 등에 관한 법률 시행규칙 제29조에 따르면 화재를 알리는 경보는 기적이나 사이렌을 장음(4초에서 6초까지의 시간 동안 계속되는 울림을 말한다)으로 5회 울려야 한다.

18 (   )에 순서대로 적합한 것은?

보기
"선박의 입항 및 출항 등에 관한 법률상 무역항의 수상구역등에 (   )하는 선박이 방파제 입구 등에서 (   )하는 선박과 마주칠 우려가 있는 경우에는 방파제 밖에서 (   )하는 선박의 진로를 피하여야 한다."

㉮ 통과, 출항, 입항
㉯ 통과, 입항, 출항
㉰ 출항, 입항, 입항
㉱ 입항, 출항, 출항

답 | ㉱ 선박의 입항 및 출항 등에 관한 법률 제13조에 따르면 무역항의 수상구역등에 입항하는 선박이 방파제 입구 등에서 출항하는 선박과 마주칠 우려가 있는 경우에는 방파제 밖에서 출항하는 선박의 진로를 피하여야 한다.

19 (　　)에 순서대로 적합한 것은?

☐보기☐
"선박의 입항 및 출항 등에 관한 법률상 항로상
의 모든 선박은 항로를 항행하는 (　　　) 또는
(　　　)의 진로를 항해하지 아니하여야 한다.
다만, 항만운송관련사업을 등록한 자가 소유한
급유선은 제외한다."

㉮ 어선, 범선

㉯ 흘수제약선, 범선

㉰ 위험물운송선박, 대형선

㉱ 위험물운송선박, 흘수제약선

답 | ㉱ 선박의 입항 및 출항 등에 관한 법률 제12조에
따르면 항로를 항행하는 위험물운송선박(급유
선은 제외한다) 또는 흘수제약선의 진로를 방
해하지 아니하여야 한다.

20 선박의 입항 및 출항 등에 관한 법률상 무역항의 수상구역등에서 하천, 운하 및 그 밖의 좁은 수로와 계류장 입구의 부근 수역에 정박이나 정류가 허용되는 경우는?

㉮ 어선이 조업 중인 경우

㉯ 선박 조종이 불가능한 경우

㉰ 실습선이 해양훈련 중인 경우

㉱ 여객선이 입항시간을 조정할 경우

답 | ㉯ 선박의 입항 및 출항 등에 관한 법률 제6조에
따르면 다음 각 호의 경우에는 하천, 운하 및
그 밖의 좁은 수로와 계류장 입구의 부근 수역
에 정박하거나 정류할 수 있다.
- 해양사고를 피하기 위한 경우
- 선박의 고장이나 그 밖의 사유로 선박을 조
  종할 수 없는 경우
- 인명을 구조하거나 급박한 위험이 있는 선박
  을 구조하는 경우
- 허가를 받은 공사 또는 작업에 사용하는 경우

21 (　　)에 순서대로 적합한 것은?

☐보기☐
"선박의 입항 및 출항 등에 관한 법률상 (　　　)
외의 선박은 무역항의 수상구역등에 출입하는
경우 또는 무역항의 수상구역등을 통과하는 경
우에는 해양사고를 피하기 위한 경우 등 해양수
산부령으로 정하는 사유가 있는 경우를 제외하
고 지정·고시된 항로를 따라 항행하여야 한다."

㉮ 고속선　　　　　㉯ 우선피항선

㉰ 조종불능선　　　㉱ 흘수제약선

답 | ㉯ 선박의 입항 및 출항 등에 관한 법률 제10조에
따르면 우선피항선 외의 선박은 무역항의 수상
구역등에 출입하는 경우 또는 무역항의 수상구
역등을 통과하는 경우에는 지정·고시된 항로
를 따라 항행하여야 한다. 다만, 해양사고를 피
하기 위한 경우 등 해양수산부령으로 정하는
사유가 있는 경우에는 그러하지 아니하다.

22 선박의 입항 및 출항 등에 관한 법률상 우선피항선이 아닌 선박은?

㉮ 예선

㉯ 총톤수 20톤 미만인 어선

㉰ 주로 노와 삿대로 운전하는 선박

㉱ 예인선에 결합되어 운항하는 압항부선

답 | ㉱ 선박의 입항 및 출항 등에 관한 법률 제조에 따
르면 선박의 입항 및 출항 등에 관한 법률 제2
조에 따르면 우선피항선을 부선(예인선이 부선
을 끌거나 밀고 있는 경우의 예인선 및 부선을
포함), 주로 노와 삿대로 운전하는 선박, 예선
그리고 이에 해당하지 않는 총톤수 20톤 미만
의 선박으로 규정하고 있다.

23 해양환경관리법이 적용되는 오염물질이 아닌 것은?

㉠ 기름   ㉡ 음식쓰레기

㉣ 선저 폐수   ㉢ 방사성 물질

답 | ㉢   해양환경관리법 제2조에 따르면 오염물질이라 함은 해양에 유입 또는 해양으로 배출되어 해양환경에 해로운 결과를 미치거나 미칠 우려가 있는 폐기물·기름·유해액체물질 및 포장유해물질을 말한다.

24 해양환경관리법상 선박의 밑바닥에 고인 액상유성 혼합물은?

㉠ 윤활유   ㉡ 선저 폐수

㉣ 선저 유류   ㉢ 선저 세정수

답 | ㉡   해양환경관리법 제2조에 따르면 선저 폐수는 선박의 밑바닥에 고인 액상유성혼합물을 말한다.

25 해양환경관리법상 피예인선의 기름기록부 보관 장소는?

㉠ 예인선의 선내

㉡ 피예인선의 선내

㉣ 지방해양수산청

㉢ 선박소유자의 사무실

답 | ㉢   해양환경관리법 제30조에 따르면 선박의 선장은 그 선박에서 사용하거나 운반·처리하는 폐기물·기름 및 유해액체물질에 대한 기름기록부를 그 선박(피예인선의 경우에는 선박의 소유자의 사무실을 말한다) 안에 비치하고 그 사용량·운반량 및 처리량 등을 기록하여야 한다.

제 4 과목   **기관**

01 회전수가 1,200[rpm]인 디젤기관에서 크랭크축이 1회전하는 동안 걸리는 시간은?

㉠ (1/20)초   ㉡ (1/3)초

㉣ 2초   ㉢ 20초

답 | ㉠   rpm은 분당 회전수를 뜻하는 단위이므로, 회전수가 1,200rpm이라는 말은 엔진 크랭크축이 1분에 1,200번 회전한다는 의미이다. 따라서 크랭크축이 1회전하는 동안 걸리는 시간은 60초/1,200회＝(1/20)초이다.

02 디젤기관의 압축비에 대한 설명으로 옳은 것을 모두 고른 것은?

┌ 보기 ┐
① 가솔린기관보다 압축비가 크다.
② 실린더 부피를 압축 부피로 나눈 값이다.
③ 압축비가 클수록 압축압력은 높아진다.
└

㉠ ①, ②   ㉡ ①, ③

㉣ ②, ③   ㉢ ①, ②, ③

답 | ㉢   ① 일반적으로 디젤 기관의 압축비는 11~25, 가솔린 기관은 5~110이다.

② 압축비＝$\dfrac{\text{실린더 부피}}{\text{압축 부피}}$

③ 압축비가 클수록 연소 중 온도와 압력이 높아진다.

03 내연기관의 거버너에 대한 설명으로 옳은 것은?

㉮ 기관의 회전 속도가 일정하게 되도록 연료유의 공급량을 조절한다.

㉯ 기관에 들어가는 연료유의 온도를 자동으로 조절한다.

㉰ 윤활유의 온도를 자동으로 조절한다.

㉱ 기관에 흡입되는 공기량을 자동으로 조절한다.

답 | ㉮ 거버너는 엔진과 같은 기계의 속도를 측정하고 회전 속도를 일정하게 조정하도록 연료유의 공급량을 조절한다.

04 "소형 디젤기관의 커넥팅로드 내부에는 (　　)가 통하는 구멍이 뚫려 있다."에서 (　　)에 적합한 것은?

㉮ 연료유　　　　㉯ 윤활유

㉰ 냉각수　　　　㉱ 배기가스

답 | ㉯ 커넥팅로드는 피스톤과 크랭크축 사이에서 피스톤의 왕복운동을 크랭크축에 전달하여 회전운동으로 전환한다. 내부에는 윤활유가 통하는 구멍이 뚫려 있다.

05 디젤기관에서 플라이휠을 설치하는 주된 목적은?

㉮ 소음을 방지하기 위해

㉯ 과속도를 방지하기 위해

㉰ 회전을 균일하게 하기 위해

㉱ 고속 회전을 가능하게 하기 위해

답 | ㉰ 플라이휠의 역할은 기관의 시동을 쉽게 하고, 저속 회전을 가능하게 하며, 크랭크축의 회전력을 균일하게 하고, 밸브의 조정을 편리하게 하는 것이다.

06 다음과 같은 크랭크축에서 ①에 대한 설명으로 옳은 것은?

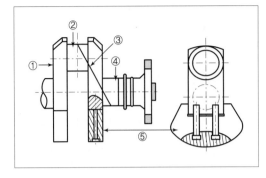

㉮ 밸브의 조정을 편리하게 한다.

㉯ 디젤기관의 착화순서를 조정한다.

㉰ 크랭크 저널과 크랭크핀을 연결한다.

㉱ 크랭크축의 형상에 따른 불균형을 보정한다.

답 | ㉰ ①은 크랭크암으로 크랭크 저널과 크랭크핀을 연결하는 부분으로 반대쪽으로는 평형추를 설치하여 회전력의 평형을 유지한다.

07 디젤기관의 시동 전 준비사항으로 옳지 않은 것은?

㉮ 연료유 계통을 점검한다.

㉯ 윤활유 계통을 점검한다.

㉰ 시동공기 계통을 점검한다.

㉱ 테스트 콕을 닫고 터닝기어를 연결한다.

답 | ㉱ 디젤기관의 시동 전 압축 공기 계통, 윤활유 계통, 연료유 계통, 냉각수 계통을 확인한다.

08 디젤기관에서 배기가스 온도가 상승하는 경우의 원인이 아닌 것은?

㉮ 배기밸브의 누설

㉯ 과급기의 작동 불량

㉲ 윤활유 압력의 저하

㉳ 흡입공기의 냉각 불량

답 | ㉲ 배기가스 온도가 상승하는 원인은 부하의 부적합(과부하), 흡입 공기의 냉각 불량, 흡입 공기의 저항이 큼, 과급기의 상태 불량, 배기밸브의 누설 등이 있다. 윤활유의 압력의 저하는 윤활유의 온도 상승의 원인이다.

09 디젤기관의 연료유관 계통에서 프라이밍이 완료된 상태는 어떻게 판단하는가?

㉮ 연료유의 불순물만 나올 때

㉯ 공기만 나올 때

㉲ 연료유만 나올 때

㉳ 연료유와 공기의 거품이 함께 나올 때

답 | ㉲ 프라이밍은 연료계통 내에 유입된 공기를 누출시키는 것으로, 연료유관 프라이밍은 연료유만 나올 때 완료된 것으로 판단한다.

10 다음 그림에서 부식 방지를 위해 ①에 부착하는 것은?

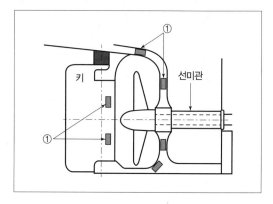

㉮ 구리　　　　㉯ 니켈

㉲ 주석　　　　㉳ 아연

답 | ㉳ 부식이 심한 곳의 파이프에는 아연 또는 주석 도금한 파이프를 사용하여 방지한다.

11 다음과 같은 동력전달장치 계통도에서 ⑨의 명칭은?

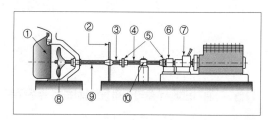

㉮ 캠축　　　　㉯ 크랭크축

㉲ 추진기축　　㉳ 추력축

답 | ㉲ ⑨는 추진기축으로 원동기에서 회전력을 전달받아 프로펠러 전체를 돌리는 축을 말한다.

12 10노트로 항해하는 선박의 속력에 대한 설명으로 옳은 것은?

㉮ 1시간에 1마일을 항해하는 선박의 속력이다.
㉯ 1시간에 5마일을 항해하는 선박의 속력이다.
㉰ 10시간에 1마일을 항해하는 선박의 속력이다.
㉱ 10시간에 100마일을 항해하는 선박의 속력이다.

답 | ㉱ 10노트는 1시간에 10마일을 항주하는 속력을 의미하므로, 10시간에 100마일을 항해하는 선박의 속력이다.

13 나선형 추진기 날개의 한 개가 절손되었을 때 발생하는 현상으로 옳은 것은?

㉮ 출력이 높아진다.
㉯ 진동이 증가한다.
㉰ 선속이 증가한다.
㉱ 추진기 효율이 증가한다.

답 | ㉯ 추진기 날개 절손 시 추진기의 회전이 불균형해지며, 따라서 기관 및 선체의 진동이 증가하게 된다.

14 선박이 항해할 때 발생하는 선체저항을 모두 고른 것은?

┌─ 보기 ─────────────────────┐
① 공기저항   ② 권선저항
③ 기계저항   ④ 마찰저항
⑤ 와류저항   ⑥ 조파저항
└────────────────────────────┘

㉮ ①, ②, ④, ⑤
㉯ ①, ④, ⑤, ⑥
㉰ ②, ④, ⑤, ⑥
㉱ ③, ④, ⑤, ⑥

답 | ㉯ 선박이 항해할 때 발생하는 선체저항은 마찰저항, 조파저항, 조와(와류)저항, 공기저항이다.

15 닻을 감아올리는 데 사용하는 갑판기기는?

㉮ 조타기   ㉯ 양묘기
㉰ 계선기   ㉱ 양화기

답 | ㉯ 양묘기는 앵커를 감아올리거나 투묘 작업, 계선 작업 등에 사용하며 선수부 최상 갑판에 설치한다.

16 원심펌프의 기동 전 점검사항에 대한 설명으로 옳지 않은 것은?

㉮ 흡입밸브를 열고 송출밸브를 잠근다.
㉯ 에어벤트 콕을 이용하여 공기를 배출한다.
㉰ 전류계 지시치가 최대치에 있는지를 확인한다.
㉱ 손으로 축을 돌리면서 각부의 이상 유무를 확인한다.

답 | ㉰ 전류계 지시치가 최대치에 있는지를 확인하는 것은 전동기 운전 시 확인사항이다.

17 납축전지의 방전종지전압은 단전지 당 약 몇 [V]인가?

㉮ 2.5[V]   ㉯ 2.2[V]
㉰ 1.8[V]   ㉱ 1[V]

답 | ㉰ 어느 한계 이하의 전압이 될 때까지 방전을 해서는 안 되는 전압을 방전종지전압이라 한다. 방전종지전압은 축전지에 따라서 조금씩 다르기는 하지만 전지 1개당 1.7~1.8V이다.

18 유도전동기의 부하에 대한 설명으로 옳지 않은 것은?

㉮ 정상운전 시보다 기동 시의 부하전류가 더 크다.

㉯ 부하의 대소는 전류계로 판단한다.

㉰ 부하가 증가하면 전동기의 회전수는 올라간다.

㉱ 부하가 감소하면 전동기의 온도는 내려간다.

답 ┃ ㉰ 유도전동기의 부하가 증가하면 전동기의 회전수는 감소한다. 그리고 이에 따라 전류는 증가하게 된다.

19 다음 그림과 같은 퓨즈를 아날로그 멀티테스터를 이용하여 정상 여부를 판단하는 방법으로 가장 적절한 것은?

㉮ 레인지 선택 스위치를 저항 레인지에 놓고 퓨즈 양단에 빨간색 리드봉과 검은색 리드봉을 접촉하여 0[Ω]이 나오면 퓨즈는 정상이다.

㉯ 레인지 선택 스위치를 저항 레인지에 놓고 퓨즈 양단에 빨간색 리드봉과 검은색 리드봉을 접촉하여 ∞[Ω]이 나오면 퓨즈는 정상이다.

㉰ 레인지 선택 스위치를 DCmA 레인지에 놓고 퓨즈 양단에 빨간색 리드봉과 검은색 리드봉을 접촉하여 0[Ω]이 나오면 퓨즈는 정상이다.

㉱ 레인지 선택 스위치를 DCmA 레인지에 놓고 퓨즈 양단에 빨간색 리드봉과 검은색 리드봉을 접촉하여 ∞[Ω]이 나오면 퓨즈는 정상이다.

답 ┃ ㉮ 멀티테스터는 저항, 직류 전압·전류, 교류 전압 등을 측정하는 계측기이다. 레인지 선택 스위치를 저항 레인지에 놓고 퓨즈 양단에 빨간색 리드봉과 검은색 리드봉을 접촉하여 0[Ω]이 나오면 퓨즈는 정상이다.

20 납축전지의 구성 요소가 아닌 것은?

㉮ 극판　　　　　㉯ 충전판

㉰ 격리판　　　　㉱ 전해액

답 ┃ ㉯ 납축전지는 극판, 격리판, 전해액으로 이루어져 있다.

21 충격하중이나 고하중을 받고 급유가 곤란한 장소에 주로 사용되는 윤활제는?

㉮ 그리스　　　　㉯ 터빈유

㉰ 기계유　　　　㉱ 유압유

답 ┃ ㉮ 그리스는 주로 고하중을 받는 부분이나 마찰력이 매우 큰 부분 중에서도 윤활유를 주입하기 어려운 곳에 사용되는 윤활유이다. 기계의 운동 중에는 액체상태가 되고 정지하면 유동성을 상실하여 반고체가 되는 특징이 있다.

22 디젤기관을 정비하는 목적이 아닌 것은?

㉮ 기관을 오랫동안 사용하기 위해

㉯ 기관의 정격 출력을 높이기 위해

㉰ 기관의 고장을 예방하기 위해

㉱ 기관의 운전효율이 낮아지는 것을 방지하기 위해

답 ┃ ㉯ 정격 출력이란 규정된 조건하에서 보장된 최대의 출력을 말한다. 즉 디젤기관을 정비하는 목적이 이에 해당한다.

23 겨울철에 디젤기관을 장기간 정지할 경우의 주의 사항으로 옳지 않은 것은?

㉮ 동파를 방지한다.

㉯ 부식을 방지한다.

㉰ 터닝을 주기적으로 실시한다.

㉱ 중요 부품은 분해하여 육상에 보관한다.

답 | ㉱ 고장 및 오작동의 원인이 될 수 있으므로 중요 부품을 분해해서는 안 된다.

24 경유의 비중에 대한 설명으로 옳은 것은?

㉮ 경유의 비중은 휘발유와 중유보다 더 작다.

㉯ 경유의 비중은 휘발유보다 크고 중유보다 작다.

㉰ 경유의 비중은 중유보다 크고 휘발유보다 작다.

㉱ 경유의 비중은 휘발유와 중유보다 더 크다.

답 | ㉯ 휘발유의 비중은 0.69~0.77, 경유는 0.84~0.89, 중유는 0.91~0.99이다.

25 "연료유를 가열하면 점도는 (   )."에서 (   )에 알맞은 것은?

㉮ 낮아진다.

㉯ 높아진다.

㉰ 관계가 없다.

㉱ 연료유에 따라 높아지기도 하고 낮아지기도 한다.

답 | ㉮ 온도가 상승하면 연료유의 점도는 낮아지고 온도가 낮아지면 점도는 높아진다. 따라서 연료유를 가열하면 점도는 낮아진다.

제1과목　　항해

01 기계식 자이로컴퍼스의 위도오차에 관한 설명으로 옳지 않은 것은?

㉮ 위도가 높을수록 오차는 감소한다.

㉯ 적도 지방에서는 오차가 생기지 않는다.

㉯ 북위도 지방에서는 편동오차가 된다.

㉺ 경사 제진식 자이로컴퍼스에만 있는 오차이다.

답 | ㉮　기계식 자이로컴퍼스의 위도오차는 위도가 높을수록 그에 따라 오차가 증가한다.

02 레이더의 거짓상을 판독하기 위한 방법으로 다음 중 옳은 것은?

㉮ 자기 선박의 속력을 줄인다.

㉯ 레이더의 전원을 껐다가 다시 켠다.

㉯ 레이더와 가장 가까운 항해계기의 전원을 끈다.

㉺ 자기 선박의 침로를 약 10도 좌우로 변경한다.

답 | ㉺　레이더의 거짓상이 생길 경우 본선 침로를 약 10도 정도 좌우로 변침하면 대부분의 거짓상은 없어지거나 남아있더라도 그 상이 아주 희미한 상태로 변하므로 판독이 가능하다.

03 수심이 얕은 곳에서 수심을 측정하거나 투묘할 때 배의 진행 방향 및 타력 또는 정박 중 닻의 끌림을 알기 위한 기구는?

㉮ 핸드 레드　　㉯ 트랜스듀서

㉯ 사운딩 자　　㉺ 풍향풍속계

답 | ㉮　핸드 레드는 납으로 만든 추에 줄을 매어 던진 후 줄에 표시된 표로 수심을 측정하는 측심기의 일종이다.

04 대지속력을 측정할 수 있는 계기가 아닌 것은?

㉮ 레이더(RADAR)

㉯ 지피에스(GPS)

㉯ 디지피에스(DGPS)

㉺ 도플러 로그(Doppler log)

답 | ㉮　대지속력은 육지에 대한 속력이다. 레이더는 전파의 등속성, 직진성, 반사성을 이용하여 물체의 거리 및 방향, 고도 등을 알아내는 장치이므로 대수속력을 측정하는 항해계기이다.

05 자기 컴퍼스가 선체나 선내 철기류 등의 영향을 받아 생기는 오차는?

㉮ 기차　　㉯ 자차

㉯ 편차　　㉺ 수직차

답 | ㉯　자차는 선박에 설치된 자기나침의가 선체 혹은 선내 금속의 영향을 받아 발생하는 오차이다. 배의 위치, 선수 방향, 선내 경사도 및 철기류의 위치, 시일 등에 따라 변화한다.

06 선박과 선박 간, 선박과 연안기지국 간의 항해 관련 데이터 통신을 하는 시스템은?

㉮ 항해기록장치

㉯ 선박자동식별장치

㉰ 전자해도표시장치

㉱ 선박보안경보장치

답 | ㉯ 선박자동식별장치(AIS)는 선명, 선박의 흘수, 선박의 제원, 종류, 위치, 목적지, 침로, 속력 등 항해 정보를 실시간으로 제공하는 첨단 장치로 국제해사기구(IMO)가 추진하는 의무 설치 사항이다.

07 45해리 떨어진 두 지점 사이를 대지속력 10노트로 항해할 때 걸리는 시간은? (단, 외력은 없다고 가정함)

㉮ 3시간

㉯ 3시간 30분

㉰ 4시간

㉱ 4시간 30분

답 | ㉱ 10노트는 1시간에 10해리를 항주하는 속력을 의미하므로, 45해리 떨어진 두 지점 사이를 항해할 때 걸리는 시간은 $\frac{45}{10}=4.5$시간이다.

08 (   )에 적합한 것은?

> **보기**
>
> "생소한 해역을 처음 항해할 때에는 수로지, 항로지, 해도 등에 (   )가 설정되어 있으면 특별한 이유가 없는 한 그 항로를 따르도록 한다."

㉮ 추천항로

㉯ 우회항로

㉰ 평행항로

㉱ 심흘수 전용항로

답 | ㉮ 생소한 해역을 처음 항해할 때 수로지, 항로지, 해도 등에 추천항로가 설정되어 있으면 특별한 이유가 없는 한 그 항로를 선정해야 한다.

09 다음 그림은 상대운동 표시방식 레이더 화면에서 자기 선박 주변에 있는 4척의 선박을 플로팅한 것이다. 현재 상태에서 자기 선박과 충돌할 가능성이 가장 큰 선박은?

㉮ A

㉯ B

㉰ C

㉱ D

답 | ㉮ 제시된 화면은 선박에서 가장 일반적으로 사용되는 상대동작방식 레이더의 화면이다. 상대동작방식 레이더에서 자선의 위치는 어느 한 점, 주로 중앙에 고정되고, 모든 물체는 자선에 움직임에 대해 상대적인 움직임으로 표시된다. 현재 상태에서 본선과 충돌할 가능성이 가장 큰 선박은 A이다.

10 레이더의 해면반사 억제기에 관한 설명으로 옳지 않은 것은?

㉮ 전체 화면에 영향을 끼친다.

㉯ 자기 선박 위주의 반사판 수신 감도를 떨어뜨린다.

㉰ 과하게 사용하면 작은 물표가 화면에 나타나지 않는다.

㉱ 자기 선박 주위에 해면반사에 의한 방해 현상이 나타나면 사용한다.

답 | ㉮ 해면반사억제기 근거리에 대한 반사파의 수신 감도를 떨어뜨려 방해현상을 억제한다. 전체 화면에 영향을 끼치는 것은 아니다.

11 우리나라 종이해도에서 주료 사용하는 수심의 단위는?

㉮ 미터(m)
㉯ 인치(inch)
㉰ 패덤(fm)
㉱ 킬로미터(km)

답 | ㉮ 우리나라의 해도는 기본수준면을 기준으로 측정한 수심을 미터(m) 단위로 표시한다.

12 항로의 지도 및 안내서이며 해상에 있어서 기상, 해류, 조류 등의 여러 현상 및 항로의 상황 등을 상세히 기재한 수로서지는?

㉮ 등대표
㉯ 조석표
㉰ 천측력
㉱ 항로지

답 | ㉱ 항로지는 해도의 내용을 설명함과 동시에 해도로는 표현할 수 없는 사항을 설명하는 안내서로, 항해자에게 해당 지역에 대한 예비지식을 상세히 제공하는 역할을 한다.

13 조석과 관련된 용어에 관한 설명으로 옳지 않은 것은?

㉮ 조석은 해면의 주기적 승강 운동을 말한다.
㉯ 고조는 조석으로 인하여 해면이 높아진 상태를 말한다.
㉰ 게류는 저조시에서 고조시까지 흐르는 조류를 말한다.
㉱ 대조승은 대조에 있어서의 고조의 평균조고를 말한다.

답 | ㉰ 게류는 창조류에서 낙조류로 변할 때, 혹은 그 반대의 상황에서 흐름이 잠시 정지하는 현상을 말한다. 저조시에서 고조시까지 흐르는 조류는 창조류이다.

14 〈보기〉에서 설명하는 광파(야간)표지는?

┌─ 보기 ┐
- 등대와 함께 널리 쓰인다.
- 암초 등의 위험을 알리거나 항행금지 지점을 표시한다.
- 항로의 입구, 폭 등을 표시한다.
- 해면에 떠 있는 구조물이다.
└─────┘

㉮ 등주
㉯ 등표
㉰ 등선
㉱ 등부표

답 | ㉱ ㉮ 등주 : 쇠나 나무, 콘크리트 등으로 만든 기둥 모양의 꼭대기에 등을 달아 놓은 것
㉯ 등표 : 위험한 암초, 수심이 얕은 곳, 항행금지구역 등의 위험을 표시하기 위해 설치한 고정 건축물
㉰ 등선 : 등화 시설을 갖춘 특수한 구조의 선박으로 등대의 설치가 어려운 곳에 설치

15 선박의 통항이 곤란한 좁은 수로, 항구, 만의 입구 등에서 선박에게 안전한 항로를 알려주기 위하여 항로 연장선상의 육지에 설치하는 분호등은?

㉮ 도등
㉯ 조사등
㉰ 지향등
㉱ 호광등

답 | ㉯ ㉮ 도등 : 통항이 곤란한 수도나 좁은 항만의 입구 등에서 항로의 연장선상에 2~3기씩 설치하여 그 중시선으로 선박을 안내하는 등화
㉯ 조사등 : 등부표의 설치 · 관리가 어려운 위험지역을 강력한 투광기로 비추는 등화시설
㉱ 호광등 : 색깔이 다른 종류의 빛을 교대로 내는 등으로 그 사이에 등광은 꺼지지 않음

16 주로 등대나 다른 항로표지에 부설되어 있으며, 시계가 불량할 때 이용되는 항로표지는?

㉮ 교량표지

㉯ 광파(야간)표지

㉰ 신위험표지

㉱ 음파(음향)표지

답 | ㉱ 음파(음향)표지는 시계가 좋지 않아 육지나 등화를 발견하기 어려운 경우 음향신호를 통해 위치 혹은 위험을 알리는 표지이다.

17 레이더에서 발사된 전파를 받을 때에만 응답하며, 일정한 형태의 신호가 나타날 수 있도록 전파를 발사하는 전파표지는?

㉮ 레이콘(Racon)

㉯ 레이마크(Ramark)

㉰ 코스 비컨(Course beacon)

㉱ 레이더 리플렉터(Radar reflector)

답 | ㉮ 레이콘(Racon)은 선박 레이더에서 발사된 전파를 받았을 때에만 응답하여 레이더에 식별가능한 일정한 형태가 나타나도록 신호를 발사하는 표지이다.

18 주로 하나의 항만, 어항, 좁은 수로 등 좁은 구역을 표시하는 해도에 많이 이용되는 도법은?

㉮ 평면도법

㉯ 점장도법

㉰ 대권도법

㉱ 다원추도법

답 | ㉮ 평면도법은 주로 하나의 항만, 어항, 좁은 수로 등 좁은 구역을 표시하는 해도에 많이 이용되는 도법이며, 항박도를 그릴 때 사용한다.

19 빛을 비추는 시간이 꺼져 있는 시간보다 짧은 것으로 일정한 간격으로 섬광을 내는 등은?

㉮ 부동등

㉯ 섬광등

㉰ 명암등

㉱ 호광등

답 | ㉯ 섬광등은 일정한 간격으로 짧은 섬광을 발사하는 등으로 빛을 비추는 시간이 꺼져 있는 시간보다 짧다.

20 다음 그림의 항로표지에 관한 설명으로 옳은 것은?

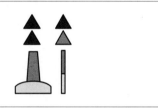

㉮ 표지의 동쪽에 가항수역이 있다.

㉯ 표지의 서쪽에 가항수역이 있다.

㉰ 표지의 남쪽에 가항수역이 있다.

㉱ 표지의 북쪽에 가항수역이 있다.

답 | ㉱ 주어진 표지의 북쪽이 가항수역인 북방위표지이다.

21 고기압에 관한 설명으로 옳은 것은?

㉮ 1기압보다 높은 것을 말한다.

㉯ 상승기류가 있어 날씨가 좋다.

㉰ 주위의 기압보다 높은 것을 말한다.

㉱ 바람은 저기압 중심에서 고기압 쪽으로 분다.

답 | ㉰ ㉮ 주변보다 기압이 높은 것을 말한다.
㉯ 하강기류가 있어 날씨가 좋다.
㉱ 바람은 고기압에서 저기압으로 분다.

22 일기도상 아래의 기호에 관한 설명으로 옳은 것은?

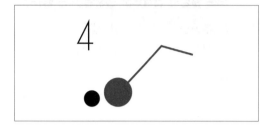

⑦ 풍향은 남서풍이다.
⑭ 비가 오는 날씨이다.
㉕ 평균 풍속은 15노트이다.
㉙ 현재의 기압은 3시간 전의 기압보다 낮다.

답 | ⑭ ⑦ 풍향은 북동풍이다.
㉕, ㉙ 평균 풍속과 현재의 기압은 알 수 없다.

23 열대 저기압의 분류 중 'TD'가 의미하는 것은?

⑦ 태풍   ⑭ 열대저기압
㉕ 열대폭풍   ㉙ 강한 열대폭풍

답 | ⑭ TD는 열대저압부를 의미한다.
⑦ 태풍 : T 또는 TY
㉕ 열대폭풍 : TS
㉙ 강한 열대폭풍 : STS

24 연안항해에서 변침하여야 할 지점을 확인하기 위하여 미리 선정하여 둔 것은?

⑦ 중시선   ⑭ 변침 물표
㉕ 변침로   ㉙ 변침 항로

답 | ⑭ 변침 물표는 선박의 변침 실시 후 예정된 항로를 항해하도록 하기 위해 미리 선정한 물표이다.

25 통항계획을 수립할 때 선박의 통항량이 많아 선위 확인에 집중할 수 없는 수역에서 선박이 침로를 벗어나는 상황을 감시하는 데 도움을 얻기 위하여 해도에 표시하는 것은?

⑦ 침로 이탈(Deviation)
⑭ 평행방위선법(Parallel indexing)
㉕ 안전을 위한 여유(Margins of safety)
㉙ 선저 여유수심(Under-keel clearance)

답 | ⑭ 평행방위선법(Parallel indexing)은 선박과 고정된 위험물표 사이의 일정한 수직거리로 그어진 평행선을 참고하여 선박의 위치와 진행상황을 파악하는 기술이다.

제2과목 운용

01 선박의 선미에서 선수를 향해서 보았을 때, 선체의 오른쪽은?

㉮ 갑판   ㉯ 선루
㉪ 우현   ㉭ 좌현

답 ㅣ ㉪ 우현은 선박의 선미에서 선수를 향해서 보았을 때, 선체의 오른쪽이다.

02 갑판의 배수 및 선체의 횡강력을 위하여 갑판 중 앙부를 양현의 현측보다 높게 하는 구조는?

㉮ 현회   ㉯ 캠버
㉪ 빌지   ㉭ 선체

답 ㅣ ㉯ 캠버는 선체의 횡단면상에서 갑판보가 선체 중 심선에서 양현으로 휘어진 것을 말한다. 캠버 는 갑판 위의 물이 신속하게 현측으로 배수되 도록 하고 횡강력을 증가시켜 갑판의 변형을 방지하는 역할을 한다.

03 아래 흘수표를 보고, A에 해당하는 흘수로 옳은 것은?

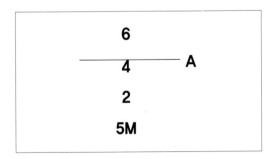

㉮ 5m 40cm   ㉯ 5m 45cm
㉪ 5m 50cm   ㉭ 5m 55cm

답 ㅣ ㉪ 흘수는 미터법에 의할 경우 매 20cm마다 10cm의 아라비아 짝수로, 피트법에 의할 경우 매 1ft마다 6inch의 아라비아 또는 로마숫자로 표시된다. 따라서 A의 흘수는 5m 50cm에 해 당한다.

04 각 흘수선상의 물에 잠긴 선체의 선수재 전면에서 선미 후단까지의 수평거리는?

㉮ 전장   ㉯ 등록장
㉪ 수선장   ㉭ 수선간장

답 ㅣ ㉪ 수선장은 선체가 물에 잠겨 있는 상태에서의 수선의 수평거리를 말하는 것으로, 통상 전장 보다 약간 짧다.

05 ( )에 적합한 것은?

> **보기**
> "SOLAS 협약상 타(키)는 최대흘수 상태에서 전 속 전진 시 한쪽 현 타각 35도에서 다른쪽 현 타 각 30도까지 돌아가는 데 ( )의 시간이 걸려야 한다."

㉮ 28초 이내   ㉯ 30초 이내
㉪ 32초 이내   ㉭ 35초 이내

답 ㅣ ㉮ SOLAS 협약에서는 조타 장치의 동작 속도에 대해 한쪽 현 타각 35도에서 반대 현 타각 30도 까지 회전시키는 데 28초 이내의 시간이 걸려 야 하도록 그 성능을 규정하였다.

06 타(키)의 구조를 나타낸 아래 그림에서 ②는?

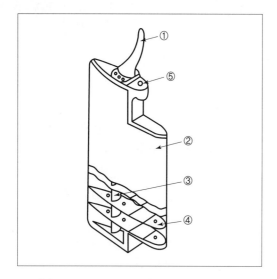

㉮ 타판   ㉯ 핀틀
㉰ 거전   ㉱ 타두재

답 | ㉮ ②는 타판이다. ①은 타두재, ③ 수직 골재, ④ 수평 골재, ⑤ 타심재에 해당한다.

07 닻을 나타낸 아래 그림에서 ㉠은?

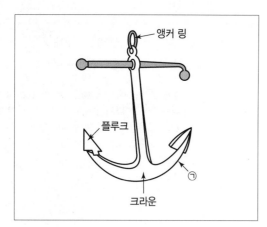

앵커 링
플루크
크라운

㉮ 암   ㉯ 빌
㉰ 생크   ㉱ 스톡

답 | ㉮ ㉠은 암이다.

08 초단파(VHF) 무선설비로 조난경보가 잘못 발신되었을 때 취해야 하는 조치로 옳은 것은?

㉮ 장비를 끄고 둔다.
㉯ 조난경보 버튼을 다시 누른다.
㉰ 무선설비로 취소 통보를 발신해야 한다.
㉱ 조난경보 버튼을 세 번 연속으로 누른다.

답 | ㉰ 초단파(VHF) 무선설비로 조난경보가 잘못 발신되었을 경우 즉시 취소 통보를 발신하여 잘못된 정보임을 알려야 한다.

09 체온을 유지할 수 있도록 열전도율이 낮은 방수물질로 만들어진 포대기 또는 옷을 의미하는 구명설비는?

㉮ 방수복   ㉯ 구명조끼
㉰ 보온복   ㉱ 구명부환

답 | ㉰ 보온복은 온도 보호가 잘 되는 방수물질로 된 옷 또는 포대기이다.

10 조난선박으로부터 수신된 조난신호의 해상이동업무식별번호(MMSI number)에서 앞의 3자리가 '441'이라고 표시되어 있다면 해당 조난선박의 국적은?

㉮ 한국   ㉯ 일본
㉰ 중국   ㉱ 러시아

답 | ㉮ 해상이동업무식별번호(MMSI number)는 9자리로 이루어진 선박 고유의 부호로 선박의 국적과 종사 업무 등 선박에 대한 정보를 알 수 있다. 주로 디지털선택호출(DSC), 선박자동식별장치(AIS), 비상위치지시 무선표지(EPIRB)에서 선박의 식별 부호로 사용되며 우리나라 선박은 440 혹은 441로 시작된다.

11 406MHz의 조난주파수에 부호화된 메시지의 전송 이외에 121.5MHz의 호밍 주파수의 발신으로 구조선박 또는 항공기가 무선방향탐지기에 의하여 위치 탐색이 가능하여 수색과 구조 활동에 이용되는 설비는?

㉮ 비콘(Beacon)
㉯ 양방향 VHF 무선전화장치
㉰ 비상위치지시 무선표지(EPIRB)
㉱ 수색구조용 레이더 트랜스폰더(SART)

답 │ ㉰ 비상위치지시 무선표지(EPIRB)는 선박이 침몰하거나 조난되는 경우 수심 1.5~4m의 수압에서 자동으로 수면 위로 떠올라 선박의 위치 등을 포함한 조난 신호를 발신하는 장치이다.

12 점화시켜 물에 던지면 해면 위에서 연기를 내는 조난신호장비로서 방수 용기로 포장되어 잔잔한 해면에서 3분 이상 잘 보이는 색깔의 연기를 내는 것은?

㉮ 신호 홍염   ㉯ 자기 점화등
㉰ 신호 거울   ㉱ 발연부 신호

답 │ ㉱ 발연부 신호는 주간에 구명부환의 위치를 알려 주는 장비로 물에 들어가면 자동으로 오렌지색 연기가 발생한다.

13 선박안전법상 평수구역을 항해구역으로 하는 선박이 갖추어야 하는 무전설비는?

㉮ 중파(MF) 무선설비
㉯ 초단파(VHF) 무선설비
㉰ 비상위치지시 무선표지(EPIRB)
㉱ 수색구조용 레이더 트랜스폰더(SART)

답 │ ㉯ 선박안전법 시행규칙 별표 30에 따른 무선설비의 설치 기준에 따르면, 평수구역을 항해하는 총톤수 2톤 이상의 선박은 초단파(VHF) 무선설비를 반드시 설치해야 한다.

14 초단파(VHF) 무선설비로 상대 선박을 호출할 때의 호출절차에 관한 설명으로 옳은 것은?

㉮ '상대 선박 선명', '여기는 자기 선박 선명' 순으로 호출한다.
㉯ '상대 선박 선명', '여기는 상대 선박 선명' 순으로 호출한다.
㉰ '자기 선박 선명', '여기는 상대 선박 선명' 순으로 호출한다.
㉱ '자기 선박 선명', '여기는 자기 선박 선명' 순으로 호출한다.

답 │ ㉮ 호출 시에는 호출하려는 상대 선박, 본선의 선명 순으로 호출한다. 또한 통신이 원활하게 연결되었는지 확인하기 위해 '감도'가 있는지를 확인해야 한다.

15 선박의 선회권에서 선체가 원침로로부터 180도 회두된 곳까지 원침로에서 직각 방향으로 잰 거리는?

㉮ 킥   ㉯ 선회경
㉰ 심거   ㉱ 선회횡거

답 │ ㉯ 선회경은 회두가 원침로로부터 180°가 된 곳까지 원침로에서 직각 방향으로 잰 거리이다.

16 선박이 항진 중에 타각을 주었을 때, 수류에 의하여 타에 작용하는 압력으로 타판에 작용하는 여러 종류의 힘의 기본력은?

㉮ 양력   ㉯ 항력
㉰ 마찰력   ㉱ 직압력

답 │ ㉱ ㉮ 양력 : 작용하는 방향이 정횡 방향인 분력
㉯ 항력 : 작용하는 방향이 선미 방향(선체 후방)인 분력
㉰ 마찰력 : 키판을 둘러싸고 있는 물의 점성에 의해 키판 표면에 작용하는 힘

17 다음 중 선박 조종에 미치는 영향이 가장 작은 요소는?

㉮ 바람   ㉯ 파도
㉰ 조류   ㉱ 기온

답 | ㉱   수온(기온)은 선박 조종에 영향을 주지 않는다.

18 (   )에 순서대로 적합한 것은?

┌ 보기 ┐
"(   )는 선체의 뚱뚱한 정도를 나타내는 계수로서, 이 값이 큰 비대형의 선박은 이 값이 작은 비슷한 길이의 홀쭉한 선박보다 선회권이 (   )"
└───────┘

㉮ 방형계수, 커진다.
㉯ 방형계수, 작아진다.
㉰ 파주계수, 커진다.
㉱ 파주계수, 작아진다.

답 | ㉯   방형계수란 물속에 잠긴 선체의 비만도, 즉 선박의 형배수 용적과 선체를 감싸고 있는 직육면체의 용적의 비를 말하는 것으로 방형계수가 큰 선박일수록 선회권이 작아진다.

19 다음 중 수심이 얕은 수역을 선박이 항해할 때 나타나는 현상이 아닌 것은?

㉮ 타효 증가   ㉯ 선체 침하
㉰ 속력 감소   ㉱ 조종성 저하

답 | ㉮   수심이 얕은 수역의 영향을 '천수효과'라 하는데, 선체의 침하와 흘수의 증가, 선속의 감소, 조종성(타효)의 저하 등이 그것이다.

20 항해 중 선수 부근에서 사람이 선외로 추락한 경우 즉시 취하여야 하는 조치로 옳지 않은 것은?

㉮ 익수자가 발생한 반대 현측으로 즉시 전타한다.
㉯ 인명구조 조선법을 이용하여 익수자 위치로 되돌아간다.
㉰ 선외로 추락한 사람이 시야에서 벗어나지 않도록 계속 주시한다.
㉱ 선외로 추락한 사람을 발견한 사람은 익수자에게 구명부환을 던져주어야 한다.

답 | ㉮   익수자가 발생한 경우 즉시 기관을 정지시키고 익수자 방향으로 전타하여 익수자가 프로펠러에 휘말리지 않도록 조종해야 한다.

21 선박이 물에 떠 있는 상태에서 외부로부터 힘을 받아서 경사할 때, 저항 또는 외력을 제거하면 원래의 상태로 되돌아오려고 하는 힘은?

㉮ 중력   ㉯ 복원력
㉰ 구심력   ㉱ 원심력

답 | ㉯   복원력은 선박이 물 위에 떠 있는 상태에서 힘을 받아 경사하려고 할 때 저항으로, 경사한 상태에서 경사의 원인이 되는 외력을 제거하였을 때 원래의 상태로 돌아오려고 하는 힘이다.

22 황천항해 중 침로선정 방법으로 옳지 않은 것은?

㉮ 타효가 충분하고 조종이 쉽도록 침로를 선정할 것
㉯ 추진기의 공회전이 감소하도록 침로를 선정할 것
㉰ 선체의 동요가 너무 심하지 않도록 침로를 선정할 것
㉱ 목적지를 향하여 최단 거리가 되도록 침로를 선정할 것

답 | ㉱   황천항해 중 침로선정은 최단 거리가 아닌, 조종이 쉽거나 선체의 동요가 너무 심하지 않은 곳, 공회전이 감소하도록 침로를 선정해야 한다.

23 다음 중 태풍을 피항하는 가장 안전한 방법은?

㉮ 가항반원으로 항해한다.

㉯ 위험반원의 반대쪽으로 항해한다.

㉰ 선미 쪽에서 바람을 받도록 항해한다.

㉱ 미리 태풍의 중심으로부터 최대한 멀리 떨어진다.

답 | ㉱ 태풍으로부터 피항하는 가장 안전한 방법은 기상 예보에 유의하여 일찍이 침로를 조정하여 태풍 중심을 피하여 돌아가는 항로를 선택한다.

24 좌초 후 선장이 시행해야 할 후속조치가 아닌 것은?

㉮ 복원성 평가

㉯ 조종제한선 등화 표시

㉰ 선내 모든 탱크의 측심

㉱ 고조/저조 시간 및 조고 계산

답 | ㉯ 선박 좌초 시 기관을 즉시 정지하고, 손상 부위와 정도를 파악한다. 복원성을 평가하고 선내 모든 탱크의 측심을 살펴본다. 또한 고조/저조 시간 및 조고를 계산한다.

25 해양에 오염물질이 배출되는 경우 방제조치로 옳지 않은 것은?

㉮ 오염물질의 배출 중지

㉯ 배출된 오염물질의 분산

㉰ 배출된 오염물질의 수거 및 처리

㉱ 배출된 오염물질의 제거 및 확산방지

답 | ㉯ 해양환경관리법 제64조에 따르면 오염물질이 배출된 경우 오염을 방지하기 위해 오염물질의 배출방지, 배출된 오염물질의 확산방지 및 제거, 배출된 오염물질의 수거 및 처리 조치를 해야 한다.

제3과목　법규

01 해상교통안전법상 거대선의 기준은?

㉮ 길이 100미터 이상

㉯ 길이 150미터 이상

㉰ 길이 200미터 이상

㉱ 길이 300미터 이상

답 | ㉰ 해상교통안전법 제2조에 따르면 거대선이란 길이 200미터 이상의 선박을 말한다.

02 해상교통안전법상 항행장애물제거책임자가 항행장애물 발생과 관련하여 보고하여야 할 사항이 아닌 것은?

㉮ 선박의 명세에 관한 사항

㉯ 그 항행장애물의 위치에 관한 사항

㉰ 항행장애물이 발생한 수역을 관할하는 해양관청의 명칭

㉱ 선박소유자 및 선박운항자의 성명(명칭) 및 주소에 관한 사항

답 | ㉰ 해상교통안전법 시행규칙 제23조에 따르면 항행장애물제거책임자가 해양수산부장관에게 보고해야 하는 사항에는 다음 각 호의 사항이 포함되어야 한다.
- 선박의 명세에 관한 사항
- 선박소유자 및 선박운항자의 성명(명칭) 및 주소에 관한 사항
- 항행장애물의 위치에 관한 사항
- 항행장애물의 크기 · 형태 및 구조에 관한 사항
- 항행장애물의 상태 및 손상의 형태에 관한 사항
- 선박에 선적된 화물의 양과 성질에 관한 사항(항행장애물이 선박인 경우만 해당한다)
- 선박에 선적된 연료유 및 윤활유를 포함한 기름의 종류와 양에 관한 사항(항행장애물이 선박인 경우만 해당한다)

03 해상교통안전법상 선박에서 하여야 하는 적절한 경계에 관한 설명으로 옳지 않은 것은?

㉮ 이용할 수 있는 모든 수단을 이용한다.

㉯ 청각을 이용하는 것이 가장 효과적이다.

㉰ 선박 주위의 상황을 파악하기 위함이다.

㉱ 다른 선박과 충돌할 위험성을 충분히 파악하기 위함이다.

답 | ㉯ 해상교통안전법 제70조에 따르면 선박은 주위의 상황 및 다른 선박과 충돌할 수 있는 위험성을 충분히 파악할 수 있도록 시각 · 청각 및 당시의 상황에 맞게 이용할 수 있는 모든 수단을 이용하여 항상 적절한 경계를 하여야 한다.

04 해상교통안전법상 통항분리수역에서 통항로를 따라 항행하는 선박의 통항을 방해하지 아니할 의무가 있는 선박은?

㉮ 흘수제약선

㉯ 길이 20미터 미만의 선박

㉰ 해저전선을 부설하고 있는 선박

㉱ 준설작업에 종사하고 있는 선박

답 | ㉯ 해상교통안전법 제75조에 따르면 길이 20미터 미만의 선박이나 범선은 통항로를 따라 항행하고 있는 다른 선박의 항행을 방해하여서는 아니 된다.

05 해상교통안전법상 2척의 범선이 서로 접근하여 충돌할 위험이 있고, 각 범선이 다른 쪽 현에 바람을 받고 있는 경우의 항법으로 옳은 것은?

㉮ 대형 범선이 소형 범선을 피한다.

㉯ 우현에서 바람을 받는 범선이 피항선이다.

㉰ 좌현에 바람을 받고 있는 범선이 다른 범선의 진로를 피한다.

㉱ 바람이 불어오는 쪽의 범선이 바람이 불어가는 쪽의 범선의 진로를 피한다.

답 | ㉱ 해상교통안전법 제77조에 따르면 각 범선이 다른 쪽 현(舷)에 바람을 받고 있는 경우에는 좌현(左舷)에 바람을 받고 있는 범선이 다른 범선의 진로를 피하여야 한다.

06 ( )에 적합한 것은?

> **보기**
> "해상교통안전법상 2척의 동력선이 상대의 진로를 횡단하는 경우로서 충돌의 위험이 있을 때에는 다른 선박을 ( ) 쪽에 두고 있는 선박이 그 다른 선박의 진로를 피하여야 한다."

㉮ 좌현　　　　㉯ 우현

㉰ 정횡　　　　㉱ 정면

답 | ㉯ 해상교통안전법 제80조에 따르면 2척의 동력선이 상대의 진로를 횡단하는 경우로서 충돌의 위험이 있을 때에는 다른 선박을 우현 쪽에 두고 있는 선박이 그 다른 선박의 진로를 피하여야 한다. 이 경우 다른 선박의 진로를 피하여야 하는 선박은 부득이한 경우 외에는 그 다른 선박의 선수 방향을 횡단하여서는 아니 된다.

07 ( )에 순서대로 적합한 것은?

> **보기**
> "해상교통안전법상 제한된 시계에서 레이더만으로 다른 선박이 있는 것을 탐지한 선박은 ( )과 얼마나 가까이 있는지 또는 ( )이 있는지를 판단하여야 한다. 이 경우 해당 선박과 매우 가까이 있거나 그 선박과 충돌할 위험이 있다고 판단한 경우에는 충분한 시간적 여유를 두고 ( )을 취하여야 한다."

㉮ 해당 선박, 충돌할 위험, 피항동작

㉯ 해당 선박, 충돌할 위험, 피항협력동작

㉰ 다른 선박, 근접상태의 상황, 피항동작

㉱ 다른 선박, 근접상태의 상황, 피항협력동작

답 | ㉮ 해상교통안전법 제84조에 따르면 제한된 시계
에서 레이더만으로 다른 선박이 있는 것을 탐
지한 선박은 해당 선박과 얼마나 가까이 있는
지 또는 충돌할 위험이 있는지를 판단하여야
한다. 이 경우 해당 선박과 매우 가까이 있거
나 그 선박과 충돌할 위험이 있다고 판단한 경
우에는 충분한 시간적 여유를 두고 피항동작을
취하여야 한다.

08 (   )에 순서대로 적합한 것은?

> ┌보기┐
> "해상교통안전법상 모든 선박은 시계가 제한된
> 그 당시의 (   )에 적합한 (   )으로 항
> 행하여야 하며, (   )은 제한된 시계 안에 있
> 는 경우 기관을 즉시 조작할 수 있도록 준비하고
> 있어야 한다."

㉮ 시정, 최소한의 속력, 동력선
㉯ 시정, 안전한 속력, 모든 선박
㉰ 사정과 조건, 안전한 속력, 동력선
㉱ 사정과 조건, 최소한의 속력, 모든 선박

답 | ㉰ 해상교통안전법 제84조에 따르면 모든 선박은
시계가 제한된 그 당시의 사정과 조건에 적합
한 안전한 속력으로 항행하여야 하며, 동력선
은 제한된 시계 안에 있는 경우 기관을 즉시 조
작할 수 있도록 준비하고 있어야 한다.

09 해상교통안전법상 현등 1쌍 대신에 양색등으로 표시할 수 있는 선박의 길이 기준은?

㉮ 길이 12미터 미만
㉯ 길이 20미터 미만
㉰ 길이 24미터 미만
㉱ 길이 45미터 미만

답 | ㉯ 해상교통안전법 제88조에 따르면 항행 중인
동력선은 현등 1쌍(길이 20미터 미만의 선박은
이를 대신하여 양색등을 표시할 수 있다)의 등
화를 표시하여야 한다.

10 해상교통안전법상 전주등은 몇 도에 걸치는 수평의 호를 비추는가?

㉮ 112.5°   ㉯ 135°
㉰ 225°   ㉱ 360°

답 | ㉱ 해상교통안전법 제86조에 따르면 전주등은
360도에 걸치는 수평의 호를 비추는 등화이다.

11 해상교통안전법상 항망(桁網)이나 그 밖의 어구를 수중에서 끄는 트롤망어로에 종사하는 50미터 미만인 선박의 등화 표시로 옳은 것은?

㉮ 수직선 위쪽에는 붉은색, 그 아래쪽에는 흰색
전주등 각 1개, 대수속력이 있는 경우에는 덧
붙여 현등 1쌍과 선미등 1개
㉯ 수직선 위쪽에는 녹색, 그 아래쪽에는 붉은색
전주등 각 1개, 대수속력이 있는 경우에는 덧
붙여 현등 1쌍과 선미등 1개
㉰ 수직선 위쪽에는 붉은색, 그 아래쪽에는 녹색
전주등 각 1개, 대수속력이 있는 경우에는 덧
붙여 현등 1쌍과 선미등 1개
㉱ 수직선 위쪽에는 녹색, 그 아래쪽에는 흰색
전주등 각 1개, 대수속력이 있는 경우에는 덧
붙여 현등 1쌍과 선미등 1개

답 | ㉱ 해상교통안전법 제91조에 따르면 항망이나 그
밖의 어구를 수중에서 끄는 트롤망어로에 종
사하는 50미터 미만인 선박의 등화는 수직선
위쪽에는 녹색, 그 아래쪽에는 흰색 전주등 각
1개 또는 수직선 위에 2개의 원뿔을 그 꼭대기
에서 위아래로 결합한 형상물 1개이다. 대수속
력이 있는 경우에는 덧붙여 현등 1쌍과 선미등
1개를 표시한다.

12 해상교통안전법상 선미등이 비추는 수평의 호의 범위와 등색은?

㉮ 135도, 흰색

㉯ 135도, 붉은색

㉰ 225도, 흰색

㉱ 225도, 붉은색

답 | ㉮ 해상교통안전법 제86조에 따르면 선미등은 135도에 걸치는 수평의 호를 비추는 흰색 등이다.

13 (   )에 순서대로 적합한 것은?

> **보기**
> "해상교통안전법상 좁은 수로등의 굽은 부분에 접근하는 선박은 (   )의 기적신호를 울리고, 그 기적신호를 들은 다른 선박은 (   )의 기적신호를 울려 이에 응답하여야 한다."

㉮ 단음 1회, 단음 2회

㉯ 장음 1회, 단음 2회

㉰ 단음 1회, 단음 1회

㉱ 장음 1회, 장음 1회

답 | ㉱ 해상교통안전법 제99조에 따르면 좁은 수로등의 굽은 부분이나 장애물 때문에 다른 선박을 볼 수 없는 수역에 접근하는 선박은 장음으로 1회의 기적신호를 울려야 한다. 이 경우 그 선박에 접근하고 있는 다른 선박이 굽은 부분의 부근이나 장애물의 뒤쪽에서 그 기적신호를 들은 경우에는 장음 1회의 기적신호를 울려 이에 응답하여야 한다.

14 해상교통안전법상 서로 상대의 시계 안에 있는 선박이 접근하고 있을 경우, 하나의 선박이 다른 선박의 의도 또는 동작을 이해할 수 없을 때 울리는 기적신호는?

㉮ 단음 3회 이상

㉯ 단음 5회 이상

㉰ 장음 3회 이상

㉱ 장음 5회 이상

답 | ㉯ 해상교통안전법 제99조에 따르면 서로 상대의 시계 안에 있는 선박이 접근하고 있을 경우에는 하나의 선박이 다른 선박의 의도 또는 동작을 이해할 수 없거나 다른 선박이 충돌을 피하기 위하여 충분한 동작을 취하고 있는지 분명하지 아니한 경우에는 그 사실을 안 선박이 즉시 기적으로 단음을 5회 이상 재빨리 울려 그 사실을 표시하여야 한다.

15 (   )에 순서대로 적합한 것은?

> **보기**
> "해상교통안전법상 제한된 시계 안에서 항행 중인 길이 12미터 이상의 동력선은 정지하여 대수속력이 없는 경우에는 장음사이의 간격을 2초 정도로 연속하여 장음을 (   ) 울리되, (   )을 넘지 아니하는 간격으로 울려야 한다."

㉮ 1회, 1분   ㉯ 2회, 2분

㉰ 1회, 2분   ㉱ 2회, 1분

답 | ㉯ 해상교통안전법 제100조에 따르면 제한된 시계 안에서 항행 중인 동력선은 정지하여 대수속력이 없는 경우에는 장음 사이의 간격을 2초 정도로 연속하여 장음을 2회 울리되, 2분을 넘지 아니하는 간격으로 울려야 한다.

16 선박의 입항 및 출항 등에 관한 법률상 특별한 경우가 아니면 무역항의 수상구역등에 출입하는 경우 항로를 따라 항행하여야 하는 선박은?

㉠ 예선
㉯ 총톤수 30톤인 선박
㉰ 압항부선을 제외한 부선
㉵ 주로 노로 운전하는 선박

답 | ㉯ 선박의 입항 및 출항 등에 관한 법률 제10조에 따르면 우선피항선 외의 선박은 무역항의 수상구역등에 출입하는 경우에는 지정·고시된 항로를 따라 항행하여야 한다. 이때 우선피항선은 부선(압항부선은 제외), 주로 노와 삿대로 운전하는 선박, 예선, 항만운송관련사업을 등록한 자가 소유한 선박, 해양환경관리업을 등록한 자가 소유한 선박, 총톤수 20톤 미만의 선박 등이 해당된다.

17 선박의 입항 및 출항 등에 관한 법률상 무역항의 수상구역등에서 선박이 원칙적으로 정박할 수 없는 장소는?

㉠ 지정된 정박지
㉯ 지정된 항로의 수역
㉰ 해양사고를 피하기 위한 경우 운하 입구 부근 수역
㉵ 선박 고장으로 조종이 불가능한 경우 부두 부근 수역

답 | ㉯ 선박의 입항 및 출항 등에 관한 법률 제6조에 따르면 무역항의 수상구역 등에서 정박하거나 정류할 수 있는 경우는 다음과 같다.
- 해양사고를 피하기 위한 경우
- 선박의 고장이나 그 밖의 사유로 선박을 조종할 수 없는 경우
- 인명을 구조하거나 급박한 위험이 있는 선박을 구조하는 경우
- 허가를 받은 공사 또는 작업에 사용하는 경우

18 선박의 입항 및 출항 등에 관한 법률상 무역항의 수상구역등에 출입하는 경우 관리청에 출입 신고서를 제출하여야 하는 선박은?

㉠ 연안수역을 항행하는 정기여객선
㉯ 예선 등 선박의 출입을 지원하는 선박
㉰ 피난을 위하여 긴급히 출항하여야 하는 선박
㉵ 관공선, 군함, 해양경찰함정 등 공공의 목적으로 운영하는 선박

답 | ㉠ 선박의 입항 및 출항 등에 관한 법률 시행규칙 제4조에 따르면 다음 선박은 출입 신고를 하지 아니할 수 있다.
- 관공선, 군함, 해양경찰함정 등 공공의 목적으로 운영하는 선박
- 도선선, 예선 등 선박의 출입을 지원하는 선박
- 연안수역을 항행하는 정기여객선(내항 정기여객운송사업에 종사하는 선박을 말한다)으로서 경유항에 출입하는 선박
- 피난을 위하여 긴급히 출항하여야 하는 선박
- 그 밖에 항만운영을 위하여 지방해양수산청장이나 시·도지사가 필요하다고 인정하여 출입 신고를 면제한 선박

19 선박의 입항 및 출항 등에 관한 법률상 관리청이 무역항의 수상구역등에서 선박교통의 안전을 위하여 필요하다고 인정하여 항로 또는 구역을 지정한 경우 공고하여야 하는 내용이 아닌 것은?

㉠ 금지 기간
㉯ 제한 기간
㉰ 대상 선박
㉵ 항로 또는 구역의 위치

답 | ㉰ 선박의 입항 및 출항 등에 관한 법률 제9조에 따르면 관리청이 무역항의 수상구역등에서 선박교통의 안전을 위하여 필요하다고 인정하여 항로 또는 구역을 지정한 경우에는 항로 또는 구역의 위치, 제한·금지 기간을 정하여 공고하여야 한다.

20 선박의 입항 및 출항 등에 관한 법률상 항로에 관한 설명으로 옳은 것은?

㉮ 대형 선박만 항로를 따라 항행하여야 한다.

㉯ 무역항의 수상구역등에서는 지정된 항로가 없다.

㉰ 위험물운송선박은 지정된 항로를 따르지 않아도 된다.

㉱ 무역항의 수상구역등에 출입하는 선박은 원칙적으로 지정된 항로를 따라 항행하여야 한다.

답 | ㉱ 선박의 입항 및 출항 등에 관한 법률 제10조에 따르면 우선피항선 외의 선박은 무역항의 수상구역등에 출입하는 경우 또는 무역항의 수상구역등을 통과하는 경우에는 제1항에 따라 지정·고시된 항로를 따라 항행하여야 한다.

21 선박의 입항 및 출항 등에 관한 법률상 무역항의 수상구역등에서 예인선의 항법으로 옳지 않은 것은?

㉮ 예인선은 한꺼번에 3척 이상의 피예인선을 끌지 아니하여야 한다.

㉯ 원칙적으로 예인선의 선미로부터 피예인선의 선미까지 길이는 100미터를 초과하지 못한다.

㉰ 다른 선박의 출입을 보조하는 경우에 한하여 예인선의 선수로부터 피예인선의 선미까지의 길이는 200미터를 초과할 수 있다.

㉱ 지방해양수산청장 또는 시·도지사는 해당 무역항의 특수성 등을 고려하여 특히 필요한 경우에는 예인선의 항법을 조정할 수 있다.

답 | ㉯ 선박의 입항 및 출항 등에 관한 법률 시행규칙 제9조에 따르면 예인선이 무역항의 수상구역등에서 다른 선박을 끌고 항행하는 경우에는 다음 각 호에서 정하는 바에 따라야 한다.
• 예인선의 선수로부터 피예인선의 선미까지의 길이는 200미터를 초과하지 아니할 것. 다만, 다른 선박의 출입을 보조하는 경우에는 그러하지 아니하다.
• 예인선은 한꺼번에 3척 이상의 피예인선을 끌지 아니할 것
지방해양수산청장 또는 시·도지사는 해당 무역항의 특수성 등을 고려하여 특히 필요한 경우에는 항법을 조정할 수 있다.

22 (   )에 순서대로 적합한 것은?

┌보기┐
"선박의 입항 및 출항 등에 관한 법률상 무역항의 수상구역등에 (   )하는 선박이 방파제 입구 등에서 (   )하는 선박과 마주칠 우려가 있는 경우에는 방파제 밖에서 (   )하는 선박의 진로를 피하여야 한다."

㉮ 통과, 출항, 입항

㉯ 통과, 입항, 출항

㉰ 출항, 입항, 입항

㉱ 입항, 출항, 출항

답 | ㉱ 선박의 입항 및 출항 등에 관한 법률 제13조에 따르면 무역항의 수상구역등에 입항하는 선박이 방파제 입구 등에서 출항하는 선박과 마주칠 우려가 있는 경우에는 방파제 밖에서 출항하는 선박의 진로를 피하여야 한다.

23 해양환경관리법상 선박에서 기름이 배출되었을 경우에 취할 조치로서 옳지 않은 것은?

㉮ 유출된 기름을 회수하기 위해 흡착포를 사용한다.

㉯ 관할 해양경찰서에 기름이 배출된 사실을 알린다.

㉰ 가장 먼저 선박소유자에게 알리고 지시를 기다린다.

㉱ 기름의 배출을 최소화하기 위해 탱크의 밸브를 잠근다.

답 | ㉰ 선박에서 기름이 배출되었을 경우에 관할 해양경찰서에 기름이 배출된 사실을 알리고, 기름의 배출을 최소화하기 위해 탱크의 밸브를 잠근다. 유출된 기름을 회수하기 위해 흡착포를 사용한다.

24 해양환경관리법상 선박에서 배출할 수 있는 오염물질의 배출 방법으로 옳지 않은 것은?

㉮ 빗물이 섞인 폐유를 전량 육상에 양륙한다.

㉯ 저장용기에 선저 폐수를 저장해서 육상에 양륙한다.

㉰ 플라스틱 용기를 분류해서 저장한 후 육상에 양륙한다.

㉱ 정박 중 발생한 음식찌꺼기를 선박이 출항 후 즉시 투기한다.

답 | ㉱ 선박에서의 오염방지에 관한 규칙 제8조 제2호 관련 별표 3에 따르면 선박 안에서 발생하는 폐기물 중 음식찌꺼기, 해양환경에 유해하지 않은 화물잔류물, 선박 내 거주구역에서 목욕, 세탁, 설거지 등으로 발생하는 중수(화장실 오수 및 화물구역 오수 제외), 어업활동 중 혼획된 수산동식물(폐사된 것 포함) 및 어업활동으로 유입된 자연기원물질 등은 해양에 배출할 수 있다. 다만 정박 중 발생한 음식찌꺼기는 이에 해당하지 않는다.

25 해양환경관리법상 해양오염방지설비를 선박에 최초로 설치하는 때 받아야 하는 검사는?

㉮ 정기검사　　㉯ 임시검사

㉰ 특별검사　　㉱ 제조검사

답 | ㉮ 해양환경관리법 제49조에 따르면 해양오염방지설비를 선박에 최초로 설치하여 항해에 사용하려는 때에는 해양수산부령이 정하는 바에 따라 해양수산부장관의 검사(정기검사)를 받아야 한다.

제4과목　　기관

01 기관의 회전수가 정해진 값보다 더 증가 또는 감소하였을 때 연료유의 공급량을 자동으로 조절하여 정해진 회전수로 유지시키는 장치는?

㉮ 평형추　　㉯ 주유기

㉰ 조속기　　㉱ 플라이휠

답 | ㉰ 조속기는 기관에 부가되는 부하가 변동하더라도 이에 대응하는 연료 공급량을 가감하여 기관의 회전 속도를 언제나 원하는 속도로 유지하기 위한 장치이다.

02 4행정 사이클 디젤기관의 흡·배기밸브에서 밸브 겹침을 두는 주된 이유는?

㉮ 윤활유의 소비량을 줄이기 위해

㉯ 흡기온도와 배기온도를 낮추기 위해

㉰ 기관의 진동을 줄이고 원활하게 회전시키기 위해

㉱ 흡기작용과 배기작용을 돕고 밸브와 연소실을 냉각시키기 위해

답 | ㉱ 밸브겹침은 배기밸브와 흡입밸브가 같이 열려 있는 기간을 말하는 것으로 공기의 교환을 돕고 밸브 및 연소실을 냉각시키는 효과가 있다.

03 소형 디젤기관에서 실린더 라이너의 심한 마멸에 의한 영향이 아닌 것은?

㉮ 압축 불량

㉯ 불완전 연소

㉰ 착화 시기가 빨라짐

㉱ 연소가스가 크랭크실로 누설

답 | ㉰ 실린더 라이너의 마멸에 의해 나타나는 현상은 출력 저하, 압축 압력 저하, 불완전 연소, 연료 및 윤활유 소비량 증가, 기관 시동성 저하, 크랭크실로의 가스 누설 등이 있다.

04 왕복동식 기관의 연소실 구성 요소가 아닌 것은?

㉮ 피스톤
㉯ 크랭크축
㉰ 실린더 헤드
㉱ 실린더 라이너

답 | ㉯ 왕복동식 기관의 연소실 구성 요소는 피스톤, 실린더 헤드, 실린더 라이너, 실린더 블록이다.

05 소형시관에서 흡·배기밸브의 운동에 대한 설명으로 옳은 것은?

㉮ 흡기밸브는 스프링의 힘으로 열린다.
㉯ 흡기밸브는 푸시로드에 의해 닫힌다.
㉰ 배기밸브는 푸시로드에 의해 닫힌다.
㉱ 배기밸브는 스프링의 힘으로 닫힌다.

답 | ㉱ 4행정 사이클 기관에서 밸브를 열 때는 캠의 힘을, 닫을 때는 스프링의 힘을 이용한다.

06 트렁크 피스톤형 기관에서 커넥팅로드의 역할로 옳은 것은?

㉮ 피스톤이 받은 힘을 크랭크축에 전달한다.
㉯ 크랭크축의 회전운동을 왕복운동으로 바꾼다.
㉰ 피스톤로드가 받은 힘을 크랭크축에 전달한다.
㉱ 피스톤이 받은 열을 실린더 라이너에 전달한다.

답 | ㉮ 커넥팅로드는 피스톤과 크랭크축 사이에서 피스톤의 왕복운동을 크랭크축에 전달하여 회전운동으로 전환한다.

07 소형 내연기관에서 플라이휠의 주된 역할은?

㉮ 크랭크암의 개폐작용을 방지한다.
㉯ 크랭크축의 회전을 균일하게 해준다.
㉰ 스러스트 베어링의 마멸을 방지한다.
㉱ 기관의 고속 회전을 용이하게 해준다.

답 | ㉯ 플라이휠의 역할은 기관의 시동을 쉽게 하고, 저속 회전을 가능하게 하며, 크랭크축의 회전력을 균일하게 하고, 밸브의 조정을 편리하게 하는 것이다.

08 다음 그림과 같이 디젤기관에서 흡·배기밸브 틈새를 조정하는 기구 ①의 명칭은?

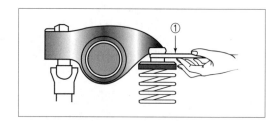

㉮ 필러 게이지
㉯ 다이얼 게이지
㉰ 실린더 게이지
㉱ 버니어 캘리퍼스

답 | ㉮ 필러 게이지는 틈새를 측정하기 위한 얇은 판 모양의 공구이다. 흡기 및 배기밸브 틈새에 사용하기 가장 적절하다.

09 디젤기관에서 과급기를 작동시키는 것은?

㉮ 흡입공기의 압력
㉯ 배기가스의 압력
㉰ 연료유의 분사 압력
㉱ 윤활유 펌프의 출구 압력

답 | ㉯ 디젤기관의 과급기는 연소가스의 압력으로 구동된다.

10 디젤기관의 연료유 계통에 포함되지 않는 것은?

㉮ 펌프 ㉯ 여과기
㉰ 응축기 ㉱ 저장탱크

답 | ㉰ 디젤기관의 연료유 계통은 각종 탱크, 공급 펌프, 여과기, 예열기 등이다.

11 소형 고속기관에서 추진기의 효율을 높이기 위해 기관과 추진기 사이에 설치하는 장치는?

㉮ 조속 장치 ㉯ 과급 장치
㉰ 감속 장치 ㉱ 밀봉 장치

답 | ㉰ 감속 장치는 기관의 크랭크축으로부터 회전수를 감속시켜 추진 장치에 전달해 주는 장치이다.

12 소형선박에서 사용하는 클러치의 종류가 아닌 것은?

㉮ 마찰 클러치 ㉯ 공기 클러치
㉰ 유체 클러치 ㉱ 전자 클러치

답 | ㉯ 클러치는 기관의 동력을 추진기축으로 전달하거나 끊어주는 장치로 마찰 클러치, 유체 클러치, 전자 클러치 등이 있다.

13 선박용 추진기관의 동력전달계통에 포함되지 않는 것은?

㉮ 감속기 ㉯ 추진기
㉰ 과급기 ㉱ 추진기축

답 | ㉰ 과급기는 디젤 기관의 부속 장치에 포함되며, 흡입 공기를 대기압 이상의 압력으로 압축하여 실린더 내로 공급함으로써 기관 출력을 증대시키는 장치이다.

14 1시간에 1,852미터를 항해하는 선박은 10시간 동안 몇 해리를 항해하는가?

㉮ 1해리 ㉯ 2해리
㉰ 5해리 ㉱ 10해리

답 | ㉱ 1노트＝1해리는 1,852m를 1시간동안 가는 거리를 말하며, 이 속도로 항해하는 선박은 10시간 동안 10해리까지 항해할 수 있다.

15 선박 보조기계에 대한 설명으로 옳은 것은?

㉮ 기관실 밖에 설치된 기계를 말한다.
㉯ 직접 선박을 움직이는 기계를 말한다.
㉰ 주기관을 제외한 선내의 모든 기계를 말한다.
㉱ 갑판기계를 제외한 기관실의 모든 기계를 말한다.

답 | ㉰ 선박의 보조기기는 주기관을 제외한 선내의 모든 기계를 지칭한다.

16 원심펌프의 운전 중 심한 진동이나 이상음이 발생하는 경우의 원인이 아닌 것은?

㉮ 축이 심하게 변형된 경우
㉯ 베어링이 심하게 손상된 경우
㉰ 축의 중심이 일치하지 않는 경우
㉱ 흡입되는 유체의 온도가 낮은 경우

답 | ㉱ 유체의 온도는 원심펌프의 진동 및 이상음을 발생시키는 원인이 아니다.

17 디젤기관의 냉각수 펌프로 적절한 것은?

㉮ 원심 펌프 ㉯ 왕복 펌프
㉰ 회전 펌프 ㉱ 제트 펌프

답 | ㉮ 냉각수를 순환시키는 펌프로 주로 원심 펌프를 사용한다.

18 변압기의 역할은?

㉮ 전압의 변환   ㉯ 전력의 변환

㉰ 압력의 변환   ㉱ 저항의 변환

답 | ㉮   변압기는 전자기유도현상을 이용하여 교류의 전압이나 전류의 값을 변화시키는 장치이다.

19 다음과 같은 회로시험기로 소형선박의 기관 시동용 배터리 전압을 측정할 때 선택스위치를 어디에 두고 측정하여야 하는가?

㉮ ACV 50   ㉯ DCV 50

㉰ ACV 250   ㉱ DCmA 250

답 | ㉯   소형선박의 기관 시동용 배터리 전압은 직류 전압에 두고 측정한다. 직류 전압을 측정할 때 선택스위치는 DCV 50에 두는 것이 옳다.
   • ACV : 교류 전압 측정

20 선박용 mf 납축전지의 극성에서 양극을 나타내는 것이 아닌 것은?

㉮ + 표시   ㉯ P 표시

㉰ 흑색 표시   ㉱ 적색 표시

답 | ㉰   납축전지의 터미널 표시는 양극의 경우 (+) 혹은 적갈색, P 등으로 표시하고 음극의 경우 (−), 회색, N 등으로 표시한다.

21 전동기로 시동하는 디젤기관에서 시동을 위해 가장 필요한 것은?

㉮ 축전지와 직류전동기

㉯ 축전지와 교류전동기

㉰ 직류발전기와 직류전동기

㉱ 교류발전기와 교류전동기

답 | ㉮   직류전동기는 전류와 자기장 사이에서 발생하는 전자력을 이용한 회전 기계로 디젤기관에서 시동을 위해 축전지와 함께 가장 필요하다.

22 디젤기관을 정비하는 목적이 아닌 것은?

㉮ 기관의 고장을 예방하기 위해

㉯ 기관을 오랫동안 사용하기 위해

㉰ 기관의 정격 출력을 높이기 위해

㉱ 기관의 운전효율이 낮아지는 것을 방지하기 위해

답 | ㉰   정격 출력이란 규정된 조건하에서 보장된 최대의 출력을 말한다. 즉 디젤기관을 정비하는 목적이 이에 해당한다.

23 겨울철에 디젤기관을 장기간 정지할 경우의 주의사항으로 옳지 않은 것은?

㉮ 동파를 방지한다.

㉯ 부식을 방지한다.

㉰ 터닝을 주기적으로 실시한다.

㉱ 중요 부품은 분해하여 육상에 보관한다.

답 | ㉱   고장 및 오작동의 원인이 될 수 있으므로 중요 부품을 분해해서는 안 된다.

24 디젤기관에 사용되는 연료유에 대한 설명으로 옳은 것은?

㉮ 비중이 클수록 좋다.
㉯ 점도가 클수록 좋다.
㉰ 착화성이 클수록 좋다.
㉱ 침전물이 많을수록 좋다.

답 ┃ ㉰ 디젤기관에 사용되는 연료유는 착화성이 클수록 좋은데, 이를 수치화하여 나타낸 것이 세탄가이다.

25 연료유 수급 시 확인해야 할 내용이 아닌 것은?

㉮ 연료유의 양
㉯ 연료유의 점도
㉰ 연료유의 비중
㉱ 연료유의 유효기간

답 ┃ ㉱ 연료유 수급 시 확인해야 할 내용은 연료유의 양, 점도, 비중이다.

2024년 제4회 정기시험

제1과목 | 항해

01 육안으로 물표의 방위를 측정할 때 사용하는 계기는?

㉮ 로란
㉯ 항해기록장치
㉰ 자기 컴퍼스
㉯ 무선방향탐지기

답 | ㉰ 자기 컴퍼스는 자석의 원리를 이용하여 목표물의 방위를 측정하며, 선박의 침로 유지, 다른 선박의 상대방위 변화 확인에 사용한다. 하지만 다른 선박의 속력을 측정할 때는 사용하지 않는다.

02 자기 컴퍼스에서 선박의 동요로 비너클이 기울어져도 볼(Bowl)을 항상 수평으로 유지하기 위한 것은?

㉮ 자침
㉯ 피벗
㉰ 기선
㉯ 짐벌즈

답 | ㉯ 짐벌즈는 선박의 동요로 비너클이 기울어져도 볼의 수평을 유지해 주는 역할을 한다.

03 자이로컴퍼스에 관한 설명으로 옳지 않은 것은?

㉮ 자차와 편차의 수정이 필요 없다.
㉯ 자기 컴퍼스에 비해 지북력이 약하다.
㉰ 방위를 간단히 전기신호로 바꿀 수 있다.
㉯ 고속으로 돌고 있는 로터를 이용하여 지구상의 북을 가리키는 장치이다.

답 | ㉯ 자이로컴퍼스는 강한 지북력, 자차 및 편차가 없다.

04 전자식 선속계의 검출부 전극의 부식방지를 위하여 전극 부근에 부착하는 것은?

㉮ 핀
㉯ 도관
㉰ 자석
㉯ 아연판

답 | ㉯ 해수가 맞닿는 선체 부품에 보호 아연판을 설치하여 철 대신 아연판이 더 빨리 부식되도록 한다.

05 수심이 맑은 곳에서 수심을 측정하거나 투묘할 때 배의 진행 방향 및 타력 또는 정박 중 닻의 끌림을 알기 위한 기구는?

㉮ 핸드 레드
㉯ 트랜스듀서
㉰ 사운딩 자
㉯ 풍향풍속계

답 | ㉮ 핸드 레드는 납으로 만든 추에 줄을 매어 던진 후 줄에 표시된 표로 수심을 측정하는 측심기의 일종이다.

06 자북이 진북의 왼쪽에 있을 때의 오차는?

㉮ 편서편차
㉯ 편동자차
㉰ 편동편차
㉯ 지방자기

답 | ㉮ 편차는 진 자오선(진북)과 자기 자오선(자북)의 차이에서 발생하는 오차이다. 이때 자북이 진북의 왼쪽에 있으면 편서편차라 한다.

07 (   )에 순서대로 적합한 것은?

> 보기
> "해상에서 일반적으로 추측위치를 디알[DR] 위 치라고도 부르며, 선박의 (   )와 (   )의 두 가지 요소를 이용하여 구하게 된다."

㉮ 방위, 거리　　㉯ 경도, 위도
㉰ 고도, 앙각　　㉑ 침로, 속력

답 | ㉑　해상에서 일반적으로 추측위치를 디알[DR] 위 치라고도 부르며, 선박의 침로와 속력의 두 가 지 요소를 이용하여 구하게 된다.

08 10노트의 속력으로 45분 항해하였을 때 항주한 거리는? (단, 외력은 무시함)

㉮ 약 2.5해리　　㉯ 약 5해리
㉰ 약 7.5해리　　㉑ 약 10해리

답 | ㉰　10노트는 1시간에 10마일을 항주하는 속력을 의미하므로, 10노트의 속력으로 45분 항해 시 항주한 거리는 $\frac{45}{60} \times 10 = 7.5$해리이다.

09 한 나라 또는 한 지방에서 특정한 자오선을 표준 자오선으로 정하고, 이를 기준으로 정한 평시는?

㉮ 세계시　　㉯ 항성시
㉰ 태양시　　㉑ 지방 표준시

답 | ㉑　지방 표준시는 어느 지역에서 표준으로 사용하 는 시간을 말하며, 우리나라는 동경 135도를 기준으로 한 평시를 사용한다.

10 레이더에서 한 물표의 영상이 거의 같은 거리에 서로 다른 방향으로 두 개 나타나는 현상은?

㉮ 간접 반사에 의한 거짓상
㉯ 다중 반사에 의한 거짓상
㉰ 맹목 구간에 의한 거짓상
㉑ 거울면 반사에 의한 거짓상

답 | ㉮　간접 반사에 의한 거짓상은 마스트나 연돌 등 선체의 구조물에 레이더의 전파가 반사되어 거 의 같은 거리에 서로 다른 방향으로 두 개가 생 기는 거짓상이다.

11 종이해도에서 간출암을 나타내는 해도도식은?

㉮  (4)　　㉯ ✳ (2)

㉰ �( ) (obstn)　　㉑

답 | ㉯　간출암을 나타내는 해도도식은 ㉯이다.
㉮ 노출암
㉰ 장애물 지역
㉑ 암암

12 다음 중 항행통보가 제공하지 않는 정보는?

㉮ 수심의 변화
㉯ 조시 및 조고
㉰ 위험물의 위치
㉑ 항로표지의 신설 및 폐지

답 | ㉯　항행통보는 직접 항해 및 정박에 영향을 주는 사항들인 암초·침선 등 위험물의 발견, 수심 의 변화, 항로표지의 신설 등을 항해자에게 통 보하는 것이다.

13 다음 중 항로지에 관한 설명으로 옳지 않은 것은?

㉮ 해도에 표현할 수 없는 사항을 설명하는 안내서이다.

㉯ 항로의 상황, 연안의 지형, 항만의 시설 등이 기재되어 있다.

㉰ 국립해양조사원에서는 외국 항만에 대한 항로지는 발행하지 않는다.

㉱ 항로지는 총기, 연안기, 항만기로 크게 3편으로 나누어 기술되어 있다.

답 | ㉰ 국립해양조사원에서는 연안항로지, 근해항로지, 원양항로지, 중국 연안항로지 및 말라카해협 항로지 등을 발간한다.

14 형상(주간)묘지에 관한 설명으로 옳지 않은 것은?

㉮ 모양과 색깔로써 식별한다.

㉯ 형상표지에는 무종이 포함된다.

㉰ 형상표지는 점등 장치가 없는 표지이다.

㉱ 암초, 침선 등을 표시하여 항로를 유도하는 역할을 한다.

답 | ㉯ 무종은 가스의 압력 혹은 기계 장치로 종을 쳐 소리를 내는 표지이므로 음향표지에 해당한다.

15 다음 그림의 항로표지에 관한 설명으로 옳은 것은? (단, 표제 및 두표 색깔은 녹색임)

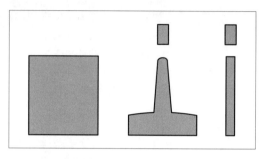

㉮ 우리나라에서는 통상 방파제 위에 육표로 설치한다.

㉯ 항로의 분기점에서 표지의 좌측에 우선항로가 있다.

㉰ 표지의 모든 주위가 안전하게 항해할 수 있는 수역에 설치한다.

㉱ 우리나라에서는 입항할 때를 기준으로 표지의 우측에 가항수역이 있다.

답 | ㉱ 주어진 항로표지는 좌현표지이며, 표지의 위치가 항로의 좌측은 끝이고, 우측이 가항수역임을 의미한다.

16 연안항해에 사용되며, 연안의 상황이 상세하게 표시된 항해용 종이해도는?

㉮ 항양도　　　　㉯ 항해도

㉰ 해안도　　　　㉱ 항박도

답 | ㉰ 해안도는 연안의 여러 가지 물표와 지형 등이 매우 상세히 표현되어 있는 해도로, 연안 항해에 주로 사용된다.

17 일반적으로 해상에서 측심한 수치를 해도상의 수심과 비교하면?

㉮ 해도의 수심보다 측정한 수심이 더 얕다.

㉯ 측정한 수심과 해도의 수심은 항상 같다.

㉰ 해도의 수심과 같거나 측정한 수심이 더 깊다.

㉱ 측정한 수심이 주간에는 더 깊고, 야간에는 더 얕다.

답 | ㉰ 실제 측정한 수심은 해도의 수심보다 약간 깊거나 같다.

18 다음 중 종이해도의 취급 및 사용에 관한 설명으로 옳은 것은?

㉮ 해도는 오래된 것일수록 좋다.

㉯ 해도는 항행통보를 이용하여 소개정하여야 한다.

㉰ 해도작업 시 가능하면 진한 볼펜을 사용하여야 한다.

㉱ 해도는 되도록 접어서 해수에 젖지 않도록 한다.

답 | ㉯ 해도는 매주 간행되는 항행통보에 의해 직접 해도를 수정·보완하여 고치는 소개정을 해야 한다.

19 우리나라에서 사용되는 항로표지와 등색이 옳은 것은?

㉮ 우현표지 : 녹색

㉯ 특수표지 : 황색

㉰ 안전수역표지 : 녹색

㉱ 고립장애(장해)표지 : 붉은색

답 | ㉯ ㉮ 우현표지 : 적색
㉰ 안전수역표지 : 백색
㉱ 고립장애(장해)표지 : 백색

20 다음 그림의 항로표지에 관한 설명으로 옳은 것은?

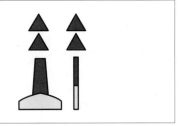

㉮ 표지의 동쪽에 가항수역이 있다.

㉯ 표지의 서쪽에 가항수역이 있다.

㉰ 표지의 남쪽에 가항수역이 있다.

㉱ 표지의 북쪽에 가항수역이 있다.

답 | ㉱ 주어진 항로표지는 북쪽에는 가항수역, 남쪽에는 장애물이 있다는 의미이다.

21 우리나라 부근에 존재하는 기단이 아닌 것은?

㉮ 적도기단

㉯ 시베리아기단

㉰ 북태평양기단

㉱ 오호츠크해기단

답 | ㉮ 우리나라 부근에 존재하는 기단은 시베리아기단, 북태평양기단, 오호츠크해기단, 양쯔강기단이다.

22 고기압에 관한 설명으로 옳은 것은?

㉮ 1기압보다 높은 것을 말한다.

㉯ 상승기류가 있어 날씨가 좋다.

㉰ 주위의 기압보다 높은 것을 말한다.

㉱ 바람은 저기압 중심에서 고기압 쪽으로 분다.

답 | ㉰ ㉮ 주변보다 기압이 높은 것을 말한다.
㉯ 하강기류가 있어 날씨가 좋다.
㉱ 바람은 고기압에서 저기압으로 분다.

23 지상일기도에서 확인할 수 있는 정보가 아닌 것은?

㉮ 구름의 양　　㉯ 현재의 날씨

㉰ 파도의 높이　　㉱ 풍향 및 풍속

답 | ㉰ 지상일기도는 일정한 시간에 각지의 일기·구름의 양·풍향·풍속·기압 등 기상요소의 값을 기록한다. 다만 파도의 높이는 기록하지 않는다.

24 통항계획 수립에 관한 설명으로 옳지 않은 것은?

㉮ 소형선에서는 선장이 직접 통항계획을 수립한다.

㉯ 도선 구역에서의 통항계획 수립은 도선사가 한다.

㉰ 통항계획의 수립에는 공식적인 항해용 해도 및 서적들을 사용하여야 한다.

㉱ 계획 수립 전에 필요한 모든 것을 한 장소에 모으고 내용을 검토하는 것이 필요하다.

답 | ㉯ 도선 구역에서의 통합계획 수립 책임은 본선에 있으며, 도선사는 승선 전, 또는 승선 직후 도선할 지역의 사정에 대해 권고하고 선장은 그 통항계획이 최신화되도록 갱신해야 한다.

25 선저 여유 수심(Under-keel clearance)이 충분하지 않은 수역을 항해하려고 할 때 고려할 요소가 아닌 것은?

㉮ 선박의 속력

㉯ 자기 선박의 최대 흘수

㉰ 자기 선박의 적재 화물

㉱ 조석을 고려한 선저 여유

답 | ㉰ 선저의 여유 수심이 충분하지 않은 수역을 항해할 때는 본선의 최대 흘수와 조석을 고려한 선저 여유 수심, 선박의 속력(속력에 따라 선저 여유 수심이 변화할 수 있으므로) 등을 고려하여야 한다. 본선의 적재 화물은 고려해야 할 요소가 아니다.

01 불워크(Bulwark)에 관한 설명으로 옳은 것은?

㉮ 선내의 오수(Bilge)가 모이는 곳이다.

㉯ 이물질을 걸러내는 망의 역할을 한다.

㉰ 갑판에 고인물을 현측으로 흘려보낸다.

㉱ 갑판에 파도가 올라오는 것을 방지한다.

답 | ㉱ 불워크는 선측의 파도가 갑판 위로 직접 올라오는 것을 방지하고, 선창 입구 등의 갑판구를 보호하며 갑판 위의 사람 혹은 물체가 추락하는 것을 방지한다.

02 기관실과 일반선창이 접하는 장소 사이에 설치하는 이중수밀격벽으로 방화벽의 역할을 하는 것은?

㉮ 해치　　㉯ 디프 탱크

㉰ 코퍼댐　　㉱ 발지 용골

답 | ㉰ 코퍼댐은 하천이나 바다 등의 수중에 구조물을 축조하는 동안 물이 유입되는 것을 방지하기 위하여 임시로 설치하는 구조물로 기관실과 일반선창이 접하는 장소 사이에 설치하는 이중밀격벽이다.

03 아래 그림에서 ㉠은?

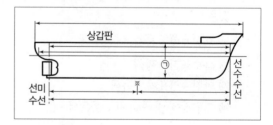

㉮ 선박의 길이　　㉯ 선박의 깊이

㉰ 선박의 흘수　　㉱ 선박의 수심

답 | ㉯ ㉠은 선박의 깊이를 나타낸다. 선체 중앙에서 용골의 상면부터 건현갑판 또는 상갑판 보의 현측 상면까지의 수직거리를 말한다.

04 선체에 고정적으로 부속된 모든 돌출물을 포함하여 선수의 최전단으로부터 선미의 최후단까지의 수평 거리는?

㉮ 전장
㉯ 등록장
㉰ 수선장
㉱ 수선간장

답 | ㉮ ㉯ 등록장 : 상갑판 빔(beam)상의 선수재 전면으로부터 선미재 후면까지의 수평거리
㉰ 수선장 : 선체가 물에 잠겨 있는 상태에서 수선의 수평거리로 통상 전장보다 약간 짧음
㉱ 수선간장 : 계획만재흘수선에서 선수재의 전면에서 세운 수직선인 선수수선과 타주 후면의 기선에서 세운 수직선인 선미수선까지의 수평거리

05 충분한 건현을 유지하여야 하는 가장 큰 이유는?

㉮ 선속을 빠르게 하기 위해서
㉯ 선박의 부력을 줄이기 위해서
㉰ 예비 부력을 확보하기 위해서
㉱ 화물의 적재를 쉽게 하기 위해서

답 | ㉰ 건현은 선체 중앙부 상갑판의 선측 상면에서 만재흘수선까지의 거리를 말하는 것으로 건현이 클수록 예비 부력이 크다.

06 선박이 항행하는 구역 내에서 선박의 안전상 허용된 최대의 흘수선은?

㉮ 선수흘수선
㉯ 만재흘수선
㉰ 평균흘수선
㉱ 선미흘수선

답 | ㉯ 만재흘수선은 안전한 항해를 위해 허용되는 최대의 흘수선이다.

07 스톡이 있는 닻으로 묘박할 때 격납이 불편하지만, 파주력이 커서 주로 소형선에서 사용되는 것은?

㉮ 스톡 앵커
㉯ 스톡리스 앵커
㉰ 머시룸 앵커
㉱ 그래프널 앵커

답 | ㉮ 스톡 앵커는 스톡이 있는 앵커로 파주력은 크나 격납이 불편하여 주로 소형선에서 사용한다.

08 초단파(VHF) 무선설비로 조난경보가 잘못 발신되었을 때 취해야 하는 조치로 옳은 것은?

㉮ 장비를 끄고 그냥 둔다.
㉯ 조난경보 버튼을 다시 누른다.
㉰ 무선설비로 취소 통보를 발신해야 한다.
㉱ 조난경보 버튼을 세 번 연속으로 누른다.

답 | ㉰ 초단파(VHF) 무선설비로 조난경보가 잘못 발신되었을 경우 즉시 취소 통보를 발신하여 잘못된 정보임을 알려야 한다.

09 체온을 유지할 수 있도록 열전도율이 낮은 방수 물질로 만들어진 포대기 또는 옷을 의미하는 구명설비는?

㉮ 방수복
㉯ 구명조끼
㉰ 보온복
㉱ 구명부환

답 | ㉰ 보온복은 열전도율이 낮은 방수 물질로 만들어진 포대기 혹은 옷으로 바닷물에서 체온 유지에 도움을 준다.
㉱ 구명부환 : 개인용의 구명 설비로 수중의 생존자가 잡고 떠 있게 하는 도넛 형태의 부체

10 조난선박으로부터 수신된 조난신호의 해상이동업무식별번호(MMSI number)에서 앞의 3자리가 '441'이라고 표시되어 있다면 해당 조난선박의 국적은?

㉮ 한국　　　　　㉯ 일본
㉰ 중국　　　　　㉱ 러시아

답 ┃ ㉮　해상이동업무식별번호에서 우리나라 선박은 440 혹은 441로 시작한다.

11 "본선에 위험물을 적재 중이다."라는 의미의 기류신호는?

㉮ B기　　　　　㉯ C기
㉰ L기　　　　　㉱ T기

답 ┃ ㉮　B기는 본선은 위험물을 하역 또는 운송 중이라는 의미이다.
　　　㉯ C기 : 긍정

12 아래 그림의 구명설비는?

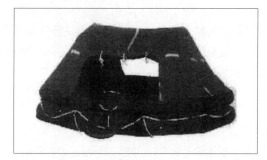

㉮ 구명조끼　　　㉯ 구명부환
㉰ 구명부기　　　㉱ 구명뗏목

답 ┃ ㉱　구명뗏목은 선박 침몰 시 수심 2~4m에 이르면 자동이탈장치에 의해 선박에서 이탈·부상하여 조난자가 이용할 수 있도록 펼쳐지는 구명설비이다. 주로 나일론 등과 같은 합성섬유로 된 포지를 고무로 가공하여 제작된다.

13 선박이 침몰할 경우 자동으로 조난신호를 발신할 수 있는 무선설비는?

㉮ 레이더(Radar)
㉯ 초단파(VHF) 무선설비
㉰ 나브텍스(NAVTEX) 수신기
㉱ 비상위치지시 무선표지(EPIRB)

답 ┃ ㉱　비상위치지시 무선표지(EPIRB)는 선박이 침몰하거나 조난되는 경우 수심 1.5~4m의 수압에서 자동으로 수면 위로 떠올라 선박의 위치 등을 포함한 조난 신호를 발신하는 장치이다.

14 다음 조난신호 용구 중 시인거리가 가장 긴 것은?

㉮ 호각
㉯ 신호 홍염
㉰ 발연부 신호
㉱ 로켓 낙하산 화염신호

답 ┃ ㉱　낙하산 신호는 로켓 등에 의해 공중으로 발사되어 붉은 빛을 내뿜는 야간용 조난신호 용구로 공중에서 신호를 발하는 만큼 높은 시인거리를 확보한다.

15 선박이 공기와 물의 경계면에서 움직일 때, 선수와 선미 부근, 선체 중앙 부근의 압력차에 의해 발생하는 저항은?

㉮ 마찰저항　　　㉯ 공기저항
㉰ 조파저항　　　㉱ 조와저항

답 ┃ ㉰　㉮ 마찰저항 : 물의 점성에 의해 생기는 저항
　　　㉯ 공기저항 : 수면 위의 선체 및 갑판 상부의 구조물과 공기의 흐름 간에 발생하는 저항
　　　㉱ 조와저항 : 선체 주위의 물분자와 선체에서 먼 곳의 물분자 간의 속도차로 발생하는 와류에 의해 나타나는 저항

16 전속 전진 중에 기관을 후진 전속으로 걸어서 선체가 물에 대하여 정지할 때까지 진출한 거리는?

[가] 횡거　　[나] 종거
[사] 신침로거리　　[아] 최단정지거리

답 | [아] 최단정지거리는 전진 속력으로 항해 중인 선박에서 기관의 후진을 사용하여서 정지할 수 있는 가장 짧은 거리를 말한다.

17 지엠(GM)이 작은 선박이 선회 중 나타나는 현상과 그 조치사항으로 옳지 않은 것은?

[가] 선속이 빠를수록 경사가 커진다.
[나] 타각을 크게 할수록 경사가 커진다.
[사] 내방경사보다 외방경사가 크게 나타난다.
[아] 경사가 커지면 즉시 타를 반대로 돌린다.

답 | [아] 지엠(GM)이 작은 선박의 복원력은 과소하여 횡요주기가 길고, 경사하면 경사된 채로 일어나기 힘들 때가 있어 이 상태로 항해 중에 전복의 위험이 있다. 경사가 커졌을 때 즉시 타를 반대로 돌히면 더욱 경사하게 되므로 즉시 선속을 줄이고 타를 소각도로 서서히 줄여서 선회 가속도를 낮추어야 한다.

18 근접하여 운항하는 두 선박의 상호 간섭작용에 관한 설명으로 옳지 않은 것은?

[가] 선속을 감속하면 영향이 줄어든다.
[나] 두 선박 사이의 거리가 멀어지면 영향이 줄어든다.
[사] 소형선은 선체가 작아 영향을 거의 받지 않는다.
[아] 마주칠 때보다 추월할 때 상호 간섭작용이 오래 지속되어 위험하다.

답 | [사] 두 선박이 접근하여 운항할 경우 대형선에 비해 소형선이 그 영향을 더 크게 받는다.

19 (　　)에 순서대로 적합한 것은?

> 보기
> "단추진기 선박을 (　　　)으로 보아서, 전진할 때 프로펠러가 (　　)으로 회전하면 우선회 스크루 프로펠러라고 한다."

[가] 선미에서 선수방향, 왼쪽
[나] 선수에서 선미방향, 오른쪽
[사] 선수에서 선미방향, 시계방향
[아] 선미에서 선수방향, 시계방향

답 | [아] 단추진기 선박을 선미에서 선수방향으로 보아서, 전진할 때 스크루 프로펠러가 시계방향으로 회전하면 우선회 스크루 프로펠러라고 한다.

20 다음 중 수심이 얕은 수역을 선박이 항해할 때 나타나는 현상이 아닌 것은?

[가] 타효 증가　　[나] 선체 침하
[사] 속력 감소　　[아] 조종성 저하

답 | [가] 수심이 얕은 수역의 영향을 '천수효과'라고 하는데, 선체의 침하와 흘수의 증가, 선속의 감소, 조종성(타효)의 저하 등이 그것이다.

21 강한 조류가 있을 경우 선박을 조종하는 방법으로 옳지 않은 것은?

[가] 유향, 유속을 잘 알 수 있는 시간에 항행한다.
[나] 가능한 한 선수를 유향에 직각 방향으로 향하게 한다.
[사] 유속이 있을 때 계류작업을 할 경우 유속에 대등한 타력을 유지한다.
[아] 조류가 흘러가는 쪽에 장애물이 있는 경우에는 충분한 공간을 두고 조종한다.

답 | [나] 강한 조류가 있을 경우 가능한 한 선수와 조류의 유선이 일치되도록 조종해야 한다.

22 황천항해 시 사용하는 방법으로 선체가 받는 충격이 작고, 상당한 속력을 유지할 수 있으나 선미 추종파에 의하여 해수가 선미 갑판을 덮칠 수 있고, 브로칭(Broaching) 현상이 일어날 수 있는 조선법은?

㉮ 러칭(Lurching)

㉯ 스커딩(Scudding)

㉰ 라이 투(Lie to)

㉱ 히브 투(Heave to)

답 | ㉯ ㉮ 러칭(Lurching) : 선체가 횡동요를 일으키는 중 측면에서 돌풍을 받거나 파랑 중에 대각도 조타를 했을 때 선체가 갑자기 큰 각도로 경사하는 현상
㉰ 라이 투(Lie to) : 황천 속에서 기관을 정지하여 선체가 풍하 측으로 표류하도록 하는 방법
㉱ 히브 투(Heave to) : 선수를 풍랑 쪽으로 향하게 하여 조타가 가능한 최소의 속력으로 전진하는 방법

23 다음 중 태풍을 피항하는 가장 안전한 방법은?

㉮ 가항반원으로 항해한다.

㉯ 위험반원의 반대쪽으로 항해한다.

㉰ 선미 쪽에서 바람을 받도록 항해한다.

㉱ 미리 태풍의 중심으로부터 최대한 멀리 떨어진다.

답 | ㉱ 태풍으로부터 피항하는 가장 안전한 방법은 기상 예보에 유의하여 일찍이 침로를 조정하여 태풍 중심을 피하여 돌아가는 항로를 선택한다.

24 선박 간 충돌사고의 직접적인 원인이 아닌 것은?

㉮ 계류삭 정비 불량

㉯ 항해사의 선박 조종술 미숙

㉰ 항해장비의 불량과 운용 미숙

㉱ 승무원의 주의태만으로 인한 과실

답 | ㉮ 계류삭은 선박 등을 일정한 곳에 계류하기 위해 쓰는 밧줄로, 선박 간 충돌사고의 직접적인 원인과 관련이 없다.

25 황천에 의한 해양사고를 방지하기 위한 조치가 아닌 것은?

㉮ 모든 배수구 폐쇄

㉯ 노천 갑판 개구부 폐쇄

㉰ 선박평형수를 주입하여 선박의 복원성 향상

㉱ 모든 화물, 특히 갑판 위에 있는 화물의 고박

답 | ㉮ 황천에 의한 해양사고를 방지하기 위해 선체 외부의 개구부는 밀폐, 현측에 사다리는 고정, 배수구는 청소(갑판상 해수에 의한 복원력 감소 방지 목적)를 한다.

제3과목　법규

01 해상교통안전법상 조종불능선이 아닌 선박은?

㉮ 추진기관 고장으로 표류 중인 선박
㉯ 항공기의 발착작업에 종사 중인 선박
㉰ 발전기 고장으로 기관이 정지된 선박
㉱ 조타기 고장으로 침로 변경이 불가능한 선박

답 | ㉯　해상교통안전법 제2조에 따르면 조종불능선이란 선박의 조종성능을 제한하는 고장이나 그 밖의 사유로 조종을 할 수 없게 되어 다른 선박의 진로를 피할 수 없는 선박을 말한다.

02 해상교통안전법상 술에 취한 상태의 기준은?

㉮ 혈중알코올농도 0.01 퍼센트 이상
㉯ 혈중알코올농도 0.03 퍼센트 이상
㉰ 혈중알코올농도 0.05 퍼센트 이상
㉱ 혈중알코올농도 0.10 퍼센트 이상

답 | ㉯　해상교통안전법 제39조에 따르면 술에 취한 상태의 기준은 혈중알코올농도 0.03퍼센트 이상으로 한다.

03 해상교통안전법상 통항분리수역에서의 항법으로 옳지 않은 것은?

㉮ 통항로는 어떠한 경우에도 횡단하여서는 아니된다.
㉯ 통항로의 출입구를 통하여 출입하는 것을 원칙으로 한다.
㉰ 통항로 안에서는 정하여진 진행방향으로 항행하여야 한다.
㉱ 분리선이나 분리대에서 될 수 있으면 떨어져서 항행하여야 한다.

답 | ㉮　해상교통안전법 제75조에 따르면 선박이 통항분리수역을 항행하는 경우에는 다음 각 호의 사항을 준수하여야 한다.
- 통항로 안에서는 정하여진 진행방향으로 항행할 것
- 분리선이나 분리대에서 될 수 있으면 떨어져서 항행할 것
- 통항로의 출입구를 통하여 출입하는 것을 원칙으로 할 것

04 해상교통안전법상 선박에서 하여야 하는 적절한 경계에 관한 설명으로 옳지 않은 것은?

㉮ 이용할 수 있는 모든 수단을 이용한다.
㉯ 청각을 이용하는 것이 가장 효과적이다.
㉰ 선박 주위의 상황을 파악하기 위함이다.
㉱ 다른 선박과 충돌할 위험성을 충분히 파악하기 위함이다.

답 | ㉯　해상교통안전법 제70조에 따르면 선박은 주위의 상황 및 다른 선박과 충돌할 수 있는 위험성을 충분히 파악할 수 있도록 시각ㆍ청각 및 당시의 상황에 맞게 이용할 수 있는 모든 수단을 이용하여 항상 적절한 경계를 하여야 한다.

05 해상교통안전법상 선박이 다른 선박을 선수 방향에서 볼 수 있는 경우로서 밤에는 양쪽의 현등을 볼 수 있는 경우의 상태는?

㉮ 안전한 상태
㉯ 횡단하는 상태
㉰ 마주치는 상태
㉱ 앞지르기 하는 상태

답 | ㉰　해상교통안전법 제79조에 따르면 선박은 다른 선박을 선수방향에서 볼 수 있는 경우로서 다음 각 호의 어느 하나에 해당하면 마주치는 상태에 있다고 보아야 한다.
- 밤에는 2개의 마스트등을 일직선으로 또는 거의 일직선으로 볼 수 있거나 양쪽의 현등을 볼 수 있는 경우
- 낮에는 2척의 선박의 마스트가 선수에서 선미(船尾)까지 일직선이 되거나 거의 일직선이 되는 경우

06 (　　)에 순서대로 적합한 것은?

> |보기|
>
> "해상교통안전법상 밤에는 다른 선박의 (　　)만을 볼 수 있고 어느 쪽의 (　　)도 볼 수 없는 위치에서 그 선박을 앞지르는 선박은 앞지르기 하는 배로 보고 필요한 조치를 취하여야 한다."

㉮ 선수등, 현등　　㉯ 선수등, 전주등
㉰ 선미등, 현등　　㉱ 선미등, 전주등

답 | ㉰　해상교통안전법 제78조에 따르면 다른 선박의 양쪽 현의 정횡으로부터 22.5도를 넘는 뒤쪽(밤에는 다른 선박의 선미등만을 볼 수 있고 어느 쪽의 현등도 볼 수 없는 위치를 말한다]에서 그 선박을 앞지르는 선박은 앞지르기 하는 배로 보고 필요한 조치를 취하여야 한다.

07 해상교통안전법상 제한된 시계에서 선박의 항법으로 옳은 것을 〈보기〉에서 모두 고른 것은?

> |보기|
>
> ㄱ. 레이더 가동을 중단한다.
> ㄴ. 안전한 속력으로 항행한다.
> ㄷ. 기관을 즉시 조작할 수 있도록 준비하여야 한다.

㉮ ㄱ, ㄴ　　㉯ ㄱ, ㄷ
㉰ ㄴ, ㄷ　　㉱ ㄱ, ㄴ, ㄷ

답 | ㉰　해상교통안전법 제84조에 따르면 모든 선박은 시계가 제한된 그 당시의 사정과 조건에 적합한 안전한 속력으로 항행하여야 하며, 동력선은 제한된 시계 안에 있는 경우 기관을 즉시 조작할 수 있도록 준비하고 있어야 한다.

08 해상교통안전법상 제한된 시계에서 레이더만으로 다른 선박이 있는 것을 탐지한 선박의 피항동작이 침로를 변경하는 것만으로 이루어질 경우 선박이 취하여야 할 행위로 옳은 것은? (단, 앞지르기 당하고 있는 선박의 경우는 제외함)

㉮ 자기 선박의 양쪽 현의 정횡에 있는 선박의 방향으로 침로를 변경하는 행위
㉯ 자기 선박의 양쪽 현의 정횡 뒤쪽에 있는 선박의 방향으로 침로를 변경하는 행위
㉰ 다른 선박이 자기 선박의 양쪽 현의 정횡 앞쪽에 있는 경우 우현 쪽으로 침로를 변경하는 행위
㉱ 다른 선박이 자기 선박의 양쪽 현의 정횡 앞쪽에 있는 경우 좌현 쪽으로 침로를 변경하는 행위

답 | ㉱　해상교통안전법 제84조에 따르면 제한된 시계에서 레이더만으로 다른 선박이 있는 것을 탐지한 선박의 피항동작이 침로를 변경하는 것만으로 이루어질 경우 다른 선박이 자기 선박의 양쪽 현의 정횡 앞쪽에 있는 경우 좌현 쪽으로 침로를 변경(앞지르기 당하고 있는 선박에 대한 경우는 제외한다)하는 행위는 피해야 한다.

09 해상교통안전법상 길이 12미터 이상인 선박이 항행 중 기관 고장으로 조종을 할 수 없게 되었을 때 대수 속력이 없는 경우 표시하여야 하는 등화는?

㉮ 선수부에 붉은색 전주등 1개
㉯ 선미부에 붉은색 전주등 1개
㉰ 가장 잘 보이는 곳에 수직으로 붉은색 전주등 2개
㉱ 가장 잘 보이는 곳에 수직으로 붉은색 전주등 3개

답 | ㉰　해상교통안전법 제92조에 따르면 조종불능선은 가장 잘 보이는 곳에 수직으로 붉은색 전주등 2개를 표시하여야 한다.

10 해상교통안전법상 정선수 방향에서 양쪽 현으로 각각 112.5도에 걸치는 수평의 호를 비추는 등화는?

㉮ 현등　　　㉯ 전주등
㉰ 선미등　　㉱ 예선등

답 | ㉮　해상교통안전법 제86조에 따르면 현등은 정선수 방향에서 양쪽 현으로 각각 112.5도에 걸치는 수평의 호를 비추는 등화이다. 그 불빛이 정선수 방향에서 좌현 정횡으로부터 뒤쪽 22.5도까지 비출 수 있도록 좌현에 설치된 붉은색 등과 그 불빛이 정선수 방향에서 우현 정횡으로부터 뒤쪽 22.5도까지 비출 수 있도록 우현에 설치된 녹색 등이다.

11 해상교통안전법상 선박의 등화에 사용되는 등색이 아닌 것은?

㉮ 녹색　　　㉯ 흰색
㉰ 청색　　　㉱ 붉은색

답 | ㉰　등화에 사용되는 등색은 흰색, 녹색, 붉은색, 황색이다.

12 해상교통안전법상 선미등이 비추는 수평의 호의 범위와 등색은?

㉮ 135도, 흰색
㉯ 135도, 붉은색
㉰ 225도, 흰색
㉱ 225도, 붉은색

답 | ㉮　해상교통안전법 제86조에 따르면 선미등은 135도에 걸치는 수평의 호를 비추는 흰색 등으로서 그 불빛이 정선미 방향으로부터 양쪽 현의 67.5도까지 비출 수 있도록 선미 부분 가까이에 설치된 등이다.

13 (　　)에 적합한 것은?

┌보기┐
"해상교통안전법상 항행 중인 동력선이 (　　)에 있는 경우에 그 침로를 변경하거나 그 기관을 후진하여 사용할 때에는 기적신호를 행하여야 한다."

㉮ 평수구역
㉯ 서로 상대의 시계 안
㉰ 제한된 시계
㉱ 무역항의 수상구역 안

답 | ㉯　해상교통안전법 제99조에 따르면 항행 중인 동력선이 서로 상대의 시계 안에 있는 경우에 이 법에 따라 그 침로를 변경하거나 그 기관을 후진하여 사용할 때에는 기적신호를 행하여야 한다.

14 (　　)에 순서대로 적합한 것은?

┌보기┐
"해상교통안전법상 제한된 시계 안에서 항행 중인 길이 12미터 이상의 동력선은 정지하여 대수속력이 없는 경우에는 장음 사이의 간격을 2초 정도로 연속하여 장음을 (　　) 울리되. (　　)을 넘지 아니하는 간격으로 울려야 한다."

㉮ 1회, 1분　　㉯ 2회, 2분
㉰ 1회, 2분　　㉱ 2회, 1분

답 | ㉯　해상교통안전법 제100조에 따르면 항행 중인 동력선은 정지하여 대수속력이 없는 경우에는 장음 사이의 간격을 2초 정도로 연속하여 장음을 2회 울리되, 2분을 넘지 아니하는 간격으로 울려야 한다.

15 해상교통안전법상 육안으로 보이고, 가까이 있는 다른 선박으로부터 단음 2회의 기적신호를 들었을 때 그 선박이 취하고 있는 동작은?

㉮ 감속 중

㉯ 침로 유지 중

㉰ 우현 쪽으로 침로 변경 중

㉱ 좌현 쪽으로 침로 변경 중

답 | ㉱ 해상교통안전법 제99조에 따르면 항행 중인 동력선이 서로 상대의 시계 안에 있는 경우에 이 법에 따라 침로를 왼쪽으로 변경하고 있는 경우 단음 2회를 행하여야 한다.

16 선박의 입항 및 출항 등에 관한 법률상 선박이 해상에서 닻을 바다 밑바닥에 내려놓고 운항을 멈출 수 있는 장소는?

㉮ 부두　　　　㉯ 항계

㉰ 항로　　　　㉱ 정박지

답 | ㉱ 선박의 입항 및 출항 등에 관한 법률 제2조에 따르면 정박지란 선박이 정박할 수 있는 장소를 말한다.

17 선박의 입항 및 출항 등에 관한 법률상 총톤수 5톤인 내항선이 무역항의 수상구역등을 출입할 때 하는 출입 신고에 관한 내용으로 옳은 것은?

㉮ 내항선이므로 출입 신고를 하지 않아도 된다.

㉯ 출항 일시가 이미 정하여진 경우에도 입항 신고와 출항 신고는 동시에 할 수 없다.

㉰ 무역항의 수상구역등의 밖으로 출항하려는 경우 원칙적으로 출항 직후 출항 신고를 하여야 한다.

㉱ 무역항의 수상구역등의 안으로 입항하는 경우 원칙적으로 입항하기 전에 출입 신고를 하여야 한다.

답 | ㉱ 선박의 입항 및 출항 등에 관한 법률 제4조에 따르면 무역항의 수상구역등에 출입하려는 선박의 선장은 대통령령으로 정하는 바에 따라 관리청에 신고하여야 한다. 다만, 총톤수 5톤 미만의 선박은 출입 신고를 하지 아니할 수 있다(문제에서 총톤수가 5톤이라고 했으므로 출입 신고해야 함).

18 선박의 입항 및 출항 등에 관한 법률상 무역항의 수상구역등에서 정박하거나 정류하지 못하도록 하는 장소가 아닌 것은?

㉮ 하천　　　　㉯ 잔교 부근 수역

㉰ 좁은 수로　　㉱ 수심이 깊은 곳

답 | ㉱ 선박의 입항 및 출항 등에 관한 법률 제6조에 따르면 선박은 무역항의 수상구역등에서 다음 각 호의 장소에는 정박하거나 정류하지 못한다.
- 부두 · 잔교 · 안벽 · 계선부표 · 돌핀 및 선거의 부근 수역
- 하천, 운하 및 그 밖의 좁은 수로와 계류장 입구의 부근 수역

19 선박의 입항 및 출항 등에 관한 법률상 방파제 부근에서 입 · 출항 선박이 마주칠 우려가 있는 경우의 항법에 관한 설명으로 옳은 것은?

㉮ 소형선이 대형선의 진로를 피한다.

㉯ 방파제 입구에는 동시에 진입해도 상관없다.

㉰ 선속이 빠른 선박이 선속이 느린 선박의 진로를 피한다.

㉱ 입항하는 선박은 방파제 밖에서 출항하는 선박의 진로를 피한다.

답 | ㉱ 선박의 입항 및 출항 등에 관한 법률 제13조에 따르면 무역항의 수상구역등에 입항하는 선박이 방파제 입구 등에서 출항하는 선박과 마주칠 우려가 있는 경우에는 방파제 밖에서 출항하는 선박의 진로를 피하여야 한다.

20 선박의 입항 및 출항 등에 관한 법률상 무역항의 수상구역등에서 예인선의 항법으로 옳지 않은 것은?

㉮ 예인선은 한꺼번에 3척 이상의 피예인선을 끌지 아니하여야 한다.
㉯ 원칙적으로 예인선의 선미로부터 피예인선의 선미까지 길이는 100미터를 초과하지 못한다.
㉰ 다른 선박의 출입을 보조하는 경우에 한하여 예인선의 선수로부터 피예인선의 선미까지의 길이는 200미터를 초과할 수 있다.
㉱ 지방해양수산청장 또는 시·도지사는 해당 무역항의 특수성 등을 고려하여 특히 필요한 경우에는 예인선의 항법을 조정할 수 있다.

답 │ ㉯ 선박의 입항 및 출항 등에 관한 법률 시행규칙 제9조에 따르면 예인선이 무역항의 수상구역등에서 다른 선박을 끌고 항행하는 경우에는 다음 각 호에서 정하는 바에 따라야 한다.
• 예인선의 선수로부터 피예인선의 선미까지의 길이는 200미터를 초과하지 아니할 것. 다만, 다른 선박의 출입을 보조하는 경우에는 그러하지 아니하다.
• 예인선은 한꺼번에 3척 이상의 피예인선을 끌지 아니할 것
지방해양수산청장 또는 시·도지사는 해당 무역항의 특수성 등을 고려하여 특히 필요한 경우에는 항법을 조정할 수 있다.

21 (   )에 적합한 것은?

┌─ 보기 ─────────────────────────┐
"선박의 입항 및 출항 등에 관한 법률상 선박이 무역항의 수상구역등이나 무역항의 수상구역 부근을 항행할 때에는 다른 선박에 위험을 주지 아니할 정도의 (   )로/으로 항행하여야 한다."
└──────────────────────────────┘

㉮ 타력   ㉯ 속력
㉰ 침로   ㉱ 선수방위

답 │ ㉯ 선박의 입항 및 출항 등에 관한 법률 제17조에 따르면 선박이 무역항의 수상구역등이나 무역항의 수상구역 부근을 항행할 때에는 다른 선박에 위험을 주지 아니할 정도의 속력으로 항행하여야 한다.

22 선박의 입항 및 출항 등에 관한 법률상 우선피항선에 관한 규정으로 옳은 것은?

㉮ 우선피항선은 다른 선박의 항행에 방해가 될 우려가 있는 장소에 정박하거나 정류하여서는 아니 된다.
㉯ 무역항의 수상구역등이나 무역항의 수상구역 부근에서 우선피항선은 다른 선박과 만나는 자세에 따라 유지선이 될 수 있다.
㉰ 총톤수 5톤 미만인 우선피항선이 무역항의 수상구역등에 출입하려는 경우에는 통상적으로 대통령령으로 정하는 바에 따라 관리청에 신고하여야 한다.
㉱ 우선피항선은 무역항의 수상구역등에 출입하는 경우 또는 무역항의 수상구역등을 통과하는 경우에는 관리청에서 지정·고시한 항로를 따라 항행하여야 한다.

답 │ ㉮ 선박의 입항 및 출항 등에 관한 법률 제5조에 따르면 우선피항선은 다른 선박의 항행에 방해가 될 우려가 있는 장소에 정박하거나 정류하여서는 아니 된다.

23 해양환경관리법상 선박의 밑바닥에 고인 액상유성혼합물은?

㉮ 윤활유   ㉯ 선저폐수
㉰ 선저 유류   ㉱ 선저 세정수

답 │ ㉯ 해양환경관리법 제2조에 따르면 선저폐수는 선박의 밑바닥에 고인 액상유성혼합물을 말한다.

24 해양환경관리법상 선박에서 오염물질을 배출할 수 없는 경우는?

㉮ 인명구조를 위하여 부득이하게 오염물질을 배출하는 경우

㉯ 선박의 손상으로 인하여 부득이하게 오염물질이 배출되는 경우

㉰ 선박의 속력을 증가시키기 위하여 오염물질을 배출하는 경우

㉱ 선박의 안전 확보를 위하여 부득이하게 오염물질을 배출하는 경우

답 | ㉰ 해양환경관리법 제22조에 따르면 다음 각 호의 어느 하나에 해당하는 경우에는 선박 또는 해양시설등에서 발생하는 오염물질(폐기물은 제외한다. 이하 이조에서 같다)을 해양에 배출할 수 있다.
• 선박 또는 해양시설등의 안전확보나 인명구조를 위하여 부득이하게 오염물질을 배출하는 경우
• 선박 또는 해양시설등의 손상 등으로 인하여 부득이하게 오염물질이 배출되는 경우
• 선박 또는 해양시설등의 오염사고에 있어 해양수산부령이 정하는 방법에 따라 오염피해를 최소화하는 과정에서 부득이하게 오염물질이 배출되는 경우

25 해양환경관리법상 기름오염방제와 관련된 설비와 자재가 아닌 것은?

㉮ 유겔화제　　㉯ 유처리제
㉰ 오일펜스　　㉱ 유수분리기

답 | ㉱ 해양환경관리법 시행규칙 제66조에 따르면 형식승인을 받아야 하는 자재·약제의 종류는 다음 각 호와 같다.
• 해양유류오염확산차단장치(오일펜스)
• 유처리제
• 유흡착재
• 유겔화제
• 생물정화제제

01 디젤기관에서 실린더 내의 공기를 압축시키는 이유는?

㉮ 공기의 온도를 높이기 위해
㉯ 공기의 온도를 낮추기 위해
㉰ 연료유의 온도를 낮추기 위해
㉱ 연료유의 공급을 차단하기 위해

답 | ㉮ 실린더 내 공기를 압축하면 공기의 온도가 상승하고, 여기에 연료를 분사하여 연소시킨다. 급격한 연소에 의해 발생하는 폭발 압력을 피스톤이 크랭크에 전달함으로써 크랭크축의 회전을 방생시킨다.

02 4행정 사이클 디젤기관의 행정이 아닌 것은?

㉮ 흡입 행정　　㉯ 분사 행정
㉰ 배기 행정　　㉱ 압축 행정

답 | ㉯ 4행정 사이클 디젤기관의 행정은 흡입 행정, 압축 행정, 작동(폭발) 행정, 배기 행정이 있다.

03 소형기관에서 메인 베어링의 발열 원인 중 〈보기〉에서 옳은 것을 모두 고른 것은?

┌─ 보기 ─────────────────┐
① 베어링의 하중이 너무 클 때
② 베어링 메탈의 재질이 불량할 때
③ 베어링의 틈새가 적당할 때
④ 베어링의 냉각이 적당할 때
└──────────────────────┘

㉮ ①, ②　　　　㉯ ②, ③
㉰ ③, ④　　　　㉱ ①, ④

답 | ㉮ 메인 베어링의 발열 원인은 베어링의 틈새 불량, 윤활유 부족 및 불량, 크랭크축의 중심선 불일치, 베어링 하중이 클 때 등이 있다.

04 소형기관에서 피스톤링의 마멸 정도를 계측하는 공구로 적합한 것은?

㉮ 다이얼 게이지
㉯ 한계 게이지
㉰ 내경 마이크로미터
㉱ 외경 마이크로미터

답 | ㉱　마이크로미터는 나사의 원리를 이용하여 길이를 정밀하게 측정하는 도구이다. 피스톤링의 마멸 정도를 계측하기 위해서는 외경을 측정하여야 하므로 외경 마이크로미터를 사용한다.

05 소형기관에서 피스톤링의 절구틈에 대한 설명으로 옳은 것은?

㉮ 기관의 운전시간이 많을수록 절구틈은 커진다.
㉯ 기관의 운전시간이 많을수록 절구틈은 작아진다.
㉰ 절구틈이 커질수록 기관의 효율이 좋아진다.
㉱ 절구틈이 작을수록 연소가스 누설이 많아진다.

답 | ㉮　기관의 운전시간이 많을수록 피스톤 링의 절구틈이 커진다. 따라서 적절한 기간마다 피스톤 링을 교체해 주어야 한다.

06 소형기관의 피스톤 재질에 대한 설명으로 옳지 않은 것은?

㉮ 강도가 큰 것이 좋다.
㉯ 무게가 무거운 것이 좋다.
㉰ 열전도가 잘 되는 것이 좋다.
㉱ 마멸에 잘 견디는 것이 좋다.

답 | ㉯　피스톤은 관성의 영향이 크지 않도록 무게가 가벼운 것이 좋다.

07 크랭크축의 구성 요소가 아닌 것은?

㉮ 저널
㉯ 암
㉰ 핀
㉱ 헤드

답 | ㉱　소형기관에서 크랭크축의 구성 요소 크랭크 저널, 크랭크 핀, 크랭크 암이다.
㉮ 크랭크 저널 : 메인 베어링에 의해서 상하가 지지되어 그 속에서 회전을 하는 부분
㉯ 크랭크 암 : 크랭크 저널과 크랭크 핀을 연결하는 부분으로 반대쪽으로는 평형추를 설치하여 회전력의 평형을 유지
㉰ 크랭크 핀 : 크랭크 저널의 중심에서 크랭크 반지름만큼 떨어진 곳에 있으며 저널과 평행하게 설치

08 다음 그림과 같은 디젤기관의 크랭크축에서 커넥팅로드가 연결되는 곳은?

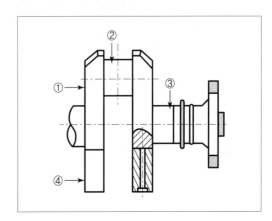

㉮ ①
㉯ ②
㉰ ③
㉱ ④

답 | ㉯　크랭크축에서 커넥팅로드는 ②에 연결되며, 피스톤이 받는 폭발력을 크랭크축에 전달하여 피스톤의 왕복 운동을 크랭크의 회전 운동으로 전환하는 역할을 한다.

09 운전 중인 디젤기관의 실린더 헤드와 실린더 라이너 사이에서 배기가스가 누설하는 경우의 가장 적절한 조치 방법은?

㉮ 기관을 정지하여 구리 개스킷을 교환한다.
㉯ 기관을 정지하여 구리 개스킷을 1개 더 추가로 삽입한다.
㉰ 배기가스가 누설하지 않을 때까지 저속으로 운전한다.
㉱ 실린더 헤드와 실린더 라이너 사이의 죄임 너트를 약간 풀어준다.

답 | ㉮ 운전 중인 디젤기관의 실린더 헤드와 실린더 라이너 사이에서 배기가스가 누설하는 경우 기관을 정지하여 구리 개스킷을 교환한다.

10 소형기관에서 윤활유를 장시간 사용했을 경우에 나타나는 현상으로 옳지 않은 것은?

㉮ 색상이 검게 변한다.
㉯ 점도가 증가한다.
㉰ 침전물이 증가한다.
㉱ 혼입수분이 감소한다.

답 | ㉱ 윤활유는 마멸 방지 외에도 냉각, 기밀, 응력 분산, 방청, 청정 등의 작용을 한다. 따라서 윤활유를 오래 사용했을 경우 기밀 기능이 떨어져 혼입 수분이 증가할 수 있다.

11 디젤기관에서 시동용 압축공기의 최고압력은 약 몇 [kgf/cm^2]인가?

㉮ 10[kgf/cm^2]
㉯ 20[kgf/cm^2]
㉰ 30[kgf/cm^2]
㉱ 40[kgf/cm^2]

답 | ㉯ 일반적으로 디젤기관 시동용 압축 공기의 압력은 25~30kgf/cm^{2}이다.

12 축계장치의 조건으로 옳지 않은 것은?

㉮ 역회전에 잘 견딜 수 있어야 한다.
㉯ 고속 운전에 잘 견딜 수 있어야 한다.
㉰ 주기관의 운전에 신속하게 반응해야 한다.
㉱ 축계의 진동을 크게 하여 선체의 진동을 증폭시킬 수 있어야 한다.

답 | ㉱ 주기관에서 발생하는 동력은 축을 거쳐서 추진기에 회전력을 전하고, 추진기의 회전에 의하여 생기는 추력은 그 축을 거쳐서 선체에 전해지고 있다. 이와 같은 일련의 축을 축계라고 한다. 따라서 응력, 비틀림, 진동에 대하여 충분한 강도를 갖추어야 한다.

13 다음 그림에서 부식 방지를 위해 ①에 부착하는 것은?

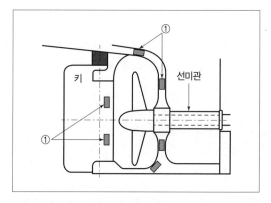

㉮ 구리
㉯ 니켈
㉰ 주석
㉱ 아연

답 | ㉱ 부식이 심한 곳의 파이프에는 아연 또는 주석 도금한 파이프를 사용하여 방지한다.

14 선체 저항의 종류가 아닌 것은?

㉮ 마찰저항
㉯ 전기저항
㉰ 조파저항
㉱ 공기저항

답 | ㉯ 선체 저항은 마찰저항, 조파저항, 조와저항, 공기저항이 있다.

15 연료유가 연소할 때 발생하는 열로 증기를 발생시키는 장치는?

㉮ 보일러 ㉯ 기화기
㉰ 압축기 ㉱ 냉동기

답 | ㉮ 보일러는 연료가 연소되었을 때 발생하는 열을 밀폐된 용기 내의 물에 전달하여 원하는 압력과 온도를 가진 증기를 만드는 장치이다.

16 전기용어에 대한 설명으로 옳지 않은 것은?

㉮ 저항의 단위는 옴이다.
㉯ 전압의 단위는 볼트이다.
㉰ 전류의 단위는 암페어이다.
㉱ 전력의 단위는 헤르츠이다.

답 | ㉱ 전력의 단위는 와트[W]이다. 헤르츠[Hz]는 주파수의 단위이다.

17 유도전동기의 부하 전류계에서 지침이 가장 크게 움직이는 경우는?

㉮ 전동기의 정지 직후
㉯ 전동기의 기동 직후
㉰ 전동기가 정속도로 운전 중일 때
㉱ 전동기 기동 후 10분이 경과되었을 때

답 | ㉯ 유도전동기의 기동 직후에 부하 전류계의 지침이 가장 크게 움직인다.

18 우리나라 기준으로 납축전지가 완전 충전 상태일 때 20[℃]에서 전해액의 표준 비중값은?

㉮ 1.24 ㉯ 1.26
㉰ 1.28 ㉱ 1.30

답 | ㉰ 우리나라에서 납축전지가 완전 충전 상태일 때 20℃에서 표준 비중값은 1.280이다.

19 다음과 같은 납축전지 회로에서 합성전압과 합성용량은?

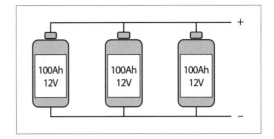

㉮ 12[V], 100[Ah]
㉯ 12[V], 300[Ah]
㉰ 36[V], 100[Ah]
㉱ 36[V], 300[Ah]

답 | ㉯ 납축전지 회로는 병렬연결이므로 전압은 12V로 동일하고, 전류는 3개의 독립적인 전류가 흐르므로 100×3＝300[Ah]이다.

20 납축전지의 전해액으로 많이 사용되는 것은?

㉮ 묽은황산 용액
㉯ 알칼리 용액
㉰ 가성소다 용액
㉱ 청산가리 용액

답 | ㉮ 납축전지의 전해액은 음극에서 양극으로 전기를 통하게 하는 물질이며 일반적으로 진한 황산에 증류수를 혼합해 만든 묽은황산을 이용한다.

21 볼트나 너트를 풀고 조이기 위한 렌치나 스패너의 일반적인 사용 방법으로 옳은 것은?

㉮ 풀거나 조일 때 미는 방향으로 힘을 준다.

㉯ 당길 때나 밀 때에는 자기 체중을 실어서 최대한 힘을 준다.

㉰ 쉽게 풀거나 조이기 위해 렌치에 파이프를 끼워서 최대한 힘을 준다.

㉱ 풀거나 조일 때 가능한 한 자기 앞쪽으로 당기는 방향으로 힘을 준다.

답 | ㉱ 풀거나 조일 때 미는 방향으로 힘을 주거나 체중을 싣는 것은 사고의 원인이 되므로 삼가야 한다. 또한 파이프 등을 끼워서 힘을 줄 경우 사고의 원인이 되거나 볼트 혹은 너트 등의 손상을 일으킬 수도 있다.

22 운전 중인 디젤 주기관에서 윤활유 펌프의 압력에 대한 설명으로 옳은 것은?

㉮ 출력이 커지면 압력을 더 낮춘다.

㉯ 기관의 속도가 증가하면 압력을 더 높여준다.

㉰ 부하에 관계없이 압력을 일정하게 유지한다.

㉱ 배기가스 온도가 올라가면 압력을 더 높여준다.

답 | ㉰ 윤활유 펌프는 부하에 관계없이 압력을 일정하게 유지하고, 윤활유를 흡입 및 가압하여 각 윤활부에 보내는 역할을 한다.

23 운전 중인 디젤기관이 갑자기 정지되는 경우가 아닌 것은?

㉮ 연료유가 공급되지 않는 경우

㉯ 윤활유의 압력이 너무 낮은 경우

㉰ 냉각수의 온도가 너무 낮은 경우

㉱ 기관의 회전수가 과속도 설정값에 도달된 경우

답 | ㉰ 운전 중인 디젤기관이 갑자기 정지되는 경우는 연료유 공급의 차단, 연료유 수분 과다 혼입 등 연료유 계통 문제, 윤활유의 압력이 너무 낮은 경우, 주운동부의 고착, 조속기의 고장에 의한 연료 공급 차단 등이 있다. 냉각수 온도가 너무 낮은 경우 기계적 손실을 증가시키지만 갑자기 정지되지는 않는다.

24 중유와 경유에 대한 설명으로 옳지 않은 것은?

㉮ 경유는 중유에 비해 가격이 저렴하다.

㉯ 경유의 비중은 0.81~0.89 정도이다.

㉰ 중유의 비중은 0.91~0.99 정도이다.

㉱ 경유는 점도가 낮아 가열하지 않고 사용할 수 있다.

답 | ㉮ 일반적으로 중유가 휘발유나 경유 등에 비해 가격이 저렴하다.

25 연료유 수급 시 확인해야 할 내용이 아닌 것은?

㉮ 연료유의 양

㉯ 연료유의 점도

㉰ 연료유의 비중

㉱ 연료유의 유효기간

답 | ㉱ 연료유 수급 시 확인해야 할 내용은 연료유의 양, 점도, 비중이다.

2023년 제1회 정기시험

제1과목   항해

01 자기 컴퍼스에서 선박의 동요로 비너클이 기울어져도 불을 항상 수평으로 유지하기 위한 것은?

㉮ 자침   ㉯ 피벗
㉰ 기선   ㉱ 짐벌즈

답 | ㉱   짐벌즈는 선박의 동요로 비너클이 기울어져도 볼의 수평을 유지해 주는 역할을 한다.

02 프리즘을 사용하여 목표물과 카드 눈금을 광학적으로 중첩시켜 방위를 읽을 수 있는 방위 측정 기구는?

㉮ 쌍안경   ㉯ 방위경
㉰ 섀도 핀   ㉱ 컴퍼지션 링

답 | ㉯   방위경은 프리즘을 이용하여 태양의 영상을 컴퍼스 카드 위에 나타내고 그 영상과 포인터를 섀도 핀에 일치시켰을 때 포인터가 가리키는 컴퍼스 카드의 눈금을 읽는다.
㉮ 쌍안경 : 2개의 망원경을 평행으로 장치하여 두 눈으로 볼 수 있게 한 광학기구
㉰ 섀도 핀 : 방위(方位) 측정 기구 또는 나침반의 중앙에 수직으로 세우는 핀

03 다음 중 대수속력을 측정할 수 있는 항해계기는?

㉮ 레이더   ㉯ 자기 컴퍼스
㉰ 도플러 로그   ㉱ 지피에스(GPS)

답 | ㉰   도플러 로그는 음파를 송ㆍ수신하여 반항음, 전달 속도, 시간 등을 계산해 선속을 측정한다. 200m 이상의 수심에서는 대수속력과 대지속력 모두 측정이 가능하다.

04 선수미선과 선박을 지나는 자오선이 이루는 각은?

㉮ 방위   ㉯ 침로
㉰ 자차   ㉱ 편차

답 | ㉯   침로는 선수미선과 선박을 지나는 자오선이 이루는 각으로, 나침반의 지시에 따라 선박이 다니는 항로이다.
㉮ 방위 : 북을 000°로 하여 시계 방향으로 360°까지 측정한 것
㉰ 자차 : 선내 나침의 남북선과 자기 자오선이 이루는 교각
㉱ 편차 : 진자오선과 자기 자오선이 이루는 교각

05 자기 컴퍼스의 오차(Compass error)에 대한 설명으로 옳은 것은?

㉮ 진자오선과 자기 자오선이 이루는 교각
㉯ 선내 나침의의 남북선과 진자오선이 이루는 교각
㉰ 자기 자오선과 선내 나침의의 남북선이 이루는 교각
㉱ 자기 자오선과 물표를 지나는 대권이 이루는 교각

답 | ㉯   ㉮ 편차
㉰ 자차
㉱ 자침방위

06 선박자동식별장치(AIS)에서 확인할 수 없는 정보는?

㉮ 선명 ㉯ 선박의 흘수

㉰ 선원의 국적 ㉱ 선박의 목적지

답 | ㉰ 선박자동식별장치(AIS)는 선명, 선박의 흘수, 선박의 제원, 종류, 위치, 목적지, 침로, 속력 등 항해 정보를 실시간으로 제공하는 첨단 장치로 국제해사기구(IMO)가 추진하는 의무 설치 사항 이다. 선원의 국적은 AIS에서 확인할 수 없다.

07 항해 중에 산봉우리, 섬 등 해도상에 기재되어 있는 2개 이상의 고정된 뚜렷한 물표를 선정하여 거의 동시에 각각의 방위를 측정하여 선위를 구하는 방법은?

㉮ 수평협각법 ㉯ 교차방위법

㉰ 추정위치법 ㉱ 고도측정법

답 | ㉯ 교차방위법은 동시에 2개 이상의 물표를 측정하고 그 방위선을 이용하여 선위를 측정하는 방법으로, 측정법이 간단하고 선위의 정밀도가 높아 연안 항해 중 가장 많이 이용되는 방법이다.

08 레이더를 활용하는 방법으로 옳지 않은 것은?

㉮ 야간에 연안항해 시 레이더 플로팅을 철저히 한다.

㉯ 대양항해 시 통상적으로 레이더를 이용하여 선위를 구한다.

㉰ 비나 안개 등으로 시계가 제한될 때 레이더 경계를 철저히 한다.

㉱ 원양에서 연안으로 접근 시 레이더로 실측위치를 구하기 위해 노력한다.

답 | ㉯ 레이더로 거리를, 컴퍼스로 방위를 구하는 것이 가장 정확한 선위 측정 방법이다.

09 레이더 화면에 그림과 같이 나타나는 원인은?

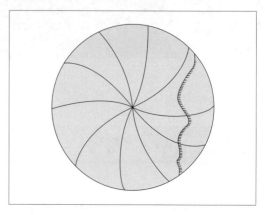

㉮ 물표의 간접 반사

㉯ 비나 눈 등에 의한 반사

㉰ 해면의 파도에 의한 반사

㉱ 다른 선박의 레이더 파에 의한 간섭

답 | ㉱ 근거리에서 동일한 주파수대의 레이더를 사용하는 선박이 있는 경우 자선의 레이더에 타선의 레이더파가 수신되어 그림과 같은 간섭 효과가 나타날 수 있다.

10 (   )에 적합한 것은?

┌─ 보기 ─────────────────────
"(   )는 위치를 알고 있는 기준국의 수신기로 각 위성에서 발사한 전파가 기준국까지 도달하는 시간에 대한 보정량을 구한 후 이를 규정된 데이터 포맷에 따라 사용자의 수신기를 보내면, 사용자의 수신기에서는 이 보정량을 가감하여 보다 정확한 위치를 측정하는 방식이다."
└───────────────────────────

㉮ 지피에스(GPS)

㉯ 로란 씨(Loran C)

㉰ 오메가(Omega)

㉱ 디지피에스(DGPS)

답 | ㉱ 디지피에스(DGPS)는 GPS와 같은 위성으로부터 서로 다른 수신기로 전해져 오는 신호를 분석함으로써 오차를 상쇄시키고 더욱 정밀한 위치 정보를 획득하는 기술이다.

11 우리나라에서 발간하는 종이해도에 대한 설명으로 옳은 것은?

㉮ 수심 단위는 피트(Feet)를 사용한다.
㉯ 나침도의 바깥쪽에는 나침 방위권이 표시되어 있다.
㉰ 항로의 지도 및 안내서의 역할을 하는 수로서지이다.
㉱ 항박도는 항만, 정박지, 좁은 수로 등 좁은 구역을 상세히 표시한 평면도이다.

답 l ㉱ 선박의 안전항해를 위해 종이해도에는 해안선, 등심선, 수심, 위험물, 등대, 항계 등의 항해에 필요한 정보가 표시되어 있다. 해도는 사용 목적에 따라 항해용 해도, 특수도로 구분되며 항해용 해도 중 하나인 항박도는 항만, 투묘지, 어항, 해협과 같은 좁은 구역을 대상으로 선박이 접안할 수 있는 시설 등을 상세히 표시한 해도로서 1/5만 이상 대축척으로 제작된다.

항해용 해도	특수도
• 총도	• 해저지형도
• 항양도	• 어업용해도, 위치기입도
• 항해도	• 영해도, 세계항로도
• 해안도	• 해류도
• 항박도	• 해도도식

12 해도에 사용되는 특수한 기호와 약어는?

㉮ 해도도식　　㉯ 해도 제목
㉰ 수로도지　　㉱ 해도 목록

답 l ㉮ 해도도식은 해도상에서 사용되는 특수기호와 약어를 설명하는 특수서지이다.

13 다음 해도도식의 의미는?

㉮ 암암　　㉯ 침선
㉰ 간출암　　㉱ 장애물

답 l ㉱ 주어진 해도도식은 장애물을 의미한다.
　　㉮ ✝
　　㉯ ✝✝✝ : 침선(물 속에 가라앉은 배)
　　　　⊕ : 침선(물 속에 가라앉아 항해에 위험한 배)
　　　　⊁ : 침선(물 속에 가라앉아 선체가 보이는 배)
　　㉰ ✿ ✳

14 다음 중 항행통보가 제공하지 않는 정보는?

㉮ 수심의 변화
㉯ 조시 및 조고
㉰ 위험물의 위치
㉱ 항로표지의 신설 및 폐지

답 l ㉯ 항행통보는 직접 항해 및 정박에 영향을 주는 사항들인 암초 · 침선 등 위험물의 발견, 수심의 변화, 항로표지의 신설 등을 항해자에게 통보하는 것이다.

15 풍랑이나 조류 때문에 등부표를 설치하거나 관리하기가 어려운 모래 기둥이나 암초 등이 있는 위험한 지점으로부터 가까운 곳에 등대가 있는 경우, 그 등대에 강력한 투광기를 설치하여 그 구역을 비추어 위험을 표시하는 것은?

㉮ 도등 ㉯ 조사등
㉰ 지향등 ㉱ 분호등

답 | ㉯ ㉮ 도등 : 통항이 곤란한 수도나 좁은 항만의 입구 등에서 항로의 연장선상에 2~3기씩 설치하여 그 중시선으로 선박을 안내하는 등화
㉰ 지향등 : 좁은 수로나 항구, 만 등에서 선박에 안전한 항로를 안내하기 위해 항로 연장선상의 육지에 설치한 분호등
㉱ 분호등 : 동시에 서로 다른 지역을 각기 다른 색깔로 비추는 등

16 표체의 색상은 황색이며, 두표가 황색의 X자 모양인 항로표지는?

㉮ 방위표지 ㉯ 측방표지
㉰ 특수표지 ㉱ 안전수역표지

답 | ㉰ 특수표지는 표지의 위치가 특수 구역의 경계이거나 그 위치에 특별한 시설이 존재함을 나타내는 표지이다. 표지의 색은 황색, 두표는 황색으로 된 1개의 X자형 형상물을 부착한다.

17 선박의 레이더에서 발사된 전파를 받은 때에만 응답전파를 발사하는 전파표지는?

㉮ 레이콘(Racon)
㉯ 레이마크(Ramark)
㉰ 무선방향탐지기(RDF)
㉱ 토킹 비컨(Talking beacon)

답 | ㉮ 레이콘(Racon)은 선박 레이더에서 발사된 전파를 받았을 때에만 응답하여 레이더에 식별가능한 일정한 형태가 나타나도록 신호를 발사하는 표지이다.

18 점장도에 대한 설명으로 옳지 않은 것은?

㉮ 항정선이 직선으로 표시된다.
㉯ 경·위도에 의한 위치 표시는 직교 좌표이다.
㉰ 두 지점 간의 거리는 경도를 나타내는 눈금의 길이와 같다.
㉱ 두 지점 간 진방위는 두 지점의 연결선과 자오선과의 교각이다.

답 | ㉰ 점장도는 지구 표면상의 항정선을 평면 위에 직선으로 나타내기 위해 고안된 도법으로, 두 지점 간 방위 측정 시에는 두 지점의 연결선과 자오선의 교각으로 측정한다.

19 종이해도에서 찾을 수 없는 정보는?

㉮ 나침도 ㉯ 간행연월일
㉰ 일출 시간 ㉱ 해도의 축척

답 | ㉰ 종이해도에는 해도의 축척, 해안선, 등심선, 수심, 등대나 등부표, 간행연월일, 나침도 등의 정보가 들어간다.

20 등광은 꺼지지 않고 등색만 바뀌는 등화는?

㉮ 부동등 ㉯ 섬광등
㉰ 명암등 ㉱ 호광등

답 | ㉱ 호광등은 색깔이 다른 종류의 빛을 교대로 내는 등으로 그 사이에 등광은 꺼지지 않는다.
㉮ 부동등 : 등색이나 광력이 바뀌지 않고 일정하게 빛을 내는 등
㉯ 섬광등 : 일정한 간격으로 짧은 섬광을 발사하는 등
㉰ 명암등 : 일정 광력으로 빛을 내다 일정한 간격으로 빛이 꺼지는 등

21 우리나라 부근에 존재하는 기단이 아닌 것은?

㉮ 적도기단 ㉯ 시베리아기단
㉴ 북태평양기단 ㉵ 오호츠크해기단

답 | ㉮ 우리나라 부근에 존재하는 기단은 시베리아기단, 북태평양기단, 오호츠크해기단, 양쯔강기단이다.

22 다음 설명이 의미하는 것은?

> 보기
> "대기는 무게를 가지며 작용하는 압력은 지표면에서 크고, 고도가 증가함에 따라 감소한다."

㉮ 습도 ㉯ 안개
㉴ 기온 ㉵ 기압

답 | ㉵ ㉮ 습도 : 포화 수증기압에 대한 현재 수증기압의 비
㉯ 안개 : 대기 중의 수증기가 응결하여 지표 가까이에 작은 물방울이 떠 있는 현상
㉴ 기온 : 1기압에서 물의 어는점을 32°, 끓는점을 212°로 하여 그 사이를 180등분한 온도

23 북반구에서 태풍의 피항방법에 대한 설명으로 옳지 않은 것은?

㉮ 풍속이 증가하면 태풍의 중심에 접근 중이므로 신속히 벗어나야 한다.
㉯ 풍향이 반시계방향으로 변하면 위험반원에 있으므로 신속히 벗어나야 한다.
㉴ 중규모의 태풍이라도 중심 부근의 9~10미터 정도의 파도가 발생하므로 신속히 벗어나야 한다.
㉵ 풍향이 변하지 않고 폭풍우가 강해지고 있으면 태풍의 진로상에 위치하므로 영향권을 신속히 벗어나야 한다.

답 | ㉯ 북반구에서 태풍의 풍향이 반시계방향으로 변하면 가항반원에 위치한다.

24 연안 수역의 항해계획을 수립할 때 고려하지 않아도 되는 것은?

㉮ 선박의 조종 특성
㉯ 당직항해사의 면허급수
㉴ 선박통항관제업무(VTS)
㉵ 조타장치에 대한 신뢰성

답 | ㉯ 항해계획 수립
- 각종 수로 도지에 의한 항행 해역의 조사 및 연구와 자신의 경험을 바탕으로 가장 적합한 항로를 선정
- 소축척 해도상에 선정한 항로를 기입하고 대략적인 항정을 산출
- 사용 속력을 결정하고 실속력을 추정
- 대략의 항정과 추정한 실속력으로 항행 시간을 산출하여 출 · 입항 시간 및 항로상의 중요한 지점을 통과하는 시각 등을 추정
- 수립한 계획의 적절성을 검토
- 실제 항해에 사용하는 대축척 해도에 출 · 입항 경로 및 연안 항로를 그리고 다시 정확한 항정을 구하여 예정 항행 계획표를 작성
- 상세한 항행 일정을 구하여 출 · 입항 시각을 결정

25 2개의 식별 가능한 물표를 하나의 선으로 연결한 선으로 항해계획을 수립할 때 해도의 해안이나 좁은 수로부근의 물표에 표시하여 효과적으로 이용할 수 있는 것은?

㉮ 유도선 ㉯ 중시선
㉴ 방위선 ㉵ 항해 중지선

답 | ㉯ 두 물표가 일직선상에 있을 때 구해지는 위치선은 중시선이며 이를 이용하여 매우 정확한 선위를 구할 수 있다.

01 선측 상부가 바깥쪽으로 굽은 정도를 의미하는 명칭은?

㉮ 캠버　　　　　　　㉯ 플레어
㉰ 텀블 홈　　　　　　㉱ 선수현호

답 | ㉯　㉮ 캠버 : 선체의 횡단면상에서 갑판보가 선체 중심선에서 양현으로 휘어진 것
　　㉰ 텀블 홈 : 선체 측면의 상부가 선체 안쪽으로 굽은 것
　　㉱ 선수현호 : 선체를 측면에서 보면 상갑판의 선측선은 커브를 이루고 있는 것

02 이중저의 용도가 아닌 것은?

㉮ 청수 탱크로 사용
㉯ 화물유 탱크로 사용
㉰ 연료유 탱크로 사용
㉱ 밸러스트 탱크로 사용

답 | ㉯　이중저 구조는 선저 외판의 내측에 만곡부에서 만곡부까지 수밀구조의 내저판을 설치하여 선저를 이중으로 하고 선저 외판과 내저판 사이에 공간을 만듦으로써 선박의 안정성과 공간 활용의 효율성을 확보한 구조이다. 이중저의 공간은 주로 밸러스트 탱크나 연료 탱크, 청수 탱크 등으로 활용된다.

03 선체의 최하부 중심선에 있는 종강력재이며, 선체의 중심선을 따라 선수재에서 선미재까지의 종방향 힘을 구성하는 부분은?

㉮ 보　　　　　　　　㉯ 용골
㉰ 라이더　　　　　　㉱ 브래킷

답 | ㉯　용골은 선체의 최하부 중심선에 있는 종강력재로 선체의 등뼈로 불리는 중요 구조이다. 선체 중심선을 따라 선수재에서 선미재까지의 종방향 힘을 구성한다.

04 타주가 없는 선박에서 계획 만재흘수선상의 선수재 전면으로부터 타두 중심까지의 수평거리는?

㉮ 전장　　　　　　　㉯ 등록장
㉰ 수선장　　　　　　㉱ 수선간장

답 | ㉱　수선간장은 계획 만재흘수선에서 선수재의 전면에서 세운 수직선인 선수수선과 타주 후면의 기선에서 세운 수직선인 선미수선까지의 수평거리를 말하며, 일반적으로 배의 길이를 표현하는 대표적인 기준이다.

05 (　　　)에 적합한 것은?

┌─보기─────────────────────┐
│ "타(키)는 최대흘수 상태에서 전속 전진 시 한쪽 │
│ 현타각 35도에서 다른 쪽 현 타각 30도까지 돌 │
│ 아가는 데 (　　　)의 시간이 걸려야 한다." │
└──────────────────────────┘

㉮ 30초 이내　　　　㉯ 35초 이내
㉰ 28초 이내　　　　㉱ 25초 이내

답 | ㉰　조타 장치의 동작 속도에 대해 한쪽 현 타각 35°에서 반대 현 타각 30°까지 회전시키는 데 28초 이내의 시간이 걸려야 한다.

06 강선의 부식을 방지하는 방법으로 옳지 않은 것은?

㉮ 아연판을 부착시켜 이온화 침식을 방지한다.
㉯ 페인트나 시멘트를 발라서 습기의 접촉을 차단한다.
㉰ 통풍을 차단하여 외기에 의한 습도 상승을 막는다.
㉱ 유조선에서는 탱크 내 불활성 가스를 주입하여 부식을 방지한다.

답 | ㉰　부식은 선체가 각종 물리적 · 화학적 원인에 의해 녹이 슬거나 썩게 되는 것으로 특히 열대 해수지역에서 가장 심하게 발생한다. 이를 방지하기 위해서는 방청용 페인트 및 시멘트를 발라 습기와의 접촉을 차단하고, 부식이 심한 장소의 파이프는 아연 또는 주석 도금한 파이프를 사용한다. 프로펠러나 키 등 해수와 맞닿은 부분은 아연판을 부착해 부식을 방지한다.

07 전기화재의 소화에 적합하고, 분사 가스가 매우 낮은 온도이므로 사람을 향해서 분사하여서는 아니 되며, 반드시 손잡이를 잡고 분사하여 동상을 입지 않도록 주의하여야 하는 휴대용 소화기는?

㉮ 포말 소화기

㉯ 분말 소화기

㉰ 할론 소화기

㉱ 이산화탄소 소화기

답 ㅣ ㉱ 이산화탄소 소화기는 압축·액화한 이산화탄소를 분사하여 화재를 제압하는 소화 설비로, 분사 시 동상의 위험이 있으므로 주의가 필요하다.

08 시계가 양호한 주간에만 실시할 수 있으며 자선의 상태를 장기간 계속적으로 표시하는 경우에 적합한 신호는?

㉮ 기류신호   ㉯ 발광신호

㉰ 음향신호   ㉱ 수기신호

답 ㅣ ㉮ 기류신호는 국제신호서에 정해진 시각 신호의 하나로, 모두 40매의 깃발로 짝을 맞추어 배와 배 사이 또는 배와 육지 사이에 교환하는 신호이다. 시계가 양호하고 주간에만 실시할 수 있다는 단점이 있다.

09 다음 중 국제신호서에서 사용되는 조난신호는?

㉮ H기   ㉯ G기

㉰ B기   ㉱ NC기

답 ㅣ ㉱ ㉮ H기 : 본선은 도선사가 승선해 있다.
　　　　㉯ G기 : 본선은 도선사가 필요하다.
　　　　㉰ B기 : 본선은 위험물을 하역 또는 운송 중이다.

10 본선이 침몰할 때 구명뗏목이 본선에서 이탈되어 자체 부력으로 부상하면서 규정 장력에 도달하면 끊어져 본선과 완전히 분리되도록 하는 장치는?

㉮ 구명줄(Life line)

㉯ 위크링크(Weak link)

㉰ 자동줄(Release cord)

㉱ 자동이탈장치(Hydraulic release unit)

답 ㅣ ㉯ 위크링크는 본선이 침몰할 때 구명뗏목 자체의 부력으로 인하여 규정 장력에 도달하면 분리되어 본선과 함께 침몰하는 것을 막아준다.

11 아래 그림의 심벌 표시가 있는 곳에 비치된 조난 신호 장치는?

㉮ 신호 홍염

㉯ 구명줄 발사기

㉰ 발연부 신호

㉱ 로켓 낙하산 화염신호

답 ㅣ ㉱ 로켓 낙하산 신호는 로켓에 의해 공중으로 발사되어 붉은 불꽃을 발생시키는 야간용 조난신호로 가장 먼 시인거리를 가진다.

12 초단파(VHF) 무선설비에서 '메이데이'라는 음성을 청취하였다면 이 신호는?

㉮ 안전신호   ㉯ 긴급신호
㉰ 조난신호   ㉱ 경보신호

답 | ㉰ '메이데이'는 조난신호이다.
　　㉮ 안전신호 : 각종 기기 등에서 안전함을 알리는 신호
　　㉯ 긴급신호 : 선박이 조난을 당하였을 때 조난부호(SOS)를 보내기 전 발신해서 긴급 자동 수신기를 동작시키기 위한 신호
　　㉱ 경보신호 : 조난 호출 또는 조난 통보 등에 앞서 송신되는 신호

13 사람이 물에 빠진 시간 및 위치가 불명확하거나, 제한시계, 어두운 밤 등으로 인하여 물에 빠진 사람을 확인할 수 없을 경우 그림과 같이 지나왔던 원래의 항적으로 돌아가고자 할 때 유효한 인명구조를 위한 조선법은?

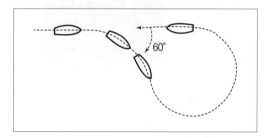

㉮ 반원 2선회법(Double turn)
㉯ 샤르노브 턴(Scharnow turn)
㉰ 윌리암스 턴(Williamson turn)
㉱ 싱글 턴 또는 앤더슨 턴(Single turn or Anderson turn)

답 | ㉰ 윌리암스 턴은 낙수자 발생 시 정침 중인 선수침로로부터 낙수자 현측으로 긴급 전타하여 60도 선회 후 반대 현측으로 전타하여 반대 침로선상으로 회항하는 방법이다.

14 잔잔한 바다에서 의식불명의 익수자를 발견하여 구조하려 할 때, 구조선의 안전한 접근방법은?

㉮ 익수자의 풍하 쪽에서 접근한다.
㉯ 익수자의 풍상 쪽에서 접근한다.
㉰ 구조선의 좌현 쪽에서 바람을 받으면서 접근한다.
㉱ 구조선의 우현 쪽에서 바람을 받으면서 접근한다.

답 | ㉯ 잔잔한 바다에서 의식불명의 익수자를 구조하고자 할 경우 구조선은 익수자의 풍상측에서 접근하되, 바람에 의해 압류될 것을 고려하여 접근한다.

15 천수효과(Shallow water effect)에 대한 설명으로 옳지 않은 것은?

㉮ 선회성이 좋아진다.
㉯ 트림의 변화가 생긴다.
㉰ 선박의 속력이 감소한다.
㉱ 선체 침하 현상이 발생한다.

답 | ㉮ 수심이 얕은 수역의 영향을 천수효과라 하는데, 선체가 침하되고 속력이 감소하며 키의 효과가 저하되어 조종성 및 선회성 등이 저하된다.

16 선박이 항진 중 타각을 주었을 때, 수류에 의하여 타에 작용하는 힘 중 방향이 선체 후방인 분력은?

㉮ 양력   ㉯ 항력
㉰ 마찰력   ㉱ 직압력

답 | ㉯ 항력은 그 작용하는 방향이 선미 방향(선체 후방)인 분력이며, 힘의 방향이 선체 후방이므로 전진 선속을 감소시키는 저항력으로 작용한다.

17 전속으로 항행 중인 선박에서 전타하였을 때 나타나는 현상이 아닌 것은?

㉮ 횡경사 　　　　㉯ 선속의 증가
㉰ 선체회두 　　　　㉴ 선미 킥 현상

답 Ⅰ ㉯ 선박 선회 시 수류의 저항으로 인해 선속이 감소하고 선체의 횡경사(내방경사 - 외방경사 순)가 발생한다. 또한 선회 초기에는 선체가 원침로로부터 타각을 준 반대쪽으로 약간 벗어나는 현상, 즉 킥 현상이 발생한다.

18 이론상 선박의 최대유효타각은?

㉮ 15도 　　　　㉯ 25도
㉰ 45도 　　　　㉴ 60도

답 Ⅰ ㉰ 이론적인 선박의 최대유효타각은 45°이지만 실제의 경우에는 항력 증가와 조타기의 마력 증가 때문에 35° 정도로 타각이 가장 유효하게 된다.

19 다음 중 닻의 역할이 아닌 것은?

㉮ 침로 유지에 사용된다.
㉯ 좁은 수역에서 선회하는 경우에 이용된다.
㉰ 선박을 임의의 수면에 정지 또는 정박시킨다.
㉴ 선박의 속력을 급히 감소시키는 경우에 사용된다.

답 Ⅰ ㉮ 닻은 선박을 일정 반경의 수역 내에서 외력에 대항하면서 안전하게 머물 수 있도록 하는 장치이다. 침로 유지에 사용되지는 않는다.

20 선박의 안정성에 대한 설명으로 옳지 않은 것은?

㉮ 배의 중심은 적하상태에 따라 이동한다.
㉯ 유동수로 인하여 복원력이 감소할 수 있다.
㉰ 배의 무게중심이 낮은 배를 보통 헤비(Bottom heavy) 상태라 한다.
㉴ 배의 무게중심이 높은 경우에는 파도를 옆에서 받고 조선하도록 한다.

답 Ⅰ ㉴ 무게중심의 위치가 낮아질수록 GM이 커져 복원력이 증가하여 더욱 안전하다.

21 황천항해에 대비하여 선체동요에 대한 준비조치로 옳지 않은 것은?

㉮ 닻 등을 철저히 고박한다.
㉯ 선내 이동 물체들을 고박한다.
㉰ 선체 외부의 개구부를 개방한다.
㉴ 각종 탱크의 자유표면(Free surface)을 줄인다.

답 Ⅰ ㉰ 손상의 확대를 방지하기 위해 이중저 탱크에 주수하여 선저부를 해저에 밀착하고 그 자리에 선체를 고정한다. 앵커 체인은 가능한 길게 내어서 팽팽하게 고정하고 각종 탱크의 자유표면을 줄인다.

22 파도가 심한 해역에서 선속을 저하시키는 요인이 아닌 것은?

㉮ 바람 　　　　㉯ 풍랑(Wave)
㉰ 수온 　　　　㉴ 너울(Swell)

답 Ⅰ ㉰ 수온(기온)은 선박의 조종성은 물론 선속에도 영향을 거의 주지 않는다.

23 황천 중에 항행이 곤란할 때의 조선상의 조치로 풍랑을 선미 쿼터(Quarter)에서 받으면서 파랑에 쫓기는 자세로 항주하는 방법은?

㉮ 표주(Lie to)법
㉯ 거주(Heave to)법
㉳ 순주(Scudding)법
㉴ 진파기름(Storm oil)의 살포

답 ㅣ ㉳ ㉮ 표주(Lie to)법 : 황천 속에서 기관을 정지하여 선체가 풍하 측으로 표류하도록 하는 방법
㉯ 거주(Heave to)법 : 선수를 풍랑 쪽으로 향하게 하여 조타가 가능한 최소의 속력으로 전진하는 방법
㉴ 진파기름(Storm oil)의 살포 : 구명정이나 조난선이 라이 투할 때 선체 주위에 기름을 살포하여 파랑을 진정시키는 방법

24 해양에 오염물질이 배출되는 경우 방제조치로 옳지 않은 것은?

㉮ 오염물질의 배출 중지
㉯ 배출된 오염물질의 분산
㉳ 배출된 오염물질의 수기 및 처리
㉴ 배출된 오염물질의 제거 및 확산방지

답 ㅣ ㉯ 해양환경관리법 제64조에 따르면 오염물질이 배출된 경우 오염을 방지하기 위해 오염물질의 배출방지, 배출된 오염물질의 확산방지 및 제거, 배출된 오염물질의 수거 및 처리 조치를 해야 한다.

25 시계가 제한된 경우의 조치로 옳지 않은 것은?

㉮ 무중신호를 울린다.
㉯ 안전속력으로 항해한다.
㉳ 전속으로 항해하고 안개지역을 빨리 벗어난다.
㉴ 레이더를 사용하고 거리범위를 자주 변경한다.

답 ㅣ ㉯ 시계가 좋지 않은 경우에도 선명·침로·속력 등의 식별이 가능하여 선박 충돌 방지, 광역 관제, 조난 선박의 수색 및 구조 활동 등 안전 관리의 효과적 수행이 가능하다.

제3과목 / 법규

01 해사안전법상 '조종제한선'이 아닌 선박은?

㉮ 준설 작업을 하고 있는 선박
㉯ 항로표지를 부설하고 있는 선박
㉳ 주기관의 고장으로 인해 움직일 수 없는 선박
㉴ 항행 중 어획물을 옮겨 싣고 있는 어선

답 ㅣ ㉳ 해사안전법 제2조에 따르면 조종제한선은 다음의 작업과 그 밖에 선박의 조종성능을 제한하는 작업에 종사하고 있어 다른 선박의 진로를 피할 수 없는 선박을 말한다.
- 항로표지, 해저전선 또는 해저파이프라인의 부설·보수·인양 작업
- 준설(浚渫)·측량 또는 수중 작업
- 항행 중 보급, 사람 또는 화물의 이송 작업
- 항공기의 발착(發着)작업
- 기뢰(機雷)제거작업
- 진로에서 벗어날 수 있는 능력에 제한을 많이 받는 예인(曳引)작업

02 해사안전법의 목적으로 옳은 것은?

㉮ 해상에서의 인명구조
㉯ 우수한 해기사 양성과 해기인력 확보
㉳ 해양주권의 행사 및 국민의 해양권 확보
㉴ 해사안전 증진과 선박의 원활한 교통에 기여

답 ㅣ ㉴ 해사안전법의 제1조에 따르면 선박의 안전운항을 위한 안전관리체계를 확립하여 선박항행과 관련된 모든 위험과 장해를 제거함으로써 해사안전 증진과 선박의 원활한 교통에 이바지함을 목적으로 한다.

03 해사안전법상 술에 취한 상태에서 조타기를 조작하거나 조작을 지시한 경우 적용되는 규정에 대한 설명으로 옳은 것은?

㉮ 해기사 면허가 취소되거나 정지될 수 있다.

㉯ 술에 취한 상태에서는 음주 측정요구에 따르지 않아도 된다.

㉰ 술에 취한 선장이 조타기 조작을 지시만 하는 경우에는 처벌할 수 없다.

㉱ 술에 취한 상태에서 조타기를 조작하여도 해양사고가 일어나지 않으면 처벌할 수 없다.

답 | ㉮ 해사안전법 제42조에 따르면 술에 취한 상태에서 운항을 하기 위하여 조타기를 조작하거나 그 조작을 지시한 경우 해양수산부장관에게 해당 해기사면허를 취소하거나 1년의 범위에서 해기사면허의 효력을 정지할 것을 요청할 수 있다.

04 해사안전법상 충돌 위험의 판단에 대한 설명으로 옳지 않은 것은?

㉮ 선박은 다른 선박과 충돌할 위험이 있는지를 판단하기 위하여 당시의 상황에 알맞은 모든 수단을 활용하여야 한다.

㉯ 선박은 다른 선박과의 충돌 위험 여부를 판단하기 위하여 불충분한 레이더 정보나 그 밖의 불충분한 정보를 적극 활용하여야 한다.

㉰ 선박은 접근하여 오는 다른 선박의 나침방위에 뚜렷한 변화가 일어나지 아니하면 충돌할 위험성이 있다고 보고 필요한 조치를 취하여야 한다.

㉱ 레이더를 설치한 선박은 다른 선박과 충돌할 위험성 유무를 미리 파악하기 위하여 레이더를 이용하여 장거리 주사, 탐지된 물체에 대한 작도, 그 밖의 체계적인 관측을 하여야 한다.

답 | ㉯ 해사안전법 제65조에 따르면 선박은 불충분한 레이더 정보나 그 밖의 불충분한 정보에 의존하여 다른 선박과의 충돌 위험 여부를 판단하여서는 아니 된다.

05 해사안전법상 적절한 경계에 대한 설명으로 옳지 않은 것은?

㉮ 이용할 수 있는 모든 수단을 이용한다.

㉯ 청각을 이용하는 것이 가장 효과적이다.

㉰ 선박 주위의 상황을 파악하기 위함이다.

㉱ 다른 선박과 충돌할 위험성을 파악하기 위함이다.

답 | ㉯ 해사안전법 제63조에 따르면 선박은 주위의 상황 및 다른 선박과 충돌할 수 있는 위험성을 충분히 파악할 수 있도록 시각 · 청각 및 당시의 상황에 맞게 이용할 수 있는 모든 수단을 이용하여 항상 적절한 경계를 하여야 한다.

06 해사안전법상 통항분리수역에서의 항법으로 옳지 않은 것은?

㉮ 통항로는 어떠한 경우에도 횡단할 수 없다.

㉯ 통항로의 출입구를 통하여 출입하는 것을 원칙으로 한다.

㉰ 통항로 안에서는 정하여진 진행방향으로 항행하여야 한다.

㉱ 분리선이나 분리대에서 될 수 있으면 떨어져서 항행하여야 한다.

답 | ㉮ 해사안전법 제68조에 따르면 선박이 통항분리수역을 항행하는 경우에는 다음의 사항을 준수하여야 한다.
- 통항로 안에서는 정하여진 진행방향으로 항행할 것
- 분리선이나 분리대에서 될 수 있으면 떨어져서 항행할 것
- 통항로의 출입구를 통하여 출입하는 것을 원칙으로 하되, 통항로의 옆쪽으로 출입하는 경우에는 그 통항로에 대하여 정하여진 선박의 진행방향에 대하여 될 수 있으면 작은 각도로 출입할 것

07 해사안전법상 유지선이 충돌을 피하기 위해 협력 동작을 하여야 할 시기로 옳은 것은?

㉮ 피항선이 적절한 동작을 취하고 있을 때

㉯ 먼 거리에서 충돌의 위험이 있다고 판단한 때

㉰ 자선의 조종만으로 조기의 피항동작을 취한 직후

㉱ 피항선의 동작만으로는 충돌을 피할 수 없다고 판단한 때

답 | ㉱ 해사안전법 제75조에 따르면 유지선은 피항선과 매우 가깝게 접근하여 해당 피항선의 동작만으로는 충돌을 피할 수 없다고 판단하는 경우에는 충돌을 피하기 위하여 충분한 협력을 하여야 한다.

08 해사안전법상 선박이 '서로 시계 안에 있는 상태'를 옳게 정의한 것은?

㉮ 한 선박이 다른 선박을 횡단하는 상태

㉯ 한 선박이 다른 선박과 교신 중인 상태

㉰ 한 선박이 다른 선박을 눈으로 볼 수 있는 상태

㉱ 한 선박이 다른 선박을 레이더만으로 확인할 수 있는 상태

답 | ㉰ 해사안전법 제69조에 따르면 서로 시계 안에 있는 때의 항법은 선박에서 다른 선박을 눈으로 볼 수 있는 상태에 있는 선박에 적용한다.

09 해사안전법상 2척의 동력선이 마주치는 상태로 볼 수 있는 경우가 아닌 것은?

㉮ 선수 방향에 있는 다른 선박의 선미등을 볼 수 있는 경우

㉯ 선수 방향에 있는 다른 선박과 마주치는 상태에 있는 지가 분명하지 아니한 경우

㉰ 다른 선박을 선수 방향에서 볼 수 있는 경우, 낮에는 2척의 선박의 마스트가 선수에서 선미까지 일직선이 되거나 거의 일직선이 되는 경우

㉱ 다른 선박을 선수 방향에서 볼 수 있는 경우, 밤에는 2개의 마스트등을 일직선으로 또는 거의 일직선으로 볼 수 있거나 양쪽의 현등을 볼 수 있는 경우

답 | ㉮ 해사안전법 제72조에 따르면 선박은 다른 선박을 선수(船首) 방향에서 볼 수 있는 경우로서 다음 어느 하나에 해당하면 마주치는 상태에 있다고 보아야 한다.
• 밤에는 2개의 마스트등을 일직선으로 또는 거의 일직선으로 볼 수 있거나 양쪽의 현등을 볼 수 있는 경우
• 낮에는 2척의 선박의 마스트가 선수에서 선미(船尾)까지 일직선이 되거나 거의 일직선이 되는 경우

10 해사안전법상 제한된 시계에서 충돌할 위험성이 없다고 판단한 경우 외에 자기 선박의 양쪽 현의 정횡 앞쪽에 있는 다른 선박의 무중신호를 듣고 취할 조치로 옳은 것을 〈보기〉에서 모두 고른 것은?

┌─보기┐
ㄱ. 최대 속력으로 항행하면서 경계를 한다.
ㄴ. 우현 쪽으로 침로를 변경시키지 않는다.
ㄷ. 필요시 자기 선박의 진행을 완전히 멈춘다.
ㄹ. 충돌할 위험성이 사라질 때까지 주의하여 항행하여야 한다.
└──────┘

㉮ ㄴ, ㄷ ㉯ ㄷ, ㄹ

㉰ ㄱ, ㄴ, ㄹ ㉱ ㄴ, ㄷ, ㄹ

답 | ⑭ 해사안전법 제77조에 따르면 제한된 시계에서 충돌할 위험성이 없다고 판단한 경우 외에 자기 선박의 양쪽 현의 정횡 앞쪽에 있는 다른 선박의 무중신호를 듣는 경우 모든 선박은 자기 배의 침로를 유지하는 데에 필요한 최소한으로 속력을 줄여야 한다. 이 경우 필요하다고 인정되면 자기 선박의 진행을 완전히 멈추어야 하며, 어떠한 경우에도 충돌할 위험성이 사라질 때까지 주의하여 항행하여야 한다.

11 해사안전법상 야간에 가장 잘 보이는 곳에 붉은색 전주등 3개를 수직으로 표시하고 있는 선박은?

㉮ 조종불능선
㉯ 흘수제약선
㉰ 어로에 종사하고 있는 선박
㉱ 피예인선을 예인 중인 예인선

답 | ⑭ 해사안전법 제86조에 따르면 흘수제약선은 동력선의 등화에 덧붙여 가장 잘 보이는 곳에 붉은색 전주등 3개를 수직으로 표시하거나 원통형의 형상물 1개를 표시할 수 있다.

12 해사안전법상 '섬광등'의 정의는?

㉮ 선수 쪽 225도에 걸치는 수평의 호를 비추는 등
㉯ 360도에 걸치는 수평의 호를 비추는 등화로서 일정한 간격으로 1분에 30회 이상 섬광을 발하는 등
㉰ 360도에 걸치는 수평의 호를 비추는 등화로서 일정한 간격으로 1분에 60회 이상 섬광을 발하는 등
㉱ 360도에 걸치는 수평의 호를 비추는 등화로서 일정한 간격으로 1분에 120회 이상 섬광을 발하는 등

답 | ㉱ 해사안전법 제79조에 따르면 섬광등은 360도에 걸치는 수평의 호를 비추는 등화로서 일정한 간격으로 1분에 120회 이상 섬광을 발하는 등이다.

13 해사안전법상 선미등이 비추는 수평의 호의 범위와 등색은?

㉮ 135도, 흰색
㉯ 135도, 붉은색
㉰ 225도, 흰색
㉱ 225도, 붉은색

답 | ㉮ 선박안전법 제79조에 따르면 선미등은 135도에 걸치는 수평의 호를 비추는 흰색 등으로서 그 불빛이 정선미 방향으로부터 양쪽 현의 67.5도까지 비출 수 있도록 선미 부분 가까이에 설치된 등이다.

14 해사안전법상 항행 중인 길이 12미터 이상인 동력선이 서로 상대의 시계 안에 있고, 침로를 왼쪽으로 변경하고 있는 경우 행하여야 하는 기적신호는?

㉮ 단음 1회
㉯ 단음 2회
㉰ 장음 1회
㉱ 장음 2회

답 | ⑭ 해사안전법 제92조에 따르면 항행 중인 동력선이 서로 상대의 시계 안에 있고 침로를 왼쪽으로 변경하고 있는 경우에는 단음 2회를 울려야 한다.

15 해사안전법상 제한된 시계 안에서 정박하여 어로작업을 하고 있거나 작업 중인 조종제한선을 제외한 길이 20미터 이상 100미터 미만의 선박이 정박 중 1분을 넘지 아니하는 간격으로 울려야 하는 음향신호는?

㉮ 단음 5회
㉯ 10초 정도의 긴 장음
㉰ 10초 정도의 호루라기
㉱ 5초 정도 재빨리 울리는 호종

답 | ㉱ 해사안전법 제93조에 따르면 제한된 시계 안에서 정박하여 어로작업을 하고 있거나 작업 중인 조종제한선을 제외한 길이 20미터 이상 100미터 미만의 선박이 정박 중 1분을 넘지 아니하는 간격으로 5초 정도 재빨리 호종을 울려야 한다.

16 선박의 입항 및 출항 등에 관한 법률상 무역항의 수상구역 등에서 화재가 발생한 경우 기적이나 사이렌을 갖춘 선박이 울리는 경보는?

㉮ 기적이나 사이렌으로 장음 5회를 적당한 간격으로 반복

㉯ 기적이나 사이렌으로 장음 7회를 적당한 간격으로 반복

㉰ 기적이나 사이렌으로 단음 5회를 적당한 간격으로 반복

㉱ 기적이나 사이렌으로 단음 7회를 적당한 간격으로 반복

답 | ㉮ 선박의 입항 및 출항 등에 관한 법률 시행규칙 제29조에 따르면 화재를 알리는 경보는 기적이나 사이렌을 장음(4초에서 6초까지의 시간 동안 계속되는 울림을 말한다)으로 5회 울려야 한다.

17 선박의 입항 및 출항 등에 관한 법률상 무역항의 수상구역 등에서 정박하거나 정류할 수 있는 경우가 아닌 것은?

㉮ 인명을 구조하는 경우

㉯ 해양사고를 피하기 위한 경우

㉰ 선용품을 보급 받고 있는 경우

㉱ 선박의 고장으로 선박을 조종할 수 없는 경우

답 | ㉰ 선박의 입항 및 출항 등에 관한 법률 제6조에 따르면 무역항의 수상구역 등에서 정박하거나 정류할 수 있는 경우는 다음과 같다.
• 「해양사고의 조사 및 심판에 관한 법률」 제2조제1호에 따른 해양사고를 피하기 위한 경우
• 선박의 고장이나 그 밖의 사유로 선박을 조종할 수 없는 경우
• 인명을 구조하거나 급박한 위험이 있는 선박을 구조하는 경우
• 허가를 받은 공사 또는 작업에 사용하는 경우

18 선박의 입항 및 출항 등에 관한 법률상 총톤수 5톤인 내항선이 무역항의 수상구역 등을 출입할 때 하는 출입 신고에 대한 내용으로 옳은 것은?

㉮ 내항선이므로 출입 신고를 하지 않아도 된다.

㉯ 출항 일시가 이미 정하여진 경우에도 입항 신고와 출항 신고는 동시에 할 수 없다.

㉰ 무역항의 수상구역 등의 안으로 입항하는 경우 원칙적으로 입항하기 전에 입항 신고를 하여야 한다.

㉱ 무역항의 수상구역 등의 밖으로 출항하는 경우 통상적으로 출항 직후 즉시 출항 신고를 하여야 한다.

답 | ㉰ 선박의 입항 및 출항 등에 관한 법률 제4조에 따르면 무역항의 수상구역 등에 출입하려는 선박의 선장은 대통령령으로 정하는 바에 따라 관리청에 신고하여야 하지만, 다음 총톤수 5톤 미만의 선박은 출입 신고를 하지 아니할 수 있다. 따라서 총톤수 5톤인 내항선은 신고하여야 한다.

19 선박의 입항 및 출항 등에 관한 법률상 우선피항선에 대한 규정으로 옳은 것은?

㉮ 우선피항선은 다른 선박의 항행에 방해가 될 우려가 있는 장소에 정박하거나, 정류하여서는 아니 된다.

㉯ 무역항의 수상구역 등이나 무역항의 수상구역 부근에서 우선피항선은 다른 선박과 만나는 자세에 따라 유지선이 될 수 있다.

㉰ 총톤수 5톤 미만인 우선피항선이 무역항의 수상구역 등에 출입하려는 경우에는 통상적으로 대통령령으로 정하는 바에 따라 관리청에 신고하여야 한다.

㉱ 우선피항선은 무역항의 수상구역 등에 출입하는 경우 또는 무역항의 수상구역 등을 통과하는 경우에는 관리청에서 지정·고시한 항로를 따라 항행하여야 한다.

답 | ㉑ 선박의 입항 및 출항 등에 관한 법률 제5조에 따르면 우선피항선은 다른 선박의 항행에 방해가 될 우려가 있는 장소에 정박하거나 정류하여서는 아니 된다.

20 ( )에 적합한 것은?

> **보기**
> "선박의 입항 및 출항 등에 관한 법률상 항로에서 다른 선박과 마주칠 우려가 있는 경우에는 ( )으로 항행하여야 한다."

㉑ 왼쪽 　　　　㉔ 오른쪽
㉓ 부두쪽 　　　　㉕ 중앙

답 | ㉔ 선박의 입항 및 출항 등에 관한 법률 제12조에 따르면 모든 선박은 항로에서 다른 선박과 마주칠 우려가 있는 경우에는 오른쪽으로 항행해야 한다.

21 선박의 입항 및 출항 등에 관한 법률상 무역항의 수상구역 등의 방파제 입구 등에서 입항하는 선박과 출항하는 선박이 서로 마주칠 우려가 있을 때의 항법은?

㉑ 입항하는 선박이 방파제 밖에서 출항하는 선박의 진로를 피하여야 한다.
㉔ 출항하는 선박은 방파제 안에서 입항하는 선박의 진로를 피하여야 한다.
㉓ 입항하는 선박이 방파제 입구를 좌현 쪽으로 접근하여 통과하여야 한다.
㉕ 출항하는 선박은 방파제 입구를 좌현 쪽으로 접근하여 통과하여야 한다.

답 | ㉑ 선박의 입항 및 출항 등에 관한 법률 제13조에 따르면 무역항의 수상구역 등에 입항하는 선박이 방파제 입구 등에서 출항하는 선박과 마주칠 우려가 있는 경우에는 방파제 밖에서 출항하는 선박의 진로를 피하여야 한다.

22 다음 중 선박의 입항 및 출항 등에 관한 법률상 해양사고를 피하기 위한 경우 등 해양수산부령으로 정하는 사유가 아닌 경우 무역항의 수상구역 등을 통과할 때 지정·고시된 항로를 따라 항행하여야 하는 선박은?

㉑ 예선
㉔ 압항부선
㉓ 주로 삿대로 운전하는 선박
㉕ 예인선이 부선을 끌거나 밀고 있는 경우의 예인선 및 부선

답 | ㉔ 선박의 입항 및 출항 등에 관한 법률 제10조에 따르면 우선피항선 외의 선박은 무역항의 수상구역 등에 출입하는 경우 또는 무역항의 수상구역 등을 통과하는 경우에는 제1항에 따라 지정·고시된 항로를 따라 항행하여야 한다. 다만, 해양사고를 피하기 위한 경우 등 해양수산부령으로 정하는 사유가 있는 경우에는 그러하지 아니하다. 이때 우선피항선은 다음의 선박을 말한다.
- 「선박법」 제1조의2제1항제3호에 따른 부선(예인선이 부선을 끌거나 밀고 있는 경우의 예인선 및 부선을 포함하되, 예인선에 결합되어 운항하는 압항부선은 제외한다)
- 주로 노와 삿대로 운전하는 선박
- 예선
- 「항만운송사업법」 제26조의3제1항에 따라 항만운송관련사업을 등록한 자가 소유한 선박
- 「해양환경관리법」 제70조제1항에 따라 해양환경관리업을 등록한 자가 소유한 선박 또는 「해양폐기물 및 해양오염퇴적물 관리법」 제19조제1항에 따라 해양폐기물관리업을 등록한 자가 소유한 선박(폐기물해양배출업으로 등록한 선박은 제외한다)
- 위의 규정에 해당하지 아니하는 총톤수 20톤 미만의 선박

23 해양환경관리법상 선박의 방제의무자에 해당하는 사람은?

㉮ 배출을 발견한 자

㉯ 지방해양수산청장

㉰ 배출된 오염물질이 적재되었던 선박의 선장

㉱ 배출된 오염물질이 적재되었던 선박의 기관장

답 | ㉰ 해양환경관리법 제63조에 따르면 방제의무자는 다음과 같다.
- 배출되거나 배출될 우려가 있는 오염물질이 적재된 선박의 선장 또는 해양시설의 관리자. 이 경우 해당 선박 또는 해양시설에서 오염물질의 배출원인이 되는 행위를 한 자가 신고하는 경우에는 그러하지 아니하다.
- 오염물질의 배출원인이 되는 행위를 한 자

24 해양환경관리법상 선박의 밑바닥에 고인 액상 유성혼합물은?

㉮ 석유

㉯ 선저폐수

㉰ 폐기물

㉱ 잔류성 오염물질

답 | ㉯ 해양환경관리법 제2조에 따르면 선저폐수(船底廢水)는 선박의 밑바닥에 고인 액상유성혼합물을 말한다.
㉰ 폐기물 : 해양에 배출되는 경우 그 상태로는 쓸 수 없게 되는 물질로서 해양환경에 해로운 결과를 미치거나 미칠 우려가 있는 물질(제5호 · 제7호 및 제8호에 해당하는 물질을 제외한다)을 말한다.
㉱ 잔류성 오염물질 : 해양에 유입되어 생물체에 농축되는 경우 장기간 지속적으로 급성 · 만성의 독성 또는 발암성을 야기하는 화학물질로서 해양수산부령으로 정하는 것을 말한다.

25 해양환경관리법상 해양오염방지설비 등을 선박에 최초로 설치하여 항해에 사용하고자 할 때 받는 검사는?

㉮ 정기검사

㉯ 임시검사

㉰ 특별검사

㉱ 제조검사

답 | ㉮ 해양환경관리법 제49조에 따르면 해양오염방지설비를 설치하거나 제26조제2항의 규정에 따른 선체 및 제27조제2항의 규정에 따른 화물창을 설치 · 유지하여야 하는 선박의 소유자가 해양오염방지설비 등을 선박에 최초로 설치하여 항해에 사용하려는 때 또는 제56조의 규정에 따른 유효기간이 만료한 때에는 해양수산부령이 정하는 바에 따라 해양수산부장관의 정기검사를 받아야 한다.

제4과목　기관

01 총톤수 10톤 정도의 소형 선박에서 가장 많이 이용하는 디젤기관의 시동 방법은?

㉮ 사람의 힘에 의한 수동시동
㉯ 시동 기관에 의한 시동
㉰ 시동 전동기에 의한 시동
㉱ 압축 공기에 의한 시동

답 | ㉰ 소형 디젤기관의 경우 주로 시동 전동기에 의한 시동과 압축공기에 의한 시동 방식 등이 주로 사용되는데, 총톤수 10톤 정도의 소형선박은 시동 전동기에 의한 시동 방법을 가장 많이 사용한다.

02 내연기관을 작동시키는 유체는?

㉮ 증기
㉯ 공기
㉰ 연료유
㉱ 연소가스

답 | ㉱ 내연기관은 연료유가 연소하면서 발생하는 연소가스의 압력으로 작동한다.

03 디젤기관의 압축비에 해당하는 것은?

㉮ (압축부피)/(실린더부피)
㉯ (실린더부피)/(압축부피)
㉰ (행정부피)/(압축부피)
㉱ (압축부피)/(행정부피)

답 | ㉯ 디젤기관의 압축비는 실린더부피를 압축부피로 나눈 값이다.

04 4행정 사이클 디젤기관에서 실제로 동력을 발생시키는 행정은?

㉮ 흡입행정
㉯ 압축행정
㉰ 작동행정
㉱ 배기행정

답 | ㉰ 작동(폭발)행정은 압축된 혼합물을 폭발시켜 에너지를 방출시키고, 이 힘으로 피스톤을 밀어내어 동력이 발생한다.
㉮ 흡입행정 : 흡기 밸브가 열리고 피스톤이 하강하며 연료와 공기의 혼합물을 연소실로 흡입
㉯ 압축행정 : 피스톤이 위로 올라가 연료와 공기의 혼합물을 압축
㉱ 배기행정 : 배기 밸브가 열리고 피스톤이 다시 올라가 연소 가스를 배출

05 동일한 디젤기관에서 크기가 가장 작은 것은?

㉮ 과급기
㉯ 연료분사밸브
㉰ 실린더 헤드
㉱ 실린더 라이너

답 | ㉯ 연료분사밸브는 디젤 기관에 있어서 분사 펌프에서 이송된 고압의 연료를 실린더 내에 분사 무화시키기 위한 밸브로, 동일한 디젤기관에서 크기가 가장 작다.

06 소형기관에서 흡·배기밸브의 운동에 대한 설명으로 옳은 것은?

㉮ 흡기밸브는 스프링의 힘으로 열린다.
㉯ 흡기밸브는 푸시로드에 의해 닫힌다.
㉰ 배기밸브는 푸시로드에 의해 닫힌다.
㉱ 배기밸브는 스프링의 힘으로 닫힌다.

답 | ㉱ 4행정 사이클 기관에서 밸브를 열 때는 캠의 힘을, 닫을 때는 스프링의 힘을 이용한다.

07 디젤기관에서 오일 스크레이퍼링에 대한 설명으로 옳은 것은?

㉮ 윤활유를 실린더 내벽에서 밑으로 긁어 내린다.
㉯ 피스톤의 열을 실린더에 전달한다.
㉰ 피스톤의 회전운동을 원활하게 한다.
㉱ 연소가스의 누설을 방지한다.

답 | ㉮ 오일 스크레이퍼링은 실린더에 부착된 오일을 긁어내는 데 사용하는 피스톤 링이다.

08 소형기관에서 피스톤과 연접봉을 연결하는 부품은?

㉮ 로크핀　　　　㉯ 피스톤핀
㉰ 크랭크핀　　　　㉱ 크로스헤드핀

답 | ㉯ 피스톤핀은 트렁크형 피스톤 기관에서 피스톤과 연접봉(커넥팅 로드)의 소단부를 연결하는 부품이다.

09 소형기관에서 크랭크축의 구성 요소가 아닌 것은?

㉮ 크랭크암　　　　㉯ 크랭크핀
㉰ 크랭크 저널　　　　㉱ 크랭크 보스

답 | ㉱ 소형기관에서 크랭크축의 구성 요소 크랭크 저널, 크랭크핀, 크랭크암이다.
㉮ 크랭크암 : 크랭크 저널과 크랭크 핀을 연결하는 부분으로 반대쪽으로는 평형추를 설치하여 회전력의 평형을 유지
㉯ 크랭크핀 : 크랭크 저널의 중심에서 크랭크 반지름만큼 떨어진 곳에 있으며 저널과 평행하게 설치
㉰ 크랭크 저널 : 메인 베어링에 의해서 상하가 지지되어 그 속에서 회전을 하는 부분

10 운전 중인 디젤기관의 실린더 헤드와 실린더 라이너 사이에서 배기가스가 누설하는 경우의 가장 적절한 조치 방법은?

㉮ 기관을 정지하여 구리개스킷을 교환한다.
㉯ 기관을 정지하여 구리개스킷을 1개 더 추가로 삽입한다.
㉰ 배기가스가 누설하지 않을 때까지 저속으로 운전한다.
㉱ 실린더 헤드와 실린더 라이너 사이의 죄임 너트를 약간 풀어준다.

답 | ㉮ 운전중인 디젤기관의 실린더 헤드와 실린더 라이너 사이에서 배기가스가 누설하는 경우 기관을 정지하여 구리개스킷을 교환한다.

11 디젤기관이 효율적으로 운전될 때의 배기가스 색깔은?

㉮ 회색　　　　㉯ 백색
㉰ 흑색　　　　㉱ 무색

답 | ㉱ 정상적인 상태의 자동차 배기가스는 무색이다.

12 디젤기관에서 디젤 노크를 방지하기 위한 방법으로 옳지 않은 것은?

㉮ 착화지연을 길게 한다.
㉯ 냉각수 온도를 높게 유지한다.
㉰ 착화성이 좋은 연료유를 사용한다.
㉱ 연소실 내 공기의 와류를 크게 한다.

답 | ㉮ 디젤기관에서 디젤 노크를 방지하기 위한 방법은 세탄가가 높은 연료의 사용으로 착화지연시간을 줄인다.

13 디젤기관의 연료유관 계통에서 프라이밍이 완료된 상태는 어떻게 판단하는가?

㉮ 연료유의 불순물만 나올 때

㉯ 공기만 나올 때

㉰ 연료유만 나올 때

㉱ 연료유와 공기의 거품이 함께 나올 때

답 | ㉰ 프라이밍은 연료계통 내에 유입된 공기를 누출시키는 것으로, 연료유관 프라이밍은 연료유만 나올 때 완료된 것으로 판단한다.

14 10노트로 항해하는 선박의 속력에 대한 설명으로 옳은 것은?

㉮ 1시간에 1마일을 항해하는 선박의 속력이다.

㉯ 1시간에 5마일을 항해하는 선박의 속력이다.

㉰ 10시간에 1마일을 항해하는 선박의 속력이다.

㉱ 10시간에 100마일을 항해하는 선박의 속력이다.

답 | ㉱ 10노트는 1시간에 10마일을 항주하는 속력을 의미하므로, 10시간에 100마일을 항해하는 선박의 속력이다.

15 조타장치의 역할로 옳은 것은?

㉮ 선박의 진행 속도 조정

㉯ 선내 전원 공급

㉰ 선박의 진행 방향 조정

㉱ 디젤기관에 윤활유 공급

답 | ㉰ 조타장치는 항해 중 선박의 방향을 바꾸어 선박을 일정한 침로로 유지하기 위해 키의 작동을 제어하여 적절한 타각을 만들어준다.

16 송출측에 공기실을 설치하는 펌프는?

㉮ 원심펌프

㉯ 축류펌프

㉰ 왕복펌프

㉱ 어펌프

답 | ㉰ 왕복펌프는 구조상 펌프의 맥동에 의한 송출량의 맥동이 발생하며, 이를 해결하기 위해 펌프 송출측의 실린더에 공기실을 설치한다.

17 디젤기관의 냉각수 펌프로 가장 적당한 펌프는?

㉮ 기어펌프

㉯ 원심펌프

㉰ 이모펌프

㉱ 베인펌프

답 | ㉯ 냉각수를 순환시키는 펌프는 주로 원심펌프를 사용한다.

18 전동기의 기동반에 설치되는 표시등이 아닌 것은?

㉮ 전원등

㉯ 운전등

㉰ 경보등

㉱ 병렬등

답 | ㉱ 유도전동기의 기동반에는 전류계가 주로 설치되며 이 외에 기동을 위한 기동 스위치와 기동 상태를 나타내는 운전표시등, 경보 시 알림을 위한 경보등 등이 설치된다

19 전류의 흐름을 방해하는 성질인 저항의 단위는?

㉮ [V]

㉯ [A]

㉰ [Ω]

㉱ [kW]

답 | ㉰ 저항은 전류의 흐름을 방해하는 정도를 말하며, 그 기호는 옴(Ω)을 사용한다.
㉮ [V] : 전압의 단위
㉯ [A] : 전류의 단위
㉱ [kW] : 일률의 단위

20 교류 발전기 2대를 병렬운전할 경우 동기검정기로 판단할 수 있는 것은?

㉮ 두 발전기의 극수와 동기속도의 일치 여부
㉯ 두 발전기의 부하전류와 전압의 일치 여부
㉰ 두 발전기의 절연저항과 권선저항의 일치 여부
㉱ 두 발전기의 주파수와 위상의 일치 여부

답 | ㉱ 교류 발전기 2대를 병렬운전할 경우 동기검정기로 크기, 위상, 주파수, 파형이 같은지 판단할 수 있다.

21 운전 중인 기관을 신속하게 정지시켜야 하는 경우는?

㉮ 시동용 배터리의 전압이 너무 낮을 때
㉯ 냉각수 온도가 너무 높을 때
㉰ 윤활유 온도가 규정값보다 낮을 때
㉱ 냉각수 압력이 규정값보다 높을 때

답 | ㉯ 냉각수의 온도가 비정상적으로 올라갈 때 오버히팅의 위험이 있으므로 운전중인 기관을 신속하게 멈춰야 한다.

22 운전 중인 디젤기관에서 어느 한 실린더의 배기 온도가 상승한 경우의 원인으로 가장 적절한 것은?

㉮ 과부하 운전
㉯ 조속기 고장
㉰ 배기밸브의 누설
㉱ 흡입공기의 냉각 불량

답 | ㉰ 배기밸브가 누설되면 실린더의 배기 온도가 상승한다. 배기밸브의 교체 또는 분해 후 점검해야 한다.

23 소형 디젤기관에서 실린더 라이너가 너무 많이 마멸되었을 경우에 대한 설명으로 옳지 않은 것은?

㉮ 윤활유가 오손되기 쉽다.
㉯ 윤활유가 많이 소모된다.
㉰ 기관의 출력이 저하된다.
㉱ 연료유 소비량이 줄어든다.

답 | ㉱ 실린더 라이너의 마멸에 의해 나타나는 현상은 윤활유 오손, 출력 저하, 압축 압력 저하, 불완전 연소, 연료 및 윤활유 소비량 증가, 기관 시동성 저하, 크랭크실로의 가스 누설 등이 있다.

24 연료유의 비중이란?

㉮ 부피가 같은 연료유와 물의 무게 비이다.
㉯ 압력이 같은 연료유와 물의 무게 비이다.
㉰ 점도가 같은 연료유와 물의 무게 비이다.
㉱ 인화점이 같은 연료유와 물의 무게 비이다.

답 | ㉮ 연료유의 비중이란 부피가 같은 연료유와 물의 무게 비를 말한다.

25 연료유의 점도에 대한 설명으로 옳은 것은?

㉮ 온도가 낮아질수록 점도는 높아진다.
㉯ 온도가 높아질수록 점도는 높아진다.
㉰ 대기 중 습도가 낮아질수록 점도는 높아진다.
㉱ 대기 중 습도가 높아질수록 점도는 높아진다.

답 | ㉮ 연료유의 온도와 점도는 반비례한다. 즉, 온도가 낮아질수록 점도는 높아진다.

2023년 제2회 정기시험

제1과목 | **항해**

01 자기 컴퍼스의 컴퍼스 카드에 부착되어 지북력을 갖게 하는 영구자석은?

㉮ 피벗
㉯ 부실
㉰ 자침
㉱ 짐벌즈

답 | ㉰ 자침은 영구자석으로 만들어진 부품으로 지북력이 있다.
㉮ 피벗 : 캡에 끼여 카드를 지지하는 역할
㉯ 부실 : 컴퍼스 카드가 부착된 반구체
㉱ 짐벌즈 : 선박의 동요로 비너클이 기울어져도 볼의 수평을 유지해주는 부품

02 기계식 자이로컴퍼스의 위도오차에 대한 설명으로 옳지 않은 것은?

㉮ 위도가 높을수록 오차는 감소한다.
㉯ 적도에서는 오차가 생기지 않는다.
㉰ 북위도 지방에서는 편동오차가 된다.
㉱ 경사 제진식 자이로캠퍼스에만 있는 오차이다.

답 | ㉮ 기계식 자이로컴퍼스의 위도오차는 위도가 높을수록 그에 따라 오차가 증가한다.

03 다음 중 레이더의 거짓상을 판독하기 위한 방법으로 가장 적절한 것은?

㉮ 본선의 속력을 줄인다.
㉯ 레이더의 전원을 껐다가 다시 켠다.
㉰ 본선 침로를 약 10도 정도 좌우로 변침한다.
㉱ 레이더와 가장 가까운 항해계기의 전원을 끈다.

답 | ㉰ 레이더의 거짓상이 생길 경우 본선 침로를 약 10도 정도 좌우로 변침하면 대부분의 거짓상은 없어지거나 남아있더라도 그 상이 아주 희미한 상태로 변하므로 판독이 가능하다.

04 선체가 수평일 때에는 자차가 0°이더라도 선체가 기울어지면 다시 자차가 생길 수 있는데, 이때 생기는 자차는?

㉮ 기차
㉯ 경선차
㉰ 편차
㉱ 컴퍼스 오차

답 | ㉯ 경선차는 선체가 수평일 때 자차가 0°였으나 선체가 경사되었을 때 다시 발생하는 자차이다.

05 자차 3°E, 편차 6°W일 때 나침의 오차(Compass error)는?

㉮ 3°E
㉯ 3°W
㉰ 9°E
㉱ 9°W

답 | ㉯ 편차와 자차 모두 동쪽일 경우 더하여서, 서쪽일 경우 제하여서 오차를 수정한다. 즉, n+3-6=n-3이며, 따라서 나침의 오차는 3°W이다.

06 레이더를 이용하여 알 수 없는 정보는?

㉮ 본선과 다른 선박 사이의 거리

㉯ 본선 주위에 있는 부표의 존재 여부

㉰ 본선 주위에 있는 다른 선박의 선체 색깔

㉲ 안개가 끼었을 때 다른 선박의 존재 여부

답 | ㉰ 레이더는 마이크로파 정도의 전자기파를 발사하여 반사되는 전자기파를 수신함으로써 본선의 위치와 물표의 방위 등을 알아내는 장치이다. 다른 선박의 선체 색깔까지는 알 수 없다.

07 ( )에 순서대로 적합한 것은?

> 보기
>
> "해상에서 일반적으로 추측위치를 디알[DR]위치라고도 부르며, 선박의 ( )와 ( )의 두 가지 요소를 이용하여 구하게 된다."

㉮ 방위, 거리　　㉯ 경도, 위도

㉰ 고도, 양각　　㉲ 침로, 속력

답 | ㉲ 해상에서 일반적으로 추측위치를 디알[DR]위치라고도 부르며, 선박의 침로와 속력의 두 가지 요소를 이용하여 구하게 된다.

08 지축을 천구까지 연장한 선, 즉 천구의 회전대를 천의 축이라고 하고, 천의 축이 천구와 만난 두 점을 무엇이라고 하는가?

㉮ 수직권　　㉯ 천의 적도

㉰ 천의 극　　㉲ 천의 자오선

답 | ㉰ 천의 극은 지구의 양극을 무한히 연장하여 천구와 맞닿는 점을 말한다. 지구의 북극을 무한히 연결해 천구와 만나는 점을 천의 북극, 지구의 남극을 무한히 연결하여 천구와 만나는 점을 천의 남극이라고 한다.

09 레이더 화면을 12해리 거리 범위로 맞추어 놓은 상태에서 고정거리 눈금의 동심원과 동심원 사이 거리는?

㉮ 0.1해리　　㉯ 0.5해리

㉰ 1.0해리　　㉲ 2.0해리

답 | ㉲ 레이더 화면을 12해리 거리 범위로 맞추어 놓은 상태에서 고정거리 눈금의 동심원과 동심원 사이 거리는 12÷6=2.0해리이다.

10 다음 그림은 상대운동 표시방식 레이더 화면에서 본선 주변에 있는 4척의 선박을 플로팅한 것이다. 현재 상태에서 본선과 충돌할 가능성이 가장 큰 선박은?

㉮ A　　　　　　　㉯ B

㉰ C　　　　　　　㉲ D

답 | ㉮ 제시된 화면은 선박에서 가장 일반적으로 사용되는 상대동작방식 레이더의 화면이다. 상대동작방식 레이더에서 자선의 위치는 어느 한 점, 주로 중앙에 고정되고, 모든 물체는 자선에 움직임에 대해 상대적인 움직임으로 표시된다. 현재 상태에서 본선과 충돌할 가능성이 가장 큰 선박은 A이다.

11 노출암을 나타낸 다음의 해도도식에서 '4'가 의미하는 것은?

㉮ 수심   ㉯ 암초 높이
㉰ 파고   ㉱ 암초 크기

답 ┃ ㉯ 노출암 표시 옆의 숫자는 해당 암초의 높이를 뜻한다.

12 우리나라의 종이해도에서 주로 사용하는 수심의 단위는?

㉮ 미터(m)   ㉯ 인치(inch)
㉰ 패덤(fm)   ㉱ 킬로미터(km)

답 ┃ ㉮ 우리나라의 해도는 기본수준면을 기준으로 측정한 수심을 미터(m) 단위로 표시한다.

13 항로의 지도 및 안내서이며 해상에 있어서 기상, 해류, 조류 등의 여러 형상 및 항로의 상황 등을 상세히 기재한 수로서지는?

㉮ 등대표   ㉯ 조석표
㉰ 천측력   ㉱ 항로지

답 ┃ ㉱ 항로지는 해도의 내용을 설명함과 동시에 해도로는 표현할 수 없는 사항을 설명하는 안내서로, 항해자에게 해당 지역에 대한 예비지식을 상세히 제공하는 역할을 한다.

14 항로, 항행에 위험한 암초, 항행 금지 구역 등을 표시하는 지점에 고정 설치하여 선박의 좌초를 예방하고 항로를 지도하기 위하여 설치되는 광파(야간)표지는?

㉮ 등선   ㉯ 등표
㉰ 도등   ㉱ 등부표

답 ┃ ㉯ 등표는 위험한 암초, 수심이 얕은 곳, 항행 금지 구역 등의 위험을 표시하기 위해 설치한 고정 건축물이다.

15 점등장치가 없고, 표지의 모양과 색깔로써 식별하는 표지는?

㉮ 전파표지
㉯ 상(주간)표지
㉰ 광파(야간)표지
㉱ 음파(음향)표지

답 ┃ ㉯ 형상(주간)표지는 점등 장치가 없는 표지로 그 모양과 색깔로 식별한다. 주간표지의 종류는 입표, 부표, 육표, 도표가 있다.

16 다음 중 시계가 나빠서 육지나 등화의 발견이 어려울 경우 사용하는 음파(음향)표지는?

㉮ 육표   ㉯ 등부표
㉰ 레이콘   ㉱ 다이어폰

답 ┃ ㉱ 시계가 좋지 않아 육지나 등화를 발견하기 어려운 경우 음향신호를 통해 위치 혹은 위험을 알리는 표지는 음향표지이다. 보기 중 음향표지는 다이어폰으로 압축공기를 이용해 피스톤을 왕복시켜 소리를 내는 표지이다.
㉮ 육표 : 주간표지
㉯ 등부표 : 야간표지
㉰ 레이콘 : 전파표지(무선표지)

17 주로 하나의 항만, 어항, 좁은 수로 등 좁은 구역을 표시하는 해도에 많이 이용되는 도법은?

㉮ 평면도법　　　㉯ 점장도법

㉰ 대권도법　　　㉱ 다원추도법

답 | ㉮　평면도법은 주로 하나의 항만, 어항, 좁은 수로 등 좁은 구역을 표시하는 해도에 많이 이용되는 도법이며, 항박도를 그릴 때 사용한다.

18 연안항해 시 종이해도의 선택 방법으로 옳지 않은 것은?

㉮ 최신의 해도를 사용한다.

㉯ 완전히 개보된 것이 좋다.

㉰ 내용이 상세히 기록된 것이 좋다.

㉱ 대축척 해도보다 소축척 해도가 좋다.

답 | ㉱　종이해도의 축척은 사용 가능한 대축척 해도를 사용한다.

19 다음 국제해상부표식의 종류 중 A, B 두 지역에 따라 등화의 색상이 다른 것은?

㉮ 측방표지

㉯ 특수표지

㉰ 방위표지

㉱ 고립장애(장해)표지

답 | ㉮　측방표지는 지역에 따라 좌·우현의 색상이 달라지며, 우리나라는 B지역으로 좌현표지가 녹색, 우현표지가 적색이다.

20 등질에 대한 설명으로 옳지 않은 것은?

㉮ 모스 부호등은 모스 부호를 빛으로 발하는 등이다.

㉯ 분호등은 3가지 등색을 빠꾸어가며 계속 빛을 내는 등이다.

㉰ 섬광등은 빛을 비추는 시간이 꺼져 있는 시간보다 짧은 등이다.

㉱ 호광등은 색깔이 다른 종류의 빛을 교대로 내며, 그 사이에 등광은 꺼지는 일이 없는 등이다.

답 | ㉯　분호등은 동시에 서로 다른 지역을 각기 다른 색깔로 비추는 등으로 등광의 색깔이 바뀌지 않는다.

21 고기압에 대하여 옳기 설명한 것은?

㉮ 1기압보다 높은 것을 말한다.

㉯ 상승기류가 있어 날씨가 좋다.

㉰ 주위의 기압보다 높은 것을 말한다.

㉱ 바람은 저기압 중심에서 고기압 쪽으로 분다.

답 | ㉰　㉮ 주변보다 기압이 높은 것을 말한다.
　　　㉯ 하강기류가 있어 날씨가 좋다.
　　　㉱ 바람은 고기압에서 저기압으로 분다.

22 우리나라 부근의 고기압 중 아열대역에 동서로 길게 뻗쳐 있으며, 오랫동안 지속되는 키가 큰 고기압은?

㉮ 이동성 고기압

㉯ 시베리아 고기압

㉰ 북태평양 고기압

㉱ 오호츠크해 고기압

답 | ㉰　북태평양 고기압은 아열대 고기압으로, 우리나라의 여름철은 북태평양 고기압의 영향권 안에 있어 고온다습한 무더위가 지속된다.

23 일기도의 종류와 내용을 나타내는 기호의 연결로 옳지 않은 것은?

㉮ A : 해석도
㉯ S : 지상자료
㉰ F : 예상도
㉱ U : 불명확한 자료

답 | ㉱ U는 Upper air로 고층자료를 의미한다.

24 소형선박에서 통항계획의 수립은 누가 하여야 하는가?

㉮ 선주
㉯ 선장
㉰ 지방해양수산청장
㉱ 선박교통관제(VTS) 센터

답 | ㉯ 소형선에는 선장이 직접 통항계획을 수립한다.

25 선박의 항로지정제도(Ship's routeing)에 관한 설명으로 옳지 않은 것은?

㉮ 국제해사기구(IMO)에서 지정할 수 있다.
㉯ 특정 화물을 운송하는 선박에 대해서도 사용을 권고할 수 있다.
㉰ 모든 선박 또는 일부 범위의 선박에 대하여 강제적으로 적용할 수 있다.
㉱ 국제해사기구에서 정한 항로지정방식은 해도에 표시되지 않을 수도 있다.

답 | ㉱ 국제해사기구(IMO)에서 정한 항로지정방식도 해도에 표시된다.

---

01 상갑판 아래의 공간을 선저에서 상갑판까지 종방향 또는 횡방향으로 선체를 구획하는 것은?

㉮ 갑판
㉯ 격벽
㉰ 외판
㉱ 이중저

답 | ㉯ 격벽은 선박의 내부, 상갑판 아래의 공간을 종방향 또는 횡방향으로 나누는 부재이다. 선체의 강도에 기여함은 물론 국부적인 집중 하중을 지지하며, 침수 시에는 선박의 침수 구획 한정, 화재 발생 시에는 방화벽의 역할도 한다.

02 선박의 예비부력을 결정하는 요소로 선체가 침수되지 않은 부분의 수직거리를 의미하는 것은?

㉮ 흘수
㉯ 깊이
㉰ 수심
㉱ 건현

답 | ㉱ 건현은 선체 중앙부 상갑판의 선측 상면으로부터 만재흘수선까지의 수직거리를 말한다. 건현이 크다는 것은 선박의 예비부력이 크다는 의미로 선박의 안전성이 높다는 뜻이다.

03 전진 또는 후진 시 배를 임의의 방향으로 회두시키고 일정한 침로를 유지하는 역할을 하는 설비는?

㉮ 타(키)
㉯ 닻
㉰ 양묘기
㉱ 주기관

답 | ㉮ 타(키)의 주 역할은 선박의 양호한 조종성을 확보하고, 전진 또는 후진 시에 배를 임의의 방향으로 회두시키고 일정한 침로를 유지하는 것이다.

04 선창 내에서 발생한 물이나 각종 오수들이 흘러 들어가서 모이는 곳은?

㉮ 해치　　　㉯ 빌지 웰
㉰ 코퍼댐　　　㉱ 디프 탱크

답 | ㉯ 수선 아래에 괸 물은 직접 밖으로 배출할 수 없으므로 빌지 웰에 모아 빌지 펌프를 통해 밖으로 배출한다.

05 조타장치에 대한 설명으로 옳지 않은 것은?

㉮ 자동 조타장치에서도 수동조타를 할 수 있다.
㉯ 동력 조타장치는 작은 힘으로 타의 회전이 가능하다.
㉰ 인력 조타장치는 소형선이나 범선 등에서 사용되어 왔다.
㉱ 동력 조타장치는 조타실의 조타륜이 타와 기계적으로 직접 연결되어 비상조타를 할 수 없다.

답 | ㉱ 조타실의 조타륜이 타와 기계적으로 직접 연결되어 비상조타를 할 수 없는 것은 인력 조타장치에 대한 설명이다.

06 스톡 앵커의 각부 명칭을 나타낸 아래 그림에서 ㉠은?

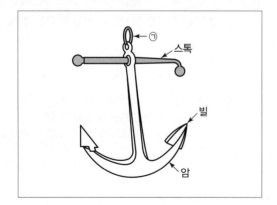

㉮ 생크　　　㉯ 크라운
㉰ 플루크　　　㉱ 앵커링

답 | ㉱ 스톡 앵커는 스톡이 있는 앵커로 파주력은 크나 격납이 불편하여 주로 소형선에서 사용하며, ㉠은 '앵커링' 부분이다.

07 나일론 로프의 장점이 아닌 것은?

㉮ 열에 강하다.
㉯ 흡습성이 낮다.
㉰ 파단력이 크다.
㉱ 충격에 대한 흡수율이 좋다.

답 | ㉮ 나일론 로프는 일반 합성섬유로프 중에서 파단력이 가장 우수하고, 내마모성도 양호하며 많이 늘어나는 성질이 있다. 흡습성이 낮고 에너지 흡수성이 양호하여 충격강도도 좋고 여러 번 사용해도 복원력이 좋다. 하지만 열에 약해 열에 가까이 하거나 닿으면 즉시 녹으므로 주의해서 사용해야 한다.

08 열전도율이 낮은 방수 물질로 만들어진 포대기 또는 옷으로 방수복을 착용하지 않은 사람이 입는 것은?

㉮ 보호복　　　㉯ 노출 보호복
㉰ 보온복　　　㉱ 작업용 구명조끼

답 | ㉰ 보온복은 온도 보호가 잘 되는 방수물질로 된 옷 또는 포대기이다.

09 초단파(VHF) 무선설비에서 디에스시(DSC)를 통한 조난 및 안전 통신 채널은?

㉮ 16　　　㉯ 21A
㉰ 70　　　㉱ 82

답 | ㉰ 초단파(VHF) 무선설비에서 디에스시(DSC)를 통한 조난 및 안전 통신 채널은 70이다.
㉮ 16 : VHF에서 Radio Telephone을 통한 조난 통신에 사용되는 채널

10 나일론 등과 같은 합성섬유로 된 포지를 고무로 가공하여 제작되며, 긴급 시에 탄산가스나 질소가스로 팽창시켜 사용하는 구명설비는?

㉮ 구명정　　　　㉯ 구명부기
㉰ 구조정　　　　㉱ 구명뗏목

답 | ㉱　구명뗏목은 나일론 등 합성 섬유로 된 포지를 고무로 가공해 뗏목 모양으로 제작하였다.

11 손잡이를 잡고 불을 붙이면 붉은색의 불꽃을 1분 이상 내며, 10센티미터 깊이의 물속에 10초 동안 잠긴 후에도 계속 타는 팽창식 구명뗏목(Liferaft)의 의장품인 조난신호 용구는?

㉮ 신호 홍염
㉯ 자기 점화등
㉰ 발연부 신호
㉱ 로켓 낙하산 화염신호

답 | ㉮　신호 홍염 야간용 조난 신호로 점화 시 붉은색의 불꽃을 1분 이상 연속하여 발광하며, 10cm 깊이의 물속에 10초 동안 잠긴 후에도 계속해서 탄다.

12 붕대 감는 방법 중 같은 부위에 전폭으로 감는 방법으로 붕대 사용의 가장 기초가 되는 것은?

㉮ 나선대　　　　㉯ 환행대
㉰ 사행대　　　　㉱ 절전대

답 | ㉯　환행대는 앞서 감은 붕대 위에 다음 붕대를 올바르게 겹쳐서 감는 방법이다. 붕대의 처음과 끝에서 한다.
　㉮ 나선대 : 한번 감을 때마다 전에 감은 권축대 위에 1/2~2/3씩 겹쳐서 상방(상방나선대) 또는 하방(하방나선대)으로 진행해 간다.
　㉰ 사행대 : 권축대의 너비와 거의 같은 너비 간격을 두고 감는 방법이다. 탈지면·부목 등의 붕대 재료를 환부에 보전시키도록 한다.
　㉱ 절전대 : 하박·하퇴·대퇴 등 밑이 굵고 끝으로 갈수록 가늘어지는 부위를 감는 방법이다. 1회씩 감을 때마다 붕대를 뒤집어서 접는다.

13 선박안전법상 평수 구역을 항해구역으로 하는 선박이 갖추어야 하는 무선설비는?

㉮ 중파(MF) 무선설비
㉯ 초단파(VHF) 무선설비
㉰ 비상위치지시 무선표지(EPIRB)
㉱ 수색구조용 레이더 프랜스폰더(SART)

답 | ㉯　초단파(VHF) 무선설비는 평수구역을 항해하는 총톤수 2톤 이상의 어선은 의무적으로 설치해야 하는 장비이다.
　㉰ 비상위치지시 무선표지(EPIRB) : 비상위치지시 무선표지(EPIRB)는 선박이 침몰하거나 조난되는 경우 수심 1.5~4m의 수압에서 자동으로 수면 위로 떠올라 선박의 위치 등을 포함한 조난 신호를 발신하는 장치이다.
　㉱ 수색구조용 레이더 프랜스폰더(SART) : 9GHz 주파수대의 레이더 펄스 수신 시 응답신호전파를 발사, 근처 선박의 레이더 표시기상에 조난자의 위치가 표시되도록 하는 장비

14 선박용 초단파(VHF) 무선설비의 최대 출력은?

㉮ 10W　　　　㉯ 15W
㉰ 20W　　　　㉱ 25W

답 | ㉱　선박용 초단파(VHF) 무선설비의 최대 출력은 25W이다.

15 선박 상호 간의 흡인 배척 작용에 대한 설명으로 옳지 않은 것은?

㉮ 구속으로 항과할수록 크게 나타난다.
㉯ 두 선박 사이의 거리가 가까울수록 크게 나타난다.
㉰ 선박이 추월할 때보다는 마주칠 때 영향이 크게 나타난다.
㉱ 선박의 크기가 다를 때에는 소형선박이 영향을 크게 받는다.

답 | ㉯　선박 상호 간의 흡인 배척 작용은 서로 마주칠 때보다 앞지르기할 때 더 크게 영향을 받는다.

16 선체운동 중에서 선·수미선을 기준으로 좌·우 교대로 회전하려는 왕복운동은?

㉮ 종동요　　　　　㉯ 전후운동

㉰ 횡동요　　　　　㉱ 상하운동

답 | ㉰ 선체운동 중 선수미선(x축)을 중심으로 좌·우 교대로 회전하려는 횡경사 운동은 횡동요(롤링)라 한다. 선박의 복원력과 밀접한 관계가 있으며, 선박의 전복 사고를 일으킬 수도 있는 운동이므로 주의해야 한다.

17 운항 중인 선박에서 나타나는 타력의 종류가 아닌 것은?

㉮ 발동타력　　　　㉯ 정지타력

㉰ 반전타력　　　　㉱ 전속타력

답 | ㉱ 운항 중인 선박에서 나타나는 타력의 종류는 발동타력, 정지타력, 반전타력, 변침회두타력, 정침회두타력이 있다.

18 고정피치 스크루 프로펠러 1개를 설치한 선박에서 후진 시 선체회두에 가장 큰 영향을 미치는 수류는?

㉮ 반류　　　　　　㉯ 배출류

㉰ 흡수류　　　　　㉱ 흡입류

답 | ㉯ 우선회 고정피치 스크루 프로펠러 1개가 장착된 선박이 정지상태에서 전진할 때, 타가 중앙이면 추진기가 회전을 시작하는 초기에는 횡압력이 커서 선수가 좌회두하고, 전진속력이 증가하면 배출류가 강해져서 선수가 우회두를 하려는 경향이 있다.

19 복원력이 작은 선박을 조선할 때 적절한 조선 방법은?

㉮ 순차적으로 타각을 증가시킴

㉯ 전타 중 갑자기 타각을 감소시킴

㉰ 높은 속력으로 항해 중 대각도 전타

㉱ 전타 중 반대 현측으로 대각도 전타

답 | ㉮ 복원성이 작은 선박은 횡방향 경사에 취약하므로 조선 시 타각은 순차적으로 높여야 한다. 대각도로 전타할 경우 전복의 위험이 있다.

20 좁은 수로를 항해할 때 유의할 사항으로 옳은 것은?

㉮ 침로를 변경할 때에는 대각도로 한 번에 변경하는 것이 좋다.

㉯ 선·수미선과 조류의 유선이 직각을 이루도록 조종하는 것이 좋다.

㉰ 언제든지 닻을 사용할 수 있도록 준비된 상태에서 항행하는 것이 좋다.

㉱ 조류는 순조 때에는 정침이 잘 되지만, 역조 때에는 정침이 어려우므로 조종 시 유의하여야 한다.

답 | ㉰ ㉮ 협수로에서 침로를 변경할 때는 소각도로 여러 번에 걸쳐 변경하는 것이 좋다.
㉯ 협수로 항해 시에는 선·수미선이 조류의 방향과 일치하도록 통과하거나 가장 좁은 부분을 연결한 선의 수직이등분선 위를 통항하도록 하는 것이 좋다.
㉱ 역조 시에는 정침이 가능하지만 순조 시에는 정침이 어려우므로 조종 시 유의하여야 한다.

21 파장이 선박길이의 1∼2배가 되고, 파랑을 선미로부터 받을 때 나타나는 쉬운 현상은?

㉮ 러칭(Lurching)

㉯ 슬래밍(Slamming)

㉰ 브로칭(Broaching)

㉱ 동조 횡동요(Synchronized rolling)

답 ㅣ ㉰ 브로칭은 선박이 파도를 선미로부터 받으며 항주할 때 선체 중앙이 파도의 마루나 오르막 파면에 위치하면서 급격한 선수 동요(Yawing)에 의해 선체가 파도와 평행하게 놓이는 현상을 말한다.

22 복원력에 관한 내용으로 잃지 않은 것은?

㉮ 복원력의 크기는 배수량의 크기에 반비례한다.

㉯ 무게중심이 위치를 낮추는 것이 복원력을 크게하는 가장 좋은 방법이다.

㉰ 황천항해 시 갑판에 올라온 해수가 즉시 배수되지 않으면 복원력이 감소될 수 있다.

㉱ 항해의 경과로 연료유와 청수 등의 소비, 유동수의 발생으로 인해 복원력이 감소될 수 있다.

답 ㅣ ㉮ 복원력의 크기는 배수량의 크기에 비례한다.

23 다음 중 태풍을 피항하는 가장 안전한 방법은?

㉮ 가항반원으로 항해한다.

㉯ 위험반원의 반대쪽으로 항해한다.

㉰ 선미 쪽에서 바람을 받도록 한해한다.

㉱ 미리 태풍의 중심으로부터 최대한 멀리 떨어진다.

답 ㅣ ㉱ 태풍으로부터 피항하는 가장 안전한 방법은 태풍의 중심으로부터 멀리 떨어지는 것이 아니라, 기상 예보에 유의하여 일찍이 침로를 조정하여 태풍 중심을 피하여 돌아가는 항로를 선택한다. 예상외로 태풍 중심에 가까우면 본선이 중심에서 멀리 떨어지도록 조종하는 것이다.

24 선박으로부터 해양오염물질이 배출된 경우 신고하여야 하는 사항이 아닌 것은?

㉮ 해면상태 및 기상상태

㉯ 사고 선박의 선박 소유자

㉰ 배출된 오염물질의 추정량

㉱ 오염사고 발생일시, 장소 및 원인

답 ㅣ ㉯ 선박으로부터 해양오염물질이 배출된 경우 신고하여야 하는 사항은 해면상태 및 기상상태, 배출된 오염물질의 추정량, 오염사고 발생일시, 장소 및 원인이다.

25 전기장치에 의한 화재 원인이 아닌 것은?

㉮ 산화된 금속의 불똥

㉯ 과전류가 흐르는 낡은 전선

㉰ 절연이 충분치 않은 전동기

㉱ 불량한 전기접점 그리고 노출된 전구

답 ㅣ ㉮ 산화된 금속의 불똥은 전기장치에 의한 화재가 아니라 가연성 금속 물질에 의한 화재, 즉 D급 화재에 해당한다.

01 해사안전법상 '어로에 종사하고 있는 선박'이 아닌 것은?

㉮ 양승 중인 연승 어선
㉯ 투망 중인 안강망 어선
㉰ 양망 중인 저인망 어선
㉱ 어장 이동을 위해 항행하는 통발 어선

답 | ㉱ 해사안전법 제2조에 따르면 어로에 종사하고 있는 선박이란 그물, 낚싯줄, 트롤망, 그 밖에 조종성능을 제한하는 어구(漁具)를 사용하여 어로(漁撈) 작업을 하고 있는 선박을 말한다. 즉, 작업을 위해 이동 중인 선박은 해당하지 않는다.

02 해사 안전법상 침몰·좌초된 선박으로부터 유실된 물건 등 선박항행에 장애가 되는 물건은?

㉮ 침선   ㉯ 폐기물
㉰ 구조물   ㉱ 항행장애물

답 | ㉱ 해사안전법 제2조에 따르면 항행장애물이란 선박으로부터 떨어진 물건, 침몰·좌초된 선박 또는 이로부터 유실(遺失)된 물건 등 해양수산부령으로 정하는 것으로서 선박항행에 장애가 되는 물건을 말한다.

03 해상안전법상 법에서 정하는 바가 없는 경우 충돌을 피하기 위한 동작이 아닌 것은?

㉮ 적극적인 동작
㉯ 충분한 시간적 여유를 가지는 동작
㉰ 선박을 적절하게 운용하는 관행에 따른 동작
㉱ 침로나 속력을 소폭으로 연속적으로 변경하는 동작

답 | ㉱ 해사안전법 제66조에 따르면 이 법에서 정하는 바가 없는 경우에는 될 수 있으면 충분한 시간적 여유를 두고 적극적으로 조치하여 선박을 적절하게 운용하는 관행에 따라야 한다.

04 해사안전법상 2척의 동력선이 서로 시계 안에서 각 선박은 다른 선박을 선수 방향에서 볼 수 있는 경우로서 밤에는 양쪽의 현등을 동시에 볼 수 있는 경우의 상태는?

㉮ 마주치는 상태
㉯ 횡단하는 상태
㉰ 통과하는 상태
㉱ 앞지르기 하는 상태

답 | ㉮ 해사안전법 제72조에 따르면 2척의 동력선이 서로 시계 안에서 각 선박은 다른 선박을 선수 방향에서 볼 수 있는 경우로서 밤에는 양쪽의 현등을 동시에 볼 수 있는 경우 마주치는 상태에 있다고 보아야 한다.

05 해사안전법상 안전한 속력을 결정할 때 고려할 사항이 아닌 것은?

㉮ 해상교통량의 밀도
㉯ 레이더의 특성 및 성능
㉰ 항해사의 야간 항해당직 경험
㉱ 선박의 정지거리·선회성능, 그 밖의 조종성능

답 | ㉰ 해사안전법 제64조에 따르면 선박은 안전한 속력을 결정할 때에는 다음 사항을 고려하여야 한다.
- 시계의 상태
- 해상교통량의 밀도
- 선박의 정지거리·선회성능, 그 밖의 조종성능
- 야간의 경우에는 항해에 지장을 주는 불빛의 유무
- 바람·해면 및 조류의 상태와 항행장애물의 근접상태
- 선박의 흘수와 수심과의 관계
- 레이더의 특성 및 성능
- 해면상태·기상, 그 밖의 장애요인이 레이더 탐지에 미치는 영향
- 레이더로 탐지한 선박의 수·위치 및 동향

06 해사안전법상 어로에 종사하고 있는 선박이 원칙적으로 진로를 피하지 않아도 되는 선박은?

㉮ 조종제한선   ㉯ 조종불능선
㉰ 수상항공기   ㉱ 흘수제약선

답 | ㉱   해사안전법 제76조에 따르면 어로에 종사하고 있는 선박 중 항행 중인 선박은 될 수 있으면 다음 선박의 진로를 피하여야 한다.
　• 조종불능선
　• 조종제한선
　※ 조종불능선이나 조종제한선이 아닌 선박은 부득이하다고 인정하는 경우 외에는 등화나 형상물을 표시하고 있는 흘수제약선의 통항을 방해하여서는 아니 된다.

07 해사안전법상 제한된 시계에서 레이더만으로 다른 선박이 있는 것을 탐지한 선박의 피항동작이 침로를 변경하는 것만으로 이루어질 경우 선박이 취하여야 할 행위로 옳은 것은? (단, 앞지르기당하고 있는 선박에 대한 경우는 제외함)

㉮ 자기 선박의 양쪽 현의 정횡에 있는 선박의 방향으로 침로를 변경하는 행위
㉯ 자기 선박의 양쪽 현의 정횡 뒤쪽에 있는 선박의 방향으로 침로를 변경하는 행위
㉰ 다른 선박이 자기 선박의 양쪽 현의 정횡 앞쪽에 있는 경우 우현쪽으로 침로를 변경하는 행위
㉱ 다른 선박이 자기 선박의 양쪽 현의 정횡 앞쪽에 있는 경우 좌현 쪽으로 침로를 변경하는 행위

답 | ㉯   해사안전법 제77조에 따르면 피항동작이 침로를 변경하는 것만으로 이루어질 경우에는 될 수 있으면 다음 동작은 피하여야 한다.
　• 다른 선박이 자기 선박의 양쪽 현의 정횡 앞쪽에 있는 경우 좌현 쪽으로 침로를 변경하는 행위(앞지르기당하고 있는 선박에 대한 경우는 제외한다)
　• 자기 선박의 양쪽 현의 정횡 또는 그곳으로부터 뒤쪽에 있는 선박의 방향으로 침로를 변경하는 행위

08 ( )에 순서대로 적합한 것은?

| 보기 |
"해사안전법상 모든 선박은 시계가 제한된 그 당시의 ( )에 적합한 ( )으로 항행하여야 하며, ( )은 제한된 시계 안에 있는 경우 기관을 즉시 조작할 수 있도록 준비하고 있어야 한다."

㉮ 시정, 최소한의 속력, 동력선
㉯ 시정, 안전한 속력, 모든 선박
㉰ 사정과 조건, 안전한 속력, 동력선
㉱ 사정과 조건, 최소한의 속력, 모든 선박

답 | ㉰   해사안전법 제77조에 따르면 모든 선박은 시계가 제한된 그 당시의 사정과 조건에 적합한 안전한 속력으로 항행하여야 하며, 동력선은 제한된 시계 안에 있는 경우 기관을 즉시 조작할 수 있도록 준비하고 있어야 한다.

09 해사안전법상 가장 잘 보이는 곳에 수직으로 붉은색 전주등 2개, 좌현에 붉은색등, 우현에 녹색등, 선미에 흰색등을 켜고 있는 선박은?

㉮ 흘수제약선
㉯ 어로에 종사하고 있는 선박
㉰ 대수속력이 있는 조종제한선
㉱ 대수속력이 있는 조종불능선

답 | ㉱   해사안전법 제85조에 따르면 가장 잘 보이는 곳에 수직으로 붉은색 전주등 2개, 좌현에 붉은색등, 우현에 녹색등, 선미에 흰색등을 켜고 있는 선박은 대수속력이 있는 조종불능선이다.

10 ( )에 적합한 것은?

┌─ 보기 ─────────────────────────┐
"해사안전법상 섬광등은 360도에 걸치는 수평의
호를 비추는 등화로서 일정한 간격으로 1분에
( ) 섬광을 발하는 등이다."
└─────────────────────────────┘

㉮ 60회 이상 ㉯ 120회 이상
㉰ 180회 이상 ㉱ 240회 이상

답 | ㉯ 해사안전법 제79조에 따르면 섬광등은 360도
에 걸치는 수평의 호를 비추는 등화로서 일정
한 간격으로 1분에 120회 이상 섬광을 발하는
등이다.

11 해사안전법상 원칙적으로 통항분리수역의 연안
통항대를 이용할 수 없는 선박은?

㉮ 길이 25미터인 범선
㉯ 길이 20미터인 선박
㉰ 어로에 종사하고 있는 선박
㉱ 인접한 항구로 입항하는 선박

답 | ㉯ 해사안전법 제68조에 따르면 선박은 연안통항
대에 인접한 통항분리수역의 통항로를 안전하
게 통과할 수 있는 경우에는 연안통항대를 따
라 항행하여서는 아니 된다. 다만, 다음 선박의
경우에는 연안통항대를 따라 항행할 수 있다.
• 길이 20미터 미만의 선박
• 범선
• 어로에 종사하고 있는 선박
• 인접한 항구로 입항 · 출항하는 선박
• 연안통항대 안에 있는 해양시설 또는 도선사
의 승하선(乘下船) 장소에 출입하는 선박
• 급박한 위험을 피하기 위한 선박
따라서 길이 20미터 미만의 선박은 원칙적으로
통항분리수역의 연안통항대를 이용할 수 없다.

12 해사안전법상 등화에 사용되는 등색이 아닌 것은?

㉮ 녹색 ㉯ 흰색
㉰ 청색 ㉱ 붉은색

답 | ㉰ 해사안전법 제79조에 따르면 등화에 사용되는
등색은 흰색, 녹색, 붉은색, 황색이다.

13 ( )에 적합한 것은?

┌─ 보기 ─────────────────────────┐
"해사안전법상 항행 중인 동력선이 ( )에
있는 경우에 그 침로를 변경하거나 그 기관을
후진하여 사용할 때에는 기적신호를 행하여야
한다."
└─────────────────────────────┘

㉮ 평수구역
㉯ 서로 상대의 시계 안
㉰ 제한된 시계
㉱ 무역항의 수상구역 안

답 | ㉯ 해사안전법 제92조에 따르면 항행 중인 동력
선이 서로 상대의 시계 안에 있는 경우에 이 법
의 규정에 따라 그 침로를 변경하거나 그 기관
을 후진하여 사용할 때에는 기적신호를 행하여
야 한다.

14 해사안전법상 제한된 시계 안에서 2분을 넘지 아
니하는 간격으로 장음 2회의 기적신호를 들었다
면 그 기적을 울린 선박은?

㉮ 정박선
㉯ 조종제한선
㉰ 얹혀 있는 선박
㉱ 대수속력이 없는 항행 중인 동력선

답 | ㉱ 해사안전법 제93조에 따르면 항행 중인 동력
선은 정지하여 대수속력이 없는 경우에는 장음
사이의 간격을 2초 정도로 연속하여 장음을 2
회 울리되, 2분을 넘지 아니하는 간격으로 울
려야 한다.

15 (   )에 순서대로 적합한 것은?

> **보기**
>
> "해사안전법상 좁은 수로 등의 굽은 부분에 접근하는 선박은 (   )의 기적신호를 울리고, 그 기적신호를 들은 선박은 (   )의 기적신호를 울려 이에 응답하여야 한다."

㉮ 단음 1회, 단음 2회

㉯ 장음 1회, 단음 2회

㉰ 단음 1회, 단음 1회

㉱ 장음 1회, 장음 1회

답 | ㉱ 해사안전법 제92조에 따르면 좁은 수로 등의 굽은 부분이나 장애물 때문에 다른 선박을 볼 수 없는 수역에 접근하는 선박은 장음으로 1회의 기적신호를 울려야 한다. 이 경우 그 선박에 접근하고 있는 다른 선박이 굽은 부분의 부근이나 장애물의 뒤쪽에서 그 기적신호를 들은 경우에는 장음 1회의 기적신호를 울려 이에 응답하여야 한다.

16 선박의 입항 및 출항 등에 관한 법률상 무역항의 수상구역 등에 출입하는 선박 중 출입 신고 면제 대상 선박이 아닌 것은?

㉮ 총톤수 10톤인 선박

㉯ 해양사고구조에 사용되는 선박

㉰ 국내항 간을 운항하는 동력요트

㉱ 도선선, 예선 등 선박의 출입을 지원하는 선박

답 | ㉮ 선박의 입항 및 출항 등에 관한 법률 제4조에 따르면 다음 선박은 출입 신고를 하지 아니할 수 있다.
- 총톤수 5톤 미만의 선박
- 해양사고구조에 사용되는 선박
- 「수상레저안전법」 제2조제3호에 따른 수상레저기구 중 국내항 간을 운항하는 모터보트 및 동력요트
- 그 밖에 공공목적이나 항만 운영의 효율성을 위하여 해양수산부령으로 정하는 선박

17 선박의 입항 및 출항 등에 관한 법률상 무역항의 수상구역등에서 위험물운송선박이 아닌 선박이 불꽃이나 열이 발생하는 용접 등의 방법으로 기관실에서 수리작업을 하는 경우 관리청의 허가를 받아야 하는 선박의 크기 기준은?

㉮ 총톤수 20톤 이상

㉯ 총촌수 25톤 이상

㉰ 총톤수 50톤 이상

㉱ 총톤수 100톤 이상

답 | ㉮ 선박의 입항 및 출항 등에 관한 법률 제37조에 따르면 무역항의 수상구역 등에서 위험물운송선박이 아닌 선박이 불꽃이나 열이 발생하는 용접 등의 방법으로 기관실에서 수리작업을 하는 경우 관리청의 허가를 받아야 하는 선박의 크기 기준은 총톤수 20톤 이상의 선박이다.

18 (   )에 적합한 것은?

> **보기**
>
> "선박의 입항 및 출항 등에 관한 법률상 해양사고를 피하기 위한 경우 등이 아닌 경우 선장은 항로에 선박을 정박 또는 정류시키거나 예인되는 선박 또는 (   )을/를 내버려 두어서는 아니 된다."

㉮ 쓰레기

㉯ 부유물

㉰ 배설물

㉱ 오염물질

답 | ㉯ 선박의 입항 및 출항 등에 관한 법률 제11조에 따르면 선장은 항로에 선박을 정박 또는 정류시키거나 예인되는 선박 또는 부유물을 내버려 두어서는 아니 된다. 다만, 제6조제2항(해양사고를 피하기 위한 경우)에 해당하는 경우는 그러하지 아니하다.

19 선박의 입항 및 출항 등에 관한 법률상 선박이 무역항의 수상구역 등에서 항로를 따라 항행 중 다른 선박과 마주칠 우려가 있는 경우 항법으로 옳은 것은?

㉮ 합의하여 항행할 것
㉯ 오른쪽으로 항행할 것
㉳ 항로를 빨리 벗어날 것
㉺ 최대 속력으로 증속할 것

답 ㅣ ㉯ 선박의 입항 및 출항 등에 관한 법률 제12조에 따르면 모든 선박은 항로에서 다른 선박과 마주칠 우려가 있는 경우에는 오른쪽으로 항행해야 한다.

20 ( )에 적합한 것은?

┌ 보기 ─────────────────────
"선박의 입항 및 출항 등에 관한 법률상 관리청은 무역항의 수상구역등에서 선박교통의 안전을 위하여 필요한 경우에는 무역항과 무역항의 수상구역 밖의 ( )을/를 항로로 지정·고시할 수 있다."
└─────────────────────────

㉮ 수로   ㉯ 일방통항로
㉳ 어로   ㉺ 통항분리대

답 ㅣ ㉮ 선박의 입항 및 출항 등에 관한 법률 제10조에 따르면 관리청은 무역항의 수상구역 등에서 선박교통의 안전을 위하여 필요한 경우에는 무역항과 무역항의 수상구역 밖의 수로를 항로로 지정·고시할 수 있다.

21 ( )에 순서대로 적합한 것은?

┌ 보기 ─────────────────────
"선박의 입항 및 출항 등에 관한 법률상 ( )은/는 ( )(으로)부터 선박 항행 최고속력의 지정을 요청받은 경우 특별한 사유가 없으면 무역항의 수상구역 등에서 선박항행 최고속력을 지정·고시하여야 한다."
└─────────────────────────

㉮ 관리청, 해양경찰청장
㉯ 지정청, 해양경찰청장
㉳ 관리청, 지방해양수산청장
㉺ 지정청, 지방해양수산청장

답 ㅣ ㉮ 선박의 입항 및 출항 등에 관한 법률 제17조에 따르면 해양경찰청장은 선박이 빠른 속도로 항행하여 다른 선박의 안전 운항에 지장을 초래할 우려가 있다고 인정하는 무역항의 수상구역 등에 대하여는 관리청에 무역항의 수상구역 등에서의 선박 항행 최고속력을 지정할 것을 요청할 수 있다. 관리청은 해양경찰청장에 따른 요청을 받은 경우 특별한 사유가 없으면 무역항의 수상구역 등에서 선박 항행 최고속력을 지정·고시하여야 한다. 이 경우 선박은 고시된 항행 최고속력의 범위에서 항행하여야 한다.

22 ( )에 적합한 것은?

┌ 보기 ─────────────────────
"선박의 입항 및 출항 등에 관한 법률상 ( ) 외의 선박은 무역항의 수상구역 등에 출입하는 경우 또는 무역항의 수상구역 등을 통과하는 경우에는 해양사고를 피하기 위한 경우 등 해양수산부령으로 정하는 사유가 있는 경우를 제외하고 지정·고시된 항로를 따라 항행하여야 한다."
└─────────────────────────

㉮ 예인선   ㉯ 우선피항선
㉳ 조종불능선   ㉺ 흘수제약선

답 ㅣ ㉯ 선박의 입항 및 출항 등에 관한 법률 제10조에 따르면 우선피항선 외의 선박은 무역항의 수상구역 등에 출입하는 경우 또는 무역항의 수상구역 등을 통과하는 경우에는 지정·고시된 항로를 따라 항행하여야 한다. 다만, 해양사고를 피하기 위한 경우 등 해양수산부령으로 정하는 사유가 있는 경우에는 그러하지 아니하다.

23 해양환경관리법의 적용 대상이 아닌 것은?

㉮ 영해 내의 방사성 물질

㉯ 영해 내의 대한민국선박

㉰ 영해 내의 대한민국선박 외의 선박

㉱ 배타적경제수역 내의 대한민국선박

답 | ㉮　해양환경관리법 제3조에 따르면 이 법은 다음의 해역·수역·구역 및 선박·해양시설 등에서의 해양환경관리에 관하여 적용한다. 다만, 방사성물질과 관련한 해양환경관리 및 해양오염방지에 대하여는 「원자력안전법」이 정하는 바에 따른다.
- 「영해 및 접속수역법」에 따른 영해 및 대통령령이 정하는 해역
- 「배타적 경제수역 및 대륙붕에 관한 법률」 제2조에 따른 배타적경제수역
- 제15조의 규정에 따른 환경관리해역
- 「해저광물자원 개발법」 제3조의 규정에 따라 지정된 해저광구

24 해양환경관리법상 선박에서 발생하는 폐기물 배출에 대한 설명으로 잃지 않은 것은?

㉮ 플라스틱 그물은 해양에 배출할 수 없다.

㉯ 음식찌꺼기는 어떠한 상황에서도 배출할 수 없다.

㉰ 어업활동 중 폐사된 물고기는 해양에 배출할 수 있다.

㉱ 해양환경에 유해하지 않는 부유성 화물잔류물은 영해기선으로부터 25해리 이상에서 해양에 배출할 수 있다.

답 | ㉯　「선박에서의 오염방지에 관한 규칙」 제8조 제2호 관련 별표 3에 따르면 선박 안에서 발생하는 폐기물 중 음식찌꺼기, 해양환경에 유해하지 않은 화물잔류물, 선박 내 거주구역에서 목욕, 세탁, 설거지 등으로 발생하는 중수(화장실 오수 및 화물구역 오수 제외), 어업활동 중 혼획된 수산동식물(폐사된 것 포함) 및 어업활동으로 유입된 자연기원물질 등은 해양에 배출할 수 있다.

25 해양환경관리법상 소형선박에 비치하여야 하는 기관구역용 폐유저장용기에 관한 규정으로 옳지 않은 것은?

㉮ 용기는 2개 이상으로 나누어 비치할 수 있다.

㉯ 용기는 견고한 금속성 재질 또는 플라스틱 재질어야 한다.

㉰ 총톤수 5톤 이상 10톤 미만의 선박은 30리터 저장용량의 용기를 비치하여야 한다.

㉱ 총톤수 10톤 이상 30톤 미만의 선박은 60리터 저장용량의 용기를 비치하여야 한다.

답 | ㉰　해양환경관리법 제25조(기름오염방지설비의 설치 등)에 따른 선박에서의 오염방지에 관한 규칙(해양수산부령) 별표 7에 기름오염방지설비 설치 및 폐유저장용기 비치기준이 제시되어 있다. 이에 따르면 기관구역용 폐유저장용기는 총톤수 5톤 이상 10톤 미만의 선박의 경우 20리터 저장용량의 용기를 비치해야 한다.

01 내연기관의 거버너에 대한 설명으로 옳은 것은?

㉮ 기관의 회전 속도가 일정하게 되도록 연료유의 공급량을 조절한다.

㉯ 기관에 들어가는 연료유의 온도를 자동으로 조절한다.

㉑ 배기가스 온도가 고온이 되는 것을 방지한다.

㉓ 기관의 흡입 공기량을 자동으로 조절한다.

답 | ㉮ 거버너는 엔진과 같은 기계의 속도를 측정하고 회전 속도를 일정하게 조정하도록 연료유의 공급량을 조절한다.

02 4행정 사이클 디젤기관의 압축행정에 대한 설명으로 옳은 것을 모두 고른 것은?

보기
① 가장 일을 많이 하는 행정이다.
② 연소실 내부 공기의 온도가 상승한다.
③ 연소실 내부 공기의 압력이 내려간다.
④ 흡기밸브와 배기 밸브가 모두 닫혀 있다.
⑤ 피스톤이 상사점에서 하사점으로 내려간다.

㉮ ②, ④

㉯ ②, ③, ④

㉑ ②, ③, ④, ⑤

㉓ ①, ②, ③, ④, ⑤

답 | ㉮ 압축행정에서 피스톤은 하사점(BDC)에서 상사점(TDC) 윗 방향으로 이동하고, 연소실 내부 공기의 온도가 상승한다. 흡기 및 배기 밸브는 모두 닫혀 있고 피스톤은 윗 방향 운동으로 연소실에 혼합물이 압축된다.

03 소형 내연기관에서 실린더 라이너가 너무 많이 마멸되었을 경우 일어나는 현상이 아닌 것은?

㉮ 연소가스가 샌다.

㉯ 출력이 낮아진다.

㉑ 냉각수의 누설이 많아진다.

㉓ 연료유의 소모량이 많아진다.

답 | ㉑ 실린더 라이너의 마멸에 의해 나타나는 현상은 출력 저하, 압축 압력 저하, 불완전 연소, 연료 및 윤활유 소비량 증가, 기관 시동성 저하, 크랭크실로의 가스 누설 등이 있다.

04 트렁크형 소형기관에서 커넥팅로드의 역할로 옳은 것은?

㉮ 피스톤이 받은 힘을 크랭크축에 전달한다.

㉯ 크랭크축의 회전운동을 왕복운동으로 바꾼다.

㉑ 피스톤로드가 받은 힘을 크랭크축에 전달한다.

㉓ 피스톤이 받은 열을 실린더 라이너에 전달한다.

답 | ㉮ 커넥팅 로드는 피스톤과 크랭크축 사이에서 피스톤의 왕복운동을 크랭크축에 전달하여 회전운동으로 전환한다.

05 다음과 같은 습식 실린더 라이너에서 ④를 통과하는 유체는?

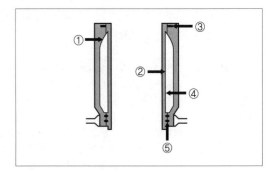

㉮ 윤활유

㉯ 청수

㉑ 연료유

㉓ 공기

답 | ㉯ 습식 실린더 라이너는 라이너와 냉각수가 직접 접촉하고 있고, ④를 통과하는 유체는 청수이다.

06 소형기관의 운전 중 회전운동을 하는 부품이 아닌 것은?

㉮ 평형추   ㉯ 피스톤
㉰ 크랭크축   ㉱ 플라이휠

답 ㅣ ㉯   피스톤은 운전 중 연소실에서 왕복운동을 하는 부품이다.

---

07 크랭크축 구조에 대한 설명으로 옳은 것을 모두 고른 것은?

> **보기**
> ① 크랭크핀은 커넥팅로드 대단부와 연결된다.
> ② 크랭크핀은 크랭크저널과 크랭크암을 연결한다.
> ③ 크랭크저널은 크랭크암과 크랭크핀을 연결한다.
> ④ 크랭크저널은 메인 베어링에 의해 지지되는 축이다.

㉮ ①, ③   ㉯ ①, ④
㉰ ②, ③   ㉱ ②, ④

답 ㅣ ㉯   ② 크랭크핀은 커넥팅 로드 대단부와 결합되는 부분이다.
                 ③ 크랭크저널은 크랭크축의 주축 베어링에 둘러싸여 지지되는 부분이다.

---

08 디젤기관에서 각부 마멸량을 측정하는 부위와 공구가 옳게 짝지어진 것은?

㉮ 피스톤링 두께 – 내측 마이크로미터
㉯ 크랭크암 디플렉션 – 버니어 캘리퍼스
㉰ 흡기 및 배기밸브 틈새 – 필러 게이지
㉱ 실린더 라이너 내경 – 외측 마이크로미터

답 ㅣ ㉰   필러 게이지는 틈새에 꽂아 치수를 측정하기 위한 얇은 판 모양의 공구를 말한다. 흡기 및 배기밸브 틈새에 사용하기 적절하다.

---

09 선교에 설치되어 있는 주기관 연료 핸들의 역할은?

㉮ 연료공급펌프의 회전수를 조정한다.
㉯ 연료공급펌프의 압력을 조정한다.
㉰ 거버너의 연료량 설정값을 조정한다.
㉱ 거버너 감도를 조정한다.

답 ㅣ ㉰   주기관 연료 핸들에 링크를 연결하여 거버너의 연료량 설정값을 조정한다.

---

10 소형 디젤기관의 운전 중 윤활유 섬프탱크의 레벨이 비정상적으로 상승하는 주된 원인은?

㉮ 연료분사밸브에서 연료유가 누설된 경우
㉯ 배기밸브에서 배기가스가 누설된 경우
㉰ 피스톤링의 마멸로 배기가스가 유입된 경우
㉱ 실린더 라이너의 누수로 인해 물이 유입된 경우

답 ㅣ ㉱   윤활유 섬프탱크의 레벨이 비정상적으로 상승하는 원인은 실린더 라이너의 누수로 인해 물이 유입된 경우이다. 이때 워터 재킷의 고무 링을 새것으로 교환해야 한다.

---

11 압축공기로 시동하는 디젤기관에서 시동이 되지 않는 경우의 원인이 아닌 것은?

㉮ 터닝기어가 연결되어 있는 경우
㉯ 시동공기의 압력이 너무 낮은 경우
㉰ 시동공기의 온도가 너무 낮은 경우
㉱ 시동공기 분배기가 고장이거나 차단된 경우

답 ㅣ ㉰   디젤기관에서 시동이 되지 않는 이유는 여러 가지가 있다. 제어 모드가 잘못 선택되었을 때, 시동공기 탱크의 압력이 너무 낮을 때, 주시동 밸브가 터닝기어의 인터록 장치때문에 작동이 되지 않을 때, 시동공기 분배기의 조정이 잘못되었을 때 등이 있다. 시동공기의 온도가 너무 낮은 경우는 해당되지 않는다.

12 선박용 추진기관의 동력전달계통에 포함되지 않는 것은?

㉮ 감속기 ㉯ 추진기
㉰ 과급기 ㉱ 추진기축

답 | ㉰ 과급기는 디젤 기관의 부속 장치에 포함되며, 흡입 공기를 대기압 이상의 압력으로 압축하여 실린더 내로 공급함으로써 기관 출력을 증대시키는 장치이다.

13 소형선박에서 전진 및 후진을 하기 위해 필요하며 기관에서 발생한 동력을 추진기축으로 전달하거나 끊어주는 장치는?

㉮ 클러치 ㉯ 베어링
㉰ 샤프트 ㉱ 크랭크

답 | ㉮ 클러치는 기관의 동력을 추진기축으로 전달하거나 끊어주는 장치로 마찰 클러치, 유체 클러치, 전자 클러치 등이 있다.

14 다음 그림과 같이 4개(1, 2, 3, 4)의 너트로 디젤기관의 실린더 헤드를 조립할 때 너트의 조임 순서로 가장 적절한 것은?

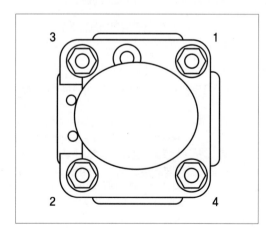

㉮ 1 → 2 → 3 → 4 → 2 → 1 → 4 → 3
㉯ 1 → 4 → 2 → 3 → 1 → 4 → 2 → 3
㉰ 1 → 3 → 2 → 4 → 1 → 3 → 2 → 4
㉱ 1 → 2 → 3 → 4 → 1 → 3 → 2 → 4

답 | ㉮ 4개의 너트로 디젤기관의 실린더 헤드를 조립할 때 1 → 2 → 3 → 4 → 2 → 1 → 4 → 3 순으로 진행한다.

15 조타장치의 조종장치에 사용되는 방식이 아닌 것은?

㉮ 전기식 ㉯ 공기식
㉰ 유압식 ㉱ 기계식

답 | ㉯ 동력조타장치의 제어장치는 기계식, 유압식, 전기식이 있다.

16 다음 중 임펠러가 있는 펌프는?

㉮ 연료유 펌프
㉯ 해수 펌프
㉰ 윤활유 펌프
㉱ 연료분사 펌프

답 | ㉯ 유체(해수)에 원심력을 부여하여 원주 방향으로 분출시키는 장치이다.

17 "윤활유 펌프는 주로 (   )을/를 사용한다."에서 (   )에 적합한 것은?

㉮ 플린저 펌프
㉯ 기어펌프
㉰ 원심펌프
㉱ 분사펌프

답 | ㉯ 기어펌프는 회전펌프의 일종으로 구조가 간단하고 취급이 용이하며 점도가 높은 유체를 이송하는 데 적합하다. 연속적으로 유체를 송출하므로 맥동 현상 등이 나타나지 않는다.

18 변압기의 정격 용량을 나타내는 단위는?

㉮ [A] ㉯ Ah]
㉰ [kW] ㉱ [kVA]

답 | ㉱ 변압기의 정격 용량을 나타내는 단위는 kVA이다.
㉮ [A] : 전류 단위
㉯ [Ah] : 전류×시간 단위
㉰ [kW] : 일률 단위

19 발전기의 기중차단기를 나타내는 것은?

㉮ ACB ㉯ NFB
㉰ OCR ㉱ MCCB

답 | ㉮ 발전기의 기중차단기(ACB)는 공기를 소호 매질로 사용하는 차단기이다.

20 방전이 되면 다시 충전해서 계속 사용할 수 있는 전지는?

㉮ 1차 전지 ㉯ 2차 전지
㉰ 3차 전지 ㉱ 4차 전지

답 | ㉯ 1차 전지는 방전 뒤 충전을 통해 본래의 상태로 되돌릴 수 없는 비가역적 화학반응을 하는 전지를 말하는 것으로 알카라인전지가 대표적이다. 반면 2차 전지는 충전을 통해 재사용이 가능한 전지로 납산전지나 니켈카드뮴전지, 리튬이온전지 등이 대표적이다.
※ 참고로 3차전지는 연료를 공급할 경우 전기를 계속적으로 생성하는 전지를 말한다. 수소연료전지가 대표적이다.

21 "정박 중 기관을 조정하거나 검사, 수리 등을 할 때 운전속도보다 훨씬 낮은 속도로 기관을 서서히 회전시키는 것을 (   )이라 한다."에서 (   )에 알맞은 것은?

㉮ 워밍 ㉯ 시동
㉰ 터닝 ㉱ 운전

답 | ㉰ 기관의 조정, 검사, 수리 등의 작업을 할 때는 기관을 운전속도보다 훨씬 낮은 속도로 천천히 회전시키는 터닝을 한다.

22 디젤기관에서 연료분사밸브가 누설될 경우 발생하는 현상으로 옳은 것은?

㉮ 배기온도가 내려가고 검은색 배기가 발생한다.
㉯ 배기온도가 올라가고 검은색 배기가 발생한다.
㉰ 배기온도가 내려가고 흰색 배기가 발생한다.
㉱ 배기온도가 올라가고 흰색 배기가 발생한다.

답 | ㉯ 연료분사밸브가 누설되면 배기온도가 올라가고 검은색 배기가 발생한다.

23 디젤기관을 정비하는 목적이 아닌 것은?

㉮ 기관을 오랫동안 사용하기 위해
㉯ 기관의 정격 출력을 높이기 위해
㉰ 기관의 고장을 예방하기 위해
㉱ 기관의 운전효율이 낮아지는 것을 방지하기 위해

답 | ㉯ 정격 출력이란 규정된 조건하에서 보장된 최대의 출력을 말한다. 즉 디젤기관을 정비하는 목적이 이에 해당한다.

24 일정량의 연료유를 가열하였을 때 그 값이 변하지 않는 것은?

㉮ 점도   ㉯ 부피

㉰ 질량   ㉱ 온도

답 | ㉰   연료유를 가열할 경우 온도가 상승하고 점도는 낮아지며 부피는 증가한다. 그러나 질량에는 변화가 일어나지 않는다.

25 연료유 탱크에 들어 있는 기름보다 비중이 더 큰 기름을 동일한 양으로 혼합한 경우 비중은 어떻게 변하는가?

㉮ 혼합비중은 비중이 더 큰 기름보다 더 커진다.

㉯ 혼합비중은 비중이 더 큰 기름과 동일하게 된다.

㉰ 혼합비중은 더 작은 기름보다 더 작아진다.

㉱ 혼합비중은 비중이 작은 기름과 큰 기름의 중간 정도로 된다.

답 | ㉱   비중이 다른 기름을 혼합할 경우 혼합비중은 그 중간 정도가 된다.

2023년 제3회 정기시험

CHAPTER

제1과목 　 항해

01 자기 컴퍼스에서 선박의 동요로 비너클이 기울어져도 볼을 항상 수평으로 유지시켜 주는 장치는?

㉮ 피벗
㉯ 섀도 핀
㉰ 짐벌즈
㉱ 컴퍼스 액

답 | ㉰ 짐벌즈는 선박의 동요로 비너클이 기울어져도 볼의 수평을 유지해 주는 역할을 한다.

02 제진토크와 북탐토크가 동시에 일어나는 경사 제진식 자이로컴퍼스에만 있는 오차는?

㉮ 위도 오차
㉯ 경도 오차
㉰ 동요 오차
㉱ 가속도 오차

답 | ㉮ 위도 오차는 경사제진식 자이로 컴퍼스에만 있는 오차로, 북반구에서는 편동, 남반구에서는 편서로 발생하고 적도에서는 발생하지 않는다.
㉰ 동요 오차 : 선박의 동요로 인해 자이로의 짐벌 내부 장치에서 진요운동이 발생하고, 이 진요의 변화로 인한 가속도와 진자의 호상운동으로 인해 발생하는 오차
㉱ 가속도 오차 : 선박이 변속하거나 변침을 할 때 가속도의 남북 방향 성분에 의하여 자이로의 동서축 주위에 토크를 발생시킴으로써 자이로 축을 진동시키고 이로 인해 축이 평형을 잃게 되어 발생하는 오차

03 풍향풍속계에서 지시하는 풍향과 풍속에 대한 설명으로 옳지 않은 것은?

㉮ 풍향은 바람이 불어오는 방향을 말한다.
㉯ 풍향이 반시계 방향으로 변하면 풍향 반전이라 한다.
㉰ 풍속은 정시 관측 시작 전 15분간 풍속을 평균하여 구한다.
㉱ 어느 시간 내의 기록 중 가장 최대의 풍속을 순간 최대 풍속이라 한다.

답 | ㉰ 풍속은 바람의 세기를 말하는 것으로 정시 관측 시작 전 10분간의 평균 속도를 말한다.

04 음향 측심기의 용도가 아닌 것은?

㉮ 어군의 존재 파악
㉯ 해저의 저질 상태 파악
㉰ 선박의 속력과 항주 거리 측정
㉱ 수로 측량이 부정확한 곳의 수심 측정

답 | ㉰ 음향 측심기는 선체 중앙부 밑바닥에서 초음파를 발사, 반사파의 도착 시간으로 수심을 측정하며, 간단한 해저의 저질, 어군의 존재 등 다양한 정보를 획득할 수 있다. 선박에서 속력과 항주 거리를 측정하는 계기는 '선속계'이다.

05 자기 컴퍼스의 용도가 아닌 것은?

㉮ 선박의 침로 유지에 사용

㉯ 물표의 방위 측정에 사용

㉰ 다른 선박의 속력 측정에 사용

㉱ 다른 선박의 상대방위 변화 확인에 사용

답 | ㉰ 자기 컴퍼스는 자석의 원리를 이용하여 목표물의 방위를 측정하며, 선박의 침로 유지, 다른 선박의 상대방위 변화 확인에 사용한다. 하지만 다른 선박의 속력을 측정할 때는 사용하지 않는다.

06 전파항법 장치 중 위성을 이용하는 것은?

㉮ 데카(DECCA)

㉯ 지피에스(GPS)

㉰ 알디에프(RDF)

㉱ 로란 C(LORAN C)

답 | ㉯ GPS(Global Positioning System)는 인공위성에서 보내는 신호를 수신해 선박의 위치를 구하는 항법 장치이다.

07 출발지에서 도착지까지의 항정선상의 거리 또는 두 지점을 잇는 대권상의 호의 길이를 해리로 표시한 것은?

㉮ 항정

㉯ 변경

㉰ 소권

㉱ 동서거

답 | ㉮ 항정은 출발지에서 도착지까지의 항정선상의 거리 또는 양 지점을 잇는 대권상의 호의 길이를 해리로 표시한 것이다.

㉯ 변경 : 두 지점을 지나는 자오선 사이의 적도상 호의 크기

㉰ 소권 : 지구를 그 중심을 지나지 않는 평면으로 자를 때 생기는 원

㉱ 동서거 : 배가 항정선을 따라 항행할 때에 생기는 동서 간의 이동 거리

08 오차 삼각형이 생길 수 있는 선위 결정법은?

㉮ 4점방위법

㉯ 수심연측법

㉰ 양측방위법

㉱ 교차방위법

답 | ㉱ 교차방위법은 동시에 2개 이상의 물표를 측정하고 그 방위선을 이용하여 선위를 측정하는 방법이다. 측정 방법이 간단하고 선위의 정밀도가 높아 연안 항해 중 가장 많이 이용되는 방법이다. 교차방위법으로 선박 위치를 결정할 때 관측한 3개의 방위선이 한 점에서 만나지 않고 작은 삼각형을 이루는 현상이 생기는데 이를 오차 삼각형이라고 한다. 일반적으로 오차 삼각형의 중심을 선위로 하나 삼각형이 너무 클 경우 방위를 다시 측정해야 한다.

09 다음 그림은 상대운동 표시방식 레이더 화면에서 본선 주변에 있는 4척의 선박을 플로팅한 것이다. 현재 상태에서 본선과 충돌할 가능성이 가장 큰 선박은?

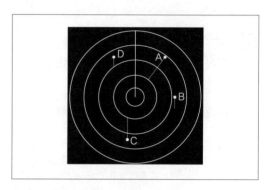

㉮ A

㉯ B

㉰ C

㉱ D

답 | ㉮ 제시된 화면은 선박에서 가장 일반적으로 사용되는 상대동작방식 레이더의 화면이다. 상대동작방식 레이더에서 자선의 위치는 어느 한 점, 주로 중앙에 고정되고, 모든 물체는 자선에 움직임에 대해 상대적인 움직임으로 표시된다. 현재 상태에서 본선과 충돌할 가능성이 가장 큰 선박은 A이다.

10 레이더를 작동하였을 때, 레이더 화면을 통하여 알 수 있는 정보가 아닌 것은?

㉮ 암초의 종류

㉯ 해안선의 윤곽

㉰ 선박의 존재 여부

㉱ 표류 중인 부피가 큰 장애물

답 | ㉮　레이더는 마이크로파 정도의 전자기파를 발사하여 반사되는 전자기파를 수신함으로써 본선의 위치와 물표의 방위 등을 알아내는 장치이다.

11 (　　)에 적합한 것은?

┌─보기┐
"(　　　　)은 지구의 중심에 시점을 두고 지구 표면 위의 한 점에 접하는 평면에 지구 표면을 투영하는 방법이다."
└────┘

㉮ 곡선도법

㉯ 대권도법

㉰ 점장도법

㉱ 평면도법

답 | ㉯　대권도법은 지구의 중심에 시점을 두고 지구상의 한 점에 접하도록 투영면에 경위선을 투시하는 도법이다.

12 조석표에 대한 설명으로 옳지 않은 것은?

㉮ 조석 용어의 해설도 포함하고 있다.

㉯ 각 지역의 조석에 대하여 상세히 기술하고 있다.

㉰ 표준항 외의 항구에 대한 조시, 조고를 구할 수 있다.

㉱ 국립해양조사원은 외국항 조석표는 발행하지 않는다.

답 | ㉱　한국 연안의 조석표는 매년, 태평양 및 인도양에 관한 조석표는 격년으로 간행하고 있다.

13 해도에 사용되는 기호와 약어를 수록한 수로도서지는?

㉮ 항로지

㉯ 항행통보

㉰ 해도도식

㉱ 국제신호서

답 | ㉰　해도도식은 해도상에서 사용되는 특수기호와 약어를 설명하는 특수서지이다.

14 선박이 지향등을 보면서 좁은 수로를 안전하게 통과하려고 할 때 선박이 위치하여야 할 등화의 색상은?

㉮ 녹색

㉯ 홍색

㉰ 백색

㉱ 청색

답 | ㉰　지향등은 좁은 수로나 항구, 만 등에서 선박에 안전한 항로를 안내하기 위해 항로 연장선상의 육지에 설치한 분호등으로 백색등은 안전수역을, 홍색 또는 녹색등은 위험수역을 나타낸다.

15 황색의 'X' 모양 두표를 가진 표지는?

㉮ 방위표지

㉯ 안전수역표지

㉰ 특수표지

㉱ 고립장애(장해)표지

답 | ㉰　특수표지는 표지의 위치가 특수 구역의 경계이거나 그 위치에 특별한 시설이 존재함을 나타내는 표지로 표지의 색은 황색, 두표는 황색으로 된 1개의 X자형 형상물을 부착한다.

16 항만, 정박지, 좁은 수로 등의 좁은 구역을 상세히 그린 종이해도는?

㉮ 항양도   ㉯ 항해도

㉰ 해안도   ㉱ 항박도

답 | ㉱ 항박도는 항만, 협수로, 투묘지, 어항, 해협 등과 같은 좁은 구역을 상세히 표시한 해도로 1/50,000 이상의 축척으로 표시한 대축척 해도이다.

17 해도상 두 지점간의 거리를 잴 때 기준 눈금은?

㉮ 위도의 눈금

㉯ 나침도의 눈금

㉰ 경도의 눈금

㉱ 거등권상의 눈금

답 | ㉮ 해도상 두 지점 간의 거리를 잴 때는 디바이더로 두 지점의 간격을 재고 이를 두 지점의 위도와 가장 가까운 위도의 눈금에 대어 측정한다.

18 해저의 지형이나 기복상태를 판단할 수 있도록 수심이 동일한 지점을 가는 실선으로 연결하여 나타낸 것은?

㉮ 등고선   ㉯ 등압선

㉰ 등심선   ㉱ 등온선

답 | ㉰ 등심선은 해저의 기복 상태를 알기 위해 같은 수심의 장소를 연결한 실선으로, 해도에 나타나 있다.

19 다음 등질 중 군섬광등은? (단, 색상은 고려하지 않고, 검은색으로 표시되지 않은 부분은 등광이 비추는 것을 나타냄)

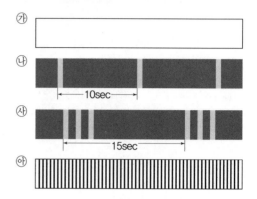

답 | ㉰ 군섬광등은 섬광등의 일종으로 1주기 동안 2회 이상의 섬광을 내는 등이다. 따라서 ㉰가 군섬광등이다. ㉮는 부동등, ㉯는 섬광등, ㉱는 급성광등이다.

20 다음 국제해상부표식의 종류 중 A와 B지역에 따라 등화의 색상이 다른 것은?

㉮ 측방표지

㉯ 특수표지

㉰ 방위표지

㉱ 고립장애(장해)표지

답 | ㉮ 측방표지는 지역에 따라 좌·우현의 색상이 달라지며, 우리나라는 B지역으로 좌현표지가 녹색, 우현표지가 적색이다.

21 선박에서 온도계로 기온을 관측하는 방법으로 옳지 않은 것은?

㉮ 온도계가 직접 태양광선을 받도록 한다.

㉯ 통풍이 잘 되는 풍상측 장소를 선택한다.

㉰ 빗물이나 해수가 온도계에 직접 닿지 않도록 한다.

㉱ 체온이나 기타 열을 발생시키는 물질이 온도계에 영향을 주지 않도록 한다.

답 | ㉮ 온도계는 빗물, 해수, 태양광선 등이 닿지 않도록 하며 통풍이 잘 되는 곳에 설치해야 한다.

22 고기압에 관한 설명으로 옳은 것은?

㉮ 1기압보다 높은 것을 말한다.

㉯ 상승기류가 있어 날씨가 좋다.

㉰ 주위의 기압보다 높은 것을 말한다.

㉱ 바람은 저기압 중심에서 고기압 쪽으로 분다.

답 | ㉰ ㉮ 주변보다 기압이 높은 것을 고기압이라 한다.
㉯ 고기압은 하강기류가 발달하여 발산된 공기를 보충하므로 일반적으로 날씨가 좋다.
㉱ 북반구 기준 바람은 중심부에서 시계방향으로 분다.

23 열대 저기압의 분류 중 'TD'가 의미하는 것은?

㉮ 태풍

㉯ 열대 폭풍

㉰ 열대 저기압

㉱ 강한 열대 폭풍

답 | ㉰ TD는 중심풍속이 17m/s 미만인 열대 저기압, TS는 중심풍속이 17~24m/s인 열대 폭풍, STS는 중심풍속이 25~32m/s인 강한 열대 폭풍, TY는 중심풍속이 33m/s인 태풍이다. 우리나라와 일본에서는 일반적으로 TS부터 태풍이라고 부른다.

24 좁은 수로를 통과할 때나 항만을 출입할 때 선위측정을 자주 하거나 예정 침로를 계속 유지하기가 어려운 경우에 대비하여 미리 해도를 보고 위험을 피할 수 있도록 준비하여 둔 예방선은?

㉮ 중시선   ㉯ 피험선

㉰ 방위선   ㉱ 변침선

답 | ㉯ 피험선은 협수로를 통과할 때나 항만을 출·입항할 때 마주치는 선박을 적절히 피하고 위험을 피하기 위해 준비하는 위험 예방선을 말한다. 이를 통해 항해 중 위험물에 접근하는 것을 쉽게 탐지할 수 있다.

25 조류가 강한 좁은 수로를 통항하는 가장 좋은 시기는?

㉮ 강한 순조가 있을 때

㉯ 조류 시기와는 무관함

㉰ 계류 또는 조류가 약한 때

㉱ 타효가 좋은 강한 역조가 있을 때

답 | ㉰ 협수로(좁은 수로) 항행 시 통항 시기는 계류 때나 조류가 약한 때를 택하고, 만곡이 급한 수로는 순조 시 통항을 피한다.

01 갑판의 구조를 나타내는 그림에서 ②는?

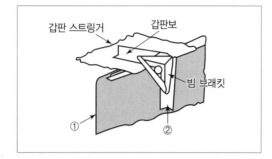

갑판 스트링거　　갑판보

빔 브래킷

①　　②

㉮ 용골 　　　　　㉯ 외판
㉰ 늑판 　　　　　㉱ 늑골

답 | ㉱ 늑골은 용골에 직각으로 배치되어 선체 횡강도
를 담당하며, 선체의 좌우 선측을 구성하는 뼈
대이다.

02 선저부의 중심선에 배치되어 배의 등뼈 역할을 하
며, 선수미에 이르는 종강력재는?

㉮ 외판 　　　　　㉯ 용골
㉰ 늑골 　　　　　㉱ 종통재

답 | ㉯ 용골은 선체 최하부의 종강력재로 선체의 중심
선을 따라 선수재에서 선미재까지의 종방향 힘
을 구성한다.

03 강선 선저부의 선체나 타판이 부식되는 것을 방지
하기 위해 선체 외부에 부착하는 것은?

㉮ 동판 　　　　　㉯ 아연판
㉰ 주석판 　　　　㉱ 놋쇠판

답 | ㉯ 해수 중 구리, 철과 같이 서로 종류가 다른 금
속이 있을 경우 금속 사이의 전기 화학작용에
의해 철이 부식되는 전식 작용이 발생한다. 이
를 방지하기 위해 해수가 맞닿는 선체 부품에
보호 아연판을 설치하여 철 대신 아연판이 더
빨리 부식되도록 하고, 인위적으로 전류를 흐
르게 해서 부식을 방지하게 하기도 한다.

04 선저판, 외판, 갑판 등에 둘러싸여 화물 적재에
이용되는 공간은?

㉮ 격벽 　　　　　㉯ 코퍼댐
㉰ 선창 　　　　　㉱ 밸러스트 탱크

답 | ㉰ 선창은 선저판, 외판, 갑판 등에 둘러싸여 화물
적재에 이용되는 상갑판 아래의 용적을 말한
다. 다종의 화물을 적재할 수 있으며 복원성을
조정하는 데 이용되기도 한다.

05 선박안전법에 의하여 선체, 기관, 설비, 속구, 만
재흘수선, 무선설비 등에 대하여 5년마다 실행하
는 정밀 검사는?

㉮ 임시검사 　　　　㉯ 중간검사
㉰ 정기검사 　　　　㉱ 특수선검사

답 | ㉰ 정기검사는 선박소유자가 선박을 최초로 항해
하는 때 또는 선박검사증서의 유효기간이 만료
된 때 선박시설과 만재흘수선에 대하여 받는
검사이다. 선박검사증서의 유효기간은 5년 이
내의 범위에서 대통령령으로 정해진다.

06 선박이 항행하는 구역 내에서 선박의 안전상 허용된 최대의 흘수선은?

㉮ 선수흘수선 ㉯ 만재흘수선
㉰ 평균흘수선 ㉱ 선미흘수선

답 ㅣ ㉯ 만재흘수선은 안전한 항해를 위해 허용되는 최대의 흘수선이다.

07 선박에서 사용되는 유류를 청정하는 방법이 아닌 것은?

㉮ 원심적 청정법
㉯ 여과기에 의한 청정법
㉰ 전기분해에 의한 청정법
㉱ 중력에 의한 분리 청정법

답 ㅣ ㉰ 선박에서 사용되는 유류를 청정하는 방법으로 중력에 의한 분리 청정법, 여과기에 의한 청정법, 원심적 청정법, 중력 분리와 원심 분리를 병용하는 방법 등이 있다.

08 체온을 유지할 수 있도록 열전도율이 낮은 방수 물질로 만들어진 포대기 또는 옷을 의미하는 구명설비는?

㉮ 방수복 ㉯ 구명조끼
㉰ 보온복 ㉱ 구명부환

답 ㅣ ㉰ 보온복은 열전도율이 낮은 방수 물질로 만들어진 포대기 혹은 옷으로 바닷물에서 체온을 유지하는 데 도움을 주는 구명 설비이다.

09 조난선박으로부터 수신된 조난신호의 해상이동업무식별번호(MMSI number)에서 앞의 3자리가 '441'이라고 표시되어 있다면 해당 조난선박의 국적은?

㉮ 한국 ㉯ 일본
㉰ 중국 ㉱ 러시아

답 ㅣ ㉮ 해상이동업무식별번호(MMSI number)는 9자리로 이루어진 선박 고유의 부호로 선박의 국적과 종사 업무 등 선박에 대한 정보를 알 수 있다. 주로 디지털선택호출(DSC), 선박자동식별장치(AIS), 비상위치지시 무선표지(EPIRB)에서 선박의 식별 부호로 사용되며 우리나라 선박은 440 혹은 441로 시작된다.

10 구명뗏목의 자동이탈장치가 작동되어야 하는 수심의 기준은?

㉮ 약 1미터 ㉯ 약 4미터
㉰ 약 10미터 ㉱ 약 30미터

답 ㅣ ㉯ 자동이탈장치(수압이탈장치)의 작동 수심 기준은 수면 아래 2~4m이다.

11 406MHz의 조난주파수에 부호화된 메시지의 전송 이외에 121.5MHz의 호밍 주파수의 발신으로 구조선박 또는 항공기가 무선방향탐지기에 의하여 위치 탐색이 가능하여 수색과 구조 활동에 이용되는 설비는?

㉮ 비콘(Beacon)
㉯ 양방향 VHF 무선전화장치
㉰ 비상위치지시 무선표지(EPIRB)
㉱ 수색구조용 레이더 트랜스폰더(SART)

답 ㅣ ㉰ 비상위치지시 무선표지(EPIRB)는 선박이 침몰하거나 조난되는 경우 수심 1.5~4m의 수압에서 자동으로 수면 위로 떠올라 선박의 위치 등을 포함한 조난 신호를 발신하는 장치이다.

12 선박의 초단파(VHF) 무선설비에서 다른 선박과의 교신에 사용할 수 있는 채널에 대한 설명으로 옳은 것은?

㉮ 단신채널만 선박간 교신이 가능하다.
㉯ 복신채널만 선박간 교신이 가능하다.
㉰ 단신채널과 복신채널 모두 선박간 교신이 가능하다.
㉱ 단신채널과 복신채널 모두 선박간 교신이 불가능하다.

답 | ㉮ 초단파(VHF) 무선설비는 연안에서 50km 이내의 해역을 항해하는 선박 또는 정박 중인 선박이 많이 이용하며, 연근해 및 근거리 통신 시 가장 유용한 통신장비이다. 초단파무선설비(VHF)에서 단신채널만 선박간 교신이 가능하며, 복신채널은 선박간 교신이 불가능하다.

13 선박안전법상 평수구역을 항해구역으로 하는 선박이 갖추어야 하는 무선설비는?

㉮ 중파(MF) 무선설비
㉯ 초단파(VHF) 무선설비
㉰ 비상위치지시 무선표지(EPIRB)
㉱ 수색구조용 레이더 트랜스폰더(SART)

답 | ㉯ 선박안전법 시행규칙 별표 30에 따른 무선설비의 설치 기준에 따르면, 평수구역을 항해하는 총톤수 2톤 이상의 선박은 초단파(VHF) 무선설비를 반드시 설치해야 한다.

14 선박용 초단파(VHF) 무선설비의 최대 출력은?

㉮ 10W ㉯ 15W
㉰ 20W ㉱ 25W

답 | ㉱ 선박용 초단파무선설비(VHF)의 최대 출력은 25W이다.

15 근접하여 운항하는 두 선박의 상호 간섭작용에 대한 설명으로 옳지 않은 것은?

㉮ 선속을 감속하면 영향이 줄어든다.
㉯ 두 선박 사이의 거리가 멀어지면 영향이 줄어든다.
㉰ 소형선은 선체가 작아 영향을 거의 받지 않는다.
㉱ 마주칠 때보다 추월할 때 상호 간섭작용이 오래 지속되어 위험하다.

답 | ㉰ 두 선박이 접근하여 운항할 경우 대형선에 비해 소형선이 그 영향을 더 크게 받는다.

16 다음 중 선박 조종에 미치는 영향이 가장 작은 요소는?

㉮ 바람 ㉯ 파도
㉰ 조류 ㉱ 기온

답 | ㉱ 수온(기온)은 선박 조종에 영향을 주지 않는다.

17 (   )에 순서대로 적합한 것은?

┌─보기─────────────────────────┐
│ "단추진기 선박을 (   )으로 보아서, │
│ 전진할 때 스크루 프로펠러가 (   )으로 회 │
│ 전하면 우선회 스크루 프로펠러라고 한다." │
└──────────────────────────────┘

㉮ 선미에서 선수방향, 왼쪽
㉯ 선수에서 선미방향, 오른쪽
㉰ 선수에서 선미방향, 시계방향
㉱ 선미에서 선수방향, 시계방향

답 | ㉱ 단추진기 선박을 선미에서 선수방향으로 보아서, 전진할 때 스크루 프로펠러가 시계방향으로 회전하면 우선회 스크루 프로펠러라고 한다.

18 ( )에 순서대로 적합한 것은?

┌ 보기 ┐
"선속을 전속 전진상태에서 감속하면서 선회를
하면 선회경은 ( ), 정지상태에서 선속을
증가하면서 선회를 하면 선회경은 ( )"
└ ┘

㉮ 감소하고, 감소한다.

㉯ 증가하고, 감소한다.

㉰ 감소하고, 증가한다.

㉱ 증가하고, 증가한다.

답 | ㉯ 선속을 전속 전진상태에서 감속하면서 선회를
하면 선회경은 증가하고, 정지상태에서 선속을
증가하면서 선회를 하면 선회경은 감소한다.

19 좁은 수로(항내 등)에서 조선 중 주의해야 할 사
항으로 옳지 않은 것은?

㉮ 전후방, 좌우방향을 잘 감시하면서 운항해야
한다.

㉯ 속력은 조선에 필요한 정도로 저속 운항하고
과속 운항을 피해야 한다.

㉰ 다른 선박과 충돌의 위험이 있으면 침로를 유
지하고 경고 신호를 울려야 한다.

㉱ 충돌의 위험이 있을 때는 조타, 기관조작, 투
묘하여 정지시키는 등 조치를 취해야 한다.

답 | ㉰ 좁은 수로에서 다른 선박과 충돌의 위험이 있
는 경우 침로나 속력을 변경하여야 한다. 이때
다른 선박이 그 변경을 쉽게 알아볼 수 있도록
충분히 크게 변경하여야 하며, 침로나 속력을
소폭으로 연속적으로 변경하여서는 아니 된다.
해사안전법 제92조에 따르면 좁은 수로 등의
굽은 부분이나 장애물 때문에 다른 선박을 볼
수 없는 수역에 접근하는 선박은 장음으로 1회
의 기적신호(경고신호)를 울려야 한다.

20 강한 조류가 있을 경우 선박을 조종하는 방법으로
옳지 않은 것은?

㉮ 유향, 유속을 잘 알 수 있는 시간에 항행한다.

㉯ 가능한 한 선수를 유향에 직각 방향으로 향하
게 한다.

㉰ 유속이 있을 때 계류작업을 할 경우 유속에
대등한 타력을 유지한다.

㉱ 조류가 흘러가는 쪽에 장애물이 있는 경우에
는 충분한 공간을 두고 조종한다.

답 | ㉯ 강한 조류가 있을 경우 가능한 한 선수와 조류
의 유선이 일치되도록 조종해야 한다.

21 배의 운항 시 충분한 건현이 필요한 이유는?

㉮ 배의 속력을 줄이기 위해서

㉯ 배의 부력을 확보하기 위해서

㉰ 배의 조종성능을 알기 위해서

㉱ 항행 가능한 수심을 알기 위해서

답 | ㉯ 건현은 선체 중앙부 상갑판의 선측 상면에서 만
재흘수선까지의 거리를 말하는 것으로 건현이
클수록 예비 부력이 크다.

22 히브 투(Heave to) 방법의 경우 선수로부터 좌우
현 몇 도 정도 방향에서 풍랑을 받아야 하는가?

㉮ 5~10도   ㉯ 10~15도

㉰ 25~35도   ㉱ 45~50도

답 | ㉰ 히브 투, 즉 거주법은 황천항해 시 사용하는 방
법으로 일반적으로 풍랑을 좌우현 25~35° 방
향에서 받도록 하는 방법이다.

23 북반구에서 본선이 태풍의 진로상에 있다면 피항 방법으로 옳은 것은?

㉮ 풍랑을 정선수에 받으며 피항한다.

㉯ 풍랑을 좌현 선미에 받으며 피항한다.

㉰ 풍랑을 좌현 선수에 받으며 피항한다.

㉱ 풍랑을 우현 선미에 받으며 최대 선속으로 피항한다.

답 | ㉱ 북반구의 경우 태풍의 중심이 진행하는 방향에서 양분하여 진로의 오른쪽에 위치한 우반원이 위험반원, 왼쪽이 가항반원이다. 북반구에서 본선이 태풍의 진로상에 있는 경우, 풍랑을 우현 선미에 받으며 가항반원으로 옮기도록 한다.

24 연안에서 좌초 사고가 발생하여 인명피해가 발생하였거나 침몰위험에 처한 경우 구조요청을 하여야 하는 곳은?

㉮ 건주

㉯ 관할 해양수산청

㉰ 대리점

㉱ 가까운 해양경찰서

답 | ㉱ 연안에서 좌초 사고가 발생하여 인명피해가 발생하였거나 침몰위험에 처한 경우 가까운 해양경찰서에 구조요청을 한다.

25 선박간 충돌사고의 직접적인 원인이 아닌 것은?

㉮ 계류삭 정비 불량

㉯ 항해사의 선박 조종술 미숙

㉰ 항해장비의 불량과 운용 미숙

㉱ 승무원의 주의태만으로 인한 과실

답 | ㉮ 계류삭은 선박 등을 일정한 곳에 계류하기 위해 쓰는 밧줄로, 선박간 충돌사고의 직접적인 원인과 관련이 없다.

제3과목 **법규**

01 〈보기〉에서 해사안전법상 교통안전특정해역이 설정된 구역을 모두 고른 것은?

┌─보기─────────────────────┐
│ ㄱ. 동해구역   ㄴ. 부산구역 │
│ ㄷ. 여수구역   ㄹ. 목포구역 │
└──────────────────────────┘

㉮ ㄴ

㉯ ㄴ, ㄷ

㉰ ㄴ, ㄷ, ㄹ

㉱ ㄱ, ㄴ, ㄷ, ㄹ

답 | ㉯ 해사안전법 시행령 별표 1에 따르면 교통안전특정해역의 범위는 인천구역, 부산구역, 울산구역, 포항구역, 여수구역이다.

02 다음 중 해사안전법상 항행 중인 상태는?

㉮ 정박 상태

㉯ 얹혀 있는 상태

㉰ 고장으로 표류하고 있는 상태

㉱ 항만의 안벽 등 계류시설에 매어 놓은 상태

답 | ㉰ 해사안전법상 항행 중인 선박은 선박이 정박 중이거나 항만의 안벽 등 계류시설에 매어 놓은 상태, 혹은 얹혀 있는 상태 중 어느 하나에 해당하지 않는 상태를 말한다. 일시적으로 운항을 멈춘 선박은 항행 중인 상태로 본다.

03 해사안전법상 '조종제한선'이 아닌 선박은?

㉮ 준설 작업을 하고 있는 선박

㉯ 항로표지를 부설하고 있는 선박

㉰ 기뢰제거 작업을 하고 있는 선박

㉱ 조타기 고장으로 수리 중인 선박

답 | ㉱ 해사안전법 제2조에 따르면 조종제한선은 항로표지, 해저전선 또는 해저파이프라인의 부설·보수·인양 작업, 준설(浚渫)·측량 또는 수중 작업, 항행 중 보급, 사람 또는 화물의 이송 작업 등에 종사하고 있어 다른 선박의 진로를 피할 수 없는 선박을 말한다.

04 해사안전법상 선박의 항행안전에 필요한 항행보조시설을 〈보기〉에서 모두 고른 것은?

┌─ 보기 ┐
ㄱ. 신호   ㄴ. 해양관측 설비
ㄷ. 조명   ㄹ. 항로표지
└──────────┘

㉮ ㄱ, ㄴ, ㄷ   ㉯ ㄱ, ㄷ, ㄹ
㉰ ㄴ, ㄷ, ㄹ   ㉱ ㄱ, ㄴ, ㄹ

답 | ㉯ 해사안전법 제44조(항행보조시설의 설치와 관리)에 따르면 해양수산부장관은 선박의 항행안전에 필요한 항로표지·신호·조명 등 항행보조시설을 설치하고 관리·운영하여야 한다.

05 해사안전법상 항로를 지정하는 목적은?

㉮ 해양사고 방지를 위해
㉯ 항로 외의 구역을 개발하기 위해
㉰ 통항하는 선박들의 완벽한 통제를 위해
㉱ 항로 주변의 부가가치를 창출하기 위해

답 | ㉮ 해사안전법 제2조에서는 선박이 통항하는 항로, 속력 및 그 밖에 선박 운항에 관한 사항을 지정하는 항로지정제도를 정의하고 있다. 이는 선박의 안전 항해와 해양사고 방지에 그 목적을 둔다.

06 해사안전법상 국제항해에 종사하지 않는 여객선에 대한 출항통제권자는?

㉮ 시·도지사
㉯ 해양수산부장관
㉰ 해양경찰서장
㉱ 지방해양수산청장

답 | ㉰ 해사안전법 시행령 제21조에 따르면 해양수산부장관은 여객선과 어선에 대한 출항통제권한을 해양경찰서장에게 위임한다.

07 해사안전법상 법에서 정하는 바가 없는 경우 충돌을 피하기 위한 동작이 아닌 것은?

㉮ 적극적인 동작
㉯ 충분한 시간적 여유를 가지는 동작
㉰ 선박을 적절하게 운용하는 관행에 따른 동작
㉱ 침로나 속력을 소폭으로 연속적으로 변경하는 동작

답 | ㉱ 해사안전법 제66조에 따르면 선박은 다른 선박과 충돌을 피하기 위하여 침로(針路)나 속력을 변경할 때에는 될 수 있으면 다른 선박이 그 변경을 쉽게 알아볼 수 있도록 충분히 크게 변경하여야 하며, 침로나 속력을 소폭으로 연속적으로 변경하여서는 아니 된다.

08 (   )에 적합한 것은?

┌─ 보기 ┐
"해사안전법상 통항분리수역에서 부득이한 사유로 통항로를 횡단하여야 하는 경우에는 그 통항로와 선수방향이 (   )에 가까운 각도로 횡단하여야 한다."
└──────────────────────┘

㉮ 직각   ㉯ 예각
㉰ 둔각   ㉱ 소각

답 | ㉮ 해사안전법 제68조에 따르면 통항분리수역에서 통항로의 횡단은 원칙적으로 금지되나, 부득이한 사유로 인한 경우 횡단이 가능하다. 이때 횡단하고자 하는 선박은 선수 방향이 통항로와 직각에 가까운 각도가 되도록 횡단해야 한다.

09 (   )에 순서대로 적합한 것은?

> **보기**
> "해사안전법상 선박은 접근하여 오는 다른 선박의
> (   )에 뚜렷한 변화가 일어나지 아니하면
> (   )이 있다고 보고 필요한 조치를 하여
> 야 한다."

㉮ 나침방위, 통과할 가능성
㉯ 나침방위, 충돌할 가능성
㉰ 선수 방위, 통과할 가능성
㉱ 선수 방위, 충돌한 가능성

답 | ㉯ 해사안전법 제65조에 따르면 선박은 접근하여
오는 다른 선박의 '나침방위'에 뚜렷한 변화가
일어나지 아니하면 '충돌할 위험성'이 있다고
보고 필요한 조치를 하여야 한다.

10 (   )에 순서대로 적합한 것은?

> **보기**
> "해사안전법상 밤에는 다른 선박의 (   )만을
> 볼 수 있고 어느 쪽의 (   )도 볼 수 없는 위
> 치에서 그 선박을 앞지르는 선박은 앞지르기 하
> 는 배로 보고 필요한 조치를 취하여야 한다."

㉮ 선수등, 현등
㉯ 선수등, 전주등
㉰ 선미등, 현등
㉱ 선미등, 전주등

답 | ㉰ 해사안전법 제71조에 따르면 다른 선박의 '선
미등'만을 볼 수 있고 어느 쪽의 '현등'도 볼 수
없는 위치에서 그 선박을 앞지르는 선박은 앞
지르기 하는 배로 보고 필요한 조치를 취하여
야 한다.

11 해사안전법상 서로 시계 안에 있는 2척의 동력선
이 마주치는 상태로 충돌의 위험이 있을 때의 항
법으로 옳은 것은?

㉮ 큰 배가 작은 배를 피한다.
㉯ 작은 배가 큰 배를 피한다.
㉰ 서로 좌현 쪽으로 변침하여 피한다.
㉱ 서로 우현 쪽으로 변침하여 피한다.

답 | ㉱ 해사안전법 제72조에 따르면 2척의 동력선이
마주치거나 거의 마주치게 되어 충돌의 위험이
있을 때에는 각 동력선은 서로 다른 선박의 좌
현 쪽을 지나갈 수 있도록 침로를 우현쪽으로
변경해야 한다.

12 해사안전법상 충돌의 위험이 있는 2척의 동력선
이 상대의 진로를 횡단하는 경우 피항선이 피항
동작을 취하고 있지 아니하다고 판단되었을 때
침로와 속력을 유지하여야 하는 선박의 조치로
옳은 것은?

㉮ 피항 동작
㉯ 침로와 속력 계속 유지
㉰ 증속하여 피항선 선수 방향 횡단
㉱ 좌현 쪽에 있는 피항선을 향하여 침로를 왼쪽
으로 변경

답 | ㉮ 해사안전법 제75조에 따르면 횡단하는 상태에
서 충돌의 위험이 있을 때 유지선은 피항선이
적절한 조치를 취하고 있지 아니하다고 판단하
면 침로와 속력을 유지하여야 함에도 불구하고
스스로의 조종만으로 피항선과 충돌하지 아니
하도록 조치를 취할 수 있다. 이 경우 유지선은
부득이하다고 판단하는 경우 외에는 자기 선박
의 좌현 쪽에 있는 선박을 향하여 침로를 왼쪽
으로 변경하여서는 아니 된다.

13 ( )에 순서대로 적합한 것은?

> **보기**
>
> "해사안전법상 모든 선박은 시계가 제한된 그 당시의 ( )에 적합한 ( )으로 항행하여야 하며, ( )은 제한된 시계 안에 있는 경우 기관을 즉시 조작할 수 있도록 준비하고 있어야 한다."

㉮ 시정, 최소한의 속력, 동력선

㉯ 시정, 안전한 속력, 모든 선박

㉰ 사정과 조건, 안전한 속력, 동력선

㉱ 사정과 조건, 최소한의 속력, 모든 선박

답 | ㉰ 해사안전법 제77조에 따르면 모든 선박은 시계가 제한된 그 당시의 '사정과 조건'에 적합한 '안전한 속력'으로 항행하여야 하며, '동력선'은 제한된 시계 안에 있는 경우 기관을 즉시 조작할 수 있도록 준비하고 있어야 한다.

14 해사안전법상 선수와 선미의 중심선상에 설치된 붉은색과 녹색의 두 부분으로 된 등화로서 그 붉은색과 녹색 부분이 각각 현등의 붉은색 등 및 녹색 등과 같은 특성을 가진 등은?

㉮ 삼색등 ㉯ 전주등

㉰ 선미등 ㉱ 양색등

답 | ㉱ 해사안전법 제79조에 따르면 양색등은 선수와 선미의 중심선상에 설치된 붉은색과 녹색의 두 부분으로 된 등화로서 그 붉은색과 녹색 부분이 각각 현등의 붉은색 등 및 녹색 등과 같은 특성을 가진 등을 의미한다.

15 해사안전법상 단음은 몇 초 정도 계속되는 고동 소리인가?

㉮ 1초 ㉯ 2초

㉰ 4초 ㉱ 6초

답 | ㉮ 해사안전법 제90조에 따르면 단음은 1초 정도 계속되는 고동소리, 장음은 4초부터 6초까지의 시간 동안 계속되는 고동소리이다.

16 ( )에 적합한 것은?

> **보기**
>
> "선박의 입항 및 출항 등에 관한 법률상 무역항의 수상구역등에서 예인선이 다른 선박을 끌고 항행할 경우, 예인선 선수로부터 피예인선 선미까지의 길이는 원칙적으로 ( )미터를 초과할 수 없다."

㉮ 50 ㉯ 100

㉰ 150 ㉱ 200

답 | ㉱ 선박의 입항 및 출항 등에 관한 법률 시행규칙 제9조에 따르면 예인선이 무역항의 수상구역 등에서 다른 선박을 끌고 항행하는 경우 예인선의 선수(船首)로부터 피(被)예인선의 선미(船尾)까지의 길이는 200미터를 초과하지 아니한다. 다만, 다른 선박의 출입을 보조하는 경우에는 그러하지 아니하다. 또한 예인선은 한꺼번에 3척 이상의 피예인선을 끌지 아니한다.

17 선박의 입항 및 출항 등에 관한 법률상 무역항의 수상구역 등에서 선박수리 허가를 받아야 하는 선박 내 위험구역이 아닌 곳은?

㉮ 선교 ㉯ 축전지실

㉰ 코퍼댐 ㉱ 페인트 창고

답 | ㉮ 선박의 입항 및 출항 등에 관한 법률 시행규칙 제21조에 따라 무역항의 수상구역 등에서 선박수리 허가를 받아야 하는 선박 내 위험구역은 윤활유탱크, 코퍼댐(coffer dam), 공소(空所), 축전지실, 페인트 창고, 가연성 액체를 보관하는 창고, 폐위(閉圍)된 차량구역이다.

18 (   )에 적합한 것은?

┌─보기─────────────────────────────┐
"선박의 입항 및 출항 등에 관한 법률상 무역
항의 수상구역 등이나 무역항의 수상구역 밖
(   ) 이내의 수면에 선박의 안전운항을 해
칠 우려가 있는 폐기물을 버려서는 아니 된다."
└──────────────────────────────────┘

㉮ 10킬로미터　　　㉯ 15킬로미터
㉰ 20킬로미터　　　㉱ 25킬로미터

답 ｜ ㉮　선박의 입항 및 출항 등에 관한 법률 제38조에
따르면 누구든지 무역항의 수상구역 등이나 무
역항의 수상구역 밖 10킬로미터 이내의 수면
에 선박의 안전운항을 해칠 우려가 있는 흙·
돌·나무·어구(漁具) 등 폐기물을 버려서는
아니 된다.

19 (   )에 적합한 것은?

┌─보기─────────────────────────────┐
"선박의 입항 및 출항 등에 관한 법률상 총톤수
(   ) 미만의 선박은 무역항의 수상구역에서
다른 선박의 진로를 피하여야 한다."
└──────────────────────────────────┘

㉮ 20톤　　　　　㉯ 30톤
㉰ 50톤　　　　　㉱ 100톤

답 ｜ ㉮　선박의 입항 및 출항 등에 관한 법률 제2조에
따르면 총톤수 20톤 미만의 선박은 무역항의
수상구역에서 다른 선박의 진로를 피하여야
한다.

20 (   )에 순서대로 적합한 것은?

┌─보기─────────────────────────────┐
"선박의 입항 및 출항 등에 관한 법률상 우선
피항선 외의 선박은 무역항의 수상구역 등에
(   )하는 경우 또는 무역항의 수상구역 등을
(   )하는 경우에는 원칙적으로 지정·고시된
항로를 따라 항행하여야 한다."
└──────────────────────────────────┘

㉮ 입거, 우회　　　㉯ 입거, 통과
㉰ 출입, 통과　　　㉱ 출입, 우회

답 ｜ ㉰　선박의 입항 및 출항 등에 관한 법률 제10조에
따르면 우선피항선 외의 선박은 무역항의 수상
구역 등에 출입하는 경우 또는 무역항의 수상
구역 등을 통과하는 경우에는 지정·고시된 항
로를 따라 항행하여야 한다. 다만, 해양사고를
피하기 위한 경우 등 해양수산부령으로 정하는
사유가 있는 경우에는 그러하지 아니하다.

21 (   )에 공통으로 적합한 것은?

┌─보기─────────────────────────────┐
"선박의 입항 및 출항 등에 관한 법률상 선박이
무역항의 수상구역 등에서 해안으로 길게 뻗어 나
온 육지 부분, 부두, 방파제 등 인공시설물의 튀
어나온 부분 또는 정박 중인 선박[이하 (   )
이라 한다]을 오른쪽 뱃전에 두고 항행할 때에는
(   )에 접근하여 항행하고, (   )을 왼쪽
뱃전에 두고 항행할 때에는 멀리 떨어져서 항행
하여야 한다."
└──────────────────────────────────┘

㉮ 위험물　　　　　㉯ 항행장애물
㉰ 부두등　　　　　㉱ 항만구역등

답 ｜ ㉰　선박의 입항 및 출항 등에 관한 법률 제14조에
따르면 선박이 무역항의 수상구역 등에서 해
안으로 길게 뻗어 나온 육지 부분, 부두, 방파
제 등 인공시설물의 튀어나온 부분 또는 정박
중인 선박(이하 이 조에서 "부두등"이라 한다)
을 오른쪽 뱃전에 두고 항행할 때에는 부두등
에 접근하여 항행하고, 부두등을 왼쪽 뱃전에
두고 항행할 때에는 멀리 떨어져서 항행하여야
한다.

22 (　　)에 적합하지 않은 것은?

┌─ 보기 ─────────────────────┐
"선박의 입항 및 출항 등에 관한 법률상 해양수
산부장관은 무역항의 수상구역 등에 정박하는
(　　　　　)에 따른 정박구역 또는 정박지를 지
정·고시할 수 있다."
└───────────────────────────┘

㉮ 선박의 톤수　　　㉯ 선박의 종류
㉰ 선박의 국적　　　㉱ 적재물의 종류

답 ㅣ ㉰ 선박의 입항 및 출항 등에 관한 법률 제5조에
따르면 관리청은 무역항의 수상구역 등에 정박
하는 선박의 종류·톤수·흘수(吃水) 또는 적
재물의 종류에 따른 정박구역 또는 정박지를
지정·고시할 수 있다.

23 해양환경관리법상 배출기준을 초과하는 오염물
질이 해양에 배출된 경우 누구에게 신고하여야
하는가?

㉮ 환경부장관
㉯ 해양경찰청장 또는 해양경찰서장
㉰ 도지사 또는 관할 시장·군수·구청장
㉱ 해양수산부장관 또는 지방해양수산청장

답 ㅣ ㉯ 해양환경관리법 제63조에 따르면 배출기준을
초과하는 오염물질이 해양에 배출되거나 배출
될 우려가 있다고 예상되는 경우 해양경찰청장
또는 해양경찰서장에게 이를 신고하여야 한다.

24 해양환경관리법상 소형선박에 비치하여야 하는
기관구역용 폐유저장용기에 관한 규정으로 옳지
않은 것은?

㉮ 용기는 2개 이상으로 나누어 비치할 수 있다.
㉯ 용기는 견고한 금속성 재질 또는 플라스틱 재
질이어야 한다.
㉰ 총톤수 5톤 이상 10톤 미만의 선박은 30리터
저장용량의 용기를 비치하여야 한다.
㉱ 총톤수 10톤 이상 30톤 미만의 선박은 60리
터 저장용량의 용기를 비치하여야 한다.

답 ㅣ ㉰ 해양환경관리법 제25조(기름오염방지설비의
설치 등)에 따른 선박에서의 오염방지에 관한
규칙(해양수산부령) 별표 7에 기름오염방지설
비 설치 및 폐유저장용기 비치기준이 제시되
어 있다. 이에 따르면 기관구역용 폐유저장용기
는 총톤수 5톤 이상 10톤 미만의 선박의 경우
20리터 저장용량의 용기를 비치해야 한다.

25 해양환경관리법상 기름오염방제와 관련된 설비
와 자재가 아닌 것은?

㉮ 유겔화제　　　㉯ 유처리제
㉰ 오일펜스　　　㉱ 유수분리기

답 ㅣ ㉱ 해양환경관리 시행규칙 제66조에 명시된 기름
오염방제와 관련된 설비 및 자재에는 해양유
류오염확산차단장치(오일펜스, Oil Fence), 유
처리제, 유흡착재, 유겔화제, 생물정화제제가
있다.

01 디젤기관의 연료분사조건 중 분사되는 연료유가 극히 미세화되는 것을 무엇이라 하는가?

㉮ 무화　　　　　㉯ 관통
㉰ 분산　　　　　㉱ 분포

답 | ㉮ 무화는 분사되는 연료유가 아주 작은 입자로 깨지는 것을 말한다.
㉯ 관통 : 연료가 실린더 내의 압축 공기를 뚫고 나가는 것
㉰ 분산 : 연료 분사 밸브의 노즐로부터 연료유가 원뿔형으로 분사되어 퍼지는 상태
㉱ 분포 : 실린더 내에 분사된 연료유가 공기와 균등하게 혼합된 상태

02 4행정 사이클 디젤기관의 흡·배기 밸브에서 밸브겹침을 두는 주된 이유는?

㉮ 윤활유의 소비량을 줄이기 위해
㉯ 흡기온도와 배기온도를 낮추기 위해
㉰ 진동을 줄이고 원활하게 회전시키기 위해
㉱ 흡기작용과 배기작용을 돕고 밸브와 연소실을 냉각시키기 위해

답 | ㉱ 밸브겹침은 배기밸브와 흡입밸브가 같이 열려 있는 기간을 말하는 것으로 공기의 교환을 돕고 밸브 및 연소실을 냉각시키는 효과가 있다.

03 디젤기관에서 실린더 내의 연소압력이 피스톤에 작용하는 동력은?

㉮ 전달마력　　　㉯ 유효마력
㉰ 제동마력　　　㉱ 지시마력

답 | ㉱ 지시마력은 기관의 실린더 내부에서 실제로 발생한 마력으로 실린더 내부의 압력을 계측하여 구하며 도시마력이라고도 한다. 동일 기관에서 가장 큰 값을 가지는 마력이다.

04 선박용 디젤기관의 요구 조건이 아닌 것은?

㉮ 효율이 좋을 것
㉯ 고장이 적을 것
㉰ 시동이 용이할 것
㉱ 운동회전수가 가능한 한 높을 것

답 | ㉱ 선박용 디젤기관은 효율이 좋고, 고장이 적으며 시동이 용이해야 한다.

05 4행정 사이클 디젤기관에서 실린더 내의 압력이 가장 높은 행정은?

㉮ 흡입행정　　　㉯ 압축행정
㉰ 작동행정　　　㉱ 배기행정

답 | ㉰ 작동행정 혹은 폭발행정은 피스톤이 상사점에 도달하고 실린더에 분사된 연료유가 고온의 압축공기에 의해 발화되어 연소, 피스톤을 밀어내면서 실제로 동력을 발생시키는 행정이다.

06 디젤기관의 메인 베어링에 대한 설명으로 옳지 않은 것은?

㉮ 볼베어링이 많이 사용된다.
㉯ 윤활유가 공급되어 윤활시킨다.
㉰ 베어링 틈새가 너무 크면 윤활유가 누설이 많아진다.
㉱ 베어링 틈새가 너무 작으면 냉각이 불량해져서 열이 발생한다.

답 | ㉮ 메인 베어링은 기관 베드 위에 있으면서 크랭크 저널에 설치되어 크랭크축을 지지하고 회전 중심을 잡아주는 역할을 하며, 주로 베어링 캡과 상·하부 메탈로 구성된 평면 베어링을 사용한다.

07 디젤기관에서 실린더 라이너와 실린더 헤드 사이의 개스킷 재료로 많이 사용되는 것은?

㉮ 구리 ㉯ 아연
㉰ 고무 ㉱ 석면

답 | ㉮ 실린더 헤드와 실린더 라이너의 접합부에는 연철 혹은 구리를 재료로 한 개스킷을 끼워 기밀을 유지한다.

08 디젤기관에서 피스톤링을 피스톤에 조립할 경우의 주의사항으로 옳지 않은 것은?

㉮ 링의 상하면 방향이 바뀌지 않도록 조립한다.
㉯ 가장 아래에 있는 링부터 차례로 조립한다.
㉰ 링이 링 홈 안에서 잘 움직이는지를 확인한다.
㉱ 링의 절구틈이 모두 같은 방향이 되도록 조립한다.

답 | ㉱ 피스톤링을 피스톤에 조립할 때 각인된 쪽이 실린더 헤드 쪽으로 향하도록 하고 링 이음부는 크랭크축 방향과 축의 직각 방향을 피해 120~180° 방향으로 서로 엇갈리게 조립해야 한다. 또한 링의 상하면 방향이 바뀌지 않도록 조립하고, 가장 아래에 있는 링부터 차례로 조립한 후 링이 링 홈 안에서 잘 움직이는지를 확인한다.

09 디젤기관에서 플라이휠을 설치하는 주된 목적은?

㉮ 소음을 방지하기 위해
㉯ 과속도를 방지하기 위해
㉰ 회전을 균일하게 하기 위해
㉱ 고속회전을 가능하게 하기 위해

답 | ㉰ 플라이휠의 역할은 기관의 시동을 쉽게 하고, 저속 회전을 가능하게 하며, 크랭크축의 회전력을 균일하게 하고, 밸브의 조정을 편리하게 하는 것이다.

10 디젤기관에서 연료분사량을 조절하는 연료래크와 연결되는 것은?

㉮ 연료분사밸브
㉯ 연료분사펌프
㉰ 연료이송펌프
㉱ 연료가열기

답 | ㉯ 연료래크는 연료분사펌프와 연결되어 있으며, 기관의 회전수 등에 따라 연료분사량을 조절한다.

11 디젤기관에서 과급기를 작동시키는 것은?

㉮ 흡입공기의 압력
㉯ 배기가스의 압력
㉰ 연료유의 분사 압력
㉱ 윤활유 펌프의 출구 압력

답 | ㉯ 디젤기관의 과급기는 연소가스의 압력으로 구동된다.

12 디젤기관에서 각부 마멸량을 측정하는 부위와 공구가 옳게 짝지어진 것은?

㉮ 피스톤링 두께－내측 마이크로미터
㉯ 크랭크암 디플렉션－버니어 캘리퍼스
㉰ 흡기 및 배기밸브 틈새－필러 게이지
㉱ 실린더 라이너 내경－외측 마이크로미터

답 | ㉰ 필러 게이지는 틈새를 측정하기 위한 얇은 판 모양의 공구이다. 흡기 및 배기밸브 틈새에 사용하기 가장 적절하다.

13 프로펠러가 전진으로 회전하는 경우 물을 미는 압력이 생기는 면을 (   )이라 하고 후진할 때에 물을 미는 압력이 생기는 면을 (   )이라 한다.에서 (   )에 각각 순서대로 알맞은 것은?

㉮ 앞면, 뒷면

㉯ 뒷면, 앞면

㉰ 흡입면, 압력면

㉱ 뒷날면, 앞날면

답 | ㉮ 프로펠러가 전진으로 회전하는 경우 물을 미는 압력이 생기는 면을 앞면이라 하고 후진할 때에 물을 미는 압력이 생기는 면을 뒷면이라 한다.

14 프로펠러의 피치가 1[m]이고 매초 2회전하는 선박이 1시간 동안 프로펠러에 의해 나아가는 거리는 몇 [km]인가?

㉮ 0.36[km]

㉯ 0.72[km]

㉰ 3.6[km]

㉱ 7.2[km]

답 | ㉱ 피치는 스크루 프로펠러가 1회전(360°)했을 때 선체가 전진하는 거리를 말한다. 프로펠러가 매초 2회전한다고 하였으므로 1시간 동안 프로펠러가 회전한 수는 7,200회이며, 피치가 1m이므로 선체의 전진 거리는 7,200m, 즉 7.2km이다.

15 양묘기의 구성 요소가 아닌 것은?

㉮ 구동 전동기

㉯ 회전드럼

㉰ 제동장치

㉱ 데릭 포스트

답 | ㉱ 양묘기는 앵커를 감아올리거나 투묘 작업 시 사용되는 보조 설비로, 회전드럼, 클러치, 마찰 브레이크, 워핑 드럼, 구동 전동기, 제동장치, 원동기 등으로 구성되어 있다.

16 기관실 바닥의 선저폐수를 배출하는 펌프는?

㉮ 청수펌프

㉯ 빌지펌프

㉰ 해수펌프

㉱ 유압펌프

답 | ㉯ 빌지펌프는 수선 아래에 괸 오수 등을 배출하는 전용 펌프이다.

17 운전 중인 해수펌프에 대한 설명으로 옳은 것은?

㉮ 출구밸브를 조금 잠그면 송출압력이 올라간다.

㉯ 출구밸브를 조금 잠그면 송출압력이 내려간다.

㉰ 입구밸브를 조금 잠그면 송출량이 많아진다.

㉱ 입구밸브를 조금 잠그면 송출 유속이 커진다.

답 | ㉮ 운전 중인 해수펌프의 출구밸브를 조금 잠그면 액체의 흡입량보다 분출량이 적어짐에 따라 송출압력이 올라간다. 반면 입구밸브를 조금 잠그면 액체의 흡입량이 적어 송출량은 적어지고 송출 유속은 작아진다.

18 5[kW] 이하의 소형 유동전동기에 많이 이용되는 기동법은?

㉮ 직접 기동법

㉯ 간접 기동법

㉰ 기동 보상기법

㉱ 리액터 기동법

답 | ㉮ 직접 기동법은 별도의 기동장치 없이 직접 전원 전압을 가하여 가동하는 방법으로, 5[kW] 이하의 소형 유동전동기에 사용된다.

19 변압기의 역할은?

㉮ 전압의 변환

㉯ 전력의 변환

㉰ 압력의 변환

㉱ 저항의 변환

답 | ㉮ 변압기는 전자기유도현상을 이용하여 교류의 전압이나 전류의 값을 변화시키는 장치이다.

20 2[V] 단전지 6개를 연결하여 12[V]가 되게 하려면 어떻게 연결해야 하는가?

㉮ 2[V] 단전지 6개를 병렬 연결한다.

㉯ 2[V] 단전지 6개를 직렬 연결한다.

㉰ 2[V] 단전지 3개를 병렬 연결하여 나머지 3개와 직렬 연결한다.

㉱ 2[V] 단전지 2개를 병렬 연결하여 나머지 4개와 직렬 연결한다.

답 | ㉯ 단전지를 직렬 연결하면 전압[V]이 비례하여 증가한다. 따라서 2[V] 단전지 6개를 직렬 연결하면 전압은 12[V]가 된다.

21 디젤기관의 시동 전동기에 대한 설명으로 옳은 것은?

㉮ 시동 전동기에 교류 전기를 공급한다.

㉯ 시동 전동기에 직류 전기를 공급한다.

㉰ 시동 전동기는 유도전동기이다.

㉱ 시동 전동기는 교류전동기이다.

답 | ㉯ 시동용 전동기는 주로 직류 전동기가 사용된다.

22 1마력(PS)은 1초 동안에 얼마의 일을 하는가?

㉮ 25[kgf · m]

㉯ 50[kgf · m]

㉰ 75[kgf · m]

㉱ 102[kgf · m]

답 | ㉰ 기관의 출력 표시는 일반적으로 마력을 많이 사용하고, 1마력(PS)는 1초 동안 75[kgf · m]의 일을 한다는 의미이다.

23 운전 중인 디젤기관의 진동 원인이 아닌 것은?

㉮ 위험회전수로 운전되고 있을 때

㉯ 윤활유가 실린더 내에서 연소되고 있을 때

㉰ 각 실린더의 최고압력이 심하게 차이가 날 때

㉱ 여러 개의 기관베드 설치 볼트가 절손되었을 때

답 | ㉯ 윤활유가 실린더 내에서 연소될 경우 배기가스의 색이 청백색이 되며, 윤활유의 소모가 심해진다. 그러나 이것이 디젤기관의 진동을 야기하지는 않는다.

24 연료유의 점도에 대한 설명으로 옳은 것은?

㉮ 무거운 정도를 나타낸다.

㉯ 끈적임의 정도를 나타낸다.

㉰ 수분이 포함된 정도를 나타낸다.

㉱ 발열량이 큰 정도를 나타낸다.

답 | ㉯ 연료유의 점도는 액체가 유동할 때 분자 간의 마찰에 의해 유동을 방해하려는 성질, 즉 끈적임의 정도를 나타낸다. 온도가 상승하면 연료유의 점도는 낮아지고 온도가 낮아지면 점도는 높아진다.

25 연료유의 저장 시 연료유 성질 중 무엇이 낮으면 화재 위험이 높은가?

㉮ 인화점　　　　　㉯ 임계점

㉰ 유동점　　　　　㉱ 응고점

답 | ㉮ 인화점은 연료를 서서히 가열할 때 나오는 유증기에 불을 가까이 했을 때 불이 붙는 최저 온도를 말한다. 연료유 저장 시 인화성이 낮은 기름은 화재의 위험이 높다.

제1과목 항해

01 자기 컴퍼스에서 SW의 나침 방위는?

㉮ 090도
㉯ 135도
㉰ 180도
㉱ 225도

답 | ㉱ 자기 컴퍼스에서 북(N)은 0°로, 동(E)은 90°로, 남(S)은 180°로, 서(W)는 270°로 표시한다. 따라서 남서(SW)는 225°이다.

02 ( )에 적합한 것은?

┌─ 보기 ─────────────────────────┐
"자이로컴퍼스에서 지지부는 선체의 요동, 충격 등의 영향이 추종부에 거의 전달되지 않도록 ( ) 구조로 추종부를 지지하게 되며, 그 자체는 비너클에 지지되어 있다."
└──────────────────────────────┘

㉮ 짐벌
㉯ 인버터
㉰ 로터
㉱ 토커

답 | ㉮ 짐벌은 선박의 동요로 비너클이 기울어져도 볼의 수평을 유지해 주는 부품이다.

03 어느 선박과 다른 선박 상호간에 선박의 명세, 위치, 침로, 속력 등의 선박 관련 정보와 항해 안전 정보들을 VHF 주파수로 송신 및 수신하는 시스템은?

㉮ 지피에스(GPS)
㉯ 선박자동식별장치(AIS)
㉰ 전자해도표시장치(ECDIS)
㉱ 지피에스 플로터(GPS plotter)

답 | ㉯ 선박자동식별장치(AIS)는 선명, 선박의 흘수, 선박의 제원, 종류, 위치, 목적지, 침로, 속력 등 항해 정보를 실시간으로 제공하는 첨단 장치로 국제해사기구(IMO)가 추진하는 의무 설치 사항이다.

04 프리즘을 사용하여 목표물과 카드 눈금을 광학적으로 중첩시켜 방위를 읽을 수 있는 방위 측정 기구는?

㉮ 쌍안경
㉯ 방위경
㉰ 섀도 핀
㉱ 컴퍼지션 링

답 | ㉯ 방위경은 나침반에 장치하여 천체 혹은 목표물의 방위를 측정할 때 사용하는 항해계기이다. 삼각형의 스탠드와 원통형의 페디스털, 스탠드 중앙에 세워진 섀도 핀, 프리즘 등으로 구성된다.

05 자기 컴퍼스의 용도가 아닌 것은?

㉮ 선박의 침로 유지에 사용
㉯ 물표의 방위 측정에 사용
㉰ 다른 선박의 속력 측정에 사용
㉱ 다른 선박의 상대방위 변화 확인에 사용

답 | ㉰ 자기 컴퍼스는 자석의 원리를 이용하여 목표 물의 방위를 측정하며, 선박의 침로 유지, 다른 선박의 상대방위 변화 확인에 사용한다. 하지 만 다른 선박의 속력을 측정할 때는 사용하지 않는다.

06 다음 중 지피에스(GPS)를 이용하여 얻을 수 있는 정보는?

㉮ 자기 선박의 위치
㉯ 자기 선박의 국적
㉰ 다른 선박의 존재 여부
㉱ 다른 선박과 충돌 위험성

답 | ㉮ GPS는 위성에서 발사되는 전파를 GPS 수신 기로 받아 선위를 측정한다. 즉 이를 통해 자기 선박의 위치를 얻을 수 있다.

07 용어에 관한 설명으로 옳은 것은?

㉮ 전위선은 추측위치와 추정위치의 교점이다.
㉯ 중시선은 교각이 90도인 두 물표를 연결한 선 이다.
㉰ 추측위치란 선박의 침로, 속력 및 풍압차를 고려하여 예상한 위치이다.
㉱ 위치선은 관측을 실시한 시점에 선박이 그 선 위에 있다고 생각되는 특정한 선을 말한다.

답 | ㉱ 위치선은 어떤 물표를 관측하여 얻은 방위, 거 리, 고도 등을 만족시키는 점의 자취로, 관측을 실시한 선박이 그 자취 위(선위)에 존재한다고 생각되는 특정한 선을 말한다.
㉮ 전위선 : 위치선을 그동안 항주한 거리만큼 동일한 침로 방향으로 평행 이동하여 구한 위치선
㉯ 중시선 : 두 물표가 일직선상에 겹쳐 보일 때 그들 물표를 연결하여 얻은 방위선
㉰ 추측위치 : 가장 최근에 얻은 실측위치를 기 준으로 그 후 조타한 진침로 및 속력에 의해 결정된 선위(조류, 해류 및 바람 등의 외력 요소는 '고려하지 않은' 선위)

08 45해리 떨어진 두 지점 사이를 대지속력 10노트 로 항해할 때 걸리는 시간은? (단, 외력은 없음)

㉮ 3시간
㉯ 3시간 30분
㉰ 4시간
㉱ 4시간 30분

답 | ㉱ 10노트는 1시간에 10해리를 항주하는 속력을 의미하므로, 45해리 떨어진 두 지점 사이를 항해 할 때 걸리는 시간은 $\frac{45}{10}$=4.5시간(4시간 30분) 이다.

09 선박 주위에 있는 높은 건물로 인해 레이더 화면 에 나타나는 거짓상은?

㉮ 맹목구간에 의한 거짓상
㉯ 간접 반사에 의한 거짓상
㉰ 다중 반사에 의한 거짓상
㉱ 거울면 반사에 의한 거짓상

답 | ㉱ 레이더의 거짓상 중 거울면 반사에 의한 거짓 상은 반사 성능이 좋은 안벽이나 부두, 방파제 등에 의해 대칭으로 허상이 나타나는 것을 말 한다.

10 작동 중인 레이더 화면세어 'A' 점은?

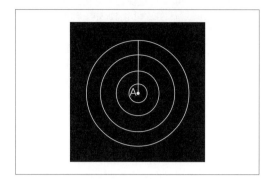

㉮ 섬
㉯ 자기 선박
㉰ 육지
㉱ 다른 선박

답 ㅣ ㉯ 제시된 화면은 선박에서 가장 일반적으로 사용되는 상대동작방식 레이더의 화면이다. 상대동작방식 레이더에서 자선의 위치는 어느 한 점, 주로 중앙에 고정되고, 모든 물체는 자선에 움직임에 대해 상대적인 움직임으로 표시된다.

11 해저의 기복 상태를 알기 위해 같은 수심인 장소를 연결하는 가는 실선으로 나타낸 것은?

㉮ 등심선
㉯ 경계선
㉰ 위험선
㉱ 해안선

답 ㅣ ㉮ 등심선은 해저의 기복 상태를 알기 위해 같은 수심의 장소를 연결한 실선으로, 해도에 나타나 있다.

12 다음 중 항행통보가 제공하지 않는 정보는?

㉮ 수심의 변화
㉯ 조시 및 조고
㉰ 위험물의 위치
㉱ 항로표지의 신설 및 폐지

답 ㅣ ㉯ 항행통보는 항해 및 정박에 영향을 주는 위험물의 위치, 수심의 변화, 항로표지의 신설 및 폐지 등의 정보를 항해자에게 통보하는 것을 말한다. 조시 및 조고에 대한 정보는 조석표를 통해 알 수 있다.

13 다음 중 등색이나 광력이 바뀌지 않고 일정하게 빛을 내는 야광(광파)표지는?

㉮ 명암등
㉯ 호광등
㉰ 부동등
㉱ 섬광등

답 ㅣ ㉰ 부동등은 등색이나 광력이 바뀌지 않고 일정하게 빛을 내는 등이다.
　㉮ 명암등 : 일정 광력으로 빛을 내다 일정한 간격으로 빛이 꺼지는 등
　㉯ 호광등 : 색깔이 다른 종류의 빛을 교대로 내는 등으로 그 사이에 등광은 꺼지지 않음
　㉱ 섬광등 : 일정한 간격으로 짧은 섬광을 발사하는 등

14 풍랑이나 조류 때문에 등부표를 설치하거나 관리하기가 어려운 모래 기둥이나 암초 등이 있는 위험한 지점으로부터 가까운 곳에 등대가 있는 경우, 그 등대에 강력한 투광기를 설치하여 그 구역을 비추어 위험을 표시하는 것은?

㉮ 도등
㉯ 조사등
㉰ 지향등
㉱ 분호등

답 ㅣ ㉯ 조사등은 등부표의 설치·관리가 어려운 위험지역을 강력한 투광기로 비추는 등화시설이다.
　㉮ 도등 : 통항이 곤란한 수도나 좁은 항만의 입구 등에서 항로의 연장선상에 2~3기씩 설치하여 그 중시선으로 선박을 안내하는 등화
　㉰ 지향등 : 좁은 수로나 항구, 만 등에서 선박에 안전한 항로를 안내하기 위해 항로 연장선상의 육지에 설치한 분호등
　㉱ 분호등 : 동시에 서로 다른 지역을 각기 다른 색깔로 비추는 등

15 레이더 트랜스폰더에 관한 설명으로 옳은 것은?

㉮ 음성신호를 방송하여 방위측정이 가능하다.

㉯ 송신 내용에 부호화된 식별신호 및 데이터가 들어 있다.

㉰ 선박의 레이더 영상에 송신국의 방향이 숫자로 표시된다.

㉱ 좁은 수로 또는 항만에서 선박을 유도할 목적으로 사용한다.

답 | ㉯ 레이더 트랜스폰더
• 레이더 반사파를 강하게 하고 방위와 거리 정보를 제공(레이콘과 유사)
• 정확한 질문을 받거나 송신이 국부 명령으로 이루어질 때 관련 자료를 자동적으로 송신
• 송신 내용에는 부호화된 식별 신호 및 데이터가 있어 레이더 화면상에 나타남

16 점장도의 특징으로 옳지 않은 것은?

㉮ 항정선이 직선으로 표시된다.

㉯ 자오선은 남북 방향의 평행선이다.

㉰ 거등권은 동서 방향의 평행선이다.

㉱ 적도에서 남북으로 멀어질수록 면적이 축소되는 단점이 있다.

답 | ㉱ 점장도에서는 위도가 높아질수록 면적이 확대된다.

17 해도를 제작하는 데 이용되는 도법이 아닌 것은?

㉮ 평면도법   ㉯ 점장도법

㉰ 반원도법   ㉱ 대권도법

답 | ㉰ 해도를 제작하는 데 이용되는 도법은 평면도법, 점장도법, 대권도법, 방위등거극도법, 다원추도법이 있다.

18 종이해도를 사용할 때 주의사항으로 옳은 것은?

㉮ 여백에 낙서를 해도 무방하다.

㉯ 연필 끝은 둥글게 깎아서 사용한다.

㉰ 반드시 해도의 소개정을 할 필요는 없다.

㉱ 가장 최근에 발행된 해도를 사용해야 한다.

답 | ㉱ ㉮ 해도에 불필요한 낙서를 해서는 안 된다.
㉯ 연필은 2B나 4B를 사용하며, 끝은 납작하게 깎아서 사용한다.
㉰ 항행통보를 확인하여 소개정을 한 뒤 사용하여야 한다.

19 해도상에 표시된 등부표의 등질 'Al.RG.10s20M'에 관한 설명으로 옳지 않은 것은?

㉮ 분호등이다.

㉯ 주기는 10초이다.

㉰ 광달거리는 20해리이다.

㉱ 적색과 녹색을 교대로 표시한다.

답 | ㉮ 'Al.RG.10s20M'에서 Al는 호광등이고, RG는 적색과 녹색을 교대로 표시함을 의미한다. 또한 10s는 주기가 10초이고, 20M은 광달거리가 20해리라는 의미이다.

20 표지가 설치된 모든 주위가 가항수역임을 알려주는 항로표지로서 주로 수로의 중앙에 설치되는 항로표지는?

㉮ 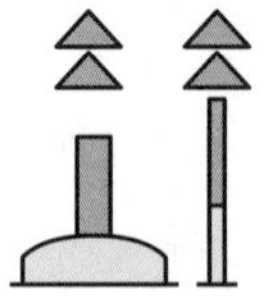

㉯ 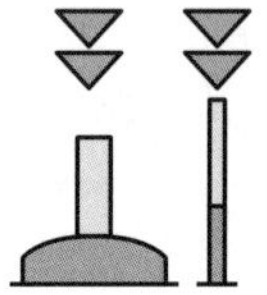

㉰ 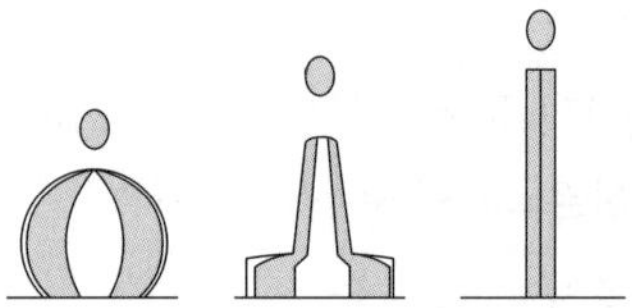

㉱ 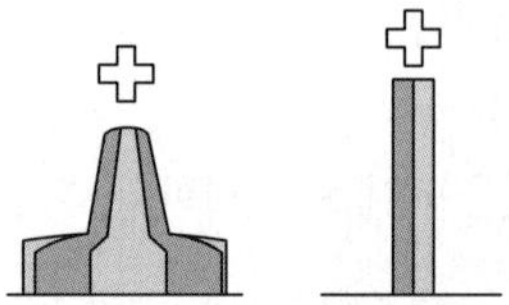

답 | ㉰ ㉰는 안전수역표지로 이 표지의 전 주위가 가항수역임을 표시한다. 이 표지는 항로의 입구, 항만 혹은 하구 접근부, 육지 초인을 표시하기 위해 사용된다.

21 저기압의 특징에 관한 설명으로 옳지 않은 것은?

㉮ 저기압 내에서는 날씨가 맑다.
㉯ 주위로부터 바람이 불어 들어온다.
㉰ 중심 부근에서는 상승기류가 있다.
㉱ 중심으로 갈수록 기압경도가 커서 바람이 강해진다.

답 | ㉮ 저기압의 중심에서 반시계 방향으로 공기가 수렴하여 상승기류가 발달하므로 일반적으로 날씨가 좋지 않다.

22 중심이 주위보다 따뜻하고, 여름철 대륙 내에서 발생하는 저기압으로, 상층으로 갈수록 저기압성 순환이 줄어들면서 어느 고도 이상에서 사라지는 키가 작은 저기압은?

㉮ 전선 저기압
㉯ 한랭 저기압
㉰ 온난 저기압
㉱ 비전선 저기압

답 | ㉰ 온난 저기압은 중심부가 주변부보다 기온이 높은 열대 저기압을 말하며, 상층으로 갈수록 저기압성 순환이 줄어들면서 어느 고도 이상에서 사라지는 키가 작은 저기압이다.

23 피험선에 관한 설명으로 옳은 것은?

㉮ 위험 구역을 표시하는 등심선이다.
㉯ 선박이 존재한다고 생각하는 특정한 선이다.
㉰ 항의 입구 등에서 자기 선박의 위치를 구할 때 사용한다.
㉱ 항해 중에 위험물에 접근하는 것을 쉽게 탐지할 수 있다.

답 | ㉱ 피험선은 협수로를 통과할 때나 항만을 출·입항할 때 마주치는 선박을 적절히 피하고 위험을 피하기 위해 준비하는 위험 예방선을 말한다. 이를 통해 항해 중 위험물에 접근하는 것을 쉽게 탐지할 수 있다.

24 한랭전선과 온난전선이 서로 겹쳐져 나타나는 전선은?

㉮ 한랭전선 ㉯ 온난전선
㉰ 폐색전선 ㉱ 정체전선

답 | ㉰ 폐색전선은 온난전선과 한랭전선의 이동 속도 차이로 인해 서로 겹쳐진 형태로 나타난다.

25 입항항로를 선정할 때 고려사항이 아닌 것은?

㉮ 항만관계 법규

㉯ 항만의 상황 및 지형

㉰ 묘박지의 수심, 저질

㉱ 선원의 교육훈련 상태

답 Ⅰ ㉱ 출·입항 항로 선정 시 고려 사항은 해당 항만에 적용되는 항행 법규, 항만의 크기, 묘박지의 수심과 저질, 위험물의 존재 여부, 정박선의 동정, 타선의 내왕, 바람과 조류의 영향, 자선의 조종 성능 등이다. 선원의 교육훈련 상태는 항로의 선정과는 무관한 사항이다.

01 대형 선박의 건조에 많이 사용되는 선체의 재료는?

㉮ 목재

㉯ 플라스틱

㉰ 강재

㉱ 알루미늄

답 Ⅰ ㉰ 강재는 강괴를 가공에 의해 선, 봉, 관, 판 등으로 만든 강철로, 대형 선박의 건조에 많이 사용된다.

02 갑판 개구 중에서 화물창에 화물을 적재 또는 양화하기 위한 개구는?

㉮ 탈출구

㉯ 해치(Hatch)

㉰ 승강구

㉱ 맨홀(Manhole)

답 Ⅰ ㉯ 갑판에는 승강구, 탈출구, 기관실구, 천창 등의 개구가 설치되는데, 이러한 갑판구 중 선창에 화물을 적재하거나 양화하기 위한 선창구를 해치(Hatch) 또는 해치웨이(Hatchway)라 한다.

03 트림의 종류가 아닌 것은?

㉮ 등흘수

㉯ 중앙트림

㉰ 선수트림

㉱ 선미트림

답 Ⅰ ㉯ 트림은 선수흘수와 선미흘수의 차로 선박 길이 방향의 경사를 의미한다. 각 흘수의 비율에 따라 선수트림, 선미트림, 등흘수 등으로 구분한다.

04 강선구조기준, 선박만재흘수선규정, 선박구획기준 및 선체 운동의 계산 등에 사용되는 길이는?

㉮ 전장 ㉯ 등록장
㉰ 수선장 ㉑ 수선간장

답 | ㉑ 수선간장은 계획만재흘수선에서 선수재의 전면에서 세운 수직선인 선수수선과 타주 후면의 기선에서 세운 수직선인 선미수선까지의 수평 거리를 말한다.

05 ( )에 적합한 것은?

> 보기
> "타(키)는 최대흘수 상태에서 전속 전진 시 한쪽 현 타각 35도에서 다른쪽 현 타각 30도까지 돌아가는 데 ( )의 시간이 걸려야 한다."

㉮ 28초 이내 ㉯ 30초 이내
㉰ 32초 이내 ㉑ 35초 이내

답 | ㉮ SOLAS 협약에서는 조타 장치의 동작 속도에 대해 한쪽 현 타각 35°에서 반대 현 타각 30°까지 회전시키는 데 28초 이내의 시간이 걸려야 하도록 그 성능을 규정한다.

06 조타장치에 관한 설명으로 옳지 않은 것은?

㉮ 자동 조타장치에서도 수동조타를 할 수 있다.
㉯ 동력 조타장치는 작은 힘으로 타의 회전이 가능하다.
㉰ 인력 조타장치는 소형선이나 범선 등에서 사용되어 왔다.
㉑ 동력 조타장치는 조타실의 조타륜이 타와 기계적으로 직접 연결되어 비상조타를 할 수 없다.

답 | ㉑ 동력 조타장치는 조타실의 조타륜이 키와 직접 연결되어 있는 것이 아니라, 작은 힘으로도 조타륜의 회전이 가능하게 설계되어 있다.

07 스톡 앵커의 각부 명칭을 나타낸 아래 그림에서 ㉠은?

㉮ 생크 ㉯ 크라운
㉰ 앵커링 ㉑ 플루크

답 | ㉑ ㉠은 플루크 부분으로 바닷속 바닥에 꽂혀서 배를 안정적으로 유지하는 역할을 한다.

08 체온을 유지할 수 있도록 열전도율이 낮은 방수 물질로 만들어진 포대기 또는 옷을 의미하는 구명설비는?

㉮ 방수복 ㉯ 구명조끼
㉰ 보온복 ㉑ 구명부환

답 | ㉰ 보온복은 열전도율이 낮은 방수 물질로 만들어진 포대기 혹은 옷으로 바닷물에서 체온 유지에 도움을 준다.
　㉮ 방수복 : 수중에 빠진 사람의 체온저하를 방지하기 위한 방호복으로서 충분한 보온성을 가지기 위하여 안면을 제외한 신체 전체를 덮는 것
　㉯ 구명조끼 : 바다 위에 충분히 떠 있도록 하기 위한 조끼형의 기구
　㉑ 구명부환 : 개인용의 구명 설비로 수중의 생존자가 잡고 떠 있게 하는 도넛 형태의 부체

09 해상에서 사용되는 신호 중 시각에 의한 통신이 아닌 것은?

㉮ 수기신호　　　　㉯ 기류신호
㉰ 기적신호　　　　㉱ 발광신호

답 | ㉰　해상에서 사용되는 신호 중 시각에 의한 통신은 수기신호, 기류신호, 발광신호이다. 기적신호는 음향신호로 청각에 의한 통신에 해당한다.

10 선박이 침몰하여 수면 아래 4미터 정도에 이르면 수압에 의하여 선박에서 자동 이탈되어 조난자가 탈 수 있도록 압축가스에 의해 펼쳐지는 구명설비는?

㉮ 구명정　　　　㉯ 구명뗏목
㉰ 구조정　　　　㉱ 구명부기

답 | ㉯　구명뗏목은 선박 침몰 시 수심 2~4m에 이르면 자동이탈장치에 의해 선박에서 이탈 · 부상하여 조난자가 이용할 수 있도록 펼쳐지는 구명설비이다.
　　㉮ 구명정 : 선박의 조난 시나 인명 구조에 사용되는 소형 보트
　　㉰ 구조정 : 조난 중인 사람을 구조하거나 생존정으로 인도하기 위하여 설계된 보트
　　㉱ 구명부기 : 조난 시 사람을 구조할 수 있게 만든 물에 뜨는 기구

11 다음 IMO 심벌과 같이 표시되는 장치는?

〈녹색〉

㉮ 신호 홍염　　　　㉯ 구명줄 발사기
㉰ 줄사다리　　　　㉱ 자기 발연 신호

답 | ㉱　선박이 조난을 당한 경우 조난선과 구조선 또는 육상 간의 연결용 줄을 보내는 설비로 수평에서 45° 각도로 230m 이상의 구명줄을 발사한다.

12 선박 조난 시 구조를 기다릴 때 사람이 올라타지 않고 손으로 밧줄을 붙잡을 수 있도록 만든 구명설비는?

㉮ 구명정　　　　㉯ 구명조끼
㉰ 구명부기　　　　㉱ 구명뗏목

답 | ㉰　구명부기는 수중에 있는 일정 수의 인원을 지지할 수 있도록 설계되고, 사람이 잡을 수 있는 라이프라인(life line)만 달려 있다.

13 선박이 침몰할 경우 자동으로 조난신호를 발신할 수 있는 무선설비는?

㉮ 레이더(Radar)
㉯ 초단파(VHF) 무선설비
㉰ 나브텍스(NAVTEX) 수신기
㉱ 비상위치지시 무선표지(EPIRB)

답 | ㉱　비상위치지시 무선표지(EPIRB)는 선박이 침몰하거나 조난되는 경우 수심 1.5~4m의 수압에서 자동으로 수면 위로 떠올라 선박의 위치 등을 포함한 조난 신호를 발신하는 장치이다.

14 점화시켜 물에 던지면 해면 위에서 연기를 내는 조난신호장비로서 방수 용기로 포장되어 잔잔한 해면에서 3분 이상 잘 보이는 색깔의 연기를 내는 것은?

㉮ 신호 홍염　　　　㉯ 자기 점화등
㉰ 신호 거울　　　　㉱ 발연부 신호

답 | ㉱　발연부 신호는 주간에 구명부환의 위치를 알려주는 장비로 물에 들어가면 자동으로 오렌지색 연기가 발생한다.

15 다음 중 선박 조종에 미치는 영향이 가장 작은 요소는?

㉮ 바람　　　　　㉯ 파도
㉰ 조류　　　　　㉱ 기온

답 ┃ ㉱　수온(기온)은 선박 조종에 영향을 주지 않는다.

16 근접하여 운항하는 두 선박의 상호 간섭작용에 관한 설명으로 옳지 않은 것은?

㉮ 선속을 감속하면 영향이 줄어든다.
㉯ 두 선박 사이의 거리가 멀어지면 영향이 줄어든다.
㉰ 소형선은 선체가 작아 영향을 거의 받지 않는다.
㉱ 마주칠 때보다 추월할 때 상호 간섭작용이 오래 지속되어 위험하다.

답 ┃ ㉰　두 선박이 접근하여 운항할 경우 대형선에 비해 소형선이 그 영향을 더 크게 받는다.

17 (　　)에 순서대로 적합한 것은?

> ┌ 보기 ┐
> "수심이 얕은 수역에서는 타의 효과가 나빠지고, 선체 저항이 (　　)하여 선회권이 (　　　)"

㉮ 감소, 작아진다.
㉯ 감소, 커진다.
㉰ 증가, 작아진다.
㉱ 증가, 커진다.

답 ┃ ㉱　수심이 얕은 수역의 영향을 '천수효과'라 하는데, 선체의 침하와 흘수의 증가, 선속의 감소, 조종성의 저하 등이 그것이다. 선체의 저항이 증가하면서 선회권이 커지는 것 역시 천수효과의 일종이다.

18 복원력이 작은 선박을 조선할 때 적절한 조선 방법은?

㉮ 순차적으로 타각을 증가시킴
㉯ 전타 중 갑자기 타각을 감소시킴
㉰ 높은 속력으로 항행 중 대각도 전타
㉱ 전타 중 반대 현측으로 대각도 전타

답 ┃ ㉮　복원성이 작은 선박은 횡방향 경사에 취약하므로 조선 시 타각은 순차적으로 높여야 한다. 대각도로 전타할 경우 전복의 위험이 있다.

19 익수자 구조를 위한 표준 윌리암슨 턴은 초기 침로에서 몇 도 선회하였을 때 반대방향으로 전타하여야 하는가?

㉮ 35도　　　　　㉯ 60도
㉰ 90도　　　　　㉱ 115도

답 ┃ ㉯　윌리암슨 턴법은 낙수자 발생 시 정침 중인 선수침로로부터 낙수자 현측으로 긴급 전타하여 60도 선회 후 반대 현측으로 전타하여 반대 침로선상으로 회항하는 방법이다.

20 좁은 수로를 항해할 때 유의사항으로 옳은 것은?

㉮ 침로를 변경할 때는 대각도로 한번에 변경하는 것이 좋다.
㉯ 선·수미선과 조류의 유선이 직각을 이루도록 조종하는 것이 좋다.
㉰ 언제든지 닻을 사용할 수 있도록 준비된 상태에서 항행하는 것이 좋다.
㉱ 조류는 순조 때에는 정침이 잘 되지만, 역조 때에는 정침이 어려우므로 조종 시 유의하여야 한다.

답 ┃ ㉰　협수로 항해 시에는 선수미선이 조류의 방향과 일치하도록 통과하거나 가장 좁은 부분을 연결한 선의 수직이등분선 위를 통항하도록 하는 것이 좋다.

21 물에 빠진 사람을 구조하는 조선법이 아닌 것은?

㉮ 표준 턴　　　㉯ 샤르노브 턴
㉰ 싱글 턴　　　㉱ 윌리암슨 턴

답 ㅣ ㉮　샤르노브 턴, 싱글 턴(엔더슨 턴), 윌리암슨 턴 등은 인명 구조 시 선박의 조선법이다.

22 황천항해를 대비하여 선박에 화물을 실을 때 주의사항으로 옳은 것은?

㉮ 선체의 중앙부에 화물을 많이 싣는다.
㉯ 선수부에 화물을 많이 싣는 것이 좋다.
㉰ 화물의 무게가 한 곳에 집중되지 않도록 한다.
㉱ 상갑판보다 높은 위치에 최대한으로 많은 화물을 싣는다.

답 ㅣ ㉰　황천항해에 대비해 화물을 실을 때에는 화물의 무게 분포가 한곳에 집중되지 않도록 해야 한다. 선박의 무게 분포가 한곳에 집중될 경우 복원력에 영향을 미칠 수 있으며, 선체운동의 영향을 받아 선체를 파손시킬 위험도 있다.
　　㉮ 선체 중앙부에 화물이 집중될 경우 선체가 외력에 영향을 받을 때 선체를 파손시킬 위험이 있다.
　　㉯ 화물은 선박 내에 고르게 실어야 한다.
　　㉱ 황천항해 시 무게중심을 낮춤으로써 복원력을 확보하는 것이 중요하므로, 화물은 가능한 낮은 위치에 싣는 것이 좋다.

23 황천 조선법인 히브 투(Heave to)의 장점으로 옳지 않은 것은?

㉮ 선체의 동요를 줄일 수 있다.
㉯ 풍랑에 대하여 일정한 자세를 취하기 쉽다.
㉰ 감속이 심하더라도 보침성에는 큰 영향이 없다.
㉱ 풍하측으로 표류가 일어나지 않아서 풍하측 여유수역이 없어도 선택할 수 있는 방법이다.

답 ㅣ ㉰　히브 투는 파에 의한 선수부의 충격 작용과 해수의 갑판상 침입이 심하며 너무 감속하면 보침이 어렵고 정횡으로 파를 받는 형태가 되기 쉽다.

24 화재의 종류 중 전기화재가 속하는 것은?

㉮ A급 화재　　　㉯ B급 화재
㉰ C급 화재　　　㉱ D급 화재

답 ㅣ ㉰　C급 화재는 전기에 의한 화재로 이산화탄소나 분말 소화제를 사용하여 진화한다.

25 기관손상 사고의 원인 중 인적과실이 아닌 것은?

㉮ 기관의 노후
㉯ 기기조작 미숙
㉰ 부적절한 취급
㉱ 일상적인 점검 소홀

답 ㅣ ㉮　인적과실은 말 그대로 사람의 실수 혹은 부주의 등으로 인한 사고 원인을 말한다. 기관의 노후는 기관의 사용에 따라 자연스럽게 나타나는 현상으로 인적과실로 보기 어렵다.

01 다음 중 해사안전법상 선박이 항행 중인 상태는?

㉮ 정박 상태

㉯ 얹혀 있는 상태

㉰ 고장으로 표류하고 있는 상태

㉱ 항만의 안벽 등 계류시설에 매어 놓은 상태

답 | ㉰ 해사안전법 제2조에 따르면 항행 중이란 선박이 다음 각 목의 어느 하나에 해당하지 아니하는 상태를 말한다.
- 정박
- 항만의 안벽 등 계류시설에 매어 놓은 상태(계선부표나 정박하고 있는 선박에 매어 놓은 경우를 포함한다)
- 얹혀 있는 상태

02 (　　　)에 적합한 것은?

> **보기**
>
> "해사안전법상 고속여객선이란 시속 (　　　) 이상으로 항행하는 여객선을 말한다."

㉮ 10노트　　　㉯ 15노트

㉰ 20노트　　　㉱ 30노트

답 | ㉯ 해사안전법 제2조에 따르면 고속여객선이란 시속 15노트 이상으로 항행하는 여객선을 말한다.

03 해사안전법상 항행장애물제거책임자가 항행장애물 발생과 관련하여 보고하여야 할 사항이 아닌 것은?

㉮ 선박의 명세에 관한 사항

㉯ 항행장애물의 위치에 관한 사항

㉰ 항행장애물이 발생한 수역을 관할하는 해양관청의 명칭

㉱ 선박소유자 및 선박운항자의 성명(명칭) 및 주소에 관한 사항

답 | ㉰ 해사안전법 시행규칙 제20조에 따르면 항행장애물을 발생시킨 선박의 선장, 선박소유자 또는 선박운항자가 보고하여야 하는 사항에는 다음 각 호의 사항이 포함되어야 한다.
- 선박의 명세에 관한 사항
- 선박소유자 및 선박운항자의 성명(명칭) 및 주소에 관한 사항
- 항행장애물의 위치에 관한 사항
- 항행장애물의 크기·형태 및 구조에 관한 사항
- 항행장애물의 상태 및 손상의 형태에 관한 사항
- 선박에 선적된 화물의 양과 성질에 관한 사항(항행장애물이 선박인 경우만 해당한다)
- 선박에 선적된 연료유 및 윤활유를 포함한 기름의 종류와 양에 관한 사항(항행장애물이 선박인 경우만 해당한다)

04 해사안전법상 술에 취한 상태를 판별하는 기준은?

㉮ 체온

㉯ 걸음걸이

㉰ 혈중알코올농도

㉱ 실제 섭취한 알코올 양

답 | ㉰ 해사안전법 제41에 따르면 술에 취한 상태를 판별하는 기준은 혈중알코올농도 0.03퍼센트 이상이다.

05 해사안전법상 국제항해에 종사하지 않는 여객선의 출항통제권자는?

㉮ 시 · 도지사

㉯ 해양수산부장관

㉰ 해양경찰서장

㉱ 지방해양수산청장

답 ㅣ ㉰ 해사안전법 시행령 제21조에 따르면 해양수산 부장관은 여객선과 어선에 대한 출항통제권한 을 해양경찰서장에게 위임한다.

06 해사안전법상 안전한 속력을 결정할 때 고려할 사항이 아닌 것은?

㉮ 시계의 상태

㉯ 컴퍼스의 오차

㉰ 해상교통량의 밀도

㉱ 선박의 흘수와 수심과의 관계

답 ㅣ ㉯ 해사안전법 제64조에 따르면 안전한 속력을 결정할 때에는 다음 각 호의 사항을 고려하여 야 한다.
• 시계의 상태
• 해상교통량의 밀도
• 선박의 정지거리 · 선회성능, 그 밖의 조종 성능
• 야간의 경우에는 항해에 지장을 주는 불빛의 유무
• 바람 · 해면 및 조류의 상태와 항행장애물의 근접상태
• 선박의 흘수와 수심과의 관계
• 레이더의 특성 및 성능
• 해면상태 · 기상, 그 밖의 장애요인이 레이더 탐지에 미치는 영향
• 레이더로 탐지한 선박의 수 · 위치 및 동향

07 해사안전법상 선박에서 하여야 하는 적절한 경계에 관한 설명으로 옳지 않은 것은?

㉮ 이용할 수 있는 모든 수단을 이용한다.

㉯ 청각을 이용하는 것이 가장 효과적이다.

㉰ 선박 주위의 상황을 파악하기 위함이다.

㉱ 다른 선박과 충돌할 위험성을 충분히 파악하 기 위함이다.

답 ㅣ ㉯ 해사안전법 제63조에 따르면 선박은 주위의 상황 및 다른 선박과 충돌할 수 있는 위험성 을 충분히 파악할 수 있도록 시각 · 청각 및 당 시의 상황에 맞게 이용할 수 있는 모든 수단을 이용하여 항상 적절한 경계를 하여야 한다.

08 해사안전법상 어로에 종사하고 있는 선박 중 항 행 중인 선박이 원칙적으로 진로를 피하거나 통 항을 방해하여서는 아니 되는 선박이 아닌 것은?

㉮ 조종제한선

㉯ 조종불능선

㉰ 수상항공기

㉱ 흘수제약선

답 ㅣ ㉱ 해사안전법 제76조에 따르면 어로에 종사하고 있는 선박 중 항행 중인 선박은 될 수 있으면 다 음 각 호에 따른 선박의 진로를 피하여야 한다.
• 조종불능선
• 조종제한선
※ 조종불능선이나 조종제한선이 아닌 선박은 부득이하다고 인정하는 경우 외에는 등화나 형상물을 표시하고 있는 흘수제약선의 통항 을 방해하여서는 아니 된다.

09 해사안전법상 서로 시계 안에서 항행 중인 범선과 동력선이 마주치는 상태일 경우에 피항방법으로 옳은 것은?

㉮ 동력선만 침로를 변경한다.

㉯ 각각 우현 쪽으로 침로를 변경한다.

㉰ 각각 좌현 쪽으로 침로를 변경한다.

㉭ 좌현에 바람을 받고 있는 선박이 우현 쪽으로 침로를 변경한다.

답 | ㉮ 해사안전법 제76조에 따르면 항행 중인 동력선은 조종불능선, 조종제한선, 어로에 종사하고 있는 선박, 범선 등의 진로를 피하여야 한다.

10 (   )에 적합한 것은?

> **보기**
> "해사안전법상 선박이 서로 시계 안에 있을 때 2척의 동력선이 상대의 진로를 횡단하는 경우로서 충돌의 위험이 있을 때에는 다른 선박을 (   ) 쪽에 두고 있는 선박이 그 다른 선박의 진로를 피하여야 한다."

㉮ 선수　　　　㉯ 좌현

㉰ 우현　　　　㉭ 선미

답 | ㉰ 해사안전법 제73조에 따르면 2척의 동력선이 상대의 진로를 횡단하는 경우로서 충돌의 위험이 있을 때에는 다른 선박을 우현 쪽에 두고 있는 선박이 그 다른 선박의 진로를 피하여야 한다. 이 경우 다른 선박의 진로를 피하여야 하는 선박은 부득이한 경우 외에는 그 다른 선박의 선수 방향을 횡단하여서는 아니 된다.

11 해사안전법상 제한된 시계에서 레이더만으로 다른 선박이 있는 것을 탐지한 선박의 피항동작이 침로를 변경하는 것만으로 이루어질 경우 선박이 취하여야 할 행위로 옳은 것은? (다만, 앞지르기 당하고 있는 선박의 경우는 제외함)

㉮ 자기 선박의 양쪽 현의 정횡에 있는 선박의 방향으로 침로를 변경하는 행위

㉯ 자기 선박의 양쪽 현의 정횡 뒤쪽에 있는 선박의 방향으로 침로를 변경하는 행위

㉰ 다른 선박이 자기 선박의 양쪽 현의 정횡 앞쪽에 있는 경우 우현 쪽으로 침로를 변경하는 행위

㉭ 다른 선박이 자기 선박의 양쪽 현의 정횡 앞쪽에 있는 경우 좌현 쪽으로 침로를 변경하는 행위

답 | ㉰ 해사안전법 제77조에 따르면 다른 선박이 자기 선박의 양쪽 현의 정횡 앞쪽에 있는 경우 좌현 쪽으로 침로를 변경하는 행위(앞지르기당하고 있는 선박에 대한 경우는 제외한다)는 피해야 한다. 따라서 우현 쪽으로 침로를 변경해야 한다.

12 해사안전법상 앞쪽에, 선미나 그 부근에 각각 흰색의 전주등 1개씩과 수직으로 붉은색 전주등 2개를 표시하고 있는 선박의 상태는?

㉮ 정박 중인 상태

㉯ 조종불능인 상태

㉰ 얹혀 있는 상태

㉭ 조종제한인 상태

답 | ㉰ 해사안전법 제88조에 따르면 앞쪽에, 선미나 그 부근에 각각 흰색의 전주등 1개씩과 수직으로 붉은색 전주등 2개를 표시하고 있는 선박의 상태는 얹혀 있는 상태이다.

13 해사안전법상 길이 12미터 이상인 어선이 투묘하여 정박하였을 때 낮 동안에 표시하여야 하는 것은?

㉮ 어선은 특별히 표시할 필요가 없다.
㉯ 잘 보이도록 황색기 1개를 표시하여야 한다.
㉴ 앞쪽에 둥근꼴의 형상물 1개를 표시하여야 한다.
㉰ 둥근꼴의 형상물 2개를 가장 잘 보이는 곳에 수직으로 표시하여야 한다.

답 | ㉴ 해사안전법 제88조에 따르면 정박 중인 선박은 가장 잘 보이는 곳인 앞쪽에 흰색의 전주등 1개 또는 둥근꼴의 형상물 1개를 표시하여야 한다.

14 해사안전법상 선박의 등화에 사용되는 등색이 아닌 것은?

㉮ 녹색
㉯ 흰색
㉴ 청색
㉰ 붉은색

답 | ㉴ 해사안전법 제79조에 따르면 선박의 등화는 흰색, 붉은색, 녹색, 황색을 사용한다.

15 선박의 입항 및 출항 등에 관한 법률상 총톤수 5톤인 내항선이 무역항의 수상구역등을 출입할 때 하는 출입신고에 관한 내용으로 옳은 것은?

㉮ 내항선이므로 출입 신고를 하지 않아도 된다.
㉯ 출항 일시가 이미 정하여진 경우에도 입항 신고와 출항 신고는 동시에 할 수 없다.
㉴ 무역항의 수상구역 등의 밖으로 출항하려는 경우 원칙적으로 출항 직후 출항 신고를 하여야 한다.
㉰ 무역항의 수상구역 등의 안으로 입항하는 경우 원칙적으로 입항하기 전에 출입 신고를 하여야 한다.

답 | ㉰ 선박의 입항 및 출항 등에 관한 법률 제4조에 따르면 총톤수 5톤 미만의 선박이 무역항의 수상구역 등의 안으로 입항하는 경우 출입 신고를 하지 않을 수 있다. 따라서 총톤수 5톤인 내항선은 출입 신고를 해야 한다.

16 해사안전법상 선미등이 비추는 수평의 호의 범위와 등색은?

㉮ 135도, 흰색
㉯ 135도, 붉은색
㉴ 225도, 흰색
㉰ 225도, 붉은색

답 | ㉮ 해사안전법 제79조에 따르면 선미등은 135도에 걸치는 수평의 호를 비추는 흰색 등으로서 그 불빛이 정선미 방향으로부터 양쪽 현의 67.5도까지 비출 수 있도록 선미 부분 가까이에 설치된 등이다.

17 (   )에 순서대로 적합한 것은?

> **보기**
> "선박의 입항 및 출항 등에 관한 법률상 무역항의 수상구역등에서 기적이나 사이렌을 갖춘 선박에 (   )이/가 발생한 경우, 이를 알리는 경보로 기적이나 사이렌을 (   )으로 (   ) 울려야 하고, 적당한 간격을 두고 반복하여야 한다."

㉮ 화재, 장음, 5회
㉯ 침몰, 장음, 5회
㉴ 화재, 단음, 5회
㉰ 침몰, 단음, 5회

답 | ㉮ 선박의 입항 및 출항 등에 관한 법률 시행규칙 제29조에 따르면 무역항의 수상구역 등에서 기적이나 사이렌을 갖춘 선박에 화재가 발생한 경우, 이를 알리는 경보로 기적이나 사이렌을 장음으로 5회 울려야 하고, 적당한 간격을 두고 반복하여야 한다.

18 선박의 입항 및 출항 등에 관한 법률상 무역항의 수상구역 등에서 입항하는 선박이 방파제 입구에서 출항하는 선박과 마주칠 우려가 있는 경우의 항법에 관한 설명으로 옳은 것은?

㉮ 출항하는 선박은 입항하는 선박이 방파제를 통과한 후 통과한다.

㉯ 입항하는 선박은 방파제 밖에서 출항하는 선박의 진로를 피한다.

㉰ 입항하는 선박은 방파제 사이의 가운데 부분으로 먼저 통과한다.

㉱ 출항하는 선박은 방파제 입구를 왼쪽으로 접근하여 통과한다.

답 | ㉯ 선박의 입항 및 출항 등에 관한 법률 제13조에 따르면 무역항의 수상구역 등에 입항하는 선박이 방파제 입구 등에서 출항하는 선박과 마주칠 우려가 있는 경우에는 방파제 밖에서 출항하는 선박의 진로를 피하여야 한다.

19 선박의 입항 및 출항 등에 관한 법률상 무역항의 수상구역 등에서 예인선의 항법으로 옳지 않은 것은?

㉮ 예인선은 한꺼번에 3척 이상의 피예인선을 끌지 아니하여야 한다.

㉯ 원칙적으로 예인선의 선미로부터 피예인선의 선미까지의 길이는 100미터를 초과하지 못한다.

㉰ 다른 선박의 출입을 보조하는 경우에 한하여 예인선의 선수로부터 피예인선의 선미까지의 길이는 200미터를 초과할 수 있다.

㉱ 지방해양수산청장 또는 시·도지사는 해당 무역항의 특수성 등을 고려하여 특히 필요한 경우에는 예인선의 항법을 조정할 수 있다.

답 | ㉯ 선박의 입항 및 출항 등에 관한 법률 제9조에 따르면 예인선이 무역항의 수상구역 등에서 다른 선박을 끌고 항행하는 경우에는 예인선의 선수로부터 피예인선의 선미까지의 길이는 200미터를 초과하지 못한다.

20 선박의 입항 및 출항 등에 관한 법률상 선박이 무역항의 항로에서 다른 선박과 마주칠 우려가 있는 경우 항법으로 옳은 것은?

㉮ 항로의 중앙으로 항행한다.

㉯ 항로의 왼쪽으로 항행한다.

㉰ 항로를 횡단하여 항행한다.

㉱ 항로의 오른쪽으로 항행한다.

답 | ㉱ 선박의 입항 및 출항 등에 관한 법률 제12조에 따르면 항로에서 다른 선박과 마주칠 우려가 있는 경우에는 오른쪽으로 항행한다.

21 ( )에 순서대로 적합한 것은?

┌보기┐
"선박의 입항 및 출항 등에 관한 법률상 ( )은 ( )으로부터 선박 항행 최고속력의 지정을 요청받은 경우 특별한 사유가 없으면 무역항의 수상구역등에서 선박항행 최고속력을 지정·고시하여야 한다."

㉮ 관리청, 해양경찰청장

㉯ 지정청, 해양경찰청장

㉰ 관리청, 지방해양수산청장

㉱ 지정청, 지방해양수산청장

답 | ㉮ 선박의 입항 및 출항 등에 관한 법률 제17조에 따르면 해양경찰청장은 선박이 빠른 속도로 항행하여 다른 선박의 안전 운항에 지장을 초래할 우려가 있다고 인정하는 무역항의 수상구역 등에 대하여는 관리청에 무역항의 수상구역등에서의 선박 항행 최고속력을 지정할 것을 요청할 수 있다. 관리청은 해양경찰청장에 따른 요청을 받은 경우 특별한 사유가 없으면 무역항의 수상구역 등에서 선박 항행 최고속력을 지정·고시하여야 한다. 이 경우 선박은 고시된 항행 최고속력의 범위에서 항행하여야 한다.

22 선박의 입항 및 출항 등에 관한 법률상 주로 무역항의 수상구역에서 운항하는 선박으로서 다른 선박의 진로를 피하여야 하는 우선피항선이 아닌 것은?

㉮ 예선

㉯ 총톤수 20톤인 여객선

㉰ 압항부선을 제외한 부선

㉱ 주로 노와 삿대로 운전하는 선박

답 | ㉯ 선박의 입항 및 출항 등에 관한 법률 제2조에 따르면 우선피항선은 부선(예인선이 부선을 끌거나 밀고 있는 경우의 예인선 및 부선을 포함하되, 예인선에 결합되어 운항하는 압항부선은 제외한다), 주로 노와 삿대로 운전하는 선박, 예선, 항만운송관련사업을 등록한 자가 소유한 선박, 해양환경관리업을 등록한 자가 소유한 선박 또는 해양폐기물관리업을 등록한 자가 소유한 선박(폐기물해양배출업으로 등록한 선박은 제외한다), 총톤수 20톤 미만의 선박이다.

23 해양환경관리법상 선박에서 발생하는 폐기물 배출에 관한 설명으로 옳지 않은 것은?

㉮ 플라스틱 재질의 합성어망은 해양에 배출이 금지된다.

㉯ 어업활동 중 폐사된 수산동식물은 해양에 배출이 가능하다.

㉰ 해양환경에 유해하지 않은 화물잔류물은 해양에 배출이 금지된다.

㉱ 분쇄 또는 연마되지 않은 음식찌꺼기는 영해기선으로부터 12해리 이상에서 배출이 가능하다.

답 | ㉰ 「선박에서의 오염방지에 관한 규칙」 제8조 제2호 관련 별표 3에 따르면 선박 안에서 발생하는 폐기물 중 음식찌꺼기, 해양환경에 유해하지 않은 화물잔류물, 선박 내 거주구역에서 목욕, 세탁, 설거지 등으로 발생하는 중수(화장실 오수 및 화물구역 오수 제외), 어업활동 중 혼획된 수산동식물(폐사된 것 포함) 및 어업활동으로 유입된 자연기원물질 등은 해양에 배출할 수 있다.

24 해양환경관리법상 해양오염방지설비를 선박에 최초로 설치하는 때 받아야 하는 검사는?

㉮ 정기검사

㉯ 임시검사

㉰ 특별검사

㉱ 제조검사

답 | ㉮ 해양환경관리법 제49조에 따르면 해양오염방지설비를 설치하거나 화물창을 설치·유지하여야 하는 선박의 소유자가 해양오염방지설비를 선박에 최초로 설치하여 항해에 사용하려는 때 또는 유효기간이 만료한 때에는 해양수산부령이 정하는 바에 따라 해양수산부장관의 검사(정기검사)를 받아야 한다.

25 해양환경관리법상 총톤수 25톤 미만의 선박에서 기름의 배출을 방지하기 위한 설비로 폐유저장을 위한 용기를 비치하지 아니한 경우 부과되는 과태료 기준은?

㉮ 100만원 이하

㉯ 300만원 이하

㉰ 500만원 이하

㉱ 1,000만원 이하

답 | ㉮ 해양환경관리법 제132조에 따르면 총톤수 25톤 미만의 선박에서 기름의 배출을 방지하기 위한 설비로 폐유저장을 위한 용기를 비치하지 아니한 경우 부과되는 과태료는 100만원 부과한다.

01 디젤기관의 점화 방식은?

㉮ 전기점화　　　㉯ 불꽃점화
㉰ 소구점화　　　㉱ 압축점화

답 | ㉱　디젤기관의 점화 방식은 압축점화로, 연료와 공기의 혼합가스를 가급적 빨리 완전히 만들고 자가 발화하게 하는 방식을 말한다.

02 과급기에 대한 설명으로 옳은 것은?

㉮ 연소가스가 지나가는 고온부를 냉각시키는 장치이다.
㉯ 기관의 운동 부분에 마찰을 줄이기 위해 윤활유를 공급하는 장치이다.
㉰ 기관의 회전수를 일정하게 유지시키기 위해 연료분사량을 자동으로 조절하는 장치이다.
㉱ 기관의 연소에 필요한 공기를 대기압 이상으로 압축하여 밀도가 높은 공기를 실린더 내로 공급하는 장치이다.

답 | ㉱　과급기는 흡입 공기를 대기압 이상의 압력으로 압축하여 실린더 내로 공급함으로써 기관 출력을 증대시키는 장치이다.

03 4행정 사이클 기관의 작동 순서로 옳은 것은?

㉮ 흡입 → 압축 → 작동 → 배기
㉯ 흡입 → 작동 → 압축 → 배기
㉰ 흡입 → 배기 → 압축 → 작동
㉱ 흡입 → 압축 → 배기 → 작동

답 | ㉮　4행정 사이클 기관의 작동 순서는 흡입 → 압축 → 작동 → 배기이다.

04 4행정 사이클 6실린더 기관에서는 운전 중 크랭크 각 몇 도마다 폭발이 일어나는가?

㉮ $60°$　　　　㉯ $90°$
㉰ $120°$　　　㉱ $180°$

답 | ㉰　4행정 6실린더 기관의 경우 크랭크축이 2회 전하면 6회의 폭발을 하게 된다. 즉, $720 \div 6 = 120$이므로 $120°$마다 폭발이 일어난다.

05 압축공기로 시동하는 소형기관에서 실린더 헤드를 분해할 경우의 준비사항이 아닌 것은?

㉮ 시동공기를 차단한다.
㉯ 연료유를 차단한다.
㉰ 냉각수를 차단하고 배출한다.
㉱ 공기압축기를 정지한다.

답 | ㉱　압축공기로 시동하는 소형기관에서 시동공기 분배밸브는 실린더 헤드가 아닌 별도의 위치에 설치되므로 공기압축기를 정지할 필요는 없다.

06 디젤기관에서 실린더 라이너의 마멸 원인이 아닌 것은?

㉮ 연접봉의 경사로 생긴 피스톤의 측압이 너무 클 때
㉯ 피스톤링의 장력이 너무 클 때
㉰ 흡입공기 압력이 너무 높을 때
㉱ 사용 윤활유의 품질이 부적당하거나 부족할 때

답 | ㉰　실린더 라이너는 윤활유 성질의 부적합 및 사용량의 부족, 연접봉의 경사로 생긴 피스톤의 측압이 너무 클 때, 피스톤링의 장력이 너무 클 때, 연소 가스 중의 부식 성분, 연료유나 공기 중에 혼합된 입자에 의한 마찰, 유막의 형성 불량에 의한 금속 접촉 마찰 등에 의해 마멸된다.

07 디젤기관의 메인 베어링에 대한 설명으로 옳지 않은 것은?

㉮ 크랭크축을 지지한다.
㉯ 크랭크축의 중심을 잡아준다.
㉴ 윤활유로 윤활시킨다.
㉵ 볼베어링을 주로 사용한다.

답 | ㉵ 메인 베어링은 기관 베드 위에 있으면서 크랭크 저널에 설치되어 크랭크축을 지지하고 회전 중심을 잡아주는 역할을 하며, 주로 베어링 캡과 상 · 하부 메탈로 구성된 평면 베어링을 사용한다.

08 다음 그림과 같이 디젤기관이 실린더 헤드를 들어올리기 위해 사용하는 공구 ①의 명칭은?

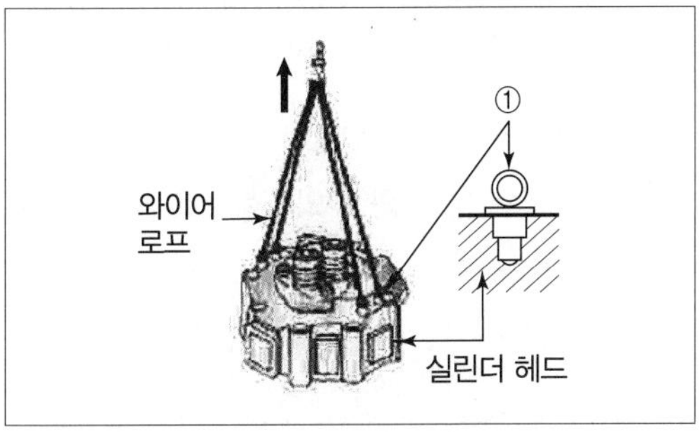

㉮ 인장볼트 ㉯ 아이볼트
㉴ 타이볼트 ㉵ 스터드볼트

답 | ㉯ 아이볼트는 머리 부분에 갈고리 구멍을 붙인 볼트로 주로 기계 설비 등 큰 중량물을 크레인으로 들어 올리거나 이동할 때 사용하는 걸기용 용구이다.

09 소형기관의 운전 중 회전운동을 하는 부품이 아닌 것은?

㉮ 평형추 ㉯ 피스톤
㉴ 크랭크축 ㉵ 플라이휠

답 | ㉯ 회전운동을 하는 부품은 크랭크축, 플라이휠, 평형추 등이 있다. 피스톤은 왕복운동을 하는 부품에 해당한다.

10 동일한 운전 조건에서 연료유의 질이 나쁜 경우 디젤주기관에 나타나는 증상으로 옳은 것은?

㉮ 배기온도가 내려가고 배기색이 검어진다.
㉯ 배기온도가 내려가고 배기색이 밝아진다.
㉴ 배기온도가 올라가고 배기색이 밝아진다.
㉵ 배기온도가 올라가고 배기색이 검어진다.

답 | ㉵ 연료유의 질이 나쁜 경우 배기온도가 올라가고 배기색이 검어진다. 이때 연료 분사 밸브를 분해하고 분사 압력을 재조정한다.

11 디젤기관의 운전 중 윤활유 계통에서 주의하여 관찰해야 하는 것은?

㉮ 기관의 입구 온도와 입구 압력
㉯ 기관의 출구 온도와 출구 압력
㉴ 기관이 입구 온도와 출구 압력
㉵ 기관의 출구 온도와 입구 압력

답 | ㉮ 디젤기관의 운전 중에는 기관의 입구 온도 및 기관의 입구 압력을 주의해서 관찰해야 한다. 이를 기준으로 윤활유의 온도 등을 조절한다.

12 내연기관의 연료유에 대한 설명으로 옳지 않은 것은?

㉮ 발열량이 클수록 좋다.
㉯ 점도가 높을수록 좋다.
㉴ 유황분이 적을수록 좋다.
㉵ 물이 적게 함유되어 있을수록 좋다.

답 | ㉯ 연료유는 발열량이 크고 유황분의 함유량이 적으며 수분의 함유량도 적은 것이 좋다. 점도는 적당해야 한다.

13 추진기의 회전속도가 어느 한도를 넘으면 추진기 배면의 압력이 낮아지며 물의 흐름이 표면으로부터 떨어져 기포가 발생하여 추진기 표면을 두드리는 현상은?

㉮ 슬립현상 ㉯ 공동현상
㉰ 명음현상 ㉱ 수격현상

답 | ㉯ 공동현상(Cavitation)은 프로펠러의 회전 속도가 일정 한도를 넘어서면 프로펠러 날개의 배면에 기포가 발생하여 공동을 이루는 현상이다. 소음이나 진동의 원인이 되며 프로펠러의 효율을 저하시키고, 프로펠러의 날개를 침식시키는 원인이 되기도 한다.

14 프로펠러에 의한 선체 진동의 원인이 아닌 것은?

㉮ 프로펠러의 날개가 절손된 경우
㉯ 프로펠러의 날개수가 많은 경우
㉰ 프로펠러의 날개가 수면에 노출된 경우
㉱ 프로펠러의 날개가 휘어진 경우

답 | ㉯ 프로펠러의 날개가 절손되거나 휘어질 경우 프로펠러의 회전이 불균형해지고 흡입류 및 배출류의 불안정으로 선체의 진동이 발생할 수 있다. 프로펠러의 날개가 수면에 노출된 경우에도 공동현상 등으로 인해 선체가 진동할 수 있다.

15 갑판보기가 아닌 것은?

㉮ 양묘기 ㉯ 계선기
㉰ 청정기 ㉱ 양화기

답 | ㉰ 갑판보기에는 조타장치, 하역장치, 계선장치, 양묘장치 등이 있다. 청정장치는 갑판보기에 해당하지 않는다.

16 낮은 곳으로 액체를 흡입하여 압력을 가한 후 높은 곳으로 이송하는 장치는?

㉮ 발전기 ㉯ 보일러
㉰ 조수기 ㉱ 펌프

답 | ㉱ 펌프는 낮은 곳의 물을 끌어 올려 압력을 가하여 높은 곳 또는 압력 용기에 보내는 장치이다.

17 기관실의 연료유 펌프로 가장 적합한 것은?

㉮ 기어펌프 ㉯ 왕복펌프
㉰ 축류펌프 ㉱ 원심펌프

답 | ㉮ 기어펌프는 회전펌프의 일종으로 구조가 간단하고 취급이 용이하며 점도가 높은 유체를 이송하는 데 적합하다. 연속적으로 유체를 송출하므로 맥동 현상 등이 나타나지 않는다.

18 전동기의 운전 중 주의사항으로 옳지 않은 것은?

㉮ 발열되는 곳이 있는 지를 점검한다.
㉯ 이상한 소리, 냄새 등이 발생하는 지를 점검한다.
㉰ 전류계의 지시값에 주의한다.
㉱ 절연저항을 자주 측정한다.

답 | ㉱ 전동기 운전 중에는 전원과 전동기의 결선 확인, 이상한 소리·진동·냄새 혹은 각부의 발열 등 확인, 조임 볼트 확인, 전류계의 지시치 확인 등을 하는 것이 좋다.

19 교류발전기 2대를 병렬운전할 경우 동기검정기로 판단할 수 있는 것은?

㉮ 두 발전기의 극수와 동기속도의 일치 여부
㉯ 두 발전기의 부하전류와 전압의 일치 여부
㉰ 두 발전기의 절연저항과 권선저항의 일치 여부
㉱ 두 발전기의 주파수와 위상의 일치 여부

답 | ㉱ 교류발전기 2대를 병렬운전할 경우 동기검정기로 판단할 수 있는 것은 두 발전기의 주파수와 위상의 일치, 파형이 같을 것, 상회전 방향이 같을 것이다.

20 납축전지의 용량을 나타내는 단위는?

㉮ [Ah]   ㉯ [A]
㉰ [V]   ㉱ [kW]

답 | ㉮ 납축전지의 용량을 나타내는 단위는 [Ah]로 암페어 아워이다.

21 (   )에 적합한 것은?

┌─보기─────────────────────────────┐
│ "선박에서 일정시간 항해 시 연료소비량은 선박 │
│ 속력의 (   )에 비례한다." │
└──────────────────────────────────┘

㉮ 제곱   ㉯ 세제곱
㉰ 네제곱   ㉱ 다섯제곱

답 | ㉯ 선박이 일정 시간을 항주하는 데 필요한 연료소비량은 속력의 세제곱에 비례한다. 참고로 선박이 일정 거리를 항주하는 데 필요한 연료소비량은 속력의 제곱에 비례한다.

22 디젤기관을 장기간 정지할 경우의 주의사항으로 옳지 않은 것은?

㉮ 동파를 방지한다.
㉯ 부식을 방지한다.
㉰ 주기적으로 터닝을 시켜준다.
㉱ 중요 부품은 분해하여 보관한다.

답 | ㉱ 고장 및 오작동의 원인이 될 수 있으므로 중요 부품을 분해해서는 안 된다.

23 운전 중인 디젤기관에서 진동이 심한 경우의 원인으로 옳은 것은?

㉮ 디젤 노킹이 발생할 때
㉯ 정격부하로 운전 중일 때
㉰ 배기밸브의 틈새가 작아졌을 때
㉱ 윤활유의 압력이 규정치보다 높아졌을 때

답 | ㉮ 노킹이 발생하는 경우 기관에 진동 및 이상음이 발생한다.

24 경유의 비중으로 옳은 것은?

㉮ 0.61~0.69   ㉯ 0.71~0.79
㉰ 0.81~0.89   ㉱ 0.91~0.99

답 | ㉰ 경유의 비중은 물보다 가벼운 0.81~0.89이다.

25 15[℃] 비중이 0.9인 연료유 200리터의 무게는 몇 [kgf]인가?

㉮ 180[kgf]   ㉯ 200[kgf]
㉰ 220[kgf]   ㉱ 240[kgf]

답 | ㉮ 연료유의 비중이 0.9이고, 200L의 무게는 0.9 × 200 = 180[kgf]이다.

제1과목 · 항해

01 어느 지점을 지나는 진 자오선과 자기 자오선이 이루는 교각은?

㉮ 자차 ㉯ 편차
㉰ 풍압차 ㉱ 유압차

답 | ㉯ 편차는 진 자오선과 자기 자오선의 차이에서 발생하는 오차(진북과 자북 간의 오차)로, 배의 위치 혹은 시일에 따라 변화하는 오차이다.

02 자이로컴퍼스에서 선박의 속력이 빠르고 그 침로가 남북에 가까울수록, 또 위도가 높아질수록 커지는 오차는?

㉮ 위도오차 ㉯ 속도오차
㉰ 동요오차 ㉱ 가속도오차

답 | ㉯ 자이로컴퍼스의 속도 오차는 손속 중 남북 방향의 성분이 지구 자전의 각속도에 벡터적으로 가감되어 발생하는 오차이다.

03 풍향에 대한 설명으로 옳지 않은 것은?

㉮ 풍향이란 바람이 불어가는 방향을 말한다.
㉯ 풍향이 시계방향으로 변하는 것을 풍향 순전이라 한다.
㉰ 풍향이 반시계 방향으로 변하는 것을 풍향 반전이라 한다.
㉱ 보통 북(N)을 기준으로 시계방향으로 16방위로 나타내며, 해상에서는 32방위로 나타낼 때도 있다.

답 | ㉮ 풍향이란 바람이 불어오는 방향을 말한다. 예컨대 서풍은 서쪽에서부터 불어오는 바람을 말하는 것이다.

04 자기 컴퍼스의 자차계수 중 일반적으로 수정하지 않는 자차계수는?

㉮ A, B ㉯ A, E
㉰ C, E ㉱ C, D

답 | ㉯ 자차 계수 중 A, E의 경우 자기 컴퍼스를 선체의 중앙에 설치하면 극히 작아지는 계수이므로 일반적으로 수정하지 않는다.

05 일반적으로 자기 컴퍼스의 유리가 파손되거나 기포가 생기지 않는 온도 범위는?

㉮ 0℃~70℃ ㉯ −5℃~75℃
㉰ −20℃~50℃ ㉱ −40℃~30℃

답 | ㉰ 자기 컴퍼스의 정상 작동 온도는 일반적으로 −20℃~50℃이다.

06 ( )에 적합한 것은?

> ┌─보기─────────────────────────────
> "육상 송신국 또는 선박으로부터의 전파의 방위를
> 측정하여 위치선으로 활용하는 것으로 등대, 섬
> 등 육표의 시각 방위측정법에 비해 측정거리가 길
> 고, 천후 또는 밤낮에 관계없이 위치측정이 가능한
> 장비는 ( )이다."

㉮ 알디에프(RDF)   ㉯ 지피에스(GPS)
㉰ 로란(LORAN)   ㉱ 데카(DECCA)

답ㅣ㉮ 무선 방향 탐지국(RDF)은 육상이나 등선 등 고
정국에서 표지 전파를 발사하면 해당 전파를
수신하여 그 방위를 측정하는 기기이다.

07 연안항해에서 많이 사용하는 방법으로 뚜렷한
물표 2개 또는 3개를 이용하여 선위를 구하는 방
법은?

㉮ 3표양각법   ㉯ 4점방위법
㉰ 교차방위법   ㉱ 수심연측법

답ㅣ㉰ 교차방위법은 동시에 2개 이상의 물표를 측정
하고 그 방위선을 이용하여 선위를 측정하는
방법으로, 측정법이 간단하고 선위의 정밀도가
높아 연안 항해 중 가장 많이 이용된다.

08 천의 극 중에서 관측자의 위도와 반대쪽에 있는
극은?

㉮ 동명극   ㉯ 천의 북극
㉰ 이명극   ㉱ 천의 남극

답ㅣ㉰ 천(천구)의 극은 지축을 무한히 연장하여 천구
와 만난 점을 말한다. 이때 관측자의 위도와 동
일한(동명의) 극을 '동명극'이라고 하며 이와 반
대되는(이명의) 극을 이명극이라 한다.
㉯ 천구의 극 중 지구의 북극 쪽에 있는 것
㉱ 천구의 극 중 지구의 남극 쪽에 있는 것

09 작동 중인 레이더 화면에서 'A' 점은?

㉮ 섬   ㉯ 자기 선박
㉰ 육지   ㉱ 다른 선박

답ㅣ㉯ 제시된 화면은 선박에서 가장 일반적으로 사용
되는 상대동작방식 레이더의 화면이다. 상대동
작방식 레이더에서 자선의 위치는 어느 한 점,
주로 중앙에 고정되고, 모든 물체는 자선에 움
직임에 대해 상대적인 움직임으로 표시된다.

10 위성항법장치(GPS)에서 오차가 발생하는 원인이
아닌 것은?

㉮ 위성 오차
㉯ 수신기 오차
㉰ 전파 지연 오차
㉱ 사이드 로브에 의한 오차

답ㅣ㉱ GPS의 오차 원인은 크게 구조적 요인에 의한
오차, 위성의 배치 상태에 따른 오차, SA에 의
한 오차 등으로 구분할 수 있다. 그중 구조적
요인에 의한 오차는 위성 궤도의 오차, 수신기
의 오차, 대기권 전파 지연 오차 등이 있다.

11 해도상에 표시된 해저 저질의 기호에 대한 의미로
옳지 않은 것은?

㉮ S-자갈   ㉯ M-뻘
㉰ R-암반   ㉱ CO-산호

답ㅣ㉮ 해저 저질의 기호 중 S는 '모래'를 의미한다. 자
갈은 G로 표기한다.

12 우리나라에서 발간하는 종이 해도에 대한 설명으로 옳은 것은?

㉮ 수심 단위는 피트(Feet)를 사용한다.

㉯ 나침도의 바깥쪽은 나침 방위권을 사용한다.

㉰ 항로의 지도 및 안내서의 역할을 하는 수로서지이다.

㉱ 항박도는 대축척 해도로 좁은 구역을 상세히 그린 평면도이다.

답 | ㉱ 항박도는 1/5만 이상의 대축척 해도로, 항만이나 협수로, 투묘지, 어항, 해협 등의 좁은 구역을 상세히 표시한 해도이다.
㉮ 해도의 수심 단위는 미터(m)를 사용한다.
㉯ 나침도의 바깥쪽(외곽)은 진북을 가리키는 진 방위권을, 안쪽은 자기 컴퍼스가 가리키는 나침 방위권을 표시한다.
㉰ 수로서지는 '해도 이외에' 항해에 도움을 주는 간행물을 통틀어 지칭한다.

13 수로서지 중 특수서지가 아닌 것은?

㉮ 등대표 ㉯ 조석표

㉰ 천측력 ㉱ 항로지

답 | ㉱ 수로서지 중 특수서지는 항로지 외에 참고 자료를 제공하는 등대표, 조석표, 천측력, 국제신호서 등을 말한다.

14 등부표에 대한 설명으로 옳지 않은 것은?

㉮ 강한 파랑이나 조류에 의해 유실되는 경우도 있다.

㉯ 항로의 입구, 폭 및 변침점 등을 표시하기 위해 설치한다.

㉰ 해저의 일정한 지점에 체인으로 연결되어 수면에 떠 있는 구조물이다.

㉱ 조류표에 기재되어 있으므로 선박의 정확한 속력을 구하는 데 사용하면 좋다.

답 | ㉱ 등부표에 대한 정보는 조류표가 아닌 등대표에 기록되어 있으며, 등부표의 경우 해면을 따라 일정 범위 내에서 이동하는 물표이므로 정확한 속력을 구하는 데에는 적절하지 않다.

15 암초, 사주(모래톱) 등의 위치를 표시하기 위하여 그 위에 세워진 경계표이며, 여기에 등광을 설치하면 등표가 되는 항로표지는?

㉮ 입표 ㉯ 부표

㉰ 육표 ㉱ 도표

답 | ㉮ 입표는 암초, 사주, 노출암 등의 위치를 표시하기 위하여 설치된 경계표이며, 등광과 함께 설치할 경우 등표가 된다.
㉯ 부표 : 비교적 항행이 곤란한 장소나 항만의 유도표지로서 항로를 따라 설치하는 표지
㉰ 육표 : 입표의 설치가 곤란한 경우 육상에 설치하는 표지
㉱ 도표 : 좁은 수로의 항로를 표시하기 위해 항로의 연장선상에 앞뒤로 설치된 2기 이상의 육표와 방향표

16 전자력에 의해서 발음판을 진동시켜 소리를 내게 하는 음파(음향)표지는?

㉮ 무종 ㉯ 다이어폰

㉰ 에어 사이렌 ㉱ 다이어프램 폰

답 | ㉱ 다이어프램 폰은 전자력을 이용해 발음판을 진동시켜 소리를 내는 음파(음향)표지이다.
㉮ 무종 : 가스의 압력이나 기계 장치를 이용해 종을 쳐 소리를 내는 표지
㉯ 다이어폰 : 압축 공기를 이용해 피스톤을 왕복시켜 소리를 내는 표지
㉰ 에어 사이렌 : 압축공기를 이용해 사이렌을 울리는 표지

17 종이해도번호 앞에 'F(에프)'로 표기된 것은?

㉮ 해류도

㉯ 조류도

㉰ 해저 지형도

㉯ 어업용 해도

답 | ㉯ 해도번호 앞에 부가된 F는 어업용 해도를, S는 특수도를 의미한다.

18 다음 중 가장 축척이 큰 종해도는?

㉮ 총도 　　　 ㉯ 항양도

㉰ 항해도 　　　 ㉯ 항박도

답 | ㉯ 항박도는 1/5만 이상의 대축척 해도로, 해도 중 가장 축척이 크다. 총도의 축척은 1/400만 이하, 항양도는 1/100만 이하, 항해도는 1/30만 이하이다.

19 해도상에 표시된 등대의 등질 'Fl.2s10m20M'에 대한 설명으로 옳지 않은 것은?

㉮ 섬광등이다.

㉯ 주기는 2초이다.

㉰ 등고는 10미터이다.

㉯ 광달거리는 20킬로미터이다.

답 | ㉯ 해도상 등질을 표시할 때 'M'은 광달거리를 말하며, 단위는 해리(마일)이다.

20 다음 그림의 항로표지에 대한 설명으로 옳은 것은? (단, 두표의 모양만 고려함)

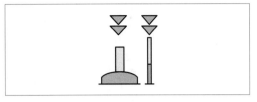

㉮ 표지의 동쪽에 가항수역이 있다.

㉯ 표지의 서쪽에 가항수역이 있다.

㉰ 표지의 남쪽에 가항수역이 있다.

㉯ 표지의 북쪽에 가항수역이 있다.

답 | ㉰ 제시된 그림은 남방위표지로, 표지의 남쪽에 가항수역이 있으며 북쪽에 장애물이 있음을 나타내는 표지이다.

21 선박에서 주로 사용하는 습도계는?

㉮ 자기 습도계

㉯ 모발 습도계

㉰ 건습구 습도계

㉯ 모발 자기 습도계

답 | ㉰ 건습구 습도계는 물이 증발할 때 발생하는 냉각에 의한 온도차를 이용하는 습도계로, 선박에서 주로 사용하는 습도계이다.

22 전선을 동반하는 저기압으로, 기압경도가 큰 온대지방과 한대지방에서 생기며, 일명 온대 저기압이라고도 부르는 것은?

㉮ 전선 저기압 　　　 ㉯ 비전선 저기압

㉰ 한랭 저기압 　　　 ㉯ 온난 저기압

답 | ㉮ 전선 저기압(온대 저기압)은 온대 지방인 중위도 지역에서 발생하는 저기압으로, 한랭 전선과 온난 전선을 동반하는 저기압이다.

23 일기도의 날씨 기호 중 ' ☰ '가 의미하는 것은?

㉮ 눈   ㉯ 비

㉠ 안개   ㉰ 우박

답 ┃ ㉠   일기도의 날씨 기호 중 안개를 의미한다.
           ㉮ 눈 : ✳
           ㉯ 비 : ●

24 항해계획을 수립할 때 고려하여야 할 사항이 아닌 것은?

㉮ 경제적 항해

㉯ 항해일수의 단축

㉠ 항해할 수역의 상황

㉰ 선적항의 화물 준비 사항

답 ┃ ㉰   항해계획은 항로와 출 · 입항의 일시 및 항해 중 주요 지점의 통과 일시 등을 결정하고, 경제적 항해, 항해일수의 단축 등을 고려하여 수립해야 한다.

25 ( )에 적합한 것은?

> ┌ 보기 ┐
> "항정을 단축하고 항로표지나 자연의 목표를 충분히 이용할 수 있도록 육안에 접근한 항로를 선정하는 것이 원칙이지만, 지나치게 육안에 접근하는 것은 위험을 수반하기 때문에 항로를 선정할 때 ( )을/를 결정하는 것이 필요하다."

㉮ 피험선   ㉯ 위치선

㉠ 중시선   ㉰ 이안 거리

답 ┃ ㉰   이안 거리는 해안선으로부터 떨어진 거리를 말한다. 일반적인 안전 이안 거리는 내해 항로의 경우 1마일, 외양 항로의 경우 3∼5마일, 야간 항로표지가 없는 외양 항로의 경우 10마일 이상이다.

---

01 현호의 기능이 아닌 것은?

㉮ 선박의 능파성을 향상시킨다.

㉯ 선체가 부식되는 것을 방지한다.

㉠ 건현을 증가시키는 효과가 있다.

㉰ 갑판단이 일시에 수중에 잠기는 것을 방지한다.

답 ┃ ㉯   현호는 건현 갑판의 현측선이 휘어진 것으로 예비 부력과 능파성을 향상시키며, 파랑의 침입을 방지한다. 또한 선체의 미관에도 도움을 준다.

02 다음 중 선박에 설치되어 있는 수밀 격벽의 종류가 아닌 것은?

㉮ 선수 격벽   ㉯ 기관실 격벽

㉠ 선미 격벽   ㉰ 타기실 격벽

답 ┃ ㉰   격벽은 수밀 여부에 따라 수밀 격벽과 비수밀 격벽으로 나눌 수 있는데, 수밀 격벽에는 선수(충돌) 격벽, 선미 격벽, 기관실 격벽 및 창구 격벽 등이 있다.

03 상갑판 보(Beam) 위의 선수재 전면으로부터 선미재 후면까지의 수평거리로 선박원부 및 선박국적증서에 기재되는 길이는?

㉮ 전장   ㉯ 수선장

㉠ 등록장   ㉰ 수선간장

답 ┃ ㉠   등록장은 상갑판 빔(beam)상의 선수재 전면으로부터 선미재 후면까지의 수평거리로, 선박원부 및 선박국적증서에 등록 · 기입되는 길이이다.

04 타(Rudder)의 구조를 나타낸 그림에서 ①은 무엇인가?

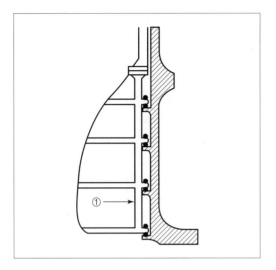

㉮ 타판   ㉯ 핀틀
㉰ 거전   ㉱ 타심재

답 | ㉱   ①은 타심재로, 단판키의 회전축이자 타의 중심이 되는 부재이다.

05 크레인식 하역장치의 구성 요소가 아닌 것은?

㉮ 카고 훅   ㉯ 데릭 붐
㉰ 토핑 윈치   ㉱ 선회 윈치

답 | ㉯   데릭 붐은 데릭식 하역장치의 구성 요소로, 데릭식 하역장치는 원목선이나 일반 화물선에 많이 설치되는 방식이다. 크레인식 하역장치는 데릭식에 비해 작업이 간편하고 빠르며 하역 준비 및 격납이 쉽다.

06 희석제(Thinner)에 대한 설명으로 옳지 않은 것은?

㉮ 인화성이 강하므로 화기에 유의하여야 한다.
㉯ 많은 양을 희석하면 도료의 점도가 높아진다.
㉰ 도료에 첨가하는 양은 최대 10% 이하가 좋다.
㉱ 도료의 성분을 균질하게 하여 도막을 매끄럽게 한다.

답 | ㉯   희석제, 흔히 신너라고 하는 것은 도료의 점도를 조절하기 위한 혼합용제로, 많이 넣으면 도료의 점도가 낮아진다.

07 다음 중 페인트를 칠하는 용구는?

㉮ 철솔   ㉯ 스크레이퍼
㉰ 그리스 건   ㉱ 스프레이 건

답 | ㉱   스프레이 건은 분사도장에 사용하는 도장용구로서, 래커나 합성수지도료(페인트) 등 건조가 빠른 도료를 넓은 면적에 도포할 경우에 사용된다.

08 물이 스며들지 않아 수온이 낮은 물속에서 체온을 보호할 수 있는 것으로 2분 이내에 혼자서 착용 가능하여야 하는 것은?

㉮ 구명조끼   ㉯ 보온복
㉰ 방수복   ㉱ 방화복

답 | ㉰   선박구명설비기준 제36조에 따르면 방수복은 4.5미터 이상의 높이에서 물속으로 뛰어내린 후에도 물이 옷 속으로 스며들지 않아야 하며, 2분 내에 외부의 도움 없이 펴서 입을 수 있어야 한다.

09 해상이동업무식별번호(MMSI)에 대한 설명으로 옳은 것은?

㉮ 5자리 숫자로 구성된다.

㉯ 9자리 숫자로 구성된다.

㉰ 국제 항해 선박에만 사용된다.

㉱ 국내 항해 선박에만 사용된다.

답 | ㉯ 해상이동업무식별번호(MMSI number)는 9자리로 이루어진 선박 고유의 부호로 선박의 국적과 종사 업무 등 선박에 대한 정보를 알 수 있다. 주로 디지털선택호출(DSC), 선박자동식별장치(AIS), 비상위치지시 무선표지(EPIRB)에서 선박의 식별 부호로 사용되며 우리나라 선박은 440 혹은 441로 시작된다.

10 선박이 침몰하여 수면 아래 4미터 정도에 이르면 수압에 의하여 선박에서 자동 이탈되어 조난자가 탈 수 있도록 압축가스에 의해 펼쳐지는 구명설비는?

㉮ 구명정　　　　㉯ 구명뗏목

㉰ 구조정　　　　㉱ 구명부기

답 | ㉯ 구명뗏목은 선박 침몰 시 수심 2~4m에 이르면 자동이탈장치에 의해 선박에서 이탈·부상하여 조난자가 이용할 수 있도록 펼쳐지는 구명설비이다. 주로 나일론 등과 같은 합성섬유로 된 포지를 고무로 가공하여 제작된다.

㉮ 구명정 : 선박의 조난 시나 인명 구조 시에 사용되는 소형 보트

㉰ 구조정 : 조난 중인 사람을 구조하거나 생존정으로 인도하기 위하여 설계된 보트

㉱ 구명부기 : 조난 시 사람을 구조할 수 있게 만든 물에 뜨는 기구

11 〈보기〉에서 구명설비에 대한 설명과 구명설비의 명칭이 옳게 짝지어진 것은?

┌─ 보기 ────────────────────────
구명설비에 대한 설명

ㄱ. 야간에 구명부환의 위치를 알려주는 등으로 구명부환과 함께 수면에 투하되면 자동으로 점등되는 설비

ㄴ. 자기 점화등과 같은 목적의 주간신호이며, 물에 들어가면 자동으로 오렌지색 연기를 내는 설비

ㄷ. 선박이 비상상황으로 침몰 등의 일을 당하게 되었을 때 자동적으로 본선으로부터 이탈 부유하며 사고지점을 포함한 선명 등의 정보를 자동적으로 발사하는 설비

ㄹ. 낮에 거울 또는 금속편에 의해 태양의 반사광을 보내는 것이며, 햇빛이 강한 날에 효과가 큼

구명설비의 명칭

A. 비상위치지시 무선표지(EPIRB)

B. 신호 홍염(Hand flare)

C. 자기 점화등(Self-igniting light)

D. 신호 거울(Daylight signaling mirror)

E. 자기 발연 신호(Self-activating smoke signal)
└──────────────────────────────

㉮ ㄱ - A　　　　㉯ ㄴ - E

㉰ ㄷ - B　　　　㉱ ㄹ - C

답 | ㉯ ㄱ은 C, ㄴ은 E, ㄷ은 A, ㄹ은 D에 대한 설명이다.

12 선박이 조난된 경우 조난을 표시하는 신호의 종류가 아닌 것은?

㉮ 국제신호기 'NC'기 게양

㉯ 로켓을 이용한 낙하산 화염신호

㉰ 흰색 연기를 발하는 발연부 신호

㉱ 약 1분간의 간격으로 행하는 1회의 발포 기타 폭발에 의한 신호

답 | ㉰ 발연부 신호의 경우 오렌지색 연기를 발생시켜 조난자의 위치를 표시한다.

13 고장으로 움직이지 못하는 조난선박에서 생존자를 구조하기 위하여 접근하는 구조선이 풍압에 의하여 조난선박보다 빠르게 밀리는 경우 조난선에 접근하는 방법은?

㉮ 조난선박의 풍상 쪽으로 접근한다.

㉯ 조난선박의 풍하 쪽으로 접근한다.

㉰ 조난선박의 정선미 쪽으로 접근한다.

㉱ 조난선박이 밀리는 속도의 3배로 접근한다.

답 | ㉮ 문제와 같은 상황에서 구조 작업 시 조난선의 풍상 쪽으로 접근하며, 바람에 의해 압류될 것을 고려해야 한다.

14 본선 선명은 '동해호'이다. 본선에서 초단파(VHF) 무선설비를 이용하여 부산항 선박교통관제센터를 호출하는 방법으로 옳은 것은?

㉮ 부산항, 여기는 동해호, 감도 있습니까?

㉯ 동해호, 여기는 동해호, 감도 있습니까?

㉰ 부산브이티에스, 여기는 동해호, 감도 있습니까?

㉱ 동해호, 여기는 부산브이티에스, 감도 있습니까?

답 | ㉰ VHF 등을 이용한 호출 시에는 호출하려는 항, 본선의 선명 순으로 호출한다. 또한 통신이 원활하게 연결되었는지 확인하기 위해 '감도'가 있는지를 확인해야 한다.

15 전진 중인 선박에 어떤 타각을 주었을 때, 타에 대한 선체 응답이 빠르면 무엇이 좋다고 하는가?

㉮ 정지성　　　㉯ 선회성

㉰ 추종성　　　㉱ 침로안정성

답 | ㉰ 추종성은 조타에 대한 선체 회두의 추종이 빠른지 늦은지를 나타내는 것을 말한다.

16 선체운동 중에서 강한 횡방향의 파랑으로 인하여 선체가 좌현 및 우현 방향으로 이동하는 직선 왕복 운동은?

㉮ 종동요운동(Pitching)

㉯ 횡동요운동(Rolling)

㉰ 요잉(Yawing)

㉱ 스웨이(Sway)

답 | ㉱ 횡방향의 파랑으로 인해 선체가 횡방향으로 이동하는 직선왕복운동은 스웨이(Sway)이다. 피칭은 선수 및 선미가 상하 교대로 회전하려는 종경사 운동을, 롤링은 선체가 좌우 교대로 회전하려는 횡경사 운동을, 요잉은 선수가 좌우 교대로 선회하려는 왕복 운동을 말한다.

17 우선회 고정피치 단추진기 선박의 흡입류와 배출류에 대한 설명으로 옳지 않은 것은?

㉮ 측압작용의 영향은 스크루 프로펠러가 수면 위에 노출되어 있을 때 뚜렷하게 나타난다.

㉯ 기관 전진 중 스크루 프로펠러가 수중에서 회전하면 앞쪽에서는 스크루 프로펠러에 빨려드는 흡입류가 있다.

㉰ 기관을 후진 상태로 작동시키면 선체의 우현 쪽으로 흘러가는 배출류는 우현 선미 측면에 부딪치면서 측압을 형성한다.

㉱ 기관을 전진 상태로 작동하면 타(Rudder)의 하부에 작용하는 수류는 수면 부근에 위치한 상부에 작용하는 수류보다 강하여 선미를 좌현 쪽으로 밀게 된다.

답 | ㉮ 측압작용의 영향은 스크루 프로펠러가 수면 아래 완전히 잠겨 있을 때 뚜렷하게 나타나며, 특히 선체의 타력이 없을 때나 공선 시에 더욱 크게 나타난다.

18 (　　)에 순서대로 적합한 것은?

┌─보기─────────────────────────┐
│ "일반적으로 배수량을 가진 선박이 직진 중 전 │
│ 타를 하면 선체는 선회 초기에 선회하려는 방 │
│ 향의 (　　)으로 경사하고 후기에는 (　　)으 │
│ 로 경사한다." │
└──────────────────────────────┘

㉮ 안쪽, 안쪽　　　　㉯ 안쪽, 바깥쪽
㉰ 바깥쪽, 안쪽　　　㉱ 바깥쪽, 바깥쪽

답 | ㉯ 일반적으로 직진 중 전타를 하면 선회 초기에는 선회권의 안쪽으로 경사하는 내방경사가 일어나고, 이후 정상 원운동을 할 때는 선체가 타각의 반대쪽인 선회권의 바깥쪽으로 경사하는 외방경사가 일어난다.

19 수심이 얕은 수역에서 항해 중인 선박에 나타나는 현상이 아닌 것은?

㉮ 타효의 증가
㉯ 선체의 침하
㉰ 속력의 감소
㉱ 선회권 크기 증가

답 | ㉮ 수심이 얕은 수역의 영향을 '천수효과'라 하는데, 선체의 침하와 흘수의 증가, 선속의 감소, 조종성(타효)의 저하 등이 그것이다.

20 항해 중 선수 부근에서 사람이 선외로 추락한 경우 즉시 취하여야 하는 조치로 옳지 않은 것은?

㉮ 선외로 추락한 사람을 발견한 사람은 익수자에게 구명부환을 던져주어야 한다.

㉯ 선외로 추락한 사람이 시야에서 벗어나지 않도록 계속 주시한다.

㉰ 익수자가 발생한 반대 현측으로 즉시 전타한다.

㉱ 인명구조 조선법을 이용하여 익수자 위치로 되돌아간다.

답 | ㉰ 익수자가 발생한 경우 즉시 기관을 정지시키고 익수자 방향으로 전타하여 익수자가 프로펠러에 휘말리지 않도록 조종해야 한다.

21 황천항해에 대비하여 선착에 화물을 실을 때 주의사항으로 옳지 않은 것은?

㉮ 먼저 양하할 화물부터 싣는다.
㉯ 선적 후 갑판 개구분의 폐쇄를 확인한다.
㉰ 화물의 이동에 대한 방지책을 세워야 한다.
㉱ 무거운 것은 밑에 실어 무게중심을 낮춘다.

답 | ㉮ 먼저 양하할 화물은 나중에 실어야 한다.

22 선체가 횡동요(Rolling) 운동 중 옆에서 돌풍을 받는 경우 또는 파랑 중에서 대각도 조타를 시작하면 선체가 갑자기 큰 각도로 경사하게 되는 현상은?

㉠ 러칭(Luching)
㉡ 레이싱(Racing)
㉣ 슬래밍(Slamming)
㉤ 브로칭 투(Broaching-to)

답 | ㉠ 러칭은 선체가 횡동요 중 측면에서 돌풍을 받거나 파랑 중 대각도 조타를 했을 때 선체가 갑자기 큰 각도로 경사하는 현상이다.

23 황천조선법인 순주(Scudding)의 장점이 아닌 것은?

㉠ 상당한 속력을 유지할 수 있다.
㉡ 선체가 받는 충격 작용이 현저히 감소한다.
㉣ 보침성이 향상되어 브로칭 투 현상이 일어나지 않는다.
㉤ 가항반원에서 적극적으로 태풍권으로부터 탈출하는 데 유리하다.

답 | ㉣ 순주법(Scudding)의 경우 선체가 받는 충격 작용이 현저히 감소하고 상당한 속력을 유지할 수 있어 태풍권으로부터 탈출하는 데 유리한 항법이나, 선미 추파에 의해 선미 갑판에 해수 침입이 일어날 수 있고 보침성이 저하되어 브로칭 투 현상이 발생할 수 있다는 단점이 있다.

24 해양사고가 발생하여 해양오염물질의 배출이 우려되는 선박에서 취할 조치로 옳지 않은 것은?

㉠ 사고 손상부위의 긴급 수리
㉡ 배출방지를 위한 필요한 수리
㉣ 오염물질을 다른 선박으로 옮겨 싣는 조치
㉤ 침수를 방지하기 위하여 오염물질을 선외 배출

답 | ㉤ 오염물질을 선외로 배출해서는 안 된다.

25 충돌사고의 주요 원인 중 경계 소홀에 해당하지 않는 것은?

㉠ 당직 중 졸음
㉡ 선박조종술 미숙
㉣ 해도실에서 많은 시간 소비
㉤ 제한시계에서 레이더 미사용

답 | ㉡ 당직 중 졸음, 해도실에서 많은 시간 소비, 제한시계에서 레이더 미사용 등은 충돌사고의 주요 원인 중 경계 소홀에 해당한다.

01 해사안전법상 주의환기신호에 대한 설명으로 옳지 않은 것은?

㉮ 규정된 신호로 오인되지 아니하는 발광신호 또는 음향신호를 사용하여야 한다.
㉯ 다른 선박의 주의 환기를 위하여 해당 선박 방향으로 직접 탐조등을 비추어야 한다.
㉰ 발광신호를 사용할 경우 항행보조시설로 오인되지 아니하는 것이어야 한다.
㉱ 탐조등은 강력한 빛이 점멸하거나 회전하는 등화를 사용하여서는 아니 된다.

답 | ㉯ 해사안전법 제94조에 따르면 주의환기신호는 다른 선박에 지장을 주지 아니하는 방법으로 위험이 있는 방향에 탐조등을 비추어야 한다.

02 해사안전법상 선박의 출항을 통제하는 목적은?

㉮ 국적선의 이익을 위해
㉯ 선박의 안전운항을 위해
㉰ 선박의 효율적인 통제를 위해
㉱ 항만의 무리한 운영을 막기 위해

답 | ㉯ 해사안전법 제38조에서 '선박의 안전운항에 지장을 줄 우려가 있다고 판단할 경우에는 선박의 출항통제를 명할 수 있다'고 규정하고 있다.

03 (   )에 적합한 것은?

┌─보기─────────────────────────┐
"해사안전법상 선박은 주위의 상황 및 다른 선박과 충돌할 수 있는 위험성을 충분히 파악할 수 있도록 (   ) 및 당시의 상황에 맞게 이용할 수 있는 모든 수단을 이용하여 항상 적절한 경계를 하여야 한다."
└──────────────────────────────┘

㉮ 시각 · 청각
㉯ 청각 · 후각
㉰ 후각 · 미각
㉱ 미각 · 촉각

답 | ㉮ 해사안전법 제63조에 따르면 선박은 주위의 상황 및 다른 선박과 충돌할 수 있는 위험성을 충분히 파악할 수 있도록 시각 · 청각 및 당시의 상황에 맞게 이용할 수 있는 모든 수단을 이용하여 항상 적절한 경계를 하여야 한다.

04 해사안전법상 레이더가 설치되지 아니한 선박에서 안전한 속력을 결정할 때 고려할 사항을 〈보기〉에서 모두 고른 것은?

┌─보기─────────────────────────┐
ㄱ. 선박의 흘수와 수심과의 관계
ㄴ. 레이더의 특성 및 성능
ㄷ. 시계의 상태
ㄹ. 해상교통량의 밀도
ㅁ. 레이더로 탐지한 선박의 수 · 위치 및 동향
└──────────────────────────────┘

㉮ ㄱ, ㄴ, ㄷ
㉯ ㄱ, ㄷ, ㄹ
㉰ ㄴ, ㄷ, ㅁ
㉱ ㄴ, ㄹ, ㅁ

답 | ㉯ 해사안전법 제64조에 따르면 안전한 속력을 결정할 때에 고려해야 할 사항으로는 선박의 흘수와 수심과 관계, 본선의 정지거리 · 선회성능, 조종 성능, 해상교통량의 밀도, 시계의 상태 등이 있다.

05 해사안전법상 2척의 범선이 서로 접근하여 충돌할 위험이 있는 경우 항행방법으로 옳지 않은 것은?

㉠ 각 범선이 다른 쪽 현에 바람을 받고 있는 경우에는 좌현에 바람을 받고 있는 범선이 다른 범선의 진로를 피하여야 한다.

㉡ 두 범선이 서로 같은 현에 바람을 받고 있는 경우에는 바람이 불어오는 쪽의 범선이 바람이 불어가는 쪽의 범선의 진로를 피하여야 한다.

㉢ 좌현에 바람을 받고 있는 범선은 바람이 불어오는 쪽에 있는 다른 범선이 바람을 좌우 어느 쪽에 받고 있는지 확인할 수 없는 때에는 그 범선의 진로를 피하여야 한다.

㉣ 바람이 불어오는 쪽에 있는 범선은 다른 범선이 바람을 좌우 어느 쪽에 받고 있는지 확인할 수 없을 때에는 조우자세에 따라 피항한다.

답 ㅣ ㉣ 해사안전법 제70조에서는 2척의 범선이 서로 접근하여 충돌할 위험이 있는 경우의 항행방법을 다음과 같이 규정하고 있다.
1. 각 범선이 다른 쪽 현에 바람을 받고 있는 경우에는 좌현에 바람을 받고 있는 범선이 다른 범선의 진로를 피하여야 한다.
2. 두 범선이 서로 같은 현에 바람을 받고 있는 경우에는 바람이 불어오는 쪽의 범선이 바람이 불어가는 쪽의 범선의 진로를 피하여야 한다.
3. 좌현에 바람을 받고 있는 범선은 바람이 불어오는 쪽에 있는 다른 범선을 본 경우로서 그 범선이 바람을 좌우 어느 쪽에 받고 있는지 확인할 수 없는 때에는 그 범선의 진로를 피하여야 한다.

06 해사안전법상 서로 시계 안에서 범선과 동력선이 서로 마주치는 경우 항법으로 옳은 것은?

㉠ 각각 침로를 좌현 쪽으로 변경한다.
㉡ 동력선이 침로를 변경한다.
㉢ 각각 침로를 우현 쪽으로 변경한다.
㉣ 동력선은 침로를 우현 쪽으로, 범선은 침로를 바람이 불어가는 쪽으로 변경한다.

답 ㅣ ㉡ 해사안전법 제76조에 따르면 항행 중인 동력선은 조종불능선, 조종제한선, 어로에 종사하고 있는 선박, 범선 등의 진로를 피하여야 한다.

07 해사안전법상 제한된 시계에서 충돌할 위험성이 없다고 판단한 경우 외에 자기 선박의 양쪽 현의 정횡 앞쪽에 있는 다른 선박의 양쪽 현의 정횡 앞쪽에 있는 다른 선박의 무중신호를 듣고 취할 조치로 〈보기〉 중 옳은 것은?

> │보기│
> ㄱ. 최대 속력으로 항행하면서 경계를 한다.
> ㄴ. 우현 쪽으로 침로를 변경시키지 않는다.
> ㄷ. 필요 시 자기 선박의 진행을 완전히 멈춘다.
> ㄹ. 충돌할 위험성이 사라질 때까지 주의하여 항행하여야 한다.

㉠ ㄴ, ㄷ ㉡ ㄷ, ㄹ
㉢ ㄱ, ㄴ, ㄹ ㉣ ㄴ, ㄷ, ㄹ

답 ㅣ ㉣ 해사안전법 제77조에 따르면 제한된 세계에서 충돌할 위험성이 없다고 판단한 경우 외에는 자기 선박의 양쪽 현의 정횡 앞쪽에 있는 다른 선박에서 무중신호를 듣는 경우, 혹은 자기 선박의 양쪽 현의 정횡으로부터 앞쪽에 있는 다른 선박과 매우 근접한 것을 피할 수 없는 경우에 해당할 때에는 모든 선박은 자기 배의 침로를 유지하는 데에 필요한 최소한으로 속력을 줄여야 한다. 이 경우 필요하다고 인정되면 자기 선박의 진행을 완전히 멈추어야 하며, 어떠한 경우에도 충돌할 위험성이 사라질 때까지 주의하여 항행하여야 한다.

08 해사안전법상 제한된 시계에서 선박의 항법에 대한 설명으로 옳지 않은 것은?

㉮ 모든 선박은 시계가 제한된 그 당시의 사정과 조건에 적합한 안전한 속력으로 항행하여야 한다.

㉯ 레이더만으로 다른 선박이 있는 것을 탐지한 선박은 해당 선박과 얼마나 가까이 있는지 또는 충돌할 위험이 있는지를 판단하여야 한다.

㉰ 충돌할 위험성이 없다고 판단한 경우 외에는 자기 선박의 양쪽 현의 정횡 앞쪽에 있는 다른 선박에서 무중신호를 듣는 경우 침로를 유지하는 데에 필요한 최소한의 속력으로 줄여야 한다.

㉱ 레이더만으로 다른 선박이 있는 것을 탐지한 선박의 피항동작이 침로를 변경하는 것만으로 이루어질 경우 자기 선박의 양쪽 현의 정횡 또는 그곳으로부터 뒤쪽에 있는 선박 쪽으로 침로를 변경하여야 한다.

답 | ㉱ 해사안전법 제77조에 따르면 레이더만으로 다른 선박이 있는 것을 탐지한 선박의 피항동작이 침로를 변경하는 것만으로 이루어질 경우, 자기 선박의 양쪽 현의 정횡 또는 그곳으로부터 뒤쪽에 있는 선박의 방향으로 침로를 변경하는 행위는 될 수 있으면 피하여야 한다.

09 해사안전법상 등화에 사용되는 등색이 아닌 것은?

㉮ 붉은색   ㉯ 녹색
㉰ 흰색   ㉱ 청색

답 | ㉱ 해사안전법 제79조에 따르면 등화에 사용되는 등색은 붉은색, 녹색, 흰색, 황색이다.

10 해사안전법상 '삼색등'을 구성하는 색이 아닌 것은?

㉮ 흰색   ㉯ 황색
㉰ 녹색   ㉱ 붉은색

답 | ㉯ 해사안전법 제79조에 따르면 삼색등은 붉은색, 녹색, 흰색으로 구성된 등이다.

11 해사안전법상 '섬광등'의 정의는?

㉮ 선수 쪽 225도의 수평사광범위를 갖는 등

㉯ 360도에 걸치는 수평의 호를 비추는 등화로서 일정한 간격으로 1분에 30회 이상 섬광을 발하는 등

㉰ 360도에 걸치는 수평의 호를 비추는 등화로서 일정한 간격으로 1분에 60회 이상 섬광을 발하는 등

㉱ 360도에 걸치는 수평의 호를 비추는 등화로서 일정한 간격으로 1분에 120회 이상 섬광을 발하는 등

답 | ㉱ 해사안전법 제79조 제1항 제7호에서 규정하는 섬광등은 '360도에 걸치는 수평의 호를 비추는 등화로서 일정한 간격으로 1분에 120회 이상 섬광을 발하는 등'이다.

12 ( )에 순서대로 적합한 것은?

> **보기**
>
> "해사안전법상 주간에 항망(桁網)이나 그 밖의 어구를 수중에서 끄는 트롤망어로에 종사하는 선박 외에 어로에 종사하는 선박은 ( )로 ( )미터가 넘는 어구를 선박 밖으로 내고 있는 경우에는 ( )의 형상물 1개를 어로에 종사하는 선박의 형상물에 덧붙여 표시하여야 한다."

㉮ 수평거리, 150, 꼭대기를 위로 한 원뿔꼴
㉯ 수직거리, 150, 꼭대기를 아래로 한 원뿔꼴
㉰ 수평거리, 200, 꼭대기를 위로 한 원뿔꼴
㉱ 수직거리, 200, 꼭대기를 아래로 한 원뿔꼴

답 | ㉮ 해사안전법 제84조에 따르면 주간에 항망이나 그 밖의 어구를 수중에서 끄는 트롤망어로에 종사하는 선박 외에 어로에 종사하는 선박은 항행 여부에 관계없이 '수평거리'로 '150미터'가 넘는 어구를 선박 밖으로 내고 있는 경우 어구를 내고 있는 방향으로 '꼭대기를 위로 한 원뿔꼴'의 형상물 1개를 어로에 종사하는 선박의 형상물에 덧붙여 표시하여야 한다.

13 ( )에 적합한 것은?

┌─ 보기 ─────────────────────────┐
"해사안전법상 항행 중인 동력선이 ( )에 있는 경우에 그 침로를 변경하거나 그 기관을 후진하여 사용할 때에는 기적신호를 행하여야 한다."
└────────────────────────────────┘

㉮ 평수구역
㉯ 서로 상대의 시계 안
㉰ 제한된 시계
㉱ 무역항의 수상구역 안

답 | ㉯ 해사안전법 제92조에 따르면 항행 중인 동력선이 서로 상대의 시계 안에 있는 경우 그 침로를 변경하거나 그 기관을 후진하여 사용할 때에는 기적신호를 행하여야 한다.

14 ( )에 순서대로 적합한 것은?

┌─ 보기 ─────────────────────────┐
"해사안전법상 발광신호에 사용되는 섬광의 지속시간 및 섬광과 섬광 사이의 간격은 ( ) 정도로 하되, 반복되는 신호 사이의 간격은 ( ) 이상으로 한다."
└────────────────────────────────┘

㉮ 1초, 5초   ㉯ 1초, 10초
㉰ 5초, 5초   ㉱ 5초, 10초

답 | ㉯ 해사안전법 제92조에 따르면 발광신호에 사용되는 섬광의 지속시간 및 섬광과 섬광 사이의 간격은 1초 정도로 하되, 반복되는 신호 사이의 간격은 10초 이상으로 한다.

15 해사안전법상 안개로 시계가 제한되었을 때 항행 중인 길이 12미터 이상의 동력선이 대수속력이 있는 경우 울려야 하는 음향신호는?

㉮ 2분을 넘지 아니하는 간격으로 단음 4회
㉯ 2분을 넘지 아니하는 간격으로 장음 1회
㉰ 2분을 넘지 아니하는 간격으로 장음 1회에 이어 단음 3회
㉱ 2분을 넘지 아니하는 간격으로 단음 1회, 장음 1회, 단음 1회

답 | ㉯ 해사안전법 제93조에 따르면 시계가 제한된 수역에서 대수속력이 있는 항행 중인 동력선은 2분을 넘지 아니하는 간격으로 장음을 1회 울려야 한다.

16 선박의 입항 및 출항 등에 관한 법률상 무역항의 수상구역 등에서 화재가 발생한 경우 기적이나 사이렌을 갖춘 선박이 울리는 경보는?

㉮ 기적이나 사이렌으로 장음 5회를 적당한 간격으로 반복
㉯ 기적이나 사이렌으로 장음 7회를 적당한 간격으로 반복
㉰ 기적이나 사이렌으로 단음 5회를 적당한 간격으로 반복
㉱ 기적이나 사이렌으로 단음 7회를 적당한 간격으로 반복

답 | ㉮ 선박의 입항 및 출항 등에 관한 법률 제46조에 따라 무역항의 수상구역 등에서 기적이나 사이렌을 갖춘 선박에 화재가 발생한 경우 그 선박은 기적이나 사이렌을 장음으로 5회 울려야 하며, 이를 적당한 간격을 두고 반복하여야 한다.

17 선박의 입항 및 출항 등에 관한 법률상 무역항의 수상구역등에 출입하는 경우 출입신고를 서면으로 제출하여야 하는 선박은?

㉮ 예선 등 선박의 출입을 지원하는 선박

㉯ 피난을 위하여 긴급히 출항하여야 하는 선박

㉰ 연안수역을 항행하는 정기여객선으로서 항구에 출입하는 선박

㉱ 관공선, 군함, 해양경찰함정 등 공공의 목적으로 운영하는 선박

답 | ㉰ 선박의 입항 및 출항 등에 관한 법률 제4조에 따르면 연안수역을 항행하는 정기여객선으로서 '경유항'에 출입하는 선박은 출입신고를 하지 않을 수 있다. 따라서 '사'의 경우 출입신고를 서면으로 제출하여야 한다.
※ 나머지 선지와 관련된 사항은 「선박의 입항 및 출항 등에 관한 법률 시행규칙」 제4조에서 확인할 수 있다.

18 선박의 입항 및 출항 등에 관한 법률상 우선피항선에 대한 규정으로 옳은 것은?

㉮ 우선피항선은 다른 선박의 항행에 방해가 될 우려가 있는 장소에 정박하거나, 정류하여서는 아니 된다.

㉯ 무역항의 수상구역등이나 무역항의 수상구역 부근에서 우선피항선은 다른 선박과 만나는 자세에 따라 유지선이 될 수 있다.

㉰ 총톤수 5톤 미만인 우선피항선이 무역항의 수상구역등에 출입하려는 경우에는 대통령령으로 정하는 바에 따라 관리청에 신고하여야 한다.

㉱ 우선피항선은 무역항의 수상구역등에 출입하는 경우 또는 무역항의 수상구역등을 통과하는 경우에는 관리청에서 지정·고시한 항로를 따라 항행하여야 한다.

답 | ㉮ 선박의 입항 및 출항 등에 관한 법률 제5조에 따르면 우선피항선은 다른 선박의 항행에 방해가 될 우려가 있는 장소에 정박하거나 정류하여서는 아니 된다.
㉯ 동법 제2조에서는 우선피항선을 '주로 무역항의 수상구역에서 운항하는 선박으로서 다른 선박의 진로를 피하여야 하는 선박'으로 규정하고 있다.
㉰ 동법 제4조에 따르면 총톤수 5톤 미만의 선박은 무역항의 수상구역등에 출입하려는 경우 출입 신고를 하지 아니할 수 있다.
㉱ 동법 제10조에 따르면 '우선피항선 외의 선박'은 무역항의 수상구역등에 출입하는 경우 또는 무역항의 수상구역등을 통과하는 경우 관리청이 지정·고시한 항로를 따라 항행하여야 한다.

19 선박의 입항 및 출항 등에 관한 법률상 무역항의 수상구역등에서 항행 중인 동력선이 서로 상대의 시계 안에 있는 경우 침로를 우현으로 변경하는 선박이 울려야 하는 음향 신호는?

㉮ 단음 1회   ㉯ 단음 2회

㉰ 단음 3회   ㉱ 장음 1회

답 | ㉮ 항행 중인 동력선이 서로 상대의 시계 안에 있는 경우 침로를 오른쪽으로 변경하는 선박은 단음 1회의 기적 신호를 행하여야 한다.
※ 해당 사항은 '해사안전법' 제92조에서 규정하고 있으며, 선박의 입항 및 출항 등에 관한 법률 및 그 시행령, 시행규칙 등에서는 직접적으로 규정하고 있지 않으므로 참고한다.

20 (　　　)에 적합하지 않은 것은?

┌─보기─────────────────────────────┐
"선박의 입항 및 출항 등에 관한 법률상 선박이 무역항의 수상구역등에서 (　　　　　)(이하 부두등이라 한다)을 오른쪽 뱃전에 두고 항행할 때에는 부두등에 접근하여 항행하고, 부두등을 왼쪽 뱃전에 두고 항행할 때에는 멀리 떨어져서 항행하여야 한다."
└──────────────────────────────────┘

㉮ 정박 중인 선박

㉯ 항행 중인 동력선

㉰ 해안으로 길게 뻗어 나온 육지 부분

㉱ 부두, 방파제 등 인공시설물의 튀어나온 부분

답 | ㉯ 선박의 입항 및 출항 등에 관한 법률 제14조에 따르면 선박이 무역항의 수상구역등에서 해안으로 길게 뻗어 나온 육지 부분, 부두, 방파제 등 인공시설물의 튀어나온 부분 또는 정박 중인 선박(이하 이 조에서 "부두등"이라 한다)을 오른쪽 뱃전에 두고 항행할 때에는 부두등에 접근하여 항행하고, 부두등을 왼쪽 뱃전에 두고 항행할 때에는 멀리 떨어져서 항행하여야 한다.

21 선박의 입항 및 출항 등에 관한 법률상 무역항의 수상구역등에서 그림과 같이 항로 밖에 있던 선박이 항로 안으로 들어오려고 할 때, 항로를 따라 항행하고 있는 선박과의 관계에 대한 설명으로 옳은 것은?

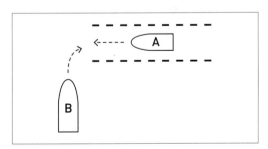

㉮ A선은 항로의 우측으로 진로를 피하여야 한다.

㉯ B선은 A선의 진로를 피하여 항행하여야 한다.

㉰ B선은 A선과 우현 대 우현으로 통과하여야 한다.

㉱ A선은 B선이 항로에 안전하게 진입할 수 있게 대기하여야 한다.

답 | ㉯ 선박의 입항 및 출항 등에 관한 법률 제12조에 따르면, 항로 밖에서 항로에 들어오거나 항로에서 항로 밖으로 나가는 선박은 항로를 항행하는 다른 선박의 진로를 피하여 항행하여야 한다.

22 선박의 입항 및 출항 등에 관한 법률상 우선피항선이 아닌 것은?

㉮ 예선

㉯ 수면비행선박

㉰ 주로 삿대로 운전하는 선박

㉱ 주로 노로 운전하는 선박

답 | ㉯ 선박의 입항 및 출항 등에 관한 법률 제2조에서는 우선피항선을 부선, 주로 노와 삿대로 운전하는 선박, 예선 그리고 이에 해당하지 않는 총톤수 20톤 미만의 선박으로 규정하고 있다.

23 다음 중 해양환경관리법상 해양에서 배출할 수 있는 것은?

㉮ 합성로프

㉯ 어획한 물고기

㉰ 합성어망

㉱ 플라스틱 쓰레기 봉투

답 | ㉯ 해양환경관리법 제2조에 따르면 폐기물은 해양에 배출될 때 그 상태로 쓸 수 없게 되는 물질로 해양환경에 해로운 결과를 미치거나 우려가 있는 물질을 말한다. 어획한 물고기는 이에 해당하지 않으므로 해양에서 배출할 수 있다.

24 해양환경관리법상 오염물질의 배출이 허용되는 예외적인 경우가 아닌 것은?

㉮ 선박이 항해 중일 때 배출하는 경우

㉯ 인명 구조를 위하여 불가피하게 배출하는 경우

㉳ 선박의 안전 확보를 위하여 부득이하게 배출하는 경우

㉵ 선박의 손상으로 인하여 가능한 한 조치를 취한 후에도 배출될 경우

답 | ㉮ 해양환경관리법 제22조에서는 선박 또는 해양시설등에서 발생하는 오염물질(폐기물은 제외한다)을 해양에 배출할 수 있는 경우를 다음과 같이 규정하고 있다.
1. 선박 또는 해양시설등의 안전 확보나 인명 구조를 위하여 부득이하게 오염물질을 배출하는 경우
2. 선박 또는 해양시설등의 손상 등으로 인하여 부득이하게 오염물질이 배출되는 경우
3. 선박 또는 해양시설등의 오염사고에 있어 오염피해를 최소화하는 과정에서 부득이하게 오염물질이 배출되는 경우

25 해양환경관리법상 유조선에서 화물창 안의 화물잔류물 또는 화물창 세정수를 한곳에 모으기 위한 탱크는?

㉮ 화물 탱크(Cargo tank)

㉯ 혼합물탱크(Slop tank)

㉳ 평형수탱크(Ballast tank)

㉵ 분리평형수탱크(Segregated ballast tank)

답 | ㉯ 선박에서의 오염방지에 관한 규칙 제2조 제1항 제20호에서 '혼합물 탱크(Slop tank)'를 '유조선 또는 유해액체물질 산적운반선의 화물창 안의 화물잔류물 또는 화물창 세정수' 또는 '화물펌프실 바닥에 고인 기름, 유해액체물질 또는 포장유해물질의 혼합물'을 한곳에 모으기 위한 탱크라고 정의하고 있다.

제4과목   기관

01 실린더 부피가 1,200[cm³]이고 압축부피가 100[cm³]인 내연기관의 압축비는 얼마인가?

㉮ 11   ㉯ 12

㉳ 13   ㉵ 14

답 | ㉯ '압축비＝실린더 부피÷압축부피'이다. 따라서 1,200÷100＝12이다.

02 4행정 사이클 디젤기관에서 흡기밸브와 배기밸브가 거의 모든 기간에 닫혀 있는 행정은?

㉮ 흡입행정과 압축행정

㉯ 흡입행정과 배기행정

㉳ 압축행정과 작동행정

㉵ 작동행정과 배기행정

답 | ㉳ 4행정 사이클 디젤기관에서 흡기밸브와 배기밸브는 피스톤이 상사점에 위치했을 때 닫힌 상태가 된다. 즉, 압축행정과 작동행정이 흡기밸브와 배기밸브가 닫혀 있는 행정이다.

03 직렬형 디젤기관에서 실린더가 6개인 경우 메인베어링의 최소 개수는?

㉮ 5개   ㉯ 6개

㉳ 7개   ㉵ 8개

답 | ㉳ 직렬형 디젤기관에서 메인베어링은 피스톤과 연결된 커넥팅 로드의 양쪽에 하나씩 위치해야 하므로 총 7개가 필요하다.

04 소형기관에서 흡·배기밸브의 운동에 대한 설명으로 옳은 것은?

㉮ 흡기밸브는 스프링의 힘으로 열린다.
㉯ 흡기밸브는 푸시로드에 의해 닫힌다.
㉰ 배기밸브는 푸시로드에 의해 닫힌다.
㉱ 배기밸브는 스프링의 힘으로 닫힌다.

답 | ㉱ 4행정 사이클 기관에서 밸브를 열 때는 캠의 힘을, 닫을 때는 스프링의 힘을 이용한다.

05 내연기관에서 피스톤링의 주된 역할이 아닌 것은?

㉮ 피스톤과 실린더 라이너 사이의 기밀을 유지한다.
㉯ 피스톤에서 받은 열을 실린더 라이너로 전달한다.
㉰ 실린더 내벽의 윤활유를 고르게 분포시킨다.
㉱ 실린더 라이너의 마멸을 방지한다.

답 | ㉱ 피스톤링은 피스톤과 실린더 라이너 사이의 기밀을 유지하고, 피스톤에서 받은 열을 실린더 라이너로 전달하며, 실린더 내벽의 윤활유를 고르게 분포시킨다.

06 소형기관의 피스톤 재질에 대한 설명으로 옳지 않은 것은?

㉮ 무게가 무거운 것이 좋다.
㉯ 강도가 큰 것이 좋다.
㉰ 열전도가 잘 되는 것이 좋다.
㉱ 마멸에 잘 견디는 것이 좋다.

답 | ㉮ 피스톤은 관성의 영향이 작도록 무게가 가벼운 것이 좋다.

07 다음 그림과 같은 크랭크축에서 커넥팅로드가 연결되는 부분은?

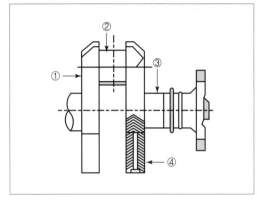

㉮ ①
㉯ ②
㉰ ③
㉱ ④

답 | ㉯ 크랭크축은 크랭크핀을 통해 커넥팅로드와 연결된다. ①은 크랭크암, ②는 크랭크핀, ③은 크랭크저널, ④는 평형추이다.

08 디젤기관에 설치되어 있는 평형추에 대한 설명으로 옳지 않은 것은?

㉮ 기관의 진동을 방지한다.
㉯ 크랭크축의 회전력을 균일하게 해 준다.
㉰ 메인 베어링의 마찰을 감소시킨다.
㉱ 프로펠러의 균열을 방지한다.

답 | ㉱ 평형추는 실린더의 회전 속도가 클 때 회전체의 평형을 이루기 위하여 설치하는 부품으로, 기관의 진동을 적게 하고 원활한 회전을 하도록 하며 메인 베어링의 마찰을 감소시킨다.

09 운전 중인 디젤기관이 갑자기 정지되었을 경우 그 원인이 아닌 것은?

㉮ 과속도 장치의 작동
㉯ 연료유 여과기의 막힘
㉰ 시동밸브의 누설
㉱ 조속기의 고장

답 | ㉰ 운전 중인 디젤기관이 갑자기 정지되는 경우는 연료유 공급의 차단, 연료유 수분 과다 혼입 등 연료유 계통 문제, 윤활유의 압력이 너무 낮은 경우, 주운동부의 고착, 조속기의 고장에 의한 연료 공급 차단 등이 있다.

10 디젤기관에서 시동용 압축공기 최고압력은 몇 [kgf/cm²]인가?

㉮ 약 10[kgf/cm²]
㉯ 약 20[kgf/cm²]
㉰ 약 30[kgf/cm²]
㉱ 약 40[kgf/cm²]

답 | ㉰ 일반적으로 디젤기관 시동용 압축공기의 압력은 [25~30kgf/cm²]이다.

11 디젤기관이 완전히 정지한 후의 조치사항으로 옳지 않은 것은?

㉮ 시동공기 계통의 밸브를 잠근다.
㉯ 인디케이터 콕을 열고 기관을 터닝시킨다.
㉰ 윤활유펌프를 약 20분 이상 운전시킨 후 정지한다.
㉱ 냉각 청수의 입·출구 밸브를 열어 냉각수를 모두 배출시킨다.

답 | ㉱ 디젤기관이 정지한 후에도 기관은 고열 상태이므로 기관이 완전히 냉각될 수 있도록 해야 하며, 따라서 냉각수를 배출시켜서는 안 된다.

12 디젤기관의 운전 중 점검사항이 아닌 것은?

㉮ 배기가스 온도
㉯ 윤활유 압력
㉰ 피스톤링 마멸량
㉱ 기관의 회전수

답 | ㉰ 피스톤링의 마멸량은 디젤기관의 운전 중이 아니라 기관의 시동 전에 점검해야 한다.

13 소형 선박의 추진 축계에 포함되는 것으로만 짝 지어진 것은?

㉮ 캠축과 추력축
㉯ 캠축과 중간축
㉰ 캠축과 프로펠러축
㉱ 추력축과 프로펠러축

답 | ㉱ 소형 선박의 추진 축계는 추력축, 중간축, 프로펠러축으로 구성되어 있다.

14 프로펠러의 피치가 1[m]이고 매초 2회전하는 선박이 1시간 동안 프로펠러에 의해 나아가는 거리는 몇 [km]인가?

㉮ 0.36[km] ㉯ 0.72[km]
㉰ 3.6[km] ㉱ 7.2[km]

답 | ㉱ 피치는 스크루 프로펠러가 1회전(360°)했을 때 선체가 전진하는 거리를 말한다. 프로펠러가 매초 2회전한다고 하였으므로 1시간 동안 프로펠러가 회전한 수는 7,200회이며, 피치가 1m이므로 선체의 전진 거리는 7,200m, 즉 7.2km이다.

15 유압장치에 대한 설명으로 옳지 않은 것은?

㉮ 유압펌프의 흡입측에 자석식 필터를 많이 사용한다.
㉯ 작동유는 유압류를 사용한다.
㉴ 작동유는 온도가 낮아지면 점도도 낮아진다.
㉵ 작동유 중의 공기를 배출하기 위한 플러그를 설치한다.

답 | ㉴ 작동유의 온도와 점도는 반비례한다. 즉 온도가 낮아지면 점도는 높아진다.

16 기관실 펌프의 기동 전 점검 사항에 대한 설명으로 옳지 않은 것은?

㉮ 입 · 출구 밸브의 개폐 상태를 확인한다.
㉯ 에어벤트 콕을 이용하여 공기를 배출한다.
㉴ 기동반 전류계가 정격정류값을 가리키는지 확인한다.
㉵ 손으로 축을 돌리면서 각부의 이상 유무를 확인한다.

답 | ㉴ 기동반 전류계가 정격정류값을 가리키는지 확인하는 것은 펌프 기동 후의 점검사항이다.

17 전기 용어에 대한 설명으로 옳지 않은 것은?

㉮ 전류의 단위는 암페어이다.
㉯ 저항의 단위는 옴이다.
㉴ 전력의 단위는 헤르츠이다.
㉵ 전압의 단위는 볼트이다.

답 | ㉴ 전력의 단위는 와트[W]이다. 헤르츠[Hz]는 주파수의 단위이다.

18 다음과 같은 원심펌프 단면에서 ③과 ④의 명칭은?

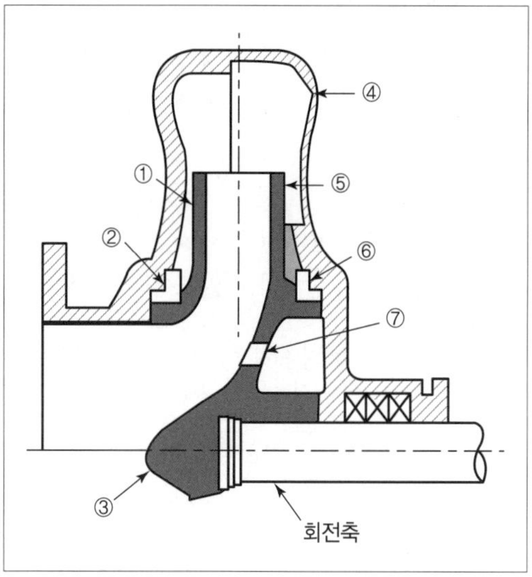

㉮ ③은 회전차이고 ④는 케이싱이다.
㉯ ③은 회전차이고 ④는 슈라우드이다.
㉴ ③은 케이싱이고 ④는 회전차이다.
㉵ ③은 케이싱이고 ④는 슈라우드이다.

답 | ㉮ 제시된 그림에서 ③은 회전차이고 ④는 케이싱이다. ①은 전면 슈라우드, ②와 ⑥은 웨어링 링, ⑤는 후면 슈라우드, ⑦은 평형실이다.

19 아날로그 멀티테스터의 사용 시 주의사항이 아닌 것은?

㉮ 저항을 측정할 경우에는 영점을 조정한 후 측정한다.
㉯ 전압을 측정할 경우에는 교류와 직류를 구분하여 측정한다.
㉴ 리드선의 검은색 리드봉은 −단자에 빨간색 리드봉은 +단자에 꽂아 사용한다.
㉵ 전압을 측정할 경우에는 낮은 측정 레인지에서부터 점차 높은 레인지로 올려 가면서 측정한다.

답 | ㉵ 전압 측정 시에는 측정 레인지를 가장 높은 위치로 설정한 후 점차 낮은 레인지로 내려 가면서 측정해야 한다.

20 액 보충 방식 납축전지의 점검 및 관리 방법으로 옳지 않은 것은?

㉮ 전해액의 액위가 적정한지를 점검한다.

㉯ 전선을 분리하여 전해액을 점검한 후 다시 단자에 연결한다.

㉰ 전해액을 보충할 때 증류수를 전극판의 약간 위까지 보충한다.

㉱ 과방전이 발생하지 않도록 주의한다.

답 | ㉯ 전해액 점검 시 일반적으로 전해액의 높이 점검과 비중 점검 등을 실시한다. 두 작업 모두 납축전지의 전선을 분리할 필요가 없는 작업이다.

21 디젤기관의 실린더 헤드를 분해하여 체인블록으로 들어 올릴 때 필요한 볼트는?

㉮ 타이 볼트   ㉯ 아이 볼트

㉰ 인장 볼트   ㉱ 스터드 볼트

답 | ㉯ 아이 볼트는 머리 부분에 갈고리 구멍을 붙인 볼트로 주로 기계 설비 등 큰 중량물을 크레인으로 들어 올리거나 이동할 때 사용하는 걸기용 용구이다. 따라서 디젤기관의 실린더 헤드를 분해하여 체인블록으로 들어 올릴 때에도 아이 볼트가 필요하다.

22 운전 중인 디젤기관의 진동 원인이 아닌 것은?

㉮ 위험회전수로 운전하고 있을 때

㉯ 윤활유가 실린더 내에서 연소하고 있을 때

㉰ 메인 베어링의 틈새가 너무 클 때

㉱ 크랭크핀 베어링의 틈새가 너무 클 때

답 | ㉯ 윤활유가 실린더 내에서 연소될 경우 배기가스의 색이 청백색이 되며, 윤활유의 소모가 심해진다. 그러나 이것이 디젤기관의 진동을 야기하지는 않는다.

23 디젤기관에서 크랭크암 개폐에 대한 설명으로 옳지 않은 것은?

㉮ 선박이 물 위에 떠 있을 때 계측한다.

㉯ 다이얼식 마이크로미터로 계측한다.

㉰ 각 실린더마다 정해진 여러 곳을 계측한다.

㉱ 개폐가 심할수록 유연성이 좋으므로 기관의 효율이 높아진다.

답 | ㉱ 크랭크암의 개폐 작용은 크랭크축이 변형되거나 휘게 되어 회전할 때 암 사이의 거리가 넓어지거나 좁아지는 현상을 말한다. 이런 현상은 선박이 물에 떠 있을 때, 다이얼식 마이크로미터를 이용하여 각 실린더마다 정해진 여러 곳을 계측하여 점검한다. 개폐가 심하면 크랭크축의 진동이 심해지며 크랭크축의 절손원이 된다.

24 일정량의 연료유를 가열했을 때 그 값이 변하지 않는 것은?

㉮ 점도   ㉯ 부피

㉰ 질량   ㉱ 온도

답 | ㉰ 연료유를 가열할 경우 온도가 상승하고 점도는 낮아지며 부피는 증가한다. 그러나 질량에는 변화가 일어나지 않는다.

25 1드럼은 몇 리터인가?

㉮ 5리터   ㉯ 20리터

㉰ 100리터   ㉱ 200리터

답 | ㉱ 1드럼은 200리터이다.

2022년 제2회 정기시험

제1과목	항해

01 자기 컴퍼스에서 선박의 동요로 비너클이 기울어져도 볼을 항상 수평으로 유지시켜 주는 장치는?

㉮ 피벗
㉯ 컴퍼스 액
㉰ 짐벌즈
㉱ 섀도 핀

답 | ㉰ 짐벌즈는 선박의 동요로 비너클이 기울어져도 볼의 수평을 유지해 주는 역할을 한다.

02 경사제진식 자이로 컴퍼스에만 있는 오차는?

㉮ 위도오차
㉯ 속도오차
㉰ 동요오차
㉱ 가속도오차

답 | ㉮ 위도오차는 경사제진식 자이로 컴퍼스에만 있는 오차로, 북반구에서는 편동, 남반구에서는 편서로 발생하고 적도에서는 발생하지 않는다.
㉯ 속도오차 : 선속 중 남북 방향의 성분이 지구 자전의 각속도에 벡터적으로 가감되어 발생하는 오차
㉰ 동요오차 : 선박의 동요로 인해 자이로의 짐벌 내부 장치에서 진요운동이 발생하고, 이 진요의 변화로 인한 가속도와 진자의 호상운동으로 인해 발생하는 오차
㉱ 가속도오차 : 선박이 변속하거나 변침을 할 때 가속도의 남북 방향 성분에 의하여 자이로의 동서축 주위에 토크를 발생시킴으로써 자이로 축을 진동시키고 이로 인해 축이 평형을 잃게 되어 발생하는 오차

03 음향 측심기의 용도가 아닌 것은?

㉮ 어군의 존재 파악
㉯ 해저의 저질 상태 파악
㉰ 선박의 속력과 항주 거리 측정
㉱ 수로 측량이 부정확한 곳의 수심 측정

답 | ㉰ 음향측심기는 선체 중앙부 밑바닥에서 초음파를 발사, 반사파의 도착 시간으로 수심을 측정하며, 간단한 해저의 저질, 어군의 존재 등 다양한 정보를 획득할 수 있다. 선박에서 속력과 항주 거리를 측정하는 계기는 '선속계'이다.

04 다음 중 자차계수 D가 최대가 되는 침로는?

㉮ 000°
㉯ 090°
㉰ 225°
㉱ 270°

답 | ㉰ 자차계수 D는 상한차 자차계수로, 침로가 동서남북 중 하나일 때는 발생하지 않고 사우점, 즉 북동, 남동, 남서, 북서 중 하나일 때 최대가 된다. 225°는 남서에 해당한다.

05 자기 컴퍼스에서 섀도 핀에 의한 방위 측정 시 주의사항에 대한 설명으로 옳지 않은 것은?

㉮ 핀의 지름이 크면 오차가 생기기 쉽다.

㉯ 핀이 휘어져 있으면 오차가 생기기 쉽다.

㉰ 선박의 위도가 변하면 오차가 생기기 쉽다.

㉱ 볼(Bowl)이 경사된 채로 방위를 측정하면 오차가 생기기 쉽다.

답 ㅣ ㉰ 섀도 핀에 의한 방위 측정 시 주의사항
- 핀의 지름이 크면 오차가 생기기 쉽다.
- 핀이 휘어져 있으면 오차가 생기기 쉽다.
- 볼이 경사된 채로 방위를 측정하면 오차가 생기기 쉽다.

06 레이더를 이용하여 얻을 수 없는 것은?

㉮ 본선의 위치

㉯ 물표의 방위

㉰ 물표의 표고차

㉱ 본선과 다른 선박 사이의 거리

답 ㅣ ㉰ 레이더는 마이크로파 정도의 전자기파를 발사하여 반사되는 전자기파를 수신함으로써 본선의 위치와 물표의 방위 등을 알아내는 장치이다.

07 (　　)에 적합한 것은?

┌─보기─────────────────────┐
"생소한 해역을 처음 항해할 때에는 수로지, 항로지, 해도 등에 (　　)가 설정되어 있으면 특별한 이유가 없는 한 그 항로를 따르도록 한다."
└──────────────────────────┘

㉮ 추천항로　　　　㉯ 우회항로

㉰ 평행항로　　　　㉱ 심흘수 전용항로

답 ㅣ ㉮ 생소한 해역을 처음 항해할 때 수로지, 항로지, 해도 등에 추천항로가 설정되어 있으면 특별한 이유가 없는 한 그 항로를 선정해야 한다.

08 (　　)에 순서대로 적합한 것은?

┌─보기─────────────────────┐
"국제협정에 의하여 (　　　　)을 기준경도로 하여 서경 쪽에서 동경 쪽으로 통과할 때에는 1일을 (　　　)."
└──────────────────────────┘

㉮ 본초자오선, 늦춘다

㉯ 본초자오선, 건너뛴다

㉰ 날짜변경선, 늦춘다

㉱ 날짜변경선, 건너뛴다

답 ㅣ ㉱ 국제협정에 의하여 날짜변경선을 기준경도로 하여 서경 쪽에서 동경 쪽으로 통과할 때는 1일은 건너뛴다. 반대로 동경 쪽에서 서경 쪽으로 이동할 때는 하루를 늦춘다(더한다).

09 상대운동 표시방식의 알파(ARPA) 레이더 화면에 나타난 'A' 선박의 벡터가 다음 그림과 같이 표시되었을 때, 이에 대한 설명으로 옳은 것은?

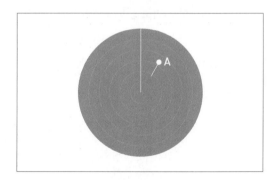

㉮ 본선과 침로가 비슷하다.

㉯ 본선과 속력이 비슷하다.

㉰ 본선의 크기와 비슷하다.

㉱ 본선과 충돌의 위험이 있다.

답 ㅣ ㉱ A 선박이 자선 쪽으로 접근하고 있음을 의미하며, 따라서 본선과 충돌의 위험이 있음을 나타낸다.

10 레이더의 수신 장치 구성요소가 아닌 것은?

㉮ 증폭장치

㉯ 펄스변조기

㉰ 국부발진기

㉱ 주파수변환기

답 ㅣ ㉯ 펄스변조기는 트리거 신호에 따라 마그네트론을 작동시키기 위하여 펄스의 폭을 만드는 장치로 레이더의 송신 장치이다.

11 노출암을 나타낸 다음의 해도도식에서 '4'가 의미하는 것은?

㉮ 수심

㉯ 암초 높이

㉰ 파고

㉱ 암초 크기

답 ㅣ ㉯ 노출암 표시 옆의 숫자는 해당 암초의 높이를 뜻한다.

12 ( )에 적합한 것은?

> **보기**
> "해도상에 기재된 건물, 항만시설물, 등부표, 수중 장애물, 조류, 해류, 해안선의 형태, 등고선, 연안 지형 등의 기호 및 약어가 수록된 수로서지는 ( )이다."

㉮ 해류도

㉯ 조류도

㉰ 해도목록

㉱ 해도도식

답 ㅣ ㉱ 해도도식은 해도상에서 사용되는 특수기호와 약어를 설명하는 특수서지이다.

13 조석표에 대한 설명으로 옳지 않은 것은?

㉮ 조석 용어의 해설도 포함하고 있다.

㉯ 각 지역의 조석에 대하여 상세히 기술하고 있다.

㉰ 표준항 외의 항구에 대한 조시, 조고를 구할 수 있다.

㉱ 국립해양조사원은 외국항 조석표는 발행하지 않는다.

답 ㅣ ㉱ 한국 연안의 조석표는 매년, 태평양 및 인도양에 관한 조석표는 격년으로 간행하고 있다.

14 등색이나 등력이 바뀌지 않고 일정하게 계속 빛을 내는 등은?

㉮ 부동등　　　　㉯ 섬광등

㉰ 호광등　　　　㉱ 명암등

답 ㅣ ㉮ 부동등은 등색이나 광력이 바뀌지 않고 일정하게 계속 빛을 내는 등을 말한다.

15 아래에서 설명하는 형상(주간)표지는?

> **보기**
> "선박에 암초, 얕은 여울 등의 존재를 알리고 항로를 표시하기 위하여 바다 위에 뜨게 한 구조물로 빛을 비추지 않는다."

㉮ 도표　　　　㉯ 부표

㉰ 육표　　　　㉱ 입표

답 ㅣ ㉯ 부표는 비교적 항행이 곤란한 장소나 항만의 유도표지로 항로를 따라 설치하여 바다 위에 떠 있는 구조물이다. 등광을 함께 설치하면 등부표가 된다.

16 레이콘에 대한 설명으로 옳지 않은 것은?

㉮ 레이마크 비콘이라고도 한다.

㉯ 레이더에서 발사된 전파를 받을 때에만 응답한다.

㉰ 레이콘의 신호로 표준신호와 모스 부호가 이용된다.

㉱ 레이더 화면상에 일정 형태의 신호가 나타날 수 있도록 전파를 발사한다.

답 | ㉮ 레이콘은 선박에 장치된 레이더 전파를 수신하면 동일한 주파수대의 전파를 발사, 선박의 레이더 화면에 표준 신호 및 모스 부호로 그 위치를 표시하는 전파표지이다. 레이더 비콘이라고도 한다.

17 연안항해에 사용되는 종이해도의 축척에 대한 설명으로 옳은 것은?

㉮ 최신 해도이면 축척은 관계없다.

㉯ 사용 가능한 대축척 해도를 사용한다.

㉰ 총도를 사용하여 넓은 범위를 관측한다.

㉱ 1:50,000인 해도가 1:150,000인 해도보다 소축척 해도이다.

답 | ㉯ ㉮ 최신 해도라도 항해 목표에 적합한 축척의 해도를 사용해야 한다.
㉰ 총도는 지구상의 넓은 구역을 수록한 해도로 원거리 항해 및 항해계획 수립 등에 사용한다.
㉱ 1:50,000인 해도가 1:150,000인 해도보다 대축척 해도이다.
※ 축척은 비율로도 표현하지만 분수로도 표현한다는 것(㉮ 1/50,000)을 이해하면 헷갈리지 않는다.

18 종이해도를 사용할 때 주의사항으로 옳은 것은?

㉮ 여백에 낙서를 해도 무방하다.

㉯ 연필 끝은 둥글게 깎아서 사용한다.

㉰ 반드시 해도의 소개정을 할 필요는 없다.

㉱ 가장 최근에 발행된 해도를 사용해야 한다.

답 | ㉱ ㉮ 해도에 불필요한 낙서를 해서는 안 된다.
㉯ 연필은 2B나 4B를 사용하며, 끝은 납작하게 깎아서 사용한다.
㉰ 항행통보를 확인하여 소개정을 한 뒤 사용하여야 한다.

19 정해진 등질이 반복되는 시간은?

㉮ 등색　　　　　　㉯ 섬광등

㉰ 주기　　　　　　㉱ 점등시간

답 | ㉰ 주기는 정해진 등질이 반복되는 시간을 말하며, 초(s) 단위로 표시한다.

20 항로의 좌우측 한계를 표시하기 위하여 설치된 표지는?

㉮ 특수표지　　　　㉯ 고립장해표지

㉰ 측방표지　　　　㉱ 안전수역표지

답 | ㉰ 측방표지는 항행하는 수로의 좌·우측 한계를 표시하기 위해 설치된 표지를 말하며, 우리나라는 B 지역에 해당하므로 좌현표지는 녹색, 우현표지는 적색으로 표시한다.

21 오오츠크해기단에 대한 설명으로 옳지 않은 것은?

㉮ 한랭하고 습윤하다.
㉯ 해양성 열대기단이다.
㉴ 오오츠크해가 발원지이다.
㉵ 오오츠크해기단은 늦봄부터 발생하기 시작한다.

답 | ㉯ 오오츠크해기단은 해양성 한대기단으로, 한랭하고 습윤하며 늦봄에서 초여름에 우리나라에 영향을 미친다.

22 저기압의 일반적인 특징으로 옳지 않은 것은?

㉮ 저기압은 중심으로 갈수록 기압이 낮아진다.
㉯ 저기압에서는 중심에 접근할수록 기압경도가 커지므로 바람도 강하다.
㉴ 저기압 역내에서는 하층의 발산기류를 보충하기 위하여 하강기류가 일어난다.
㉵ 북반구에서 저기압 주위의 대기는 반시계 방향으로 회전하고 하층에서는 대기의 수렴이 있다.

답 | ㉴ 북반구 기준, 고기압의 경우 중심에서 시계 방향으로 공기가 발산하고, 하강기류가 발달하여 발산된 공기를 보충한다. 저기압의 경우 중심에서 반시계 방향으로 공기가 수렴하여 상승기류가 발달한다.

23 현재부터 1~3일 후까지의 전선과 기압계의 이동 상태에 따른 일기 상황을 예보하는 것은?

㉮ 수치 예보　　㉯ 실황 예보
㉴ 단기 예보　　㉵ 단시간 예보

답 | ㉴ 단기 예보는 현재로부터 1~3일 후까지의 전선과 기압계의 이동 상태에 따른 일기 상황을 예보하는 일기 예보이다.
㉮ 수치 예보 : 매일매일의 일기 예보 방법
㉯ 실황 예보 : 현재로부터 2시간 후까지의 예보
㉵ 단시간 예보 : 현재로부터 3시간, 6시간 또는 12시간 후까지의 예보

24 항해계획을 수립할 때 구별하는 지역별 항로의 종류가 아닌 것은?

㉮ 원양 항로　　㉯ 왕복 항로
㉴ 근해 항로　　㉵ 연안 항로

답 | ㉯ 항해계획을 수립할 때 구별하는 지역별 항로는 원양 항로, 연안 항로, 근해 항로 등이 있다.
㉮ 원양 항로 : 원양 항해를 하는 항로
㉴ 근해 항로 : 육지에 인접한 항로
㉵ 연안 항로 : 한 나라 안에서 여러 항구 사이를 잇는 항로

25 항해계획에 따라 안전한 항해를 수행하고, 안전을 확인하는 방법이 아닌 것은?

㉮ 레이더를 이용한다.
㉯ 중시선을 이용한다.
㉴ 음향측심기를 이용한다.
㉵ 선박의 평균속력을 계산한다.

답 | ㉵ 항해계획에 따른 안전한 항해를 확인하는 방법은 레이더, 음향측심, 중시선을 이용하는 것이다.

01 파랑 중에 항행하는 선박의 선수부와 선미부에 파랑에 의한 큰 충격을 예방하기 위해 선수미 부분을 견고히 보강한 구조의 명칭은?

㉮ 팬팅(Panting) 구조
㉯ 이중선체(Double hull) 구조
㉰ 이중저(Double bottom) 구조
㉱ 구상형 선수(Bulbous bow) 구조

답 | ㉮ 거친 파랑 중을 항해하는 선박이 파랑에 의해 선수부 혹은 선미부에 받는 충격을 팬팅(Panting)이라고 하며, 이를 예방하기 위해 선수미 부분을 견고하게 보강한 구조를 팬팅 구조(Panting Arrangement)라고 한다.

02 선체의 외형에 따른 명칭 그림에서 ①은?

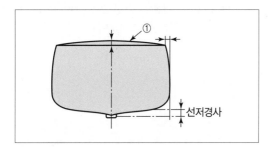

선저경사

㉮ 캠버
㉯ 플레어
㉰ 텀블 홈
㉱ 선수현호

답 | ㉮ ①은 선체의 구조 중 캠버로 선체의 횡단면상에서 갑판보가 선체 중심선에서 양현으로 휘어진 것을 말한다. 캠버는 갑판 위의 물이 신속하게 현측으로 배수되도록 하고 횡강력을 증가시켜 갑판의 변형을 방지하는 역할을 한다.

03 선박의 트림을 옳게 설명한 것은?

㉮ 선수흘수와 선미흘수의 곱
㉯ 선수흘수와 선미흘수의 비
㉰ 선수흘수와 선미흘수의 차
㉱ 선수흘수와 선미흘수의 합

답 | ㉰ '트림은 선수흘수와 선미흘수의 차'로 선박 길이 방향의 경사를 의미한다. 각 흘수의 비율에 따라 선수 트림, 선미 트림, 등흘수 등으로 구분한다.

04 각 흘수선상의 물에 잠긴 선체의 선수재 전면에서 선미 후단까지의 수평거리는?

㉮ 전장
㉯ 등록장
㉰ 수선장
㉱ 수선간장

답 | ㉰ 수선장은 선체가 물에 잠겨 있는 상태에서의 수선의 수평거리를 말하는 것으로, 통상 전장보다 약간 짧다.

05 타(키)의 구조 그림에서 ①은?

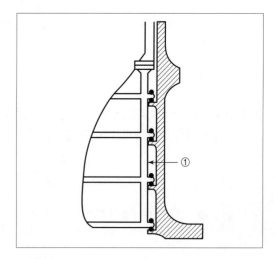

㉮ 타판
㉯ 타주
㉰ 거전
㉱ 타심재

답 | ㉱ ①은 타심재로 단판키의 회전축이 되는 부재이며, 타의 중심이 되는 부재이다.

06 스톡 앵커의 그림에서 ①은?

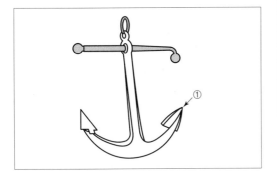

㉮ 암
㉯ 빌
㉰ 생크
㉱ 스톡

답 | ㉯ 제시된 그림은 스톡 앵커로, ①은 '빌'에 해당한
다. 빌은 생크가 물 밑에 옆으로 놓였을 때 토
사에 실제로 박히는 부분이 된다.

07 다음 소화장치 중 화재가 발생하면 자동으로 작
동하여 물을 분사하는 장치는?

㉮ 고정식 포말 소화장치
㉯ 자동 스프링클러 장치
㉰ 고정식 분말 소화장치
㉱ 고정식 이산화탄소 소화장치

답 | ㉯ 자동 스프링클러 장치는 천장 등의 고정 배관
에 스프링클러 헤드를 배치하고, 화재 등이 발
생하여 온도가 올라가면 이를 감지하여 배관
속에 상시 가압되어 있는 물을 방수함으로써
자동적으로 소화를 하는 장치이다.

08 열전도율이 낮은 방수 물질로 만들어진 포대기
또는 옷으로 방수복을 착용하지 않은 사람이 입는
것은?

㉮ 보호복
㉯ 노출 보호복
㉰ 보온복
㉱ 작업용 구명조끼

답 | ㉰ 보온복은 열전도율이 낮은 방수 물질로 만들어
진 포대기 혹은 옷으로 바닷물에서 체온을 유
지하는 데 도움을 주는 구명 설비이다.

09 수신된 조난신호의 내용 중 '05:30 UTC'라고 표
시된 시각을 우리나라 시각으로 나타낸 것은?

㉮ 05시 30분
㉯ 14시 30분
㉰ 15시 30분
㉱ 17시 30분

답 | ㉯ 'UTC'는 '협정세계시'를 의미하는 것으로 국제
사회가 1972년 1월 1일부터 공통적으로 사용
하고 있는 표준시를 말한다. 한국표준시(KST)
는 협정세계시와 +9:00의 시차가 있으므로 이
를 더하여 구할 수 있다. 따라서 '05:30 UTC'
는 '14:30 KST'가 된다.

10 나일론 등과 같은 합성섬유로 된 포지를 고무로
가공하여 제작되며, 긴급 시에 탄산가스나 질소
가스로 팽창시켜 사용하는 구명설비는?

㉮ 구명정
㉯ 구조정
㉰ 구명부기
㉱ 구명뗏목

답 | ㉱ 구명뗏목은 선박 침몰 시 수심 2~4m에 이르
면 자동이탈장치에 의해 선박에서 이탈·부상
하여 조난자가 이용할 수 있도록 펼쳐지는 구
명설비이다. 주로 나일론 등과 같은 합성섬유
로 된 포지를 고무로 가공하여 제작된다.
㉮ 구명정 : 선박의 조난 시나 인명 구조 시에
사용되는 소형 보트
㉯ 구조정 : 조난 중인 사람을 구조하거나 생
존정으로 인도하기 위하여 설계된 보트
㉰ 구명부기 : 조난 시 사람을 구조할 수 있게
만든 물에 뜨는 기구

11 자기 점화등과 같은 목적으로 구명부환과 함께
수면에 투하되면 자동으로 오렌지색 연기를 내는
것은?

㉮ 신호 홍염
㉯ 자기 발연 신호
㉰ 신호 거울
㉱ 로켓 낙하산 화염신호

답 | ㉯ 자기 발연 신호는 주간에 구명부환의 위치를
알려주는 장비로 물에 들어가면 자동으로 오렌
지색 연기가 발생한다.

12 해상에서 사용하는 조난신호가 아닌 것은?

㉮ 국제신호기 'SOS' 게양

㉯ 좌우로 벌린 팔을 천천히 위아래로 반복함

㉰ 비상위치지시 무선표지(EPIRB)에 의한 신호

㉱ 수색구조용 레이더 트랜스폰더(SART)의 사용

답 │ ㉮ **해상에서 사용하는 조난신호**
- 약 1분간의 간격으로 행하는 1회의 발포 및 기타 폭발에 의한 신호
- 무중신호장치에 의한 연속 음향신호
- 짧은 시간 간격으로 1회에 1개씩 발사되어 별 모양의 붉은 불꽃을 발하는 로켓 또는 유탄에 의한 신호
- 무선전화에 의한 '메이데이'라는 말의 신호
- 국제기류신호에 의한 NC의 조난신호
- 상방 또는 하방에 구 또는 이와 유사한 것 1개를 붙인 사각형 기로 된 신호
- 선상에서의 발연(타르통, 기름통 등의 연소로 생기는)신호
- 낙하산이 달린 적색의 염화 로켓 또는 적색의 수동 염화에 의한 신호
- 오렌지색의 연기를 발하는 발연신호
- 좌우로 벌린 팔을 천천히 반복하여 올렸다 내렸다 하는 신호

13 지혈의 방법으로 옳지 않은 것은?

㉮ 환부를 압박한다.

㉯ 환부를 안정시킨다.

㉰ 환부를 온열시킨다.

㉱ 환부를 심장부위보다 높게 올린다.

답 │ ㉰ 지혈 시 환부를 차게 하여 혈관을 수축시킴으로써 혈류량을 줄이는 것이 좋다.

14 초단파(VHF) 무선설비를 사용하는 방법으로 옳지 않은 것은?

㉮ 볼륨을 적절히 조절한다.

㉯ 항해 중에는 16번 채널을 청취한다.

㉰ 묘박 중에는 필요한 때만 켜서 사용한다.

㉱ 관제구역에서는 지정된 관제통신 채널을 청취한다.

답 │ ㉰ 항해 중인 선박은 조난 및 긴급 정보의 청취를 위해 VHF의 채널 16을 항시 청취해야 한다.

15 타판에서 생기는 항력의 작용 방향은?

㉮ 우현 방향

㉯ 좌현 방향

㉰ 선수미선 방향

㉱ 타판의 직각 방향

답 │ ㉰ 항력은 타판에 작용하는 압력 중 그 작용 방향이 선미 방향(선체 후방)인 분력으로, 선회 시 선체의 전진 선속을 감소시키는 저항력으로 작용한다. 타각이 커지면 항력도 증가하게 된다.

16 선박의 조종성을 판별하는 성능이 아닌 것은?

㉮ 복원성 　　　　㉯ 선회성

㉰ 추종성 　　　　㉱ 침로안정성

답 │ ㉮ 선박의 조종성을 판별하는 요소는 선박의 추종성, 침로안정성(보침성), 선회성 등이다.

17 다음 중 닻의 역할이 아닌 것은?

㉮ 침로 유지에 사용된다.
㉯ 좁은 수역에서 선회하는 경우에 이용된다.
㉰ 선박을 임의의 수면에 정지 또는 정박시킨다.
㉱ 선박의 속력을 급히 감소시키는 경우에 사용된다.

답 | ㉮ 닻(앵커)은 선박을 일정 반경의 수역 내에서 외력에 대항하면서 안전하게 머물 수 있도록 하는 장치로, 좁은 수역에서의 선회, 비상시 응급 조종(특히 속력의 급감) 등에도 활용된다.

18 우선회 고정피치 단추진기를 설치한 선박에서 흡입류와 배출류에 대한 내용으로 옳지 않은 것은?

㉮ 횡압력의 영향은 스크루 프로펠러가 수면 위에 노출되어 있을 때 뚜렷하게 나타난다.
㉯ 기관 전진 중 스크루 프로펠러가 수중에서 회전하면 앞쪽에서는 스크루 프로펠러에 빨려드는 흡입류가 있다.
㉰ 기관을 전진 상태로 작동하면 타의 하부에 작용하는 수류는 수면 부근에 위치한 상부에 작용하는 수류보다 강하여 선미를 좌현 쪽으로 밀게 된다.
㉱ 기관을 후진 상태로 작동시키면 선체의 우현 쪽으로 흘러가는 배출류는 우현 선미 측벽에 부딪치면서 측압을 형성하며, 이 측압작용은 현저하게 커서 선미를 우현 쪽으로 밀게 되므로 선수는 좌현 쪽으로 회두한다.

답 | ㉱ 우선회 고정피치 스크루 프로펠러가 장착된 선박이 정지 상태에서 후진할 경우 앞쪽으로 발생하는 배출류 중 우현 쪽으로 흘러가는 배출류가 선미 측벽에 부딪치면서 측압을 형성. 선미를 좌현 쪽으로 밀게 되고 이에 따라 선수는 우회두한다.

19 복원성이 작은 선박을 조선할 때 적절한 조선 방법은?

㉮ 순차적으로 타각을 높임
㉯ 큰 속력으로 대각도 전타
㉰ 전타 중 갑자기 타각을 줄임
㉱ 전타 중 반대 현측으로 대각도 전타

답 | ㉮ 복원성은 선박이 경사할 때의 저항이자, 외력에 의해 경사했을 때 외력이 사라지면 원상태로 복귀하려는 힘을 말한다. 복원성이 작은 선박은 횡방향 경사에 취약하므로 조선 시 타각은 순차적으로 높여야 한다. 대각도로 전타할 경우 전복의 위험이 있다.

20 물에 빠진 사람을 구조하는 조선법이 아닌 것은?

㉮ 표준 턴 ㉯ 샤르노브 턴
㉰ 싱글 턴 ㉱ 윌리암슨 턴

답 | ㉮ 샤르노브 턴, 엔더슨 턴, 윌리암슨 턴 등은 인명 구조 시 선박의 조선법이다.

21 복원력에 관한 내용으로 옳지 않은 것은?

㉮ 복원력의 크기는 배수량의 크기에 반비례한다.
㉯ 무게중심의 위치를 낮추는 것이 복원력을 크게 하는 가장 좋은 방법이다.
㉰ 황천항해 시 갑판에 올라온 해수가 즉시 배수되지 않으면 복원력이 감소될 수 있다.
㉱ 항해의 경과로 연료유와 청수 등의 소비, 유동수의 발생으로 인해 복원력이 감소할 수 있다.

답 | ㉮ 복원력의 크기는 배수량의 크기에 비례한다.

22 배의 길이와 파장의 길이가 거의 같고 파랑을 선미로부터 받을 때 나타나기 쉬운 현상은?

㉮ 러칭(Lurching)

㉯ 슬래밍(Slamming)

㉳ 브로칭(Broaching)

㉴ 동조 횡동요(Synchronized rolling)

답 | ㉳ 브로칭 현상은 선박의 길이와 파장의 길이가 거의 같고 파랑을 선미로부터 받으며 항주할 때, 선체 중앙이 파도의 마루나 오르막 파면에 위치하면서 급격한 선수 동요(Yawing)에 의해 선체가 파도와 평행하게 놓이는 현상을 말한다.

23 황천 중에 항행이 곤란할 때 기관을 정지시키고 선체를 풍하 측으로 표류하도록 하는 방법으로서 소형선에서 선수를 풍랑 쪽으로 세우기 위하여 해묘(Sea anchor)를 사용하는 방법은?

㉮ 라이 투(Lie to)

㉯ 스커딩(Scudding)

㉳ 히브 투(Heave to)

㉴ 스톰 오일(Storm oil)의 살포

답 | ㉮ 라이 투는 표주법이라고도 하며, 황천에서 기관을 정지하여 선체가 풍하 측으로 표류하도록 하는 방법이다. 기관이나 조타기 고장 등에 의한 운전 부자유 상태가 아닌 한 거의 사용하지 않는 방법이며, 횡파를 받으면 대각도 경사가 일어나므로 복원력이 큰 소형선에서나 이용 가능한 방법이다.

24 해상에서 선박과 인명의 안전에 관한 언어적 장해가 있을 때의 신호 방법과 수단을 규정하는 신호서는?

㉮ 국제신호서　　㉯ 선박신호서

㉳ 해상신호서　　㉴ 항공신호서

답 | ㉮ 국제신호서는 선박의 항해와 인명의 안전에 위급한 상황이 생겼을 경우 상대방에게 도움을 요청할 수 있도록 국제적으로 약속한 부호와 그 의미를 상세하게 설명한 책이다. 일반 부문, 의료 부문, 조난 신호 부문의 3편으로 나뉘어 있다.

25 전기장치에 의한 화재 원인이 아닌 것은?

㉮ 산화된 금속의 불똥

㉯ 과전류가 흐르는 전선

㉳ 절연이 충분치 않은 전동기

㉴ 불량한 전기접점 그리고 노출된 전구

답 | ㉮ 산화된 금속의 불똥은 전기장치에 의한 화재가 아니라 가연성 금속 물질에 의한 화재, 즉 D급 화재에 해당한다.

01 ( )에 적합한 것은?

보기
"해사안전법상 통항분리수역을 항행하는 경우에 선박이 부득이한 사유로 통항로를 횡단하여야 하는 경우 그 통항로와 선수 방향이 ( )에 가까운 각도로 횡단하여야 한다."

㉮ 둔각
㉯ 직각
㉰ 예각
㉱ 평형

답 ㅣ ㉯ 해사안전법 제68조에 따르면 통항분리수역에서 통항로의 횡단은 원칙적으로 금지되나, 부득이한 사유로 인한 경우 횡단이 가능하다. 이때 횡단하고자 하는 선박은 선수 방향이 통항로와 직각에 가까운 각도가 되도록 횡단해야 한다.

02 해사안전법상 선박의 항행안전에 필요한 항행보조시설을 〈보기〉에서 모두 고른 것은?

보기
ㄱ. 신호   ㄴ. 해양관측 설비
ㄷ. 조명   ㄹ. 항로표지

㉮ ㄱ, ㄴ, ㄷ
㉯ ㄱ, ㄷ, ㄹ
㉰ ㄴ, ㄷ, ㄹ
㉱ ㄱ, ㄴ, ㄹ

답 ㅣ ㉯ 해사안전법 제44조(항행보조시설의 설치와 관리)에 따르면 해양수산부장관은 선박의 항행안전에 필요한 항로표지·신호·조명 등 항행보조시설을 설치하고 관리·운영하여야 한다.

03 해사안전법상 안전한 속력을 결정할 때 고려할 사항이 아닌 것은?

㉮ 해상교통량의 밀도
㉯ 레이더의 특성 및 성능
㉰ 항해사의 야간 항해당직 경험
㉱ 선박의 정지거리·선회성능, 그 밖의 조종성능

답 ㅣ ㉰ 해사안전법 제64조에 따르면 안전한 속력을 결정할 때에 고려할 사항은 선박의 흘수와 수심과 관계, 본선의 정지거리·선회성능, 조종성능, 해상교통량의 밀도, 시계의 상태 등이 있다. 항해사의 야간 항해당직 경험은 고려할 사항이 아니다.

04 해사안전법상 충돌 위험의 판단에 대한 설명으로 옳지 않은 것은?

㉮ 선박은 다른 선박과 충돌할 위험이 있는지를 판단하기 위하여 당시의 상황에 알맞은 모든 수단을 활용하여야 한다.
㉯ 선박은 다른 선박과의 충돌 위험 여부를 판단하기 위하여 불충분한 레이더 정보나 그 밖의 불충분한 정보를 적극 활용하여야 한다.
㉰ 선박은 접근하여 오는 다른 선박의 나침방위에 뚜렷한 변화가 일어나지 아니하면 충돌할 위험성이 있다고 보고 필요한 조치를 취하여야 한다.
㉱ 레이더를 설치한 선박은 다른 선박과 충돌할 위험성 유무를 미리 파악하기 위하여 레이더를 이용하여 장거리 주사, 탐지된 물체에 대한 작도, 그 밖의 체계적인 관측을 하여야 한다.

답 ㅣ ㉯ 해사안전법 제65조에 따르면 선박은 다른 선박과 충돌의 위험이 있는지를 판단하기 위하여 당시의 상황에 알맞은 모든 수단을 활용하여야 한다. 그러나 불충분한 레이더 정보 등 불충분한 정보는 오히려 정확한 판단에 방해가 될 수 있으므로 활용해서는 안 된다.

05 (   )에 순서대로 적합한 것은?

┌─ 보기 ─────────────────────────────┐
"해사안전법상 밤에는 다른 선박의 (   )만을
볼 수 있고 어느 쪽의 (   )도 볼 수 없는 위치
에서 그 선박을 앞지르는 선박은 앞지르기하는
배로 보고 필요한 조치를 취하여야 한다."
└────────────────────────────────┘

㉮ 선수등, 현등

㉯ 선수등, 전주등

㉰ 선미등, 현등

㉱ 선미등, 전주등

답 ㅣ ㉰ 해사안전법 제71조에 따르면 다른 선박의 양
쪽 현의 정횡(正橫)으로부터 22.5도를 넘는 뒤
쪽[밤에는 다른 선박의 선미등(船尾燈)만을 볼
수 있고 어느 쪽의 현등(舷燈)도 볼 수 없는 위
치를 말한다]에서 그 선박을 앞지르는 선박은
앞지르기하는 배로 보고 필요한 조치를 취하여
야 한다.

06 해사안전법상 항행 중인 범선이 진로를 피하지
않아도 되는 선박은?

㉮ 조종제한선

㉯ 조종불능선

㉰ 수상항공기

㉱ 어로에 종사하고 있는 선박

답 ㅣ ㉰ 해사안전법 제76조에 따르면 항행 중인 범선
은 조종불능선, 조종제한선, 어로에 종사하고
있는 선박의 진로를 피하여야 한다.

07 해사안전법상 제한된 시계에서 충돌할 위험성이
없다고 판단한 경우 외에 자기 선박의 양쪽 현의
정횡 앞쪽에 있는 다른 선박의 무중신호를 듣고 취
할 조치로 옳은 것을 〈보기〉에서 모두 고른 것은?

┌─ 보기 ─────────────────────────────┐
ㄱ. 최대 속력으로 항행하면서 경계를 한다.
ㄴ. 우현 쪽으로 침로를 변경시키지 않는다.
ㄷ. 필요시 자기 선박의 진행을 완전히 멈춘다.
ㄹ. 충돌할 위험성이 사라질 때까지 주의하여
   항행하여야 한다.
└────────────────────────────────┘

㉮ ㄴ, ㄷ　　　　　　　㉯ ㄷ, ㄹ

㉰ ㄱ, ㄴ, ㄹ　　　　　㉱ ㄴ, ㄷ, ㄹ

답 ㅣ ㉱ 해사안전법 제77조에 따르면 충돌할 위험성이
없다고 판단한 경우 외에 자기 선박의 양쪽 현
의 정횡 앞쪽에 있는 다른 선박에서 무중신호
(霧中信號)를 듣는 경우 모든 선박은 자기 배
의 침로를 유지하는 데에 필요한 최소한으로
속력을 줄여야 한다. 이 경우 필요하다고 인정
되면 자기 선박의 진행을 완전히 멈추어야 하
며, 어떠한 경우에도 충돌할 위험성이 사라질
때까지 주의하여 항행하여야 한다.

08 (   )에 순서대로 적합한 것은?

┌─ 보기 ─────────────────────────────┐
"해사안전법상 제한된 시계에서 레이더만으로
다른 선박이 있는 것을 탐지한 선박은 (   )
과 얼마나 가까이 있는지 또는 (   )이 있는지
를 판단하여야 한다. 이 경우 해당 선박과 매우
가까이 있거나 그 선박과 충돌할 위험이 있다
고 판단한 경우에는 충분한 시간적 여유를 두고
(   )을 취하여야 한다."
└────────────────────────────────┘

㉮ 해당 선박, 충돌할 위험, 피항동작

㉯ 해당 선박, 충돌할 위험, 피항협력동작

㉰ 다른 선박, 근접 상태의 상황, 피항동작

㉱ 다른 선박, 근접 상태의 상황, 피항협력동작

답 | ㉮ 해사안전법 제77조에 따르면 제한된 시계에서 레이더만으로 다른 선박이 있는 것을 탐지한 선박은 해당 선박과 얼마나 가까이 있는지 또는 충돌할 위험이 있는지를 판단하여야 한다. 이 경우 해당 선박과 매우 가까이 있거나 그 선박과 충돌할 위험이 있다고 판단한 경우에는 충분한 시간적 여유를 두고 피항동작을 취하여야 한다.

09 해사안전법상 선미등과 같은 특성을 가진 황색 등은?

㉮ 현등   ㉯ 전주등
㉰ 예선등   ㉱ 마스트등

답 | ㉰ 해사안전법 제79조에 따르면 예선등은 선미등과 같은 특성을 가진 황색 등을 말한다.

10 해사안전법상 예인선열의 길이가 200미터를 초과하면, 예인작업에 종사하는 동력선이 표시하여야 하는 형상물은?

㉮ 마름모꼴 형상물 1개
㉯ 마름모꼴 형상물 2개
㉰ 마름모꼴 형상물 3개
㉱ 마름모꼴 형상물 4개

답 | ㉮ 해사안전법 제82조에 따르면 예인선열의 길이가 200미터를 초과하면 동력선의 가장 잘 보이는 곳에 마름모꼴 형상물 1개를 표시하여야 한다.

11 해사안전법상 동력선이 다른 선박을 끌고 있는 경우 예선등을 표시하여야 하는 곳은?

㉮ 선수   ㉯ 선미
㉰ 선교   ㉱ 마스트

답 | ㉯ 해사안전법 제82조에 따르면 동력선이 다른 선박이나 물체를 끌고 있는 경우 선미등의 위쪽에 수직선 위로 예선등 1개를 표시하여야 한다.

12 해사안전법상 도선업무에 종사하고 있는 선박이 항행 중 표시하여야 하는 등화로 옳은 것은?

㉮ 마스트의 꼭대기나 그 부근에 수직선 위쪽에는 붉은색 전주등, 아래쪽에는 흰색 전주등 각 1개
㉯ 마스트의 꼭대기나 그 부근에 수직선 위쪽에는 흰색 전주등, 아래쪽에는 붉은색 전주등 각 1개
㉰ 현등 1쌍과 선미등 1개, 마스트의 꼭대기나 그 부근에 수직선 위쪽에는 흰색 전주등, 아래쪽에는 붉은색 전주등 각 1개
㉱ 현등 1쌍과 선미등 1개, 마스트의 꼭대기나 그 부근에 수직선 위쪽에는 붉은색 전주등, 아래쪽에는 흰색 전주등 각 1개

답 | ㉯ 해사안전법 제87조에 따르면 도선업무에 종사하고 있는 선박은 마스트의 꼭대기나 그 부근에 수직선 위쪽에는 흰색 전주등, 아래쪽에는 붉은색 전주등 각 1개를 표시하여야 한다. 여기에 항행 중일 경우 현등 1쌍과 선미등 1개를 덧붙여 표시한다.

13 해사안전법상 선박이 좁은 수로등에서 서로 상대의 시계 안에 있는 상태에서 다른 선박의 좌현 쪽으로 앞지르기하려는 경우 행하여야 하는 기적신호는?

㉮ 장음, 장음, 단음
㉯ 장음, 장음, 단음, 단음
㉰ 장음, 단음, 장음, 단음
㉱ 단음, 장음, 단음, 장음

답 | ㉯ 해사안전법 제92조에 따르면 선박이 좁은 수로등에서 서로 상대의 시계 안에 있는 상태에서 다른 선박의 좌현 쪽으로 앞지르기하려는 경우에는 장음 2회와 단음 2회의 순서로 의사를 표시하여야 한다.
※ 같은 상황에서 우현 쪽으로 앞지르기하려는 경우 장음 2회와 단음 1회의 순서로 의사를 표시한다.

14 해사안전법상 단음은 몇 초 정도 계속되는 고동 소리인가?

㉮ 1초 ㉯ 2초

㉰ 4초 ㉳ 6초

답 | ㉮ 해사안전법 제90조에 따르면 단음은 1초 정도 계속되는 고동소리, 장음은 4초부터 6초까지의 시간 동안 계속되는 고동소리이다.

15 해사안전법상 안개로 시계가 제한되었을 때 항행 중인 길이 12미터 이상인 동력선이 대수속력이 있을 경우 울려야 하는 음향신호는?

㉮ 2분을 넘지 아니하는 간격으로 단음 4회

㉯ 2분을 넘지 아니하는 간격으로 장음 1회

㉰ 2분을 넘지 아니하는 간격으로 장음 1회에 이어 단음 3회

㉳ 2분을 넘지 아니하는 간격으로 단음 1회, 장음 1회, 단음 1회

답 | ㉯ 해사안전법 제93조에 따르면 시계가 제한된 수역이나 그 부근에 있는 항행 중인 동력선은 대수속력이 있는 경우 2분을 넘지 아니하는 간격으로 장음을 1회 울려야 한다.
※ 만약 선박의 길이가 12미터 미만일 경우 상기의 신호를 하지 아니할 수 있다.

16 선박의 입항 및 출항 등에 관한 법률상 정박의 제한 및 방법에 대한 규정으로 옳지 않은 것은?

㉮ 안벽 부근 수역에 인명을 구조하는 경우 정박할 수 있다.

㉯ 좁은 수로 입구의 부근 수역에서 허가받은 공사를 하는 경우 정박할 수 있다.

㉰ 정박하는 선박은 안전에 필요한 조치를 취한 후에는 예비용 닻을 고정할 수 있다.

㉳ 선박의 고장으로 선박을 조종할 수 없는 경우 부두 부근 수역에서 정박할 수 있다.

답 | ㉳ 선박의 입항 및 출항 등에 관한 법률 제6조에 따르면 인명을 구조하거나, 허가를 받은 공사 또는 작업을 하는 경우, 선박의 고장이나 그 밖의 사유로 선박을 조종할 수 없는 경우의 선박은 좁은 수로, 안벽 및 부두 부근에 정박하거나 정류할 수 있다.

17 선박의 입항 및 출항 등에 관한 법률상 무역항의 수상구역등에서 위험물운송선박이 아닌 선박이 불꽃이나 열이 발생하는 용접 등의 방법으로 기관실에서 수리작업을 하는 경우 관리청의 허가를 받아야 하는 선박의 크기 기준은?

㉮ 총톤수 20톤 이상

㉯ 총톤수 25톤 이상

㉰ 총톤수 50톤 이상

㉳ 총톤수 100톤 이상

답 | ㉮ 선박의 입항 및 출항 등에 관한 법률 제37조에 따르면 총톤수 20톤 이상의 선박 중 위험물운송선박이 아닌 선박을 불꽃이나 열이 발생하는 용접 등의 방법으로 수리하려고 하는 경우 관리청의 허가를 받아야 한다.

18 (   )에 적합하지 않은 것은?

> **보기**
> "선박의 입항 및 출항 등에 관한 법률상 관리청은 무역항의 수상구역등에서 선박교통의 안전을 위하여 필요하다고 인정하여 항로 또는 구역을 지정한 경우에는 (   )을/를 정하여 공고하여야 한다."

㉮ 제한 기간 ㉯ 관할 해양경찰서

㉰ 금지 기간 ㉳ 항로 또는 구역의 위치

답 | ㉯ 선박의 입항 및 출항 등에 관한 법률 제9조에 따르면 관리청은 무역항의 수상구역등에서 선박교통의 안전을 위하여 필요하다고 인정하여 항로 또는 구역을 지정한 경우에는 항로 또는 구역의 위치, 제한·금지 기간을 정하여 공고하여야 한다.

19 선박의 입항 및 출항 등에 관한 법률상 무역항의 수상구역등에서 수로를 보전하기 위한 비용으로 옳은 것은?

㉮ 장애물을 제거하는 데 드는 비용은 국가에서 부담하여야 한다.

㉯ 무역항의 수상구역 밖 5킬로미터 이상의 수면에는 폐기물을 버릴 수 있다.

㉰ 흩어지기 쉬운 석탄, 돌, 벽돌 등을 하역할 경우 수면에 떨어지는 것을 방지하기 위한 필요한 조치를 하여야 한다.

㉱ 해양사고 등의 재난으로 인하여 다른 선박의 항행이나 무역항의 안전을 해칠 우려가 있는 경우 해양경찰서장은 항로표지를 설치하는 등 필요한 조치를 하여야 한다.

답 l ㉰ ㉮ 법 제40조(장애물의 제거)에 따르면 장애물을 제거하는 데 들어간 비용은 그 물건의 소유자 또는 점유자가 부담하되, 소유자 또는 점유자를 알 수 없는 경우에는 대통령령으로 정하는 바에 따라 그 물건을 처분하여 비용에 충당한다.

㉯ 법 제38조(폐기물의 투기 금지 등)에 따르면 무역항의 수상구역등이나 무역항의 수상구역 밖 10킬로미터 이내의 수면에 폐기물을 버려서는 안 된다.

㉱ 법 제39조(해양사고 등이 발생한 경우의 조치)에 따르면 해양사고, 화재 등의 재난으로 인해 다른 선박의 항행이나 무역항의 안전을 해칠 우려가 있는 경우 조난선의 선장은 즉시 항로표지를 설치하는 등 필요한 조치를 하여야 한다.

20 선박의 입항 및 출항 등에 관한 법률상 항로에서의 항법으로 옳은 것은?

㉮ 항로 밖에 있는 선박은 항로에 들어오지 아니할 것

㉯ 항로 밖에서 항로에 들어오는 선박은 장음 10회의 기적을 울릴 것

㉰ 항로 밖에서 항로에 들어오는 선박은 항로를 항행하는 다른 선박의 진로를 피하여 항행할 것

㉱ 항로 밖으로 나가는 선박은 일단 정지했다가 다른 선박이 항로에 없을 때 항로 밖으로 나갈 것

답 l ㉰ 선박의 입항 및 출항 등에 관한 법률 제12조에 따르면 항로 밖에서 항로에 들어오거나 항로에서 항로 밖으로 나가는 선박은 항로를 항행하는 다른 선박의 진로를 피하여 항행하여야 한다.

21 (   )에 순서대로 적합한 것은?

> **보기**
> "선박의 입항 및 출항 등에 관한 법률상 항로상의 모든 선박은 항로를 항행하는 (   ) 또는 (   )의 진로를 방해하지 아니하여야 한다. 다만, 항만운송관련사업을 등록한 자가 소유한 급유선은 제외한다."

㉮ 어선, 범선

㉯ 흘수제약선, 범선

㉰ 위험물운송선박, 대형선

㉱ 위험물운송선박, 흘수제약선

답 l ㉱ 선박의 입항 및 출항 등에 관한 법률 제12조에 따르면 항로상의 모든 선박은 항로를 항행하는 위험물운송선박 또는 해사안전법에 따른 흘수제약선의 진로를 방해하지 아니하여야 한다.

22 다음 중 선박의 입항 및 출항 등에 관한 법률상 우선피항선이 아닌 선박은?

㉮ 예선

㉯ 총톤수 20톤 미만인 어선

㉰ 주로 노와 삿대로 운전하는 선박

㉱ 예인선에 결합되어 운항하는 압항부선

답 | ㉱ 선박의 입항 및 출항 등에 관한 법률 제2조에 따르면 우선피항선은 부선(압항부선은 제외), 주로 노와 삿대로 운전하는 선박, 예선, 항만운송관련사업을 등록한 자가 소유한 선박, 해양환경관리업을 등록한 자가 소유한 선박, 총톤수 20톤 미만의 선박 등이 해당된다.

23 해양환경관리법상 선박에서 배출기준을 초과하는 오염물질이 해양에 배출된 경우 방제조치에 대한 설명으로 옳지 않은 것은?

㉮ 오염물질을 배출한 선박의 선장은 현장에서 가급적 빨리 대피한다.

㉯ 오염물질을 배출한 선박의 선장은 오염물질의 배출방지 조치를 하여야 한다.

㉰ 오염물질을 배출한 선박의 선장은 배출된 오염물질을 수거 및 처리를 하여야 한다.

㉱ 오염물질을 배출한 선박의 선장은 배출된 오염물질의 확산 방지를 위한 조치를 하여야 한다.

답 | ㉮ 해양환경관리법 제64조에 따르면 오염물질이 배출된 경우의 방제조치는 오염물질의 배출 방지, 배출된 오염물질의 확산 방지 및 제거, 배출된 오염물질의 수거 및 처리 등이다.

24 ( )에 순서대로 적합한 것은?

┌─보기─────────────────────────────┐
│ "해양환경관리법상 음식찌꺼기는 항해 중에 │
│ ( )으로부터 최소한 ( )의 해역에 버릴 수 │
│ 있다. 다만, 분쇄기 또는 연마기를 통하여 25mm │
│ 이하의 개구를 가진 스크린을 통과할 수 있도록 │
│ 분쇄되거나 연마된 음식찌꺼기의 경우 ( )으 │
│ 로부터 ( )의 해역에 버릴 수 있다." │
└──────────────────────────────────┘

㉮ 항만, 10해리 이상, 항만, 5해리 이상

㉯ 항만, 12해리 이상, 항만, 3해리 이상

㉰ 영해기선, 10해리 이상, 영해기선, 5해리 이상

㉱ 영해기선, 12해리 이상, 영해기선, 3해리 이상

답 | ㉱ 해양환경관리법 제22조(오염물질의 배출금지 등)에 따르면 음식찌꺼기는 영해기선으로부터 최소한 12해리 이상의 해역에 버릴 수 있다. 다만 분쇄기 또는 연마기를 통하여 25mm 이하의 개구를 가진 스크린을 통과할 수 있도록 분쇄되거나 연마된 음식찌꺼기의 경우 영해기선으로부터 3해리 이상의 해역에 버릴 수 있다.

25 해양환경관리법상 소형선박에 비치하여야 하는 기관구역용 폐유저장용기에 관한 규정으로 옳지 않은 것은?

㉮ 용기는 2개 이상으로 나누어 비치 가능

㉯ 용기의 재질은 견고한 금속성 또는 플라스틱 재질일 것

㉰ 총톤수 5톤 이상 10톤 미만의 선박은 30리터 저장용량의 용기 비치

㉱ 총톤수 10톤 이상 30톤 미만의 선박은 60리터 저장용량의 용기 비치

답 | ㉰ 해양환경관리법 제25조(기름오염방지설비의 설치 등)에 따른 선박에서의 오염방지에 관한 규칙(해양수산부령) 별표 7에 기름오염방지설비 설치 및 폐유저장용기 비치기준이 제시되어 있다. 이에 따르면 기관구역용 폐유저장용기는 총톤수 5톤 이상 10톤 미만의 선박의 경우 20리터 저장용량의 용기를 비치해야 한다.

01 실린더 부피가 1,200[cm³]이고 압축부피가 100[cm³]인 내연기관의 압축비는 얼마인가?

㉮ 11 　　　　　 ㉯ 12
㉰ 13 　　　　　 ㉱ 14

답 | ㉯　 내연기관의 압축비는 실린더 부피를 압축부피로 나눈 값이다. 즉, 1,200÷100=12이다

02 소형선박의 4행정 사이클 디젤기관에서 흡기밸브와 배기밸브를 닫는 힘은?

㉮ 연료유 압력
㉯ 압축공기 압력
㉰ 연소가스 압력
㉱ 스프링 장력

답 | ㉱　 4행정 사이클 기관에서 밸브를 열 때는 캠의 힘을, 닫을 때는 스프링의 힘을 이용한다.

03 소형 디젤기관에서 실린더 라이너의 심한 마멸에 의한 영향이 아닌 것은?

㉮ 압축 불량
㉯ 불완전 연소
㉰ 착화 시기가 빨라짐
㉱ 연소가스가 크랭크실로 누설

답 | ㉰　 실린더 라이너의 마멸에 의해 나타나는 현상은 출력 저하, 압축 압력 저하, 불완전 연소, 연료 및 윤활유 소비량 증가, 기관 시동성 저하, 크랭크실로의 가스 누설 등이 있다.

04 다음과 같은 습식 라이너에 대한 설명으로 옳지 않은 것은?

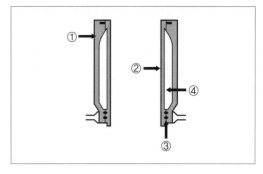

㉮ ①은 실린더 블록이다.
㉯ ②는 실린더 헤드이다.
㉰ ③은 냉각수 누설을 방지하는 오링이다.
㉱ ④는 냉각수가 통과하는 통로이다.

답 | ㉯　 ②는 실린더 라이너에 해당한다.

05 트렁크형 피스톤 디젤기관의 구성 부품이 아닌 것은?

㉮ 피스톤핀
㉯ 피스톤 로드
㉰ 커넥팅 로드
㉱ 크랭크핀

답 | ㉯　 피스톤 로드는 크로스헤드형 기관에서 피스톤과 크로스헤드를 연결하는 부품이다. 트렁크형 피스톤 디젤기관에는 피스톤 로드가 존재하지 않는다.

06 **디젤기관에서 피스톤링의 장력에 대한 설명으로 옳은 것은?**

㉮ 피스톤링이 새것일 때 장력이 가장 크다.
㉯ 기관의 사용 시간이 증가할수록 장력은 커진다.
㉰ 피스톤링의 절구틈이 커질수록 장력은 커진다.
㉱ 피스톤링의 장력이 커질수록 링의 마멸은 줄어든다.

답 | ㉮ ㉯ 기관의 사용 시간이 증가할수록 피스톤링의 장력은 줄어든다.
㉰ 피스톤링의 절구틈이 커질수록 피스톤링의 장력은 줄어든다.
㉱ 피스톤링의 장력이 커질수록 링의 마멸도 커진다.

07 **내연기관에서 크랭크축의 역할은?**

㉮ 피스톤의 회전운동을 크랭크축의 회전운동으로 바꾼다.
㉯ 피스톤의 왕복운동을 크랭크축의 회전운동으로 바꾼다.
㉰ 피스톤의 회전운동을 크랭크축의 왕복운동으로 바꾼다.
㉱ 피스톤의 왕복운동을 크랭크축의 왕복운동으로 바꾼다.

답 | ㉯ 내연기관에서 크랭크축은 피스톤의 왕복운동을 커넥팅 로드를 거쳐 회전운동으로 변환하는 역할을 한다.

08 **디젤기관의 플라이휠에 대한 설명으로 옳지 않은 것은?**

㉮ 기관의 시동을 쉽게 한다.
㉯ 저속 회전을 가능하게 한다.
㉰ 윤활유의 소비량을 증가시킨다.
㉱ 크랭크축의 회전력을 균일하게 한다.

답 | ㉰ 플라이휠의 역할은 기관의 시동을 쉽게 하고, 저속 회전을 가능하게 하며, 크랭크축의 회전력을 균일하게 하고, 밸브의 조정을 편리하게 하는 것이다.

09 **내연기관의 연료유에 대한 설명으로 옳지 않은 것은?**

㉮ 발열량이 클수록 좋다.
㉯ 유황분이 적을수록 좋다.
㉰ 물이 적게 함유되어 있을수록 좋다.
㉱ 점도가 높을수록 좋다.

답 | ㉱ 연료유는 발열량이 크고 유황분의 함유량이 적으며 수분의 함유량도 적은 것이 좋다. 점도는 적당해야 한다.

10 **디젤기관에서 시동용 압축공기의 최고압력은 몇 [kgf/cm²]인가?**

㉮ 약 10[kgf/cm²]
㉯ 약 20[kgf/cm²]
㉰ 약 30[kgf/cm²]
㉱ 약 40[kgf/cm²]

답 | ㉰ 일반적으로 디젤기관 시동용 압축공기의 압력은 25~30[kgf/cm²]이다.

11 **디젤기관에서 연료분사밸브의 분사압력이 정상값보다 낮아진 경우 나타나는 현상이 아닌 것은?**

㉮ 연료분사시기가 빨라진다.
㉯ 무화의 상태가 나빠진다.
㉰ 압축압력이 낮아진다.
㉱ 불완전연소가 발생한다.

답 | ㉰ 실린더 내의 압축압력이 낮아지는 것은 피스톤링의 마멸, 실린더 라이너의 마멸 등의 주된 원인이며, 연료분사밸브의 분사압력이 낮아지는 것과는 관계가 없다.

12 소형 디젤기관에서 윤활유가 공급되는 부품이 아닌 것은?

㉮ 피스톤핀
㉯ 연료분사펌프
㉰ 크랭크핀 베어링
㉱ 메인베어링

답 | ㉯ 윤활유는 피스톤, 실린더, 베어링 등 기관의 운동부에 공급되어 마멸을 줄이고 응력 및 열을 분산시키는 등의 역할을 한다. 연료분사펌프에는 윤활유가 공급되지 않는다.

13 소형선박에 설치되는 축이 아닌 것은?

㉮ 캠축
㉯ 스러스트축
㉰ 프로펠러축
㉱ 크로스헤드축

답 | ㉱ 소형선박에는 캠축과 스러스트축, 프로펠러축 등이 설치된다. 크로스헤드축은 존재하지 않는다.

14 나선형 추진기 날개의 한 개가 절손되었을 때 일어나는 현상으로 옳은 것은?

㉮ 출력이 높아진다.
㉯ 진동이 증가한다.
㉰ 속력이 높아진다.
㉱ 추진기 효율이 증가한다.

답 | ㉯ 추진기 날개 절손 시 추진기의 회전이 불균형해지며, 따라서 기관 및 선체의 진동이 증가하게 된다.

15 양묘기에서 회전축에 동력이 차단되었을 때 회전축의 회전을 억제하는 장치는?

㉮ 클러치
㉯ 체인 드럼
㉰ 위핑 드럼
㉱ 마찰 브레이크

답 | ㉱ 양묘기는 체인 드럼, 클러치, 마찰 브레이크, 위핑 드럼, 원동기 등으로 구성된다. 이때 마찰 브레이크는 회전축에 동력이 차단되었을 때 회전축의 회전을 억제하는 역할을 한다.

16 기관실 바닥에 고인 물이나 해수펌프에서 누설한 물을 배출하는 전용 펌프는?

㉮ 빌지펌프
㉯ 잡용수펌프
㉰ 슬러지펌프
㉱ 위생수펌프

답 | ㉮ 빌지펌프는 수선 아래에 괸 오수 등을 배출하는 전용 펌프이다.

17 선박에서 발생되는 선저폐수를 물과 기름으로 분리시키는 장치는?

㉮ 청정장치
㉯ 분뇨처리장치
㉰ 폐유소각장치
㉱ 기름여과장치

답 | ㉱ 선박에서 발생하는 선저폐수를 물과 기름으로 분리시키는 장치는 기름여과장치이다. 해양환경관리법에 따르면 기름여과장치가 설치된 선박에 한하여 선저폐수를 기준에 따라 배출할 수 있다.

18 전동기의 기동반에 설치되는 표시등이 아닌 것은?

㉮ 전원등
㉯ 운전등
㉰ 경보등
㉱ 병렬등

답 | ㉱ 유도전동기의 기동반에는 전류계가 주로 설치되며 이 외에 기동을 위한 기동 스위치와 기동 상태를 나타내는 운전표시등, 경보 시 알림을 위한 경보등 등이 설치된다.

19 선박에서 많이 사용되는 유도전동기의 명판에서 직접 알 수 없는 것은?

㉮ 전동기의 출력

㉯ 전동기의 회전수

㉰ 공급 전압

㉱ 전동기의 절연저항

답 | ㉱ 전동기의 명판에서는 공급 전압과 전류, 주파수, 출력, 절연 등급, 회전수, 효율 등이 표시되어 있다. 절연저항은 직접 확인할 수 없다.

20 발전이 되면 다시 충전해서 계속 사용할 수 있는 전지는?

㉮ 1차 전지　　㉯ 2차 전지

㉰ 3차 전지　　㉱ 4차 전지

답 | ㉯ 1차 전지는 방전 뒤 충전을 통해 본래의 상태로 되돌릴 수 없는 비가역적 화학반응을 하는 전지를 말하는 것으로 알카라인전지가 대표적이다. 반면 2차 전지는 충전을 통해 재사용이 가능한 전지로 납산전지나 니켈카드뮴전지, 리튬이온전지 등이 대표적이다.
※ 참고로 3차 전지는 연료를 공급할 경우 전기를 계속적으로 생성하는 전지를 말한다. 수소연료전지가 대표적이다.

21 표준 대기압을 나타낸 것으로 옳지 않은 것은?

㉮ 760[mmHg]

㉯ 1.013[bar]

㉰ 1.0332[kgf/cm^2]

㉱ 3,000[hPa]

답 | ㉱ 표준 대기압은 1[atm]=760[mmHg]= 1.03322[kgf/cm^2]=1.01325[bar]= 1,013.25[hPa]이다.

22 운전 중인 디젤기관이 갑자기 정지되는 경우가 아닌 것은?

㉮ 윤활유의 압력이 너무 낮은 경우

㉯ 기관의 회전수가 과속도 설정값에 도달된 경우

㉰ 연료유가 공급되지 않는 경우

㉱ 냉각수 온도가 너무 낮은 경우

답 | ㉱ 운전 중인 디젤기관이 갑자기 정지되는 경우는 연료유 공급의 차단, 연료유 수분 과다 혼입 등 연료유 계통 문제, 윤활유의 압력이 너무 낮은 경우, 주운동부의 고착, 조속기의 고장에 의한 연료 공급 차단 등이 있다. 냉각수 온도가 너무 낮은 경우 기계적 손실을 증가시키지만 갑자기 정지되지는 않는다.

23 디젤기관에서 크랭크암 개폐에 대한 설명으로 옳지 않은 것은?

㉮ 선박이 물 위에 떠 있을 때 계측한다.

㉯ 다이얼식 마이크로미터로 계측한다.

㉰ 각 실린더마다 정해진 여러 곳을 계측한다.

㉱ 개폐가 심할수록 유연성이 좋으므로 기관의 효율이 높아진다.

답 | ㉱ 크랭크암의 개폐 작용은 크랭크축이 변형되거나 휘게 되어 회전할 때 암 사이의 거리가 넓어지거나 좁아지는 현상을 말한다. 이런 현상은 선박이 물에 떠 있을 때, 다이얼식 마이크로미터를 이용하여 각 실린더마다 정해진 여러 곳을 계측하여 점검한다. 개폐가 심하면 크랭크축의 진동이 심해지며 크랭크축의 절손원이 된다.

24 연료유에 대한 설명으로 가장 적절한 것은?

㉮ 온도가 낮을수록 부피가 더 커진다.

㉯ 온도가 높을수록 부피가 더 커진다.

㉰ 대기 중 습도가 낮을수록 부피가 더 커진다.

㉱ 대기 중 습도가 높을수록 부피가 더 커진다.

답 | ㉯ 연료유는 온도가 높을수록 점도가 낮아지고 부피는 증가한다.

25 연료유 서비스 탱크에 설치되어 있는 것이 아닌 것은?

㉮ 안전 밸브　　　㉯ 드레인 밸브

㉰ 에어 벤트　　　㉱ 레벨 게이지

답 | ㉮ 연료유 서비스 탱크(연료유 공급 탱크)는 연료유 청정기를 거쳐 공급된 연료유를 저장해 두었다가 주기관에 연료유를 공급하는 탱크이다. 탱크 내의 물을 배출하기 위한 드레인 밸브와 탱크 내부의 에어를 배출하기 위한 에어 벤트, 연료유의 보유량을 나타내기 위한 레벨 게이지 등이 설치되어 있다.

제1과목   항해

01 자기 컴퍼스에서 0도와 180도를 연결하는 선과 평행하게 자석이 부착되어 있는 원형판은?

㉮ 볼
㉯ 기선
㉰ 부실
㉑ 컴퍼스 카드

답 | ㉑ 컴퍼스 카드는 황동제의 원형판으로 사방점과 사우점이 새겨져 있다.

02 (   )에 적합한 것은?

┌ 보기 ┐
"자이로 컴퍼스에서 지지부는 선체의 요동, 충격 등의 영향이 추종부에 거의 전달되지 않도록 (   ) 구조로 추종부를 지지하게 되며, 그 자체는 비너클에 지지되어 있다."
└─────┘

㉮ 짐벌
㉯ 인버터
㉰ 로터
㉑ 토커

답 | ㉮ 짐벌은 선박의 동요로 비너클이 기울어졌을 때에도 볼의 수평을 유지해 주는 부품이다.

03 수심이 얕은 곳에서 수심을 측정하거나 투묘할 때 배의 진행 방향 및 타력 또는 정박 중 닻의 끌림을 알기 위한 기기는?

㉮ 핸드 레드
㉯ 사운딩 자
㉰ 트랜스듀서
㉑ 풍향풍속계

답 | ㉮ 핸드 레드는 납으로 만든 추에 줄을 매어 던진 후 줄에 표시된 표로 수심을 측정하는 측심기의 일종이다.

04 전자식 선속계가 표시하는 속력은?

㉮ 대수속력
㉯ 대지속력
㉰ 대공속력
㉑ 평균속력

답 | ㉮ 대수속력은 자선 또는 다른 선박의 추진장치의 작용이나 그로 인한 선박의 타력에 의하여 생기는 선박의 물에 대한 속력을 말한다.

05 다음 중 자기 컴퍼스의 자차가 가장 크게 변하는 경우는?

㉮ 선체가 경사할 경우
㉯ 적화물을 이동할 경우
㉰ 선수 방위가 바뀔 경우
㉑ 선체가 약한 충격을 받을 경우

답 | ㉰ 자기 컴퍼스의 자차가 변하는 원인은 선박의 지리적 위치가 바뀌었을 때, 선박이 경사되었을 때, 선내의 화물이 이동했을 때, 선체가 심한 충격을 받았을 때 등이다. 그중 자차가 가장 크게 변하는 경우는 선박의 선수 방향이 바뀌었을 때이다.

06 선박자동식별장치(AIS)에서 확인할 수 없는 정보는?

㉮ 선명
㉯ 선박의 흘수
㉰ 선원의 국적
㉱ 선박의 목적지

답 | ㉰ 선박자동식별장치(AIS)는 선명, 선박의 흘수, 선박의 제원, 종류, 위치, 목적지, 침로, 속력 등 항해 정보를 실시간으로 제공하는 첨단 장치로 국제해사기구(IMO)가 추진하는 의무 설치 사항이다. 선원의 국적은 AIS에서 확인할 수 없다.

07 용어에 대한 설명으로 옳은 것은?

㉮ 전위선은 추측위치와 추정위치의 교점이다.
㉯ 중시선은 교각이 90도인 두 물표를 연결한 선이다.
㉰ 추측위치란 선박의 침로, 속력 및 풍압차를 고려하여 예상한 위치이다.
㉱ 위치선은 관측을 실시한 시점에 선박이 그 선위에 있다고 생각되는 특정한 선을 말한다.

답 | ㉱ 위치선은 어떤 물표를 관측하여 얻은 방위, 거리, 고도 등을 만족시키는 점의 자취로, 관측을 실시한 선박이 그 자취 위(선위)에 존재한다고 생각되는 특정한 선을 말한다.
　㉮ 전위선 : 위치선을 그동안 항주한 거리만큼 동일한 침로 방향으로 평행 이동하여 구한 위치선
　㉯ 중시선 : 두 물표가 일직선상에 겹쳐 보일 때 그들 물표를 연결하여 얻은 방위선
　㉰ 추측위치 : 가장 최근에 얻은 실측위치를 기준으로 그 후 조타한 진침로 및 속력에 의해 결정된 선위(조류, 해류 및 바람 등의 외력 요소는 '고려하지 않은' 선위)

08 45해리 떨어진 두 지점 사이를 대지속력 10노트로 항해할 때 걸리는 시간은? (단, 외력은 없음)

㉮ 3시간
㉯ 3시간 30분
㉰ 4시간
㉱ 4시간 30분

답 | ㉱ 10노트는 1시간에 10해리를 항주하는 속력을 의미하므로, 45해리 떨어진 두 지점 사이를 항해할 때 걸리는 시간은 $\frac{45}{10}$=4.5시간(4시간 30분)이다.

09 상대운동 표시방식 레이더 화면에서 본선 주변에 있는 4척의 선박을 플로팅한 것이다. 현재 상태에서 본선과 충돌할 가능성이 가장 큰 선박은?

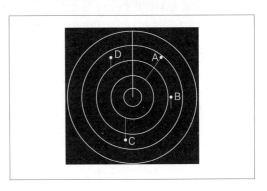

㉮ A
㉯ B
㉰ C
㉱ D

답 | ㉮ 제시된 화면은 선박에서 가장 일반적으로 사용되는 상대동작방식 레이더의 화면이다. 상대동작방식 레이더에서 자선의 위치는 어느 한 점, 주로 중앙에 고정되고, 모든 물체는 자선에 움직임에 대해 상대적인 움직임으로 표시된다. 현재 상태에서 본선과 충돌할 가능성이 가장 큰 선박은 A이다.

10 여러 개의 천체 고도를 동시에 측정하여 선위를 얻을 수 있는 시기는?

㉮ 박명시
㉯ 표준시
㉰ 일출시
㉱ 정오시

답 | ㉮ 박명시에는 여러 개의 천체를 동시에 관측할 수 있어 즉시 선위를 구할 수 있다.

11 우리나라 해도상 수심의 단위는?

㉮ 미터(m) ㉯ 인치(inch)
㉰ 패덤(fm) ㉱ 킬로미터(km)

답 | ㉮ 우리나라의 해도는 기본수준면을 기준으로 측정한 수심을 미터(m) 단위로 표시한다.

12 항로, 암초, 항행금지구역 등을 표시하는 지점에 고정으로 설치하여 선박의 좌초를 예방하고 항로의 안내를 위해 설치하는 광파(야간)표지는?

㉮ 등대 ㉯ 등선
㉰ 등주 ㉱ 등표

답 | ㉱ 등표는 위험한 암초, 수심이 얕은 곳, 항행금지구역 등의 위험을 표시하기 위해 설치한 고정 건축물이다.

13 레이더 트랜스폰더에 대한 설명으로 옳은 것은?

㉮ 음성신호를 방송하여 방위측정이 가능하다.
㉯ 송신 내용에 부호화된 식별신호 및 데이터가 들어 있다.
㉰ 선박의 레이더 영상에 송신국의 방향이 숫자로 표시된다.
㉱ 좁은 수로 또는 항만에서 선박을 유도할 목적으로 사용한다.

답 | ㉯ 레이더 트랜스폰더는 레이더 반사파를 강하게 하고 방위와 거리 정보를 제공하며, 송신 내용에는 부호화된 식별신호 및 데이터가 있어 레이더 화면상에 나타난다.

14 등질에 대한 설명으로 옳지 않은 것은?

㉮ 모스 부호등은 모스 부호를 빛으로 발하는 등이다.
㉯ 분호등은 3가지 등색을 바꾸어가며 계속 빛을 내는 등이다.
㉰ 섬광등은 빛을 비추는 시간이 꺼져 있는 시간보다 짧은 등이다.
㉱ 호광등은 색깔이 다른 종류의 빛을 교대로 내며, 그 사이에 등광은 꺼지는 일이 없는 등이다.

답 | ㉯ 분호등은 동시에 서로 다른 지역을 각기 다른 색깔로 비추는 등으로 등광의 색깔이 바뀌지 않는다.

15 다음 그림의 항로표지에 대한 설명으로 옳은 것은? (단, 두표의 모양으로 구분)

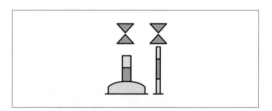

㉮ 표지의 동쪽에 가항수역이 있다.
㉯ 표지의 서쪽에 가항수역이 있다.
㉰ 표지의 남쪽에 가항수역이 있다.
㉱ 표지의 북쪽에 가항수역이 있다.

답 | ㉯ 그림은 서방위표지를 나타낸 것으로, 표지의 서쪽 방향에 가항수역이 있음을 의미한다.

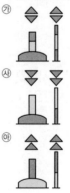

16 아래에서 설명하는 것은?

> **보기**
>
> "해도상에 기재된 건물, 항만 시설물, 등부표, 해안선의 형태 등의 기호 및 약어를 수록하고 있다."

㉮ 해류도　　　　㉯ 해도도식
㉰ 조류도　　　　㉱ 해저 지형도

답 | ㉯　해도도식은 해도상에서 사용되는 특수기호와 약어를 설명하는 특수서지이다.

17 점장도의 특징으로 옳지 않은 것은?

㉮ 항정선이 직선으로 표시된다.
㉯ 자오선은 남북 방향의 평행선이다.
㉰ 거등권은 동서 방향의 평행선이다.
㉱ 적도에서 남북으로 멀어질수록 면적이 축소되는 단점이 있다.

답 | ㉱　점장도에서는 위도가 높아질수록 면적이 확대된다.

18 항행통보에 의해 항해사가 직접 해도를 수정하는 것은?

㉮ 개판　　　　㉯ 재판
㉰ 보도　　　　㉱ 소개정

답 | ㉱　소개정은 항해사가 항행통보의 기사 내용에 따라 해도에 정보를 기입, 삭제 또는 보충하거나, 항행통보에 첨부된 보정도를 해당 장소에 오려 붙이는 등 적당한 방법으로 개정하는 것이다.

19 종이해도 위에 표시되어 있는 등질 중 'Fl(3)20s'의 의미는?

㉮ 군섬광으로 3초간 발광하고 20초간 쉰다.
㉯ 군섬광으로 20초간 발광하고 3초간 쉰다.
㉰ 군섬광으로 3초에 20회 이하로 섬광을 반복한다.
㉱ 군섬광으로 20초 간격으로 연속적인 3번의 섬광을 반복한다.

답 | ㉱　Fl은 해당 등대의 등질이 군섬광등임을, (3)은 발광 횟수가 3회임을, 20s는 발광주기가 20초임을 나타낸다. 즉, 'Fl(3)20s'은 20초 간격으로 3번의 섬광을 반복하는 군섬광등을 의미한다.

20 장해물을 중심으로 하여 주위를 4개의 상한으로 나누고, 그들 상한에 각각 북, 동, 남, 서라는 이름을 붙이고, 그 각각의 상한에 설치된 표지는?

㉮ 방위표지
㉯ 고립장해표지
㉰ 측방표지
㉱ 안전수역표지

답 | ㉮　방위표지는 선박이 위험물을 피하여 안전하게 항해할 수 있도록 장애물을 중심으로 그 주위를 4개 상한으로 나누어 표시하는 항로표지이다.

21 풍속을 관찰할 때 몇 분간의 풍속을 평균하는가?

㉮ 5분　　　　㉯ 10분
㉰ 15분　　　　㉱ 20분

답 | ㉯　풍속은 정시 관측 시각 전 10분간의 풍속을 평균하여 구한다.

22 중심이 주위보다 따뜻하고, 여름철 대륙 내에서 발생하는 저기압으로, 상층으로 갈수록 저기압성 순환이 줄어들면서 어느 고도 이상에서 사라지는 키가 작은 저기압은?

㉮ 전선 저기압
㉯ 한랭 저기압
㉰ 온난 저기압
㉱ 비전선 저기압

답 | ㉰ 온난 저기압은 중심부가 주변부보다 기온이 높은 열대 저기압을 말하며, 상층으로 갈수록 저기압성 순환이 줄어들면서 어느 고도 이상에서 사라지는 키가 작은 저기압이다

23 한랭전선과 온난전선이 서로 겹쳐져 나타나는 전선은?

㉮ 한랭전선　　　㉯ 온난전선
㉰ 폐색전선　　　㉱ 정체전선

답 | ㉰ 폐색전선은 온난전선과 한랭전선의 이동 속도 차이로 인해 서로 겹쳐진 형태로 나타난다.

24 피험선에 대한 설명으로 옳은 것은?

㉮ 위험 구역을 표시하는 등심선이다.
㉯ 선박이 존재한다고 생각하는 특정한 선이다.
㉰ 항의 입구 등에서 자선의 위치를 구할 때 사용한다.
㉱ 항해 중에 위험물에 접근하는 것을 쉽게 탐지할 수 있다.

답 | ㉱ 피험선은 협수로를 통과할 때나 항만을 출 · 입항할 때 마주치는 선박을 적절히 피하고 위험을 피하기 위해 준비하는 위험 예방선을 말한다. 이를 통해 항해 중 위험물에 접근하는 것을 쉽게 탐지할 수 있다.

25 입항 항로를 선정할 때 고려사항이 아닌 것은?

㉮ 항만 관계 법규
㉯ 묘박지의 수심, 저질
㉰ 항만의 상황 및 지형
㉱ 선원의 교육훈련 상태

답 | ㉱ 출 · 입항 항로 선정 시 고려 사항은 해당 항만에 적용되는 항행 법규, 항만의 크기, 묘박지의 수심과 저질, 위험물의 존재 여부, 정박선의 동정, 타선의 내왕, 바람과 조류의 영향, 자선의 조종 성능 등이다. 선원의 교육훈련 상태는 항로의 선정과는 무관한 사항이다.

제2과목 운용

01 선체 각부를 명칭으로 나타낸 아래 그림에서 ㉠은?

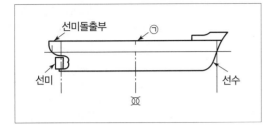

⑦ 선수현호   ⑭ 선미현호

⑭ 상갑판   ⑯ 용골

답 | ⑭ 상갑판은 선체의 최상층에 있으면서, 선수에서 선미까지 전체를 통과하는 갑판을 말한다.

02 대형 선박의 건조에 많이 사용하는 선체의 재료는?

⑦ 목재   ⑭ 플라스틱

⑭ 강재   ⑯ 알루미늄

답 | ⑭ 강재는 강괴를 가공에 의해 선, 봉, 관, 판 등으로 만든 강철로, 대형 선박의 건조에 많이 사용된다.

03 크레인식 하역장치의 구성요소가 아닌 것은?

⑦ 카고 훅   ⑭ 토핑 윈치

⑭ 데릭 붐   ⑯ 선회 윈치

답 | ⑭ 데릭 붐은 데릭식 하역장치의 구성요소로, 데릭식 하역장치는 원목선이나 일반 화물선에 많이 설치되는 방식이다. 크레인식 하역장치는 데릭식에 비해 작업이 간편하고 빠르며 하역 준비 및 격납이 쉽다.

04 강선구조기준, 선박만재흘수선규정, 선박구획기준 및 선체 운동의 계산 등에 사용되는 길이는?

⑦ 전장   ⑭ 등록장

⑭ 수선장   ⑯ 수선간장

답 | ⑯ 수선간장은 계획만재흘수선에서 선수재의 전면에서 세운 수직선인 선수수선과 타주 후면의 기선에서 세운 수직선인 선미수선까지의 수평거리를 말하며, 일반적으로 배의 길이를 표현하는 대표적인 기준이다.

05 동력 조타장치의 제어장치 중 주로 소형선에 사용되는 방식은?

⑦ 기계식   ⑭ 유압식

⑭ 전기식   ⑯ 전동 유압식

답 | ⑦ 동력조타장치의 제어장치는 기계식, 유압식, 전기식 등이 있는데 이 중 기계식은 주로 소형선에 사용된다.

06 다음 중 합성 섬유 로프가 아닌 것은?

⑦ 마닐라 로프

⑭ 폴리프로필렌 로프

⑭ 나일론 로프

⑯ 폴리에틸렌 로프

답 | ⑦ 합성 섬유 로프는 나일론, 폴리에스테르, 폴리프로필렌 등으로 만든 것을 말한다. 쉽게 제작할 수 있다는 장점이 있지만, 미세 플라스틱 같은 부산물을 생산하고 수명이 다 된 로프는 재사용할 수 없다는 단점을 가지고 있다. 마닐라 로프는 마닐라삼 섬유를 원료로 해서 만든 자연 섬유 로프이다.

07 열분해 작용 시 유독가스를 발생하므로, 선박에 비치하지 아니하는 소화기는?

㉮ 포말 소화기

㉯ 분말 소화기

㉠ 할론 소화기

㉯ 이산화탄소 소화기

> **답 | ㉠** 할론 소화기는 일반 소화기와는 달리 약제로서 할론을 사용하는 것이 특색이며, 목재 · 섬유 등의 일반 화재 및 유류 · 화학약품 화재, 전기나 가스 화재 전반에 걸쳐 다양하게 사용된다. 다만 열분해 시 유독가스가 발생하여 선박에는 비치하지 않는다.

08 체온을 유지할 수 있도록 열전도율이 낮은 방수 물질로 만들어진 포대기 또는 옷을 의미하는 구명설비는?

㉮ 방수복   ㉯ 구명조끼

㉠ 보온복   ㉯ 구명부환

> **답 | ㉠** 보온복은 열전도율이 낮은 방수 물질로 만들어진 포대기 혹은 옷으로, 바닷물에서 체온을 유지하는 데 도움을 주는 구명설비이다.

09 국제신호기를 이용하여 혼돈의 염려가 있는 방위신호를 할 때 최상부에 게양하는 기류는?

㉮ A기   ㉯ B기

㉠ C기   ㉯ D기

> **답 | ㉮** 국제신호기 중 A기는 '본선은 잠수부를 내리고 있다.'라는 의미이며 혼돈의 염려가 있는 방위신호를 할 때 최상부에 게양한다.
> ㉯ B기 : 위험물의 운반 · 하역 중
> ㉠ C기 : 긍정
> ㉯ D기 : 주의하라. 조종에 어려움이 있다.

10 퇴선 시 여러 사람이 붙들고 떠 있을 수 있는 부체는?

㉮ 페인터   ㉯ 구명부기

㉠ 구명줄   ㉯ 부양성 구조고리

> **답 | ㉯** 구명부기는 구조를 기다리거나 퇴선할 때 여러 사람이 붙들고 떠 있을 수 있도록 제작된 부체이다.

11 비상위치지시 무선표지(EPIRB)로 조난신호가 잘못 발신되었을 때 연락하여야 하는 곳은?

㉮ 회사

㉯ 서울무선전신국

㉠ 주변 선박

㉯ 수색구조조정본부

> **답 | ㉯** 선박이 침몰하거나 조난되는 경우 선박의 비상위치지시 무선표지(EPIRB)에서 발사된 조난신호가 위성을 거쳐서 수색구조조정본부에 전달된다.

12 선박이 침몰할 경우 자동으로 조난신호를 발신할 수 있는 무선설비는?

㉮ 레이더(Rader)

㉯ NAVTEX 수신기

㉠ 초단파(VHF) 무선설비

㉯ 비상위치지시 무선표지(EPIRB)

> **답 | ㉯** 비상위치지시 무선표지(EPIRB)는 선박이 침몰하거나 조난되는 경우 수심 1.5~4m의 수압에서 자동으로 수면 위로 떠올라 선박의 위치 등을 포함한 조난 신호를 발신하는 장치이다.

13 불을 붙여 물에 던지면 해면 위에서 연기를 내는 조난 신호장비로서 방수 용기로 포장되어 잔잔한 해면에서 3분 이상 잘 보이는 색깔의 연기를 내는 것은?

㉮ 신호 홍염   ㉯ 자기 점화등

㉓ 신호 거울   ㉕ 발연부 신호

답 | ㉕   발연부 신호는 주간에 구명부환의 위치를 알려주는 장치로 물에 들어가면 오렌지색 연기를 발생시킨다.

14 초단파(VHF) 무선설비의 조난경보 버튼을 눌렀을 때 발신되는 조난신호의 내용으로 옳은 것은?

㉮ 조난의 종류, 선명, 위치, 시각

㉯ 조난의 종류, 선명, 위치, 거리

㉓ 조난의 종류, 해상이동업무식별번호(MMSI number), 위치, 시각

㉕ 조난의 종류, 해상이동업무식별번호(MMSI number), 위치, 거리

답 | ㉓   초단파(VHF) 무선설비의 조난경보 버튼을 눌렀을 때 조난의 종류, 해상이동업무식별번호(MMSI number), 위치, 시각, 조난의 원인 등이 발신된다.

15 선박의 침로안정성에 대한 설명으로 옳지 않은 것은?

㉮ 방향안정성이라고도 한다.

㉯ 선박의 항행 거리와는 관계가 없다.

㉓ 선박이 정해진 항로를 직진하는 성질을 말한다.

㉕ 침로에서 벗어났을 때 곧바로 침로에 복귀하는 것을 침로안정성이 좋다고 한다.

답 | ㉯   침로안정성이란 선박이 정해진 침로를 따라 직진하는 성질을 말한다. 항행 거리에 영향을 미치며 선박의 경제적인 운용에 필요한 요소이다.

16 선체운동 중에서 선수미선을 중심으로 좌·우현으로 교대로 횡경사를 일으키는 운동은?

㉮ 종동요   ㉯ 횡동요

㉓ 전후운동   ㉕ 상하운동

답 | ㉯   선체운동 중 선수미선(x축)을 중심으로 좌·우 교대로 회전하려는 횡경사 운동은 횡동요(롤링)라 한다. 선박의 복원력과 밀접한 관계가 있으며, 선박의 전복 사고를 일으킬 수도 있는 운동이므로 주의해야 한다.

17 (   )에 순서대로 적합한 것은?

┌─ 보기 ─────────────────────────┐
│ "타각을 크게 하면 할수록 타에 작용하는 압력이 │
│ 커져서 선회 우력은 (   ) 선회권은 (   )." │
└──────────────────────────────┘

㉮ 커지고, 커진다

㉯ 작아지고, 커진다

㉓ 커지고, 작아진다

㉕ 작아지고, 작아진다

답 | ㉓   타각을 크게 할수록 타에 작용하는 압력이 커져 선회 우력은 커지고 선회권은 작아진다.

18 좁은 수로를 항해할 때 유의할 사항으로 옳지 않은 것은?

㉮ 통항시기는 계류 때나 조류가 약한 때를 택하고, 만곡이 급한 수로는 순조 시 통항하여야 한다.

㉯ 좁은 수로의 만곡부에서 유속은 일반적으로 만곡의 외측에서 강하고 내측에서는 약한 특징이 있다.

㉰ 좁은 수로에서의 유속은 일반적으로 수로 중앙부가 강하고, 육안에 가까울수록 약한 특징이 있다.

㉱ 좁은 수로는 수로의 폭이 좁고, 조류나 해류가 강하며, 굴곡이 심하여 선박의 조종이 어렵고, 항행할 때에는 철저한 경계를 수행하면서 통항하여야 한다.

답 | ㉮ 협수로(좁은 수로) 항행 시 통항 시기는 계류 때나 조류가 약한 때를 택하고, 만곡이 급한 수로는 순조 시 통항을 피한다.

19 다음 중 선박 조종에 미치는 영향이 가장 작은 요소는?

㉮ 바람   ㉯ 파도

㉰ 조류   ㉱ 기온

답 | ㉱ 수온(기온)은 선박 조종에 영향을 주지 않는다.

20 선박의 충돌 시 더 큰 손상을 예방하기 위해 취해야 할 조치사항으로 옳지 않은 것은?

㉮ 가능한 한 빨리 전진속력을 줄이기 위해 기관을 정지한다.

㉯ 승객과 선원의 상해와 선박과 화물의 손상에 대해 조사한다.

㉰ 전복이나 침몰의 위험이 있더라도 임의 좌주를 시켜서는 아니 된다.

㉱ 침수가 발생하는 경우, 침수구역 배출을 포함하여 침수 방지를 위한 대응조치를 취한다.

답 | ㉰ 더 큰 손상을 예방하기 위해 선박의 충돌 후 침몰이 예상되면 사람을 대피시킨 후 수심이 낮은 곳에 좌주하는 임의 좌주를 해야 한다.

21 접 · 이안 시 닻을 사용하는 목적이 아닌 것은?

㉮ 선회 보조 수단

㉯ 전진속력의 제어

㉰ 추진기관의 출력 증가

㉱ 후진 시 선수의 회두 방지

답 | ㉰ 닻은 선박을 일정 반경의 수역 내에서 외력에 대항하면서 안전하게 머물 수 있도록 하는 장치이다. 추진기관의 출력을 증가시키지는 않는다.

22 황천항해를 대비하여 선박에 화물을 실을 때 주의사항으로 옳은 것은?

㉮ 선체의 중앙부에 화물을 많이 싣는다.

㉯ 선수부에 화물을 많이 싣는 것이 좋다.

㉰ 화물의 무게 분포가 한곳에 집중되지 않도록 한다.

㉱ 상갑판보다 높은 위치에 최대한으로 많은 화물을 싣는다.

답 | ㉰ 황천항해에 대비해 화물을 실을 때에는 화물의 무게 분포가 한곳에 집중되지 않도록 해야 한다. 선박의 무게 분포가 한곳에 집중될 경우 복원력에 영향을 미칠 수 있으며, 선체운동의 영향을 받아 선체를 파손시킬 위험도 있다.
  ㉮ 선체 중앙부에 화물이 집중될 경우 선체가 외력에 영향을 받을 때 선체를 파손시킬 위험이 있다.
  ㉯ 화물은 선박 내에 고르게 실어야 한다.
  ㉱ 황천항해 시 무게중심을 낮춤으로써 복원력을 확보하는 것이 중요하므로, 화물은 가능한 낮은 위치에 싣는 것이 좋다.

23 황천항해 중 선수 2~3점(Point)에서 파랑을 받으면서 조타가 가능한 최소의 속력으로 전진하는 방법은?

㉮ 표주(Lie to 법)

㉯ 순주(Scudding)법

㉰ 거주(Heave to)법

㉱ 진파기름(Storm oil)의 살포

답 | ㉰ 히브 투, 즉 거주법은 황천항해 시 사용하는 방법으로 일반적으로 풍랑을 좌우현 25~35° 방향에서 받도록 하는 방법이다.

24 정박 중 선내 순찰의 목적이 아닌 것은?

㉮ 각종 설비의 이상 유무 확인

㉯ 선내 각부의 화재위험 여부 확인

㉰ 정박등을 포함한 각종 등화 및 형상물 확인

㉱ 선내 불빛이 외부로 새어 나가는지 여부 확인

답 | ㉱ 선내 불빛이 외부로 새어 나가는 것은 아무런 문제가 되지 않는다. 따라서 선내 순찰의 목적이 아니다.

25 화재의 종류 중 전기 화재가 속한 것은?

㉮ A급 화재   ㉯ B급 화재

㉰ C급 화재   ㉱ D급 화재

답 | ㉰ C급 화재는 전기에 의한 화재로 이산화탄소나 분말 소화제를 사용하여 진화한다.
　㉮ A급 화재 : 연소 후 재가 남는 고체 물질(목재, 종이, 의류, 로프, 플라스틱 제품 등)의 화재로 물이나 포말 소화제로 진화
　㉯ B급 화재 : 연소 후 재가 남지 않는 가연성 액체(연료유, 페인트, 윤활유 등의 유류)의 화재로 분무형의 물이나 이산화탄소, 포말 소화제, 분말 소화제 등으로 진화
　㉱ D급 화재 : 가연성 금속 물질(마그네슘, 나트륨, 알루미늄 등)의 화재로 금속과 반응을 일으키지 않는 분말 소화제로 진화

제3과목   법규

01 해사안전법상 피항선의 피항조치를 위한 방법으로 옳은 것을 〈보기〉에서 모두 고른 것은?

> 보기
> ㄱ. 잦은 변침　　ㄴ. 조기 변침
> ㄷ. 소각도 변침　ㄹ. 대각도 변침

㉮ ㄱ, ㄴ   ㉯ ㄱ, ㄹ

㉰ ㄴ, ㄷ   ㉱ ㄴ, ㄹ

답 | ㉱ 해사안전법 제66조에 따르면 선박은 다른 선박과 충돌을 피하기 위하여 침로(針路)나 속력을 변경할 때에는 될 수 있으면 다른 선박이 그 변경을 쉽게 알아볼 수 있도록 충분히 크게 변경하여야 하며, 침로나 속력을 소폭으로 연속적으로 변경하여서는 아니 된다. 또한 다른 선박의 통항이나 통항의 안전을 방해해서는 안 되는 선박은 다른 선박이 안전하게 지나갈 수 있는 여유 수역이 충분히 확보될 수 있도록 조기에 피항 동작을 취해야 한다.

02 해사안전법상 안전한 속력을 결정할 때 고려할 사항이 아닌 것은?

㉮ 시계의 상태

㉯ 컴퍼스의 오차

㉰ 해상교통량의 밀도

㉱ 선박의 흘수와 수심과의 관계

답 | ㉯ 해사안전법 제64조에 따르면 안전한 속력을 결정할 때에는 선박의 흘수와 수심과 관계, 본선의 정지거리 · 선회성능, 조종성능, 해상교통량의 밀도, 시계의 상태 등을 고려해야 한다.

03 해사안전법상 서로 시계 안에서 2척의 동력선이 마주치게 되어 충돌의 위험이 있는 경우에 대한 설명으로 옳지 않은 것은?

㉮ 두 선박은 서로 대등한 피항 의무를 가진다.

㉯ 우현 대 우현으로 지나갈 수 있도록 변침한다.

㉰ 낮에서는 2척의 선박의 마스트가 선수에서 선미까지 일직선이 되거나 거의 일직선이 되는 경우이다.

㉱ 밤에는 2개의 마스트등을 일직선 또는 거의 일직선으로 볼 수 있거나 양쪽의 현등을 볼 수 있는 경우이다.

답 │ ㉯ 해사안전법 제72조에 따르면 2척의 동력선이 마주치거나 거의 마주치게 되어 충돌의 위험이 있을 때에는 각 동력선은 서로 다른 선박의 좌현 쪽을 지나갈 수 있도록 침로를 우현 쪽으로 변경하여야 한다.

04 해사안전법상 제한된 시계에서 레이더만으로 다른 선박이 있는 것을 탐지한 선박의 피항동작이 침로를 변경하는 것만으로 이루어질 경우 선박이 취하여야 할 행위로 옳은 것은?

㉮ 자기 선박의 양쪽 현의 정횡에 있는 선박의 방향으로 침로를 변경하는 행위

㉯ 자기 선박의 양쪽 현의 정횡 뒤쪽에 있는 선박의 방향으로 침로를 변경하는 행위

㉰ 다른 선박이 자기 선박의 양쪽 현의 정횡 앞쪽에 있는 경우 우현 쪽으로 침로를 변경하는 행위

㉱ 다른 선박이 자기 선박의 양쪽 현의 정횡 앞쪽에 있는 경우 좌현 쪽으로 침로를 변경하는 행위(앞지르기 당하고 있는 선박의 경우는 제외한다.)

답 │ ㉱ 해사안전법 제77조에 따르면 제한된 시계에서 레이더만으로 다른 선박이 있는 것을 탐지한 선박의 피항동작이 침로를 변경하는 것만으로 이루어질 경우 '다른 선박이 자기 선박의 양쪽 현의 정횡 앞쪽에 있는 경우 좌현 쪽으로 침로를 변경하는 행위(앞지르기당하고 있는 선박에 대한 경우는 제외한다)' 또는 '자기 선박의 양쪽 현의 정횡 또는 그곳으로부터 뒤쪽에 있는 선박의 방향으로 침로를 변경하는 행위'는 피하여야 한다.

05 해사안전법상 선수, 선미에 각각 흰색의 전주등 1개씩과 수직선상에 붉은색 전주등 2개를 표시하고 있는 선박은 어떤 상태의 선박인가?

㉮ 정박선

㉯ 조종불능선

㉰ 얹혀 있는 선박

㉱ 어로에 종사하고 있는 선박

답 │ ㉰ 해사안전법 제88조(정박선과 얹혀 있는 선박)에 따르면 얹혀 있는 선박은 정박 중인 선박이 표시해야 하는 등화(앞쪽에 흰색의 전주등 1개, 선미나 그 부근에 앞쪽의 전주등보다 낮은 위치에 흰색 전주등 1개)에 덧붙여 수직으로 붉은색 전주등 2개를 표시하여야 한다.

06 해사안전법상 선미등의 수평사광범위와 등색은?

㉮ 135도, 붉은색

㉯ 225도, 붉은색

㉰ 135도, 흰색

㉱ 225도, 흰색

답 │ ㉰ 해사안전법 제79조에 따르면 선미등은 135도에 걸치는 수평의 호를 비추는 흰색 등이다.

07 해사안전법상 장음과 단음에 대한 설명으로 옳은 것은?

㉮ 단음 : 1초 정도 계속되는 고동소리
㉯ 단음 : 3초 정도 계속되는 고동소리
㉰ 장음 : 8초 정도 계속되는 고동소리
㉺ 장음 : 10초 정도 계속되는 고동소리

답 | ㉮ 해사안전법 제90조에 따르면 단음은 1초 정도 계속되는 고동소리, 장음은 4초부터 6초까지의 시간 동안 계속되는 고동소리이다.

08 해사안전법상 선박 'A'가 좁은 수로의 굽은 부분으로 인하여 다른 선박을 볼 수 없는 수역에 접근하면서 장음 1회의 기적을 울렸다면 선박 'A'가 울린 음향신호의 종류는?

㉮ 조종신호   ㉯ 경고신호
㉰ 조난신호   ㉺ 응답신호

답 | ㉯ 해사안전법 제92조에 따르면 좁은 수로등의 굽은 부분이나 장애물 때문에 다른 선박을 볼 수 없는 수역에 접근하는 선박은 장음으로 1회의 기적신호(경고신호)를 울려야 한다.
※ 참고로 굽은 부분의 부근이나 장애물의 뒤쪽에서 상기 선박의 경고신호를 들은 선박이 울려야 하는 응답신호 역시 장음 1회로 동일하다.

09 해사안전법상 조종제한선이 아닌 것은?

㉮ 수중작업에 종사하고 있는 선박
㉯ 기뢰제거작업에 종사하고 있는 선박
㉰ 항공기의 발착작업에 종사하고 있는 선박
㉺ 흘수로 인하여 진로이탈 능력이 제약받고 있는 선박

답 | ㉺ 해사안전법 제2조에 따르면 조종제한선은 항로표지, 해저전선 또는 해저파이프라인의 부설 · 보수 · 인양 작업, 준설(浚渫) · 측량 또는 수중 작업, 항행 중 보급, 사람 또는 화물의 이송 작업 등에 종사하고 있어 다른 선박의 진로를 피할 수 없는 선박을 말한다. ㉺는 흘수제약선에 해당한다.

10 (   )에 순서대로 적합한 것은?

┌─ 보기 ─────────────────────────┐
│ "해사안전법상 밤에는 다른 선박의 (   )만을 │
│ 볼 수 있고 어느 쪽의 (   )도 볼 수 없는 위 │
│ 치에서 그 선박을 앞지르는 선박은 앞지르기하 │
│ 는 배로 보고 필요한 조치를 취하여야 한다." │
└───────────────────────────────┘

㉮ 선수등, 현등
㉯ 선수등, 전주등
㉰ 선미등, 현등
㉺ 선미등, 전주등

답 | ㉰ 해사안전법 제71조에 따르면 다른 선박의 양쪽 현의 정횡(正橫)으로부터 22.5도를 넘는 뒤쪽[밤에는 다른 선박의 선미등(船尾燈)만을 볼 수 있고 어느 쪽의 현등(舷燈)도 볼 수 없는 위치를 말한다]에서 그 선박을 앞지르는 선박은 앞지르기하는 배로 보고 필요한 조치를 취하여야 한다.

11 해사안전법상 길이 12미터 이상인 어선이 투묘하여 정박하였을 때 낮 동안에 표시하는 것은?

㉮ 어선은 특별히 표시할 필요가 없다.
㉯ 잘 보이도록 황색기 1개를 표시하여야 한다.
㉰ 앞쪽에 둥근꼴의 형상물 1개를 표시하여야 한다.
㉺ 둥근꼴의 형상물 2개를 가장 잘 보이는 곳에 표시하여야 한다.

답 | ㉰ 해사안전법 제88조에 따르면 정박 중인 선박은 가장 잘 보이는 곳에 앞쪽에 흰색의 전주등 1개 또는 둥근꼴의 형상물 1개를 표시하여야 한다.

12 해사안전법상 현등 1쌍 대신에 양색등으로 표시할 수 있는 선박의 길이 기준은?

㉮ 길이 12미터 미만
㉯ 길이 20미터 미만
㉰ 길이 24미터 미만
㉱ 길이 45미터 미만

답 | ㉯ 해사안전법 제81조에 따르면 길이 20미터 미만의 선박은 현등 1쌍을 대신하여 양색등을 표시할 수 있다.

13 해사안전법상 2척의 범선이 서로 접근하여 충돌할 위험이 있고, 각 범선이 다른 쪽 현에 바람을 받고 있는 경우의 항법으로 옳은 것은?

㉮ 대형 범선이 소형 범선을 피항한다.
㉯ 우현에서 바람을 받는 범선이 피항선이다.
㉰ 좌현에 바람을 받고 있는 범선이 다른 범선의 진로를 피한다.
㉱ 바람이 불어오는 쪽의 범선이 바람이 불어가는 쪽의 범선의 진로를 피한다.

답 | ㉰ 해사안전법 제70조에 따르면 각 범선이 다른 쪽 현(舷)에 바람을 받고 있는 경우에는 좌현(左舷)에 바람을 받고 있는 범선이 다른 범선의 진로를 피하여야 한다.

14 해사안전법상 등화에 사용되는 등색이 아닌 것은?

㉮ 붉은색   ㉯ 녹색
㉰ 흰색   ㉱ 청색

답 | ㉱ 해사안전법 제79조에 따르면 등화에 사용되는 등색은 붉은색, 녹색, 흰색, 황색이다.

15 선박의 입항 및 출항 등에 관한 법률상 총톤수 5톤인 내항선이 무역항의 수상구역 등을 출입할 때 출입신고에 대한 내용으로 옳은 것은?

㉮ 내항선이므로 출입신고를 하지 않아도 된다.
㉯ 출항 일시가 이미 정하여진 경우에도 입항 신고와 출항 신고는 동시에 할 수 없다.
㉰ 무역항의 수상구역 등의 안으로 입항하는 경우 통상적으로 입항하기 전에 입항 신고를 하여야 한다.
㉱ 무역항의 수상구역 등의 밖으로 출항하는 경우 통상적으로 출항 직후 즉시 출항 신고를 하여야 한다.

답 | ㉰ 선박의 입항 및 출항 등에 관한 법률 시행령 제2조에 따르면 내항선이 무역항의 수상구역등의 안으로 입항하는 경우에는 입항 전에, 출항하려는 경우에는 출항 전에 내항선 출입신고서를 제출하여야 한다.
※ 총톤수 5톤 미만의 선박은 신고를 하지 않아도 되지만, 본 문제의 경우 '총톤수 5톤'이므로 이에 해당하지 않는다.

16 해사안전법상 안개 속에서 2분을 넘지 아니하는 간격으로 장음 1회의 기적을 들었을 때 기적을 울린 선박은?

㉮ 조종불능선
㉯ 피예인선을 예인 중인 예인선
㉰ 대수속력이 있는 항행 중인 동력선
㉱ 대수속력이 없는 항행 중인 동력선

답 | ㉰ 해사안전법 제93조에 따르면 시계가 제한된 수역이나 그 부근에 있는 동력선은 대수속력이 있는 경우에 2분을 넘지 아니하는 간격으로 장음을 1회 울려야 한다.

17 무역항의 수상구역 등에서 선박의 입항 · 출항에 대한 지원과 선박 운항의 안전 및 질서 유지에 필요한 사항을 규정할 목적으로 만들어진 법은?

㉮ 선박안전법
㉯ 해사안전법
㉰ 선박교통관제에 관한 법률
㉱ 선박의 입항 및 출항 등에 관한 법률

답 | ㉱ 선박의 입항 및 출항 등에 관한 법률 제1조에 따르면 이 법은 무역항의 수상구역 등에서 선박의 입항 · 출항에 대한 지원과 선박 운항의 안전 및 질서 유지에 필요한 사항을 규정함을 목적으로 한다.

18 선박의 입항 및 출항 등에 관한 법률상 무역항의 수상구역 등에서 정박하거나 정류하지 못하도록 하는 장소가 아닌 것은?

㉮ 하천 ㉯ 잔교 부근 수역
㉰ 좁은 수로 ㉱ 수심이 깊은 곳

답 | ㉱ 선박의 입항 및 출항 등에 관한 법률 제6조에 따르면 선박은 부두 · 잔교 · 안벽 · 계선부표 · 돌핀 및 선거의 부근 수역, 하천, 운하 및 그 밖의 좁은 수로와 계류장 입구의 부근 수역 등에는 정박하거나 정류하지 못한다.

19 선박의 입항 및 출항 등에 관한 법률상 무역항의 수상구역 등에서 입항하는 선박이 방파제 입구에서 출항하는 선박과 마주칠 우려가 있는 경우의 항법에 대한 설명으로 옳은 것은?

㉮ 출항선은 입항선이 방파제를 통과한 후 통과한다.
㉯ 입항선은 방파제 밖에서 출항선의 진로를 피한다.
㉰ 입항선은 방파제 사이의 가운데 부분으로 먼저 통과한다.
㉱ 출항선은 방파제 입구를 왼쪽으로 접근하여 통과한다.

답 | ㉯ 선박의 입항 및 출항 등에 관한 법률 제13조에 따르면 무역항의 수상구역등에 입항하는 선박이 방파제 입구 등에서 출항하는 선박과 마주칠 우려가 있는 경우에는 방파제 밖에서 출항하는 선박의 진로를 피하여야 한다.

20 (   )에 순서대로 적합한 것은?

보기
"선박의 입항 및 출항 등에 관한 법률상 (   )은 (   )으로부터 최고속력의 지정을 요청받은 경우 특별한 사유가 없으면 무역항의 수상구역 등에서 선박 항행 최고속력을 지정 · 고시하여야 한다."

㉮ 관리청, 해양경찰청장
㉯ 지정청, 해양경찰청장
㉰ 관리청, 지방해양수산청장
㉱ 지정청, 지방해양수산청장

답 | ㉮ 선박의 입항 및 출항 등에 관한 법률 제17조에 따르면 관리청은 해양경찰청장으로부터 최고속력의 지정을 요청받은 경우 특별한 사유가 없으면 무역항의 수상구역 등에서 선박 항행 최고속력을 지정 · 고시하여야 한다.

21 선박의 입항 및 출항 등에 관한 법률상 무역항의 수상구역 등에서 항행 중인 동력선이 서로 상대의 시계 안에 있는 경우 침로를 우현으로 변경하는 선박이 울려야 하는 음향신호는?

㉮ 단음 1회 ㉯ 단음 2회
㉰ 단음 3회 ㉱ 장음 1회

답 | ㉮ 동력선이 서로 상대의 시계 안에 있는 경우 침로를 오른쪽으로 변경하는 선박은 단음 1회의 기적신호를 울려야 한다.
※ 상기 내용은 선박의 입항 및 출항 등에 관한 법률이 아니라 해사안전법 제92조에서 규정하고 있다.

22 선박의 입항 및 출항 등에 관한 법률상 항로의 정의는?

㉮ 선박이 가장 빨리 갈 수 있는 길을 말한다.
㉯ 선박이 일시적으로 이용하는 뱃길을 말한다.
㉰ 선박이 가장 안전하게 갈 수 있는 길을 말한다.
㉱ 선박의 출입 통로로 이용하기 위하여 지정·고시한 수로를 말한다.

답 | ㉱ 선박의 입항 및 출항 등에 관한 법률 제2조에 따르면 항로란 선박의 출입 통로로 이용하기 위하여 지정·고시한 수로를 말한다.

23 해양환경관리법상 선박에서 발생하는 폐기물 배출에 대한 설명으로 옳지 않은 것은?

㉮ 폐사된 어획물은 해양에 배출이 가능하다.
㉯ 플라스틱 재질의 폐기물은 해양에 배출이 금지된다.
㉰ 해양환경에 유해하지 않은 화물잔류물은 해양에 배출이 금지된다.
㉱ 분쇄 또는 연마되지 않은 음식찌꺼기는 영해기선으로부터 12해리 이상으로 배출이 가능하다.

답 | ㉰ 「선박에서의 오염방지에 관한 규칙」 제8조 제2호 관련 별표 3에 따르면 선박 안에서 발생하는 폐기물 중 음식찌꺼기, 해양환경에 유해하지 않은 화물잔류물, 선박 내 거주구역에서 목욕, 세탁, 설거지 등으로 발생하는 중수(화장실 오수 및 화물구역 오수 제외), 어업활동 중 혼획된 수산동식물(폐사된 것 포함) 및 어업활동으로 유입된 자연기원물질 등은 해양에 배출할 수 있다.

24 해양환경관리법상 유조선에서 화물창 안의 화물잔류물 또는 화물창 세정수를 한 곳에 모으기 위한 탱크는?

㉮ 화물 탱크(Cargo tank)
㉯ 혼합물 탱크(Slop tank)
㉰ 평형수 탱크(Ballast tank)
㉱ 분리 평형수 탱크(Segregated ballast tank)

답 | ㉯ 「선박에서의 오염방지에 관한 규칙」 제2조 제1항 제20호에서 '혼합물 탱크(Slop tank)'를 '유조선 또는 유해액체물질 산적운반선의 화물창 안의 화물잔류물 또는 화물창 세정수' 또는 '화물펌프실 바닥에 고인 기름, 유해액체물질 또는 포장유해물질의 혼합물'을 한 곳에 모으기 위한 탱크라고 정의하고 있다.

25 해양환경관리법상 방제의무자의 방제조치가 아닌 것은?

㉮ 확산 방지 및 제거
㉯ 오염물질의 배출 방지
㉰ 오염물질의 수거 및 처리
㉱ 오염물질을 배출한 원인 조사

답 | ㉱ 해양환경관리법 제64조(오염물질이 배출된 경우의 방제조치)에서 규정하는 방제조치는 오염물질의 배출 방지, 배출된 오염물질의 확산 방지 및 제거, 배출된 오염물질의 수거 및 처리 등이다.

제4과목 기관

01 과급기에 대한 설명으로 옳은 것은?

㉮ 기관의 운동 부분에 마찰을 줄이기 위해 윤활유를 공급하는 장치이다.

㉯ 연소가스가 지나가는 고온부를 냉각시키는 장치이다.

㉰ 기관의 회전수를 일정하게 유지시키기 위해 연료분사량을 자동으로 조절하는 장치이다.

㉱ 기관의 연소에 필요한 공기를 대기압 이상으로 압축하여 밀도가 높은 공기를 실린더 내로 공급하는 장치이다.

답 | ㉱ 과급기는 흡입 공기를 대기압 이상의 압력으로 압축하여 실린더 내로 공급함으로써 기관 출력을 증대시키는 장치이다.

02 4행정 사이클 6실린더 기관에서는 운전 중 크랭크 각 몇 도마다 폭발이 일어나는가?

㉮ 60° ㉯ 90°
㉰ 120° ㉱ 180°

답 | ㉰ 4행정 6실린더 기관의 경우 크랭크축이 2회전하면 6회의 폭발을 하게 된다. 즉, 720÷6＝120이므로 120°마다 폭발이 일어난다.
※ 참고로 4실린더의 경우 180°마다, 8실린더의 경우 90°마다 폭발이 일어난다.

03 소형 디젤기관에서 실린더 라이너의 심한 마멸에 의한 영향이 아닌 것은?

㉮ 압축 불량

㉯ 불완전 연소

㉰ 착화 시기가 빨라짐

㉱ 연소가스가 크랭크실로 누설

답 | ㉰ 실린더 라이너의 마멸에 의해 나타나는 현상은 출력 저하, 압축 압력 저하, 불완전 연소, 연료 및 윤활유 소비량 증가, 기관 시동성 저하, 크랭크실로의 가스 누설 등이 있다.

04 디젤기관의 운전 중 윤활유 계통에서 주의해서 관찰해야 하는 것은?

㉮ 기관의 입구 온도와 기관의 입구 압력

㉯ 기관의 출구 온도와 기관의 출구 압력

㉰ 기관의 입구 온도와 기관의 출구 압력

㉱ 기관의 출구 온도와 기관의 입구 압력

답 | ㉮ 디젤기관의 운전 중에는 기관의 입구 온도 및 기관의 입구 압력을 주의해서 관찰해야 한다. 이를 기준으로 윤활유의 온도 등을 조절한다.

05 디젤기관에서 실린더 라이너에 윤활유를 공급하는 주된 이유는?

㉮ 불완전 연소를 방지하기 위해

㉯ 연소가스의 누설을 방지하기 위해

㉰ 파스톤의 균열 발생을 방지하기 위해

㉱ 실린더 라이너의 마멸을 방지하기 위해

답 | ㉱ 실린더 라이너 마멸의 주 원인은 윤활유 성질의 부적합 또는 사용량의 부족이다.

06 4행정 사이클 기관의 작동 순서로 옳은 것은?

㉮ 흡입 → 압축 → 작동 → 배기
㉯ 흡입 → 작동 → 압축 → 배기
㉴ 흡입 → 배기 → 압축 → 작동
㉰ 흡입 → 압축 → 배기 → 작동

답 | ㉮ 4행정 사이클 기관의 작동 순서는 흡입 → 압축 → 작동 → 배기이다.

07 디젤기관에서 "실린더 헤드는 다른 말로 (   ) (이)라고도 한다."에서 (   )에 알맞은 것은?

㉮ 피스톤
㉯ 연접봉
㉴ 실린더 커버
㉰ 실린더 블록

답 | ㉴ 실린더 헤드는 실린더 커버라고도 하며, 실린더 라이너 및 피스톤과 더불어 연소실을 형성하고 각종 밸브가 설치된다.

08 운전 중인 디젤기관의 연료유 사용량을 나타내는 계기는?

㉮ 회전계   ㉯ 온도계
㉴ 압력계   ㉰ 유량계

답 | ㉰ 유량계는 기체 또는 액체가 단위시간에 흐르는 양(체적 또는 질량)을 측정하는 계기이다.

09 실린더 부피가 1,200[cm³]이고 압축부피가 100[cm³]인 내연기관의 압축비는 얼마인가?

㉮ 11   ㉯ 12
㉴ 13   ㉰ 14

답 | ㉯ 내연기관의 압축비는 실린더 부피를 압축부피로 나눈 값이다. 즉, 1,200÷100=12이다.

10 디젤기관에서 피스톤링의 역할에 대한 설명으로 옳지 않은 것은?

㉮ 피스톤과 연접봉을 서로 연결시킨다.
㉯ 피스톤과 실린더 라이너 사이의 기밀을 유지한다.
㉴ 피스톤의 열을 실린더 벽으로 전달하여 피스톤을 냉각시킨다.
㉰ 피스톤과 실린더 라이너 사이에 유막을 형성하여 마찰을 감소시킨다.

답 | ㉮ 피스톤링은 피스톤과 실린더 라이너 사이의 기밀을 유지하고, 피스톤에서 받은 열을 실린더 라이너로 전달하며, 실린더 내벽의 윤활유를 고르게 분포시켜 마찰을 감소시킨다.

11 내연기관의 연료유에 대한 설명으로 옳지 않은 것은?

㉮ 발열량이 클수록 좋다.
㉯ 점도가 높을수록 좋다.
㉴ 유황분이 적을수록 좋다.
㉰ 물이 적게 함유되어 있을수록 좋다.

답 | ㉯ 연료유는 발열량이 크고 유황분의 함유량이 적으며 수분의 함유량도 적은 것이 좋다. 점도는 적당해야 한다.

12 선박이 항해 중에 받는 마찰저항과 관련이 없는 것은?

㉮ 선박의 속도
㉯ 선체 표면의 거칠기
㉴ 선체와 물의 접촉 면적
㉰ 사용되고 있는 연료유의 종류

답 | ㉰ 연료유의 종류는 선박의 마찰저항과 관련이 없다.

13 추진기의 회전 속도가 어느 한도를 넘으면 추진기 배면의 압력이 낮아지며 물의 흐름이 표면으로부터 떨어져 기포가 발생하여 추진기 표면을 두드리는 현상은?

㉮ 슬립현상　　　㉯ 공동현상
㉰ 명음현상　　　㉱ 수격현상

답 ㅣ ㉯ 공동현상(Cavitation)은 프로펠러의 회전 속도가 일정 한도를 넘어서면 프로펠러 날개의 배면에 기포가 발생하여 공동을 이루는 현상이다. 소음이나 진동의 원인이 되며 프로펠러의 효율을 저하시키고, 프로펠러의 날개를 침식시키는 원인이 되기도 한다.

14 선박용 추진기관의 동력전달계통에 포함되지 않는 것은?

㉮ 감속기　　　㉯ 추진기
㉰ 과급기　　　㉱ 추진기축

답 ㅣ ㉰ 과급기는 디젤 기관의 부속 장치에 포함되며, 흡입 공기를 대기압 이상의 압력으로 압축하여 실린더 내로 공급함으로써 기관 출력을 증대시키는 장치이다

15 선박용 납축전지의 충전법이 아닌 것은?

㉮ 간헐충전　　　㉯ 균등충전
㉰ 급속충전　　　㉱ 부동충전

답 ㅣ ㉮ 납축전지의 충전법은 균등충전, 급속충전, 부동충전 등이 있다. 균등충전은 정전압으로 10~12시간씩 충전하는 방식을, 급속충전은 비교적 단시간에 보통 전류의 2~3배의 전류로 충전하는 방식을, 부동충전은 축전지의 자기방전을 보충하는 충전 방식을 말한다.

16 전동기의 기동반에 설치되는 표시등이 아닌 것은?

㉮ 전원등　　　㉯ 운전등
㉰ 경보등　　　㉱ 병렬등

답 ㅣ ㉱ 유도전동기의 기동반에는 전류계가 주로 설치되며 이 외에 기동을 위한 기동 스위치와 기동 상태를 나타내는 운전표시등, 경보 시 알림을 위한 경보등 등이 설치된다.

17 낮은 곳에 있는 액체를 흡입하여 압력을 가한 후 높은 곳으로 이송하는 장치는?

㉮ 발전기　　　㉯ 보일러
㉰ 조수기　　　㉱ 펌프

답 ㅣ ㉱ 펌프는 낮은 곳의 물을 끌어올려 압력을 가함으로써 높은 곳 또는 압력 용기에 보내는 장치를 말한다. 선박에서는 주로 해수를 공급하거나 선박 내의 오폐수를 배출시키는 등의 목적으로 사용된다.

18 기관실의 연료유 펌프로 가장 적합한 것은?

㉮ 기어펌프　　　㉯ 왕복펌프
㉰ 축류펌프　　　㉱ 원심펌프

답 ㅣ ㉮ 기어펌프는 회전펌프의 일종으로 구조가 간단하고 취급이 용이하며 점도가 높은 유체를 이송하는 데 적합하다. 연속적으로 유체를 송출하므로 맥동 현상 등이 나타나지 않는다.

19 전동기의 운전 중 주의사항으로 옳지 않은 것은?

㉮ 발열되는 곳이 있는지를 점검한다.

㉯ 이상한 소리, 냄새 등이 발생하는지를 점검한다.

㉰ 전류계의 지시값에 주의한다.

㉱ 절연저항을 자주 측정한다.

답 | ㉱ 전동기 운전 중에는 전원과 전동기의 결선 확인, 이상한 소리·진동·냄새 혹은 각부의 발열 등 확인, 조임 볼트 확인, 전류계의 지시치 확인 등을 하는 것이 좋다.

20 해수펌프에 설치되지 않는 것은?

㉮ 흡입관 ㉯ 압력계

㉰ 감속기 ㉱ 축봉장치

답 | ㉰ 감속기는 해수펌프에 설치되지 않는 부품이다.
㉱ 축봉장치 : 유체가 누설되지 않도록 케이싱 중심의 축에 글랜드패킹을 채워 밀봉한 것

21 운전 중인 디젤 주기관에서 윤활유 펌프의 압력에 대한 설명으로 옳은 것은?

㉮ 기관의 속도가 증가하면 압력을 더 높여준다.

㉯ 배기온도가 올라가면 압력을 더 높여준다.

㉰ 부하에 관계없이 압력을 일정하게 유지한다.

㉱ 운전마력이 커지면 압력을 더 낮춘다.

답 | ㉰ 윤활유 펌프는 부하에 관계없이 압력을 일정하게 유지하고, 윤활유를 흡입 및 가압하여 각 윤활부에 보내는 역할을 한다.

22 디젤기관에서 흡·배기밸브의 틈새를 조정할 경우 주의사항으로 옳은 것은?

㉮ 피스톤이 압축행정의 상사점에 있을 때 조정한다.

㉯ 틈새는 규정치보다 약간 크게 조정한다.

㉰ 틈새는 규정치보다 약간 작게 조정한다.

㉱ 피스톤이 배기행정의 상사점에 있을 때 조정한다.

답 | ㉮ 피스톤이 상사점에 위치했을 때 흡·배기밸브 모두 닫힌 상태가 된다. 이때 틈새를 조정하는 것이 정확하다.

23 운전 중인 디젤기관에서 진동이 심한 경우의 원인으로 옳은 것은?

㉮ 디젤 노킹이 발생할 때

㉯ 정격부하로 운전 중일 때

㉰ 배기밸브의 틈새가 작아졌을 때

㉱ 윤활유의 압력이 규정치보다 높아졌을 때

답 | ㉮ 노킹이 발생하는 경우 기관에 진동 및 이상음이 발생한다.

24 연료유의 비중이란?

㉮ 부피가 같은 연료유와 물의 무게 비이다.

㉯ 압력이 같은 연료유와 물의 무게 비이다.

㉰ 점도가 같은 연료유와 물의 무게 비이다.

㉱ 인화점이 같은 연료유와 물의 무게 비이다.

답 | ㉮ 연료유의 비중이란 부피가 같은 연료유와 물의 무게 비를 말한다.

25 **연료유의 끈적끈적한 성질의 정도를 나타내는 용어는?**

[가] 점도　　[나] 비중

[사] 밀도　　[아] 융점

답 | [가] 점도는 단위시간당 액체의 흐름과 중량을 나타내며, 즉 끈적끈적한 성질의 정도를 말한다.

[나] 비중 : 부피가 같은 연료유와 물의 무게 비

[사] 밀도 : 단위 체적당 유체의 부피

[아] 융점 : 물질이 고체에서 액체로 상태 변화가 일어날 때의 온도(녹는점)

제1과목 　 항해

01 자기 컴퍼스의 카드 자체가 15도 정도의 경사에도 자유로이 경사할 수 있게 카드의 중심이 되며, 부실의 밑 부분에 원뿔형으로 움푹 파인 부분은?

㉮ 캡　　　　　　 ㉯ 피벗
㉰ 기선　　　　　 ㉱ 짐벌즈

답 ㅣ ㉮　캡은 부실의 하단에 원뿔형으로 움푹 파인 부분으로, 컴퍼스 카드의 중심점이 된다.

02 경사제진식 자이로 컴퍼스에만 있는 오차는?

㉮ 위도오차　　　 ㉯ 속도오차
㉰ 동요오차　　　 ㉱ 가속도오차

답 ㅣ ㉮　위도오차는 경사제진식 자이로 컴퍼스에만 있는 오차로, 북반구에서는 편동, 남반구에서는 편서로 발생하고 적도에서는 발생하지 않는다.
㉯ 속도오차 : 선속 중 남북 방향의 성분이 지구 자전의 각속도에 벡터적으로 가감되어 발생하는 오차
㉰ 동요오차 : 선박의 동요로 인해 자이로의 짐벌 내부 장치에서 진요운동이 발생하고, 이 진요의 변화로 인한 가속도와 진자의 호상운동으로 인해 발생하는 오차
㉱ 가속도오차 : 선박이 변속하거나 변침을 할 때 가속도의 남북 방향 성분에 의하여 자이로의 동서축 주위에 토크를 발생시킴으로써 자이로 축을 진동시키고 이로 인해 축이 평형을 잃게 되어 발생하는 오차

03 선박에서 속력과 항주거리를 측정하는 계기는?

㉮ 나침의　　　　 ㉯ 선속계
㉰ 측심기　　　　 ㉱ 핸드 레드

답 ㅣ ㉯　선속계(Log)는 선박의 속력과 항주거리 등을 측정하는 계기이다. 패턴트 선속계, 전자식 선속계, 도플러 선속계 등이 있다.

04 기계식 자이로 컴퍼스를 사용하고자 할 때는 몇 시간 전에 기동하여야 하는가?

㉮ 사용 직전
㉯ 약 30분 전
㉰ 약 1시간 전
㉱ 약 4시간 전

답 ㅣ ㉱　기계식 자이로 컴퍼스의 경우 회전력의 확보를 위해 사용 4시간 전에는 전원을 켜 두어야 정상적으로 작동한다.

05 지구 자기증의 복각이 0°가 되는 지점을 연결한 선은?

㉮ 지자극　　　　 ㉯ 자기적도
㉰ 지방자기　　　 ㉱ 북회귀선

답 ㅣ ㉯　자기적도는 지구 자기장의 복각이 0°가 되는 지점을 연결한 선이다. 일반적으로 실제 지리상 적도에 비해 남아메리카대륙에서는 약 10° 남쪽에, 아프리카대륙과 아시아대륙에서는 약 10° 북쪽에 나타난다.

06 선박자동식별장치(AIS)에서 확인할 수 없는 정보는?

㉮ 선명

㉯ 선박의 흘수

㉰ 선원의 국적

㉱ 선박의 목적지

답 | ㉰ 선박자동식별장치(AIS)는 선명, 선박의 흘수, 선박의 제원, 종류, 위치, 목적지, 침로, 속력 등 항해 정보를 실시간으로 제공하는 첨단 장치로 국제해사기구(IMO)가 추진하는 의무 설치 사항이다. 선원의 국적은 AIS에서 확인할 수 없다.

07 항해 중에 산봉우리, 섬 등 해도상에 기재되어 있는 2개 이상의 고정된 뚜렷한 물표를 선정하여 거의 동시에 각각의 방위를 측정하여 선위를 구하는 방법은?

㉮ 수평협각법   ㉯ 교차방위법

㉰ 추정위치법   ㉱ 고도측정법

답 | ㉯ 교차방위법은 동시에 2개 이상의 물표를 측정하고 그 방위선을 이용하여 선위를 측정하는 방법으로 측정법이 간단하고 선위의 정밀도가 높아 연안 항해 중 가장 많이 이용되는 방법이다.

08 실제의 태양을 기준으로 측정하는 시간은?

㉮ 평시   ㉯ 항성시

㉰ 태음시   ㉱ 시태양시

답 | ㉱ 시태양시는 해시계로 읽은 시간으로, 어떤 지점에서 측정한 겉보기태양의 시각에 12시를 더한 시각을 말한다.
㉮ 평시 : 평균 태양의 시각에 따라 계산하는 시간으로, 일상생활에서 쓰는 시간
㉯ 항성시 : 춘분점을 기준으로 측정한 시간으로, 천체 관측에 사용
㉰ 태음시 : 달을 기준 천체로 정한 시간

09 선박 주위에 있는 높은 건물로 인해 레이더 화면에 나타나는 거짓상은?

㉮ 맹목구간에 의한 거짓상

㉯ 간접 반사에 의한 거짓상

㉰ 다중 반사에 의한 거짓상

㉱ 거울면 반사에 의한 거짓상

답 | ㉱ 레이더의 거짓상 중 거울면 반사에 의한 거짓상은 반사 성능이 좋은 안벽이나 부두, 방파제 등에 의해 대칭으로 허상이 나타나는 것을 말한다.

10 작동 중인 레이더 화면에서 'A'점은?

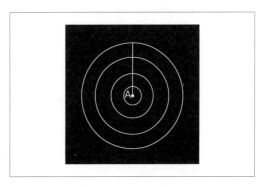

㉮ 섬   ㉯ 자기 선박

㉰ 육지   ㉱ 다른 선박

답 | ㉯ 제시된 화면은 선박에서 가장 일반적으로 사용되는 상대동작방식 레이더의 화면이다. 상대동작방식 레이더에서 자선의 위치는 어느 한 점, 주로 중앙에 고정되고, 모든 물체는 자선에 움직임에 대해 상대적인 움직임으로 표시된다.

11 다음 중 해도에 표시되는 높이나 깊이의 기준면이 다른 것은?

㉮ 수심   ㉯ 등대

㉰ 세암   ㉱ 암암

답 | ㉯ 등고, 즉 등대의 높이나 산 및 섬 등의 높이는 평균수면을 기준으로 한다. 반면 수심과 세암, 암암 등의 높이 혹은 깊이는 기본수준면(약최저저조면)을 기준으로 한다.

12 해도상에 표시된 해저 저질의 기호에 대한 의미로 옳지 않은 것은?

㉮ S−자갈　　　　㉯ M−뻘
㉰ R−암반　　　　㉱ Co−산호

답 | ㉮　해저 저질의 기호 중 S는 '모래'를 의미한다. 자갈은 G로 표기한다.

13 해도에 사용되는 특수한 기호와 약어는?

㉮ 해도도식　　　　㉯ 해도 제목
㉰ 수로도지　　　　㉱ 해도 목록

답 | ㉮　해도도식은 해도상에서 사용되는 특수기호와 약어를 설명하는 특수서지이다.

14 다음 중 항행통보가 제공하지 않는 정보는?

㉮ 수심의 변화
㉯ 조시 및 조고
㉰ 위험물의 위치
㉱ 항로표지의 신설 및 폐지

답 | ㉯　항행통보는 항해 및 정박에 영향을 주는 위험물의 위치, 수심의 변화, 항로표지의 신설 및 폐지 등의 정보를 항해자에게 통보하는 것을 말한다. 조시 및 조고에 대한 정보는 조석표를 통해 알 수 있다.

15 등부표에 대한 설명으로 옳지 않은 것은?

㉮ 강한 파랑이나 조류에 의해 유실되는 경우도 있다.
㉯ 항로의 입구, 폭 및 변침점 등을 표시하기 위해 설치한다.
㉰ 해저의 일정한 지점에 체인으로 연결되어 수면에 떠 있는 구조물이다.
㉱ 조류표에 기재되어 있으므로, 선박의 정확한 속력을 구하는 데 사용하면 좋다.

답 | ㉱　등부표에 대한 정보는 조류표가 아닌 등대표에 기록되어 있으며, 등부표의 경우 해면을 따라 일정 범위 내에서 이동하는 물표이므로 정확한 속력을 구하는 데 이용하는 것은 적절하지 않다.

16 전자력에 의해서 발음판을 진동시켜 소리를 내게 하는 음파(음향)표지는?

㉮ 무종　　　　㉯ 에어 사이렌
㉰ 다이어폰　　　　㉱ 다이어프램 폰

답 | ㉱　다이어프램 폰은 전자력을 이용해 발음판을 진동시켜 소리를 내는 음파(음향)표지이다.
　　㉮ 무종 : 가스의 압력이나 기계 장치를 이용해 종을 쳐 소리를 내는 표지
　　㉯ 에어 사이렌 : 압축공기를 이용해 사이렌을 울리는 표지
　　㉰ 다이어폰 : 압축공기를 이용해 피스톤을 왕복시켜 소리를 내는 표지

17 등대의 등색으로 사용하지 않는 색은?

㉮ 백색　　　　㉯ 적색
㉰ 녹색　　　　㉱ 보라색

답 | ㉱　등색의 경우 우리나라에서는 백색, 황색, 녹색, 적색을 사용한다.

18 항만 내의 좁은 구역을 상세하게 표시하는 대축척 해도는?

㉮ 총도　　　　㉯ 항양도
㉰ 항해도　　　　㉱ 항박도

답 | ㉱　항박도는 1/5만 이상의 대축척 해도로, 항만이나 협수로, 투묘지, 어항, 해협 등의 좁은 구역을 상세히 표시한 해도이다.

19 종이해도에서 찾을 수 없는 정보는?

㉮ 나침도
㉯ 간행연월일
㉰ 일출 시간
㉱ 해도의 축척

답 | ㉰ 종이해도에는 해도의 축척, 해안선, 등심선, 수심, 등대나 등부표, 간행연월일, 나침도 등의 정보가 들어간다.

20 해저의 지형이나 기복 상태를 판단할 수 있도록 수심이 동일한 지점을 가는 실선으로 연결하여 나타낸 것은?

㉮ 등고선
㉯ 등압선
㉰ 등심선
㉱ 등온선

답 | ㉰ 등심선은 해저의 기복 상태를 알기 위해 같은 수심의 장소를 연결한 실선으로, 해도에 나타나 있다.

21 다음 중 제한된 시계가 아닌 것은?

㉮ 폭설이 내릴 때
㉯ 폭우가 쏟아질 때
㉰ 교통의 밀도가 높을 때
㉱ 안개로 다른 선박이 보이지 않을 때

답 | ㉰ 해사안전법에서는 '제한된 시계'를 '안개·연기·눈·비·모래바람 및 그 밖에 이와 비슷한 이유로 시계가 제한되어 있는 상태'라고 정의하고 있다.

22 시베리아 고기압과 같이 겨울철에 발달하는 한랭 고기압은?

㉮ 온난 고기압
㉯ 지형성 고기압
㉰ 이동성 고기압
㉱ 대륙성 고기압

답 | ㉱ 시베리아 고기압은 한랭 건조한 대륙성 한대 기압으로 겨울철에 우리나라를 지배한다.

23 기압 1,013밀리바는 몇 헥토파스칼인가?

㉮ 1헥토파스칼
㉯ 76헥토파스칼
㉰ 760헥토파스칼
㉱ 1,013헥토파스칼

답 | ㉱ 1,013밀리바는 표준 대기압에 해당하며, 표준 대기압은 $1[atm] = 760[mmHg] = 1.03322[kgf/cm^2] = 1.01325[bar] = 1,013.25[hPa]$이다.

24 〈보기〉에서 항해계획을 수립하는 순서를 옳게 나타낸 것은?

┌─보기─────────────────────────┐
│ ① 가장 적합한 항로를 선정하고, 소축척 종이해
│   도에 선정한 항로를 기입한다.
│ ② 수립한 계획이 적절한가를 검토한다.
│ ③ 상세한 항해일정을 구하여 출·입항 시각을
│   결정한다.
│ ④ 대축척 종이해도에 항로를 기입한다.
└─────────────────────────────┘

㉮ ① → ② → ③ → ④
㉯ ① → ③ → ④ → ②
㉰ ① → ② → ④ → ③
㉱ ① → ④ → ③ → ②

답 | ㉰ 항해계획은 '소축척 해도상에 항로를 기입 → 수립한 계획의 적절성 검토 → 실제 항해에 사용할 대축척 해도에 항로 기입 → 상세한 항행일정을 구하여 출·입항 시각 결정' 순으로 수립한다.

25 선박의 항로지정제도(Ship's routeing)에 관한 설명으로 옳지 않은 것은?

㉮ 국제해사기구(IMO)에서 지정할 수 있다.

㉯ 특정 화물을 운송하는 선박에 대해서도 사용을 권고할 수 있다.

㉰ 모든 선박 또는 일부 범위의 선박에 대하여 강제적으로 적용할 수 있다.

㉱ 국제해사기구에서 정한 항로지정방식은 해도에 표시되지 않을 수도 있다.

답 ㅣ ㉱ 국제해사기구(IMO)에서 정한 항로지정방식도 해도에 표시된다.

제 2 과목 운용

01 갑판 개구 중에서 화물창에 화물을 적재 또는 양하하기 위한 개구는?

㉮ 탈출구
㉯ 해치(Hatch)
㉰ 승강구
㉱ 맨홀(Manhole)

답 ㅣ ㉯ 갑판에는 승강구, 탈출구, 기관실구, 천창 등의 개구가 설치되는데, 이러한 갑판구 중 선창에 화물을 적재하거나 양하하기 위한 선창구를 해치(Hatch) 또는 해치웨이(Hatchway)라 한다.

02 선체의 명칭을 나타낸 아래 그림에서 ㉠은?

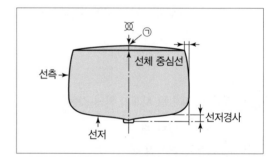

㉮ 용골
㉯ 빌지
㉰ 캠버
㉱ 텀블 홈

답 ㅣ ㉰ ㉠은 선체의 구조 중 캠버로 선체의 횡단면상에서 갑판보가 선체 중심선에서 양현으로 휘어진 것을 말한다. 캠버는 갑판 위의 물이 신속하게 현측으로 배수되도록 하고 횡강력을 증가시켜 갑판의 변형을 방지하는 역할을 한다.

03 트림의 종류가 아닌 것은?

㉮ 등흘수
㉯ 중앙트림
㉰ 선수트림
㉱ 선미트림

답 ㅣ ㉯ '트림은 선수흘수와 선미흘수의 차'로 선박 길이 방향의 경사를 의미한다. 각 흘수의 비율에 따라 선수 트림, 선미 트림, 등흘수 등으로 구분한다.

04 (   )에 적합한 것은?

> 보기
>
> "공선항해 시 화물선에서 적절한 흘수를 확보하기 위하여 일반적으로 (   )을/를 싣는다."

㉮ 목재   ㉯ 컨테이너
㉰ 석탄   ㉱ 선박평형수

답 | ㉱   선박평형수(혹은 밸러스트)는 선박의 흘수를 확보하여 복원력 및 안정성 등을 확보하기 위해 하부에 위치한 평형수(밸러스트) 탱크에 싣는 바닷물을 말한다.

05 타주를 가진 선박에서 계획만재흘수선상의 선수재 전면으로부터 타주 후면까지의 수평거리는?

㉮ 전장   ㉯ 등록장
㉰ 수선장   ㉱ 수선간장

답 | ㉱   수선간장은 계획만재흘수선에서 선수재의 전면에서 세운 수직선인 선수수선과 타주 후면의 기선에서 세운 수직선인 선미수선까지의 수평거리를 말하며, 일반적으로 배의 길이를 표현하는 대표적인 기준이다.

06 여객이나 화물을 운송하기 위하여 쓰이는 용적을 나타내는 톤수는?

㉮ 순톤수   ㉯ 배수톤수
㉰ 총톤수   ㉱ 재화중량톤수

답 | ㉮   순톤수는 선박 내부의 용적 전체에서 기관실·갑판부 등을 제외하고 선박의 직접상행위에 사용되는 장소의 용적만을 환산하여 표시한 톤수이다.

07 희석제(Thinner)에 대한 설명으로 옳지 않은 것은?

㉮ 인화성이 강하므로 화기에 유의하여야 한다.
㉯ 도료에 첨가하는 양은 최대 10% 이하가 좋다.
㉰ 도료의 성분을 균질하게 하여 도막을 매끄럽게 한다.
㉱ 도료에 많은 양을 사용하면 도료의 점도가 높아진다.

답 | ㉱   희석제, 흔히 신너라고 하는 것은 도료의 점도를 조절하기 위한 혼합용제로 많이 넣으면 도료의 점도가 낮아진다.

08 체온을 유지할 수 있도록 열전도율이 낮은 방수 물질로 만들어진 포대기 또는 옷을 의미하는 구명설비는?

㉮ 방수복   ㉯ 구명조끼
㉰ 보온복   ㉱ 구명부환

답 | ㉰   보온복은 열전도율이 낮은 방수 물질로 만들어진 포대기 혹은 옷으로 바닷물에서 체온을 유지하는 데 도움을 주는 구명설비이다.

09 선박에서 선장이 직접 조타를 하고 있을 때, "선수 우현 쪽으로 사람이 떨어졌다."라는 외침을 들은 경우 선장이 즉시 취하여야 할 조치로 옳은 것은?

㉮ 타 중앙   ㉯ 우현 전타
㉰ 좌현 전타   ㉱ 후진 기관 사용

답 | ㉯   익수자가 발생한 경우 즉시 기관을 정지시키고 익수자 방향으로 전타하여 익수자가 프로펠러에 휘말리지 않도록 조종해야 한다.

10 선박이 침몰하여 수면 아래 4미터 정도에 이르면 수압에 의하여 선박에서 자동 이탈되어 조난자가 탈 수 있도록 압축가스에 의해 펼쳐지는 구명설비는?

㉮ 구명정   ㉯ 구명뗏목

㉰ 구조정   ㉱ 구명부기

답 | ㉯ 구명뗏목은 선박 침몰 시 수심 2~4m에 이르면 자동이탈장치에 의해 선박에서 이탈·부상하여 조난자가 이용할 수 있도록 펼쳐지는 구명설비이다. 주로 나일론 등과 같은 합성섬유로 된 포지를 고무로 가공하여 제작된다.
㉮ 구명정 : 선박의 조난 시나 인명 구조 시에 사용되는 소형 보트
㉰ 구조정 : 조난 중인 사람을 구조하거나 생존정으로 인도하기 위하여 설계된 보트
㉱ 구명부기 : 조난 시 사람을 구조할 수 있게 만든 물에 뜨는 기구

11 해상이동업무식별번호(MMSI number)에 대한 설명으로 옳지 않은 것은?

㉮ 9자리 숫자로 구성된다.

㉯ 소형선박에는 부여되지 않는다.

㉰ 초단파(VHF) 무선설비에도 입력되어 있다.

㉱ 우리나라 선박은 440 또는 441로 시작된다.

답 | ㉯ 해상이동업무식별번호(MMSI number)는 9자리로 이루어진 선박 고유의 부호로 선박의 국적과 종사 업무 등 선박에 대한 정보를 알 수 있다. 주로 디지털선택호출(DSC), 선박자동식별장치(AIS), 비상위치지시 무선표지(EPIRB)에서 선박의 식별 부호로 사용되며 우리나라 선박은 440 혹은 441로 시작된다.

12 다음 조난신호 중 수면상 가장 멀리서 볼 수 있는 것은?

㉮ 기류신호

㉯ 발연부신호

㉰ 신호홍염

㉱ 로켓 낙하산 화염신호

답 | ㉱ 로켓 낙하산 화염신호는 로켓 등에 의해 공중으로 발사되어 붉은 빛을 내뿜는 야간용 조난신호 용구로 공중에서 신호를 발하는 만큼 높은 시인거리를 확보한다.

13 선박용 초단파(VHF) 무선설비의 최대 출력은?

㉮ 10W   ㉯ 15W

㉰ 20W   ㉱ 25W

답 | ㉱ 선박용 초단파무선설비(VHF)의 최대 출력은 25W이다.

14 평수구역을 항해하는 총톤수 2톤 이상의 선박에 반드시 설치하여야 하는 무선통신 설비는?

㉮ 위성통신설비

㉯ 초단파(VHF) 무선설비

㉰ 중단파(MF/HF) 무선설비

㉱ 수색구조용 레이더 트랜스폰더(SART)

답 | ㉯ 선박안전법 시행규칙 별표 30에 따른 무선설비의 설치 기준에 따르면, 평수구역을 항해하는 총톤수 2톤 이상의 선박은 초단파(VHF) 무선설비를 반드시 설치해야 한다.

15 다음 중 선박 조종에 미치는 영향이 가장 작은 요소는?

㉮ 바람   ㉯ 파도

㉰ 조류   ㉱ 기온

답 | ㉱   수온(기온)은 선박 조종에 영향을 거의 주지 않는다.

16 ( )에 적합한 것은?

> ┌─ 보기 ─
> "우회전 고정피치 스크루 프로펠러 1개가 설치되어 있는 선박이 타가 우 타각이고, 정지 상태에서 후진할 때, 후진 속력이 커지면 흡입류의 영향이 커지므로 선수는 ( )한다."

㉮ 직진   ㉯ 좌회두

㉰ 우회두   ㉱ 물속으로 하강

답 | ㉯   우회전 고정피치 스크루 프로펠러 한 개가 장착된 선박이 우 타각을 주고 정지 상태에서 후진할 경우, 후진 속력이 커지면 흡입류의 영향이 커지면서 선수가 좌회두하게 된다.

17 ( )에 순서대로 적합한 것은?

> ┌─ 보기 ─
> "수심이 얕은 수역에서는 타의 효과가 나빠지고, 선체 저항이 ( )하여 선회권이 ( )"

㉮ 감소, 작아진다

㉯ 감소, 커진다

㉰ 증가, 작아진다

㉱ 증가, 커진다

답 | ㉱   수심이 얕은 수역의 영향을 '천수효과'라 하는데, 선체의 침하와 흘수의 증가, 선속의 감소, 조종성의 저하 등이 그것이다. 선체의 저항이 증가하면서 선회권이 커지는 것 역시 천수효과의 일종이다.

18 다음 중 정박지로 가장 좋은 저질은?

㉮ 뻘   ㉯ 자갈

㉰ 모래   ㉱ 조개껍질

답 | ㉮   안전한 정박을 위해서는 앵커의 파주력이 높아야 한다. 다양한 저질 중 연한 뻘(soft mud)의 파주 계수가 가장 높으며, 자갈이나 바위 등이 가장 낮다.

19 접·이안 시 계선줄을 이용하는 목적이 아닌 것은?

㉮ 접안 시 선용품 선적

㉯ 선박의 전진속력 제어

㉰ 접안 시 선박과 부두 사이 거리 조절

㉱ 이안 시 선미가 부두로부터 떨어지도록 작용

답 | ㉮   계선줄은 주로 선박을 부두에 고정하기 위하여 사용하는 줄이며 선수줄, 선미줄, 선수뒷줄, 선미앞줄, 옆줄로 구분된다. 접안 시 선용품을 선적하기 위한 역할로 사용되지는 않는다.

20 전속 전진 중인 선박이 선회 중 나타내는 일반적인 현상으로 옳지 않은 것은?

㉮ 선속이 감소한다.

㉯ 횡경사가 발생한다.

㉰ 선미 킥이 발생한다.

㉱ 선회 가속도가 감소하다가 증가한다.

답 | ㉱   선박 선회 시 수류의 저항으로 인해 선속이 감소하고 선체의 횡경사(내방경사 – 외방경사 순)가 발생한다. 또한 선회 초기에는 선체가 원침로로부터 타각을 준 반대쪽으로 약간 벗어나는 현상, 즉 킥 현상이 발생한다.

21 협수로를 항해할 때 유의할 사항으로 옳은 것은?

㉮ 침로를 변경할 때는 대각도로 한 번에 변경하는 것이 좋다.

㉯ 선·수미선과 조류의 유선이 직각을 이루도록 조종하는 것이 좋다.

㉰ 언제든지 닻을 사용할 수 있도록 준비된 상태에서 항행하는 것이 좋다.

㉱ 조류는 순조 때에는 정침이 잘되지만, 역조 때에는 정침이 어려우므로 조종 시 유의하여야 한다.

답 | ㉰ ㉮ 협수로에서 침로를 변경할 때는 소각도로 여러 번에 걸쳐 변경하는 것이 좋다.
㉯ 협수로 항해 시에는 선수미선이 조류의 방향과 일치하도록 통과하거나 가장 좁은 부분을 연결한 선의 수직이등분선 위를 통항하도록 하는 것이 좋다.
㉱ 역조 시에는 정침이 가능하지만 순조 시에는 정침이 어려우므로 조종 시 유의하여야 한다.

22 황천항해를 대비하여 선박에 화물을 실을 때 주의사항으로 옳은 것은?

㉮ 선체의 중앙부에 화물을 많이 싣는다.

㉯ 선수부에 화물을 많이 싣는 것이 좋다.

㉰ 화물의 무게 분포가 한곳에 집중되지 않도록 한다.

㉱ 상갑판보다 높은 위치에 최대한으로 많은 화물을 싣는다.

답 | ㉰ 황천항해에 대비해 화물을 실을 때에는 화물의 무게 분포가 한곳에 집중되지 않도록 해야 한다. 선박의 무게 분포가 한곳에 집중될 경우 복원력에 영향을 미칠 수 있으며, 선체운동의 영향을 받아 선체를 파손시킬 위험도 있다.
㉮ 선체 중앙부에 화물이 집중될 경우 선체가 외력에 영향을 받을 때 선체를 파손시킬 위험이 있다.
㉯ 화물은 선박 내에 고르게 실어야 한다.
㉱ 황천항해 시 무게중심을 낮춤으로써 복원력을 확보하는 것이 중요하므로, 화물은 가능한 낮은 위치에 싣는 것이 좋다.

23 파도가 심한 해역에서 선속을 저하시키는 요인이 아닌 것은?

㉮ 바람

㉯ 풍랑(Wave)

㉰ 수온

㉱ 너울(Swell)

답 | ㉰ 수온(기온)은 선박의 조종성은 물론 선속에도 영향을 거의 주지 않는다.

24 선박의 침몰 방지를 위하여 선체를 해안에 고의적으로 얹는 것은?

㉮ 전복

㉯ 접촉

㉰ 충돌

㉱ 임의 좌주

답 | ㉱ 임의 좌주는 선박의 충돌 후 침몰이 예상될 때 고의적으로 수심이 낮은 곳에 좌주시킴으로써 침몰을 방지하는 충돌 사고 조치 방법이다.

25 기관 손상 사고의 원인 중 인적 과실이 아닌 것은?

㉮ 기관의 노후

㉯ 기기 조작 미숙

㉰ 부적절한 취급

㉱ 일상적인 점검 소홀

답 | ㉮ 인적 과실은 말 그대로 사람의 실수 혹은 부주의 등으로 인한 사고 원인을 말한다. 기관의 노후는 기관의 사용에 따라 자연스럽게 나타나는 현상으로 인적 과실로 보기 어렵다.

01 (　　)에 적합한 것은?

> 보기
> "해사안전법상 고속여객선이란 시속 (　　) 이상으로 항행하는 여객선을 말한다."

㉮ 10노트　　　　㉯ 15노트
㉰ 20노트　　　　㉱ 30노트

답 | ㉯ 해사안전법 제2조에 따르면 고속여객선이란 시속 15노트 이상으로 항행하는 여객선을 말한다.

02 해사안전법상 '조종제한선'이 아닌 선박은?

㉮ 준설 작업을 하고 있는 선박
㉯ 항로표지를 부설하고 있는 선박
㉰ 주기관이 고장나 움직일 수 없는 선박
㉱ 항행 중 어획물을 옮겨 싣고 있는 어선

답 | ㉰ 해사안전법 제2조에 따르면 조종제한선은 항로표지, 해저전선 또는 해저파이프라인의 부설·보수·인양 작업, 준설(浚渫)·측량 또는 수중 작업, 항행 중 보급, 사람 또는 화물의 이송 작업 등에 종사하고 있어 다른 선박의 진로를 피할 수 없는 선박을 말한다. ㉰는 조종불능선에 해당한다.

03 해사안전법상 고속여객선이 교통안전특정해역을 항행하려는 경우 항행안전을 확보하기 위하여 필요시 해양경찰서장이 선장에게 명할 수 있는 것은?

㉮ 속력의 제한
㉯ 입항의 금지
㉰ 선장의 변경
㉱ 앞지르기의 지시

답 | ㉮ 해사안전법 제11조(거대선 등의 항행안전확보 조치)에 따르면 해양경찰서장은 거대선, 위험화물운반선, 고속여객선, 그 밖에 해양수산부령으로 정하는 선박이 교통안전특정해역을 항행하려는 경우 항행안전을 확보하기 위하여 필요하다고 인정하면 통항시각의 변경, 항로의 변경, 제한된 시계의 경우 선박의 항행 제한, 속력의 제한, 안내선의 사용 등을 명할 수 있다.

04 해사안전법상 떠다니거나 침몰하여 다른 선박의 안전운항 및 해상교통질서에 지장을 주는 것은?

㉮ 침선　　　　　㉯ 항행장애물
㉰ 기름띠　　　　㉱ 부유성 산화물

답 | ㉯ 해사안전법 제2조에 따르면 항행장애물(航行障碍物)이란 선박으로부터 떨어진 물건, 침몰·좌초된 선박 또는 이로부터 유실(遺失)된 물건 등 해양수산부령으로 정하는 것으로서 선박항행에 장애가 되는 물건을 말한다.

05 해사안전법상 다른 선박과 충돌을 피하기 위한 선박의 동작에 대한 설명으로 옳지 않은 것은?

㉮ 침로나 속력을 변경할 때에는 소폭으로 연속적으로 변경하여야 한다.
㉯ 필요하면 속력을 줄이거나 기관의 작동을 정지하거나 후진하여 선박의 진행을 완전히 멈추어야 한다.
㉰ 피항동작을 취할 때에는 그 동작의 효과를 다른 선박이 완전히 통과할 때까지 주의 깊게 확인하여야 한다.
㉱ 침로를 변경할 경우에는 될 수 있으면 충분한 시간적 여유를 두고 다른 선박이 그 변경을 쉽게 알아볼 수 있도록 충분히 크게 변경하여야 한다.

답 | ㉮ 해사안전법 제66조에 따르면 선박은 다른 선박과 충돌을 피하기 위하여 침로(針路)나 속력을 변경할 때에는 될 수 있으면 다른 선박이 그 변경을 쉽게 알아볼 수 있도록 충분히 크게 변경하여야 하며, 침로나 속력을 소폭으로 연속적으로 변경하여서는 아니 된다.

06 해사안전법상 안전한 속력을 결정할 때 고려하여야 할 사항이 아닌 것은?

㉮ 시계의 상태

㉯ 선박 설비의 구조

㉰ 선박의 조종 성능

㉱ 해상교통량의 밀도

답 | ㉯ 해사안전법 제64조에 따르면 안전한 속력을 결정할 때에 고려해야 할 사항으로는 선박의 흘수와 수심과 관계, 본선의 정지거리·선회성능, 조종성능, 해상교통량의 밀도, 시계의 상태 등이 있다.

07 해사안전법상 술에 취한 상태를 판별하는 기준은?

㉮ 체온

㉯ 걸음걸이

㉰ 혈중알코올농도

㉱ 실제 섭취한 알코올 양

답 | ㉰ 해사안전법 제104조의2에 따르면 술에 취한 상태를 판별하는 기준은 혈중알코올농도이다.

08 ( )에 적합한 것은?

┌ 보기 ┐

"해사안전법상 2척의 동력선이 상대의 진로를 횡단하는 경우로서 충돌의 위험이 있을 때에는 다른 선박을 ( ) 쪽에 두고 있는 선박이 그 다른 선박의 진로를 피하여야 한다."

└────────┘

㉮ 선수

㉯ 좌현

㉰ 우현

㉱ 선미

답 | ㉰ 해사안전법 제72조에 따르면 2척의 동력선이 마주치거나 거의 마주치게 되어 충돌의 위험이 있을 때에는 각 동력선은 서로 다른 선박의 좌현 쪽을 지나갈 수 있도록 침로를 우현(右舷) 쪽으로 변경하여야 한다.

09 해사안전법상 제한된 시계에서 충돌할 위험성이 없다고 판단한 경우 외에 자기 선박의 양쪽 현의 정횡 앞쪽에 있는 다른 선박의 무중신호를 듣고 취할 조치로 옳은 것을 〈보기〉에서 모두 고른 것은?

┌ 보기 ┐

ㄱ. 최대 속력으로 항행하면서 경계를 한다.

ㄴ. 우현 쪽으로 침로를 변경시키지 않는다.

ㄷ. 필요 시 자기 선박의 진행을 완전히 멈춘다.

ㄹ. 충돌할 위험성이 사라질 때까지 주의하여 항행하여야 한다.

└────────┘

㉮ ㄱ, ㄷ

㉯ ㄷ, ㄹ

㉰ ㄱ, ㄴ, ㄹ

㉱ ㄴ, ㄷ, ㄹ

답 | ㉱ 해사안전법 제77조에 따르면 충돌할 위험성이 없다고 판단한 경우 외에 자기 선박의 양쪽 현의 정횡 앞쪽에 있는 다른 선박에서 무중신호(霧中信號)를 듣는 경우 모든 선박은 자기 배의 침로를 유지하는 데에 필요한 최소한으로 속력을 줄여야 한다. 이 경우 필요하다고 인정되면 자기 선박의 진행을 완전히 멈추어야 하며, 어떠한 경우에도 충돌할 위험성이 사라질 때까지 주의하여 항행하여야 한다.

10 해사안전법상 항행 중인 동력선의 등화에 덧붙여 가장 잘 보이는 곳에 붉은색 전주등 3개를 수직으로 표시하거나 원통형의 형상물 1개를 표시할 수 있는 선박은?

㉮ 도선선

㉯ 흘수제약선

㉰ 좌초선

㉱ 조종불능선

답 | ㉯ 해사안전법 제86조에 따르면 흘수제약선은 항행 중인 동력선의 등화에 덧붙여 가장 잘 보이는 곳에 붉은색 전주등 3개를 수직으로 표시하거나 원통형의 형상물 1개를 표시할 수 있다.

11 해사안전법상 삼색등을 구성하는 색이 아닌 것은?

㉮ 흰색   ㉯ 황색

㉡ 녹색   ㉢ 붉은색

답 ㅣ ㉯ 해사안전법 제79조에 따르면 삼색등은 붉은색, 녹색, 흰색으로 구성된 등이다.

12 해사안전법상 정박 중인 길이 7미터 이상인 선박이 표시하여야 하는 형상물은?

㉮ 둥근꼴 형상물
㉯ 원뿔꼴 형상물
㉡ 원통형 형상물
㉢ 마름모꼴 형상물

답 ㅣ ㉮ 해사안전법 제88조에 따르면 정박 중인 선박은 선박의 가장 잘 보이는 곳에 앞쪽에 흰색의 전주등 1개 또는 둥근꼴의 형상물 1개를 표시하여야 한다.

※ 길이 7미터 미만의 선박이 좁은 수로등 정박지 안 또는 그 부근과 다른 선박이 통상적으로 항행하는 수역이 아닌 장소에 정박하거나 얹혀 있는 경우에는 법령에 따른 등화나 형상물을 표시하지 아니할 수 있다.

13 해사안전법상 '섬광등'의 정의는?

㉮ 선수 쪽 225도의 수평사광범위를 갖는 등
㉯ 360도에 걸치는 수평의 호를 비추는 등화로서 일정한 간격으로 1분에 30회 이상 섬광을 발하는 등
㉡ 360도에 걸치는 수평의 호를 비추는 등화로서 일정한 간격으로 1분에 60회 이상 섬광을 발하는 등
㉢ 360도에 걸치는 수평의 호를 비추는 등화로서 일정한 간격으로 1분에 120회 이상 섬광을 발하는 등

답 ㅣ ㉢ 해사안전법 제79조 제1항 제7호에서 규정하는 섬광등은 '360도에 걸치는 수평의 호를 비추는 등화로서 일정한 간격으로 1분에 120회 이상 섬광을 발하는 등'이다.

14 해사안전법상 장음은 얼마 동안 계속되는 고동소리인가?

㉮ 약 1초   ㉯ 약 2초

㉡ 2~3초   ㉢ 4~6초

답 ㅣ ㉢ 해사안전법 제90조에 따르면 단음은 1초 정도 계속되는 고동소리, 장음은 4초부터 6초까지의 시간 동안 계속되는 고동소리이다.

15 해사안전법상 제한된 시계 안에서 항행 중인 동력선이 대수속력이 있는 경우에는 2분을 넘지 아니하는 간격으로 장음을 1회 울려야 하는데 이와 같은 음향신호를 하지 아니할 수 있는 선박의 크기 기준은?

㉮ 길이 12미터 미만
㉯ 길이 15미터 미만
㉡ 길이 20미터 미만
㉢ 길이 50미터 미만

답 ㅣ ㉮ 해사안전법 제93조에 따르면 시계가 제한된 수역에서 항행 중인 길이 12미터 이상의 동력선은 대수속력이 있는 경우 2분을 넘지 아니하는 간격으로 장음을 1회 울려야 한다.

16 무역항의 수상구역등에서 선박의 입항·출항에 대한 지원과 선박운항의 안전 및 질서 유지에 필요한 사항을 규정할 목적으로 만들어진 법은?

㉮ 선박안전법
㉯ 해사안전법
㉡ 선박교통관제에 관한 법률
㉢ 선박의 입항 및 출항 등에 관한 법률

답 ㅣ ㉢ 선박의 입항 및 출항 등에 관한 법률 제1조에 따르면 이 법은 무역항의 수상구역 등에서 선박의 입항·출항에 대한 지원과 선박운항의 안전 및 질서 유지에 필요한 사항을 규정함을 목적으로 한다.

17 (　　)에 적합한 것은?

"선박의 입항 및 출항 등에 관한 법률상 무역항의 수상구역등에서 해양사고를 피하기 위한 경우 등 해양수산부령으로 정하는 사유로 선박을 정박지가 아닌 곳에 정박한 선장은 즉시 그 사실을 (　　)에/에게 신고하여야 한다."

㉮ 관리청　　　　　㉯ 환경부장관
㉰ 해양경찰청　　　㉱ 해양수산부장관

답 | ㉮　선박의 입항 및 출항 등에 관한 법률 제5조에 따르면 해양사고를 피하기 위한 경우 등 해양수산부령으로 정하는 사유가 있는 경우에는 정박구역 또는 정박지가 아닌 곳에 정박한 선박의 선장은 즉시 그 사실을 관리청에 신고하여야 한다.

18 선박의 입항 및 출항 등에 관한 법률상 선박이 해상에서 일시적으로 운항을 멈추는 것은?

㉮ 정박　　　　　㉯ 정류
㉰ 계류　　　　　㉱ 계선

답 | ㉯　선박의 입항 및 출항 등에 관한 법률 제2조에서 '선박이 해상에서 일시적으로 운항을 멈추는 것'을 '정류'로 정의하고 있다.

19 선박의 입항 및 출항 등에 관한 법률상 무역항의 수상구역등에서 선박을 예인하고자 할 때 한꺼번에 몇 척 이상의 피예인선을 끌지 못하는가?

㉮ 1척　　　　　㉯ 2척
㉰ 3척　　　　　㉱ 4척

답 | ㉰　선박의 입항 및 출항 등에 관한 법률 시행규칙 제9조에 따르면 무역항의 수상구역등에서 선박을 예인하고자 할 때 예인선은 한꺼번에 3척 이상의 피예인선을 끌지 못한다.

20 선박의 입항 및 출항 등에 관한 법률상 방파제 입구 등에서 입·출항하는 두 척의 선박이 마주칠 우려가 있을 때의 항법은?

㉮ 입항하는 선박이 방파제 밖에서 출항하는 선박의 진로를 피하여야 한다.
㉯ 출항하는 선박은 방파제 안에서 입항하는 선박의 진로를 피하여야 한다.
㉰ 입항하는 선박이 방파제 입구를 우현 쪽으로 접근하여 통과하여야 한다.
㉱ 출항하는 선박은 방파제 입구를 좌현 쪽으로 접근하여 통과하여야 한다.

답 | ㉮　선박의 입항 및 출항 등에 관한 법률 제13조에 따르면 무역항의 수상구역등에 입항하는 선박이 방파제 입구 등에서 출항하는 선박과 마주칠 우려가 있는 경우에는 방파제 밖에서 출항하는 선박의 진로를 피하여야 한다.

21 (　　)에 적합하지 않은 것은?

"선박의 입항 및 출항 등에 관한 법률상 무역항의 수상구역등에 정박하는 (　　)에 따른 정박구역 또는 정박지를 지정·고시할 수 있다."

㉮ 선박의 톤수
㉯ 선박의 종류
㉰ 선박의 국적
㉱ 적재물의 종류

답 | ㉰　선박의 입항 및 출항 등에 관한 법률 제5조에 따르면 관리청은 무역항의 수상구역등에 정박하는 선박의 종류·톤수·흘수 또는 적재물의 종류에 따른 정박구역 또는 정박지를 지정·고시할 수 있다.

22 다음 중 선박의 입항 및 출항 등에 관한 법률상 우선피항선이 아닌 것은?

㉮ 예선

㉯ 총톤수 20톤 미만인 어선

㉰ 주로 노와 삿대로 운전하는 선박

㉱ 예인선에 결합되어 운항하는 압항부선

답 | ㉱ 선박의 입항 및 출항 등에 관한 법률 제2조에 따르면 우선피항선은 부선(압항부선은 제외), 주로 노와 삿대로 운전하는 선박, 예선, 항만운송관련사업을 등록한 자가 소유한 선박, 해양환경관리업을 등록한 자가 소유한 선박, 총톤수 20톤 미만의 선박 등이 해당된다.

23 해양환경관리법상 유해액체물질기록부는 최종 기재를 한 날부터 몇 년간 보존하여야 하는가?

㉮ 1년   ㉯ 2년

㉰ 3년   ㉱ 5년

답 | ㉰ 해양환경관리법 제30조(선박오염물질기록부의 관리)에서는 선박오염물질기록부(폐기물기록부, 기름기록부, 유해액체물질기록부 등)의 보존기간을 최종기재를 한 날로부터 3년으로 규정하고 있다.

24 해양환경관리법상 폐기물이 아닌 것은?

㉮ 도자기   ㉯ 플라스틱류

㉰ 폐유압유   ㉱ 음식 쓰레기

답 | ㉰ 해양환경관리법 제2조(정의)에 따른 폐기물은 해양에 배출되는 경우 그 상태로는 쓸 수 없게 되는 물질로서 해양환경에 해로운 결과를 미치거나 미칠 우려가 있는 물질 중 기름, 유해액체물질 및 포장유해물질을 제외한 것을 말한다.

25 해양환경관리법상 오염물질이 배출된 경우 오염을 방지하기 위한 조치가 아닌 것은?

㉮ 기름오염방지설비의 가동

㉯ 오염물질의 추가 배출 방지

㉰ 배출된 오염물질의 수거 및 처리

㉱ 배출된 오염물질의 확산 방지 및 제거

답 | ㉮ 해양환경관리법 제64조에 따르면 오염물질이 배출된 경우의 방제조치는 오염물질의 배출 방지, 배출된 오염물질의 확산 방지 및 제거, 배출된 오염물질의 수거 및 처리 등이다.

01 1[kW]는 약 몇 [kgf · m/s]인가?

㉠ 75[kgf · m/s]

㉡ 76[kgf · m/s]

㉢ 102[kgf · m/s]

㉣ 735[kgf · m/s]

답 | ㉢ 1[kW]는 약 102[kgf · m/s]이며, 9.8[N]이기도 하다.

02 소형기관에서 피스톤링의 마멸 정도를 계측하는 공구로 가장 적합한 것은?

㉠ 다이얼 게이지

㉡ 한계 게이지

㉢ 내경 마이크로미터

㉣ 외경 마이크로미터

답 | ㉣ 마이크로미터는 나사의 원리를 이용하여 길이를 정밀하게 측정하는 도구이다. 피스톤링의 마멸 정도를 계측하기 위해서는 외경을 측정하여야 하므로 외경 마이크로미터를 사용한다.

03 디젤기관에서 오일링의 주된 역할은?

㉠ 윤활유를 실린더 내벽에서 밑으로 긁어 내린다.

㉡ 피스톤의 열을 실린더에 전달한다.

㉢ 피스톤의 회전운동을 원활하게 한다.

㉣ 연소가스의 누설을 방지한다.

답 | ㉠ 오일링은 실린더 라이너 내벽의 윤활유가 연소실로 들어가지 못하도록 긁어 내리고 윤활유를 고르게 분포시키는 역할을 한다.

04 디젤기관의 운전 중 냉각수 계통에서 가장 주의해서 관찰해야 하는 것은?

㉠ 기관의 입구 온도와 기관의 입구 압력

㉡ 기관의 출구 압력과 기관의 출구 온도

㉢ 기관의 입구 온도와 기관의 출구 압력

㉣ 기관의 입구 압력과 기관의 출구 온도

답 | ㉣ 냉각수 계통을 확인할 때는 기관의 입구 압력과 출구 온도를 주의해서 관찰해야 한다.

05 추진 축계장치에서 추력베어링의 주된 역할은?

㉠ 축의 진동을 방지한다.

㉡ 축의 마멸을 방지한다.

㉢ 프로펠러의 추력을 선체에 전달한다.

㉣ 선체의 추력을 프로펠러에 전달한다.

답 | ㉢ 추력베어링(스러스트베어링)은 추력 칼라의 앞과 뒤에 설치되어 프로펠러로부터 전달되어 오는 추력을 선체에 전달하는 역할을 한다.

06 실린더 부피가 1,200[cm³]이고 압축부피가 100[cm³]인 내연기관의 압축비는 얼마인가?

㉠ 11 ㉡ 12

㉢ 13 ㉣ 14

답 | ㉡ '압축비＝실린더 부피÷압축부피'이다. 따라서 1,200÷100＝12이다.

07 디젤기관의 메인 베어링에 대한 설명으로 옳지 않은 것은?

㉮ 크랭크축을 지지한다.

㉯ 크랭크축의 중심을 잡아준다.

㉰ 윤활유로 윤활시킨다.

㉱ 볼베어링을 주로 사용한다.

답 | ㉱ 메인 베어링은 기관 베드 위에 있으면서 크랭크 저널에 설치되어 크랭크축을 지지하고 회전 중심을 잡아주는 역할을 하며, 주로 베어링 캡과 상·하부 메탈로 구성된 평면 베어링을 사용한다.

08 디젤기관에서 플라이휠의 역할에 대한 설명으로 옳지 않은 것은?

㉮ 회전력을 균일하게 한다.

㉯ 회전력의 변동을 작게 한다.

㉰ 기관의 시동을 쉽게 한다.

㉱ 기관의 출력을 증가시킨다.

답 | ㉱ 플라이휠의 역할은 기관의 시동을 쉽게 하고, 저속 회전을 가능하게 하며, 크랭크축의 회전력을 균일하게 하고, 밸브의 조정을 편리하게 하는 것이다.

09 소형기관에서 윤활유를 오래 사용했을 경우에 나타나는 현상으로 옳지 않은 것은?

㉮ 색상이 검게 변한다.

㉯ 점도가 증가한다.

㉰ 침전물이 증가한다.

㉱ 혼입 수분이 감소한다.

답 | ㉱ 윤활유는 마멸 방지 외에도 냉각, 기밀, 응력 분산, 방청, 청정 등의 작용을 한다. 따라서 윤활유를 오래 사용했을 경우 기밀 기능이 떨어져 혼입 수분이 증가할 수 있다.

10 소형 디젤기관에서 실린더 라이너의 심한 마멸에 의한 영향이 아닌 것은?

㉮ 압축 불량

㉯ 불완전 연소

㉰ 착화 시기가 빨라짐

㉱ 연소가스가 크랭크실로 누설

답 | ㉰ 실린더 라이너의 마멸에 의해 나타나는 현상은 출력 저하, 압축 압력 저하, 불완전 연소, 연료 및 윤활유 소비량 증가, 기관 시동성 저하, 크랭크실로의 가스 누설 등이 있다.

11 디젤기관에서 연료분사량을 조절하는 연료래크와 연결되는 것은?

㉮ 연료분사밸브

㉯ 연료분사펌프

㉰ 연료이송펌프

㉱ 연료가열기

답 | ㉯ 연료래크는 연료분사펌프와 연결되어 있으며, 기관의 회전수 등에 따라 연료분사량을 조절한다.

12 디젤기관에서 과급기를 설치하는 이유가 아닌 것은?

㉮ 기관에 더 많은 공기를 공급하기 위해

㉯ 기관의 출력을 더 높이기 위해

㉰ 기관의 급기온도를 더 높이기 위해

㉱ 기관이 더 많은 일을 하게 하기 위해

답 | ㉰ 과급기는 흡입 공기를 대기압 이상의 압력으로 압축하여 실린더 내로 공급함으로써 기관 출력을 증대시키는 장치이다.

13 선박의 축계장치에서 추력축의 설치 위치에 대한 설명으로 옳은 것은?

㉠ 캠축의 선수 측에 설치한다.
㉡ 크랭크축의 선수 측에 설치한다.
㉢ 프로펠러축의 선수 측에 설치한다.
㉣ 프로펠러축의 선미 측에 설치한다.

답 ㅣ ㉢ 축계는 추력축과 중간축, 프로펠러축 등으로 구성되어 있는데, 이 중 추력축은 추진축에 작용하는 추력을 칼라를 통해 추력베어링에 전달하는 역할을 한다. 추력축은 프로펠러축의 선수 측에 설치된다.

14 프로펠러에 의한 선체 진동의 원인이 아닌 것은?

㉠ 프로펠러의 날개가 절손된 경우
㉡ 프로펠러의 날개 수가 많은 경우
㉢ 프로펠러의 날개가 수면에 노출된 경우
㉣ 프로펠러의 날개가 휘어진 경우

답 ㅣ ㉡ 프로펠러의 날개가 절손되거나 휘어질 경우 프로펠러의 회전이 불균형해지고 흡입류 및 배출류의 불안정으로 선체의 진동이 발생할 수 있다. 프로펠러의 날개가 수면에 노출된 경우에도 공동현상 등으로 인해 선체가 진동할 수 있다.

15 선박 보조기계에 대한 설명으로 옳은 것은?

㉠ 갑판기계를 제외한 기관실의 모든 기계를 말한다.
㉡ 주기관을 제외한 선내의 모든 기계를 말한다.
㉢ 직접 배를 움직이는 기계를 말한다.
㉣ 기관실 밖에 설치된 기계를 말한다.

답 ㅣ ㉡ 선박의 보조기기는 주기관을 제외한 선내의 모든 기계를 지칭한다.

16 2[V] 단전지 6개를 연결하여 12[V]가 되게 하려면 어떻게 연결해야 하는가?

㉠ 2[V] 단전지 6개를 병렬 연결한다.
㉡ 2[V] 단전지 6개를 직렬 연결한다.
㉢ 2[V] 단전지 3개를 병렬 연결하여 나머지 3개와 직렬 연결한다.
㉣ 2[V] 단전지 2개를 병렬 연결하여 나머지 4개와 직렬 연결한다.

답 ㅣ ㉡ 단전지를 직렬 연결하면 전압[V]이 비례하여 증가한다. 따라서 2[V] 단전지 6개를 직렬 연결하면 전압은 12[V]가 된다.

17 양묘기의 구성 요소가 아닌 것은?

㉠ 구동 전동기　　㉡ 회전 드럼
㉢ 제동장치　　㉣ 데릭 포스트

답 ㅣ ㉣ 양묘기는 앵커를 감아올리거나 투묘 작업 시 사용되는 보조 설비로, 회전 드럼, 클러치, 마찰 브레이크, 워핑 드럼, 구동 전동기, 제동장치, 원동기 등으로 구성되어 있다.

18 원심펌프에서 송출되는 액체가 흡입측으로 역류하는 것을 방지하기 위해 설치하는 부품은?

㉠ 회전차　　㉡ 베어링
㉢ 마우스링　　㉣ 글랜드패킹

답 ㅣ ㉢ 마우스링은 원심펌프의 구성요소 중 하나로 케이싱과 임펠러 입구 사이에 설치되어 임펠러에서 송출되는 액체가 흡입구 쪽으로 역류하는 것을 방지하는 역할을 한다.

19 납축전지의 용량을 나타내는 단위는?

㉮ [Ah]　　　　㉯ [A]

㉰ [V]　　　　㉱ [kW]

답 | ㉮　납축전지의 용량을 나타내는 단위는 [Ah(암페어아워)]이다.

20 선박용 납축전지에서 양극의 표시가 아닌 것은?

㉮ +　　　　㉯ P

㉰ N　　　　㉱ 적색

답 | ㉰　납축전지의 터미널 표시는 양극의 경우 (+) 혹은 적갈색, P 등으로 표시하고 음극의 경우 (-), 회색, N 등으로 표시한다. 여기에 더하여 양극 단자가 음극단자보다 더 굵다.

21 디젤기관을 장기간 정지할 경우의 주의사항으로 옳지 않은 것은?

㉮ 동파를 방지한다.

㉯ 부식을 방지한다.

㉰ 주기적으로 터닝을 시켜준다.

㉱ 중요 부품은 분해하여 보관한다.

답 | ㉱　고장 및 오작동의 원인이 될 수 있으므로 중요 부품을 분해해서는 안 된다.

22 디젤기관의 윤활유에 물이 다량 섞이면 운전 중 윤활유 압력은 어떻게 변하는가?

㉮ 압력이 평소보다 올라간다.

㉯ 압력이 평소보다 내려간다.

㉰ 압력이 0으로 된다.

㉱ 압력이 진공으로 된다.

답 | ㉯　외부로부터 유입된 물이나 내부에서 발생한 응축수가 윤활유와 장비에 다량 섞이면 운전 중 윤활유 압력이 평소보다 내려가고, 산화의 진행이 10배로 증가한다.

23 전기시동을 하는 소형 디젤기관에서 시동이 되지 않는 원인이 아닌 것은?

㉮ 시동용 전동기의 고장

㉯ 시동용 배터리의 방전

㉰ 시동용 공기 분배 밸브의 고장

㉱ 시동용 배터리와 전동기 사이의 전선 불량

답 | ㉰　시동용 전동기가 고장 나거나 시동용 배터리의 방전 혹은 시동용 배터리와 전동기 사이의 전선 불량 등으로 필요한 전력이 공급되지 않을 경우 시동이 되지 않는다.

24 15[℃] 비중이 0.9인 연료유 200리터의 무게는 몇 [kgf]인가?

㉮ 180[kgf]　　　㉯ 200[kgf]

㉰ 220[kgf]　　　㉱ 240[kgf]

답 | ㉮　비중이 0.9인 연료유 200리터의 무게는 200×0.9=180[kgf]이다.

25 탱크에 들어있는 연료유보다 비중이 큰 이물질은 어떻게 되는가?

㉮ 위로 뜬다.

㉯ 아래로 가라앉는다.

㉰ 기름과 균일하게 혼합된다.

㉱ 탱크의 옆면에 부착된다.

답 | ㉯　연료유보다 비중이 큰 이물질은 아래로 가라앉는다.

PART

실전모의고사

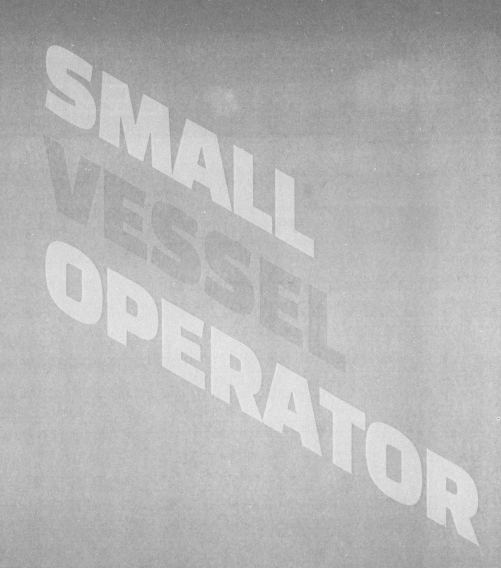

SMALL VESSEL OPERATOR

CHAPTER 1 | 제1회 실전모의고사
CHAPTER 2 | 제2회 실전모의고사
CHAPTER 3 | 제3회 실전모의고사

제1과목 / 항해

01 자기컴퍼스의 설치 및 취급 시 주의사항으로 옳지 않은 것은?

㉮ 방위 측정 시 자차와 편차를 모두 수정한다.

㉯ 볼 내의 기포는 반드시 제거한다.

㉰ 자기장의 영향을 고려해 선박의 좌현 측에 설치한다.

㉱ 기선이 선수미선과 일치하는지 점검한다.

02 천체의 고도를 측정하거나 두 물표의 수평 협각을 측정하여 선위를 결정하는 데 쓰이는 계기는?

㉮ 측심기 ㉯ 육분의

㉰ 핸드 로그 ㉱ 섀도 핀

03 선박자동식별장치(AIS)에서 확인할 수 없는 정보는?

㉮ 선박의 흘수

㉯ 선원의 국적

㉰ 선박의 목적지

㉱ 선박의 제원

04 항해계획을 수립할 때 구별하는 지역별 항로의 종류가 아닌 것은?

㉮ 왕복 항로 ㉯ 원양 항로

㉰ 근해 항로 ㉱ 연안 항로

05 섀도 핀에 대한 설명으로 옳지 않은 것은?

㉮ 가장 간단하게 방위를 측정할 수 있는 도구이다.

㉯ 컴퍼스의 섀도 핀 꽂이에 부착하여 사용한다.

㉰ 볼이 경사된 상태로 방위를 측정하면 오차가 생기기 쉽다.

㉱ 핀의 지름이 클수록 정확한 방위를 측정할 수 있다.

06 여러 개의 천체 고도를 동시에 측정하여 선위를 얻을 수 있는 시기는?

㉮ 표준시 ㉯ 항성시

㉰ 정오시 ㉱ 박명시

07 다음 중 우리나라에서 사용하는 항로표지와 등색을 짝지은 것으로 옳지 않은 것은?

㉮ 특수 표지 : 황색

㉯ 좌현 표지 : 녹색

㉰ 우현 표지 : 적색

㉱ 고립장애 표지 : 자색

08 다음 해상 부표에 관한 설명 중 옳지 않은 것은?

㉮ 고립장애 표지는 표지 부근에 암초, 여울, 침선 등의 고립된 장애물이 있음을 의미한다.

㉯ 북방위 표지는 표지의 남쪽이 가항수역이며 표지의 북쪽에 장애물이 있음을 의미한다.

㉰ 좌현 표지는 표지의 위치가 항로의 좌측 끝이며 표지의 우측이 가항수역임을 의미한다.

㉱ 안전수역 표지는 표지 주위가 가항수역이거나 표지의 위치가 항로의 중앙임을 의미한다.

09 다음 중 전파를 이용하는 항해 계기 및 표지는?

㉮ 육분의   ㉯ 레이더

㉰ 다이어폰   ㉱ 핸드 로그

10 (   )에 적합한 것은?

┌─ 보기 ──────────────────────┐
│ "해도상 수심을 나타낼 때는 (   )을 기준으로 │
│ 측정한 깊이를 표시한다." │
└──────────────────────────────┘

㉮ 평균고조면

㉯ 약최고고조면

㉰ 약최저저조면

㉱ 최고해수면

11 해도 사용 시 주의해야 할 사항으로 옳지 않은 것은?

㉮ 해도 선택 시 가장 최근의 것을 사용한다.

㉯ 보관 시 접어서 보관한다.

㉰ 항해 중에는 사용할 것과 사용한 것을 분리하여 정리한다.

㉱ 연필은 2B나 4B를 사용하며, 끝은 납작하게 깎아 사용한다.

12 다음 중 해도상에서 두 지점 간의 거리를 측정할 때 기준이 되는 것은?

㉮ 두 지점의 위도와 가장 가까운 위도의 눈금

㉯ 두 지점의 위도와 가장 먼 위도의 눈금

㉰ 두 지점의 경도와 가장 가까운 경도의 눈금

㉱ 두 지점의 경도와 가장 먼 경도의 눈금

13 다음 중 해도상에서 암초를 나타내는 영문 기호는?

㉮ Wk   ㉯ Co

㉰ Rf   ㉱ S

14 좁은 수로의 항로를 표시하기 위하여 항로의 연장선상에 앞뒤로 설치된 2기 이상의 육표와 방향표를 무엇이라고 하는가?

㉮ 도표   ㉯ 부표

㉰ 육표   ㉱ 입표

15 위성항법장치(GPS)의 오차 발생 원인 중 구조적 요인에 의한 오차가 아닌 것은?

㉮ 수신기의 오차

㉯ SA에 의한 오차

㉰ 위성 궤도 오차

㉱ 전파 지연 오차

16 등표에 대한 설명으로 옳은 것은?

㉮ 쇠나 나무, 콘크리트 등으로 만든 기둥 모양의 꼭대기에 등을 달아 놓은 것이다.

㉯ 등화 시설을 갖춘 특수한 구조의 선박으로 등대의 설치가 어려운 곳에 설치한다.

㉰ 위험한 암초, 수심이 얕은 곳, 항행금지구역 등의 위험을 표시하기 위해 설치한 고정 건축물이다.

㉱ 주간에는 형상으로, 야간에는 광파로 위험을 표시하기 위해 해면에 띄우는 구조물이다.

17 항행 중 2개의 흑구를 수직으로 부착한 표지를 발견했을 때 가장 적절한 반응은?

㉮ 표지 주의가 가항수역이므로 표지 근처로 항행한다.

㉯ 표지의 위치가 특수 구역의 경계이므로 주의하여 항행한다.

㉰ 표지의 위치가 항로의 좌측 끝이므로 표지의 우측으로 항행한다.

㉱ 표지 부근에 암초, 여울, 침선 등의 장애물이 있으므로 표지 부근을 피하여 항행한다.

18 해도 도식 중 ⊹ 이 의미하는 것은?

㉮ 해수면 위로 노출된 바위

㉯ 해수면이 가장 낮을 때 보이는 바위

㉰ 해수면과 거의 비슷한 높이의 바위

㉱ 물 속에 잠겨 있는 바위

19 전자식 선속계가 표시하는 속력은?

㉮ 대공속력 　　　 ㉯ 평균속력

㉰ 대지속력 　　　 ㉱ 대수속력

20 다음 중 조류에 대한 설명으로 옳은 것은?

㉮ 창조류 : 고조시에서 저조시까지 흐르는 조류

㉯ 낙조류 : 저조시에서 고조시까지 흐르는 조류

㉰ 게류 : 조류가 흐르면서 바다 밑의 장애물과 부딪혀 생기는 파도

㉱ 와류 : 소용돌이라고 하며 강하게 흐르는 조류

21 다음 중 전자해도에 관한 설명으로 옳지 않은 것은?

㉮ 종이해도에 비해 초기 설치비용이 많이 든다.

㉯ 선박의 좌초 및 충돌 등 위험상황을 미리 경고하여 해양사고를 방지한다.

㉰ 최적 항로 선정을 위한 정보 제공으로 항해 기간은 단축되나 수송비용은 다소 증가한다.

㉱ 해상교통처리 능력을 증대시키고 사고 발생 시 원인 규명에도 도움이 된다.

22 (   )에 순서대로 적합한 것은?

> 보기
> "풍향을 나타낼 때는 정시 관측 시간 전 (   ) 간의 평균 방향을 (   )로 표시한다."

㉮ 10분, 8방위　　㉯ 10분, 16방위
㉰ 15분, 8방위　　㉱ 15분, 16방위

23 표지의 북쪽에 가항수역이 있음을 나타내는 표지는? (단, 두표의 형상으로만 판단함)

 ㉮　　 ㉯

 ㉰　　 ㉱

24 6해리를 1시간 30분 동안 항주하기 위해 필요한 속력은?

㉮ 2노트　　㉯ 3노트
㉰ 4노트　　㉱ 9노트

25 좁은 수로 등에서 조류가 격렬하게 흐르면서 물이 빙빙 도는 현상은 무엇인가?

㉮ 계류　　㉯ 반류
㉰ 취송류　　㉱ 와류

제2과목　　운용

01 선체의 횡강도를 담당하며 용골에 직각으로 배치되어 선체의 좌우 선측을 구성하는 뼈대는?

㉮ 외판　　㉯ 늑골
㉰ 종통재　　㉱ 선저부

02 와이어로프의 사용 시 주의사항으로 옳지 않은 것은?

㉮ 백납과 그리스의 혼합액으로 녹을 방지해야 한다.
㉯ 로프 사리는 나무판 위에서 굴려야 한다.
㉰ 기름이 스며들면 강도가 1/4로 감소하므로 기름이 스며들지 않도록 해야 한다.
㉱ 사용하지 않을 때는 와이어릴에 감고 캔버스 덮개를 덮어 보관한다.

03 다음 중 양묘기의 역할로 옳은 것은?

㉮ 접안 시 계선줄을 내보내기 위해 미리 내주는 가는 로프
㉯ 선체가 외부에 접촉하게 될 때 충격을 흡수하는 설비
㉰ 횡축 드럼으로 계선줄을 감아 선박을 부두나 계류 부표에 매어두는 데 사용하는 설비
㉱ 앵커를 감아올리거나 투묘 작업 시 사용되는 보조 설비

04 이중저 구조의 장점으로 옳지 않은 것은?

㉮ 선저부의 손상에도 일차적으로 선내의 침수를 방지할 수 있다.

㉯ 밸러스트 탱크나 연료 탱크, 청수 탱크 등으로 활용할 수 있다.

㉰ 예비 부력과 능파성을 향상시킬 수 있다.

㉱ 선저부가 견고해져 호깅이나 새깅 상태에서도 잘 견딜 수 있다.

05 선박이 종방향으로 크게 동요하여 선저가 수면상으로 올라온 후 떨어지면서 수면과 충돌, 이로 인해 선수부 바닥 등에 발생하는 충격은 무엇인가?

㉮ 팬팅   ㉯ 슬래밍

㉰ 휘핑   ㉱ 피칭

06 아래 그림에서 ㉠은 무엇인가?

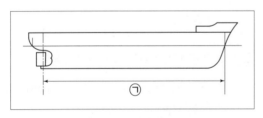

㉮ 전장   ㉯ 등록장

㉰ 수선장   ㉱ 수선간장

07 동력조타장치에서 키의 회전에 필요한 신호를 전달하는 장치는 무엇인가?

㉮ 추종 장치   ㉯ 전달 장치

㉰ 동력 장치   ㉱ 제어 장치

08 다음 그림이 나타내는 구명 설비는?

㉮ 구명부환   ㉯ 구명 뗏목

㉰ 구명정   ㉱ 구명부기

09 익수자 발생 시 정침 중인 선수침로로부터 낙수자 현측으로 긴급 전타하여 60도 선회 후 반대 현측으로 전타하여 반대 침로선상으로 회항하는 방법은?

㉮ 윌리암슨 턴법

㉯ 반원 2회 선회법

㉰ 샤르노브 턴

㉱ 앤더슨 턴

10 협수로 항해에 대한 설명으로 옳지 않은 것은?

㉮ 만곡이 급한 수로는 순조 시 통항을 피하여야 한다.

㉯ 협수로에서의 유속은 일반적으로 육지에 가까울수록 약하다.

㉰ 역조 시에는 정침이 어려우므로 안전한 속력을 유지한다.

㉱ 협수로에서 회두 시에는 소각도로 여러 차례 변침하여야 한다.

11 선박용 초단파(VHF) 무선설비의 최대 출력은?

㉮ 25W   ㉯ 20W

㉰ 15W   ㉱ 10W

12 닻의 구성품이 아닌 것은?

㉮ Stock(스톡)

㉯ End link(엔드 링크)

㉰ Anchor ring(앵커 링)

㉱ Crown(크라운)

13 해상이동업무식별부호(MMSI)에 대한 설명으로 옳지 않은 것은?

㉮ 9자리 숫자로 이루어진 선박 고유의 부호이다.

㉯ 선박의 국적과 종사 업무 등 선박에 대한 정보를 알 수 있다.

㉰ 우리나라 선박은 430 또는 431로 시작한다.

㉱ 비상위치지시 무선표지(EPIRB) 등에서 식별부호로 사용한다.

14 선박의 조종성을 나타내는 요소 중 타각을 주었을 때 선수가 곧바로 회두를 시작하거나 타를 중앙으로 하였을 때 곧바로 직진하는 등의 것을 나타내는 것은?

㉮ 보침성   ㉯ 추종성

㉰ 선회성   ㉱ 침로 안정성

15 강선의 선체 외판을 도장하는 목적이 아닌 것은?

㉮ 장식   ㉯ 방오

㉰ 방염   ㉱ 청결

16 ( )에 적합한 것은?

> 보기
> "양력과 선체의 무게 중심에서 키의 작용 중심까지의 곱은 선체를 선회시키는 ( )이 된다."

㉮ 추력   ㉯ 우력

㉰ 직압력   ㉱ 부력

17 선박의 길이 중 선박을 조종할 때 기준점이 되며 해상충돌예방규칙에서 선박의 길이로 사용되는 것은?

㉮ 전장   ㉯ 수선간장

㉰ 등록장   ㉱ 수선장

18 우회전 가변피치 프로펠러 한 개가 장착되어 있는 선박이 정지 상태에서 기관을 후진 상태로 작동시켰을 때 배출류에 의해 발생하는 현상은?

㉮ 선미를 우현 쪽으로 밀게 된다.

㉯ 선미를 좌현 쪽으로 밀게 된다.

㉰ 선미 흘수를 감소시킨다.

㉱ 선수 흘수를 감소시킨다.

19 ( )에 적합한 것은?

> **보기**
> "정상 선회 운동이란 원침로선상에서 약 ( )로 선회했을 때 선체가 일정한 각속도로 선회를 계속하는 것을 말하며, 이때 선속은 일정하다."

㉮ 45° ㉯ 90°
㉰ 180° ㉱ 360°

20 이상적인 키의 조건으로 옳은 것은?

㉮ 타각을 주지 않을 때 키에 최대의 저항이 작용하여 보침성이 커야 한다.
㉯ 타각을 주지 않을 때 키에 최소의 횡압력이 작용하여 보침성이 작아야 한다.
㉰ 타각을 주었을 때 키에 최대의 횡압력이 작용하여 선회성이 커야 한다.
㉱ 타각을 주었을 때 키에 최대의 저항이 작용하여 선회성이 커야 한다.

21 수심이 얕은 수역을 항행할 때 선체에 미치는 영향으로 옳지 않은 것은?

㉮ 선미가 좌현 쪽으로 편향된다.
㉯ 선체가 침하되고 흘수가 증가한다.
㉰ 타의 효과가 저하되어 조종성이 저하된다.
㉱ 조파 저항이 커지고 선속이 감소한다.

22 선체가 횡동요 중 측면에서 돌풍을 받거나 파랑 중 대각도 조타를 했을 때 선체가 갑자기 큰 각도로 경사하는 현상은?

㉮ 레이싱 ㉯ 브로칭 투
㉰ 러칭 ㉱ 슬래밍

23 황천항해 시 선수를 풍랑 쪽으로 향하게 하여 조타가 가능한 최소의 속력으로 전진하는 방법은?

㉮ 라이 투 ㉯ 히브 투
㉰ 브로칭 투 ㉱ 스커딩

24 타선과 충돌 사고가 발생했을 때 조치해야 할 사항으로 옳은 것은?

㉮ 충돌 시각과 위치, 선수 방향 및 당시의 침로, 천후, 기상 상태 등을 기록한다.
㉯ 후진 기관을 사용하여 선체를 떨어뜨린다.
㉰ 전 구역의 통풍과 전기를 차단하고 대기한다.
㉱ 상대선의 항해당직자가 누구인지 확인한다.

25 다음 중 로프에 대한 설명으로 옳지 않은 것은?

㉮ 대부분의 선박에서는 아연이나 알루미늄으로 도금한 철사를 여러 가닥으로 합해 만든 와이어로프를 사용한다.
㉯ 와이어로프 보관 시에는 정기적으로 기름을 칠하고 통풍과 환기가 잘되는 서늘한 곳에 보관해야 한다.
㉰ 휘발성 위험물질을 다루는 선박은 마찰에 의한 화재 방지를 위해 섬유로프를 주로 사용한다.
㉱ 섬유로프의 경우 기름을 공급하면 강도가 증가하므로 주기적으로 기름을 공급해야 한다.

01 해상교통안전법상 항행 중 좌현 정횡으로부터 45° 뒤쪽에서 본선을 앞지르는 선박을 발견했을 때 본선이 취할 조치로 옳은 것은?

㉮ 상대선에 방해가 되지 않도록 우현 방향으로 변침한다.
㉯ 선속을 줄여 상대선의 앞지르기을 돕는다.
㉳ 본선이 유지선이므로 침로와 선속을 유지한다.
㉴ 침로와 속도를 변경하여 상대선의 뒤쪽으로 이동한다.

02 해상교통안전법상 가장 잘 보이는 곳에 붉은색 전주등 2개 혹은 둥근꼴이나 그와 비슷한 형상물 2개를 표시한 선박은 어떤 선박인가?

㉮ 조종제한선
㉯ 조종불능선
㉳ 항행 중인 예선
㉴ 트롤망어로에 종사하는 선박

03 다음 중 해상교통안전법상 선박의 항해등에 대한 설명으로 옳지 않은 것은?

㉮ 예선등은 선미등과 같은 특성을 지녔으며 등색은 황색을 사용한다.
㉯ 섬광등은 360°에 걸치는 수평의 호를 비추는 등화로서 일정한 간격으로 60초에 120회 이상 섬광을 발하는 등화이다.
㉳ 좌현등은 정선수 방향에서 좌현 정횡으로부터 뒤쪽 22.5°까지를 비출 수 있는 녹색 등화이다.
㉴ 전주등은 수평 방향에서 360°에 걸치는 수평의 호를 비추는 등화이다.

04 협수로를 항해하던 중 시계 내의 상대선으로부터 장음 2회 후 단음 2회의 신호를 들었다. 해상교통안전법에 따른 본선의 반응으로 적절한 것은?

㉮ 상대선이 좌현 방향으로 앞지르기하므로 장음 1회 후 단음 1회의 신호를 2번 반복한다.
㉯ 상대선이 우현 방향으로 앞지르기하므로 단음 1회 후 장음 2회의 신호를 2번 반복한다.
㉳ 상대선이 좌현 방향으로 앞지르기하므로 단음 2회 후 장음 1회의 신호를 2번 반복한다.
㉴ 상대선이 우현 방향으로 앞지르기하므로 장음 2회 후 단음 1회의 신호를 2번 반복한다.

05 해상교통안전법상 장음과 단음은 각각 몇 초 정도 계속되는 고동소리를 말하는가?

㉮ 단음은 1초 정도, 장음은 6~8초
㉯ 단음은 3초 정도, 장음은 4~6초
㉳ 단음은 3초 정도, 장음은 6~8초
㉴ 단음은 1초 정도, 장음은 4~6초

06 해상교통안전법상 두 선박이 서로 시계 안에 있을 때 좌현 변침을 하고자 하는 경우 울려야 하는 신호는?

㉮ 단음 2회 ㉯ 장음 2회
㉳ 단음 1회 ㉴ 단음 3회

07 해상교통안전법상 안개 속에서 2분을 넘지 않는 간격으로 장음 2회의 기적을 들었다. 기적을 울린 선박은 어떤 선박인가?

㉮ 정박 중인 선박

㉯ 길이 100m 미만의 얹혀 있는 선박

㉰ 대수속력이 없는 항행 중인 동력선

㉱ 조종불능선

08 (   )에 적합한 것은?

┌─ 보기 ┐
"해상교통안전법상 앞지르기 하는 선박은 앞지르기 당하고 있는 선박을 완전히 앞지르기하거나 충분히 멀어질 때까지 (   )"
└────┘

㉮ 단음 2회의 기적신호를 울린다.

㉯ 침로 및 선속을 유지한다.

㉰ 그 진로를 회피한다.

㉱ 좌현 변침하지 않는다.

09 해상교통안전법상 통항분리수역에서 항행할 때의 항법으로 적절하지 않은 것은?

㉮ 분리선이나 분리대에 가능한 가까이 붙어서 항행한다.

㉯ 부득이하게 통항로의 옆쪽으로 출입하는 경우, 그 통항로의 규정 진행방향에 대하여 가능한 작은 각도로 출입한다.

㉰ 원칙적으로는 통항로를 횡단해서는 안 된다.

㉱ 부득이한 경우를 제외하고는 통항분리수역 및 그 출입구 부근에 정박해서는 안 된다.

10 해상교통안전법상 2개의 마스트등과 양쪽의 현등을 동시에 볼 수 있는 선박이 선수 방향에서 보일 경우, 자선이 취해야 할 조치로 가장 적절한 것은?

㉮ 본선이 유지선이므로 침로 및 선속을 유지한다.

㉯ 서로의 좌현 쪽을 지나갈 수 있도록 침로를 우현 쪽으로 변경한다.

㉰ 서로의 우현 쪽을 지나갈 수 있도록 침로를 좌현 쪽으로 변경한다.

㉱ 기관을 정지하고 상대선이 지나갈 때까지 기다린다.

11 해상교통안전법상 기관 정지 시 울려야 하는 기적 신호로 옳은 것은?

㉮ 단음 1회   ㉯ 단음 2회

㉰ 단음 3회   ㉱ 없음

12 서로 시계 안에 있을 때 2척의 범선이 서로 접근하여 충돌할 위험이 있을 때 각 범선이 서로 다른 쪽 현에 바람을 받는 경우의 항법으로 적절한 것은?

㉮ 우현에 바람을 받고 있는 선박이 다른 범선의 진로를 회피한다.

㉯ 좌현에 바람을 받고 있는 선박이 다른 범선의 진로를 회피한다.

㉰ 바람이 불어오는 쪽의 범선이 바람이 불어가는 쪽의 범선의 진로를 회피한다.

㉱ 바람이 불어가는 쪽의 범선이 바람이 불어오는 쪽의 범선의 진로를 회피한다.

13 해상교통안전법상 제한된 시계 내에서 항해하는 선박이 지켜야 하는 속력은?

㉮ 최저속력

㉯ 경제적 속력

㉰ 안전한 속력

㉱ 적절한 속력

14 ( )에 순서대로 적합한 것은?

┌─ 보기 ┐
"해상교통안전법상 선미등이란 선박의 정선미 방향에서 ( )에 걸치는 호를 비추는 ( ) 등화를 말한다."
└──────┘

㉮ 135°, 백색

㉯ 360°, 황색

㉰ 225°, 적색

㉱ 112.5°, 녹색

15 해상교통안전법상 항행 중인 범선이 기관을 동시에 사용하여 진행하고 있는 경우 표시해야 하는 형상물은?

㉮ 꼭대기가 위로 향한 원뿔꼴 형상물 1개

㉯ 꼭대기가 아래로 향한 원뿔꼴 형상물 1개

㉰ 두 개의 원뿔을 그 꼭대기에서 위아래로 결합한 형상물 1개

㉱ 마름모꼴의 형상물 1개

16 선박의 입항 및 출항 등에 관한 법률상 항로에서의 항법으로 옳은 것은?

㉮ 항로를 항행하는 선박은 항로 밖에서 항로로 들어오는 선박의 진로를 피하여야 한다.

㉯ 항로에서 다른 선박과 마주칠 우려가 있는 경우 왼쪽으로 항행한다.

㉰ 항로에서 다른 선박과 나란히 항행해서는 안 된다.

㉱ 범선의 경우 항로에서 직선으로 항행해서는 안 된다.

17 다음 중 선박이 무역항의 수상구역 등에서 정박할 수 있는 경우는?

㉮ 선박의 고장이나 기타의 사유로 선박을 조종할 수 없는 경우

㉯ 선박의 점검 및 수리를 행하는 경우

㉰ 별도의 허가가 필요 없는 공사에 사용하는 경우

㉱ 해양사고에 대비하기 위한 훈련을 하고자 하는 경우

18 무역항의 수상구역 등에서 방파제를 왼쪽 뱃전에 두고 항행하는 선박의 항법으로 옳은 것은?

㉮ 방파제에 접근하여 항행한다.

㉯ 적당한 거리를 두고 항행한다.

㉰ 방파제를 오른쪽 뱃전에 두고 항행하는 선박의 진로를 피하여 항행한다.

㉱ 방파제와 멀리 떨어져 항행한다.

19 선박의 입항 및 출항 등에 관한 법률상 무역항의 수상구역등에 출입하는 경우 출입신고에 대한 설명으로 옳은 것은?

㉮ 연안수역을 항행하는 정기여객선으로서 경유항에 출입하는 선박은 출입신고를 하지 않을 수 있다.

㉯ 무역항의 수상구역등의 안으로 입항하는 경우 통상적으로 입항 후 입항신고를 하여야 한다.

㉰ 무역항의 수상구역등의 밖으로 출항하는 경우 통상적으로 출항 후 출항신고를 하여야 한다.

㉱ 총톤수 5톤 미만의 선박은 출입신고를 하지 않을 수 있다.

20 다음 중 무역항의 수상구역 등에서 다른 선박의 진로를 피해야 하는 선박으로 옳지 않은 것은?

㉮ 부선

㉯ 예선

㉰ 수면비행선

㉱ 총톤수 20톤 미만의 선박

21 무역항의 수상구역 등에서 출항하는 선박이 입항하는 선박과 마주칠 우려가 있는 경우 항법으로 옳은 것은?

㉮ 입항하는 선박이 방파제 밖에서 출항하는 선박의 진로를 피한다.

㉯ 출항하는 선박이 방파제 안에서 입항하는 선박의 진로를 피한다.

㉰ 서로 우현 쪽으로 붙어 항행한다.

㉱ 방파제로부터 먼 선박이 방파제와 가까운 선박의 진로를 피한다.

22 다음 중 무역항의 수상구역 등에 출입하려는 경우 관리청에 신고하여야 하는 선박은?

㉮ 해양사고구조에 사용되는 선박

㉯ 총톤수 6톤의 선박

㉰ 해양경찰함정

㉱ 연안수역을 항행하는 정기여객선

23 다음 중 해양환경관리법상 기름에 속하지 않는 것은?

㉮ 휘발유   ㉯ 등유

㉰ 선저폐수   ㉱ 석유가스

24 해양환경관리법상 오염물질이 해양에 배출되거나 배출될 우려가 있다고 예상되는 경우 누구에게 신고해야 하는가?

㉮ 해양경찰서장

㉯ 해양수산부장관

㉰ 환경부장관

㉱ 지방자치단체장

25 ( )에 순서대로 적합한 것은?

┌보기┐
"총톤수 ( ) 이상의 유조선 혹은 총톤수 ( ) 이상의 유조선이 아닌 선박은 기름오염방지설비를 설치해야 한다."

㉮ 50톤, 100톤

㉯ 100톤, 100톤

㉰ 100톤, 200톤

㉱ 150톤, 200톤

01 다음 중 디젤 기관의 특징으로 옳지 않은 것은?

㉮ 열효율이 좋아 연료의 소비량이 적다.

㉯ 구조가 단순하여 취급이 용이하다.

㉰ 인화점이 높은 중유를 사용하므로 자연 발화의 위험이 없다.

㉱ 기관의 마모가 빠르고 유지비가 다소 높다.

02 디젤 기관의 운전 중 흑색 배기가스가 분출되는 원인이 아닌 것은?

㉮ 흡·배기 밸브의 상태 불량 혹은 개폐 시기의 불량

㉯ 피스톤의 소손 혹은 베어링 등의 운동부 발열

㉰ 피스톤링 혹은 실린더 라이너의 마멸

㉱ 기관의 과냉각 혹은 특정 실린더 내에서의 불연소

03 운동 중인 기관이 갑자기 정지하는 원인이 아닌 것은?

㉮ 연료유 공급이 차단되는 경우

㉯ 실린더의 압축 압력이 높은 경우

㉰ 피스톤이나 메인 베어링 등 주 운동부가 고착되는 경우

㉱ 연료유에 수분이 과다 혼입되는 경우

04 소형기관에 설치된 시동용 전동기에 대한 설명으로 옳지 않은 것은?

㉮ 주로 직류 전동기가 사용된다.

㉯ 축전지로부터 전원을 공급받는다.

㉰ 기관에 회전력을 주어 기관을 시동한다.

㉱ 기계적 에너지를 전기적 에너지로 바꾼다.

05 기관에 노킹이 발생하는 원인으로 옳지 않은 것은?

㉮ 착화성이 좋지 않은 연료를 사용할 경우

㉯ 기관이 과냉각되는 경우

㉰ 냉각수가 부족하거나 냉각수의 온도가 상승하는 경우

㉱ 실린더의 압축 압력이 불충분한 경우

06 소형 디젤 기관에서 냉각수 순환펌프용 V벨트의 장력이 기준보다 모자랄 경우 나타나는 증상이 아닌 것은?

㉮ 운전 중 미끄러져 동력 전달이 불량해진다.

㉯ 팬 벨트 과열로 인한 파손 위험이 증가한다.

㉰ 물 펌프의 작동이 원활하지 않아 기관 과열의 원인이 된다.

㉱ 발전기의 출력이 저하된다.

07 디젤 기관에서 실린더 라이너 마모로 인한 영향이 아닌 것은?

㉮ 기관의 출력 저하

㉯ 크랭크실로의 가스 누설

㉰ 냉각수 온도의 저하

㉱ 연료의 불완전 연소

08 다음 중 실린더를 구성하는 부품이 아닌 것은?

㉮ 실린더 헤드　　㉯ 실린더 블록

㉰ 피스톤　　㉱ 실린더 라이너

09 디젤 기관의 메인 베어링에 대한 설명으로 옳지 않은 것은?

㉮ 기관 베드 위에서 크랭크 저널에 설치된다.

㉯ 프로펠러의 추력을 선체에 전달하는 역할을 한다.

㉰ 선박에서는 주로 베어링 캡과 상·하부 메탈로 구성된 평면 베어링을 사용한다.

㉱ 메인 베어링은 적당한 틈새를 유지하여 과열 및 충격을 방지해야 한다.

10 디젤 기관의 피스톤링에 대한 설명으로 옳지 않은 것은?

㉮ 오일링은 피스톤과 실린더 라이너 사이의 기밀을 유지한다.

㉯ 오일링은 피스톤 하부에 1~2개를 설치한다.

㉰ 압축링은 실린더에서 받은 열을 실린더 벽으로 방출한다.

㉱ 피스톤링의 재질은 일반적으로 주철을 사용한다.

11 디젤 기관에서 피스톤이 받는 폭발력을 크랭크축에 전달하여 피스톤의 왕복 운동을 크랭크의 회전 운동으로 전환하는 부품은 무엇인가?

㉮ 플라이휠　　㉯ 커넥팅 로드

㉰ 크랭크 저널　　㉱ 실린더 헤드

12 4행정 사이클 기관의 작동 순서로 옳은 것은?

㉮ 흡입 → 압축 → 작동 → 배기

㉯ 흡입 → 작동 → 압축 → 배기

㉰ 흡입 → 배기 → 압축 → 작동

㉱ 흡입 → 압축 → 배기 → 작동

13 디젤 기관에서 기관에 부가되는 부하가 변동할 때 연료의 공급량을 가감하여 기관의 회전 속도를 일정하게 유지하는 장치는 무엇인가?

㉮ 변속 장치　　㉯ 조속 장치

㉰ 과급 장치　　㉱ 소기 장치

14 선박이 추진할 때 가장 효율이 좋은 경우는?

㉮ 선수의 흘수가 선미의 흘수보다 클 때

㉯ 선미의 흘수가 선수의 흘수보다 클 때

㉰ 선수의 흘수와 선미의 흘수가 같을 때

㉱ 선수의 흘수가 선미의 흘수보다 같거나 클 때

15 (　　　)에 적합한 것은?

> **보기**
> "선박용 추진 장치의 효율을 좋게 하기 위해서는 추진기축의 (　　　)이 유리하다."

㉮ 위치가 가능한 낮은 것

㉯ 무게가 가능한 무거운 것

㉰ 회전수가 되도록 낮은 것

㉱ 재질이 최대한 가벼운 것

16 펌프 중 송출량의 맥동 현상 방지를 위해 공기실을 설치하는 펌프는?

㉮ 원심 펌프　　　㉯ 왕복 펌프

㉰ 회전 펌프　　　㉱ 분사 펌프

17 원심펌프에서 케이싱과 임펠러 입구 사이에 설치되어 임펠러에서 송출되는 액체가 흡입구 쪽으로 역류하는 것을 방지하는 부품은 무엇인가?

㉮ 안내깃　　　㉯ 글랜드패킹

㉰ 마우스 링　　　㉱ 릴리프 밸브

18 다음 빈칸에 순서대로 적합한 것은?

> 보기
> "변압기의 명판에는 (　　　)이 기재되어 있다. 이는 (　　　)과 (　　　)의 벡터적 합을 말한다."

㉮ 유효전력, 피상전력, 무효전력

㉯ 직류전력, 유효전력, 피상전력

㉰ 피상전력, 유효전력, 무효전력

㉱ 유효전력, 직류전력, 피상전력

19 선박에서 청수를 공급하는 펌프로 가장 많이 사용되는 것은?

㉮ 피스톤펌프　　　㉯ 원심펌프

㉰ 기어펌프　　　㉱ 스크루펌프

20 다음 중 윤활유의 역할이 아닌 것은?

㉮ 방청 작용　　　㉯ 냉각 작용

㉰ 기밀 작용　　　㉱ 응력 집중 작용

21 소형기관의 피스톤 재질에 대한 설명으로 옳지 않은 것은?

㉮ 무게가 가벼운 것이 좋다.

㉯ 열전도가 잘 되는 것이 좋다.

㉰ 강도가 작은 것이 좋다.

㉱ 마멸에 잘 견디는 것이 좋다.

22 마찰의 종류 중 매우 얇은 유막을 씌운 물체 사이에서 발생하는 마찰은 무엇인가?

㉮ 고체 마찰　　　㉯ 유체 마찰

㉰ 건조 마찰　　　㉱ 경계 마찰

23 다음 중 부동액으로 사용되는 물체가 아닌 것은?

㉮ 염화마그네슘

㉯ 니트로글리세린

㉰ 에틸알코올

㉱ 에틸렌글리콜

24 윤활유가 갖추어야 할 성질로 옳지 않은 것은?

㉮ 점성지수가 커야 한다.

㉯ 유성이 커야 한다.

㉰ 인화점이 낮아야 한다.

㉱ 열과 산화에 대한 안정도가 높아야 한다.

25 연료유의 성질 중 연료 분사 밸브의 분사 상태에 가장 큰 영향을 미치는 것은?

㉮ 점도　　　㉯ 비중

㉰ 인화점　　　㉱ 세탄가

CHAPTER 02

제2회 실전모의고사

제1과목 항해

01 자이로컴퍼스에서 동요오차 발생을 예방하기 위하여 NS축상에 부착되어 있는 것은?

㉮ 비너클 ㉯ 보정 추
㉰ 짐벌즈 ㉱ 자침

02 자기 컴퍼스 볼의 구조에 대한 아래 그림에서 ㉠은?

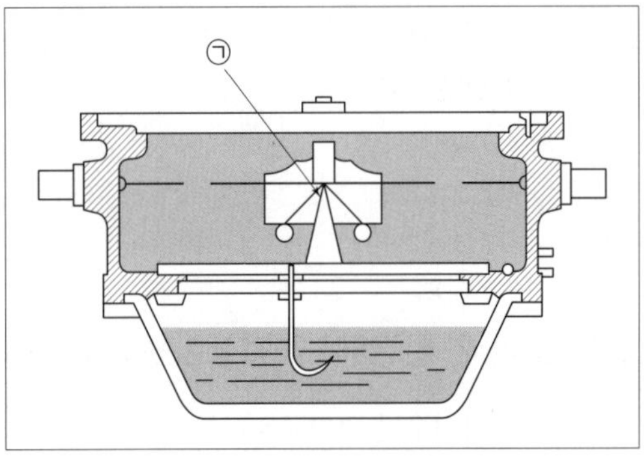

㉮ 부실 ㉯ 섀도 핀
㉰ 피벗 ㉱ 짐벌즈

03 방위의 구분에서 물표와 관측자를 지나는 대권이 나북과 이루는 교각은 무엇인가?

㉮ 진방위 ㉯ 자침방위
㉰ 나침방위 ㉱ 상대방위

04 자이로컴퍼스에 대한 설명으로 옳지 않은 것은?

㉮ 자이로스코프의 방향 보존성과 세차 운동을 이용한 컴퍼스이다.
㉯ 별도의 전원이 필요하지 않다.
㉰ 지북력이 매우 강하며 자차 및 편차가 존재하지 않는다.
㉱ 방위를 간단히 전기 신호로 변경할 수 있다.

05 선박의 선속계 중 선미에서 회전체를 끌면서 그 회전체의 회전수로 선속을 측정하는 선속계는 무엇인가?

㉮ 전자식 선속계
㉯ 도플러 선속계
㉰ 유압식 선속계
㉱ 패턴트 선속계

06 레이더의 장점으로 옳지 않은 것은?

㉮ 날씨에 관계없이 사용이 가능하다.
㉯ 물표의 방위와 거리를 동시에 측정할 수 있다.
㉰ 시계가 불량하거나 협수로를 항행할 때 유용하다.
㉱ 별도의 화면 판독 기술이 필요하지 않다.

07 본선은 8노트의 속도로 1시간 45분간 항해하였다. 외력의 영향이 없다고 가정했을 때 본선의 이동 거리는?

㉮ 10해리 ㉯ 14해리
㉰ 18해리 ㉴ 20해리

08 근거리에 대한 반사파의 수신 감도를 떨어뜨림으로써 레이더의 방해현상을 억제하려면 레이더의 어느 부분을 조절해야 하는가?

㉮ 동조조정기
㉯ 해면반사억제기
㉰ 선수휘선억제기
㉴ 감도조정기

09 다음 중 해도에 표시되는 높이의 기준면이 다른 것은?

㉮ 산의 높이 ㉯ 간출암의 높이
㉰ 등대의 높이 ㉴ 섬의 높이

10 다음 중 침선을 나타내는 해도도식은?

㉮ +++ ㉯ ⠄⠢⠄
㉰ + ㉴ ✿

11 다음 중 항행 통보에 통보되는 사항이 아닌 것은?

㉮ 항로표지의 신설
㉯ 해도의 재판
㉰ 항해에 위험한 침선 발견
㉴ 수로서지의 개정

12 선박자동식별장치(AIS)에 대한 설명으로 옳지 않은 것은?

㉮ 선박과 관련된 항해 정보를 실시간으로 제공한다.
㉯ 선박의 충돌 방지와 광역 관제, 조난 선박의 수색 및 구조 등에 사용된다.
㉰ 국제해사기구(IMO)에서는 모든 여객선에 AIS의 설치를 권장하고 있다.
㉴ 시계가 좋지 않은 경우에도 선명과 침로, 속력 등의 식별을 가능하게 한다.

13 점장도에 대한 설명으로 옳지 않은 것은?

㉮ 항정선이 직선으로 표시된다.
㉯ 경위도에 의한 위치 표시는 직교좌표이다.
㉰ 두 지점 간 방위는 두 지점의 연결선과 자오선과의 교각이다.
㉴ 두 지점 간 거리는 경도를 나타내는 눈금의 길이와 같다.

14 날씨 기호에 대한 연결이 옳지 않은 것은?

㉮ ✳ : 눈
㉯ ↯ : 비
㉰ ☰ : 안개
㉴ ▽ : 소나기성 강우

15 다음 중 그 분류가 다른 하나는?

㉮ 항로지 ㉯ 등대표
㉰ 조석표 ㉴ 천측력

16 다음 중 우리나라의 야간표지에서 사용하지 않는 등색은?

㉮ 황색   ㉯ 적색

㉰ 청색   ㉱ 백색

17 한랭하고 습윤하며 초여름 우리나라에 영향을 끼치는 기단은?

㉮ 양쯔강 기단

㉯ 시베리아 기단

㉰ 북태평양 기단

㉱ 오호츠크해 기단

18 해도상에 표시된 등대의 등질 'Fl.3s20m15M'에 대한 설명으로 옳지 않은 것은?

㉮ 섬광등이다.

㉯ 주기는 3초이다.

㉰ 광달거리는 150km이다.

㉱ 등고는 20미터이다.

19 다음 중 자기 컴퍼스의 자차가 가장 크게 변하는 경우는?

㉮ 선수 방위가 바뀔 경우

㉯ 적화물을 이동할 경우

㉰ 선체가 경사할 경우

㉱ 선체가 약한 충격을 받을 경우

20 다음 항로표지에 대한 설명 중 옳지 않은 것은?

㉮ 전파표지는 천후에 관계없이 넓은 지역에 걸쳐서 이용할 수 있다.

㉯ 음향표지는 시계가 좋지 않은 경우에 유용하며 항상 동일한 전달 거리를 가진다.

㉰ 야간 표지는 등화를 이용해 그 위치 및 의미를 나타낸다.

㉱ 주간 표지는 등화가 없어 그 모양과 색깔로 식별해야 한다.

21 교차방위법으로 선위를 결정할 때 오차삼각형이 발생하는 원인으로 옳지 않은 것은?

㉮ 세 물표의 수평협각을 정확하게 측정하지 못했을 경우

㉯ 해도의 물표 위치가 실제와 차이가 있는 경우

㉰ 물표의 방위를 거의 동시에 관측하지 못하고 시간차가 많이 생겼을 경우

㉱ 자차 혹은 편차 등의 오차가 있는 경우

22 압축공기를 이용해 피스톤을 왕복시켜 소리를 내는 장치는?

㉮ 취명 부표

㉯ 다이어폰

㉰ 에어 사이렌

㉱ 타종 부표

23 바람이 불기 위해 작용하는 힘에 속하지 않는 것은?

㉮ 마찰력
㉯ 전향력
㉰ 기압위도력
㉱ 기압경도력

24 어느 기준 수심보다 더 얕은 위험 구역을 표시하는 등심선은?

㉮ 등고선
㉯ 등심선
㉰ 피항선
㉱ 경계선

25 정박선 주위를 항행할 때 주의하여야 할 사항으로 옳지 않은 것은?

㉮ 충분한 거리를 유지한다.
㉯ 안전을 위한 적당한 속력을 유지하며 지나간다.
㉰ 바람이나 조류가 있는 경우 풍상측으로 통항한다.
㉱ 정박선의 선수방향으로 접근하여 지나가지 않는다.

---

01 선박의 폭을 나타낸 아래 그림에서 ㉠은 무엇인가?

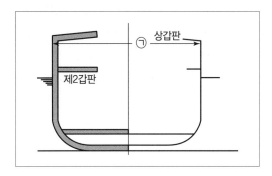

㉮ 형폭
㉯ 형심
㉰ 전폭
㉱ 전장

02 선박의 직접적인 상행위에 사용되는 장소의 용적만을 나타내는 톤수는?

㉮ 총톤수
㉯ 순톤수
㉰ 배수톤수
㉱ 재화중량톤수

03 배수관을 통해 배출할 수 없는 수선 이하의 오수 등이 모이는 곳은?

㉮ 마스트
㉯ 빌지 웰
㉰ 밸러스트 탱크
㉱ 코퍼 댐

04 로프에 대한 설명으로 옳지 않은 것은?

㉠ 섬유로프는 물에 젖거나 기름이 스며들면 강도가 1/4로 감소한다.

㉡ 로프의 파단하중이란 로프에 장력을 가했을 때 로프가 절단되는 순간의 힘 또는 무게이다.

㉢ 마찰이 많은 부분에는 캔버스를 감아서 사용해야 한다.

㉣ 로프의 시험하중은 파단하중의 약 1/6, 안전 사용하중은 파단하중의 약 1/2이다.

05 강선구조기준, 선박만재흘수선규정, 선박구획기준 및 선체 운동의 계산 등에 사용되는 길이는?

㉠ 전장　　　　　㉡ 등록장
㉢ 수선간장　　　㉣ 수선장

06 국제신호기를 이용하여 혼돈의 염려가 있는 방위 신호를 할 때 최상부에 게양하는 기류는?

㉠ A기　　　　　㉡ B기
㉢ C기　　　　　㉣ D기

07 (　　)에 순서대로 적합한 것은?

┌─ 보기 ──────────────────────┐
│ "(　　)는 선박에 비치하지 않도록 되어 있는 │
│ 데, 그 이유는 (　　) 시 유독가스를 발생시키기 │
│ 때문이다." │
└──────────────────────────┘

㉠ CO_2소화기, 열분해 작용
㉡ 할론소화기, 열분해 작용
㉢ 포말소화기, 해수 용해
㉣ 분말소화기, 해수 용해

08 각 구명설비에 대한 설명으로 옳지 않은 것은?

㉠ 구명줄 발사기는 풍상측에서 풍하측으로, 약 45° 각도로 발사한다.

㉡ 구명정에는 규격 및 정원수, 소속 선박, 선적항 등이 표시된다.

㉢ 구명 뗏목은 자동이탈장치에 의해 선박 침몰로 수심 3m에 이르면 자동으로 부상한다.

㉣ 구명부환은 여러 사람이 붙들고 떠 있을 수 있도록 제작된 부체이다.

09 선박용 비상위치지시 무선표지(EPIRB)에 대한 설명으로 옳지 않은 것은?

㉠ 선박의 침몰이나 조난 시 수심 1~4.5m의 수압에서 자동으로 수면 위로 떠오른다.

㉡ 선박의 위치 등을 포함한 조난 신호를 발신하는 장치이다.

㉢ 조난 시 유실이 일어나지 않도록 기관실 등 밀폐된 공간에 설치한다.

㉣ 선박의 식별 부호로 MMSI를 이용하기도 한다.

10 (　　)에 순서대로 적합한 것은?

┌─ 보기 ──────────────────────┐
│ 선박용 초단파무선설비(VHF)의 (　　)은/는 조 │
│ 난, 긴급 및 안전에 관한 간략한 통신에만 사용 │
│ 하고, 최대 출력은 (　　)W이다. │
└──────────────────────────┘

㉠ 채널 15, 20
㉡ 채널 16, 25
㉢ 채널 17, 30
㉣ 채널 18, 35

11 GMDSS의 주요 역할로 옳지 않은 것은?

㉮ 선박의 적법 항행 여부 감시 · 지도

㉯ 조난 경보의 송 · 수신

㉰ 수색 및 구조의 통제 통신

㉱ 해상 안전 정보(MSI) 발신

12 선회권에 영향을 주는 요소로 옳지 않은 것은?

㉮ 선체의 비척도

㉯ 선박의 복원성

㉰ 선박의 트림

㉱ 해역의 수심

13 선체가 선회 초기에 원침로로부터 타각을 준 반대쪽으로 약간 벗어나는 현상 혹은 이때 선체가 원침로로부터 횡방향으로 벗어난 거리는?

㉮ 킥

㉯ 선회 횡거

㉰ 롤링

㉱ 팬팅

14 정상적인 속력으로 전진 중인 선박에 기관 정지를 명령하여 선체가 정지할 때까지의 타력은?

㉮ 발동 타력

㉯ 회두 타력

㉰ 정지 타력

㉱ 반전 타력

15 선박안전법에 따른 선박의 검사에 대한 설명으로 옳지 않은 것은?

㉮ 선박을 건조하고자 하는 자는 선박에 설치되는 선박시설에 대해 정기검사를 받아야 한다.

㉯ 정기검사 후 발급받는 선박검사증서의 유효 기간은 5년 이내이다.

㉰ 정기검사와 정기검사 사이에 받는 검사는 중간검사이다.

㉱ 선박의 무선설비를 새로 설치하거나 변경하려고 하는 경우 임시검사를 받아야 한다.

16 선체에 작용하는 저항 중 저속에서 그 크기가 가장 작으나 고속 주행 혹은 황천 항해 시 선체에 큰 영향을 미치는 저항은?

㉮ 조와 저항

㉯ 마찰 저항

㉰ 공기 저항

㉱ 조파 저항

17 항만의 출 · 입항 혹은 협수로 통과 시 사용되는 속력으로 주기관을 언제라도 가속 · 감속 · 정지 · 발동 등의 형태로 쓸 수 있도록 준비된 상태로 항주하는 것은?

㉮ 항해 속력

㉯ 안전 속력

㉰ 경제 속력

㉱ 조종 속력

18 우회전 고정피치 스크루 프로펠러 한 개가 장착된 선박이 정지 상태에서 후진할 때, 키가 우 타각인 경우 선체의 움직임은?

㉮ 횡압력과 배출류, 흡입류가 선미를 좌현 쪽으로 밀어내 선수는 강하게 우회두한다.

㉯ 횡압력과 배출류는 선미를 좌현 쪽으로 밀고 흡입류에 의한 직압력은 선미를 우현 쪽으로 밀어 평행 상태를 유지한다.

㉰ 횡압력과 배출류의 측압 작용이 선미를 좌현 쪽으로 밀고 선수는 우회두한다.

㉱ 횡압력과 배출류가 함께 선미를 우현 쪽으로 밀어내어 선수의 좌회두가 강하게 나타난다.

19 (   )에 순서대로 적합한 것은?

> 보기
> "선체가 정상 원운동을 할 때 수면 상부의 선체가 타각을 준 반대쪽인 선회권의 (   )으로 경사하는데 이것을 (   )라 한다."

㉮ 바깥쪽, 외방 경사

㉯ 바깥쪽, 내방 경사

㉰ 안쪽, 내방 경사

㉱ 안쪽, 외방 경사

20 조류가 선체에 미치는 영향을 이용해 선박의 조종 성능을 증가시키고자 한다. 조류를 선체의 어느 방향으로 받아야 하는가?

㉮ 선미 방향   ㉯ 우현 방향

㉰ 좌현 방향   ㉱ 선수 방향

21 다음 선체 운동을 나타낸 그림에서 ①은?

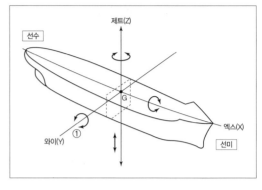

㉮ 롤링   ㉯ 히브

㉰ 피칭   ㉱ 요잉

22 다음 중 선박의 복원력을 감소시키는 요인은?

㉮ 선폭의 증가

㉯ 무게중심의 하강

㉰ 연료유 및 청수의 소비

㉱ 밸러스트수의 보충

23 키의 구조를 나타낸 아래 그림에서 ㉠은 무엇인가?

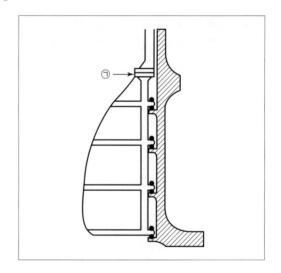

㉮ 러더 커플링   ㉯ 핀틀

㉰ 타두재   ㉱ 거전

24 황천 항해 시 풍랑을 선미 쿼터에서 받으며 파에 쫓기는 자세로 항주하는 방법은?

㉮ 히브 투
㉯ 라이 투
㉰ 스커딩
㉱ 브로칭 투

25 SART에 대한 설명으로 옳지 않은 것은?

㉮ 근처 선박의 레이더 표시기상에 조난자의 위치가 표시되도록 하는 장비이다.
㉯ 9GHz 주파수대의 레이더 펄스 수신 시 응답 신호전파를 발사한다.
㉰ 레이더 전파 발사와 동시에 가청경보음을 울려 생존자에게 수색팀의 접근을 알린다.
㉱ 선박이 침몰하거나 조난되는 경우 수심 1~4.5m의 수압에서 자동으로 수면 위로 떠올라 조난 신호를 발신한다.

01 해상교통안전법상 조종제한선에 속하지 않는 것은?

㉮ 해저전선을 부설 중인 선박
㉯ 기뢰제거작업 중인 선박
㉰ 발전기 고장으로 기관이 정지된 선박
㉱ 항행 중 보급을 받고 있는 선박

02 해상교통안전법상 용어의 정의로 옳지 않은 것은?

㉮ 동력선이란 기관을 사용하여 추진하는 선박을 말한다.
㉯ 선박은 물 위에서 항행수단으로 사용할 수 있는 모든 종류의 배로 수상항공기 및 수면비행선박을 포함한다.
㉰ 수상항공기란 물 위에서 이동할 수 있는 항공기를 말한다.
㉱ 주로 기관을 사용하여 추진하는 선박이라도 돛을 설치하였다면 범선으로 간주한다.

03 해상교통안전법상 규정된 충돌 회피 동작으로 옳지 않은 것은?

㉮ 넓은 수역에서는 적절한 시기에 큰 각도로 침로를 변경한다.
㉯ 침로 및 선속 변경 시 소각도로 여러 번 변경한다.
㉰ 안전한 거리를 확보하고 회피 동작의 효과를 주의 깊게 확인한다.
㉱ 필요한 경우 기관을 정지하거나 후진하여 선박의 진행을 완전히 중단한다.

04 2척의 범선이 서로 접근하여 충돌할 위험이 있을 때, 두 범선이 서로 같은 현에 바람을 받는 경우 피항선은?

㉮ 바람이 불어오는 쪽의 범선
㉯ 바람이 불어가는 쪽의 범선
㉣ 선속이 더 빠른 범선
㉠ 선속이 더 느린 범선

05 해상교통안전법상 선박의 길이는 무엇을 말하는가?

㉮ 전장　　　　㉯ 등록장
㉣ 수선장　　　㉠ 수선간장

06 (　　)에 들어갈 수 없는 것은?

> **보기**
> "해상교통안전법상 (　　) 등은 좁은 수로 등의 안쪽에서만 항행 가능한 다른 선박의 통행을 방해해서는 안 된다."

㉮ 길이 20m 미만의 선박
㉯ 범선
㉣ 예선
㉠ 어로에 종사하고 있는 선박

07 2척의 동력선이 상대의 진로를 횡단하는 경우의 항법으로 옳은 것은?

㉮ 충돌의 위험이 있을 때는 타선을 우현 쪽에 두고 있는 선박이 피항선이다.
㉯ 피항 시 그 타선의 선수 방향으로 횡단한다.
㉣ 피항선은 소각도 변침으로 진로를 회피한다.
㉠ 피항선이 적절한 조치를 취하지 않더라도 유지선은 침로와 선속을 유지한다.

08 해상교통안전법상 항행 중인 동력선이 진로를 회피하지 않아도 되는 선박은?

㉮ 조종불능선
㉯ 조종제한선
㉣ 어로에 종사하고 있는 선박
㉠ 예선

09 해상교통안전법상 양색등을 이루고 있는 등색은 무엇인가?

㉮ 녹색, 백색　　　㉯ 녹색, 적색
㉣ 황색, 백색　　　㉠ 적색, 황색

10 (　　)에 순서대로 적합한 것은?

> **보기**
> "해상교통안전법상 섬광등은 360°에 걸치는 수평의 호를 비추는 등화로서 일정한 간격으로 (　　) 초에 (　　)회 이상 섬광을 발하는 등화이다."

㉮ 30, 80　　　　㉯ 30, 100
㉣ 60, 120　　　㉠ 60, 100

11 야간 항행 중 앞쪽에 마스트등 1개와 양색등 1개, 선미등 1개를 부착한 선박을 발견하였다. 이 선박은 무엇인가?

㉮ 길이 50m 미만의 항행 중인 동력선

㉯ 예인선열의 길이가 200m를 초과하는 항행 중인 예인선

㉰ 길이 20m 미만의 항행 중인 동력선

㉱ 길이 7m 미만, 최대속력 7노트 미만인 항행 중인 동력선

12 제한된 시계 내에서 항행 중인 선박이 자선의 양쪽 현의 정횡 앞쪽에 있는 타선에서 무중신호를 듣는 경우 취해야 할 조치로 옳은 것은?

㉮ 자선의 침로 유지에 필요한 최소한으로 속력을 줄인다.

㉯ 가능한 빨리 해역을 벗어난다.

㉰ 자선의 속도를 줄이되 진행이 정지되지 않도록 주의한다.

㉱ 침로와 선속을 유지하며 항행한다.

13 (   )에 순서대로 적합한 것은?

> 보기
> "해상교통안전법상 트롤망 어로에 종사하는 선박 외에 어로에 종사하는 선박이 수평 거리로 (   )가 넘는 어구를 선박 밖으로 내고 있는 경우 어구를 내고 있는 방향으로 (   ) 1개를 표시하여야 한다."

㉮ 150m, 흰색 전주등

㉯ 200m, 붉은색 전주등

㉰ 150m, 황색 섬광등

㉱ 200m, 녹색 섬광등

14 해상교통안전법상 둥근꼴의 형상물 3개를 표시하고 있는 선박은?

㉮ 정박선

㉯ 흘수제약선

㉰ 얹혀 있는 선박

㉱ 어로에 종사하는 선박

15 해상교통안전법상 트롤망 어로에 종사하는 선박이 표시해야 하는 형상물은?

㉮ 꼭대기를 위로 한 원뿔꼴의 형상물 1개

㉯ 원통형의 형상물 1개

㉰ 마름모꼴의 형상물 2개

㉱ 두 개의 원뿔을 그 꼭대기에서 위아래로 결합한 형상물 1개

16 선박의 입항 및 출항 등에 관한 법률상 선박이 해상에서 일시적으로 운항을 멈추는 것은?

㉮ 정박   ㉯ 정류

㉰ 계류   ㉱ 좌초

17 선박의 입항 및 출항 등에 관한 법률상 선박에 대한 설명으로 옳지 않은 것은?

㉮ 수상 또는 수중에서 항행용으로 사용하는 배를 말한다.

㉯ 기관을 이용하여 추진하는 선박을 포함한다.

㉰ 범선은 선박에 속하지 않는다.

㉱ 수면비행선박과 부선을 포함한다.

18 선박의 입항 및 출항 등에 관한 법률상 무역항의 수상구역 등에 출입하려는 선박의 선장은 어디에 신고해야 하는가?

㉮ 해양경찰서장

㉯ 관리청

㉰ 지방자치단체장

㉶ 해양경찰청장

19 선박의 입항 및 출항 등에 관한 법률상 항로에서의 항법으로 옳지 않은 것은?

㉮ 우선피항선 외의 선박은 무역항의 수상구역 등에 출입 혹은 통과하는 경우 지정·고시된 항로를 따라 항행하여야 한다.

㉯ 지정·고시된 항로에 선박을 정박 또는 정류시켜서는 안 된다.

㉰ 해양사고 등 인정되는 사유로 인한 경우 관리청에 허가받은 후 선박을 정박·정류한다.

㉶ 인정되는 사유로 정박·정류하는 선박은 조종불능선의 등화 및 형상물 표시를 해야 한다.

20 선박의 입항 및 출항 등에 관한 법률상 예인선이 무역항의 수상구역 등에서 한 번에 끌 수 있는 피예인선은 몇 척까지인가?

㉮ 2척　　　　㉯ 3척

㉰ 4척　　　　㉶ 5척

21 선박의 입항 및 출항 등에 관한 법률상 무역항의 수상구역 등에서 지정·고시된 항로를 지키지 않아도 되는 선박은?

㉮ 총톤수 20톤 이상의 병원선

㉯ 총톤수 20톤 이상의 예인선

㉰ 총톤수 20톤 이상의 실습선

㉶ 총톤수 20톤 이상의 유조선

22 선박의 입항 및 출항 등에 관한 법률상 허가가 필요한 행위가 아닌 것은?

㉮ 무역항의 수상구역 등이나 그 인근에서 대통령령에 의한 공사 또는 작업을 하려는 경우

㉯ 부역항의 수상구역 등이나 그 인근에서 선박 경기 등 대통령령에 의한 행사를 진행하는 경우

㉰ 무역항의 수상구역 등에서 선박교통에 방해가 될 우려가 있는 장소 또는 항로에서 어로를 하려는 경우

㉶ 무역항의 수상구역 등에서 선박교통의 안전에 장애가 되는 부유물을 수상에 띄워 놓으려는 경우

23 40m 이상의 선박이 표시하여야 하는 등화 중 그 가시거리가 나머지와 다른 것은?

㉮ 선미등　　　　㉯ 마스트등

㉰ 예선등　　　　㉶ 현등

24 다음 중 해양환경관리법으로 관리하는 오염물질이 아닌 것은?

[가] 선저폐수
[나] 유해액체물질
[사] 방사성물질
[아] 포장유해물질

25 해양환경관리법상 선박오염물질기록부에 대한 설명으로 옳지 않은 것은?

[가] 선박에서 사용하거나 운반 · 처리하는 오염물질에 대한 사용량 · 운반량 및 처리량 등을 기록한다.
[나] 최종 기재를 한 날로부터 5년간 보존해야 한다.
[사] 폐기물과 기름, 유해액체물질이 기록 대상이다.
[아] 유조선 외의 선박은 기름의 사용량과 처리량만을 기록한다.

제 4과목 기관

01 다음 중 그 종류가 나머지와 다른 것은?

[가] 가솔린 기관
[나] 로터리 기관
[사] 증기 터빈 기관
[아] 가스 터빈 기관

02 다음 중 열의 이동 현상이 아닌 것은?

[가] 비열 [나] 전도
[사] 대류 [아] 복사

03 납축전지의 구성 요소가 아닌 것은?

[가] 극판 [나] 격리판
[사] 절연체 [아] 전해액

04 ( )에 순서대로 적합한 것은?

보기
"디젤기관의 압축비는 실린더부피를 ( )로 나눈 값이며, 일반적으로 ( )의 압축비를 가진다."

[가] 압축부피, 11~25
[나] 행정부피, 11~25
[사] 압축부피, 5~11
[아] 행정부피, 5~11

05 4행정 사이클 기관에서 분사된 연료유가 고온의 압축 공기에 의해 발화되어 연소되는 행정은?

㉮ 흡입 행정　　　㉯ 압축 행정
㉰ 작동 행정　　　㉱ 배기 행정

06 운전 중인 디젤기관의 연료유 사용량을 나타내는 계기는?

㉮ 회전계　　　㉯ 온도계
㉰ 유량계　　　㉱ 압력계

07 디젤기관의 실린더 헤드에서 발생할 수 있는 고장이 아닌 것은?

㉮ 연료분사밸브 고정 너트의 풀림
㉯ 윤활유 공급 부족으로 인한 메인 베어링의 손상
㉰ 실린더 헤드의 부식으로 인한 냉각수 누설
㉱ 배기밸브 스프링의 절손

08 다음 중 실린더 라이너의 종류가 아닌 것은?

㉮ 건식 라이너
㉯ 습식 라이너
㉰ 워터 재킷 라이너
㉱ 트렁크식 라이너

09 원목선이나 일반 화물선에 많이 설치되는 방식의 하역 장치는?

㉮ 데릭식 하역 장치
㉯ 크레인식 하역 장치
㉰ 하역 펌프
㉱ 원심 펌프

10 기관에 과급기를 설치함으로써 얻을 수 있는 효과가 아닌 것은?

㉮ 기관의 출력이 증대된다.
㉯ 상대적으로 저질의 연료를 사용할 수 있다.
㉰ 흡기 밸브가 없이도 기관의 작동이 가능해진다.
㉱ 단위 출력당 기관의 무게 및 설치 면적이 감소한다.

11 해수 냉각을 하는 장치에서 발생하는 전식 작용의 방지를 위해 사용되는 것은?

㉮ 리그넘바이티　　　㉯ 윤활유
㉰ 아연판　　　㉱ 전해액

12 클러치의 기능으로 옳은 것은?

㉮ 주행 상태에 따라 추진기축의 회전 속도를 변화시킨다.
㉯ 기관의 동력을 추진기축으로 전달하거나 끊어준다.
㉰ 크랭크축의 회전수를 감소시켜 추진 장치에 전달한다.
㉱ 추진기의 회전 방향을 역방향으로 바꾼다.

13 선박에 설치된 프로펠러가 주위에 물에 전달한 동력을 의미하는 것은?

㉮ 제동 마력 ㉯ 유효 마력
㉰ 전달 마력 ㉱ 추진 마력

14 피스톤 펌프는 펌프의 종류 중 무엇에 속하는가?

㉮ 왕복 펌프 ㉯ 원심 펌프
㉰ 회전 펌프 ㉱ 분사 펌프

15 회전 펌프의 특징으로 옳지 않은 것은?

㉮ 기어가 없어 구조가 간단하고 취급이 용이하다.
㉯ 연료유나 도료, 윤활유 등 점도가 높은 유체를 이송하는 데 적합하다.
㉰ 맥동 현상을 방지하기 위해 공기실을 설치한다.
㉱ 기어 펌프, 슬러리 펌프, 스크루 펌프 등이 이에 속한다.

16 납축전지를 구성하는 것이 아닌 것은?

㉮ 극판 ㉯ 회전자
㉰ 격리판 ㉱ 전해액

17 윤활유의 소비량이 많은 경우 그 원인으로 볼 수 없는 것은?

㉮ 윤활유의 누설이 발생할 경우
㉯ 피스톤 혹은 실린더의 마멸이 발생했을 경우
㉰ 베어링의 틈새가 과다하게 클 경우
㉱ 윤활유의 온도가 너무 낮을 경우

18 선박에서 전압 혹은 전류의 값을 변환하고자 할 때 필요한 장치는?

㉮ 동기발전기 ㉯ 변압기
㉰ 메거 테스터 ㉱ 전동기

19 기관을 운전 속도보다 훨씬 낮은 속도로 서서히 회전시키는 것으로 기관의 조정 및 검사, 수리 등을 할 때 실시하는 것은 무엇인가?

㉮ 터닝 ㉯ 워밍
㉰ 체킹 ㉱ 케이싱

20 (   )에 적합한 것은?

┌ 보기 ┐
"피스톤링의 조립 시 링의 이음부는 크랭크축 방향과 축의 직각 방향을 피해 (   ) 방향으로 서로 엇갈리게 조립해야 한다."

㉮ $100 \sim 150°$ ㉯ $120 \sim 180°$
㉰ $150 \sim 220°$ ㉱ $180 \sim 240°$

21 메인 베어링의 과열로 베어링이 눌어 붙었다. 메인 베어링의 과열 원인을 확인하는 방법으로 옳지 않은 것은?

㉮ 베어링에 걸리는 하중이 너무 크지 않은지 확인한다.
㉯ 선체가 휘거나 기관 베드가 변형되지는 않았는지 확인한다.
㉰ 메인 베어링의 틈새가 너무 크게 설정되어 있지는 않은지 확인한다.
㉱ 윤활유의 공급이 부족하지는 않았는지 확인한다.

22 2행정 사이클 기관에 대한 설명으로 옳지 않은 것은?

㉮ 회전력의 변화가 적고 실린더 수가 적어도 운전이 원활하다.

㉯ 유효 행정이 짧아 흡입 효율은 4행정 기관에 비해 상대적으로 낮다.

㉴ 실린더가 받는 열응력이 작아 고속 기관에 적합하다.

㉰ 연료 및 윤활유의 소모율이 크다.

23 디젤 기관의 시동 전 점검 사항이 아닌 것은?

㉮ 시동 공기 탱크의 압력 확인

㉯ 냉각수의 양과 온도 점검

㉴ 조속기·과급기 등 부속 장치의 윤활유 레벨 확인

㉰ 배기 밸브의 누설이나 온도 상승, 작동 상태 확인

24 디젤기관 점검 시 실린더 라이너의 마멸량을 계측하는 데 사용되는 공구는?

㉮ 내경 마이크로미터

㉯ 외경 마이크로미터

㉴ 필러게이지

㉰ 버니어캘리퍼스

25 연료유의 끈적끈적한 성질의 정도를 나타내는 용어는?

㉮ 점도   ㉯ 비중

㉴ 밀도   ㉰ 온도

제3회 실전모의고사

제1과목 | 항해

01 이안 거리를 결정할 때 고려해야 하는 요소가 아닌 것은?

㉮ 항로의 교통량 및 항로 길이

㉯ 선박의 크기 및 제반 상태

㉰ 항행 중인 해역의 수온 및 기상 상태

㉑ 수심을 포함한 해도상 각종 자료의 정확성

02 자이로컴퍼스의 위도오차에 대한 설명으로 옳은 것은?

㉮ 경사 제진식 자이로컴퍼스에서는 발생하지 않는 오차이다.

㉯ 적도에서 오차가 최대가 된다.

㉰ 북위도 지방에서는 편동오차가 된다.

㉑ 위도가 높을수록 오차는 감소한다.

03 ( )에 적합한 것은?

> 보기
> "육분의의 오차 중 ( )는 사용자에 의해 수정이 가능한 오차이다."

㉮ 수직오차   ㉯ 유리차

㉰ 편심오차   ㉑ 분광오차

04 부표의 꼭대기에 종을 달아 파랑에 의한 흔들림을 이용하여 종을 울리는 장치는?

㉮ 타종 부표

㉯ 취명 부표

㉰ 에어 사이렌

㉑ 다이어폰

05 이전에 얻은 위치선을 그동안 항주한 거리만큼 동일 침로 방향으로 평행 이동하여 구한 위치선은 무엇인가?

㉮ 수평협각에 의한 위치선

㉯ 전위선에 의한 위치선

㉰ 방위선에 의한 위치선

㉑ 중시선에 의한 위치선

06 풍압차 혹은 유압차가 있을 때 진 자오선과 선수미선이 이루는 각을 무엇이라 하는가?

㉮ 진침로   ㉯ 자침로

㉰ 시침로   ㉑ 나침로

07 장애물을 나타내는 해도 도식인 ⟨3⟩ 에서 숫자 3은 무엇을 나타내는가?

㉮ 장애물의 개수

㉯ 장애물의 깊이

㉰ 장애물의 높이

㉱ 장애물의 재질

08 매우 정확한 선위측정법으로 협수로 통과 시 변침점을 구할 때나 자선의 자차 측정 등에 사용되는 것은?

㉮ 중시선에 의한 방법

㉯ 수평협각법

㉰ 교차방위법

㉱ 방위거리법

09 해도에 대한 설명으로 옳지 않은 것은?

㉮ 점장도법은 항해에 가장 많이 사용되는 해도로 항박도 이외의 해도는 대부분 점장도이다.

㉯ 대권도는 두 지점 간의 최단거리를 나타내기 용이하여 원양항해 시 자주 사용된다.

㉰ 점장도는 저위도로 갈수록 거리와 면적, 모양 등이 왜곡된다.

㉱ 평면도는 축척이 매우 큰 해도로 항박도가 평면도에 속한다.

10 수로서지에 대한 설명으로 옳지 않은 것은?

㉮ 한국 연안의 조석표는 격년으로, 태평양 및 인도양에 관한 조석표는 1년마다 간행된다.

㉯ 등대표에는 항로 표지의 명칭과 위치, 등질, 등고, 광달거리, 색상 및 구조 등이 자세히 기재되어 있다.

㉰ 국제신호서는 일반 부문, 의료 부문, 조난 신호 부문의 3편으로 나눠져 있다.

㉱ 조석표, 등대표, 국제신호서는 모두 특수 서지에 해당한다.

11 다음 중 해도에 표시되는 높이나 깊이의 기준면이 다른 것은?

㉮ 해안선　　　㉯ 조고

㉰ 침선　　　　㉱ 간출암

12 세암을 나타내는 해도도식은?

㉮ ＊　　　　　㉯ ＋＋＋

㉰ ＊　　　　　㉱ ⬭

13 해도의 정보에 대한 설명으로 옳은 것은?

㉮ 해도상에 표시된 대부분의 정보는 기호만으로 나타낸다.

㉯ 해도상의 수심은 약최고고조면을 기준으로 측정한 깊이를 표시한다.

㉰ 해도상의 해안선은 약최저저조면의 수륙경계선을 의미한다.

㉱ 해도상의 해저 위험물은 기본수준면을 기준으로 측정하여 기재한다.

14 ( )에 들어갈 수 없는 것은?

┌─보기─────────────────────────┐
"레이더는 전파의 특성인 ( )을 이용하여 물
체와의 거리 및 방향, 고도 등을 알아내는 장치
이다."
└─────────────────────────────┘

㉮ 직진성　　　　　㉯ 등속성
㉠ 가변성　　　　　㉰ 반사성

15 해도의 도식 중 존재가 의심되는 대상을 나타내는
약어는?

㉮ PD　　　　　㉯ PA
㉠ ED　　　　　㉰ SD

16 육지에서 멀리 떨어진 해양 혹은 항로의 중요 위
치에 있는 사주 등을 알리기 위해 설치하는 특수
한 구조의 선박은?

㉮ 등선　　　　　㉯ 등주
㉠ 등표　　　　　㉰ 도등

17 다음 중 안전수역표지는 무엇인가?

㉮ 　　　　　㉯

㉠ 　　　　　㉰

18 선박의 레이더의 구성 요소 중 트리거 신호에 따
라 마그네트론을 작동시키기 위하여 펄스의 폭을
만드는 장치는?

㉮ 스캐너
㉯ 지시기
㉠ 펄스 변조기
㉰ 송수신절환장치

19 해상 부표 중 두표로 2개의 흑구를 수직으로 부
착하여 사용하는 것은?

㉮ 안전수역표지
㉯ 특수표지
㉠ 북방위표지
㉰ 고립장애표지

20 다음 중 이류안개에 대한 설명으로 옳은 것은?

㉮ 습윤한 공기가 산비탈을 따라 빠르게 상승하
면서 냉각·포화되어 발생하는 안개
㉯ 차가운 지면이나 수면 위로 따뜻한 공기가 이
동하여 응결이 일어남으로써 발생하는 안개
㉠ 낮에 태양복사에 의해 가열된 공기와 지면이
야간에 동시에 냉각되면서 지면 근처의 공기가
이슬점 이하로 냉각되어 발생하는 안개
㉰ 찬 공기가 따뜻한 수면 위로 이동할 때 기온과
수온과의 차에 의해 수면으로부터 물이 증발
하여 발생하는 안개

21 (   )에 적합한 것은?

> **보기**
>
> "생소한 해역을 처음 항행할 때, 수로지·항로지·해도 등에 (   )가 설정된 경우 특별한 이유가 없는 한 그 항로를 선정한다."

㉮ 권장항로   ㉯ 직진항로

㉰ 추천항로   ㉱ 일반항로

22 〈보기〉에서 항해계획을 수립하는 순서를 옳게 나타낸 것은?

> **보기**
>
> ㄱ. 항행 시간을 구하여 출·입항 시각 및 항로상 중요 지점 통과 시각 등을 추정
> ㄴ. 각종 항로지 등을 이용해 항행 해역을 조사하고 가장 적합한 항로를 선정
> ㄷ. 소축척 해도상에 선정한 항로를 작도하고 대략적인 항정을 산출
> ㄹ. 대축척 해도에 항로를 작도하고 다시 정확한 항정을 구하여 항행 예정 계획표 작성

㉮ ㄱ → ㄴ → ㄹ → ㄷ

㉯ ㄴ → ㄷ → ㄱ → ㄹ

㉰ ㄴ → ㄱ → ㄷ → ㄹ

㉱ ㄷ → ㄹ → ㄴ → ㄱ

23 전자해도에 대한 설명으로 옳지 않은 것은?

㉮ 해상교통처리 능력을 증대시킨다.

㉯ 항로 정보를 제공하여 수송비용을 증대시킨다.

㉰ 사고 발생 시 원인 규명에 큰 도움이 된다.

㉱ 선항과 관련된 모든 자료를 종합하여 컴퓨터 화면상에 표시한다.

24 국제해상부표시스템(IALA maritime buoyage system)에서 A방식과 B방식을 이용하는 지역에서 서로 다르게 사용되는 항로표지는?

㉮ 방위표지

㉯ 측방표지

㉰ 안전수역표지

㉱ 고립장해표지

25 태풍의 중심 위치를 나타낸 기호로 옳지 않은 것은?

㉮ PSN FAIR : 중심 위치 거의 정확

㉯ PSN GOOD : 중심 위치 정확

㉰ PSN EXCELLENT : 중심 위치 매우 정확

㉱ PSN POOR : 중심 위치 의문 있음

제2과목 운용

01 선박의 폭을 나타낸 아래 그림에서 ㉠은 무엇인가?

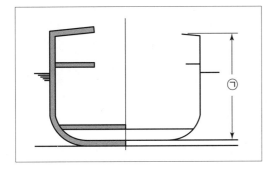

㉮ 형심 ㉯ 형폭
㉰ 전폭 ㉱ 수선장

02 다음 중 황천 시 레이싱 현상이 발생하기 쉬운 상태는?

㉮ 등흘수 ㉯ 선수 트림
㉰ 선미 트림 ㉱ 만재 흘수

03 선체의 횡단면상에서 갑판보가 선체 중심선에서 양현으로 휘어진 것은?

㉮ 텀블 홈 ㉯ 플레어
㉰ 캠버 ㉱ 클리퍼

04 선체의 명칭을 나타낸 아래 그림에서 ㉠은 무엇인가?

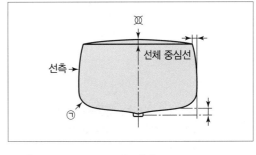

㉮ 용골 ㉯ 선저
㉰ 텀블 홈 ㉱ 빌지

05 용골의 후부에 연결되고 양 현의 외판이 접합되어 선미를 이루는 골재로 키와 프로펠러를 지지하는 부분은?

㉮ 빌지 용골 ㉯ 선수재
㉰ 늑골 ㉱ 선미 골재

06 선체의 구성재 중 종강력을 구성하는 것으로 옳지 않은 것은?

㉮ 늑골 ㉯ 내저판
㉰ 상갑판 ㉱ 중심선 거더

07 다음 빈칸에 들어갈 말로 알맞은 것은?

> 보기
> "(　　　)은/는 선박의 내부, 상갑판 아래의 공간을 선저에서 상갑판까지 종방향 또는 횡방향으로 나누는 부재이다."

㉮ 용골 ㉯ 보
㉰ 격벽 ㉱ 갑판하 거더

08 타주를 가진 선박에서 계획만재흘수선상의 선수재 전면으로부터 타주 후면까지의 수평거리는?

㉮ 장
㉯ 등록장
㉰ 수선장
㉱ 수선간장

09 국제항해에 취항하는 총톤수 300톤 미만의 선박이 선박안전법에 의해 설치해야 하는 무선설비가 아닌 것은?

㉮ 초단파대 무선설비
㉯ 중단파대 및 단파대 무선설비
㉰ SART
㉱ EPIRB

10 선체에서 사용하는 퍼티의 기능은?

㉮ 선체의 선저부 외판에 발라 부식을 방지한다.
㉯ 해양 생물의 부착 및 번식을 방지한다.
㉰ 마찰이 심한 곳에 발라 마모를 방지한다.
㉱ 목재의 갈라진 틈 등에 발라 틈을 막고 목재의 부식을 방지한다.

11 구명정에 비하여 항해능력은 떨어지지만 손쉽게 강하시킬 수 있고 선박의 침몰 시 자동으로 이탈되어 조난자가 탈 수 있는 구명설비는?

㉮ 구조정
㉯ 구명부기
㉰ 구명뗏목
㉱ 구명부환

12 선박이 침몰하거나 조난되는 경우 수심 1.5~4m의 수압에서 자동으로 수면 위로 떠올라 선박의 위치 등을 포함한 조난 신호를 발신하는 장치는 무엇인가?

㉮ 신호홍염
㉯ 자기발연부신호
㉰ 비상위치지시 무선표지(EPIRB)
㉱ 수색 구조용 레이더 트랜스폰더(SART)

13 초단파무선설비(VHF)에 대한 설명으로 옳지 않은 것은?

㉮ 초단파무선설비의 채널 16은 조난, 긴급 및 안전에 관한 통신 채널이다.
㉯ 약 30~50해리의 통신 거리를 가진다.
㉰ 평구수역을 항해하는 총톤수 2톤 이상의 어선은 의무적으로 설치해야 한다.
㉱ VHF의 조난경보 버튼을 누르면 조난신호가 평균 4분 간격으로 자동 반복 발신된다.

14 국제해사기구(IMO)에 의해 설립된 국제 해사 위성 통신 시스템은?

㉮ INMARSAT
㉯ MMSI
㉰ EPIRB
㉱ GMDSS

15 수심이 깊어 수압이 높아졌을 때, 기관 전진 중인 경우 스크루 프로펠러에 의한 선체의 회두는?

㉮ 배출류가 키에 직접 부딪치면서 선미가 좌편향된다.

㉯ 스크루 프로펠러의 회전 방향이 시계 방향이 되어 횡압력에 의해 선수가 좌편향된다.

㉰ 스크루 프로펠러의 회전 방향이 반시계 방향이 되어 횡압력에 의해 선수가 우편향된다.

㉱ 우현 쪽으로 흘러가는 배출류가 선미 측벽에 부딪치면서 측압을 형성하고 선미는 좌편향된다.

16 전타를 처음 시작한 위치에서 선수가 원침로로부터 90° 회두했을 때까지의 원침로상에서의 전진 이동 거리는?

㉮ 선회 종거　　㉯ 선회 횡거
㉰ 선회 지름　　㉱ 리치

17 접 · 이안 시 계선줄을 이용하는 목적이 아닌 것은?

㉮ 이안 시 선미가 부두로부터 떨어지도록 작용
㉯ 선박의 전진속력 제어
㉰ 접안 시 선박과 부두 사이 거리 조절
㉱ 접안 시 선용품 선적

18 선박의 타력에 대한 설명으로 옳지 않은 것은?

㉮ 발동 타력이란 선박이 정지 상태일 때 기관을 전진 작동시켜 해당 속력에 도달할 때까지의 타력이다.

㉯ 타력은 선박의 배수량 · 속력 · 선저 상태 등에 따라 차이가 발생한다.

㉰ 회두 중인 선박에서 타를 중앙으로 놓았을 때 선박이 회두를 멈추고 해당 침로의 직선상에 정침하기까지의 타력을 변침 회두 타력이라 한다.

㉱ 선체 타력의 크기는 속력 변화에 요하는 시간과 항주 거리로 표시 · 비교한다.

19 다음 중 화재의 연결로 옳은 것은?

㉮ A급 화재 : 목재 화재
㉯ B급 화재 : 전기 화재
㉰ C급 화재 : 가연성 금속 물질 화재
㉱ D급 화재 : 윤활유 화재

20 공동현상(Cavitation)에 대한 설명으로 옳지 않은 것은?

㉮ 프로펠러의 회전 속도가 일정 한도를 넘어서면 프로펠러 날개의 배면에 기포가 발생하여 공동을 이루는 현상이다.

㉯ 소음이나 진동을 발생시키는 원인이 되며 프로펠러의 효율을 저하시킨다.

㉰ 공동이 사라지면 공동이 있던 부위의 압력이 순간적으로 크게 상승하고, 이는 프로펠러의 날개를 침식시키는 원인이 된다.

㉱ 선체의 침하와 해저 형상에 따른 와류 형성으로 키의 효과가 저하된다.

21 협수로에서 선박을 조종할 때 주의할 점으로 옳지 않은 것은?

㉮ 회두 시 소각도로 여러 차례 변침한다.

㉯ 만곡이 급한 수로는 순조 시보다 역조 시 정침이 어려우므로 통항을 피한다.

㉰ 기관 사용 및 앵커 투하 준비 상태를 유지하여 항행한다.

㉱ 통항 시기는 게류시나 조류가 약한 때를 선택한다.

22 (   )에 적합한 것은?

┌─ 보기 ─────────────────────────┐
│ "선박이 해양에서 강으로 들어가면 (   ) │
│ 한다." │
└─────────────────────────────────┘

㉮ 비중이 낮아져 선박의 흘수가 증가

㉯ 비중이 높아져 선박의 흘수가 증가

㉰ 비중이 낮아져 선박의 흘수가 감소

㉱ 비중이 높아져 선박의 흘수가 감소

23 선박의 복원성에 대한 설명으로 옳지 않은 것은?

㉮ 선박은 종방향 경사로 전복되는 경우가 극히 드물기 때문에 주로 횡경사에 대한 복원력만 고려한다.

㉯ 무게중심의 위치가 낮아질수록 GM이 커져 복원력이 증가한다.

㉰ 동일 조건에서 배수량 300t의 선박은 배수량 180t의 선박보다 복원력이 작다.

㉱ 갑판 위로 올라온 해수가 갑판에 얼어붙을 경우 복원력은 감소한다.

24 해상이동업무식별번호(MMSI number)에 대한 설명으로 옳지 않은 것은?

㉮ 9자리 숫자로 구성된다.

㉯ 소형선박에는 부여되지 않는다.

㉰ 초단파(VHF) 무선설비에도 입력되어 있다.

㉱ 우리나라 선박은 440 또는 441로 시작된다.

25 선체의 횡동요 중 측면에서 돌풍을 받거나 파랑 중 대각도 조타를 했을 때 선체가 갑자기 큰 각도로 경사하는 현상은?

㉮ 슬래밍   ㉯ 러칭

㉰ 브로칭 투   ㉱ 레이싱

제3과목　법규

01 해상교통안전법상 기뢰제거작업에 종사하고 있는 선박은?

㉮ 흘수제약선　　㉯ 조종불능선

㉰ 조종제한선　　㉱ 작업종사선

02 해상교통안전법상 어로에 종사하고 있는 선박이 아닌 것은?

㉮ 어장에 이동하여 통발을 내리고 있는 통발 어선

㉯ 낚시를 하기 위해 어장으로 이동 중인 어선

㉰ 투망 중인 안강망 어선

㉱ 트롤망을 이용하여 작업 중인 어선

03 다음 중 해상교통안전법상 항행 중인 선박은?

㉮ 해저 지형의 측정을 위해 해상에서 일시적으로 운항을 멈춘 선박

㉯ 해상 연구 작업을 위해 기관을 정지하고 닻을 내려 해상에서 대기 중인 선박

㉰ 해양사고로 인해 사주 위에 얹혀 있는 상태의 선박

㉱ 화물의 이송을 위해 계류시설에 매어 놓은 선박

04 해상교통안전법상 충돌의 위험이 있을 때의 항법으로 옳지 않은 것은?

㉮ 당시 상황에 알맞은 시각 수단만을 이용해 타 선과의 충돌 위험을 판단한다.

㉯ 침로 및 선속 변경 시 충분히 크게 변경하고 그 효과를 주의 깊게 확인한다.

㉰ 접근해 오는 타 선박의 나침방위에 변화가 없을 경우 필요한 조치를 수행한다.

㉱ 불충분한 정보에 의존하여 충돌 여부를 판단해서는 안 된다.

05 해상교통안전법상 항로를 지정할 때 해양수산부장관이 고시할 수 있는 사항이 아닌 것은?

㉮ 수역의 범위

㉯ 선박의 항로

㉰ 선장의 업무

㉱ 선박의 속력

06 (　　　)에 적합한 것은?

┌─ 보기 ─
"해상교통안전법상 길이 7m 미만, 최대속력 7노트 미만인 동력선은 항행 중인 동력선이 표시하여야 하는 등화를 (　　　)로 대체할 수 있다."
└─

㉮ 흰색 마스트등 1개

㉯ 황색 전주등 1개

㉰ 양색등 1개

㉱ 흰색 전주등 1개

07 해상교통안전법상 통항분리수역 안에서 항법으로 옳은 것은?

㉮ 분리선이나 분리대에서 될 수 있으면 붙어서 항행한다.

㉯ 통항로의 출입구를 통한 출입이 원칙이나, 부득이하게 통항로의 옆쪽으로 출입하는 경우 그 통항로의 규정 진행방향에 대하여 가능한 작은 각도로 출입한다.

㉰ 통항로의 횡단은 원칙적으로 금지되나, 부득이한 사유로 통항로를 횡단하는 경우 그 통항로와 선수방향이 수평에 가까운 각도로 횡단한다.

㉱ 연안통항대에 인접한 통항분리수역의 통항로를 안전하게 통과할 수 있는 경우 연안통항대를 따라 항행한다.

08 해상교통안전법상 항행 중인 길이 20m 미만의 범선이 현등과 선미등을 대신하여 표시할 수 있는 등화는?

㉮ 섬광등   ㉯ 백색 전주등
㉰ 양색등   ㉱ 삼색등

09 상대선의 진로를 횡단하는 상황에서 자선이 상대선의 우현 측에 있을 때, 해상교통안전법상 자선이 행하여야 할 행동으로 옳은 것은?

㉮ 침로와 속력을 그대로 유지한다.

㉯ 상대선이 침로를 변경할 경우 자신도 함께 침로를 변경한다.

㉰ 가능한 동작을 크게 취하여 상대선의 진로를 회피한다.

㉱ 자선의 좌현 쪽에 또 다른 선박이 있는 경우 그 선박의 뒤쪽으로 이동한다.

10 (   )에 적합한 것은?

┌─보기─────────────────────────────┐
│ "다른 선박이나 물체를 끌고 있는 동력선의 경우, │
│ 그 끌고 가는 선열의 길이가 (   )하는 경우 │
│ 마스트등 3개와 마름모꼴의 형상물 1개를 표시하 │
│ 여야 한다." │
└───────────────────────────────────┘

㉮ 200m를 초과
㉯ 200m에 미달
㉰ 300m를 초과
㉱ 300m에 미달

11 해상교통안전법상 서로 시계 안에 있는 2척의 동력선이 항행 중 마주치는 상태에서 충돌의 위험이 있을 때의 항법으로 옳은 것은?

㉮ 상대선을 먼저 발견한 선박이 진로를 피한다.

㉯ 서로 우현 변침하여 진로를 피한다.

㉰ 서로 좌현 변침하여 진로를 피한다.

㉱ 작은 선박이 큰 선박의 진로를 피한다.

12 해상교통안전법상 조종불능선에 해당하는 선박은?

㉮ 기적신호 장치를 사용할 수 없는 선박

㉯ 어구를 끌고 있는 선박

㉰ 고장으로 주기관을 제어할 수 없는 선박

㉱ 기뢰제거작업에 종사하고 있는 선박

13 ( )에 들어갈 수 없는 것은?

┌ 보기 ┐
"해상교통안전법상 항행 중인 동력선은 ( )의 진로를 회피해야 한다."
└────────┘

㉮ 수면비행선박

㉯ 조종불능선 및 조종제한선

㉳ 어로에 종사하고 있는 선박

㉴ 항행 중인 범선

14 해상교통안전법상 통항분리수역에서의 항법으로 옳은 것은?

㉮ 분리선이나 분리대에 될 수 있는 한 가까이 붙어 항행한다.

㉯ 부득이한 경우 통항로의 옆쪽으로 출입할 수 있다.

㉳ 통항분리수역 및 그 출입구 부근에는 어떠한 경우에도 정박이 금지된다.

㉴ 부득이한 사유로 통항로를 횡단할 경우 그 통항로와 선수 방향이 45°에 가까운 각도로 횡단한다.

15 해상교통안전법상 앞쪽에 둥근꼴의 형상물 1개를 표시하고 있는 선박은?

㉮ 조종불능선　　㉯ 조종제한선

㉳ 흘수제약선　　㉴ 정박선

16 선박의 입항 및 출항 등에 관한 법률상 범선이 무역항의 수상구역 등에서 항행할 때의 항법으로 옳은 것은?

㉮ 돛을 2/3로 펴고 항행한다.

㉯ 안전한 속력으로 항행한다.

㉳ 예인선이 범선을 끌고 가게 한다.

㉴ 지그재그로 항행한다.

17 선박의 입항 및 출항 등에 관한 법률상 정박 및 정류가 제한되는 곳이 아닌 곳은?

㉮ 계류장 입구의 부근 수역

㉯ 부두나 잔교, 계선부표, 선거의 부근 수역

㉳ 수심이 얕은 구역

㉴ 하천, 운하 및 그 밖의 좁은 수로

18 선박의 입항 및 출항 등에 관한 법률상 무역항의 수상구역 등에서 불꽃이나 열이 발생하는 용접 등의 방법으로 선박을 수리할 때 관리청의 허가를 받지 않아도 되는 선박은?

㉮ 기관실을 수리하는 총톤수 20톤 이상의 선박

㉯ 위험물을 저장 · 운송하는 선박

㉳ 위험물을 하역한 후에도 인화성 물질 및 폭발성 가스가 남아 있는 선박

㉴ 연료탱크를 수리하는 총톤수 10톤 미만의 선박

19 선박의 입항 및 출항 등에 관한 법률상 해양사고·화재 등의 재난이 발생했을 경우에 대한 설명으로 옳지 않은 것은?

㉮ 재난으로 인하여 무역항의 안전을 해칠 우려가 있는 조난선의 선장은 즉시 필요한 조치를 하여야 한다.

㉯ 조난선의 선장이 필요한 조치를 할 수 없을 때에는 해양수산부장관에게 필요한 조치를 요청할 수 있다.

㉰ 해양수산부장관이 필요한 조치를 하였을 경우 재난 선박의 소유자 혹은 임차인이 그 비용을 해양수산부장관에게 납부해야 한다.

㉱ 해양수산부장관은 재난 선박의 소유자 혹은 임차인이 필요한 조치에 따른 비용을 납부하지 않을 경우 즉시 형사 고발 조치를 한다.

20 무역항의 수상구역 등에서의 정박지의 사용에 관한 설명으로 옳지 않은 것은?

㉮ 관리청은 선박의 종류와 톤수, 흘수, 적재물의 종류 등에 따라 정박지를 지정할 수 있다.

㉯ 우선피항선은 지정된 정박지 외의 무역항의 수상구역 등의 모든 장소에 정박·정류할 수 있다.

㉰ 해양사고 등 부득이한 사정으로 인한 경우 지정된 정박지 외의 장소에 정박·정류할 수 있다.

㉱ 부득이한 사정으로 지정된 정박지 외의 장소에 정박·정류한 선박의 선장은 그 사실을 즉시 관리청에 신고하여야 한다.

21 다음 중 무역항의 수상구역 등에 출입할 때 출입 신고를 해야 하는 선박은?

㉮ 총톤수 5톤 미만의 선박

㉯ 국내항 간을 운항하는 동력요트

㉰ 항만의 운영을 위한 예인선

㉱ 총톤수 10톤 미만의 유조선

22 무역항의 수상구역 등에서의 정박에 대한 설명으로 옳지 않은 것은?

㉮ 선박의 고장이나 인명을 구조하는 등의 경우 정박이 금지된 곳에서도 정박할 수 있다.

㉯ 하천이나 운하, 좁은 수로 등에는 정박할 수 없다.

㉰ 정박 시 동력선은 기관을 완전히 정지하고 모든 닻을 내려야 한다.

㉱ 관리청은 선박의 안전을 위하여 필요한 경우 정박 장소 및 방법의 변경을 명할 수 있다.

23 (   )에 순서대로 적합한 것은?

> **보기**
> "도선업무에 종사하고 있는 도선선이 항행 중인 경우, 도선선이 표시하여야 하는 등화에 덧붙여 (   )와/과 (   )을/를 표시해야 한다."

㉮ 현등 1쌍, 선미등 1개

㉯ 붉은색 전주등 1개, 마스트등 1개

㉰ 흰색의 전주등 1개, 섬광등 1개

㉱ 황색 섬광등 1개, 현등 1쌍

24 ( )에 적합한 것은?

> **보기**
>
> "해양환경관리법상 오염물질이 해양에 배출되거나 배출될 우려가 있다고 예상되는 경우 ( )은/는 ( )에게 신고해야 한다."

㉮ 배출된 오염물질을 발견한 자, 지방해양수산청장

㉯ 오염물질의 배출원인이 되는 행위를 한 자, 해양경찰청장

㉰ 배출될 우려가 있는 오염물질이 적재된 선박의 선장, 해양수산부장관

㉱ 배출될 우려가 있는 오염물질을 배달한 자, 해양경찰서장

25 해양환경관리법상 선박에서의 오염물질인 기름 배출 시 신고해야 할 양과 농도에 대한 기준은?

㉮ 유분이 100만분의 100 이상이고 유분총량이 50리터 이상

㉯ 유분이 100만분의 100 이상이고 유분총량이 100리터 이상

㉰ 유분이 100만분의 1,000 이상이고 유분총량이 50리터 이상

㉱ 유분이 100만분의 1,000 이상이고 유분총량이 100리터 이상

01 ( )에 순서대로 적합한 것은?

> **보기**
>
> "4행정 사이클 디젤 기관의 압축 행정에서는 ( ) 밸브가 닫히고 피스톤이 ( )으로 이동한다."

㉮ 흡기, 상사점

㉯ 흡기, 하사점

㉰ 배기, 하사점

㉱ 배기, 하사점

02 4행정 사이클 디젤 기관에서 실제로 동력이 발생되는 행정은?

㉮ 흡입 행정   ㉯ 폭발 행정

㉰ 압축 행정   ㉱ 배기 행정

03 디젤 기관과 가솔린 기관의 차이가 아닌 것은?

㉮ 디젤 기관은 자연착화식 기관이고 가솔린 기관은 전기착화식 기관이다.

㉯ 디젤 기관은 4행정 사이클 기관이고 가솔린 기관은 2행정 사이클 기관이다.

㉰ 디젤 기관은 40~50%의 열효율을, 가솔린 기관은 30% 내외의 열효율을 보인다.

㉱ 디젤 기관은 경유 혹은 중유를, 가솔린 기관은 휘발유를 연료유로 사용한다.

04 다음 중 맥동 현상이 발생하지 않는 펌프는?

㉮ 피스톤 펌프   ㉯ 플런저 펌프
㉰ 버킷 펌프   ㉱ 스크루 펌프

05 디젤 기관의 고정부에 속하지 않는 것은?

㉮ 실린더   ㉯ 기관 베드
㉰ 플라이휠   ㉱ 메인 베어링

06 실린더의 마멸 방지 및 사용시간 연장, 실린더의 열응력 감소 등을 위해 실린더 내부에 삽입되는 부품은?

㉮ 실린더 블록   ㉯ 실린더 라이너
㉰ 피스톤링   ㉱ 크로스헤드

07 4행정 디젤 기관에서 실린더 수가 많거나 회전 속도가 클 경우 회전체의 평형을 이루기 위해 설치되는 부품은?

㉮ 크랭크 핀   ㉯ 플라이휠
㉰ 평형추   ㉱ V벨트

08 디젤기관의 운전 중 냉각수 계통에서 가장 주의해서 관찰해야 하는 것은?

㉮ 기관의 입구 온도와 기관의 입구 압력
㉯ 기관의 입구 압력과 기관의 출구 온도
㉰ 기관의 입구 온도와 기관의 출구 압력
㉱ 기관의 출구 압력과 기관의 출구 온도

09 소형기관의 운전 중 왕복운동을 하는 부품은?

㉮ 평형추   ㉯ 크랭크축
㉰ 피스톤   ㉱ 플라이휠

10 실린더 헤드와 실린더 라이너의 접합부에 장착되어 기밀을 유지하는 부품은?

㉮ 개스킷   ㉯ 핀
㉰ 베어링   ㉱ 케이싱

11 메인 베어링의 발열 원인으로 옳지 않은 것은?

㉮ 크랭크축의 중심선 불일치
㉯ 선체가 휘거나 기관 베드가 변형
㉰ 윤활유 공급의 과부하
㉱ 베어링 메탈의 재질 불량

12 ( )에 순서대로 적합한 것은?

┌─ 보기 ─────────────────────────┐
"( ) 사이클 기관에서는 ( ) 이상이면 시동 위치를 별도로 맞추지 않고도 크랭크 각도 어느 위치에서나 시동될 수 있다."
└──────────────────────────────┘

㉮ 2행정, 2기통   ㉯ 4행정, 2기통
㉰ 4행정, 4기통   ㉱ 4행정, 6기통

13 다음 중 디젤기관에서 왕복 운동을 하는 것은?

㉮ 플라이휠   ㉯ 피스톤
㉰ 크랭크 축   ㉱ 기관 베드

14 4행정 사이클 4기통 디젤 기관에서 크랭크핀과 메인 베어링의 최소 개수는?

㉮ 크랭크핀 2개, 메인베어링 4개

㉯ 크랭크핀 4개, 메인베어링 4개

㉰ 크랭크핀 4개, 메인베어링 5개

㉱ 크랭크핀 5개, 메인베어링 6개

15 윤활유의 기능에 대한 설명으로 옳지 않은 것은?

㉮ 윤활유는 연료유 내의 불순물을 걸러 주는 청정 작용을 한다.

㉯ 윤활유는 좁은 곳에 가해지는 압력을 넓은 면적으로 전달하여 응력을 분산시킨다.

㉰ 윤활유는 금속 표면에 유막을 형성하여 오염 및 산화를 방지하는 방청 작용을 한다.

㉱ 윤활유는 좁은 틈 사이에 유막을 형성함으로써 기밀 유지 작용을 한다.

16 선박의 동력 전달 장치에 대한 설명으로 옳지 않은 것은?

㉮ 선박용 기관의 출력 증대와 열효율을 향상시키기 위해서는 높은 회전수로 운전하는 것이 좋다.

㉯ 중대형 선박이 후진할 때는 주로 간접 역전 장치에 의한 추진기 역전이나 추진기 날개의 각도 변화를 이용한다.

㉰ 선박용 추진 장치의 효율을 높이기 위한 장치로 추진기축의 회전수를 낮추는 감속 장치가 있다.

㉱ 클러치는 기관에서 발생한 동력을 추진기축으로 전달하거나 끊어주는 역할을 한다.

17 선체에 부착되어 프로펠러로부터 전달되는 추력을 선체에 전달하는 것은?

㉮ 래디얼 베어링

㉯ 릴리스 베어링

㉰ 스러스트 베어링

㉱ 메인 베어링

18 윤활유와 같이 점도가 높은 유체를 이송하기에 적절한 펌프는?

㉮ 원심 펌프 ㉯ 피스톤 펌프

㉰ 기어 펌프 ㉱ 버킷 펌프

19 디젤 기관용 연료유의 특징으로 옳은 것은?

㉮ 발열량이 낮고 연소성이 좋을 것

㉯ 수분의 함유량이 적을 것

㉰ 반응은 음성이고 점도가 적당할 것

㉱ 응고점이 낮을 것

20 디젤 기관의 운전 중 흡·배기 밸브의 상태 불량 혹은 개폐 시기가 불량할 경우 배기가스의 색은?

㉮ 백색 ㉯ 흑색

㉰ 청색 ㉱ 적색

21 실린더 부피가 1,500[cm³]이고 압축부피가 150[cm³]인 내연기관의 압축비는 얼마인가?

㉮ 10 ㉯ 12

㉰ 14 ㉱ 16

22 전동기로 구동되는 원심펌프의 기동방법으로 가장 적절한 것은?

㉮ 흡입밸브와 송출밸브를 모두 잠그고 펌프를 기동시킨 다음 송출밸브를 먼저 열고 흡입밸브를 서서히 연다.

㉯ 흡입밸브와 송출밸브를 모두 잠그고 펌프를 기동시킨 다음 흡입밸브를 먼저 열고 송출밸브를 서서히 연다.

㉰ 흡입밸브는 잠그고 송출밸브를 연 후 펌프를 기동시킨 다음 흡입밸브를 서서히 연다.

㉱ 흡입밸브는 열고 송출밸브를 잠근 후 펌프를 기동시킨 다음 송출밸브를 서서히 연다.

23 디젤기관의 연료유의 착화성을 수치화하여 나타낸 것은?

㉮ 비중   ㉯ 세탄가

㉰ 발열량   ㉱ 점도

24 4행정 사이클 기관에서 피스톤이 상사점 부근에 있을 때 흡기 밸브와 배기 밸브가 동시에 열려 있는 기간을 말하는 것은?

㉮ 밸브 중복   ㉯ 밸브 개방

㉰ 밸브 겹침   ㉱ 밸브 간섭

25 15[℃] 비중이 0.8인 연료유 500리터의 무게는 몇 [kgf]인가?

㉮ 300[kgf]   ㉯ 330[kgf]

㉰ 360[kgf]   ㉱ 400[kgf]

내가 뽑은 원픽!

PART 04

실전모의고사 정답 및 해설

당신의 합격에 필요한 단 한 권

SMALL VESSEL OPERATOR

CHAPTER 1 | 제1회 실전모의고사 정답 및 해설

CHAPTER 2 | 제2회 실전모의고사 정답 및 해설

CHAPTER 3 | 제3회 실전모의고사 정답 및 해설

제1회 실전모의고사 정답 및 해설

제1과목	항해

01	02	03	04	05	06	07	08	09	10
㈔	㈏	㈏	㉮	㋓	㈑	㋓	㈏	㈏	㈔

11	12	13	14	15	16	17	18	19	20
㈏	㉮	㈔	㉮	㈏	㈑	㈔	㋓	㈔	㋓

21	22	23	24	25					
㈔	㈏	㉮	㈔	㈑					

01 자기컴퍼스는 선수미선상의 중앙에 설치해야 한다.

02 육분의는 주로 두 물표의 수평 협각을 측정하여 선위를 결정하는 데 사용되는 항해 계기이다.

03 선박자동식별장치(AIS)는 선명, 선박의 흘수, 선박의 제원, 종류, 위치, 목적지, 침로, 속력 등 항해 정보를 실시간으로 제공하는 첨단 장치로 국제해사기구(IMO)가 추진하는 의무 설치 사항이다. 선원의 국적은 AIS에서 확인할 수 없다.

04 ㈏ 원양 항로 : 원양 항해를 하는 항로
㈔ 근해 항로 : 육지에 인접한 항로
㋓ 연안 항로 : 한 나라 안에서 여러 항구 사이를 잇는 항로

05 핀의 지름이 크거나 핀이 휘는 경우, 볼이 경사된 상태로 방위를 측정할 경우 오차가 발생한다.

06 박명시에는 여러 개의 천체를 동시에 관측할 수 있어 즉시 선위를 구할 수 있다.

07 고립장애 표지는 등광으로 표시할 경우 백색을 사용한다. 또한 우리나라에서는 자색을 등색으로 사용하지 않는다.

08 북방위 표지는 표지의 북쪽이 가항수역이며 표지의 남쪽에 장애물이 있음을 의미한다.

09 레이더는 전파를 이용하여 물체와의 거리 및 방향, 고도 등을 알아내는 장치이다.

10 해도상 수심을 나타낼 때는 약최저저조면(기본수준면)을 기준으로 측정한 깊이를 표시한다.

11 해도 보관 시 반드시 펴서 보관하고, 부득이하게 접어야 할 경우 구김살이 생기지 않도록 주의하여 접는다.

12 해도상 두 지점 간의 거리를 잴 때는 디바이더로 두 지점의 간격을 재고 이를 두 지점의 위도와 가장 가까운 위도의 눈금에 대어 측정한다.

13 해도상에서 암초는 Rf(Reef)로 나타낸다. Wk는 침선, Co는 산호, S는 모래를 나타내는 영문 기호이다.

14 도표는 등광과 함께 설치할 경우 도등이라고 한다.
㈏ 부표 : 비교적 항행이 곤란한 장소나 항만의 유도표지로 항로를 따라 설치하는 표지
㈔ 육표 : 입표의 설치가 곤란한 경우 육상에 설치하는 표지
㋓ 입표 : 암초, 사주, 노출암 등의 위치를 표시하기 위하여 설치된 경계표

15 GPS의 오차 원인은 크게 구조적 요인에 의한 오차, 위성의 배치 상태에 따른 오차, SA에 의한 오차 등으로 구분할 수 있는데, 그중 구조적 요인에 의한 오차는 다시 위성 궤도의 오차, 수신기의 오차, 대기권 전파 지연 오차 등으로 구분된다.

16 등표는 해면에 띄우는 등부표와는 달리 고정된 건축물이라는 특징이 있다.

17 두표로 2개의 흑구를 수직으로 부착한 표지는 고립장애 표지이다. 따라서 표지 부근을 피하여 항행하여야 한다.

18 ╬은 세암, 즉 해수면과 거의 비슷한 높이의 바위를 의미하는 도식이다.

19 전자식 선속계는 패러데이의 전자유도법을 응용하여 선체의 선속을 측정하는 선속계이다. 이때 표시되는 속력은 물에 대한 선체의 속력, 즉 대수속력이다.

20 와류는 좁은 수로 등에서 조류가 격렬하게 흐르면서 물이 빙빙 도는 현상을 말하며 소용돌이라고도 한다.
　㉮ 창조류 : 저조시에서 고조시까지 흐르는 조류
　㉯ 낙조류 : 고조시에서 저조시까지 흐르는 조류
　㉰ 게류 : 창조류에서 낙조류로 변하거나 그 반대의 상황에서 흐름이 잠시 정지하는 현상

21 전자해도는 최적 항로 선정을 위한 정보를 제공함으로써 전체 수송비용을 절감시킨다.

22 풍향은 정시 관측 시간 전 10분간의 평균 방향을 16방위로 표시한다.

23 ㉯ 남쪽
　㉰ 동쪽
　㉱ 서쪽

24 1노트는 1해리를 1시간 동안 항주할 수 있는 속력을 말한다. '속력＝항주 거리÷시간'이므로 답은 4노트이다.

25 강한 와류는 소용돌이라고 부르며 해도에 표시된다.

제 2 과목　　운용

01	02	03	04	05	06	07	08	09	10
㉯	㉱	㉰	㉱	㉯	㉰	㉰	㉰	㉮	㉱
11	12	13	14	15	16	17	18	19	20
㉮	㉯	㉱	㉯	㉱	㉯	㉮	㉮	㉯	㉱
21	22	23	24	25
㉮	㉱	㉯	㉮	㉰

01 늑골은 선체의 좌우 선측을 구성하는 횡강력재로 용골에 직각으로 배치된다.

02 '사'는 섬유로프에 대한 설명이다. 와이어로프는 정기적으로 기름을 칠하고 통풍과 환기가 잘되는 서늘한 곳에 보관해야 한다.

03 양묘기는 계선 작업 등에 사용되며 선수부 최상 갑판에 설치된다.
　㉮ 히빙 라인
　㉯ 펜더
　㉱ 무어링(계선) 윈치

04 예비 부력과 능파성을 향상시키기는 것은 현호의 기능이다.

05 슬래밍은 거친 파랑 중을 항해하는 선박의 강력한 종방향 동요로 인해 발생하는 충격이다.

06 수선간장은 선수수선과 선미수선 간의 수평거리를 말한다.

07 제어 장치는 키의 회전에 필요한 신호를 동력 장치로 전달하는 장치이다. 전달 장치는 동력 장치의 기계적 에너지를 타에 전달하는 장치이다.

08 구명부기는 구조를 기다릴 때 여러 사람이 붙들고 떠 있을 수 있도록 제작된 부체이다.

09 ㉯ 반원 2회 선회법 : 전타 및 기관을 정지하여 익수자가 선미에서 벗어나면 다시 전속 전진, 180° 선회가 이루어지면 정침하여 전진하다가 익수자가 정횡 후방 약 30° 근방에 보일 때 다시 최대 타각으로 선회하고 원침로에 왔을 때 정침하여 전진함으로써 선수 부근에 익수자가 위치하도록 하는 방법
　㉰ 샤르노브 턴 : 긴급 전타 후 240° 선회 위치에서 반대 현으로 전타하여 반대 침로로 회항하는 인명구조 시의 조종법
　㉱ 앤더슨 턴(싱글 턴) : 익수자가 빠진 쪽으로 전타하여 익수자가 선미에서 벗어나 1분 정도 항주하다 원침로에서 230° 회두할 무렵이 되어 선수전방에 익수자가 보이면 원침로에서 250° 벗어난 후 초기침로로 되돌아가도록 조정을 멈추는 인명구조 시의 조종법

10 협수로 항해의 경우 역조 시에는 정침이 가능하지만 순조 시에는 정침이 어려우므로 안전한 속력을 유지하여야 한다.

11 선박용 초단파무선설비(VHF)의 최대 출력은 25W이다.

12 닻(앵커)은 앵커 링, 생크, 플루크, 크라운, 암, 스톡 등으로 구성되어 있다. 이때 '스톡리스 앵커'의 경우 스톡이 없을 수도 있다. 엔드 링크는 앵커 체인의 섀클 중 하나이다.

13 우리나라 선박은 440 혹은 441로 시작한다.

14 추종성이란 조타에 대한 선체 회두의 추종이 빠른지 늦은지를 나타내는 것이다.

15 강선의 선체 외판을 도장하는 목적은 장식, 방식, 방오, 청결 등이 있다. 방염은 불에 타지 않게 막는 것을 의미한다.

16 양력과 선체의 무게 중심에서 키의 작용 중심까지의 거리를 곱한 것을 선회 우력이라 한다.

17 전장은 선체에 고정적으로 붙어 있는 모든 돌출물을 포함한 선수 최전단으로부터 선미 최후단까지의 수평거리를 말한다. 선박 조종 시 고려 기준이 되며 해상충돌예방규칙에서의 선박의 길이로 사용된다.

18 우선회 가변피치 스크루 프로펠러가 장착된 선박은 기관 후진 시 선회 방향이 변하는 것이 아니라 프로펠러의 피치가 변하기 때문에 선회 방향은 동일하다. 따라서 앞쪽으로 발생하는 배출류 중 선체의 우현 쪽으로 흘러가는 배출류는 선미를 따라 앞으로 빠져나가게 되고, 좌현 쪽으로 흘러가는 배출류는 좌현 선미 측벽에 부딪치면서 측압을 형성한다. 이 측압은 선미를 우현 쪽으로 밀게 되고 이에 따라 선수는 좌현으로 회두하게 된다.

19 정상 선회 운동이란 원침로선상에서 약 90°로 선회했을 때 선체가 일정한 각속도로 선회를 계속하는 것을 말한다.

20 이상적인 키는 타각을 주지 않을 때 키에 최소의 저항이 작용하여 보침성이 좋아야 하고, 반대로 타각을 주었을 때는 키에 최대의 횡압력이 작용하여 선회성이 커야 한다.

21 수심이 얕은 수역을 항행할 때 천수 효과로 인해 선체의 침하, 속력의 감소, 조종성의 저하 등이 나타난다.

22 러칭은 대표적인 파랑 중의 위험 현상으로 선체가 갑자기 큰 각도로 경사하는 현상이다.

23 히브 투, 즉 거주법은 황천항해 시 사용하는 방법으로 일반적으로 풍랑을 좌우현 25~35° 방향에서 받도록 하는 방법이다.

24 충돌 사고 발생 시 자선 및 타선에 급박한 위험이 있는지 파악한 후 인명을 구조하고 충돌 시각과 위치 등 당시의 상황을 상세히 기록해야 한다.

25 섬유로프는 물에 젖거나 기름이 스며들 경우 강도가 약 1/4로 감소하므로 물이나 기름이 침투하지 않도록 주의해야 한다.

제3과목 법규

01	02	03	04	05	06	07	08	09	10
㉐	㉑	㉐	㉓	㉔	㉓	㉐	㉐	㉓	㉑
11	12	13	14	15	16	17	18	19	20
㉔	㉑	㉐	㉓	㉑	㉐	㉓	㉔	㉓	㉐
21	22	23	24	25					
㉓	㉑	㉔	㉓	㉓					

01 상대선이 본선을 앞지르기할 경우 본선은 유지선으로서 침로와 선속을 유지해야 한다.

02 조종불능선은 가장 잘 보이는 곳에 수직으로 붉은색 전주등 2개혹은 둥근꼴이나 그와 비슷한 형상물 2개로 표시한다. 만약 대수속력이 있는 경우 이에 덧붙여 현등 1쌍과 선미등 1개를 추가한다.

03 좌현등의 등색은 적색이다. 녹색의 등색을 사용하는 것은 우현등이다.

04 좁은수로 등에서 서로 시계 안에 있을 때 우현 앞지르기 신호는장음 2회 후 단음 1회, 좌현 앞지르기 신호는 장음 2회 후 단음 2회이다. 본선이 앞지르기에 동의하는 경우 장음 1회, 단음 1회의 신호를 2번 반복하여 표시한다.

05 해상교통안전법상 단음은 1초 정도, 장음은 4~6초의 고동소리를 말한다.

06 서로 시계 안에 있을 때 좌현 변침 신호는 단음 2회이다.

07 항행 중인 동력선이 대수속력이 있는 경우 2분 이내의 간격으로장음 1회를, 대수속력이 없는 경우 장음 2회를 울려 표시한다.

08 앞지르기 하는 선박은 앞지르기 당하고 있는 선박을 완전히앞지르기하거나 충분히 멀어질 때까지 그 진로를 회피하여야한다.

09 분리선이나 분리대에서는 될 수 있으면 떨어져서 항행한다.

10 해상교통안전법상 선수 방향에서 2개의 마스트등과 양쪽의 현등을 동시에 볼 수 있는 선박이 관측될 경우 서로 마주치는 상태에 있는 것이다. 이 경우 서로의 좌현 쪽을 지나갈 수 있도록침로를 우현 쪽으로 변경해야 한다.

11 단음 1회는 우현 변침, 단음 2회는 좌현 변침, 단음 3회는 기관 후진 시의 기적신호이다. 기관 정지 시 울려야 하는 기적신호는 없다.

12 서로 시계 안에 있을 때 2척의 범선이 서로 접근하여 충돌할 위험이 있을 때 각 범선이 서로 다른 쪽 현에 바람을 받는 경우 좌현에 바람을 받고 있는 선박이 다른 범선의 진로를 회피한다.

13 해상교통안전법상 협시계에서 항행하는 선박은 안전한 속력으로 항행하여야 한다.

14 해상교통안전법상 선미등은 선박의 정선미 방향에서 좌우 67.5°, 즉 135°에 걸치는 호를 비추는 백색 등화를 말한다.

15 해상교통안전법에 따르면 범선이 기관을 동시에 사용하여 진행하고 있는 경우에는 앞쪽의 가장 잘 보이는 곳에 원뿔꼴로 된 형상물 1개를 그 꼭대기가 아래로 향하도록 표시하여야 한다.

16 항로 밖에서 항로로 들어오는 선박은 항로를 항행하는 선박의 진로를 피하여야 한다. 항로에서 다른 선박과 마주칠 우려가 있는 경우 오른쪽으로 항행하고, 범선의 경우 지그재그로 항행해서는 안 된다.

17 무역항의 수상구역 등에서 정박·정류가 가능한 경우는 해양사고를 피하기 위한 경우, 선박의 고장이나 기타 사유로 선박을 조종할 수 없는 경우, 인명 혹은 급박한 위험이 있는 선박을 구조하는 경우, 허가를 받은 공사 또는 작업에 사용하는 경우 등이 있다.

18 무역항의 수상구역 등에서 부두나 방파제 등을 왼쪽 뱃전에 두고 항행할 때는 멀리 떨어져서 항행한다. 오른쪽 뱃전에 두고 항행할 경우 접근하여 항행한다.

19 선박의 입항 및 출항 등에 관한 법률 제4조 제1항에 따르면 연안수역을 항행하는 정기여객선으로서 경유항에 출입하는 선박은 출입신고를 하지 않을 수 있다.

20 선박의 입항 및 출항 등에 관한 법률상 우선피항선은 부선, 예선, 주로 노와 삿대로 운전하는 선박, 그 외의 총톤수 20톤 미만의 선박 등이다.

21 선박의 입항 및 출항 등에 관한 법률상 방파제 부근에서 서로 마주칠 우려가 있는 경우 입항하는 선박이 방파제 밖에서 출항하는 선박의 진로를 피하여야 한다.

22 총톤수 5톤 미만의 선박, 해양사고구조에 사용되는 선박, 수상레저안전법에 따른 수상레저기구 중 국내항 간을 운항하는 모터보트 및 동력요트, 관공선, 군함, 해양경찰함정, 도선선, 예선, 연안수역을 항행하는 정기여객선, 피난을 위하여 긴급히 출항하여야 하는 선박 등은 출입신고 예외 대상이 되는 선박이다. 따라서 총톤수 6톤의 선박은 출입신고를 하여야 한다.

23 해양환경관리법상 기름이란 석유 및 석유대체연료 사업법에 따른 원유 및 석유제품과 이들을 함유하고 있는 액체상태의 유성혼합물 및 폐유를 의미한다. 단, 석유가스는 제외된다.

24 해양환경관리법상 오염물질이 해양에 배출되거나 배출될 우려가 있다고 예상되는 경우 해양경찰청장 또는 해양경찰서장에게 신고해야 한다.

25 총톤수 50톤 이상의 유조선 혹은 총톤수 100톤 이상의 유조선이 아닌 선박은 기름오염방지설비를 설치해야 한다.

제4과목 기관

01	02	03	04	05	06	07	08	09	10
ⓝ	ⓜ	ⓝ	ⓜ	ⓖ	ⓝ	ⓐ	ⓐ	ⓝ	ⓖ
11	12	13	14	15	16	17	18	19	20
ⓝ	ⓖ	ⓝ	ⓝ	ⓖ	ⓝ	ⓐ	ⓐ	ⓝ	ⓜ
21	22	23	24	25
ⓐ	ⓜ	ⓝ	ⓐ	ⓖ

01 디젤 기관은 구조가 복잡하여 타 기관에 비해 취급에 주의를 요한다.

02 기관의 과냉각 혹은 특정 실린더 내에서의 불연소는 백색 배기가스가 배출되는 원인이다.

03 실린더의 압축 압력이 높은 경우는 기관 정지의 원인이 아니다.

04 시동용 전동기는 전기적 에너지를 기계적 에너지로 바꾸어 기관을 시동한다.

05 기관의 노킹 발생 원인으로는 착화성이 좋지 않은 연료의 사용, 연료 분사 시기가 빠르거나 연료의 분사가 불균일한 경우, 기관의 과냉각, 연료 분사 압력 혹은 연료 분사 밸브의 분무 상태 부적당, 실린더의 압축 압력 불충분 등이 있다.

06 팬 벨트 과열로 인한 파손 위험 증가는 V벨트의 장력이 과도하게 높을 경우 발생하는 현상이다.

07 실린더 라이너의 마모로 인한 영향은 기관의 출력 저하 및 압축 압력 저하, 연료의 불완전 연소, 연료 및 윤활유 소비량 증가, 기관의 시동성 저하, 크랭크실로의 가스 누설 등이 있다.

08 피스톤은 실린더와 함께 연소실을 형성하는 부품이다. 실린더는 실린더 헤드와 실린더 블록, 실린더 라이너로 이루어져 있다.

09 메인 베어링은 크랭크축을 지지하고 회전 중심을 잡아주는 역할을 한다. 메인 베어링의 틈새가 너무 작을 경우 냉각 불량으로 과열이 발생하여 베어링이 눌어붙고, 틈새가 너무 클 경우 충격이 발생한다. '나'는 스러스트 베어링에 대한 설명이다.

10 피스톤과 실린더 라이너 사이의 기밀을 유지하는 것은 압축링의 역할이다. 오일링은 실린더 라이너 내벽의 윤활유가 연소실로 들어가지 못하도록 긁어내리는 역할을 한다.

11 커넥팅 로드는 피스톤과 크랭크축 사이에서 피스톤의 왕복 운동을 크랭크축에 전달하여 회전 운동으로 전환한다.

12 4행정 사이클 기관의 작동 순서는 흡입 → 압축 → 작동 → 배기이다.

13 조속 장치(조속기)는 연료 공급량의 가감을 통해 기관의 회전 속도를 일정하게 유지하는 장치이다.

14 선박 선미의 흘수가 선수의 흘수보다 클 때 추진 효율이 최대가 된다.

15 선박용 엔진의 출력 증대와 열효율 향상을 위해서는 높은 회전수의 운전이 필요한 반면, 선박용 추진 장치의 효율을 좋게 하기 위해서는 추진기축의 회전수가 되도록 낮은 것이 유리하다.

16 왕복 펌프는 구조상 피스톤의 위치에 따른 운동 속도 변동과 그로 인한 송출량의 맥동이 발생하며, 이를 해결하기 위해 송출 측 실린더에 공기실을 설치한다.

17 마우스 링은 임펠러에서 송출되는 액체가 흡입구 쪽으로 역류하는 것을 방지한다.

18 변압기의 명판에는 피상전력(VA)이 기재되어 있다. 피상전력은 유효전력과 무효전력의 벡터적 합을 말한다.

19 원심펌프는 액체 속에서 임펠러의 고속 회전을 통해 액체를 분출하는 펌프로 토출량과 토출 압력이 늘 일정하고 사용 범위가 매우 넓다. 선박에서는 밸러스트 펌프, 청수 펌프, 해수 펌프, 소화 펌프 등 다양한 용도로 사용된다.

20 윤활유는 윤활부에 작용하는 압력을 오일 전체에 분산시켜 단위면적당 응력을 감소시키는 응력 분산 작용을 한다.

21 피스톤은 고압과 고열을 직접 받으므로 충분한 강도를 가져야 하고, 열을 실린더 내벽으로 잘 전달할 수 있도록 열전도가 좋아야 한다. 또한 마멸에 잘 견디고 관성의 영향이 작도록 무게가 가벼워야 한다.

22 경계 마찰은 매우 얇은 유막을 씌운 물체 사이에서 발생하는 마찰로 동일 환경에서 고체 마찰보다는 마찰력이 작고 유체 마찰보다는 크다.

23 니트로글리세린은 폭발성이 있는 무색 액체로 다이너마이트의 원료로 사용된다.

24 윤활유는 고온·고압의 환경에 노출되므로 인화점 및 발화점이 높아야 한다.

25 점도는 액체가 유동할 때 유동을 방해하려는 성질을 말하는 것으로 파이프 내의 연료유 유동성과 밀접한 관계가 있으며 연료 분사 밸브의 분사 상태에 큰 영향을 미친다.

제2회 실전모의고사 정답 및 해설

제1과목	항해

01	02	03	04	05	06	07	08	09	10
⑭	㉕	㉕	⑭	㉔	㉔	⑭	⑭	⑭	㉑
11	**12**	**13**	**14**	**15**	**16**	**17**	**18**	**19**	**20**
⑭	㉑	㉔	⑭	㉑	㉔	㉕	㉖	㉑	⑭
21	**22**	**23**	**24**	**25**					
㉑	⑭	㉕	㉔	㉕					

01 자이로컴퍼스는 자이로스코프의 방향보존성과 세차운동을 이용한 컴퍼스로, 보정 추를 NS축상에 부착하여 자이로컴퍼스의 동요오차 발생을 예방한다.
㉑ 비너클 : 목재 또는 기타 비자성체로 만든 원통형의 지지대
㉔ 짐벌즈 : 선박의 동요로 비너클이 기울어져도 볼의 수평을 유지해 주는 부품
㉓ 자침 : 영구자석으로 만들어진 부품

02 피벗은 캡에 끼여 컴퍼스 카드를 지지하는 역할을 한다.

03 물표와 관측자를 지나는 대권이 나북과 이루는 교각은 나침방위라 한다.

04 자이로컴퍼스는 별도의 전원이 필요하고 가격이 높다는 단점이 있다.

05 패턴트 선속계는 선미에 위치한 회전체의 회전수로 선속을 측정하는 계기이며 현재는 거의 사용되지 않는다.

06 레이더는 레이더 영상을 판독할 수 있는 기술 및 지식이 필요하다.

07 이동 거리는 속도×이동 시간으로 구한다. 따라서 8×1.75(1시간 45분)=14해리이다.

08 해면반사억제기는 근거리에 대한 반사파의 수신 감도를 떨어뜨려 방해현상을 억제한다.

09 등대의 높이나 산 및 섬 등의 높이는 평균수면을 기준으로 하는 반면 수심과 세암, 간출암 등의 높이 혹은 깊이는 기본수준면(약최저저조면)을 기준으로 한다.

10 '나'는 장애물을, '사'는 암암을, '아'는 간출암을 나타내는 해도 도식이다.

11 암초·침선 등 위험물의 발견, 수심의 변화, 항로표지의 신설, 수로서지의 개정, 해도의 개판 등은 항행 통보에 통보된다.
해도의 재판은 현재 사용 중인 해도의 부족 수량을 충족시킬 목적으로 원판을 일부 수정하여 다시 발행하는 것을 말하며, 항행 통보에 통보하지 않는다.

12 국제해사기구는 여객선을 포함하여 일정 조건에 속하는 선박의 AIS 설치를 의무 사항으로 규정하였다.

13 점장도에서 두 지점 간 거리는 위도를 나타내는 눈금의 길이와 같다.

14 비를 나타내는 날씨 기호는 ●이다. ⎰⎰는 천둥번개를 나타내는 기호이다.

15 수로서지 중 항로지를 제외한 나머지 서지를 특수서지라 한다. 등대표, 조석표, 천측력, 국제신호서 등이 그 예이다.

16 우리나라에서는 등색으로 백색, 황색, 녹색, 적색을 사용한다.

17 ㉑ 양쯔강 기단 : 봄, 가을에 이동성 고기압이 되어 우리나라 방면으로 이동하는 기단
㉔ 시베리아 기단 : 겨울철 우리나라 날씨를 지배하는 기단
㉓ 북태평양 기단 : 여름철 우리나라의 날씨를 지배하는 기단

18 Fl은 해당 등대의 등질이 섬광등임을, 3s는 발광주기가 3초임을, 20m는 등고가 20미터임을 나타낸다. 15M은 광달거리가 15해리임을 나타낸다.

19 자기 컴퍼스의 자차가 변하는 원인은 선박의 지리적 위치가 바뀌었을 때, 선박이 경사되었을 때, 선내의 화물이 이동했을 때, 선체가 심한 충격을 받았을 때이지만, 그중 가장 크게 변하는 경우는 선박의 선수 방향이 바뀌었을 때이다.

20 음향표지는 시계가 좋지 않을 때 유용한 항로표지이지만 신호의 전달 거리는 대기의 상태 및 지형에 따라 변할 수 있으므로 신호음의 방향 및 강약만으로 거리 및 방위를 판단해선 안 된다.

21 수평협각을 측정하여 선위를 결정하는 것은 교차방위법이 아닌 육분의를 이용한 수평협각법에 의한 것이다.

22 ㉮ 취명 부표 : 파랑에 의한 부표의 진동을 이용해 공기를 압축, 소리를 내는 표지
   ㉯ 에어 사이렌 : 압축공기를 이용해 사이렌을 울리는 표지
   ㉺ 타종 부표 : 부표의 꼭대기에 종을 달아 파랑에 의한 흔들림을 이용해 종을 울리는 표지

23 바람은 지구의 자전으로 인한 전향력과 지표면의 기복에 의한 마찰력, 대기압의 공간적 차에 의한 기압경도력 등이 작용하여 발생한다.

24 경계선은 어느 기준 수심보다 더 얕은 위험 구역을 표시하는 등심선으로, 본선의 흘수가 가장 중요한 경계선의 결정 요소가 된다.

25 정박선 주위를 항행할 때 바람이나 조류가 있는 경우 풍하측으로 통항해야 한다.

제2과목　운용

01	02	03	04	05	06	07	08	09	10
㉯	㉯	㉯	㉺	㉮	㉮	㉯	㉺	㉮	㉯
11	12	13	14	15	16	17	18	19	20
㉮	㉯	㉮	㉮	㉮	㉮	㉺	㉯	㉮	㉺
21	22	23	24	25					
㉯	㉮	㉮	㉮	㉺					

01 전폭은 선체의 폭이 가장 넓은 부분에서, 외판의 외면에서 반대편 외면까지의 수평거리를 말한다. 뼈대의 외면에서 반대편 외면까지의 수평거리인 형폭과 헷갈리지 않도록 한다.

02 순톤수는 선박 내부의 용적 전체에서 기관실·갑판부 등을 제외하고 선박의 직접적인 상행위에 사용되는 장소의 용적만을 환산하여 표시한 톤수이다.

03 수선 아래에 괸 오수 등은 직접 밖으로 배출할 수 없으므로 빌지 웰에 모아 빌지 펌프를 통해 배출한다. 참고로 코퍼 댐은 청수 탱크와 유류 탱크 사이의 유밀성을 확실히 하기 위해 설치하는 공간을 말한다.

04 로프의 시험하중은 파단하중의 약 1/2, 안전사용하중은 파단하중의 약 1/6이다.

05 수선간장은 계획 만재흘수선에서 선수재의 전면에서 세운 수직선인 선수수선과 타주 후면의 기선에서 세운 수직선인 선미수선까지의 수평거리를 말하며, 일반적으로 배의 길이를 표현하는 대표적인 기준이다.

06 국제신호기 중 A기는 '본선은 잠수부를 내리고 있다.'라는 의미이며 혼돈의 염려가 있는 방위신호를 할 때 최상부에 게양한다.
   ㉯ B기 : 위험물의 운반·하역 중
   ㉺ C기 : 긍정
   ㉺ D기 : 주의하라. 조종에 어려움이 있다.

07 할론소화기는 열분해 작용에 의해 유독가스가 발생할 수 있어 선박에는 비치가 금지되어 있다.

08 구명부환은 개인용의 구명 설비이다. 여러 사람이 붙들고 떠 있을 수 있도록 제작된 부체는 구명부기이다.

09 조난 시 수면으로 부양되어 신호를 발신할 수 있도록 윙브릿지나 톱브릿지 등 개방된 장소에 설치해야 한다.

10 선박용 초단파무선설비(VHF)의 채널 16은 조난, 긴급 및 안전에 관한 간략한 통신에만 사용하고, 최대 출력은 25W이다.

11 GMDSS는 선박이 해상에서 조난을 당했을 경우 선박 부근의 다른 선박과 육상의 구조 기관 등이 수색 및 구조 작업에 임할 수 있도록 하는 제도로 조난 경보의 송·수신, 수색 및 구조의 통제 통신, 조난 위치 현장 통신, 위치 측정을 위한 신호, 해상 안전 정보 발신 등의 기능을 한다.

12 선회권에 영향을 주는 요소로는 선체의 비척도, 흘수, 트림, 타각, 수심 등이 있다.

13 물에 빠진 사람을 구조할 때 사람이 프로펠러로 빨려 들어가는 것을 막거나 갑자기 나타난 장애물을 회피할 때 킥을 이용하기도 한다.

14 정지 타력은 정상 속력으로 전진 중인 선박에 기관 정지를 명령하여 선체가 정지할 때까지의 타력이다. 반전 타력과 헷갈릴 수 있으니 유의한다.

15 선박을 건조하고자 하는 자가 선박에 설치되는 선박시설에 대해 받는 검사는 건조검사이다. 정기검사는 선박소유자가 선박을 최초로 항해하는 때 또는 선박검사증서의 유효기간이 만료된 때 선박시설과 만재흘수선에 대하여 받는 검사이다.

16 공기 저항은 수면 위의 선체 및 갑판 상부의 구조물과 공기의 흐름 간에 발생하는 저항으로, 선체에 작용하는 저항 중 크기가 가장 작은 저항이지만 고속 주행이나 황천 항해 시에는 선체에 큰 영향을 미친다.

17 항만의 출·입항 혹은 협수로 통과 시처럼 주변 여건에 따라 기관을 즉각 조작해야 할 때는 조종 속력으로 운항한다.

18 이어서 후진 속력이 커지면 흡입류의 영향이 커져 선미를 우현 쪽으로 더 강하게 밀어내고 선수는 좌회두한다.

19 외방 경사는 선회 중의 선체 경사 중 타각을 준 반대쪽, 즉 선회권의 바깥쪽으로 경사하는 것을 말한다. 반대로 선회권의 안쪽으로 경사하는 것은 내방 경사이다.

20 선수 방향에서 조류를 받는 경우 타효가 커져 선박의 조종 성능이 증가된다. 반대로 선미 방향에서 조류를 받으면 선박의 조종 성능이 저하된다.

21 피칭(종동요)는 y축을 기준으로 하여 선수 및 선미가 상하 교대로 회전하려는 종경사 운동이다. 피칭은 선속을 감소시키고 선체와 화물을 손상시키며 심할 경우 선체 중앙 부분을 파손시키기도 한다.

22 연료유 및 청수의 소비는 배수량의 감소로 이어지고, 일반적으로 연료유와 청수 탱크는 선체 하부에 자리하고 있어 선체의 무게중심을 상승시키기도 한다. 배수량의 감소와 무게중심의 상승 모두 선박의 복원력을 감소시키는 요인이다.

23 그림의 ㉠은 러더 커플링이다. 일반적으로 타두재는 상·하부가 따로 만들어지는데, 이것이 접합되는 부분을 러더 커플링이라 한다.

24 스커딩, 즉 순주법은 파에 쫓기는 자세로 항주하는 방법이다. 선체가 받는 충격 작용이 현저히 감소하면서도 상당한 속력을 유지할 수 있어 태풍권으로부터 탈출하는 데 유리한 방법이다.

25 '아'는 EPIRB에 대한 설명이다. SART는 구명정이나 구명뗏목, 해면 위에서 사용 가능한 조난 신호 설비이다.

제3과목				법규					
01	02	03	04	05	06	07	08	09	10
㉕	㉔	㉘	㉑	㉑	㉕	㉑	㉔	㉘	㉔
11	12	13	14	15	16	17	18	19	20
㉕	㉑	㉑	㉔	㉔	㉘	㉕	㉘	㉔	㉑
21	22	23	24	25					
㉘	㉕	㉘	㉕	㉘					

01 발전기의 고장으로 기관이 정지된 선박은 조종제한선이 아닌 조종불능선에 속한다.

02 돛을 설치한 선박이라도 주로 기관을 사용하여 추진하는 경우에는 동력선으로 간주한다.

03 침로 및 선속 변경 시 한 번에 충분히 크게 변경하여야 한다.

04 두 범선이 서로 같은 현에 바람을 받는 경우 바람이 불어오는 쪽의 범선이 바람이 불어가는 쪽의 범선의 진로를 회피하여야 한다.

05 해상교통안전법상 선박의 길이란 선체에 고정된 돌출물을 포함하여 선수의 끝단부터 선미의 끝단 사이의 최대 수평거리를 말한다. 즉, 선박의 전장을 말한다.

06 해상교통안전법상 길이 20m 미만의 선박, 범선, 어로에 종사하고 있는 선박 등은 좁은 수로 등의 안쪽에서만 항행 가능한 다른 선박의 통행을 방해해서는 안 된다.

07 충돌의 위험이 있을 때는 타선을 우현 쪽에 두고 있는 선박이 피항선이며, 피항 시 부득이한 경우 이외에는 타선의 선수 방향을 횡단해서는 안 된다.

08 해상교통안전법상 항행 중인 동력선은 조종불능선 및 조종제한선, 어로에 종사하고 있는 선박, 범선 등의 진로를 회피하여야 한다.

09 해상교통안전법상 양색등은 녹색과 적색으로 이루어져 있으며 이들은 현등의 녹색 및 적색과 동일한 등색이다.

10 해상교통안전법에 따르면 섬광등은 360°에 걸치는 수평의 호를 비추는 등화로서 일정한 간격으로 60초에 120회 이상 섬광을 발하는 등화이다.

11 항행 중인 동력선이 길이 50m 미만인 경우 뒤쪽 마스트등을 생략할 수 있고 길이 20m 미만인 경우에는 양색등으로 현등 1쌍을 대체할 수 있다.

12 제한된 시계 내에서 항행 중인 선박이 자선의 양쪽 현의 정횡 앞쪽에 있는 타선에서 무중신호를 듣는 경우 자선의 침로 유지에 필요한 최소한으로 속력을 줄여야 하며, 필요한 경우 자선의 진행을 완전히 정지해야 한다.

13 해상교통안전법상 트롤망 어로에 종사하는 선박 외에 어로에 종사하는 선박이 수평 거리로 150m가 넘는 어구를 선박 밖으로 내고 있는 경우 어구를 내고 있는 방향으로 흰색 전주등 1개 또는 꼭대기를 위로 한 원뿔꼴의 형상물 1개를 표시하여야 한다.

14 해상교통안전법상 얹혀 있는 선박은 가장 잘 보이는 곳에 수직으로 붉은 색의 전주등 2개 혹은 둥근꼴의 형상물 3개를 표시하여야 한다.

15 트롤망 어로에 종사하는 선박은 흰색 전주등 1개 혹은 수직선 위에 2개의 원뿔을 그 꼭대기에서 위아래로 결합한 형상물 1개를 표시해야 한다.

16 선박의 입항 및 출항 등에 관한 법률상 선박이 해상에서 일시적으로 운항을 멈추는 것은 정류라 한다.

17 선박의 입항 및 출항 등에 관한 법률상 선박은 기관을 이용하여 추진하는 선박과 수면비행선박, 범선, 부선을 모두 포함한다.

18 선박의 입항 및 출항 등에 관한 법률상 무역항의 수상구역 등에 출입하려는 선박의 선장은 관리청에 신고해야 한다.

19 해양사고 등 인정되는 사유로 인한 경우 그 사실을 관리청에 신고하고 정박 · 정류한다.

20 선박의 입항 및 출항 등에 관한 법률상 예인선은 무역항의 수상구역 등에서 한꺼번에 3척 이상의 피예인선을 끌 수 없다.

21 선박의 입항 및 출항 등에 관한 법률상 우선피항선 외의 선박은 지정 · 고시된 항로를 지켜야 한다. 예인선은 우선피항선에 속한다.

22 무역항의 수상구역 등에서 선박교통에 방해가 될 우려가 있는 장소 또는 항로에서는 관리청의 허가와 무관하게 어로행위 혹은 어구 등의 설치를 할 수 없다.

23 12m 이상, 50m 미만의 선박이 표시하여야 하는 등화 중 마스트등의 가시거리는 5마일(단, 20m의 선박은 3마일), 현등과 선미등, 예선등, 전주등의 가시거리는 2마일이다.

24 방사성물질과 관련한 해양환경관리 및 해양오염방지에 대해서는 원자력안전법이 정하는 바에 따른다.

25 해양환경관리법상 선박오염물질기록부는 최종 기재를 한 날로부터 3년간 보존하여야 한다.

제4과목 기관

01	02	03	04	05	06	07	08	09	10
[사]	[가]	[사]	[가]	[사]	[사]	[나]	[아]	[가]	[사]
11	12	13	14	15	16	17	18	19	20
[사]	[나]	[아]	[가]	[사]	[나]	[아]	[나]	[가]	[나]
21	22	23	24	25					
[사]	[사]	[아]	[가]	[가]					

01 디젤 기관, 가솔린 기관, 가스 터빈 기관, 로터리 기관 등은 연료를 기관 내부에서 연소시키는 내연 기관에 해당한다. 증기 터빈 기관은 외연 기관이다.

02 비열은 어떤 물질 1kg의 온도를 1K 올리는 데 필요한 열량을 말한다. 열의 이동 현상으로는 전도, 대류, 복사 등이 있다.

03 납축전지는 극판과 격리판, 전해액으로 구성된다.
- 극판 : 기초판에 작용 물질을 전해액과의 접촉 면적을 넓도록 한 형상으로 부착시킨 것
- 격리판 : 두 극판 사이의 단락을 막기 위하여 그 사이에 설치된 것
- 전해액 : 전지 내에서 극판의 작용 물질과 접촉하여 충·방전 시 화학 작용의 매개 역할을 하면서 도체로서 음극에서 양극으로 전기를 통하게 하는 물질로 일반적으로 진한 황산에 증류수를 혼합해 만든 묽은 황산을 이용

04 디젤기관의 압축비는 실린더부피(=행정부피)를 압축부피로 나눈 값이며, 일반적으로 11~25의 압축비를 가진다.

05 작동 행정은 압축 공기로 인해 연료유가 발화·연소되고 그 연소 가스의 압력이 피스톤을 작동시키는 행정이다.

06 유량계는 기체 또는 액체가 단위시간에 흐르는 양(체적 또는 질량)을 측정하는 계기이다.

07 기관의 메인 베어링은 기관 베드 위에 있으면서 크랭크축을 지지하고 회전 중심을 잡아주는 부품이다. 실린더 헤드의 밖에 있으므로 실린더 헤드에서 발생할 수 있는 고장이 아니다.

08 실린더 라이너는 건식 라이너, 습식 라이너, 워터 재킷 라이너 등이 있다.

09 데릭식 하역 장치는 원목선이나 일반 화물선에 많이 설치되는 방식으로 데릭 포스트, 데릭 붐, 원치, 로프 등으로 구성되어 있다.
[나] 크레인식 하역 장치 : 데릭식에 비해 작업이 간편하고 빠르며 하역 준비 및 격납이 쉬움
[사] 하역 펌프 : 원유와 같은 액체 화물을 운반하는 선박에서 사용

10 흡기 밸브가 없는 2행정 사이클 기관에서는 밀도 높은 신선한 공기를 확보하기 위해 소기 장치를 사용한다. 과급기는 흡입 공기를 고압으로 압축하여 실린더로 공급하는 장치로 흡기 밸브가 있어야 한다.

11 전식 작용이란 해수와 철 간의 전기 화학 작용에 의한 부식 현상을 말한다. 이를 방지하기 위해서는 아연판을 부착하여 철 대신 부식되도록 해야 한다.

12 클러치는 기관의 동력을 추진기축으로 전달하거나 끊어주는 장치로 마찰 클러치, 유체 클러치, 전자 클러치 등이 있다.

13 추진 마력은 선박에 설치된 프로펠러가 주위의 물에 전달한 동력으로 추진 마력과 전달 마력의 비를 추진기 효율이라 한다.

14 피스톤 펌프는 피스톤의 왕복 운동을 통해 유체에 압력을 주어 송출하는 펌프로 왕복 펌프에 속한다.

15 회전 펌프는 연속적으로 유체를 송출하므로 왕복 펌프와 달리 맥동 현상이 발생하지 않는다. 따라서 이를 방지하기 위한 공기실을 설치할 필요도 없다.

16 납축전지는 극판, 격리판, 전해액 등으로 구성된다. 회전자는 발전기의 구성 요소 중 하나이다.

17 윤활유의 온도가 너무 높을 경우 윤활유 과다 소비의 원인이 될 수 있다.

18 변압기는 전자기유도현상을 이용하여 전압이나 전류의 값을 변환하는 장치이다.

19 기관의 조정, 검사, 수리 등의 작업을 할 때는 기관을 운전 속도보다 훨씬 낮은 속도로 천천히 회전시키는 터닝을 한다.

20 피스톤링의 조립 시 링의 이음부는 120~180° 방향으로 서로 엇갈리게 조립해야 한다.

21 메인 베어링의 틈새가 너무 클 경우 충격이 발생하게 된다. 반대로 틈새가 너무 작을 경우 냉각 불량으로 과열이 발생할 수 있다.

22 2행정 사이클 기관은 실린더가 받는 열응력이 커 고속 기관에는 부적합하다.

23 배기 밸브의 누설이나 온도 상승, 작동 상태 등의 확인은 기관 시동 후의 점검 사항이다.

24 마이크로미터는 나사의 원리를 이용하여 길이를 정밀하게 측정하는 도구이다. 실린더 라이너의 마멸량 계측 시 실린더의 내경을 측정하여야 하므로 내경 마이크로미터를 사용한다.

25 점도는 단위시간 당 액체의 흐름과 중량을 나타내며, 즉 끈적끈적한 성질의 정도를 말한다.

CHAPTER 03

제3회 실전모의고사 정답 및 해설

제1과목 항해

01	02	03	04	05	06	07	08	09	10
[사]	[사]	[가]	[가]	[나]	[사]	[나]	[가]	[사]	[가]
11	12	13	14	15	16	17	18	19	20
[가]	[사]	[아]	[사]	[사]	[가]	[나]	[사]	[아]	[나]
21	22	23	24	25					
[사]	[나]	[나]	[나]	[아]					

01 이안 거리는 해안선으로부터 떨어진 거리를 말한다. 이안 거리 결정 시 해역의 수온은 고려해야 할 요소가 아니다.

02 자이로컴퍼스의 오차 중 위도오차는 경사 제진식 자이로컴퍼스에만 있는 오차로서, 북반구에서는 편동, 남반구에서는 편서로 발생하고 적도에서는 발생하지 않는다(0°). 위도가 높을수록 그에 따라 오차가 증가한다.

03 육분의의 오차 중 중심차, 유리차, 분광오차, 눈금오차, 편심오차 등은 수정이 불가능한 오차이다.

04 타종 부표는 부표의 꼭대기에 종을 달아 파랑에 의한 흔들림을 이용해 종을 울리는 표지이다.
- [나] 취명 부표 : 파랑에 의한 부표의 진동을 이용해 공기를 압축, 소리를 내는 표지
- [사] 에어 사이렌 : 압축공기를 이용해 사이렌을 울리는 표지
- [아] 다이어폰 : 압축공기를 이용해 피스톤을 왕복시켜 소리를 내는 표지

05 위치선을 그동안 항주한 거리만큼 동일 침로 방향으로 평행 이동하여 구한 것을 전위선이라 한다.

06 시침로는 풍압차나 유압차가 있을 경우에만 사용하는 침로로 풍압차나 유압차가 없을 경우 진침로와 동일하다.

07 측량에 의해 장애물의 깊이가 확인된 경우 그 깊이를 숫자로 표시한다.

08 중시선에 의한 선위 측정은 매우 정확한 방법으로 협수로 통과 시의 변침점을 구하거나 자선의 자차를 측정할 때 사용된다.

09 점장도는 고위도로 갈수록 거리와 면적, 모양 등이 왜곡되어 위도 70° 이하의 지역에서 사용하기 가장 적당하다.

10 한국 연안의 조석표는 1년마다, 태평양 및 인도양에 관한 조석표는 격년으로 간행된다.

11 해도의 수심 및 높이 기준은 수심, 조고 및 위험물의 경우 기본수준면(약최저저조면)을 기준으로 하며 물표의 높이, 등대의 등고 등은 평균수면, 해안선은 약최고고조면을 기준으로 한다.

12 '가'는 간출암을, '나'는 침선을, '아'는 장애물 지역을 나타내는 해도도식이다.

13 해도상에 표시된 대부분의 정보는 기호와 약어로 나타나 있다. 해도상의 수심은 약최저저조면(기본수준면)으로 측정한 깊이이고 해안선의 경우 약최고고조면의 수륙경계선을 의미한다.

14 레이더는 전파의 특성인 등속성, 직진성, 반사성을 이용하는 장치이다.

15 해도 도식에서 ED는 Existence Doubtful의 약어로 존재가 의심되는 대상을 나타낸다.

16 등선은 등화 시설을 갖춘 특수한 구조의 선박으로 등대의 설치가 어려운 해양 등에 설치된다.

17 안전수역표지는 적색과 백색의 세로 방향 줄무늬를 띠고 있으며 적색구 1개를 두표로 부착한다.

18 펄스 변조기는 트리거 신호에 따라 마그네트론을 작동시키기 위하여 펄스의 폭을 만드는 장치를 말한다

19 고립장애표지는 표지 부근에 암초, 여울, 침선 등의 고립된 장애물이 있음을 나타내는 표지로 표지의 색은 흑색 바탕에 1개 이상의 적색 띠, 두표는 2개의 흑구를 수직으로 부착해 표시한다.

연안 및 해상에서 발생하는 안개는 대부분이 이류안개이며 연안무 혹은 해무라고도 한다.

21 추천항로는 국가·국제기구에서 항해의 안전상 권장하는 항로이다.

22 항해계획은 'ㄴ → ㄷ → ㄱ → ㄹ' 순으로 수립한다.

23 전자해도는 최적의 항로 선정을 위한 정보 제공으로 수송비용을 절감한다.

24 측방표지는 지역에 따라 좌·우현의 색상이 달라지며, 우리나라는 B지역으로 좌현표지가 녹색, 우현표지가 적색이다.

25 PSN POOR는 중심 위치 부정확을 의미한다. 중심 위치 의문 있음을 나타내는 기호는 PSN SUSPECTED이다.

제 2 과목 　 운용

01	02	03	04	05	06	07	08	09	10
㉮	㉯	㉰	㉭	㉭	㉮	㉰	㉭	㉰	㉭
11	12	13	14	15	16	17	18	19	20
㉰	㉰	㉯	㉯	㉯	㉮	㉭	㉰	㉯	㉭
21	22	23	24	25
㉯	㉮	㉰	㉯	㉯

01 형심은 선체 중앙에서 용골 상면으로부터 상갑판 보의 상면까지를 선측에서 잰 수직거리를 말한다.

02 선수 트림은 선수 흘수가 선미 흘수보다 큰 상태로, 황천 시에는 선미 쪽의 프로펠러가 공기 중에 노출되면서 기관에 과부하를 발생시키는 레이싱 현상이 발생하기 쉽다.

03 캠버는 갑판 위의 물이 신속하게 현측으로 배수되도록 하고 횡강력을 증가시키는 효과가 있다.

04 빌지는 선박의 선저와 선측을 연결하는 곡선 부분으로 대부분 원형을 이루고 있다.

05 선미 골재는 용골, 양 현의 외판 등과 접합되어 선미의 형상을 이룬다.

06 선체의 구성재 중 종강력 구성재는 용골, 중심선 거더, 종격벽, 외판, 내저판, 상갑판 등이 있다.

07 격벽은 선박의 내부, 상갑판 아래의 공간을 종방향 또는 횡방향으로 나누는 부재이다. 선체의 강도에 기여함은 물론 국부적인 집중 하중을 지지하며, 침수 시에는 선박의 침수 구획 한정, 화재 발생 시에는 방화벽의 역할도 한다.

08 수선간장은 계획만재흘수선에서 선수재의 전면에서 세운 수직선인 선수수선과 타주 후면의 기선에서 세운 수직선인 선미수선까지의 수평거리를 말하며, 일반적으로 배의 길이를 표현하는 대표적인 기준이다.

09 선박안전법 시행령 별표 30에 따른 무선설비의 설치 기준에 따르면 국제항해에 취항하는 총톤수 300톤 미만의 선박은 VHF와 중단파대 및 단파대 무선설비, EPIRB를 반드시 설치해야 한다.

10 퍼티는 목재의 부식 방지를 위한 접합체로 목재의 갈라진 틈 혹은 접속 부위 등에 발라 해당 부위를 외부와 차단함으로써 습기의 침입을 막고 부식을 방지한다.

11 구명뗏목은 선박 침몰 시 수심 2~4m에 이르면 자동이탈 장치에 의해 선박에서 이탈·부상하여 조난자가 이용할 수 있도록 펼쳐지는 구명설비이다.

12 비상위치지시 무선표지(EPIRB)는 선박이 침몰하거나 조난되는 경우 수심 1.5~4m의 수압에서 자동으로 수면 위로 떠올라 선박의 위치 등을 포함한 조난 신호를 발신하는 장치이다. 또한 406MHz의 조난주파수에 부호화된 메시지를 전송하고 121.5MHz의 홈잉 주파수를 발신, 수색과 구조작업 시 생존자의 위치 결정을 용이하게 한다.

13 초단파무선설비의 통신 거리는 약 20~30해리이다.

14 해사위성통신(INMARSAT)은 고품질의 통신 업무를 제공하며, 전 세계로 통신권을 확대할 수 있고 사용 또한 매우 편리하다.

15 수심이 깊어 수압이 높아지면 흡입류나 배출류에 의한 영향력은 거의 사라지고 횡압력에 의해 선체의 회두가 일어난다. 기관 전진 중에는 스크루 프로펠러의 회전 방향이 시계 방향이 되어 선수가 좌편향된다.

16 선회 종거는 선회권을 나타내는 용어의 일종으로 선수가 원침로로부터 90° 회두했을 때까지의 원침로선상에서의 전진 이동 거리를 말한다.

17 계선줄은 주로 선박을 부두에 고정하기 위하여 사용하는 줄이며 선수줄, 선미줄, 선수뒷줄, 선미앞줄, 옆줄로 구분된다. 접안 시 선용품을 선적하기 위한 역할은 아니다.

18 타를 중앙으로 놓았을 때 선박이 회두를 멈추고 해당 침로의 직선상에 정침하기까지의 타력은 정침 회두 타력이라 한다.

19 ⑭ B급 화재 : 윤활유 화재
⑭ C급 화재 : 전기 화재
⑩ D급 화재 : 가연성 금속 물질 화재

20 '아'는 공동현상이 아니라 수심이 얕은 수역에서의 영향, 즉 천수효과에 대한 설명이다. 천수효과는 수심이 낮은 곳에서 선체의 침하, 속력의 감소, 조종성의 저하 등이 나타나는 것을 말한다.

21 역조 시에는 정침이 가능하나 순조 시 정침이 어려워진다. 따라서 만곡이 급한 수로는 순조 시에 통항을 피하는 것이 좋다.

22 선박이 해양에서 강으로 들어가면 비중이 낮아져 선박의 흘수가 증가한다.

23 동일 조건에서 배수량이 크면 선박의 복원력은 증가한다.

24 해상이동업무식별번호(MMSI number)는 9자리로 이루어진 선박 고유의 부호로 선박의 국적과 종사 업무 등 선박에 대한 정보를 알 수 있다 . 주로 디지털선택호출(DSC), 선박자동식별장치(AIS), 비상위치지시 무선표지(EPIRB)에서 선박의 식별 부호로 사용되며 우리나라 선박은 440 혹은 441로 시작된다.

25 러칭에 대한 설명이다. 슬래밍은 선체가 파를 선수에서 받으면서 항주할 때 선수 선저부가 강한 파의 충격을 받아 선체가 짧은 주기로 급격한 진동을 하는 현상을 말하며, 브로칭 투는 선박이 파도를 선미에서 받으며 항주할 때 급격한 선수 동요에 의해 선체와 파도가 평행하게 놓이는 현상이다. 레이싱은 선박의 선미부가 공기 중에 노출되어 스크루 프로펠러의 부하가 급감, 이로 인해 프로펠러가 진동을 일으키며 급회전하는 현상을 말한다.

제3과목   법규

01	02	03	04	05	06	07	08	09	10
⑭	⑭	㉮	㉮	⑭	⑩	⑭	⑩	㉮	㉮
11	12	13	14	15	16	17	18	19	20
⑭	⑭	㉮	⑭	⑭	⑭	⑭	⑩	⑩	⑭
21	22	23	24	25					
⑩	⑭	㉮	⑭	⑩					

01 해상교통안전법상 기뢰제거작업, 준설·측량 또는 수중 작업 등 선박의 조종성능을 제한하는 작업에 종사하고 있는 선박을 조종제한선이라 한다.

02 해상교통안전법상 어로에 종사하고 있는 선박은 조종성능을 제한하는 어구를 사용하여 어로 작업을 하고 있는 선박이다. 즉, 작업을 위해 이동 중인 선박은 해당하지 않는다.

03 해상교통안전법상 항행 중인 선박은 선박이 정박 중이거나 항만의 안벽 등 계류시설에 매어 놓은 상태, 혹은 얹혀 있는 상태 중 어느 하나에 해당하지 않는 상태를 말한다. 일시적으로 운항을 멈춘 선박은 항행 중인 상태로 본다.

04 해상교통안전법상 충돌의 위험이 있을 때는 당시 상황에 알맞은 '모든 수단'을 이용해 타선과의 충돌 위험을 판단해야 한다.

05 해상교통안전법 제31조(항로의 지정 등)에 따르면, 해양수산부장관은 선박이 통항하는 수역의 지형·조류, 그 밖에 자연적 조건 또는 선박 교통량 등으로 해양사고가 일어날 우려가 있다고 인정되면 수역의 범위, 선박의 항로 및 속력 등 선박의 항행안전에 필요한 사항을 고시할 수 있다.

06 해상교통안전법상 길이 7m 미만, 최대속력 7노트 미만인 동력선은 흰색 전주등 1개만으로 동력선이 표시해야 하는 등화를 대체할 수 있다.

07 ㉮ 분리선이나 분리대에서 될 수 있으면 떨어져서 항행한다.
⑭ 통항로의 횡단은 원칙적으로 금지되나, 부득이한 사유로 통항로를 횡단하는 경우 그 통항로와 선수방향이 직각에 가까운 각도로 횡단한다.
⑩ 연안통항대에 인접한 통항분리수역의 통항로를 안전하게 통과할 수 있는 경우 연안통항대를 따라 항행이 금지된다.

08 항행 중인 길이 20m 미만의 범선은 현등 1쌍과 선미등 1개를 대신하여 마스트의 꼭대기 혹은 그 부근의 가장 잘 보이는 곳에 삼색등 1개를 표시할 수 있다.

09 두 선박이 서로의 진로를 횡단하는 경우로서 충돌의 위험이 있을 때는 타선을 우현 쪽에 두고 있는 선박이 진로를 회피하여야 하며 타선을 좌현 쪽에 두고 있는 선박은 유지선이 된다. 유지선은 침로와 속력을 그대로 유지하여야 한다.

10 해상교통안전법상 예인선열의 길이가 200m를 초과하는 경우 마스트등 3개와 함께 마름모꼴의 형상물 1개를 표시하여야 한다.

11 해상교통안전법상 서로 시계 안에 있는 2척의 동력선이 항행 중 마주치는 경우 상대 선박이 자선의 좌현 쪽으로 지나가도록 서로 우현 쪽으로 변침해야 한다.

12 해상교통안전법상 조종불능선이란 선박의 조종성능을 제한하는 고장 혹은 그 밖의 사유로 조종이 불가능하여 다른 선박의 진로를 피할 수 없는 선박이다.

13 해상교통안전법상 항행 중인 동력선은 조종불능선 및 조종제한선, 어로에 종사하고 있는 선박, 범선 등의 진로를 회피해야 한다.

14 통항로는 출입구를 통해 출입하는 것이 원칙이나 부득이한 경우 통항로의 옆쪽으로 출입할 수 있으며, 이 경우 그 통항로의 규정 진행방향에 대해 가능한 작은 각도로 출입한다.

15 해상교통안전법상 정박선은 앞쪽에 흰색의 전주등 1개 또는 둥근꼴의 형상물 1개를 표시하여야 한다.

16 선박의 입항 및 출항 등에 관한 법률상 범선이 무역항의 수상구역 등에서 항행할 때는 돛을 최소한으로 작게 하여 항행하거나 예인선이 범선을 끌고 가게 해야 한다.

17 선박의 입항 및 출항 등에 관한 법률상 선박은 무역항의 수상구역 등에서 부두 · 잔교 · 계선부표 · 안벽 · 돌핀 및 선거의 부근 수역이나 하천, 운하 및 그 밖의 좁은 수로, 계류장 입구의 부근 수역 등에서 정박 및 정류가 제한된다.

18 선박의 입항 및 출항 등에 관한 법률상 총톤수 20톤 이상의 선박은 기관실, 연료탱크 등 선박 내 위험구역에서 수리 작업을 하는 경우 허가를 받아야 한다. 위험물을 저장 · 운송하거나 위험물 하역 후에도 인화성 물질 및 폭발성 가스가 남아 있는 선박 역시 허가 대상이다.

19 해양수산부장관은 재난 선박의 소유자 또는 임차인이 필요한 조치에 따른 비용을 납부하지 않을 경우 국세 체납처분의 예에 따라 그 비용을 징수할 수 있다.

20 우선피항선은 지정된 정박지 외의 장소에도 정박 · 정류할 수 있으나 다른 선박의 항행에 방해가 될 우려가 있는 장소에 정박 · 정류해서는 안 된다.

21 총톤수 5톤 미만의 선박, 해양사고구조에 사용되는 선박, 수상레저기구 중 국내항 간을 운항하는 모터보트 및 동력요트, 그밖에 공공목적이나 항만 운영의 효율성을 위하여 운항되는 선박 등은 출입 신고를 하지 않아도 된다.

22 정박 시 지체 없이 예비용 닻을 내릴 수 있도록 준비해야 하며, 동력선은 즉시 운항할 수 있도록 기관의 상태를 유지해야 한다.

23 도선업무에 종사하고 있는 도선선이 항행 중인 경우, 도선선이 표시하여야 하는 등화에 덧붙여 현등 1쌍과 선미등 1개를 표시해야 한다.

24 해양환경관리법상 오염물질이 해양에 배출되거나 배출될 우려가 있다고 예상되는 경우 다음에 해당하는 자는 해양경찰청장 또는 해양경찰서장에게 신고해야 한다.
  • 배출되거나 배출될 우려가 있는 오염물질이 적재된 선박의 선장 또는 해양시설의 관리자
  • 오염물질의 배출원인이 되는 행위를 한 자
  • 배출된 오염물질을 발견한 자

25 해양환경관리법 제63조(오염물질이 배출되는 경우의 신고의무)에 따른 해양환경관리법 시행령 제47조(오염물질의 배출시 신고기준 등)에서 규정하는 기름의 신고 기준은 '배출된 기름 중 유분이 100만분의 1,000 이상이고 유분총량이 100ℓ 이상'인 경우이다.

제4과목 기관

01	02	03	04	05	06	07	08	09	10
㉮	㉯	㉯	㉵	㉴	㉯	㉴	㉯	㉴	㉮
11	12	13	14	15	16	17	18	19	20
㉴	㉵	㉯	㉴	㉮	㉯	㉴	㉴	㉵	㉯
21	22	23	24	25					
㉮	㉵	㉯	㉴	㉵					

01 압축 행정에서는 흡기 밸브가 닫히고 피스톤이 상사점으로 이동하여 혼합 기체를 압축한다.

02 폭발 행정 혹은 작동 행정은 압축된 혼합 기체가 폭발하면서 그 압력으로 피스톤을 밀어냄으로써 피스톤의 왕복운동을 만들어내는 행정으로 기관에서 실제 동력이 발생하는 단계이다.

03 디젤 기관과 가솔린 기관 모두 2행정 사이클 기관 및 4행정 사이클 기관이 존재한다.

04 기어 펌프, 슬러리 펌프, 스크루 펌프 등 회전 펌프는 연속적으로 유체를 송출하므로 왕복 펌프의 맥동 현상이 발생하지 않는다. 피스톤 펌프와 플런저 펌프, 버킷 펌프 등은 왕복 펌프에 해당한다.

05 디젤 기관의 고정부는 운전 중에도 고정되어 움직이지 않는 부분으로 실린더 및 기관 베드, 프레임, 메인 베어링 등으로 구성된다. 플라이휠은 디젤 기관의 회전 운동부에 속한다.

06 실린더 라이너는 실린더의 내부에 삽입되어 피스톤 운동에 의한 실린더와 피스톤의 마모를 방지한다.

07 평형추는 기관의 진동을 적게 하고 원활한 회전이 이루어지도록 하며 메인 베어링의 마찰을 감소시킨다.

08 냉각수 계통을 확인할 때는 기관의 입구 압력과 출구 온도를 주의해서 관찰해야 한다.

09 피스톤은 연소실에서 왕복운동을 하는 부품이다. 나머지 세 부품은 회전운동을 한다.

10 실린더 헤드와 실린더 라이너의 접합부에는 연철이나 구리 등으로 만들어진 개스킷을 끼워 기밀을 유지한다.

11 메인 베어링의 발열 원인
- 베어링의 하중이 너무 크거나 틈새가 적당하지 않을 때
- 베어링 메탈의 재질 불량
- 윤활유 공급의 부족 혹은 메탈 사이의 이물질 유입
- 선체가 휘거나 기관 베드가 변형
- 크랭크축의 중심선 불일치
- 베어링 캡의 너트를 잘못 죄어 메탈이 변형

12 4행정 사이클 기관에서는 6기통 이상이라면 시동 시에 어느 실린더나 시동 밸브가 하나 열려 있으므로 크랭크축의 정지 위치와 무관하게 시동될 수 있다.

13 피스톤은 실린더와 함께 연소실을 형성하며 실린더 내의 폭발 압력을 이용한 왕복 운동을 한다. 플라이휠과 크랭크축은 회전 운동을 하고 기관 베드는 운동을 하지 않는 고정부이다.

14 크랭크 핀은 실린더와 크랭크축을 연결하는 부품이므로 실린더와 동일한 수인 4개가 필요하다. 메인 베어링은 피스톤과 연결된 커넥팅 로드의 양쪽에 하나씩 위치해야 하므로 총 5개가 필요하다.

15 윤활유는 연소 시 발생하는 카본이나 기타 산화물을 흡수하여 오일 팬으로 운반함으로써 기관을 깨끗하게 하는 청정 작용을 한다.

16 중대형 선박이 후진을 할 때는 기관을 정지한 후 다시 역전 시동하는 직접 역전 방식을 주로 이용한다. 간접 역전 방식은 소형 선박이나 어선 등에서 주로 사용하는 방식이다.

17 스러스트 베어링은 본래 축 방향으로 하중을 받는 베어링을 지칭하는 것이나 선박에서는 프로펠러의 추력을 선체에 전달하는 베어링을 말한다.

18 기어 펌프와 같은 회전 펌프는 구조가 간단하고 취급이 용이하며 연료유나 도료, 윤활유와 같이 점도가 높은 유체를 이송하는 데 적합하다.

19 디젤 기관용 연료유의 조건
- 발열량이 높고 연소성이 좋을 것
- 반응은 중성이고 점도가 적당할 것
- 응고점이 낮을 것(−4℃ 이하)
- 회분, 수분, 유황분 등의 함유량이 적을 것

20 흡 · 배기 밸브의 상태 불량 혹은 개폐 시기가 불량할 경우 불완전연소로 인해 흑색 배기가스가 분출된다.

21 '압축비＝실린더 부피÷압축부피'이다. 따라서 1,500÷150＝100이다.

22 흡입밸브와 송출밸브를 모두 열고 펌프를 기동시킬 경우 기동전력의 과도한 소요로 코일이 과열되어 소손될 수 있다. 따라서 흡입밸브는 열고 송출밸브를 닫은 상태로 기동하여 기동전력을 줄이는 것이 좋다. 단, 송출밸브를 닫은 채로 너무 오래 기동하면 마찰에 의해 온도가 상승하여 펌프에 좋지 않은 영향을 미칠 수 있으므로 서서히 연다.

23 디젤기관에 사용되는 연료유는 착화성이 클수록 좋은데, 이를 수치화하여 나타낸 것이 세탄가이다.

24 4행정 사이클 기관에서 흡기 밸브와 배기 밸브가 동시에 열려 있는 기간을 밸브 겹침이라 하며, 이를 통해 실린더 내 공기의 교환을 돕는다.

25 비중이 0.8인 연료유 500리터의 무게는 500×0.8＝400[kgf]이다.

내가 뽑은 원픽!

2025 소형선박조종사 8일 완성
[최신기출＋실전모의고사]

———

초 판 발 행   2017년 04월 10일
개정7판1쇄   2025년 01월 30일

저   자   해양·수상자격연구소
발 행 인   정용수
발 행 처   (주)예문아카이브
주   소   서울시 마포구 동교로 18길 10 2층
T E L   02) 2038 - 7597
F A X   031) 955 - 0660

등 록 번 호   제2016 - 000240호

정   가   23,000원

홈페이지 http://www.yeamoonedu.com

I S B N   979-11-6386-394-6   [13550]

내가 뽑은 원픽!

해도 기호 및 약어 & 국제신호기

해도 기호

(3_5) ○ : 노출암 / 섬(높이 값)

✿ ✱ : 간출암(해수면이 가장 낮을 때 보이는 바위)

⊹ : 세암(해수면과 거의 같은 높이의 바위)

＋ : 암암(물 속의 바위)

🪸 : 해초

◌ ◌ : 장애물 지역(위험 한계선)

⟨3⟩ : 장애물 지역(측량에 의해 깊이를 확인함)

+++ : 침선(물 속에 가라앉은 배)

⟨+++⟩ : 침선(물 속에 가라앉아 항해에 위험한 배)

⬳ : 침선(물 속에 가라앉아 선체가 보이는 배)

——2kn→ : 밀물(들물) 한 시간에 2노트

——3kn→ : 썰물(날물) 한 시간에 3노트

약어

[연안 지형]		[저질]		[질감과 색]		[등질]	
약어	의미	약어	의미	약어	의미	약어	의미
G	항만	G	자갈	fne	가는	Lt	등
L	하구, 호수	S	모래	hrd	단단한	Irreg	불규칙등
Pass	항로, 수로	M	펄	vl	황색	F	부동등
Hbr, Hn, P	항	Wd	해조	bu	청색	Alt	호광등
In	강어귀, 포구	Oys	굴	C	거친	Ldg, Lts	도등
B	만	Sh	조개껍데기	w	하얀색	OBSC	잘 안 보이는 등
Str	해협	Rk, rky	바위	g·y	회색	OC	명암등
Anch	묘박지	Co	산호	g	녹색	Mo	모스 부호등
Hd, Pt	갑, 곶	p	둥근 자갈	sft	부드러운	Bn	등입표
Entr	입구	sn	조약돌	bl	검은색	Occas	임시등
Mt	산악	Oz	연니	r	적색	A	섬광등
Rd, Rds	정박지	Cl	점토			Auxi	부등
Est	하구	St	돌				
Thoro	협수로	gty	잔모래				
I	섬, 제도						